Access VBA

レシピ集

星野 努 著

技術評論社

本書の記述は、お使いの環境でMicrosoft Access 2021または2019、2016、Microsoft 365版Accessがインストールされていることを前提としています。

注意

ご購入・ご利用の前に必ずお読み下さい

本書に記載された内容は、情報の提供のみを目的としています。したがって、本書を用いた運用は、必ずお客様自身の責任と判断によっておこなってください。これらの情報の運用の結果について、技術評論社および著者はいかなる責任も負いません。

本書記載の情報は、2023年7月現在のものを掲載していますので、ご利用時には、変更されている場合もあります。また、ソフトウェアに関する記述は、特に断りのないかぎり、2023年7月現在での最新バージョンをもとにしています。ソフトウェアはバージョンアップされる場合があり、本書での説明とは機能内容や画面図などが異なってしまうこともありえます。

以上の注意事項をご承諾いただいた上で、本書をご利用願います。これらの注意事項をお読みいただかずに、お問い合わせいただいても、技術評論社および著者は対処しかねます。あらかじめ、ご承知おきください。

はじめに

Accessの基本はマスターし、テーブルやクエリ、フォームも作れる、マクロも使える、そこからさらにステップアップしてVBAのプログラミングを始めてみたという方も少なくないのではないでしょうか。Accessの良い所は、テーブルやクエリだけでもそれなりのデータ抽出や集計・加工ができ、利用価値があるという点です。しかしさらにいろいろなことをやりたいと思ったときには、やはりマクロにも限界があり、VBAのプログラムの必要性が出てきます。

そのようなとき、VBAの使い始め方には2つのケースがあると思います。

1つは、VBAの入門書やセミナーなど、初歩のイロハから体系的に学習し、一定の知識を蓄えてから実践に入る方法です。すでに他の言語やExcel VBAの知識を持った方、これからプログラミング業務を主とする方には理想的と思いますが、それなりの時間が掛かってしまいます。

もう1つは、書籍やネットから必要なところだけピックアップして、コピー&ペーストで見様見真似で組み込んでいく方法です。この方法は、忙しい他の業務の合間にデータベースを作ろうという方にとって効率的です。しかし、これが繰り返されるとどうしても一貫性のないプログラムが増えていき、のちのメンテナンスが大変になることも少なくありません。

本書は、残念ながら事細かに親切にVBAの入門から応用までを完全解説しているとは言えません。また、プログラム例を紹介しつつもそれを応用したさまざまなバリエーションを網羅しているとは言えません。

しかし、VBAで関わるであろうさまざまな場面をできるだけ盛り込み、またコーディング方法などにも一貫性を持たせたレシピ集です。辞書のようにサクッと引けるよう、基本的な定番テクニックからちょっと凝ったテクニックまで、体系的に整理しました。一品一品をつまみ食いして利用することはもちろん、複数を組み合わせてプログラムに流用することもできます。本書を利用することである程度統一感のあるコードができ、またこれをベースとしてさらに独自の味付けをしていくのもレシピとしての意義はあると考えます。

最後に、本書のひとつひとつの小さなテクニックが積み重なって、読者の方々のデータベースがより使いやすく機能性の高いものに仕上がっていくことを願っています。

2023年7月　星野努

本書の読み方

本書は1項目ずつ独立した内容となっており、どこからでも読めるようになっています。冒頭にポイント、構文を記載し、本文、プログラム例を記述した構成を基本としています。

❶ 項目名

Access VBAを使って実現したいテクニックを示しています。

❷ ポイント

目的のテクニックを実現するためにポイントとなるAccess VBAの機能です。

❸ 構文

項目で使用するステートメントや関数、メソッド、プロパティ等の構文です。

❹ 本文

目的のテクニックを実現するために作成するプログラムの方針・具体的な手順や、使用機能の詳細な仕様などを解説しています。

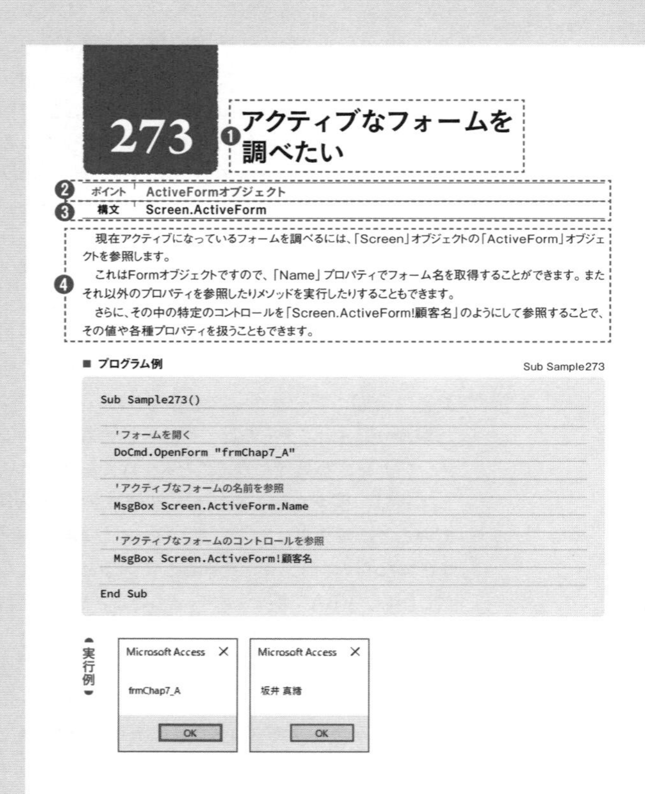

273 ❶ アクティブなフォームを調べたい

❷ ポイント ActiveFormオブジェクト

❸ 構文 Screen.ActiveForm

❹ 現在アクティブになっているフォームを調べるには、「Screen」オブジェクトの「ActiveForm」オブジェクトを参照します。

これはFormオブジェクトですので、「Name」プロパティでフォーム名を取得することができます。またそれ以外のプロパティを参照したりメソッドを実行したりすることもできます。

さらに、その中の特定のコントロールを「Screen.ActiveForm!顧客名」のようにして参照することで、その値や各種プロパティを扱うこともできます。

■ プログラム例　Sub Sample273

```
Sub Sample273()

  'フォームを開く
  DoCmd.OpenForm "frmChap7_A"

  'アクティブなフォームの名前を参照
  MsgBox Screen.ActiveForm.Name

  'アクティブなフォームのコントロールを参照
  MsgBox Screen.ActiveForm!顧客名

End Sub
```


312

274 複数フォームの中の特定フォームをアクティブにしたい

ポイント	SelectObjectメソッド
構文	DoCmd.SelectObject acForm, フォーム名

あるデータベース内のオブジェクトをアクティブにするには、DoCmdオブジェクトの「SelectObject」メソッドを使います。1つめの引数に組み込み定数「acForm」を指定したうえで、2つめの引数に任意のフォーム名を指定すると、そのフォームを選択状態にすることができます。

次のプログラム例では、開いているフォームの集まりであるFormsコレクションから「For Each...Next」ステートメントでFormオブジェクトを1つずつ取り出し、その名前（Form.Name）が特定のものであったらアクティブにするという処理を行っています。

■ プログラム例　Sub Sample274 ❻

```
Sub Sample274()

  Dim frm As Form

  '開いているすべてのフォームのループ
  For Each frm In Forms
    If frm.Name = "frmChap7_A" Then
      'フォームをアクティブにする
      DoCmd.SelectObject acForm, frm.Name
    End If
  Next frm

End Sub
```
❺

実行例 ❼

frmChap7_A | frmChap6_224 | frmChap7_275 | frmChap7_276 | frmChap7_277 | frmChap7_278

顧客コード 5
顧客名 坂井 真緒　フリガナ サカイ マオ
性別 女　生年月日 1990/10/19
郵便番号 781-1302
住所1 高知県高岡郡越知町越知乙1-5-9
住所2
血液型 A
閉じる

■ 補足 ❽

SelectObjectメソッドでは指定したオブジェクトが開いている必要があります。

また、構文の「acForm, フォーム名」に替えて、「acTable, テーブル名」、「acQuery, クエリ名」、「acReport, レポート名」とすることで、それらの種類のオブジェクトをアクティブにすることでもできます。

313

Chap 7 フォーム操作

❺ プログラム例

目的のテクニックを構成するAccess VBAコードを示しています。また、グレーで示された文字はコメントです。

❻ プロシージャ名、モジュール名

サンプルデータベースとして提供しているコードのプロシージャ名や、対応するフォーム・レポートなどのモジュール名を示しています。次ページにくわしく説明しています。

❼ 実行例

Access VBAを実行したときの実行例を示しています。

❽ 補足

テクニックに関連する補足情報です。

サンプルデータベースについて

本書掲載の多くのテクニックは、サンプルデータベースで動作を確認することができます。以下の技術評論社Webサイトから、サンプルファイルをダウンロードしてください。

URL https://gihyo.jp/book/2023/978-4-297-13663-5/support

　サンプルは、以下のファイル・フォルダで構成されています。

・AccessVBAコードレシピ集.accdb
　本書のプログラム例や、フォームなどの実行に必要なオブジェクトが保存された、Accessデータベースファイルです。

・Chap12_SQLServerスクリプト.sql
　Chapter 12で使うSQL Serverのテーブルや、ストアドプロシージャを生成するためのスクリプトです。

・Chap13_SQL文例.xlsx
　Chapter 13の本文に記載されたSQL文例です。

・VBARecipe_be.accdb
　Chapter 12のプログラム例で使う、Accessデータベースファイルです。

・VBARecipe_be_BAK.accdb
　Chapter 12のプログラム例で使う、Accessデータベースファイルです。

・「BackUp」フォルダ
　Chapter 12で使うサブフォルダです。

・「Images」フォルダ
　Chapter 9で使う画像ファイル等を保存しています。

　各項目に対応するSubプロシージャ、Functionプロシージャは、「AccessVBAコードレシピ集.accdb」の各章に対応する標準モジュール（modChapter1、modChapter2……）に記述されています。また、イベントプロシージャは、各フォーム・レポートの対応イベントに記述されています。
　各項目のクエリ、フォーム、レポート、標準モジュールは、「AccessVBAコードレシピ集.accdb」のナビゲーションウィンドウから確認することができます。
　各プロシージャに記述されているプログラムは、ウィンドウをVBEに切り替えて確認してください（Chapter 2の080を参照）。

　動作確認にはフォルダ構造やSQL Serverの設定など、本書での説明と同じ状態や環境が必要な項目もあります。
　本書のサンプルデータベースは、以下の環境で動作を確認しています。

・Microsoft Access for Microsoft 365
・Windows 11
・SQL Server 2022 Express

CONTENTS

Chapter 1 Access VBAの基礎 029

001 VBAのモジュールとは？ …… 030
002 プロシージャとは？ …… 031
003 Subプロシージャとは？ …… 032
004 Functionプロシージャとは？ …… 033
005 イベントプロシージャとは？ …… 034
006 VBAで扱うAccessのオブジェクトとは？ …… 035
007 標準モジュールを作成したい …… 036
008 イミディエイトウィンドウでテストをしたい …… 037
009 メッセージボックスでテストをしたい …… 038
010 プロシージャを作成したい …… 039
011 イベントプロシージャを作成したい …… 040
012 他のプロシージャを呼び出したい …… 041
013 プロシージャに引数を渡したい …… 042
014 変数を使いたい …… 043
015 定数を使いたい …… 044
016 変数や定数にデータ型を指定したい …… 045
017 複数の変数や定数を1行に書きたい …… 046
018 組み込み関数を使いたい …… 047
019 組み込み定数を使いたい …… 048
020 演算子を使いたい …… 049
021 適用範囲を指定してプロシージャを使いたい …… 050
022 適用範囲を指定して変数や定数を使いたい …… 051
023 プロシージャを抜けても変数値を保持したい …… 052
024 クエリの演算フィールドでも使えるプロシージャを作りたい …… 053

025　コードにコメントを付けたい……054
026　長いコードを改行したい……055
027　メッセージボックスに複数行のメッセージを表示したい……056
028　メッセージ文にダブルクォーテーションを含めたい……057
029　条件に合うときだけ処理したい……058
030　複数の条件で比較して処理分岐したい……059
031　1つの変数の値に応じて処理分岐したい……060
032　真偽の条件判断を簡単に記述したい……061
033　途中でプロシージャを終了したい……062
034　指定回数処理を繰り返したい……063
035　条件を満たしている間処理を繰り返したい……064
036　条件を満たすまで処理を繰り返したい……065
037　入れ子で処理を繰り返したい……066
038　途中で繰り返しを抜けたい……067
039　簡単なダイアログでデータ入力を行いたい……068
040　IIf関数で1行で条件分岐したい……069
041　Choose関数で1行で条件分岐したい……070
042　Switch関数で1行で条件分岐したい……071
043　メッセージボックスのボタンに応じて処理分岐したい……072
044　長い処理中にマウスカーソルを砂時計表示にしたい……073
045　処理の進行状況をインジケータ表示したい……074
046　ある値を他のデータ型に変換したい……075
047　省略可能な引数を持ったプロシージャを作りたい……076
048　引数の数が任意のプロシージャを作りたい……077
049　複数の値を返すプロシージャを作りたい……078
050　同じ種類の複数データを配列で扱いたい……079
051　2次元の配列を使いたい……080
052　配列に複数の値をまとめて代入したい……081
053　配列の要素数を調べたい……082
054　配列の中から条件に合うデータを取り出したい……083
055　配列を要素ごとに区切られた文字列にしたい……084
056　要素ごとに区切られた文字列を配列にしたい……085
057　データ量に応じて配列のサイズを変えたい……086

058 配列をクリアしたい …… 087
059 配列を別の配列にコピーしたい …… 088
060 変数が配列かどうか調べたい …… 089
061 マクロの処理をVBAで書きたい …… 090
062 オブジェクト変数を使いたい …… 091
063 オブジェクト変数に代入済みか調べたい …… 092
064 1つのオブジェクトに対する一連のコードを簡単にしたい …… 093
065 ユーザー定義のデータ型を使いたい …… 094
066 コンピュータ名やユーザー名を取得したい …… 095
067 他のプログラムを実行したい …… 096
068 実行しているAccessのバージョンを調べたい …… 097
069 実行しているAccessがランタイムかどうか調べたい …… 098
070 データベースを閉じたい …… 099
071 Accessを終了させたい …… 100

Chapter 2 VBEとエラー処理 101

072 VBE（Visual Basic Editor）を使いたい …… 102
073 VBEをカスタマイズしたい …… 103
074 1行ごとの構文チェックをなくしたい …… 104
075 変数の宣言を強制したい …… 105
076 コンパイルチェックを行いたい …… 106
077 コード表示のフォントを変えたい …… 107
078 コード表示の色を変えたい …… 108
079 ウィンドウのドッキング状態を変えたい …… 109
080 AccessとVBEのウィンドウを切り替えたい …… 110
081 ローカルウィンドウを使いたい …… 111
082 ウォッチウィンドウを使いたい …… 112
083 オブジェクトブラウザを使いたい …… 113
084 コード内を検索したい …… 114
085 コードの一部を置換したい …… 115
086 使われていないイベントプロシージャを探したい …… 116

087 特定のコード箇所にブックマークを付けたい 117
088 別のプロシージャにジャンプしたい 118
089 プロシージャの定義元へジャンプしたい 119
090 コードの表示方法を切り替えたい 120
091 コードをドラッグ&ドロップで移動・コピーしたい 121
092 プロシージャを実行させたい 122
093 プログラムを一時停止させたい 123
094 プログラムをステップ実行したい 124
095 ステップ実行中に実行位置を変えたい 125
096 ステップインとステップオーバーを使い分けたい 126
097 ステップ実行中に変数の値を調べたい 127
098 イミディエイトウインドウに途中経過を出力したい 128
099 コードを複数行まとめてコメントアウトしたい 129
100 コードを複数行まとめてインデントしたい 130
101 Excel VBAのオブジェクトを扱いたい 131
102 VBEからモジュールを新規作成したい 132
103 VBEからプロシージャを新規作成したい 133
104 モジュールをテキストファイルに出力したい 134
105 モジュールにパスワードを設定したい 135
106 エラー発生時の動きもプログラムで制御したい 136
107 エラー番号とエラー内容を取得したい 137
108 エラー番号に応じて独自メッセージを表示したい 138
109 エラー後の処理継続位置を指定したい 139
110 エラー後に同じ行から再実行したい 140
111 エラー後に次の行から処理を継続したい 141
112 エラーを無視して処理を継続したい 142
113 エラーが発生しているか確認したい 143
114 エラーを無視したあとに再度エラー発生を検知したい 144
115 エラーを強制的に発生させたい 145
116 エラー処理時にエラー箇所を調べたい 146

Chapter 3 文字列処理 147

117 文字列どうしや文字列と変数を結合したい 148
118 文字列の長さを調べたい 149
119 特定の文字が何文字目にあるか調べたい 150
120 特定の文字が何文字目にあるか後ろから探したい 151
121 文字列内に特定の文字が含まれるか調べたい 152
122 文字列の先頭から指定文字数を取り出したい 153
123 文字列の最後から指定文字数を取り出したい 154
124 文字列の途中から指定文字数分を取り出したい 155
125 文字列の途中から最後までを取り出したい 156
126 文字列から指定文字で囲まれた部分を取り出したい 157
127 文字列内の特定の文字列を置換したい 158
128 文字列の一部を指定回数だけ置換したい 159
129 文字列内の複数の文字列をまとめて置換したい 160
130 文字列の前後のスペースを削除したい 161
131 文字列内のすべてのスペースを削除したい 162
132 文字列の後ろのTabコードや制御コードを削除したい 163
133 文字列を連続した同じ文字で埋めたい 164
134 文字列を連続したスペースで埋めたい 165
135 2つの文字列が同じかどうか判別したい 166
136 2つの文字列を大文字／小文字区別して比較したい 167
137 Null値を特定の文字列に置換したい 168
138 文字コードの表す文字を調べたい 169

139 文字を文字コードに変換したい 170
140 英字の大文字／小文字を変換したい 171
141 英数字の半角／全角を変換したい 172
142 カタカナ／ひらがなを変換したい 173
143 氏名を名字と名前に分けたい 174
144 フルパスからドライブ名を取り出したい 175
145 フルパスからファイル名や拡張子を取り出したい 176
146 文字列を分解したい 177
147 文字列の並び順を逆にしたい 178
148 文字列化されたプロシージャ名を実行したい 179
COLUMN ▶▶ Access VBAとExcel VBAの違い 180

Chapter 4 数値計算 181

149 四則演算を行いたい 182
150 割り算の余りを求めたい 183
151 奇数か偶数かを調べたい 184
152 絶対値を求めたい 185
153 平方根を求めたい 186
154 数値が正／負／ゼロのどれか調べたい 187
155 値が数値かどうか調べたい 188
156 数値を指定した桁で切り捨てたい 189
157 数値を指定した桁で切り上げたい 190
158 数値を指定した桁で四捨五入したい 191
159 数値をゼロで埋めた文字列に変換したい 192
160 小数を整数化したい 193
161 数値をカンマ表示にしたい 194
162 小数をパーセントに表示したい 195
163 文字列を数値化したい 196
164 カンマ付きの数字の文字列を数値化したい 197
165 Null値を特定の数値に変換したい 198
166 計算結果がエラーかどうか調べたい 199

167 10進数を16進数表記にしたい 200
168 16進数を10進数表記にしたい 201
169 乱数を発生させたい 202
170 乱数で指定範囲の整数値を発生させたい 203
171 変数をインクリメント・デクリメントしたい 204

Chapter 5 日付・時間 205

172 今日の日付を調べたい 206
173 現在の日時を調べたい 207
174 現在の時刻を調べたい 208
175 日時の値から日付部分だけ取り出したい 209
176 日時の値から時刻部分だけ取り出したい 210
177 日付からその曜日を調べたい 211
178 日付から年月日それぞれを取り出したい 212
179 ある日付が月の第何曜日かを調べたい 213
180 年月日それぞれを指定して日付を組み立てたい 214
181 ある日付のn年前・n年後を求めたい 215
182 ある日付のnケ月前・nケ月後を求めたい 216
183 ある日付のn日前・n日後を求めたい 217
184 ある日付のn週前・n週後を求めたい 218
185 時刻を時分秒単位で加減算したい 219
186 年月日それぞれの差分を指定して日付を加減算したい 220
187 2つの日付の年月日それぞれの差を求めたい 221
188 2つの時刻差から経過時間を求めたい 222
189 月初め・月末の日付を求めたい 223
190 その年がうるう年か調べたい 224
191 次の指定曜日の日付を調べたい 225
192 日付を年度の形式に変換したい 226
193 誕生日から現在年齢を求めたい 227
194 誕生日からの経過日数を求めたい 228
195 n日締めの翌月末払の日付を求めたい 229

196 1月1日からの経過日数を求めたい 230
197 午前0時からの経過時間を求めたい 231
198 データが日付/時刻型か確認したい 232
199 日付をフォーマットして文字列に変換したい 233
200 日付を和暦表示したい 234
201 整数値を日付値に変換したい 235
202 日付をSQL文に埋め込む形式にしたい 236
203 一定時間経過するまで処理を待ちたい 237
COLUMN ▶▶ VBAとVB.NET 238

Chapter 6 テーブル・クエリ操作 239

204 テーブルやクエリをデータシートビューで開きたい 240
205 テーブルやクエリをデザインビューで開きたい 241
206 テーブルやクエリからレコードを読み込みたい 242
207 読み込んだレコードを移動したい 243
208 レコードにブックマークを付けたい 244
209 テーブルにレコードを追加したい 245
210 テーブルのレコードを更新したい 246
211 テーブルからレコードを削除したい 247
212 SQL文を使ってレコードを読み込みたい 248
213 テーブルから特定のフィールドだけ読み込みたい 249
214 条件に一致するレコードだけ読み込みたい 250
215 条件に一致するレコードを検索したい 251

216 読み込んだテーブルやクエリのレコード数を調べたい……252
217 配列に全レコードをまとめて取り出したい……253
218 テーブルから該当する1件目のデータを取り出したい……254
219 テーブルのレコード数を求めたい……255
220 特定フィールドの最大値／最小値を求めたい……256
221 特定フィールドの合計値を求めたい……257
222 特定フィールドの平均値を求めたい……258
223 パラメータ付きの選択クエリからレコードを読み込みたい……259
224 フォーム参照のパラメータクエリからレコードを読み込みたい……260
225 アクションクエリを実行したい……261
226 アクションクエリ実行時の確認メッセージを出さないようにしたい……262
227 アクションクエリで処理されたレコード件数を調べたい……263
228 パラメータ付きのアクションクエリを実行したい……264
229 SQL文で追加クエリを実行したい……265
230 SQL文で更新クエリを実行したい……266
231 SQL文で削除クエリを実行したい……267
232 一時的な選択クエリからレコードを読み込みたい……268
233 一時的なアクションクエリを実行したい……269
234 テーブルを空にしたい……270
235 DoCmdオブジェクトでテーブルを削除したい……271
236 レコードのNull値を扱いたい……272
237 空のデータを「空」と表示したい……273
238 レコードセットから抽出した別のレコードセットを作りたい……274
239 レコードセットを並べ替えた別のレコードセットを作りたい……275
240 カレンダテーブルを作成したい……276
241 テーブル一括更新でトランザクション処理を行いたい……277
242 大量のレコードをエラーなく更新したい……278
243 テーブル名の一覧を取得したい……280
244 テーブルのフィールド数を調べたい……281
245 テーブルのフィールド名一覧を取得したい……282
246 フィールドのデータ型を調べたい……283
247 すべてのテーブル／フィールドから特定のデータ型を検索したい……284
248 すべてのテーブル／フィールドからデータを検索したい……285

249 テーブルのフィールド名を一括変更したい 286
250 クエリ名の一覧を取得したい 287
251 クエリの種類を調べたい 288
252 選択クエリのフィールド名一覧を取得したい 289
253 クエリのSQL文を取得したい 290
254 SQL文の中に特定の文字列を含むクエリを探したい 291
255 クエリのSQL文からFROM句部分だけを取り出したい 292
256 クエリのSQL文を変更したい 293
257 スペース区切りの複数ワードからWHERE句を組み立てたい 294
258 テーブルやクエリ名を一括変更したい 296

Chapter 7 フォーム操作 297

259 フォームを開きたい 298
260 フォームをデータシートビューで開きたい 299
261 フォームのデザインビューを開きたい 300
262 フォームをダイアログとして開きたい 301
263 フォームを追加専用で開きたい 302
264 フォームを読み込み専用で開きたい 303
265 フォームに抽出条件を指定して開きたい 304
266 フォームを非表示や最小化して開きたい 305
267 フォームに引数を指定して開きたい 306
268 フォームを閉じたい 307
269 デザイン変更を保存せずにフォームを閉じたい 308
270 開いているフォームをまとめて閉じたい 309
271 あるフォームが開いているかどうか調べたい 310
272 指定フォームが閉じるまで待機したい 311
273 アクティブなフォームを調べたい 312
274 複数フォームの中の特定フォームをアクティブにしたい 313
275 フォームの標題を開くときに切り替えたい 314
276 フォームを開くときに最終レコードに移動したい 315
277 フォームを開くときに新規レコードに移動したい 316

278 1つのフォームを使い回したい …… 317
279 フォームに複数のOpenArgsを渡したい …… 318
280 レコードソースにSQL文を指定したい …… 319
281 レコードソースやそのSQL文を動的に変更したい …… 320
282 フォームを開いたあとにビューを切り替えたい …… 321
283 ポップアップフォームを移動したい …… 322
284 ポップアップフォームの初期位置を設定したい …… 323
285 ポップアップフォームを最大化／最小化したい …… 324
286 フォームに時計を表示したい …… 325
287 予定時刻になったらアラームを表示したい …… 326
288 フォームのタイマーを停止／再開させたい …… 327
289 一時的にフォームを隠したい …… 328
290 フォームを閉じるときに終了確認メッセージを表示させたい …… 329
291 フォームを閉じるときにAccessを終了したい …… 330
292 ファンクションキーの機能を付けたい …… 331
293 Escキーでフォームを閉じたい …… 332
294 移動ボタンやレコードセレクタを非表示にしたい …… 333
295 別のフォームからフォーカスが移動したときに処理させたい …… 334
296 別のフォームとデータをやり取りしたい …… 335
297 別のフォームにカレントレコードを同期させたい …… 336
298 別のフォームにフィルタを同期させたい …… 337
299 別のフォームのプロシージャを実行したい …… 338
300 レコード保存前に未入力チェックをしたい …… 339
301 フォームに独自のプロパティを作りたい …… 340
302 サブフォームのソースオブジェクトを変更したい …… 341

303 サブフォームの使用可否を切り替えたい 342
304 サブフォームを最新情報に更新したい 343
305 2つのサブフォームを同期させたい 344
306 Tabキーでサブフォームからメインフォームへ移動したい 345
307 サブフォームのリンク親／子フィールドを変更したい 346
308 サブフォームからメインフォームの表示内容を変えたい 347
309 サブフォームからメインフォームのプロシージャを実行したい 348
310 メインフォームからサブフォームのアクティブコントロールを調べたい 349
311 データシートの列情報を取得したい 350
312 データシートの列幅や高さを変更したい 351
313 データシートの列幅や高さを自動調整したい 352
314 データシートの背景色を変更したい 353
315 データシートの枠線を変更したい 354
316 データシートのフォントを変更したい 355
317 データシートの列の表示／非表示を切り替えたい 356
318 データシートの列見出しを変更したい 357
319 列の再表示ダイアログを表示したい 358
320 Accessのウィンドウを最大化／最小化したい 359
321 Accessのタイトルバーを変更したい 360
322 Accessのリボンを非表示にしたい 361
323 ナビゲーションウィンドウを非表示にしたい 362
324 レジストリにデータを保存したい 363
325 レジストリを使ってフォームを閉じたときの状態を再現したい 364

Chapter 8 フォームのレコード操作 365

326 独自のレコード移動ボタンを作りたい 366
327 フォームのRecordsetでレコード移動したい 368
328 フォームのRecordsetでレコード検索したい 370
329 フォームのRecordsetで該当する次のレコードを検索したい 371
330 フォームのレコードを抽出したい 372
331 サブフォームのレコードを抽出したい 373

332 データの先頭が一致するレコードを抽出したい …… 374
333 データの最後が一致するレコードを抽出したい …… 375
334 データの一部が一致するレコードを抽出したい …… 376
335 数値の範囲を指定してレコードを抽出したい …… 377
336 ア行やカ行などでレコードを抽出したい …… 378
337 日付の期間でレコードを抽出したい …… 379
338 年度で日付データを抽出したい …… 380
339 複数のコントロール値を元に抽出したい …… 381
340 抽出を解除してレコードを全件表示に戻したい …… 382
341 検索と置換ダイアログを表示させたい …… 383
342 サブフォームのレコードを並べ替えたい …… 384
343 全レコードをクリップボードにコピーしたい …… 385
344 サブフォームの全レコードをクリップボードにコピーしたい …… 386
345 フォームのRecordsetとRecordsetCloneを使い分けたい …… 387
346 フォーム上で手動抽出されたデータを取り出したい …… 388
347 カレントレコードのレコード番号を調べたい …… 389
348 レコード番号を指定してレコード移動したい …… 390
349 範囲選択されている行数を調べたい …… 391
350 範囲選択されている列数を調べたい …… 392
351 範囲選択されたレコードの内容を調べたい …… 393
352 レコードが保存されたことを検出したい …… 395
353 レコードが編集され始めたことを検出したい …… 396
354 レコードの編集を取り消したい …… 397
355 1レコードずつ保存確認メッセージを表示したい …… 398
356 カレントレコードを削除したい …… 399
357 サブフォームのカレントレコードを削除したい …… 400
358 レコードが削除されようとしたことを検出したい …… 401
359 レコード削除時のメッセージを出さないようにしたい …… 402
360 レコード削除時のメッセージで本当に削除されたか確認したい …… 403
361 削除されようとしているレコード数を調べたい …… 404
362 削除されようとしているデータ内容を取得したい …… 405
363 複数レコード削除時にレコードごとに確認メッセージを出したい …… 406
364 カレントレコードを新規レコードに複製したい …… 407

365 最後に保存された値を新規レコードの既定値にしたい …… 408
366 既存データの最大値+1を新規レコードに設定したい …… 409
367 レコードの追加／削除／更新の可否を切り替えたい …… 410
368 特定条件のレコードだけ更新／削除できないようにしたい …… 411
369 n番目のレコードのみ更新／削除できないようにしたい …… 412
370 主キーの重複時に独自のメッセージを表示したい …… 413
371 更新直後にカレントレコードを強制的に保存したい …… 414
372 レコードの新規追加日時を記録したい …… 415
373 レコードの最終更新日時を記録したい …… 416
374 再クエリ後に元のレコードに移動したい …… 417
375 表形式フォームを↑↓キーでレコード移動したい …… 418
376 サブフォーム内の全レコード／全フィールドを検索したい …… 419
377 サブフォーム内のYes/No型フィールドを一括ON／OFFしたい …… 421
COLUMN ▶▶ Accessランタイムを活用しよう …… 422

Chapter 9 コントロール操作 423

378 コントロールの入力値や選択値を調べたい …… 424
379 コントロールの使用可否を切り替えたい …… 425
380 コントロールの表示／非表示を切り替えたい …… 426
381 別のコントロールにフォーカスを移動させたい …… 427
382 状況に応じて次のフォーカスを変えたい …… 428
383 フォーカスを取得したときに他のコントロールの値を調べたい …… 429
384 直前にフォーカスのあったコントロールを調べたい …… 430
385 コントロールの位置やサイズを変えたい …… 431
386 コントロールをフォーム中央に自動配置したい …… 432
387 コントロールを配列のように参照したい …… 433
388 コントロールの色をRGBで設定したい …… 434
389 コントロールの色をRGBそれぞれに分割取得したい …… 435
390 コントロールの枠線の書式を設定したい …… 436
391 タグプロパティを独自のプロパティとして使いたい …… 437
392 ラベルの標題を変更したい …… 438

393 ラベルのフォントを変更したい 439
394 ラベルを点滅させたい 440
395 コマンドボタンの標題を動的に変更したい 441
396 1つのコマンドボタンに2つの機能を持たせたい 442
397 入力状態に応じてコマンドボタンの使用可否を切り替えたい 443
398 コマンドボタンで数値を増減したい 444
399 コマンドボタンを押し続けたときに処理を連続実行させたい 445
400 特殊な操作でだけ使えるコマンドボタンを作りたい 446
401 コマンドボタンでズームボックスを表示したい 447
402 コマンドボタンでのみ新規レコード追加可にしたい 448
403 時間のかかる処理をキャンセルするコマンドボタンを作りたい 449
404 URLデータを元にコマンドボタンでWebページを開きたい 450
405 テキストボックスの入力値をチェックしたい 451
406 テキストボックスに入力文字数を半角／全角区別してチェックしたい 452
407 テキストボックスの入力値から前後のスペースを取り除きたい 453
408 テキストボックスへのスペースだけの入力をチェックしたい 454
409 テキストボックスに入力された英字を大文字にしたい 455
410 テキストボックスに入力された全角文字を半角にしたい 456
411 テキストボックスに入力された氏名を名字と名前に分割したい 457
412 テキストボックスに入力された値を常にマイナスにしたい 458
413 テキストボックスへの特定のキー入力のみ受け入れたい 459
414 テキストボックスへの数字のキー入力を無視したい 460
415 テキストボックスの内容が変更されたか確認したい 461
416 非連結のテキストボックスの入力文字数を制限したい 462
417 テキストボックスに入力された末尾の半角スペースを保持したい 463
418 テキストボックスに入力された末尾の改行コードを保持したい 464
419 テキストボックスのIMEモードを動的に切り替えたい 465
420 テキストボックスで電卓のように計算したい 466
421 テキストボックスのダブルクリックでズーム入力させたい 467
422 テキストボックスの先頭にカーソルを移動させたい 468
423 テキストボックスの最後にカーソルを移動させたい 469
424 テキストボックスの入力値全体を範囲選択したい 470
425 テキストボックスの更新キャンセル時に入力値全体を範囲選択したい 471

426 テキストボックス内の該当文字列を反転表示したい …… 472
427 テキストボックスの内容をクリップボードにコピーしたい …… 473
428 テキストボックスへの指定文字数入力でフォーカス移動したい …… 474
429 テキストボックスの値を[↑][↓]キーで増減させたい …… 475
430 テキストボックスの値でレコードソースを変更して抽出したい …… 476
431 テキストボックスへの1文字入力ごとにレコードを抽出したい …… 477
432 テキストボックスに複数行の文字列を代入したい …… 478
433 テキストボックス内の行数やn行目を調べたい …… 479
434 テキストボックスのテキスト形式／リッチテキスト形式を切り替えたい …… 480
435 テキストボックスからリッチテキストの書式を削除したい …… 481
436 コンボボックスのリスト内容を設定したい …… 482
437 コンボボックスを自動的にドロップダウンさせたい …… 483
438 コンボボックスを[↓]キーでドロップダウンさせたい …… 484
439 コンボボックスの連結列以外の値を取得したい …… 485
440 コンボボックスでリストの何番目が選択されたか調べたい …… 486
441 コンボボックスをリストからの選択専用にしたい …… 487
442 テーブル一覧をコンボボックスのリストに表示したい …… 488
443 フォルダ内のファイルをコンボボックスのリストに表示したい …… 489
444 条件によってコンボボックスのリスト内容を変えたい …… 490
445 コンボボックスでレコードを抽出したい …… 491
446 コンボボックスでレコードを並べ替えたい …… 492
447 コンボボックスでリストボックスのリストを抽出したい …… 493
448 コンボボックスでリストボックスのリストを並べ替えたい …… 494
449 コンボボックスでレコード検索したい …… 495
450 レコードセットからコンボボックスのリスト内容を設定したい …… 496
451 コンボボックスのリスト外入力を独自に処理したい …… 497

452 コンボボックスの値リストの編集画面を表示したい ………… 498
453 コンボボックスのリスト外入力時に入力値を元に戻したい ………… 499
454 ダブルクリックでコンボボックスのリスト行数を変えたい ………… 500
455 2階層で選択するコンボボックスを作りたい ………… 501
456 リストボックスの非選択状態を検出したい ………… 502
457 リストボックスのリストが空であることを検出したい ………… 503
458 リストボックスの2列目や3列目の内容をラベルに表示したい ………… 504
459 リストボックスの列数や列幅を変えたい ………… 505
460 リストボックスの列見出しの有無を切り替えたい ………… 506
461 リストボックスで複数選択された項目を調べたい ………… 507
462 リストボックスのリストをすべて選択／解除したい ………… 508
463 リストボックスでの複数選択数の上限を指定したい ………… 509
464 リストボックスのリストのすべての行と列のデータを取得したい ………… 510
465 2つのリストボックス間で項目を相互移動したい ………… 511
466 リストボックスのダブルクリックで[OK]ボタンの処理を実行したい ………… 512
467 チェックボックスのON／OFFに応じてボタンの使用可否を切り替えたい ………… 513
468 チェックボックスのON／OFFに応じて次のフォーカスを切り替えたい ………… 514
469 トグルボタンのON／OFFでピクチャを切り替えたい ………… 515
470 トグルボタンの選択値からその標題を取得したい ………… 516
471 オプショングループで抽出と抽出解除を行いたい ………… 517
472 イメージコントロールに表示する画像を切り替えたい ………… 518
473 タブコントロールの選択タブを取得したい ………… 519
474 タブコントロールで選択されているタブの標題を取得したい ………… 520
475 タブコントロールの選択タブに応じてサブフォームを切り替えたい ………… 521
476 タブコントロールの選択タブを切り替えたい ………… 522
477 フォーム上のWebページを操作したい ………… 523
478 添付ファイル型フィールドへファイルを追加したい ………… 524
479 添付ファイル型フィールドの添付ファイルを削除したい ………… 525
480 添付ファイル型フィールドの添付ファイルを保存したい ………… 526
481 複数の値を持つコントロールの各データを取得したい ………… 527
482 複数の値を持つコントロールにデータを追加したい ………… 528
483 複数の値を持つコントロールからデータを削除したい ………… 529
484 フォーム内のコントロールの数を取得したい ………… 530

485 フォーム内のコントロールの一覧を取得したい 531
486 フォーム内のコントロールの種類を取得したい 532
487 すべてのコマンドボタンをまとめて使用不可にしたい 533
488 すべてのテキストボックスをまとめて空欄にしたい 534
489 すべてのチェックボックスをONにしたい 535
490 全コントロールのプロパティを一括変更したい 536
COLUMN ▶▶ AccessとSQL Serverの関係 538

Chapter 10 印刷・レポート 539

491 レポートを印刷したい 540
492 レポートをプレビューで開きたい 541
493 レポートのプレビューをダイアログとして開きたい 542
494 レポートをデザインビューで開きたい 543
495 レポートに抽出条件を指定して開きたい 544
496 ズームサイズを指定してレポートをプレビューしたい 545
497 表示ページ数を指定してプレビューしたい 546
498 フォームで抽出表示されているレコードだけ印刷したい 547
499 フォームの並び順に合わせて印刷したい 548
500 フォームのコントロールの値をそのまま印刷したい 549
501 開くレポートをコンボボックスで切り替えたい 550
502 レポートに引数を指定して開きたい 551
503 レポートを開くときに抽出したい 552
504 レポートが開けなかったときのエラーを処理したい 553
505 印刷データが空のときは印刷しないようにしたい 554
506 レコードソース以外のテーブル値で印刷可否を切り替えたい 555
507 データに応じて太字で印刷したい 556
508 データに応じて背景色を付けたい 557
509 データに応じて枠で囲みたい 558
510 データに応じて取り消し線を付けたい 559
511 データに応じてアイコンの可視／非可視を切り替えたい 560
512 日にちラベルの土日の背景色を赤色にしたい 561

513 日にちと曜日のラベルを年月に応じて設定したい …… 562
514 文字数に応じてテキストボックスのフォントサイズを変えたい …… 563
515 ページの余白を設定したい …… 564
516 ページ設定ダイアログを表示させたい …… 565
517 印刷ダイアログを表示したい …… 566
518 複数レポートに連続したページ番号を振りたい …… 567
519 レポートをPDFファイルに出力したい …… 569
520 抽出条件を指定してレポートをPDFに出力したい …… 570
521 PDF出力後に開くかどうかをチェックボックスで指定したい …… 571
522 宛名ラベルの印刷開始位置を指定したい …… 572
523 QRコードの印刷内容をデータに応じて切り替えたい …… 574

Chapter 11 Excel等のファイル処理 575

524 テーブルを他のデータベースファイルに出力したい …… 576
525 テーブルをCSVファイルに出力したい …… 577
526 テーブルをExcelファイルに出力したい …… 578
527 フォームのレコードをCSVファイルに出力したい …… 579
528 他のデータベースファイルからテーブルを取り込みたい …… 580
529 CSVファイルをテーブルとして取り込みたい …… 581
530 Excelファイルをテーブルとして取り込みたい …… 582
531 CSVファイルを1件ずつ加工しながら取り込みたい …… 583
532 テキストファイルを丸ごと変数に読み込みたい …… 585
533 指定フォルダのファイル一覧を取得したい …… 586
534 ファイルの更新日時やサイズを調べたい …… 587
535 ファイルやフォルダの有無を確認したい …… 588
536 ファイル名に使えない文字をチェックしたい …… 589
537 デスクトップやドキュメントフォルダを取得したい …… 590
538 データベースファイル自身のフルパスを取得したい …… 591
539 データベースファイル自身のあるフォルダを取得したい …… 592
540 別のAccessで別のデータベースを開きたい …… 593
541 ファイル名に既存ファイルと重ならない連番を付けたい …… 594

542 Excelの新規ワークシートを開きたい 595
543 レコードセットをそのままExcelワークシートへ出力したい 596
544 Excelワークシートへセルごとにデータ出力したい 597
545 Excelワークシートへ書式設定しながら出力したい 599
546 ファイルをコピーしたい 601
547 ファイルを削除したい 602
548 ファイルをリネームしたい 603
549 ファイルを移動したい 604
550 フォルダを作成／リネーム／削除したい 605
551 ファイルを削除してフォルダを空にしたい 606
552 Excelを利用してファイル選択ダイアログを表示したい 607
553 Windows APIでファイル選択ダイアログを表示したい 608
554 Windows APIでフォルダ参照ダイアログを表示したい 612
555 新規の送信メールの本文にデータを出力したい 614
556 新規の送信メールにレポートを添付したい 615
COLUMN ▶▶ SQL Serverを使ってみる 616

Chapter 12 データベース接続 617

557 別のデータベースファイルを参照したい 618
558 別のデータベースからテーブルを読み込みたい 619
559 別のデータベースのリンクテーブルを作成したい 620
560 CSVファイルをAccessのテーブルとしてリンクしたい 621
561 ExcelファイルをAccessのテーブルとしてリンクしたい 622
562 リンクテーブルのリンク先を変更したい 623
563 外部のデータベースを最適化／修復したい 624
564 リンク先のデータベースファイルをバックアップしたい 625
565 新規のデータベースファイルを生成したい 626
566 SQL Serverに接続したい 627
567 SQL Serverからテーブルを読み込みたい 628
568 ストアドプロシージャを実行したい(SELECT・パラメータなし) 629
569 ストアドプロシージャを実行したい(SELECT・パラメータ付き) 630

570 ストアドプロシージャを実行したい(編集・パラメータなし) 631
571 ストアドプロシージャを実行したい(編集・パラメータあり) 632
572 パススルークエリの接続先を設定したい 633
573 パススルークエリのSQLを変更してテーブルを読み込みたい 634
574 パススルークエリのSQLを変更してアクションクエリを実行したい 635
575 パススルークエリでストアドプロシージャを実行したい(パラメータなし) 636
576 パススルークエリでストアドプロシージャを実行したい(パラメータ付き) 637
577 DFirst関数の機能をSQL Severへ使いたい 638
578 DMax関数の機能をSQL Severへ使いたい 639
579 DCount関数の機能をSQL Severへ使いたい 640
580 SQL Serverへの接続を永続的にしたい 641
COLUMN ▸▸ DAOとADO 642

Chapter 13 SQL 643

581 SQLとは 644
582 クエリを使ってSQL文を作成したい 645
583 クエリからコピーしたSQL文を簡素化したい 646
584 すべてのフィールドを取り出したい 647
585 指定したフィールドだけを取り出したい 648
586 フィールド名を別名で取り出したい 649
587 フィールドを演算して取り出したい 650
588 1つの条件でレコードを抽出したい 651
589 複数の条件でレコードを抽出したい 652
590 データの先頭が一致するレコードを抽出したい 653
591 データの最後が一致するレコードを抽出したい 654

592 データの一部が一致するレコードを抽出したい …… 655
593 データがリストのいずれかに一致するレコードを抽出したい …… 656
594 日付の期間を条件にレコードを抽出したい …… 657
595 重複する値を1つにまとめて取り出したい …… 658
596 1つのフィールドで並べ替えたい …… 659
597 複数のフィールドで並べ替えたい …… 660
598 演算結果を基準に並べ替えたい …… 661
599 トップn件を取り出したい …… 662
600 件数を求めたい …… 663
601 合計値を求めたい …… 664
602 最小値や最大値を求めたい …… 665
603 別のテーブルを結合して取り出したい …… 666
604 テーブル間のフィールドで演算して取り出したい …… 667
605 グループごとのレコード件数を求めたい …… 668
606 グループごとの合計値を求めたい …… 669
607 グループごとの合計値の大きいものだけ取り出したい …… 670
608 グループごとの合計値の総合計に対する比率を求めたい …… 671
609 グループごとの合計値が指定値以上のレコードに印を付けたい …… 672
610 日付データを年月単位でグループ集計したい …… 673
611 グループごとの最後の日付を取り出したい …… 674
612 テーブルにレコードを追加したい …… 675
613 テーブルに別のテーブルのレコードを追加したい …… 676
614 テーブルからレコードを削除したい …… 677
615 テーブルのレコードを更新したい …… 678
616 作業テーブルでマスタを更新したい …… 679
617 作業テーブルだけにあるレコードをマスタに追加したい …… 680
618 作業テーブルにないレコードをマスタから削除したい …… 681
619 2つのテーブルの縦に並べて1つのテーブルのようにしたい …… 682
620 構造の異なる2つのテーブルの縦に並べたい …… 683
621 テーブルを作成／削除したい …… 684
622 Accessのオブジェクト名一覧を取得したい …… 685

INDEX …… 686

Access VBAの基礎

Chapter

1

001 VBAのモジュールとは?

ポイント　モジュール

Accessでは、データを保存するところは「テーブル」、データの抽出・集計は「クエリ」、画面は「フォーム」、帳票は「レポート」であるのに対し、VBAのプログラムのコードを書いていくところが「モジュール」です。

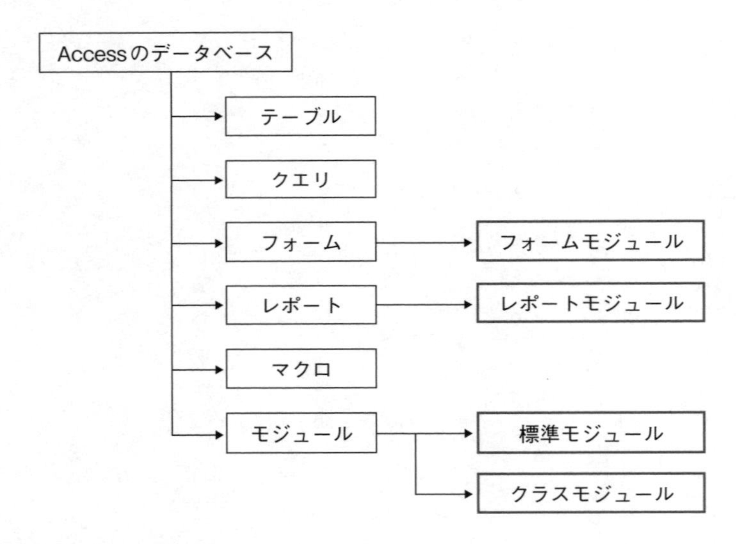

一般的に使われる主なモジュールには4種類あります。

- **フォームモジュール、レポートモジュール**
  あるフォームやレポートに関連したプログラムを記述するところです。たとえば、フォームを開いたときに実行するプログラムやそのフォーム内のコントロールだけを操作するためのプログラムなどです。これらのモジュールはデザインと一体化されています。デザインを保存すればモジュールも保存されます。フォームをコピーすればそのモジュールもいっしょにコピーされます。

- **標準モジュール**
  フォームやレポートのモジュール、さらにはクエリの演算フィールドなど、データベース内のいろいろなところから呼び出されるような、共通的・汎用的なプログラムを記述するところです。

- **クラスモジュール**
  データベース内で使う独自のオブジェクトやそのプロパティ、メソッドなどを記述するところです。

002 プロシージャとは？

ポイント　Declarationsセクション、プロシージャ

1つのモジュールは、「Declarations（宣言）セクション」と任意の数の「プロシージャ」から構成されます。

Declarationsセクションは、モジュールの先頭から1つめのプロシージャのコードを記述し始める行の前までの領域で、そのモジュール全体で使う各種の宣言を記述します。標準モジュールの場合には他のモジュールからも参照可能な宣言を行うこともできます。

一方、プロシージャは、たとえば"ボタンをクリックしたときの処理"、"計算結果を返す処理"など、ある処理の一連のプログラムのコードを記述する最小単位です。主に「Subプロシージャ」と「Functionプロシージャ」の2種類があります（モジュール内のそれぞれの数はケースバイケースです）。

プロシージャについても、フォームモジュールやレポートモジュールではそのフォームやレポート内から呼び出されるプロシージャを記述していくことになりますし、標準モジュールであれば他のモジュールからも呼び出し可能なプロシージャを記述していくことになります。

なお、モジュールの構成として、Declarationsセクションには何もコードを書かないこともありますし、逆にDeclarationsセクションだけでプロシージャがない場合もあります。

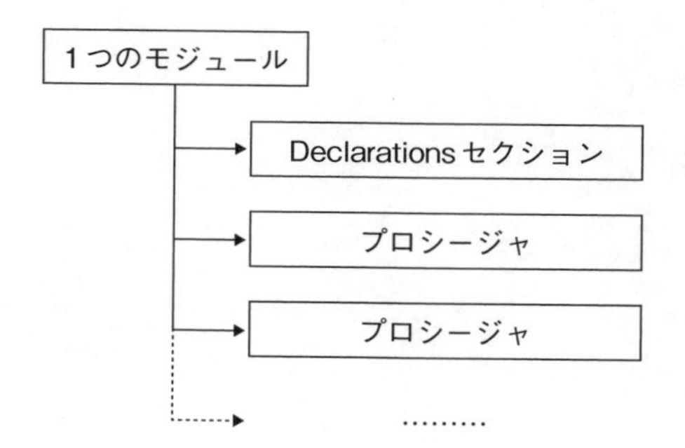

■ 補足

通常のプログラミングでは、基本的にすべてコードを直接キー入力して記述していきますが、プロシージャについては[挿入]-[プロシージャ]メニューからその枠組みを追加することもできます。

003 Subプロシージャとは？

ポイント	Subプロシージャ
構文	Sub プロシージャ名() 　(ここに任意の行数の任意の処理のコードを記述) End Sub

プロシージャのうち、一連の処理を行い、処理が終わったら終了もしくは呼び出し元に戻るだけのものを「Subプロシージャ」といいます。

Subプロシージャは表記の構文で記述します。プロシージャ名には任意の名前を付けることができますが、標準モジュールでは他のものと重複しないものにする必要があります。

■ **プログラム例**

Sub Sample003

```
Sub Sample003()

  Dim i As Integer
  Dim j As Integer
  Dim k As Integer

  i = 12
  MsgBox "iの値は" & i
  j = 34
  MsgBox "jの値は" & j
  k = i + j
  MsgBox "i + jの値は" & k

End Sub
```

実行例

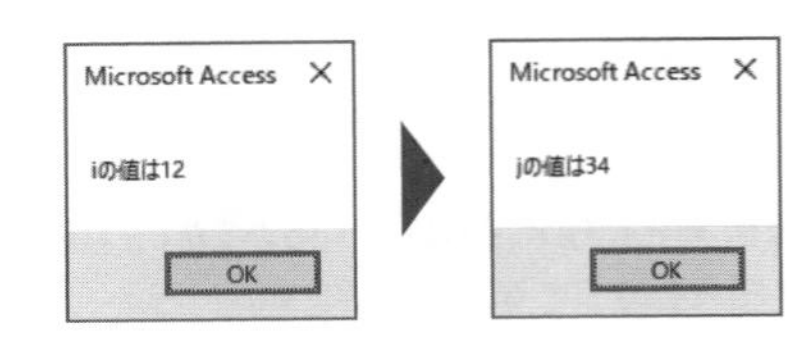

■ **補足**

標準モジュール内に記述された一般的なSubプロシージャは、そのコードを閲覧している状態からすぐに実行させることができます。それには、「Subプロシージャ内のいずれかの行にカーソルがある状態」で次のいずれかの操作を行います。

- **F5 キーを押す**
- **メニューより［実行］-［Sub/ユーザーフォームの実行］を選択する**
- **ツールバーの［▶］ボタンをクリックする**

004 Functionプロシージャとは？

ポイント	Functionプロシージャ、返り値
構文	Function プロシージャ名() AS 返り値のデータ型 　(ここに任意の行数の任意の処理のコードを記述) 　プロシージャ名 = 返り値 End Function

プロシージャのうち、一連の処理を行い、その処理結果の値などを呼び出し元に返すもの、つまり"返り値"（戻り値ともいいます）を持つものを「Functionプロシージャ」といいます。一般的に"関数"と呼ばれるものです。

Functionプロシージャは表記の構文で記述します。プロシージャ名は任意の名前を付けることができますが、標準モジュールでは他のものと重複しないものにする必要があります。また、呼び出し元に値を返すために、「"プロシージャ名"に"="で返り値を代入する式」を記述することがポイントです。

■ プログラム例

Function Sample004

```
Function Sample004() As Integer

  Dim i As Integer
  Dim j As Integer
  Dim k As Integer

  '計算を行う
  i = 12
  j = 34
  k = i + j

  '計算結果を返す
  Sample004 = k

End Function
```

■ 補足

Functionプロシージャはその場で実行して試すことはできますが、返り値は確認できません。それを呼び出して返り値を取得するためのコード（たとえばそれを呼び出すSubプロシージャ）や、イミディエイトウィンドウからの呼び出しなどが必要です。

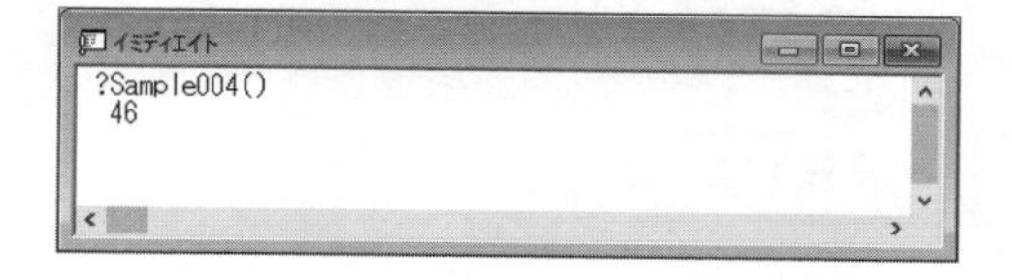

005 イベントプロシージャとは？

ポイント	イベント、イベントプロシージャ
構文	Private Sub オブジェクト名_イベント名() 　(ここに任意の行数の任意の処理のコードを記述) End Sub

フォームが開かれた、フォーム上であるボタンがクリックされた、テキストボックスの内容が編集されたなど、主にユーザーによる操作で起こるさまざまな出来事を「イベント」といいます。あるイベントが発生したときに実行するプログラムのコードを記述するところが「イベントプロシージャ」です。よってこれはフォームモジュールやレポートモジュール特有のプロシージャとなります。

イベントプロシージャは表記の構文で記述します。イベント名などはAccess側で決められたもので、自由に設定することはできません。よって一般的にはフォームやレポートのデザインビューからプロシージャの枠組みとなる部分を作ります。

「オブジェクト名」とは、フォームやレポートの名前、あるいはそこに配置されたコントロール名などです。

「イベント名」はAccessで決められた英語表記です。デザインビューのプロパティシートに表示される日本語表記のイベント名に1対1で対応した表記になります（例：読み込み時 → Load、クリック時 → Click）。

■ プログラム例　　frmChap1_5

```
Private Sub Form_Load()
'フォーム読み込み時

  MsgBox "フォームが開きます！"

End Sub

Private Sub cmdSample_Click()
'cmdSampleボタンのクリック時

  MsgBox "ボタンがクリックされました！"

End Sub
```

実行例

Microsoft Access ×
フォームが開きます！
OK

Microsoft Access ×
ボタンがクリックされました！
OK

006 VBAで扱うAccessのオブジェクトとは？

ポイント	オブジェクト、プロパティ、メソッド
構文	■プロパティの取得 変数など = オブジェクト名.プロパティ名 ■プロパティの設定 オブジェクト名.プロパティ名 = プロパティの設定値 ■メソッドの実行 オブジェクト名.メソッド名

AccessのVBAプログラミングでは「オブジェクト」というものの概念を押さえておくことが重要です。端的には"物"ですが、Accessではテーブルもクエリも、フォームもレポートも、またフォーム内のコントロールもひとつひとつがオブジェクトとなります。フォームオブジェクト、コマンドボタンオブジェクトというように表現されます。

そして、オブジェクトはそのひとつひとつが「プロパティ」や「メソッド」（「イベント」もある意味でプロパティの一種です）というものを持っているのが特徴です。

プロパティはそのオブジェクトの静的な属性（性質）のことで、フォームでいえばデザインビューでプロパティシートに表示される各種の設定値のことになります。デザインビューでフォームを選択したとき、コントロールを選択したときなどでプロパティシートに表示される項目が切り替わるように、オブジェクト個々がさまざまな異なるプロパティを持っています。

一方メソッドは、そのオブジェクトに与える動的な命令（動作）と考えることができます。

VBAのプログラムでは、表記の構文で各種のオブジェクトを扱うことが非常に多く、コード上でもそれをアシストする自動メンバー表示機能によって、「.」をキー入力するとプロパティ名などがリスト表示されるようになっています。

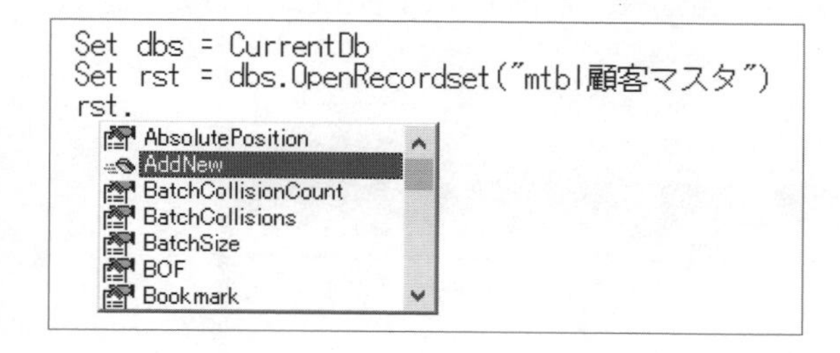

■ 補足

プロパティは静的なものですが、設定値を変えることで結果的に動作を与えることができるものがあります。たとえば「Top/上位置」や「Left/左位置」プロパティを変更すればコントロールの位置を変えることができます。

007 標準モジュールを作成したい

ポイント ［作成］タブの［標準モジュール］、［挿入］-［標準モジュール］メニュー

データベース上に新規の標準モジュールを作成するには、次のいずれかの操作を行います。

- **Accessのリボンより、［作成］タブの［マクロとコード］-［標準モジュール］をクリックする**

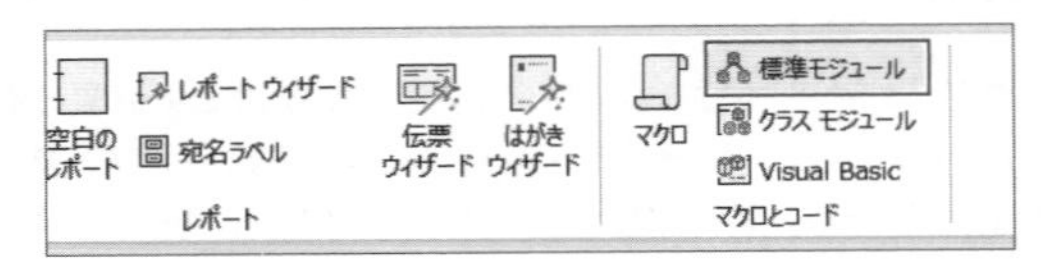

- **モジュールのウィンドウのメニューより、［挿入］-［標準モジュール］を選択する**

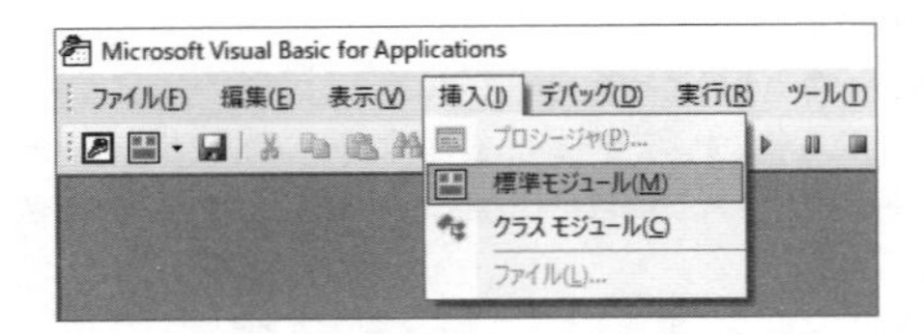

- **モジュールのウィンドウのプロジェクトエクスプローラーにおいて、任意の場所の右クリックで表示されるメニューより、［挿入］-［標準モジュール］を選択する**

標準モジュールが作成されると、まっさらな画面が表示されます。ここに自分でコードを順次記述していきます。

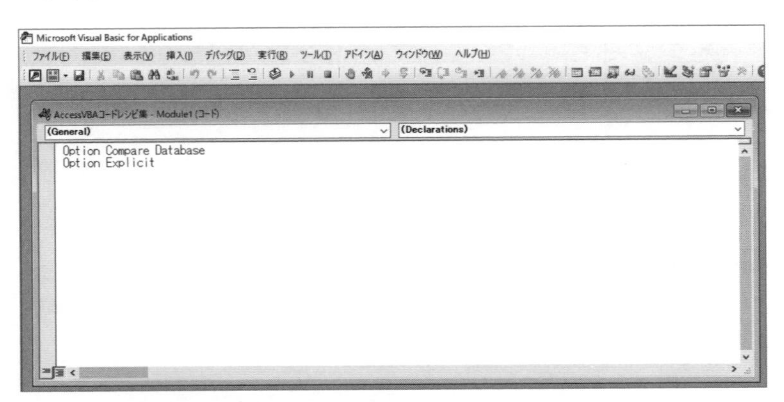

※ 上図では初めから2行のコードが書かれていますが、これはオプション設定によって異なります（Chapter 2の075を参照）

008 イミディエイトウィンドウでテストをしたい

ポイント　Debug.Print、?（クエスチョンマーク）

「イミディエイトウィンドウ」を使うことで、実行中のプログラムの状態や遷移を追跡したり、一時停止させたときの状態をチェックしたりすることができます。また、プロシージャを呼び出したり、ある1つの命令を実行させてみたりといったことを対話式で行うことができます。

イミディエイトウィンドウの使い方には主に次のようなものがあります。

- **プロシージャ内に「Debug.Print 変数名」のような記述を行うことで、実行中の変数の値をイミディエイトウィンドウに出力させることができます（プログラム例参照）。**
- **プログラムが一時停止しているとき、「?変数名」のような命令をイミディエイトウィンドウに入力して Enter キーを押すことで、その変数の値をイミディエイトウィンドウに出力させることができます。**
  例：「?i」、「?j」
- **「Subプロシージャ名」を入力して Enter キーを押すことで、そのプロシージャを実行させることができます。**
  例：「Sample008」
- **「?Functionプロシージャ名」のような命令を入力して Enter キーを押すことで、そのプロシージャを実行させその返り値を出力させることができます。**
  例：「?Sample004()」
- **任意の計算式や組み込み関数、その他の命令文をイミディエイトウィンドウに入力して Enter キーを押すことで、その結果を出力させることができます。**
  例：「?12+34」→46が出力される、「?Date()」→今日の日付が出力される、「?12<34」→ 12が34より小さいか真偽が評価される

■ プログラム例

Sub Sample008

```
Sub Sample008()

  Dim i As Integer
  Dim j As Integer

  i = 12
  Debug.Print i ——— 変数iの値をイミディエイトウィンドウに出力
  j = 34
  Debug.Print j ——— 変数jの値をイミディエイトウィンドウに出力

End Sub
```

※ 「Debug.Print」の部分は「Debug.Print i, j」のようにカンマ区切りで複数列挙することもできます。

009 メッセージボックスでテストをしたい

ポイント　MsgBox関数

メッセージボックスは本来ユーザーにメッセージを表示したりはい／いいえの選択を行わせたりするものですが、プログラムのテストにおいて実行中のプログラムの状態や実行状況などの確認用に使うこともできます。

それには、プロシージャの任意の場所に、「MsgBox 変数名」や「MsgBox メッセージ文」のようなコードを記述します。

■ プログラム例　　Sub Sample009

```
Sub Sample009()

  Dim i As Integer
  Dim j As Integer
  Dim k As Integer

  MsgBox "プロシージャ開始しました" ――― 開始の確認メッセージを表示

  i = 12
  MsgBox "iの値は" & i ――― 変数iの値を表示

  j = 34
  MsgBox "jの値は" & j ――― 変数jの値を表示

  k = i + j
  MsgBox "i + jの値は" & k ――― 変数kの値を表示

  MsgBox "i × jの値は" & (i * j) ――― メッセージ文に計算式を含めることも可

  MsgBox "i < jか?" & (i < j) ――― メッセージ文に比較式を含めることも可

  MsgBox "プロシージャ終了しました" ――― 終了の確認メッセージを表示

End Sub
```

010 プロシージャを作成したい

ポイント　[挿入]-[プロシージャ]メニュー

モジュール内にプロシージャを新規作成するには、次のような操作を行います。

● 直接キー入力する

- ① モジュールの任意の空行部分に「Sub」または「Function」とキー入力する
- ② 半角スペースに続けて、任意のプロシージャ名を入力する
- ③ Enter キーを押す
- ④ これによって、プロシージャ名の次に「()」が、また下の行に「End Sub」あるいは「End Function」が自動的に付加され、その枠組みが作られます。

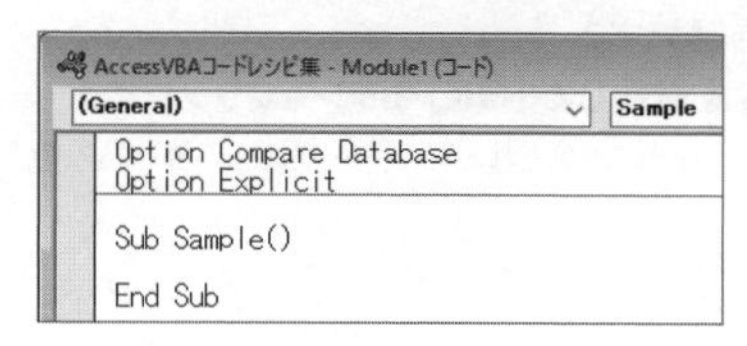

- ⑤ あとは「Sub～End Sub」や「Function～End Function」の間にそのプロシージャの処理を記述していきます。

※ 各プロシージャの順番はあまり意味を持ちません。既存のプロシージャの前に新規のプロシージャを挿入したい場合も、その部分で上記の操作を行うことで挿入できます。また既存のプロシージャをコピー & ペーストしてプロシージャ名だけ書き換えることもできます。

● [挿入]-[プロシージャ]メニューを使う

- ① メニューより[挿入]-[プロシージャ]を選択します。
- ② 表示された「プロシージャの追加」画面で任意のプロシージャ名を入力します。

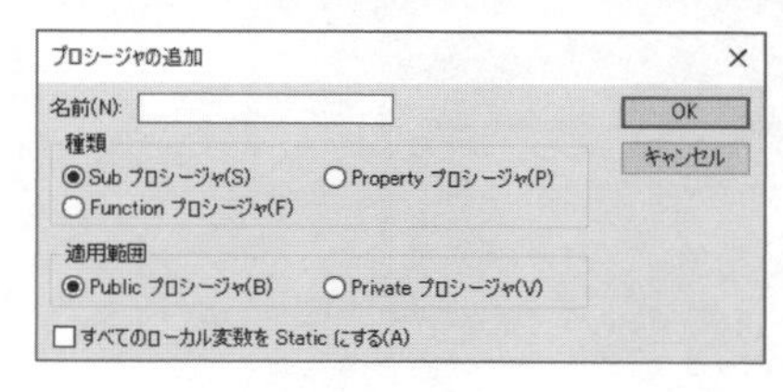

- ③ [OK]ボタンをクリックします。
- ④ これによって、「Sub～End Sub」や「Function～End Function」のプロシージャの枠組みが追加されますので、そこに処理を記述していきます。

011 イベントプロシージャを作成したい

ポイント コードビルダー、プロパティシート、オブジェクトボックス、プロシージャボックス

フォームやレポートのモジュール内にイベントプロシージャを新規作成するには、次のような操作を行います。なお、モジュール上で直接キー入力したり既存プロシージャをコピー＆ペーストしたりして作成することもできますが、イベントプロシージャ特有の決まり文句がありますので、フォームのデザインビューやオブジェクトボックスなどを基点として作成するのが確実です。

● コードビルダーを使う

- ① デザインビューにおいて、イベントプロシージャを作成したい対象オブジェクト（フォームやセクション、コントロールなど）を選択する
- ② マウスを右クリックして［イベントのビルド］を選択する
- ③「ビルダーの選択」画面で［コードビルダー］を選択して［OK］ボタンをクリックする

※ この場合はそのオブジェクトの"既定のイベント"のプロシージャが作成されます。フォームなら"読み込み時"、コマンドボタンなら"クリック時"です。

● プロパティシートを使う

- ① 対象オブジェクトを選択する
- ② プロパティシートの［イベント］タブで、作成したいイベントの欄の［V］ボタンをクリック、［イベント プロシージャ］を選択する
- ③ さらにその欄の右端の［…］ボタンをクリックする

● コードウィンドウを使う

- ① VBAのモジュールのコードが表示されているウィンドウの「オブジェクトボックス」で対象オブジェクトを選択する
- ② 続いて「プロシージャボックス」で英語表記のイベント名を選択する

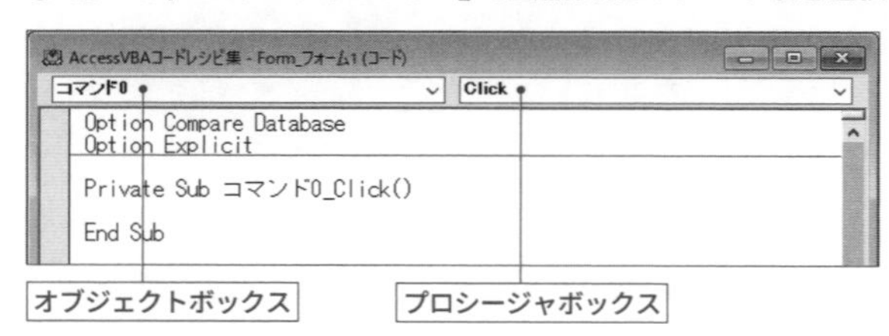

012 他のプロシージャを呼び出したい

ポイント　Subプロシージャ名、Functionプロシージャ名()

SubプロシージャやFunctionプロシージャは、他のプロシージャから呼び出して使うことができます。1つのプロシージャからいくつもの異なるプロシージャを実行したり、同じプロシージャを連続実行したり、さらに、呼び出したプロシージャの中からさらに他のプロシージャを階層的に実行させることもできます。

その記述方法はイミディエイトウィンドウから呼び出すのと同じで、Subプロシージャの場合は「Subプロシージャ名」、Functionプロシージャの場合は「Functionプロシージャ名()」が基本形となります。

次のプログラム例では、「Sub Sample003」と「Function Sample004」を呼び出すいくつかのバリエーションを示しています。

■ プログラム例

Sub Sample012

```
Sub Sample012()

  Dim ret As Integer

  Call Sample003 ――― Callステートメントでsubプロシージャを呼び出し

  Sample003 ――― Subプロシージャ名だけで呼び出し

  Sample004 ――― Functionプロシージャを実行だけする

  MsgBox Sample004() ――― Functionプロシージャの返り値を表示

  MsgBox Sample004() / 2 ――― Functionプロシージャの返り値に計算をして表示

  ret = Sample004() ――― Functionプロシージャの返り値を変数に代入
  MsgBox "返り値は" & ret & "です！"

End Sub
```

013 プロシージャに引数を渡したい

ポイント	引数
構文	プロシージャ名(引数1, 引数2, ……)

プロシージャへは、その処理で必要なデータを渡すことができます。その渡すデータのことを「引数」といいます。たとえばExcelで式が「=SUM(A1:A4)」であるときのカッコ内の「A1:A4」が引数です。

引数を利用することで、呼び出し元から任意の値を渡せるとともに、呼び出されたプロシージャではその値をプロシージャ内の処理で使うことができます。それによって同じプロシージャでも異なる処理をさせたり異なる計算結果を返したりすることができ、プロシージャの汎用性が上がります。

引数を受け渡しするプログラムでは、呼び出す側と呼び出される側とで下記のようなルールに沿ってコードを記述します（応用テクニックで例外にできることもあります）。なお、イベントプロシージャでは引数はあらかじめ決められており、自由に変更することはできません。

- **引数の数や順番を同じにする（引数の数自体はいくつでもよい）**
- **引数のデータの型（文字や数値、日付など）を同じにする**
- **呼び出される側のプロシージャではそれぞれ任意の引数名やデータ型を宣言しておく（ただし変数を渡すときにそれを呼び出される側の引数名と同じにする必要はない）**

■ プログラム例

Sub Sample013_1、Function Sample013_2

```
Sub Sample013_1()

  Debug.Print Sample013_2(1, 2) ――― 3が出力される
  Debug.Print Sample013_2(10, 20) ―― 30が出力される

End Sub

Function Sample013_2(A As Integer, B As Integer) As Integer

  Sample013_2 = A + B ――――――――― 引数AとBの合計を返す

End Function
```

■ 補足

引数を持った「Subプロシージャ」の場合には、カッコは付けずに呼び出します。

プロシージャ名 引数1, 引数2, …………

```
例：Sample013_2 1, 2
```

014 変数を使いたい

ポイント	Dimステートメント
構文	Dim 変数名

「変数」とは、一連のプログラムの中で値が変化していくものを保管する入れ物のことです。

プロシージャの先頭の方で「Dim intData」のように記述し、そこから先で「intData」という名前の変数を使うことを宣言します。

変数は入れ物ですので「intData = 100」のようなコードでそこに任意の値を入れることができます。また、計算式や引数などではその変数名を使うことでそこに入っている値を参照することができます。

「intData」といった"変数名"は概ね自由に命名できますが、下記のようなルールがあります。

- **半角の文字や数字が使える(全角も使えますがお薦めしません)**
- **記号は「_(アンダーバー)」のみ使用可能(ドットやスペースなどは不可)**
- **先頭1文字目には、数字、「_(アンダーバー)」やその他の記号は使用不可**
- **VBA自体があらかじめ持っている語句(予約語といいます)は使用不可**

■ プログラム例

Sub Sample014

```
Sub Sample014()

  Dim intData

  intData = 100 ―――――――― 変数に100を代入
  Debug.Print intData ――――― 100が出力される

  intData = 200 ―――――――― 変数に200を代入
  Debug.Print intData ――――― 200が出力される

  intData = intData * 2 ―――― 変数値を2倍にして変数に代入
  Debug.Print intData ――――― 400が出力される

End Sub
```

■ 補足

変数を宣言しておくと、そのあとのコードでその変数を記述する際、大文字/小文字問わず入力しても自動的に宣言どおりの文字に変わるという利便性もあります。

015 定数を使いたい

ポイント	Constステートメント
構文	Const 定数名 = 定数値

「定数」とは、一連のプログラムの中で値が常に固定なものを保管する入れ物のことです。

プロシージャの先頭の方で「Const MyName = "TARO"」のように記述し、そこから先で「MyName」という名前の定数を使うことを宣言します。

定数で宣言することで、誤って他の値を代入してしまうことを防ぐことができます。また、いろいろな箇所で使われる値を1箇所で宣言することで、もしその値に変更があった場合は1箇所だけのコード変更で済むというメリットもあります。

定数はプロシージャ内で宣言した場合はそのプロシージャ内でのみ有効です。フォームモジュールなどにおいてDeclarationsセクションで宣言した場合には、そのモジュール内のどのプロシージャからでも参照可能です。さらに、標準モジュールのDeclarationsセクションで宣言した場合には、すべてのモジュール・すべてのプロシージャからそれを参照することができますので、データベース内で一貫した値すべてを1箇所で宣言することができます。

※ 定数名の命名については変数と同様です（「014 変数を使いたい」を参照）。

■ **プログラム例** Sub Sample015

```
Sub Sample015()

  Const MyName = "TARO"

  Debug.Print MyName ———— TAROが出力される

  MsgBox MyName ———— TAROが表示される

  MsgBox MyName & "です" ———— TAROですと表示される

End Sub
```

実行例

Microsoft Access

TAROです

OK

016 変数や定数にデータ型を指定したい

ポイント	Asキーワード
構文	Dim 変数名 As データ型 Const 定数名 As データ型

変数や定数を宣言する際、名前でだけなく、そこのどのような型のデータが設定されるかを指定することができます。それには表記の構文で宣言します。

データ型を指定しておくことで、プログラムミスで誤ったデータを代入してしまうことを防ぐことができます。また変数名がどのようなタイプのデータを持っているか分かりやすくなります。

データ型として使用可能な主だったものは下表のとおりです。たとえばある変数に代入する数値が0～255の数値に限られているなら「Dim ValData As Byte」、-32,768～32,767なら「Dim ValData As Integer」のように記述します。

データ型	Asの記述	扱える値
テキスト型	String	任意の文字（最大で約20億文字）
バイト型	Byte	0～255の整数
整数型	Integer	-32,768～32,767の整数
長整数型	Long	-2,147,483,648～2,147,483,647の整数
単精度浮動小数点数型	Single	-1.401298E-45～3.402823E38の小数
倍精度浮動小数点数型	Double	-4.94065645841247E-324～1.79769313486232E308の小数
通貨型	Currency	-922,337,203,685,477.5808 ～ 922,337,203,685,477.5807の小数
日付型	Date	西暦100年1月1日～西暦9999年12月31日までの日付と時刻
ブール型	Boolean	真偽（True／False）の2値
バリアント型	Variant	すべてのデータ型 ※ Asでデータ型を指定しない場合は自動的にこの型として扱われます。
オブジェクト型	Object	オブジェクト

■ **補足**

本書では独自ルールとして、変数名や定数名の先頭にデータ型名の省略形を付加しています。

```
例：strMojiData As String
```

017 複数の変数や定数を1行に書きたい

ポイント　,（カンマ）

変数や定数の書き方は「Dim 変数名 As データ型」や「Const 定数名 As データ型」が基本形ですが、プロシージャ内にたくさんの変数などがある場合、1つの行にそれらを列挙して記述することができます。

それには、先頭の「Dim」や「Const」に続けて、「変数名（定数名） As データ型」の部分を「,（カンマ）」で区切って列挙します。

```
Dim intData1 As Integer
Dim intData2 As Integer
Dim intData3 As Integer
Const clngVal1 As Long = 123456
Const csngPai As Single = 3.14
```

```
Dim intData1 As Integer, intData2 As Integer, intData3 As Integer

Const clngVal1 As Long = 123456, csngPai As Single = 3.14
```

「As」を使ったデータ型の指定は変数／定数1つずつに記述する必要があります。次のように書いた場合、一見3つの変数がInteger型になりそうですが、intData3だけがInteger型で、それ以外はVariant型になります。

```
Dim intData1, intData2, intData3 As Integer
```

「,」で列挙することで一連のコードの縦方向を短くできますが、必要以上に列挙すると横方向が見づらくなります。ほぼ同等に使うような複数の変数／定数に限って、それらをグループ化する意味で使う程度がよいでしょう。

018 組み込み関数を使いたい

ポイント　組み込み関数

Functionプロシージャを作成することで自分で独自の関数を作ることもできますが、長いプログラムを書かなければならない処理や独自に作成することが困難な処理もあります。

Access VBAには、Excelのワークシート関数などと同様にあらかじめ多くの関数が用意されています。そのような関数群を「組み込み関数」といいます。VBAのプログラミングにおいては、どのような組み込み関数があるか、またどのように使うか（特に引数や返り値）を把握しておくことが重要です。

一例として、組み込み関数には次のようなものがあります。

組み込み関数	内容
CInt	値をInteger型に変換する
CLng	値をLong型に変換する
Int	数値を切り捨てる
IsNumeric	数値型かどうか判定する
Round	数値を四捨五入する
Date	現在の日付を返す
Now	現在の日付と時刻を返す
DateAdd	日付や時刻の加減算を行う
DateDiff	2つの日付/時刻の差を返す
Format	文字列を書式化する
InStr	文字列の中から指定文字の位置を返す
Lcase、Ucase	小文字／大文字を変換する
Left	文字列の先頭から指定文字数を取り出す
Len	文字列の長さを返す
Mid	文字列の指定位置から指定文字数を取り出す
StrComp	2つの文字列を比較する
StrConv	文字列を変換する
Trim	文字列の前後のスペースを除去する
Val	文字列を数値に変換する

※ 上記は組み込み関数のほんのごく一部です。どのようなものがあるかは本書の内容等で確認してください。

019 組み込み定数を使いたい

ポイント　組み込み定数

「組み込み定数」とは、VBAにあらかじめ用意されている定数のことです。宣言せずにプログラムの中で使うことができます。

たとえば、メッセージボックスを表示するMsgBox関数の場合、次のような組み込み定数を利用することができます。実体は「vbOKOnly=0」、「vbOKCancel=1」のような値になっており、数値を指定することでも動作させせることができます。しかし「OKOnly」といった表記になっていることで、その数値を覚えることなく意味合いが理解でき、覚えやすいというメリットがあります。

対象	組み込み定数	内容
表示するボタン	vbOKOnly	[OK]
	vbOKCancel	[OK]、[キャンセル]
	vbYesNoCancel	[はい]、[いいえ]、[キャンセル]
	vbYesNo	[はい]、[いいえ]
	vbAbortRetryIgnore	[中止]、[再試行]、[無視]
	vbRetryCancel	[再試行]、[キャンセル]
表示するアイコン	vbInformation	情報(①)
	vbExclamation	注意(⚠)
	vbQuestion	問い合わせ(?)
	vbCritical	警告(×)
既定でフォーカスがあるボタン	vbDefaultButton1	第1ボタン
	vbDefaultButton2	第2ボタン

■ プログラム例　　Sub Sample019

```
Sub Sample019()
                                        [OK] ボタン、 [情報] アイコンで表示
  MsgBox "処理を完了しました！", vbOKOnly + vbInformation
                                        [OK] ボタン、 [注意] アイコンで表示
  MsgBox "処理に失敗しました！", vbOKOnly + vbExclamation

  MsgBox "処理を続行しますか？", vbYesNo + vbQuestion + vbDefaultButton2
        [はい] [いいえ] ボタン、 [問い合わせ] アイコンで表示、 [いいえ] をデフォルト
End Sub
```

020 演算子を使いたい

ポイント　算術演算子、比較演算子、論理演算子

「演算子」は、足し算や掛け算などの四則演算や値と値の比較、"かつ"や"または"などの論理演算に使う記号のことです。また、文字列を連結するための演算子もあります。

VBAで使える主な演算子は次のようなものです。

種類	演算子	説明	使用例とその結果	
算術演算子	+	足し算	1 + 2	3
	-	引き算	3 - 1	2
	*	掛け算	2 * 5	10
	/	割り算	10 / 2	5
	¥	割り算の商	10 ¥ 3	3
	Mod	割り算の余り	10 Mod 3	1
	^	べき乗	2 ^ 3	8
比較演算子	<	小さい	2 < 5	True
	<=	以下	2 <= 3	True
	>	大きい	2 > 5	False
	>=	以上	2 >= 5	False
	=	等しい	3 = 7	False
	<>	等しくない	3 <> 7	True
論理演算子	And	論理積（かつ）	4 > 2 And 2 <= 5	True
	Or	論理和（または）	8 > 7 Or 8 <= 10	True
	Not	論理否定	Not 8 > 5	False
	Xor	排他的論理和	4 > 2 Xor 4 < 2	True
連結演算子	&	文字列の連結	"ABC" & "DEF"	"ABCDEF"

021 適用範囲を指定してプロシージャを使いたい

ポイント | Privateステートメント、Publicステートメント

「適用範囲」とは、そのプロシージャがどこから呼び出し可能かを表す範囲のことです。プロシージャがどのモジュールに記述されているか、またどのようなステートメントで宣言されているかでその範囲が変わってきます。

※ "どのモジュール" とはフォームモジュールか標準モジュールかという種類ではなく、特定のフォームのモジュール、特定の名前の標準モジュール個々という意味合いです。同じ標準モジュールでも名前の違うモジュールは別のモジュールと考えます。

主な宣言方法として次のようなものがあります。

■ Privateステートメントで宣言

```
例：Private Sub Sample()
      ～～～
    End Sub
```

同じモジュール内からだけ呼び出すことができます。

■ Publicステートメントで宣言

```
例：Public Sub Sample()
      ～～～
    End Sub
```

すべてのモジュールから呼び出すことができます。ただしフォームモジュール等のプロシージャを他のモジュールから呼び出す場合には、「Form_フォーム名.プロシージャ」または「Forms!フォーム名.プロシージャ」のような記述にする必要があります。

■ プロシージャ名のみで宣言

```
例：Sub Sample()
      ～～～
    End Sub
```

すべてのモジュールから呼び出すことができます（Publicと同じ扱い）。

※ 適用範囲にないプロシージャを呼び出そうとするとエラーとなります。

※ 同じ適用範囲内に同名のプロシージャ名がある場合、同じモジュール内にあるプロシージャが優先的に実行されます（ただし同じモジュール内や他のモジュール間は同名エラーとなります）。

022 適用範囲を指定して変数や定数を使いたい

ポイント　Dimステートメント、Privateステートメント、Publicステートメント

変数や定数の「適用範囲」とは、それらがどこから代入・参照可能かを表す範囲のことです。変数や定数がどこに記述されているか、またどのようなステートメントで宣言されているかでその範囲が変わります。

主な宣言方法として次のようなものがあります。

■ プロシージャ内においてDimステートメントで宣言

```
例：Private Sub Sample()
      Dim intData As Integer
        ～～～～
    End Sub
```

そのプロシージャ内からだけ参照可能です。

■ Declarationsセクションにおいて Privateステートメントで宣言

```
例：Private pintData As Integer
```

同じモジュール内のすべてのプロシージャから参照可能です。

■ Declarationsセクションにおいて Publicステートメントで宣言

```
例：Public pintData As Integer
```

すべてのモジュールのすべてのプロシージャから参照可能です。ただしフォームモジュール等の変数／定数を他のモジュールから参照する場合には、「Form_フォーム名.変数名」または「Forms!フォーム名.変数名」のような記述にする必要があります。

■ Declarationsセクションにおいて Dimステートメントで宣言

```
例：Dim pintData As Integer
```

同じモジュール内のすべてのプロシージャから参照可能です（Privateと同じ扱い）。

※ 適用範囲にない変数／定数を参照しようとするとエラーとなります。

※ 同じ適用範囲内に同名の変数／定数がある場合、同じモジュール内にある変数／定数が優先的に参照されます（ただし同じモジュール内や他のモジュール間は同名エラーとなります）。

023 プロシージャを抜けても変数値を保持したい

ポイント	Staticステートメント
構文	Static 変数名

プロシージャ内で「Static」を使って変数を宣言すると、プログラムがリセットされたり、フォームモジュールであればフォームが閉じられたりするまで、その変数に代入されている値を保持し続けることができます。

通常、「Dim」で宣言された変数の値はプロシージャを抜けるとリセットされます。再度プロシージャが呼び出されたときはリセット状態からのスタートとなります。

それに対してStaticの場合はプロシージャを抜けてもリセットされず、次回呼び出されたときも前回の値をそのまま参照することができます。

次のプログラム例では、Static変数sintDataの値を+1しています。Dimであれば毎回「1」が出力されますが、Static変数であるため、最初は「1」、次は「2」、その次は「3」というように、プロシージャが実行されるたびに1ずつ増えていきます。

■ プログラム例

Sub Sample023

```
Sub Sample023()

  Static sintData As Integer

  sintData = sintData + 1
  Debug.Print sintData

End Sub
```

実行例

■ 補足

その変数がそのプロシージャでだけ利用されるのであればStaticステートメントが分かりやすいですが、同様の効果はDeclarationsセクションで変数を宣言することでも得られます。

024 クエリの演算フィールドでも使えるプロシージャを作りたい

ポイント　Publicステートメント、Functionプロシージャ

　標準モジュールにおいて"Public"で宣言されたプロシージャは他のモジュールから呼び出して実行させることができます。

　そのとき、それが"Function"プロシージャであれば、モジュールつまりVBAのプログラムだけでなく、クエリの演算フィールドから呼び出して利用することができます。

■ プログラム例

Function Sample024

```
Public Function Sample024(curPrice As Currency, sngTax As Single) As Currency

  '引数の単価×税率を計算して税込単価を返す
  Sample024 = curPrice * (1 + sngTax)

End Function
```

■ クエリでの利用例

　このクエリでは、「税込単価: Sample024([単価],[消費税率])」という演算フィールドを追加しています。テーブルにある「単価」と「消費税率」フィールドの値をFunctionプロシージャに渡し、その返り値を「税込単価」というフィールドとして出力します。

qselChap1_24

実行例

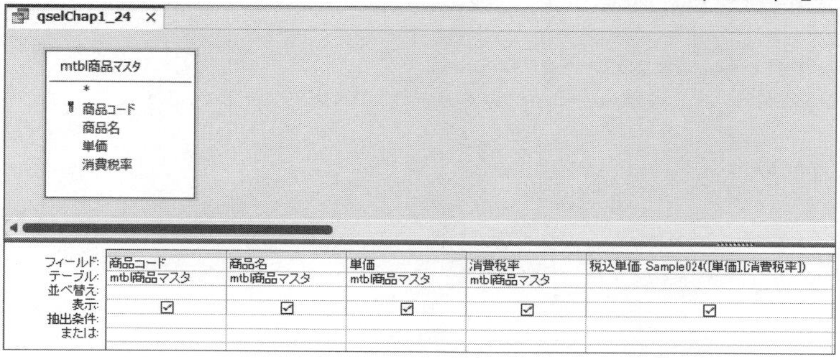

qselChap1_24

mtbl商品マスタ
*
商品コード
商品名
単価
消費税率

フィールド:	商品コード	商品名	単価	消費税率	税込単価: Sample024([単価],[消費税率])
テーブル:	mtbl商品マスタ	mtbl商品マスタ	mtbl商品マスタ	mtbl商品マスタ	
並べ替え:					
表示:	☑	☑	☑	☑	☑
抽出条件:					
または:					

qselChap1_24

商品コード	商品名	単価	消費税率	税込単価
0000049177008	トンボ モノ消しゴム	¥48	10.00%	¥53
0000049177015	トンボ MONO 消しゴム PE-04A	¥78	10.00%	¥86
0049074000943	棚板(903)	¥4,280	10.00%	¥4,708
0049074005894	セントリー手提げ金庫 SCB-8	¥2,980	10.00%	¥3,278
0049074005900	セントリー手提げ金庫 SCB-10	¥3,980	10.00%	¥4,378
0049074005924	セントリー 手提金庫 ASB-32	¥3,980	10.00%	¥4,378
0049074009038	トレイ丸型(912)	¥5,480	10.00%	¥6,028
0049074009045	鍵付きドロワー 丸型(913)	¥7,480	10.00%	¥8,228

025 コードにコメントを付けたい

ポイント　'(シングルクォーテーション)

プログラムはあくまでも実際に実行されるコードを記述することが主体となります。しかし、のちのプログラム変更あるいは他の人が修正作業を行う際など、そこでどのような処理を行っているかが日本語の説明文として書かれていればメンテナンスがしやすくなります。

そのようなとき、「コードの中に書かれているが実行はされない」文面を「コメント」として記述できます。

VBAの場合には、その文面の前に「'(シングルクォーテーション)」を付けます。それによってその文字以降がコメントとして扱われます。

またコメントの使い道として、コードの説明文だけでなく、「一時的に実行させないようにする」こともできます。複数のコードのどちらがよいか比較するとき、テスト中にあるコードをスキップさせたいようなときなど、本来は動作する通常のコードをコメント化("コメントアウト"といいます)します。通常のコードの各行の先頭に「'(シングルクォーテーション)」を付けることで、コメントアウトすることができます。

■ **プログラム例**　Sub Sample025

```
Public Function Sample025(curPrice As Currency, sngTax As Single) As Currency
'説明　:引数の単価×税率を計算して税込単価を返すプロシージャ
'引数　:curPrice 単価
'          sngTax 消費税率
'返り値:税込単価

  '単価×(1 + 税率)を計算
  Sample025 = curPrice * (1 + sngTax)

  '消費税額を返すときは次のコードを使う
  'Sample025 = curPrice * sngTax ―― 注:コメントアウトしています

End Function
```

026 長いコードを改行したい

ポイント　_(アンダーバー)

プログラムによっては1つの命令が長いコードになることがあります。そのようなとき、行継続文字「_(アンダーバー)」を使うことでコードを改行することができます。縦長にすることで横スクロールさせることがなくなり、コードが見やすくなります。

それには、「,」や「&」など、コードの一定の区切り位置で半角スペースに続けて「_(アンダーバー)」をキー入力して Enter キーで改行します。

「,」で改行したときは問題ありませんが、長い文字列を途中で改行する場合にはそれぞれの行ごとに文字列の範囲を示す「"(ダブルクォーテーション)」でそれらを囲む必要があります(1つの文字列の途中での改行はできません)。

命令によっては改行と同時に以降のコードの演算子などが勝手に変わってエラーとなる場合があります。そのようなときはその部分を修正します。

■ **プログラム例**

Sub Sample026

```
Sub Sample026()

  MsgBox "選択されているデータを削除します！" & _
         "[はい]をクリックすると、削除したデータを元に戻すことはできません。" & _
         "削除してよろしいですか？", _
         vbYesNo + _
         vbQuestion + _
         vbDefaultButton2

End Sub
```

実行例

027 メッセージボックスに複数行のメッセージを表示したい

ポイント　組み込み定数vbCrLf

VBAの文字列においては、その途中に組み込み定数「vbCrLf」を挿入することで、文字列内での改行を行うことができます。

MsgBox関数の場合、1つめの引数にメッセージの文字列を指定します。その文字列の途中にvbCrLfを追加することでメッセージ文を途中で改行して複数行のメッセージ表示にすることができます。

なお、組み込み定数「vbCrLf」は、文字コード「13」の「CR（キャリッジリターン）」と「10」の「LF（ラインフィード）」の値を組み合わせたもので、"改行コード"といいます。この定数1つで1つの改行を表します。

■ プログラム例　　Sub Sample027

```
Sub Sample027()

  MsgBox "選択されているデータを削除します！" & _
          vbCrLf & vbCrLf & _
          "[はい]をクリックすると、削除したデータを元に戻すことはできません。" & _
          vbCrLf & vbCrLf & _
          "削除してよろしいですか？", _
          vbYesNo + vbQuestion + vbDefaultButton2

End Sub
```

実行例

■ vbCrLfを使わない場合

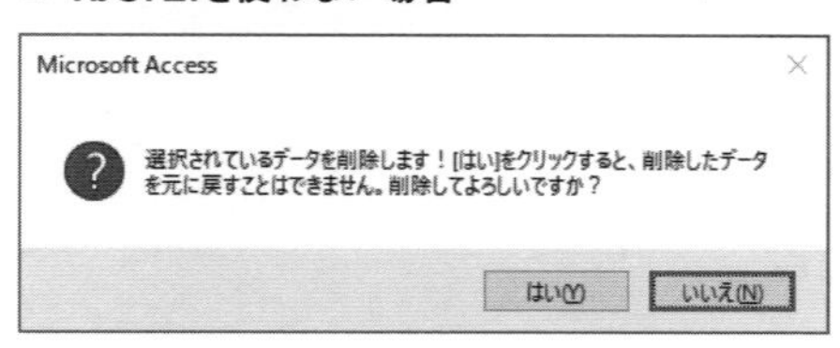

■ vbCrLfを使った場合

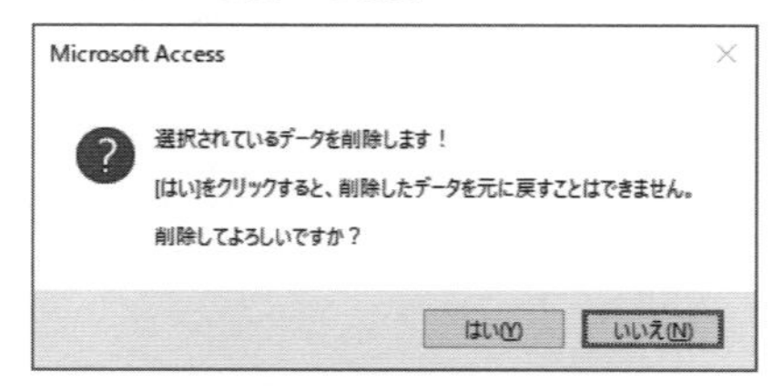

028 メッセージ文にダブルクォーテーションを含めたい

ポイント | "" (ダブルクォーテーション2つ)

VBAで文字を扱う場合はその範囲を示すために前後を「" (ダブルクォーテーション)」で囲みます。MsgBox関数でメッセージ文を表示する場合も同様ですが、メッセージ文自体に「"」も含めたいとき、単純に「"」を記述すると文法エラーとなってしまいます。

そのようなときは、「""」のように"ダブルクォーテーション2つ"で1つのダブルクォーテーションを表記します。

そのとき「""」で」で1つの文字を表すことになります。よって、ダブルクォーテーションだけの文字列を表現する場合には、「""""」のようにダブルクォーテーション4つを記述します。

■ プログラム例

Sub Sample028

```
Sub Sample028()

  Dim strData1 As String
  Dim strData2 As String

  strData1 = "パック封筒 長形4号 白 二重 10枚"
  strData2 = "100円"

  MsgBox """" & strData1 & """ が選択されています！ " & _
         vbCrLf & vbCrLf & _
         "単価は """ & strData2 & """ です。", _
         vbOKOnly + vbInformation

End Sub
```

実行例

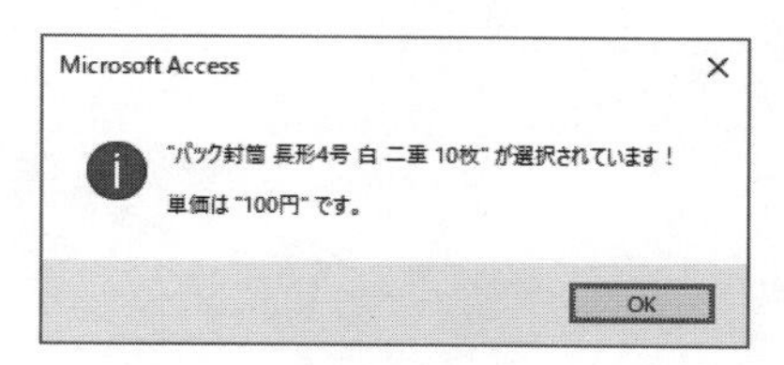

029 条件に合うときだけ処理したい

ポイント	If...Then...Elseステートメント

構文	If 条件式1 Then
	　条件式1がTrueのときの処理
	ElseIf 条件式2 Then
	　条件式1がFalseで条件式2がTrueのときの処理
	Else
	　条件式1と2がともにFalseのときの処理
	End If

プログラムは書かれたコードの上から下へ向かって実行されていきますが、その流れをコントロールすることを「フロー制御」といいます。その中で、条件式が正しいかどうかによって実行するコードを変えることを「条件分岐」といい、「If...Then...Else」ステートメントを使って記述します。

各条件式には「比較演算子」を使うなどして、結果として真偽（True／False）を返す式を指定します。

ElseIfのブロックはいくつも記述することができます（1つもなくてもかまいません）。

Elseのブロックは最後に記述します。上の条件式のいずれにも該当しなかったときの処理を記述します（必須ではありません）。

■ **プログラム例**　　Sub Sample029

```
Sub Sample029()
  Dim intData As Integer

  intData = 1
  If intData = 1 Then
    MsgBox "値は1です！"
  ElseIf intData = 2 Then
    MsgBox "値は2です！"
  ElseIf intData = 3 Then
    MsgBox "値は3です！"
  Else
    MsgBox "値は1～3ではありません！"
  End If

End Sub
```

030 複数の条件で比較して処理分岐したい

ポイント　If...Then...Elseステートメント、論理演算子

条件分岐を行う「If...Then...Else」ステートメントにおいて、評価する条件式に論理演算子を使うことで、「かつ（And）」あるいは「また（Or）」といった複数の条件を満たすかどうかで処理分岐させることができます。

次のプログラム例では、intData1とintData2の2つ変数の値をチェックして、それぞれの値や大小比較によって処理を分岐します。

■ プログラム例

Sub Sample030

```
Sub Sample030()

  Dim intData1 As Integer
  Dim intData2 As Integer

  intData1 = 1
  intData2 = 3

  If intData1 = 1 And intData1 < intData2 Then
    MsgBox "値は1でかつ" & intData2 & "より小さいです！"
  ElseIf intData1 = 2 Or intData1 = 3 Then
    MsgBox "値は2また3です！"
  ElseIf (intData1 = 4 Or intData1 = 5) And intData1 > intData2 Then
    MsgBox "値は4また5でかつ" & intData2 & "より大きいです！"
  Else
    MsgBox "いずれの条件にも一致しませんでした！"
  End If

End Sub
```

■ 補足

複数の条件式がありかつAndとOrが混在している場合、その評価の順番によっては正しくない結果となる場合があります。上記のようにカッコでくくってその優先順位を指定します。

031 1つの変数の値に応じて処理分岐したい

ポイント	Select Caseステートメント

構文	Select Case 変数や式
	  Case 値1
	    変数や式が値1のときの処理
	  Case 値2
	    変数や式が値2のときの処理
	  Case Else
	    変数や式が値1でも値2でもないときの処理
	End Select

論理演算子を使ったさまざまな条件式による分岐ではなく、単にある1つの変数の値や式の結果に応じて処理分岐させたい場合には、「Select Case」ステートメントでフロー制御することができます。次のように記述します。

- **まず条件分岐の基準となる変数や式を指定し、その値に応じた処理をそれぞれ記述していきます。**
- **「Case 値」の部分は、複数値をカンマで列挙したりToで範囲指定したりすることもできます。**
- **Caseのブロックはいくつも記述することができます。またCase Elseのブロックは最後に記述します。上の条件式のいずれにも該当しなかったときの処理を記述します（必須ではありません）。**

■ **プログラム例**

Sub Sample031

```
Sub Sample031()
  Dim intData As Integer
  intData = 1
  Select Case intData
    Case 1 ―――――――――― 単一値との比較
      MsgBox "値は1です！"
    Case 2
      MsgBox "値は2です！"
    Case 3, 4, 5 ―――――――― 複数値との比較
      MsgBox "値は3か4か5のいずれかです！"
    Case 6 To 9 ――――――――― 範囲との比較
      MsgBox "値は6～9のいずれかです！"
    Case Else
      MsgBox "値は1～9ではありません！"
  End Select

End Sub
```

032 真偽の条件判断を簡単に記述したい

ポイント　True／False

「If...Then...Else」ステートメントでは条件式を指定してその真偽によって処理分岐を行います。その際、条件式が常にTrue／Falseのいずれかである場合、あるいは変数がBoolean型の場合、条件自体が真偽を表しているため、「=True」や「=False」といった記述を省略できます。

```
If blnMatch = True Then
    ↓↓
If blnMatch Then
```

```
If blnMatch = False Then
    ↓↓
If Not blnMatch Then
```

■ プログラム例

Sub Sample032

```
Sub Sample032()

  Dim intData As Integer
  Dim blnMatch As Boolean

  intData = 1
  If intData = 1 Then
    '1ならTrueを代入
    blnMatch = True
  End If

  If blnMatch Then
    'Trueならメッセージ表示
    MsgBox "値は1です！"
  End If

End Sub
```

■ 補足

上記例の場合、同様の理由で「blnMatch = (intData = 1)」の1行で代入式を記述できます。

033 途中でプロシージャを終了したい

ポイント　Exitステートメント

プロシージャ内の一連の処理において、ある条件になったらそのあとの処理は行わずにプロシージャを終了したいというケースがあります。

そのようなときは、抜けたいところに「Exit」ステートメントを記述します。

- **Subプロシージャの場合……………………Exit Sub**
- **Functionプロシージャの場合………Exit Function**

次のプログラム例では、変数intDataが1でもなく2でもない場合はExit Subでプロシージャを終了しています。そのため、それより後ろに記述されているメッセージボックスの表示は実行されません。

■ **プログラム例**　　Sub Sample033

```
Sub Sample033()

  Dim intData As Integer
  Dim strMsg As String

  intData = 1

  If intData = 1 Then
    strMsg = "値は1です！"
  ElseIf intData = 2 Then
    strMsg = "値は2です！"
  Else
    Exit Sub ──── プロシージャを終了
  End If

  MsgBox strMsg ─── Elseのときは実行されない

End Sub
```

034 指定回数処理を繰り返したい

ポイント	For...Nextステートメント
構文	For カウンタ変数 = 開始値 To 終了値 　繰り返す一連の処理 Next

同じような処理を繰り返したいとき、あらかじめその回数が分かっている場合には「For...Next」ステートメントを使います。多くの場合、何回目の繰り返しかに応じて状態を変えながら類似の処理をループ実行します。カウンタ変数は次のように使用します。

- **カウンタ変数は任意の名前の変数で、事前にDimで宣言しておきます。**
- **カウンタ変数は開始値からスタートし、ループのたびにカウントアップしていきます。終了値になったところでループを抜けます。**
- **カウンタ変数もふつうの変数です。値を代入することもできますので、もし一連の処理の中で意図的に別の値に変更された場合、予期せぬ繰り返しとなることがあります。**

■ **プログラム例**

Sub Sample034

```
Sub Sample034()

  Dim iintLoop As Integer

  For iintLoop = 1 To 10
    Debug.Print iintLoop
  Next iintLoop

End Sub
```

■ **補足**

既定ではカウンタの値は繰り返しごとに1ずつ増えていきます。もしこれを別の値にしたい場合は「Step」を指定します。

```
例：For iintLoop = 1 To 10 Step 2 ――2ずつ増える
```

「10 To 1」のように開始値>終了値の値も指定可能です。その場合にはStepにマイナス値を指定します。

```
例：For iintLoop = 10 To 1 Step -1
```

035 条件を満たしている間処理を繰り返したい

ポイント	Do...Loopステートメント、While...Wendステートメント
構文	Do While 条件式 　繰り返す一連の処理 Loop While 条件式 　繰り返す一連の処理 Wend

同じような処理を繰り返したい場合で、その回数は事前には分からないがある条件を満たしている間だけ繰り返したいといった場合には、「Do...Loop」ステートメント（While指定）あるいは「While...Wend」ステートメントを使います。

この構文では、比較演算子や論理演算式を使ってループを続ける条件式を指定します。その条件式の評価結果がTrueの間、ループが実行されます。式内に変数を使い、かつ一連の処理の中でその変数値を変えていくことでループ続行条件とすることもできます。

■ **プログラム例**　　Sub Sample035

```
Sub Sample035()

  Dim iintLoop As Integer

  iintLoop = 1
  Do While iintLoop <= 10
    Debug.Print iintLoop
    iintLoop = iintLoop + 1
  Loop

  iintLoop = 1
  While iintLoop <= 10
    Debug.Print iintLoop
    iintLoop = iintLoop + 1
  Wend

End Sub
```

036 条件を満たすまで処理を繰り返したい

ポイント	Do...Loopステートメント
構文	Do Until 条件式 　繰り返す一連の処理 Loop

同じような処理の繰り返しにおいて、条件を満たしていない状態でループに入り、その条件を満たす状態になったらループを抜けたいというときは、「Do...Loop」ステートメントに「Until」を指定します。

■ プログラム例

Sub Sample036

```
Sub Sample036()

  Dim iintLoop As Integer

  iintLoop = 1
  Do Until iintLoop > 10
    Debug.Print iintLoop
    iintLoop = iintLoop + 1
  Loop

End Sub
```

■ 補足

Do...Loopステートメントに入る際、初めからUntilで条件を満たしているとき、あるいは初めからWhileで満たしていない場合、その中の処理は一度も実行されません。条件に関わらず最低1回は実行したいというときは、「While」や「Until」を後置きにします。

例：

```
Do
  一連の処理
Loop Until 条件式

Do
  一連の処理
Loop While 条件式
```

037 入れ子で処理を繰り返したい

ポイント　For...Nextステートメント、Do...Loopステートメント

For...NextステートメントやDo...Loopステートメントによる繰り返し処理では、それらを入れ子にすることもできます。外側のループを繰り返しながら、そのひとつひとつについて内側のループを繰り返すということができます。

なお、For...Nextステートメント用のカウンタ変数はそれぞれ別の変数を使う必要があります。

■ プログラム例　Sub Sample037

```
Sub Sample037()

  Dim i As Integer, j As Integer

  '九九の計算を行う
  For i = 1 To 9 ──────── 外側のループ
    For j = 1 To 9 ────── 内側のループ
      Debug.Print i & "×" & j & " = " & i * j
    Next j
  Next i

  For i = 1 To 9 ──────── 外側のループ
    j = 1
    Do While j < 10 ───── 内側のループ
      Debug.Print i & "×" & j & " = " & i * j
      j = j + 1
    Loop
  Next i

End Sub
```

実行例

```
イミディエイト
1×1 = 1
1×2 = 2
1×3 = 3
1×4 = 4
1×5 = 5
1×6 = 6
1×7 = 7
1×8 = 8
1×9 = 9
2×1 = 2
2×2 = 4
2×3 = 6
2×4 = 8
2×5 = 10
2×6 = 12
```

038 途中で繰り返しを抜けたい

ポイント　Exitステートメント

For...NextステートメントやDo...Loopステートメントによる繰り返し処理において、その指定回数や条件式に関わらず、何らかの状態になったら強制的にループを抜けたいという場合には、抜けたいところに「Exit」ステートメントを記述します。多くの場合、Ifステートメントでその条件を判断します。

- **For...Nextステートメントの場合………Exit For**
- **Do...Loopステートメントの場合………Exit Do**

次のプログラム例ではiintLoop=3となったら強制的にループを抜けます。よってイミディエイトウィンドウには3までしか出力されません。

■ **プログラム例**

Sub Sample038

```
Sub Sample038()

  Dim iintLoop As Integer

  For iintLoop = 1 To 10
    Debug.Print iintLoop
    If iintLoop = 3 Then
      Exit For
    End If
  Next iintLoop

  iintLoop = 1
  Do While iintLoop <= 10
    Debug.Print iintLoop
    If iintLoop = 3 Then
      Exit Do
    End If
    iintLoop = iintLoop + 1
  Loop

End Sub
```

039 簡単なダイアログでデータ入力を行いたい

ポイント	InputBox関数
構文	InputBox(prompt, [title], [default])

データ入力を行う画面はフォームを使って作成しますが、「InputBox」関数を使うと、VBAの1行の命令だけで簡単なデータ入力用ダイアログ（インプットボックス）を表示させることができます。

構文の各引数へは次のような内容を指定します。

- **prompt………ダイアログに表示する、入力を促すメッセージ文を指定します。**
- **title……………ダイアログのタイトルを指定します（省略可）。**
- **default………初期表示される入力値を指定します（省略可）。**

返り値は"ユーザーが入力した値"です。ダイアログで［キャンセル］がクリックされたとき、あるいは未入力のまま［OK］ボタンがクリックされたときは、「""（長さ0の文字列）」が返されます。

■ プログラム例

Sub Sample039

```
Sub Sample039()

  Dim varPrice As Variant

  'インプットボックスを表示
  varPrice = InputBox("税抜金額を入力してください！", "金額入力")
  If varPrice <> "" Then
    'データ入力されて［OK］がクリックされたとき
    MsgBox "税込金額は " & varPrice * 1.1 & " 円です！"
  End If

End Sub
```

■ 補足

インプットボックスには英数字や漢字などの文字種や半角／全角問わず入力を行うことができます。上記例の場合、実際には入力値が数値であることを確認しないと計算でエラーとなります。

040 IIf関数で1行で条件分岐したい

ポイント	IIf関数
構文	IIf(条件式, 式がTrueのときの返り値, 式がFalseのときの返り値)

「IIf」関数を使うと、条件によって異なる値を返す処理、1つの変数に条件によって異なる値を代入する処理をIf...Then...Elseステートメントよりシンプルに1行で書くことができます。

次のプログラム例では、「varInput <> ""」が条件式です。よって、変数varInputの値が「""」でないときは「○○が入力されました!」という文字列が、そうでないときは「キャンセルされました!」という文字列が返され、メッセージボックスに表示されます。

関数であるため、「strMsg = IIf(varInput <> "", varInput & "が入力されました! "〜〜〜)」のようにその結果を直接変数に代入することもできます。

■ プログラム例

Sub Sample040

```
Sub Sample040()

  Dim varInput As Variant

  varInput = InputBox("値を入力してください！")

  MsgBox IIf(varInput <> "", varInput & "が入力されました！", "キャンセルされました！")

End Sub
```

■ 補足

IIf関数は入れ子にして使うこともできます。それによって「If... ElseIf...Else」の構文による1つの変数への代入式を1行で記述できます。

```
例：B = IIf(A = "R", "赤", IIf(A = "G", "緑", "青"))
```

041 Choose関数で1行で条件分岐したい

ポイント	Choose関数
構文	Choose(インデックス値, インデックスが1のときに返す値, インデックスが2のときに返す値, インデックスが3のときに返す値……)

ある変数の値が1、2、3、4……という正数の連番になっているとき、その値に応じて異なる値を返すのが「Choose」関数です。

比較演算子や論理演算子を使った条件分岐はできませんが、逆にIf...Then...Elseステートメントに比べてシンプルなコードにすることができます。

インデックス値は1から始まる正の整数の連番になっている必要があります。

またインデックス値は、2番目以降の"引数の数"に合ったものである必要があります。逆に2番目以降の引数の数の範囲に収まる値である必要があります。実行時のインデックス値が引数に該当しないときはエラーとなります。

例：インデックス値が4のとき下記はエラー（返すための引数が3つしかないため）

```
Choose(インデックス値, "A", "B", "C")
```

関数であるため、返り値を変数に代入することもできます。

■ **プログラム例**

Sub Sample041

```
Sub Sample041()

  Dim varInput As Variant

  varInput = InputBox("1～3を入力してください！")

  MsgBox Choose(varInput, "1です!", "2です!", "3です!")

End Sub
```

実行例

Microsoft Access
1～3を入力してください！
OK
キャンセル
3

Microsoft Access
3です!
OK

042 Switch関数で1行で条件分岐したい

ポイント	Switch関数
構文	Switch(条件式1, 式1がTrueのときの返り値, 条件式2, 式2がTrueのときの返り値, 条件式3, 式3がTrueのときの返り値……)

If...Then...Elseステートメントにおいて「ElseIf」が複数あるようなケース、かつそれぞれが1つの同じ変数に値を代入するようなケースでは、「Switch」関数を使うことでよりシンプルにそれを記述することができます。

IIf関数とは違って、条件式とそれがTrueのときの返り値をペアとして複数列挙できるのが特徴です。

条件式には比較演算子や論理演算子を使うことができます。

条件式とそれがTrueのときの返り値はペアになっている必要があります。

■ プログラム例

Sub Sample042

```
Sub Sample042()

  Dim intData As Integer
  Dim strMsg As String

  intData = 1
  strMsg = Switch(intData = 1, "値は1です！", _
                  intData = 2, "値は2です！", _
                  intData = 3 Or intData = 4, "値は3か4です！", _
                  intData >= 5, "値は5以上です！")
  MsgBox strMsg

End Sub
```

実行例

■ 補足

いずれの条件式にも当てはまらないときは「Null」値と呼ばれる空の値が返されます。Null値はString型の変数に代入できませんので、上記ではエラーとなります。strMsgをVariant型で宣言するか、最後の条件式を上記のようにElseのようにするなどの対処が必要です。

043 メッセージボックスのボタンに応じて処理分岐したい

ポイント | MsgBox関数、組み込み定数

「MsgBox」関数は単にメッセージを表示するだけでなく、関数であるため返り値を持ちます。MsgBox関数の返り値とは、ユーザーが[OK]や[キャンセル]などのどのボタンを選択したかです。
その返り値の判定には次の組み込み定数を使うことができます。

組み込み定数	選択されたボタン
vbOK	[OK]
vbCancel	[キャンセル]
vbYes	[はい]
vbNo	[いいえ]
vbAbort	[中止]
vbRetry	[再試行]
vbIgnore	[無視]

次のプログラム例ではMsgBox関数の返り値をいったん変数intRetに代入します。そのあとSelect Caseステートメントで組み込み定数と比較し、それぞれのメッセージを表示します。
ボタンが[OK]と[キャンセル]のように2つだけの場合には、変数は使わず「If MsgBox(~~~) = vbYes Then...Else...」のような構文で直接分岐する書き方もできます。

■ プログラム例

Sub Sample043

```
Sub Sample043()

  Dim intRet As Integer

  intRet = MsgBox("データを保存してから処理を実行しますか？", vbYesNoCancel +
vbQuestion)
  Select Case intRet
    Case vbYes
      MsgBox "保存します！"
    Case vbNo
      MsgBox "保存しないで実行します！"
    Case vbCancel
      MsgBox "処理をキャンセルします！"
  End Select
End Sub
```

044 長い処理中にマウスカーソルを砂時計表示にしたい

ポイント	DoCmdオブジェクト、Hourglassメソッド
構文	DoCmd.Hourglass True｜False

大量のデータ処理や計算など時間の掛かる処理を実行する際、マウスカーソルを砂時計ポインタ表示にしたいときは、「DoCmd」オブジェクトの「Hourglass」メソッドに引数として"True"を渡して実行します。

一方、それを通常のポインタに戻すには、引数として"False"を渡します。

※ DoCmdオブジェクトはAccess固有のオブジェクトで、Accessのマクロと同等の機能をVBAで実行したいときに使います。マクロのアクション= DoCmdオブジェクトのメソッドという関係です。

■ プログラム例

Sub Sample044

```
Sub Sample044()

  Dim iintLoop As Integer

  DoCmd.Hourglass True ――― 砂時計ポインタを表示

  '時間の掛かる処理を実行
  For iintLoop = 1 To 30000
    Debug.Print iintLoop
  Next iintLoop

  DoCmd.Hourglass False ――― 通常のポインタに戻す

End Sub
```

■ 補足

砂時計ポインタになったことはモジュールのウィンドウでは確認できません。Accessのウィンドウに切り替えて確認します。

また、一連の処理においてエラーが発生した場合、砂時計ポインタのままになってしまいます。エラー発生時にはそれを検出してポインタを元に戻すといった処置が必要な場合があります（Chapter 2の106や109などを参照）。

045 処理の進行状況をインジケータ表示したい

ポイント　SysCmdメソッド

時間の掛かる処理で何件処理するかあらかじめ分かっていて、現在のどの程度まで進んでいるかが分かるようにしたいときは、「Application」オブジェクト(※注)の「SysCmd」メソッドが使えます。Accessウィンドウのステータスバーの右端あたりに、インジケータでその進行状況を表示することができます。

SysCmdメソッドはいろいろな機能を持っていますが、インジケータに関しては次の3つの引数を使います。

- **acSysCmdInitMeter**……インジケータを初期化します。さらに、インジケータの左に表示するメッセージ文と処理する合計件数を引数として渡します。
- **acSysCmdUpdateMeter**……この引数とインジケータの進行件数を渡します。それによって進行件数÷合計件数の割合でインジケータが更新されます。
- **acSysCmdRemoveMeter**……インジケータ表示を消去します。

※ 注：Application オブジェクトは Access そのものを表すオブジェクトです。Access 上で実行するので、コードでは「Application.」の記述は省略できます。

■ **プログラム例**　　Sub Sample045

```
Sub Sample045()

  Dim iintLoop As Integer
  Const cintLoopCnt As Integer = 30000
                                                  進行状況インジケータを初期化
  SysCmd acSysCmdInitMeter, "ただいま処理中です", cintLoopCnt

  'cintLoopCnt回のループ処理
  For iintLoop = 1 To cintLoopCnt
    Debug.Print iintLoop            進行状況インジケータをカウントアップした値に更新
    SysCmd acSysCmdUpdateMeter, iintLoop
  Next iintLoop

  SysCmd acSysCmdRemoveMeter ——— 進行状況インジケータを消去

End Sub
```

046 ある値を他のデータ型に変換したい

ポイント データ型変換関数

変数に格納された値のデータ型を他のデータ型に変換するには、変換したいデータ型に応じて「C○○○」という名前の変換関数を用います。引数として元のデータ型の値を与え、変換された値をその返り値として取得します。主だったものは下表のとおりです。

変換関数	変換先のデータ型
CStr	テキスト型 (String)
CByte	バイト型 (Byte)
CInt	整数型 (Integer)
CLng	長整数型 (Long)
CSng	単精度浮動小数点数型 (Single)
CDbl	倍精度浮動小数点数型 (Double)
CCur	通貨型 (Currency)
CDate	日付型 (Date)
CBool	ブール型 (Boolean)
CVar	バリアント型 (Variant)

■ プログラム例

Sub Sample046

```
Sub Sample046()

    Debug.Print CStr(1234) ──────── "1234"に変換
    Debug.Print CInt(12.345) ────── 12に変換
    Debug.Print CSng("123.345") ─── 123.345に変換
    Debug.Print CDate(45000) ────── 2023/03/15に変換
    Debug.Print CBool(0) ────────── Falseに変換

End Sub
```

■ 補足

引数のデータ型と変換先のデータ型の関係によっては、エラーとなる場合や数値が丸められたりする場合があります。

```
例：CInt("AAA") → エラー    CByte(100.58) → 101
```

また、VBAでは、値を変数へ代入したときなど、可能であれば暗黙的（＝自動的）に型変換されます。必ずしもエラーになるわけではありません。よって、常に変換関数を通すという必要はありません。

047 省略可能な引数を持ったプロシージャを作りたい

ポイント　Optionalキーワード、IsMissing関数

プロシージャの引数は呼び出す側と呼び出される側とでその数が一致していることが基本ですが、省略可能な引数、つまりあるときは指定し、あるときはなしでも可という引数を設けることもできます。

それには、引数の前に「Optional」キーワードを付け、かつバリアント型（Variant）で宣言します。

また、引数が渡されたかあるいは省略されたかは「IsMissing」関数で確認することができます。この返り値がTrueであれば省略されています。

■ プログラム例　　Sub Sample047

```
Sub Sample047_1()

  Debug.Print Sample047_2(10, 20) ―― 30が出力される
  Debug.Print Sample047_2(10) ――― 20が出力される

End Sub

Function Sample047_2(A As Integer, Optional B As Variant) As Integer

  Dim lngRet As Integer

  If Not IsMissing(B) Then
    lngRet = A + B ――― 引数Bがあれば加算
  Else
    lngRet = A * 2 ――― なければAを2倍
  End If
  Sample047_2 = lngRet

End Function
```

■ 補足

省略可能な引数はどこでも自由に使えるわけではありません。何番目かの引数でOptionalを使った場合、それ以降のすべての引数を省略可能なものとして扱う必要があります。

また、引数が省略された場合の既定値を設定できます。IsMissing関数での判定は必要なく、その値が渡されたものとして処理できます。またその引数のデータ型も任意に指定できます。

```
例：Optional B As Integer = 100
```

048 引数の数が任意のプロシージャを作りたい

ポイント　ParamArrayキーワード

一定数用意されたプロシージャの引数の一部を省略するのではなく、呼び出される側では1つ宣言し、呼び出す側は都度任意の数を指定できるようにすることができます。

それには、「ParamArray」キーワードを付けた配列の引数（引数名の後ろにカッコを付けたもの）をバリアント型（Variant）で宣言します。またその数は不定なため、「For Each...In」というループの構文で1つずつ取り出して処理します。

■ プログラム例

Sub Sample048

```
Sub Sample048_1()

  Debug.Print Sample048_2(10, 20) ―――――――――― 30が出力される
  Debug.Print Sample048_2(10, 20, 30) ―――――――― 60が出力される
  Debug.Print Sample048_2(40, 50, 60, 70, 80) ―― 300が出力される

End Sub

Function Sample048_2(ParamArray varParms() As Variant) As Long

  Dim lngSum As Long
  Dim var As Variant

  'すべての引数をループで取り出し
  For Each var In varParms ―――― 引数の値が1つずつ変数varに代入される
    '加算して合計を求める
    lngSum = lngSum + var
  Next var

  Sample048_2 = lngSum

End Function
```

■ 補足

複数の引数を設ける場合、ParamArrayキーワードを指定した引数はそれらの最後で宣言する必要があります。

049 複数の値を返すプロシージャを作りたい

ポイント　参照渡し、値渡し

プロシージャに渡すのは基本的には0個以上の引数、返されるのは1個の値ですが、引数をうまく利用することで引数自体を返り値のように扱うことができます。それによって複数の返り値を得ることができます。さらにSubプロシージャからも返り値を得ることができます。

引数の値のやり取りには次の2つのタイプがあります。

- **参照渡し**……プロシージャ内で引数として渡された変数の値が変更されると、呼び出し側のその変数の値も変更されます（両者で引数は同一視されます）
- **値渡し**……プロシージャ内で引数の変数の値が変更されても、呼び出し側の変数の値には影響を与えません（両者で引数は別物とされます）

VBAでは特に指定しない限り「参照渡し」としてプロシージャに渡されます。したがって、プロシージャでの計算結果などを引数に代入すれば、呼び出し元ではそれを返り値として扱うことができます。

ただし、逆にVBAでは常に加工された値が返されますので、意図的にそうしていないときは留意が必要です。

■ プログラム例　Sub Sample049

```
Sub Sample049_1()

  Dim intData As Integer

  intData = 10
  Debug.Print Sample049_2(intData) ——— 20が出力される
  Debug.Print intData ——————————— 100が出力される

End Sub

Function Sample049_2(A As Integer) As Integer

  Sample049_2 = A * 2 ——— 2倍した値を通常の返り値に設定

  A = A * 10 ——————— 10倍した値を引数で返す

End Function
```

050 同じ種類の複数データを配列で扱いたい

ポイント　配列

一般的な変数は1つの変数に対して1つの値を代入します。一方、「配列」を使うと同じような種類のデータを1つの入れ物に複数代入したり、その中のそれぞれの値を参照したりすることができます。

配列を使う際はまず次のような宣言を行います。配列内のそれぞれの要素の背番号（インデックス）は「0」から始まります。よって、10個分のデータを格納するのであれば0～9となり、カッコ内に「9」、つまりインデックスの最大値を指定します。

```
Dim 配列名(配列のデータ数-1) As データ型
```

それぞれの要素に値を代入したり参照したりする際は次にように記述します。一般的に番号は「1」から始まりますが、配列は「0」からですので、特定の要素を指定する際はインデックスの値とデータの順番の違いを常に意識しておく必要があります。

```
配列名(インデックス) = 値
配列名(インデックス)
```

■ プログラム例

Sub Sample050

```
Sub Sample050()

  Dim aintData(9) As Integer
  Dim iintLoop As Integer

  For iintLoop = 0 To 9
    aintData(iintLoop) = iintLoop + 1
  Next iintLoop

  For iintLoop = 0 To 9
    Debug.Print aintData(iintLoop)
  Next iintLoop

End Sub
```

051 2次元の配列を使いたい

ポイント　2次元配列

データの格納先として、行と列を持った2次元の配列を扱うには次のようにします。

2次元の配列として次のように宣言します。要素の背番号（インデックス）は「0」から始まりますので、10×3の行列なら「Dim 配列名(9, 2)」となります。

```
Dim 配列名(1次元目のデータ数-1, 2次元目のデータ数-1) As データ型
```

各要素への値の代入・参照は次にように記述します（いずれもインデックスは「0」始まり）。

```
配列名(1次元目のインデックス, 2次元目のインデックス) = 値
配列名(1次元目のインデックス, 2次元目のインデックス)
```

具体的には下表のようなイメージで個々の要素を参照します（配列名が「Ary」の場合）。

	1列目	2列目	3列目	n列目
1行目	Ary(0, 0)	Ary(0, 1)	Ary(0, 2)	Ary(0, n-1)
2行目	Ary(1, 0)	Ary(1, 1)	Ary(1, 2)	Ary(1, n-1)
n行目	Ary(n-1, 0)	Ary(n-1, 1)	Ary(n-1, 2)	Ary(n-1, n-1)

■ プログラム例

Sub Sample051

```
Sub Sample051()
  Dim Ary(9, 2) As String
  Dim i As Integer, j As Integer

  For i = 0 To 9
    For j = 0 To 2
      Ary(i, j) = i + 1 & ":" & j + 1
    Next j
  Next i

  For i = 0 To 9
    For j = 0 To 2
      Debug.Print Ary(i, j)
    Next j
  Next i

End Sub
```

052 配列に複数の値をまとめて代入したい

ポイント	Array関数
構文	変数 = Array(値1, 値2, 値3, ……)

配列はそれぞれのインデックスを指定して要素1つずつに値を代入していきますが、「Array」関数を使うとインデックス指定なしでかつ任意の数の要素にまとめて値を代入することができます。

Array関数で代入する場合、代入先の変数はVariant型にする必要があります。カッコでデータ数を指定せず、ふつうの変数のように宣言します。その際、「Dim avarData」でも「Dim avarData()」でも可です。

■ プログラム例

Sub Sample052_1

```
Sub Sample052()

  Dim avarData As Variant
  Dim iintLoop As Integer

  avarData = Array(1, 2, 3, 4, 5, 6, 7, 8, 9, 10) ―― 複数の値をまとめて代入

  For iintLoop = 0 To 9
    Debug.Print avarData(iintLoop)
  Next iintLoop

End Sub
```

■ 補足

Array関数を入れ子で使うことで、2次元配列としてまとめて代入することもできます。その場合、各要素の参照は「avarData(i ,j)」の形式ではなく、『avarData(i)(j)』のようにそれぞれのインデックスにカッコを付けて指定する必要があります。

Sub Sample052_2

```
avarData = Array( _
            Array("1:1", "1:2", "1:3"), _
            Array("2:1", "2:2", "2:3"), _
            Array("3:1", "3:2", "3:3"), _
            Array("4:1", "4:2", "4:3") _
            )
```

053 配列の要素数を調べたい

ポイント	UBound関数
構文	UBound(配列)

「UBound」関数に引数として配列を渡すと、その配列のインデックスの最大値を取得することができます。

インデックスは「0」から始まりますので、「配列のデータ数-1」の値です。配列内をループでたどるようなとき、配列のデータ数が事前に決まっていなくてもこの関数でその上限を得ることができます。

```
Dim aintData(9) As Integer で宣言したとき、
  UBound(aintData) → 「9」が返される
```

■ プログラム例

Sub Sample053

```
Sub Sample053()

  Dim avarData As Variant
  Dim iintLoop As Integer

  avarData = Array(1, 2, 3, 4, 5, 6, 7, 8, 9, 10)

  'インデックスが0から最大値までのループ
  For iintLoop = 0 To UBound(avarData)
    Debug.Print avarData(iintLoop)
  Next iintLoop

End Sub
```

■ 補足

2次元配列の場合はUBound関数の2番目の引数に次元を指定して求めます。

```
Dim Ary(9, 2) As String で宣言したとき
1次元目  UBound(Ary)またはUBound(Ary, 1) → 「9」
2次元目  UBound(Ary,2) → 「2」
```

また、Array関数で代入された配列の場合、1次元配列は通常のUBound関数の使い方と同じですが、2次元配列の場合は次のようにします。

```
1次元目  UBound(Ary)またはUBound(Ary, 1)
2次元目  UBound(Ary(0))
```

054 配列の中から条件に合うデータを取り出したい

ポイント	Filter関数
構文	Filter(配列, 検索文字列)

「Filter」関数に引数として配列を渡すと、その配列のデータを検索して、その中に指定した検索文字列を含むものだけを取り出した別の配列を作ることができます。

Filter関数の返り値は配列です。その代入先も配列（Variant型の変数）で宣言しておきます。

次のプログラム例では、配列avarDataのデータの中に「赤」という文字を含むデータを検索・抽出します。そして返り値である抽出結果を配列avarFindに代入します。

■ プログラム例

Sub Sample054

```
Sub Sample054()

  Dim avarData As Variant
  Dim avarFind As Variant
  Dim iintLoop As Integer

  avarData = Array("サインペン(赤)", "サインペン(黒)", "赤鉛筆", _
                   "マーカー(黒)", "油性マーカー(黒)", "油性ボールペン", _
                   "赤青鉛筆", "えんぴつセット", "シャープペンシル") ―― 全体の配列

  avarFind = Filter(avarData, "赤") ――― 赤で抽出した配列

  For iintLoop = 0 To UBound(avarFind)
    Debug.Print avarFind(iintLoop)
  Next iintLoop

End Sub
```

■ 補足

3番目の引数に「False」を指定すると、配列の中から指定文字列を"含まない"データだけを取り出すことができます。

```
例：avarFind = Filter(avarData, "赤", False)
```

055 配列を要素ごとに区切られた文字列にしたい

ポイント	Join関数
構文	Join(配列, 区切り記号)

「Join」関数を使うと、引数に指定した配列から指定文字で区切られた文字列を簡単に作ることができます。各要素を1つずつループで取り出すようなコードなしで、1つの命令で実現できます。

この処理は、配列として格納されているデータをCSVファイルに出力するような場面で役立ちます。

区切り記号の引数にはカンマやセミコンなど、任意の文字を指定できます。また省略可能で、その場合は半角スペース区切りで文字列が生成されます。

返り値は指定文字で区切られた文字列ですので、String型の変数に代入するなどして利用します。

■ プログラム例

Sub Sample055

```
Sub Sample055()

  Dim avarData As Variant
  Dim iintLoop As Integer

  avarData = Array(1, 2, 3, 4, 5, 6, 7, 8, 9, 10)

  Debug.Print Join(avarData) ―――――― 半角スペースで結合
  Debug.Print Join(avarData, ",") ――― カンマ区切りで結合
  Debug.Print Join(avarData, ";") ――― セミコロン区切りで結合

End Sub
```

実行例

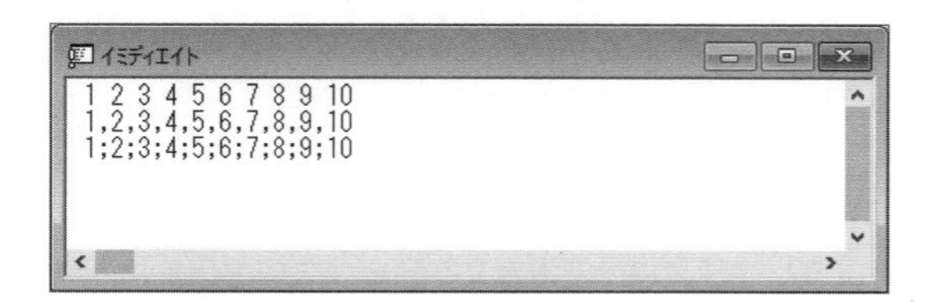

056 要素ごとに区切られた文字列を配列にしたい

ポイント	Split関数
構文	Split(文字列, 区切り記号)

「Split」関数に引数として区切り記号の含まれる文字列を渡すと、その文字列を同じく引数で指定した区切り記号で分割し、それぞれのデータを要素とする配列を取得することができます。

この処理は、CSVファイルから読み込んだ1行分全体のデータをそのまま配列に格納したいようなときに便利です。

返り値は配列です。よってその代入先も配列（Variant型の変数）で宣言しておきます。

文字列の中に指定区切り記号がないときは、その文字列がそのまま1つの要素として返されます。

■ プログラム例

Sub Sample056

```
Sub Sample056()

  Dim strData As String
  Dim avarData As Variant
  Dim iintLoop As Integer

  strData = "4971275135208,USBテンキー 黒,¥798"

  avarData = Split(strData, ",") ――― カンマで分割して配列に代入

  For iintLoop = 0 To UBound(avarData)
    Debug.Print avarData(iintLoop)
  Next iintLoop

End Sub
```

■ 補足

取得した配列のデータに区切り記号自体は含まれませんが、区切り記号の前後にあるスペースはそのまま取り込まれます。そのような形式の文字列の場合は、取り込み後にTrim関数でスペースを除去するなどの後処理が必要です。

057 データ量に応じて配列のサイズを変えたい

ポイント	ReDimステートメント
構文	ReDim [Preserve] 配列(サイズ)

「Dim aintData(9)」のように配列のサイズをあらかじめ固定するのではなく、「Dim aintData()」のようにカッコのみで宣言することで「動的配列」となります。動的配列では格納するデータ量に応じてその要素数をあとから変更することができます。

その際に使うのが「ReDim」ステートメントです。そこで新たなサイズを指定します。配列のインデックスは「0」から始まりますので、実際に指定するのは「配列のデータ数-1」です。

「Preserve」はオプションです。それを付けた場合、それまでの配列内のデータは引き続き保持されます。省略したときはリセットされ、Integer型などであればすべて「0」になります。プログラム例の場合であれば要素数を3に変更したあともaintData(0)=10、aintData(1)=20が出力されます。

■ プログラム例

Sub Sample057

```
Sub Sample057()

  Dim aintData() As Integer ——— 動的配列として宣言

  ReDim aintData(2) ——— 要素数を2に変更
  aintData(0) = 10
  aintData(1) = 20
  Debug.Print aintData(0), aintData(1)

  ReDim Preserve aintData(3) ——— 要素数を3に変更
  aintData(2) = 30
  Debug.Print aintData(0), aintData(1), aintData(2)

End Sub
```

実行例

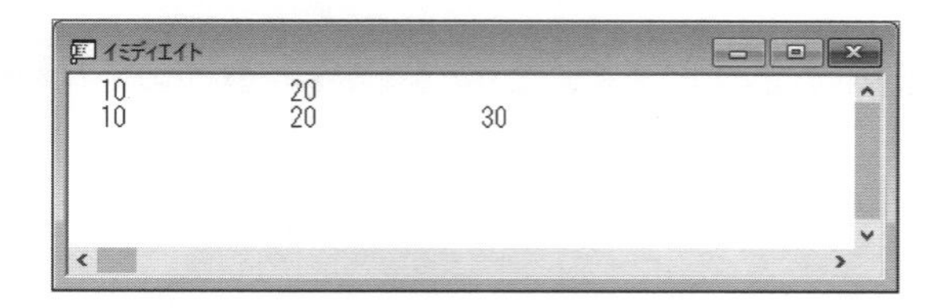

058 配列をクリアしたい

ポイント	Eraseステートメント
構文	Erase 配列

配列に代入されている値をクリアするには、「Erase」ステートメントを使います。

その配列がIntegerなどの数値型であれば「0」に、String型であれば「""（長さ0の文字列）」にすべての要素がリセットされます。

■ プログラム例

Sub Sample058

```
Sub Sample058()

  Dim aintData(9) As Integer
  Dim iintLoop As Integer

  For iintLoop = 0 To 9
    aintData(iintLoop) = iintLoop + 1 ―― 配列に値を代入
  Next iintLoop

  For iintLoop = 0 To 9
    Debug.Print aintData(iintLoop) ―――― 代入した値が出力される
  Next iintLoop

  Erase aintData ――――――――――――――― 配列をクリア

  For iintLoop = 0 To 9
    Debug.Print aintData(iintLoop) ―― すべて「0」が出力される（Integer型の場合）
  Next iintLoop

End Sub
```

実行例

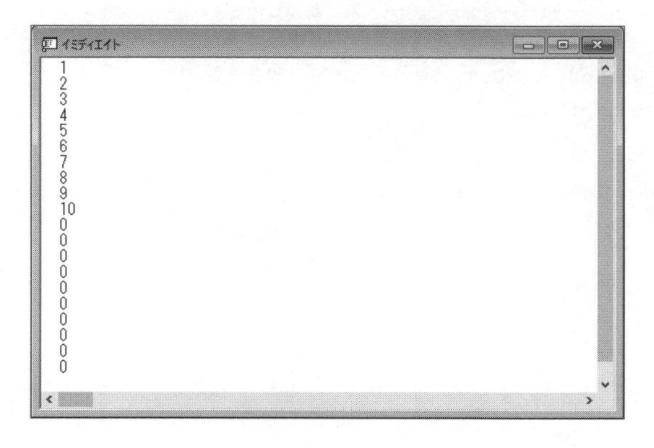

059 配列を別の配列にコピーしたい

ポイント　要素ごとの代入、Variant型変数への一括代入

ある配列に代入されているすべての値を別の配列にコピーするには、ループで1つずつ代入していく方法や、Variant型で宣言されている変数に一括代入する方法などがあります。

次のプログラム例では、それぞれの方法について例示しています。Variant型の変数であれば「avarDst = aintSrc」という簡単な式だけですべての値をコピーできます。

■ プログラム例

Sub Sample059

```
Sub Sample059()

  Dim aintSrc(9) As Integer, aintDst(9) As Integer
  Dim iintLoop As Integer

  For iintLoop = 0 To 9
    aintSrc(iintLoop) = iintLoop + 1 ――― コピー元の配列に値を代入
  Next iintLoop

  '1つずつコピーする方法
  For iintLoop = 0 To 9
    aintDst(iintLoop) = aintSrc(iintLoop) ― 1つずつコピー
  Next iintLoop

  For iintLoop = 0 To 9 ――――――――― コピー結果を出力
    Debug.Print aintDst(iintLoop)
  Next iintLoop

  '丸ごとコピーする方法
  Dim avarDst As Variant ―――――――― コピー先をVariant型変数として宣言
  avarDst = aintSrc ――――――――――― 丸ごとコピー

  For iintLoop = 0 To UBound(avarDst) ――― コピー結果を出力
    Debug.Print avarDst(iintLoop)
  Next iintLoop

End Sub
```

060 変数が配列かどうか調べたい

ポイント	IsArray関数
構文	IsArray(変数)

引数で渡された変数が一般の変数か配列かを判定してくれるのが「IsArray」関数です。返り値はTrue／Falseです。引数が配列であればTrue、そうでなければFalseを返します。

次のプログラム例ではVariant型の変数について判定しています。1つめはまだ何も代入されていないのでFalseが返されます。2つめは単一の値が代入されているだけなのでFalse、3つめはArray関数で複数値が代入されているため配列になっており、Trueが返されます。

■ プログラム例

Sub Sample060

```
Sub Sample060()

  Dim avarData As Variant
  Dim iintLoop As Integer

  Debug.Print IsArray(avarData) ——— Falseが出力される

  avarData = 1000
  Debug.Print IsArray(avarData) ——— Falseが出力される

  avarData = Array(1, 2, 3, 4, 5, 6, 7, 8, 9, 10)
  Debug.Print IsArray(avarData) ——— Trueが出力される

End Sub
```

実行例

■ 補足

「Dim Ary(9)」のように初めから静的に宣言されている場合には、「IsArray(Ary)」は常にTrueになります。EraseステートメントでクリアしたあともTrueです。

061 マクロの処理をVBAで書きたい

ポイント	DoCmdオブジェクト
構文	DoCmd.メソッド名 引数1, 引数2, ……

マクロと同等の処理をVBAで行うには「DoCmd」オブジェクトを使います。

このオブジェクトが持つ「メソッド」(命令)は、下表のようにそれぞれがマクロの「アクション」に対応しています。

※ 下表は一例です。また RunCommand メソッドには、マクロのアクションのコマンド一覧にはない DoCmd 特有の引数もあります。また VBA のステートメントなどに置き換えられているものもあります。

※ マクロデザイン時の追加入力項目と同様に、引数の数やその内容はメソッドによって異なります。

マクロのアクション	DoCmdのメソッド	コード例
テーブルを開く	OpenTable	DoCmd.OpenTable "mtbl商品マスタ"
クエリを開く	OpenQuery	DoCmd.OpenQuery "qsel商品マスタ"
フォームを開く	OpenForm	DoCmd.OpenForm "frm商品マスタ"
レポートを開く	OpenReport	DoCmd.OpenReport "rpt商品マスタ"
閉じる	Close	DoCmd.Close
コントロールの移動	GoToControl	DoCmd.GoToControl "商品名"
レコードの移動	GoToRecord	DoCmd.GoToRecord , , acNext
レコードの検索	FindRecord	DoCmd.FindRecord "えんぴつ", acStart
オブジェクトの選択	SelectObject	DoCmd.SelectObject acForm, "frm商品マスタ"
メニューコマンド実行 (レコードの選択)	RunCommand	DoCmd.RunCommand acCmdSelectRecord
メニューコマンド実行 (レコードの削除)	RunCommand	DoCmd.RunCommand acCmdDeleteRecord
メニューコマンド実行 (レコードの保存)	RunCommand	DoCmd.RunCommand acCmdSaveRecord

■ プログラム例

Sub Sample061

```
Sub Sample061()

  DoCmd.OpenTable "mtbl商品マスタ" ——— テーブルを開く

  DoCmd.OpenQuery "qsel商品マスタ" ——— クエリを開く

  DoCmd.OpenForm "frm商品マスタ" ——— フォームを開く

  DoCmd.GoToRecord , , acLast ——— 最終レコードに移動する

End Sub
```

062 オブジェクト変数を使いたい

ポイント	オブジェクト変数、Setステートメント
構文	Set オブジェクト変数 = オブジェクト

VBAであるオブジェクトのプロパティを参照する場合、「オブジェクト名.プロパティ名」のように記述します。しかしそのオブジェクトを何度も参照するのであれば、都度オブジェクト名を記述するのではなく、まず「オブジェクト変数」に代入し、以降その変数でそれを扱うことができます。

それには、オブジェクト変数を「オブジェクトの種類に応じたオブジェクト型で宣言する」とともに、表記構文のように「Setステートメントでオブジェクトを代入」します。

オブジェクト型の指定については、フォームなら「As Form」、レポートなら「As Report」というように、実際にはオブジェクトによって記述が変わります(「As Object」で種類に関係なく指定も可)。

オブジェクト変数に代入する場合、そのオブジェクトが参照できる状態になっている必要があります。そのため、次のプログラム例では事前にフォームを開いています。

次のプログラム例では2つのオブジェクト変数を使っています。1つめにはフォームオブジェクトを代入し、2つめにはそのフォーム内の「商品名」という名前のテキストボックスを代入します。そのあとは「frm」や「txt」という変数名で各プロパティを参照したりメソッドを実行したりします。

■ プログラム例

Sub Sample062

```
Sub Sample062()

  Dim frm As Form
  Dim txt As TextBox

  DoCmd.OpenForm "frm商品マスタ" ――― フォームを参照するためまず開く

  Set frm = Forms!frm商品マスタ ――― フォームをオブジェクト変数に代入
  MsgBox frm.Name ――― フォーム名を表示
  MsgBox frm.Caption ――― フォームの標題を表示
                    フォーム内の商品名テキストボックスをオブジェクト変数に代入
  Set txt = Forms!frm商品マスタ!商品名 ―┘
  MsgBox txt ――― 商品名を表示
  txt.SetFocus ――― 商品名にフォーカスを移動

End Sub
```

063 オブジェクト変数に代入済みか調べたい

ポイント	Is演算子、Nothingキーワード
構文	[Not] オブジェクト変数 Is Nothing

オブジェクト変数にオブジェクトが代入されていない状態でそれを参照しようとするとエラーとなります。そのときオブジェクト変数の値は「Nothing」になっていますが、「If 変数 = Nothing Then」という式での判定はできません。

オブジェクト変数については「Is」演算子と「Nothing」キーワードを使って判定を行います。

次のプログラム例の場合、

- **いきなり「MsgBox frm.Name」を実行しようとすると未代入のためエラーとなります。**
- **「If frm Is Nothing Then」という式で「frm」変数の状態をチェック・処理分岐します。**
- **「もしオブジェクト変数が代入済みなら（Nothingでないなら）～」という条件判断をしたいときは、「Not」を前に付けて「If Not frm Is Nothing Then」のように記述します。**

■ **プログラム例**

Sub Sample063

```
Sub Sample063()

  Dim frm As Form

  'MsgBox frm.Caption ―――――― これはエラー（コメントアウトしています）

  If frm Is Nothing Then ―――― frmがNothingのときの処理
    DoCmd.OpenForm "frm商品マスタ"
    Set frm = Forms!frm商品マスタ
  End If

  MsgBox frm.Name

  If Not frm Is Nothing Then ―― frmがNothingでないときの処理
    MsgBox frm.Caption
  End If

End Sub
```

064 1つのオブジェクトに対する一連のコードを簡単にしたい

ポイント	Withステートメント
構文	With オブジェクトやオブジェクト変数 ... End With

1つのオブジェクトあるいはオブジェクト変数について、プロパティの取得・代入、メソッドの実行などの複数の処理を記述する際、「With」ステートメントを使うことでWith ... End With間でのオブジェクト変数などの記述を省略できます。

「.プロパティ名」のように書くだけで済み、コード入力を簡単にするとともに、その一連のコードのブロックが何を処理しているか分かりやすくなります。

■ プログラム例

Sub Sample064

```
Sub Sample064()

  Dim frm As Form

  With DoCmd ──────────── DoCmdオブジェクトの処理ブロック
    .OpenTable "mtbl商品マスタ"
    .OpenQuery "qsel商品マスタ"
    .OpenForm "frm商品マスタ"
    .GoToRecord , , acLast
  End With

  DoCmd.OpenForm "frm商品マスタ"
  Set frm = Forms!frm商品マスタ
  With frm ──────────── frmオブジェクト変数の処理ブロック
    MsgBox .Name
    MsgBox .Caption
  End With

End Sub
```

■ 補足

上記例ではWith ... End With間はプロパティやメソッドだけのコードしかありませんが、実際には条件分岐やループなど、さまざまなコードを記述できます。

2例目ではオブジェクト変数frmは使わず「With Forms!frm商品マスタ」という書き方もできます。

065 ユーザー定義のデータ型を使いたい

ポイント	ユーザー定義型変数、Typeステートメント
構文	Type ユーザー定義型変数名 ... End Type

変数にはString型やInteger型などの既定のデータ型がありますが、「ユーザー定義型」(構造体ともいいます)を使うと、複数の変数・データ型・値をセットとして1つの変数名で扱うことができます。

ユーザー定義型はまずモジュールのDeclarationsセクションに「Type」ステートメントを使ってその構造(複数の変数名やデータ型)を定義します。これが変数のテンプレートとなります。

ユーザー定義型は1つのデータ型です。それを実際に使うプロシージャ等では、DimステートメントのAsの次にユーザー定義型を指定することで、ユーザー定義型変数を宣言します。

オブジェクトに対するプロパティと同様、「ユーザー定義型変数名.内部の変数名」のように「.(ドット)」で各値にアクセスできます。

■ プログラム例

Sub Sample065

```
Type tMeibo
  Name As String
  ZipCode As String
  Address As String
End Type
~~~~~~~~~~~~~~~~~~~~~~~~~~~~~~~~~~~~~~~~~~~~~~~~~~~~~~~~~~
Sub Sample065()

  Dim M As tMeibo ―――――――― ユーザー定義型の変数を宣言

  M.Name = "山崎 正文" ―――――― ユーザー定義型変数への代入
  M.ZipCode = "106-0045"
  M.Address = "東京都港区芝公園"
  Debug.Print M.Name, M.ZipCode, M.Address ――― ユーザー定義型変数の出力

  With M ―――――――――――――― Withも使用可
    .Name = "岩下 省三"
    .ZipCode = "105-0011"
    .Address = "東京都港区芝公園"
    Debug.Print .Name, .ZipCode, .Address
  End With

End Sub
```

066 コンピュータ名やユーザー名を取得したい

ポイント	Environ関数
構文	Environ(環境変数)

「Environ」関数は、Windowsの環境変数に設定されている値を返す関数です。引数に環境変数名を文字列として指定します。

取得可能な環境変数の一部を下表に示します。この中にはプログラムを実行しているパソコンのコンピュータ名やユーザー名の環境変数がありますので、それを引数に指定することでその値を取得することができます。

環境変数	内容
COMPUTERNAME	コンピュータ名
HOMEDRIVE	ホームドライブ
HOMEPATH	既定のユーザーフォルダ
LOCALAPPDATA	アプリケーション用データフォルダ
OS	オペレーティングシステム
PROCESSOR_ARCHITECTURE	プロセッサの種類
ProgramData	プログラム用データフォルダ
ProgramFiles(x86)	プログラム用フォルダ(x86)
ProgramW6432	プログラム用フォルダ(WOW64)
SystemDrive	システムドライブ
SystemRoot	システムルート
TEMP	Tempフォルダ
USERNAME	ユーザー名
windir	Windowsフォルダ

■ プログラム例

Sub Sample066

```
Sub Sample066()

  MsgBox Environ("COMPUTERNAME")

  MsgBox Environ("USERNAME")

End Sub
```

067 他のプログラムを実行したい

ポイント	Shell関数
構文	Shell(実行可能プログラムのパス, [ウィンドウスタイル])

「Shell」関数を使うと、引数に指定した実行可能プログラムを実行することができます。
2番目の引数"ウィンドウスタイル"は省略可能ですが、次の組み込み定数を指定することもできます。

- **vbNormalFocus**…………………**元のサイズと位置で表示**
- **vbMinimizedFocus**……………**最小化されたアイコンとして表示**
- **vbMaximizedFocus**……………**最大化して表示**

また、成功した場合はプログラムのタスクID、失敗した場合は0を返します。よって「<>0」なら成功と判断できます。

■ プログラム例

Sub Sample067

```
Sub Sample067()

  Shell "notepad.exe" ――― メモ帳を起動

  Shell "calc.exe" ――― 電卓を起動

  Shell "excel.exe" ――― Excelを起動

End Sub
```

■ 補足

Shellは関数であるため本来は「varRet = Shell("notepad.exe")」のように書きますが、返り値を参照しない場合は上記のようにカッコなしで記述します。

また、実行可能プログラムはパスが通っている必要があります。メモ帳などはEXEファイル名だけでも動作しますが、そうでない場合はフルパスなどで指定します。

068 実行しているAccessのバージョンを調べたい

ポイント | SysCmdメソッド

「Application」オブジェクトの「SysCmd」メソッドに組み込み定数「acSysCmdAccessVer」を引数に指定して呼び出すと、そのプログラムを実行しているAccess自体のバージョンを返り値として取得することができます。

もし作成したプログラムがAccessのバージョンに依存しているようなときは、この返り値を調べることで処理分岐したり警告表示したりすることができます。

■ プログラム例

Sub Sample068

```
Sub Sample068()

  Dim strVersion As String

  'Accessのバージョンを取得
  strVersion = SysCmd(acSysCmdAccessVer)

  MsgBox "これを実行しているAccessのバージョンは " & strVersion & " です！"

End Sub
```

実行例

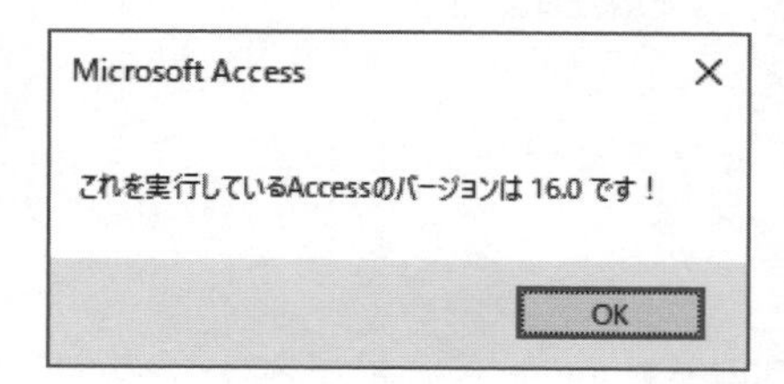

■ 補足

Applicationオブジェクトは Accessそのものを表すオブジェクトです。Access上で実行するので、コードでは「Application.」の記述は省略できます。

069 実行しているAccessがランタイムかどうか調べたい

ポイント | SysCmdメソッド

Accessには、フォームやプログラムを作成できる通常のものと、完成したデータベースを実行するだけの「ランタイム」とがあります。

「Application」オブジェクトの「SysCmd」メソッドに組み込み定数「acSysCmdRuntime」を引数に指定して呼び出すと、そのプログラムを実行しているAccessがランタイムかどうか調べることができます。

ランタイムであるときはTrue、そうでないときはFalseが返されます。

■ プログラム例

Sub Sample069

```
Sub Sample069()

  Dim blnRunTime As Boolean

  'Accessがランタイムかどうかを取得
  blnRunTime = SysCmd(acSysCmdRuntime)

  If blnRunTime Then
    MsgBox "これを実行しているAccessはランタイム版です！"
  Else
    MsgBox "これを実行しているAccessはランタイム版ではありません！"
  End If

End Sub
```

■ 補足

通常のAccessにおいても、「MSACCESS.EXE /runtime "データベースファイルのパス"」のように「/runtime」オプションを指定したショートカットを作成すると、指定データベースをランタイムモードで起動することができます。その場合も"ランタイムである"と判定されます。

また、ApplicationオブジェクトはAccessそのものを表すオブジェクトです。Access上で実行するので、コードでは「Application.」の記述は省略できます。

070 データベースを閉じたい

ポイント　CloseCurrentDatabaseメソッド

「Application」オブジェクトの「CloseCurrentDatabase」メソッドを実行すると、現在開いているデータベースファイルを閉じることができます。

これは、リボンの[ファイル]-[閉じる]の動作と同じです。Accessまでは終了しません。

次のプログラム例では、データベースを閉じてよいかどうかの確認メッセージを表示し、[はい]ボタンが選択されたら閉じるという処理をします。

■ プログラム例

Sub Sample070

```
Sub Sample070()

  If MsgBox("このデータベースを閉じますか？", vbYesNo + vbQuestion) = vbYes Then
    CloseCurrentDatabase
  End If

End Sub
```

実行例

■ 補足

ApplicationオブジェクトはAccessそのものを表すオブジェクトです。Access上で実行するので、コードでは「Application.」の記述は省略できます。

071 Accessを終了させたい

ポイント	Quitメソッド
構文	Application.Quit [終了オプション]

「Application」オブジェクトの「Quit」メソッドを実行すると、VBAのプログラムからAccess自体を終了させることができます。

引数の"終了オプション"は省略可能ですが、次の組み込み定数を指定できます。

- **acQuitPrompt**…………**データベース内のオブジェクト(フォームデザイン等)に変更があった場合、終了する前にそれを保存するかどうかの確認メッセージを表示します。**
- **acQuitSaveAll**…………**変更オブジェクトを確認なしに保存してから終了します。引数省略時はこの動作です。**
- **acQuitSaveNone**……**変更オブジェクトを確認なしに"保存せず"にそのまま終了します。**

次のプログラム例では、Accessを終了してよいかどうかの確認メッセージを表示し、[はい]ボタンが選択されたらデータベースを閉じるとともにAccessを終了するという処理をします。引数を省略しているので変更があったオブジェクトは強制的に保存されます。

■ **プログラム例**

Sub Sample071

```
Sub Sample071()

  If MsgBox("Accessを終了しますか?", vbYesNo + vbQuestion) = vbYes Then
    Quit
  End If

End Sub
```

実行例

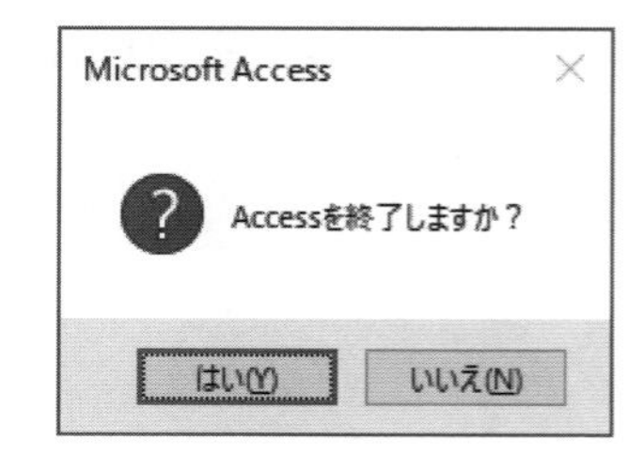

■ **補足**

Applicationオブジェクトは Accessそのものを表すオブジェクトです。Access上で実行するので、コードでは「Application.」の記述は省略できます。

VBEとエラー処理

Chapter

2

072 VBE (Visual Basic Editor) を使いたい

ポイント VBE

Accessには大きく分けて2つのウィンドウがあります。テーブルやフォームなどをデザインしたり表示したりするAccessのウィンドウと、モジュールすなわちVBAのプログラムを記述するためのウィンドウ「VBE (Visual Basic Editor)」です。VBEはExcelのVBAとも共通化されているウィンドウです。

また、VBEではそれぞれのモジュールは別の子ウィンドウとして表示されます。そのモジュールのコードを編集するウィンドウのことを特に「コードウィンドウ」といいます。

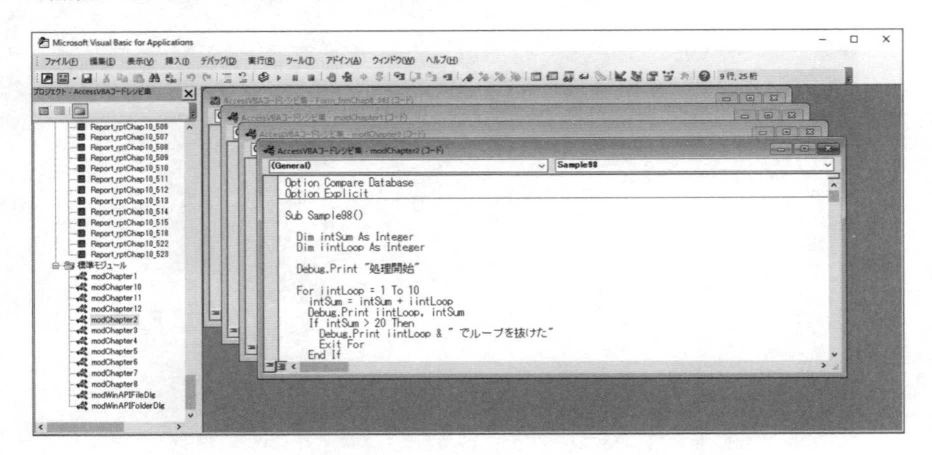

VBEは単にプログラムのコードを書くだけでなく、次のような機能を持っています。

- **新規モジュールやプロシージャの作成**
- **既存モジュールの管理**
- **コピー&ペースト、検索/置換などのエディタとしての各種機能**
- **オブジェクトのプロパティ/メソッド等の入力支援**
- **関数やプロシージャ等の入力支援**
- **事前の文法エラーやコンパイルエラーチェック**
- **一連のプログラム、あるいは単一命令のテスト実行**
- **プログラムのステップ実行**
- **変数やオブジェクトの状態の把握**
- **プロシージャの呼び出し履歴の追跡**
- **各種デバッグ機能**
- **Access以外のオブジェクトの参照設定**

073 VBEをカスタマイズしたい

ポイント　VBEオプション

VBEのメニューより[ツール]-[オプション]を選択すると「オプション」画面が表示されます。ここでVBEの表示や機能に関するいくつかのカスタマイズを行うことができます。

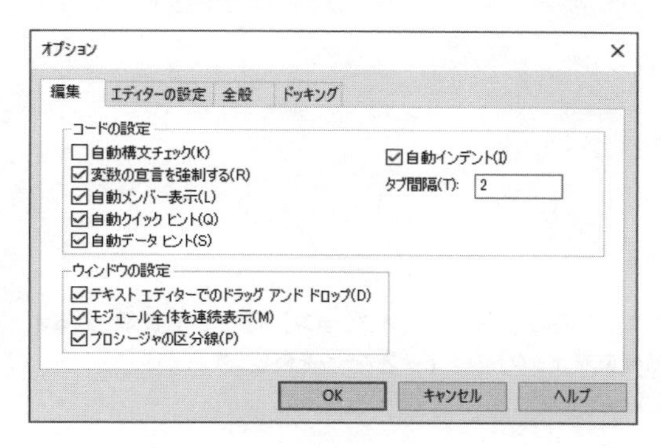

- **自動構文チェック**
- **変数の宣言の強制**
- **自動メンバー表示などの入力支援**
- **コードウィンドウの表示方法**
- **エディタの表示色や背景色**
- **エディタのフォント種類やサイズ**
- **エラートラップの設定**
- **各種ウィンドウのドッキング**
- **その他**

074 1行ごとの構文チェックをなくしたい

ポイント　自動構文チェック

VBEの既定の設定では、モジュールにコードを1行書くたびに自動的に構文チェックが行われ、単純なスペルミスでもその都度エラーメッセージが表示されます。

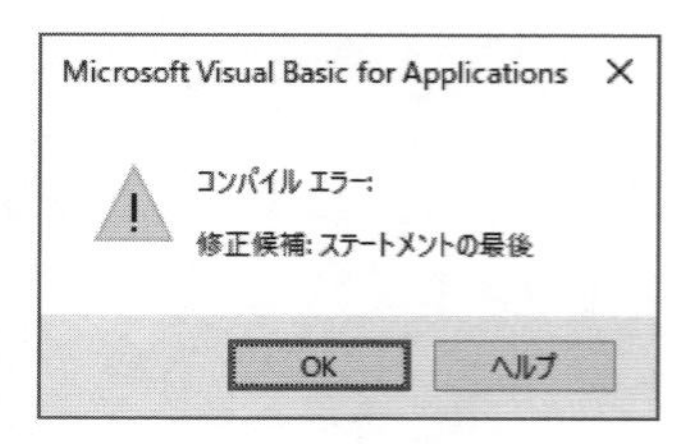

この構文チェックを行わないようにするには、VBEの［ツール］-［オプション］メニューで表示されるオプション画面において、［編集］タブの［自動構文チェック］のチェックマークを外します。

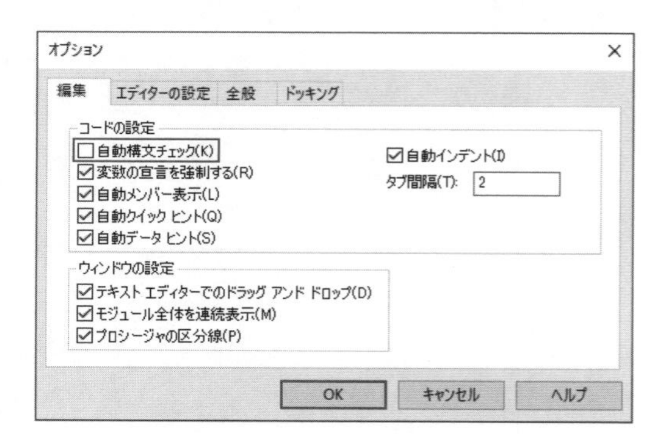

このチェックを外しても、

- **構文エラーのある行全体が赤文字表示になる**
- **コンパイルを実行することでチェックされる**
- **プログラムの実行時にはまず構文チェックが行われる**

などの動作によって、構文エラーが見逃されることはありません。

075 変数の宣言を強制したい

ポイント　Option Explicitステートメント

VBAで変数を扱う際の基本は、「変数を宣言する → 変数を使用する」です。宣言しないでも使用できるようすることでもできますが、実行時に予期せぬ結果を招くことがあります（プログラム例参照）。

それを防ぐため、「宣言していない変数を使おうとするとチェックされる」ようにVBEを設定することができます。それにはVBEの[ツール]-[オプション]メニューで表示されるオプション画面において、[編集]タブの[変数の宣言を強制する]にチェックマークを付けます。

この設定を行うと、モジュールが新規作成された際、自動的にモジュールの先頭の方に「Option Explicit」ステートメントが挿入されます。このステートメントがそのモジュール内で変数の宣言を強制するためのものです（これもコードの一部ですのであとからそれを手入力しても同様に機能します）。

次のプログラム例では変数「intSum」で1～10の和を求めます。エラーなく実行はされますが、最後の出力時は変数名が「intSam」（スペル違い）になっているため、何も出力されません。しかしOption Explicitがあれば実行前にチェックされエラーメッセージが表示されます。

■ プログラム例

Sub Sample075

```
Sub Sample075()

  Dim i, intSum As Integer

  For i = 1 To 100
    intSum = intSum + i
  Next i
  Debug.Print intSam

End Sub
```

実行例

※ エラーなしで実行してみるには、モジュール先頭のOption Explicitをコメントアウトしてください。

076 コンパイルチェックを行いたい

ポイント　コンパイル

「コンパイル」とは、記述されたVBAのコードをコンピュータが理解しやすい中間コードと呼ばれるものに変換することです。

ただしVBAの場合はコンパイルを意図的に実行しなくても動作しますので、それを意識する必要はなく、「実行前にコードのチェックを行う機能」として使います。

また、1行1行あるいはプロシージャやモジュール単位ではなく、VBAのすべてのモジュールを見渡してチェックしてくれます。もしコンパイルを事前に行わなかったときはその箇所に処理が進んでからエラーとなりますので、初歩的なミスがあった場合、非効率です。

コンパイルを実行するには、VBEのメニューより［デバッグ］-［○○のコンパイル］を実行します（○○の部分はデータベースによって異なります）。

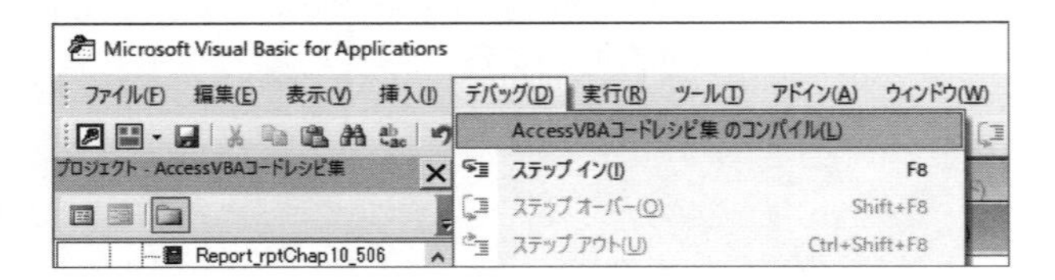

プログラムのどこかに問題があった場合、エラーメッセージが表示され、その箇所を教えてくれます。また、すでにコンパイルされているときは同メニューがグレーアウトします。

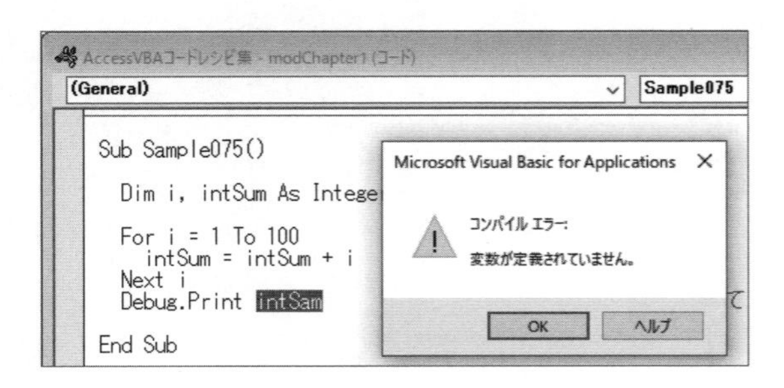

077 コード表示のフォントを変えたい

ポイント　VBEオプション-エディタの設定

VBEの［ツール］-［オプション］メニューで表示されるオプション画面の［エディタの設定］タブを設定変更することで、コードの表示フォントの種類やサイズを変更することができます。

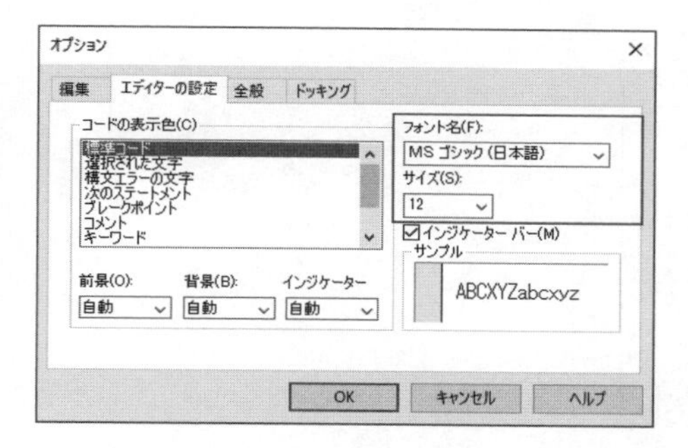

実行例

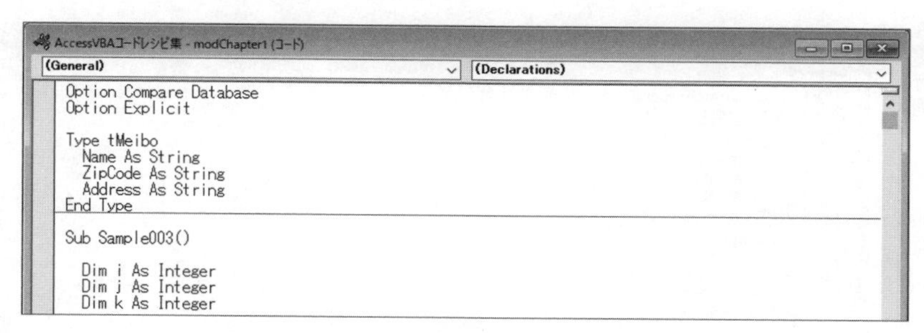

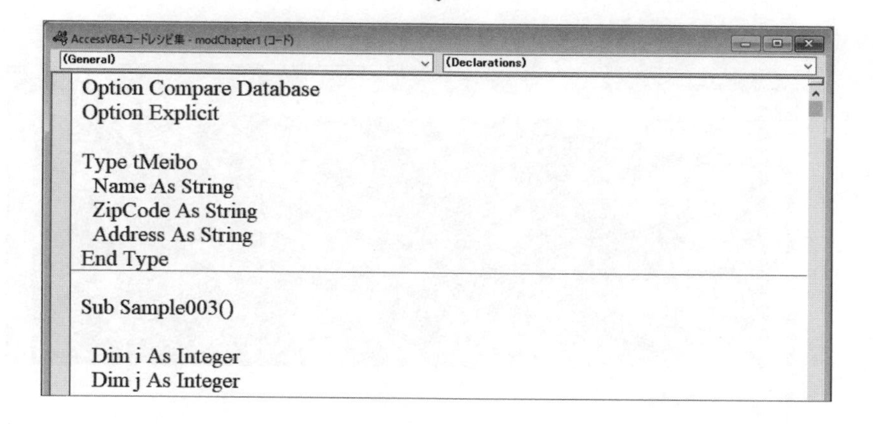

078 コード表示の色を変えたい

ポイント　VBEオプション-エディタの設定

VBEの［ツール］-［オプション］メニューで表示されるオプション画面の［エディタの設定］タブを設定変更することで、コードの要素ごとに前景色や背景色を変えることができます。

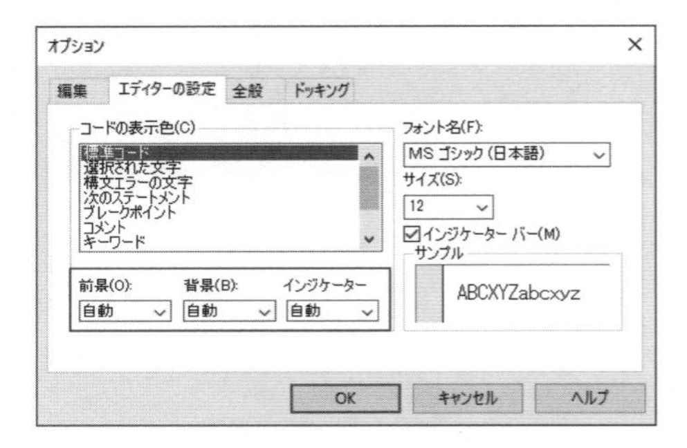

実行例

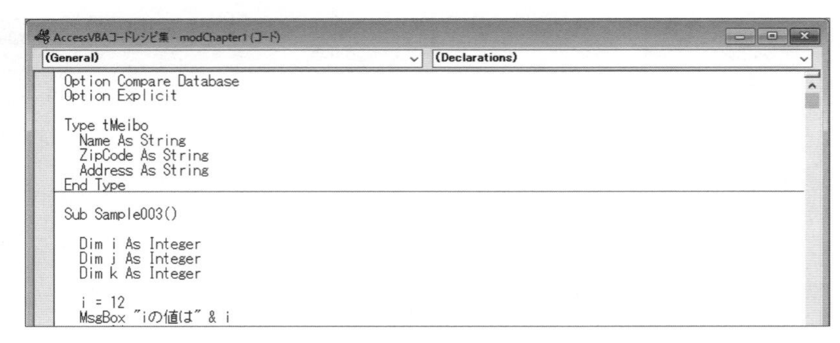

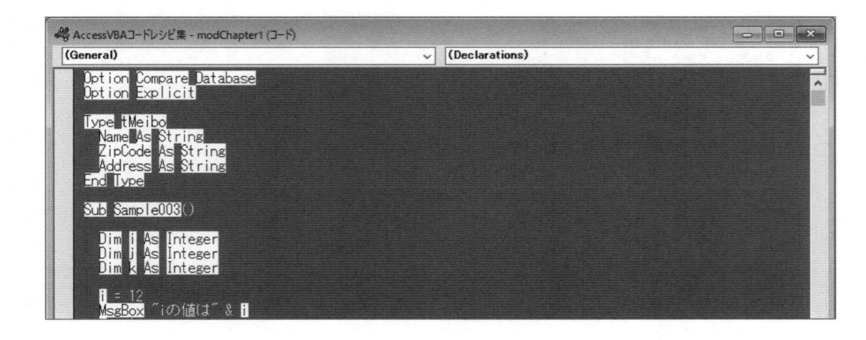

079 ウィンドウのドッキング状態を変えたい

ポイント　VBEオプション-ドッキング

VBEのウィンドウには、コードを記述するウィンドウ（コードウィンドウ）以外にも、いくつかのウィンドウがあります。それらのウィンドウは、VBEウィンドウの周囲の枠に密着（ドッキング）させたり、単独で自由に移動・サイズ変更できるようにしたりすることができます。

その設定は、VBEの［ツール］-［オプション］メニューで表示されるオプション画面の［ドッキング］タブで行います。ウィンドウごとにドッキングするかしないかをチェックマークで設定します。

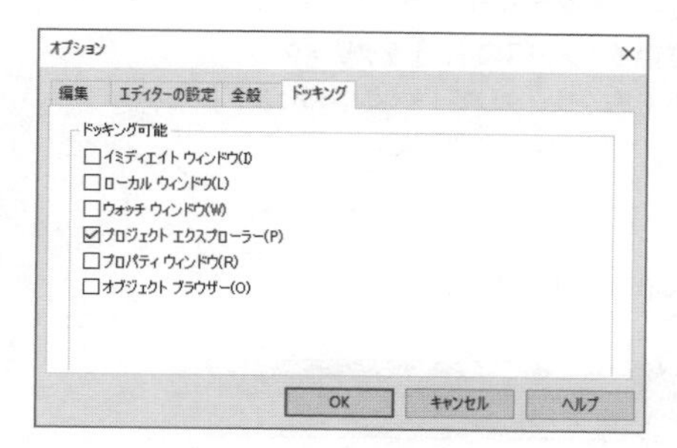

実行例

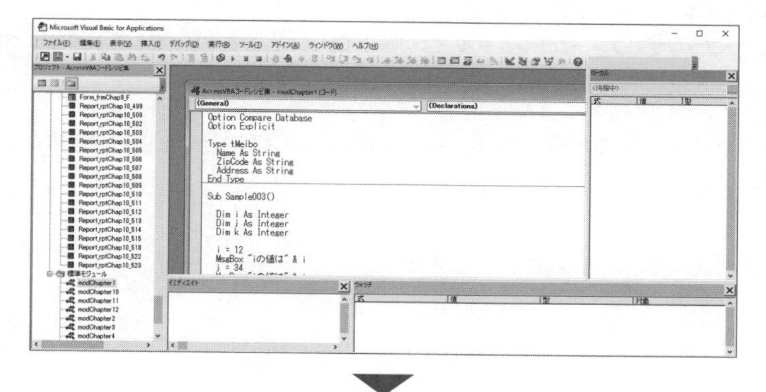

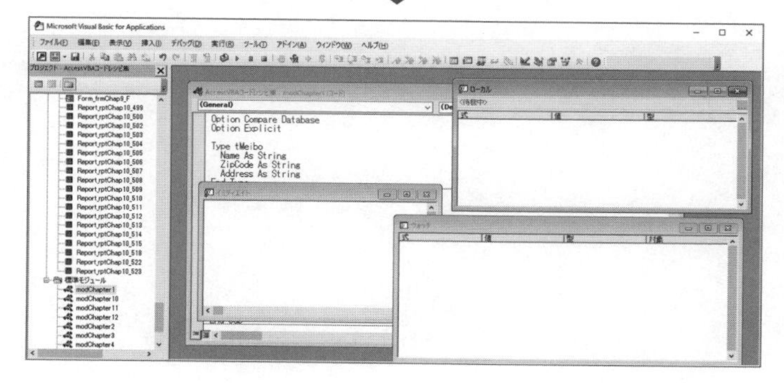

080 AccessとVBEのウィンドウを切り替えたい

ポイント　Accessウィンドウ、VBEウィンドウ

Accessのウィンドウと VBEのウィンドウは次のような操作で交互に切り替えることができます。

- **Access → VBE**
  - **リボン** ……………………… **[作成] タブの [マクロとコード] - [Visual Basic]**
  - **ショートカットキー** ……… **Alt + F11**
  - **ナビゲーションウィンドウの任意の標準モジュールをダブルクリック**
  - **フォーム／レポートのプロパティシートの任意のイベント欄の [...] をクリック**
  - **フォーム／レポート、セクションやコントロールを右クリックして [イベントのビルド]**

  ※ 下の３つは所定のモジュールやプロシージャが表示されます（なければ新規作成）。

- **VBE → Access**
  - **メニューバー** ………………… **[表示] - [Microsoft Access]**
  - **ツールバー**

  - **ショートカットキー** ……… **Alt + F11**
  - **オブジェクトブラウザでフォームモジュール／レポートモジュールを右クリックして [オブジェクトの表示]**

その他、すでに2つのウィンドウが開いているときは、Windowsのタスクバーや Alt + Tab などでも切り替えできます。

081 ローカルウィンドウを使いたい

ポイント ローカルウィンドウ

プログラムのデバッグにおいて、一時停止させた状態で「ローカルウィンドウ」を使うと、その時点で使われている変数や配列などの値を調べることができます。

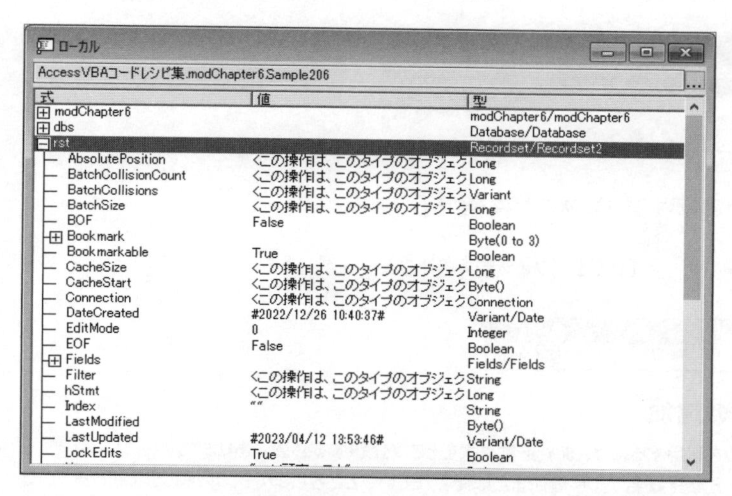

またオブジェクトについては、それが持っているプロパティ値やオブジェクトの階層構造など、現在参照可能なさまざまな情報を得ることができます。

ローカルウィンドウを表示するには、プログラムが一時停止しているときに次のような操作を行います。

- **メニューバー** …………… **[表示] - [ローカルウィンドウ]**
- **ツールバー**

082 ウォッチウィンドウを使いたい

ポイント ウォッチウィンドウ

「ウォッチウィンドウ」を使うと、プログラムが一時停止しているときの任意の変数や式の値を確認したり、プログラム実行中に式がある値になったときに一時停止させたりすることができます。

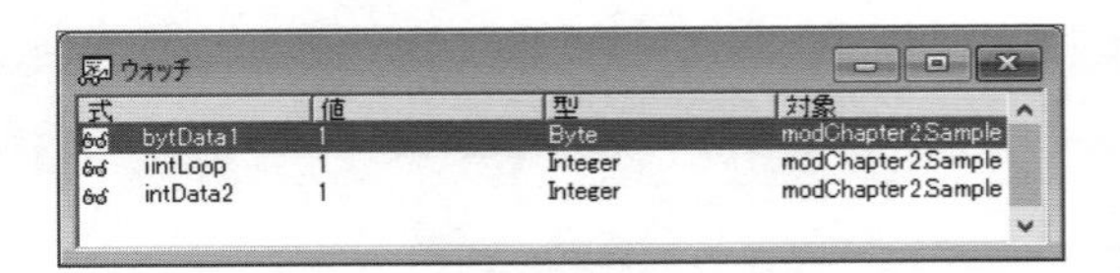

ウォッチウィンドウを表示するには、次のような操作を行います。

- **メニューバー……………[表示]-[ウォッチウィンドウ]**
- **ツールバー**

ウォッチ式の追加

ウォッチウィンドウを利用するには、まず変数や式をそこに登録する必要があります。

それには、コード上で変数名(宣言箇所または使われているところ)にカーソルがある状態、あるいは式全体が範囲選択されている状態にして、次のいずれかの操作を行います。

- **ウォッチウィンドウ上で右クリック、[ウォッチ式の追加]メニューを選択**
- **[デバッグ]-[ウォッチ式の追加]メニューを選択**
- **[デバッグ]-[クイックウォッチ]メニューまたはツールバーの[クイックウォッチ]を選択、あるいはShift+F9をキー入力、それによって表示された画面で[追加]ボタンをクリック**
- **変数名や式の範囲を右クリック、[ウォッチ式の追加]メニューを選択**

※ 登録した式を編集したり削除したりしたい場合は、その式を右クリックしてメニューより選択します。

ウォッチ式の追加画面の設定

プログラムを一時停止させたときに変数値などを確認するだけの場合は、「ウォッチの種類」がデフォルトの"式のウォッチ"のまま[OK]ボタンをクリックします。一方、その値が一定の条件になったときにプログラムを一時停止させたい場合には、"式がTrueのときに中断"、"式の内容が変化したときに中断"のいずれかを選択してから[OK]ボタンをクリックします。

083 オブジェクトブラウザを使いたい

ポイント　オブジェクトブラウザ

「オブジェクトブラウザ」は、プログラムから参照可能なさまざまな"オブジェクト"の情報を一覧表示したり検索したりできるツールです。

オブジェクトのプロパティやメソッド、組み込み定数、あるいはフォームに配置されているコントロールやイベントプロシージャなども確認することができます。

また、自分で作ったフォームや標準モジュール、プロシージャなどについては、その項目のダブルクリックで開いたりジャンプしたりすることもできます。

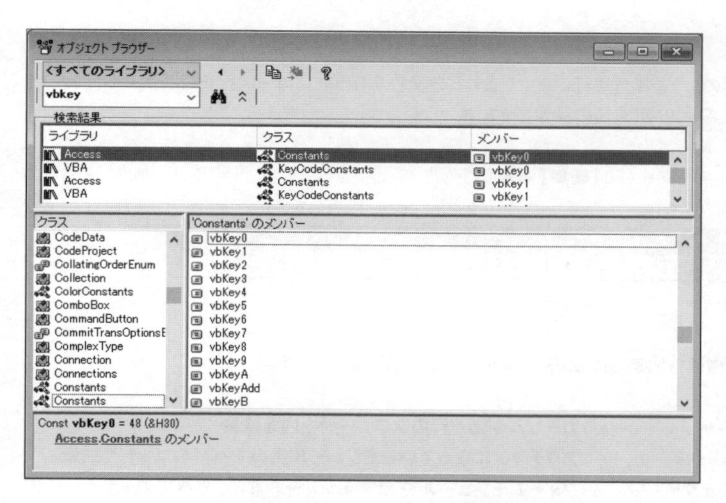

オブジェクトブラウザを表示するには、次のような操作を行います。

- **メニューバー**……………………… **[表示] - [オブジェクトブラウザ]**
- **ツールバー**

- **ショートカットキー**…………… F2

オブジェクトブラウザでは主に次のような操作を行います。

- **① "<すべてのライブラリ>"や特定のライブラリを指定する**
- **② 検索窓にキーワードを入力して検索（抽出）を行う**
- **③ 画面左の「クラス」から任意の項目を選択すると右の「メンバー」が絞り込まれるので、それを閲覧する**
- **④ 特定のメンバーをコードで使いたいときは、それを右クリックするなどしてコピーする**

084 コード内を検索したい

ポイント　検索

VBEの「検索」機能を使うと、モジュール内で特定の文字列を使っている箇所を検索できます。

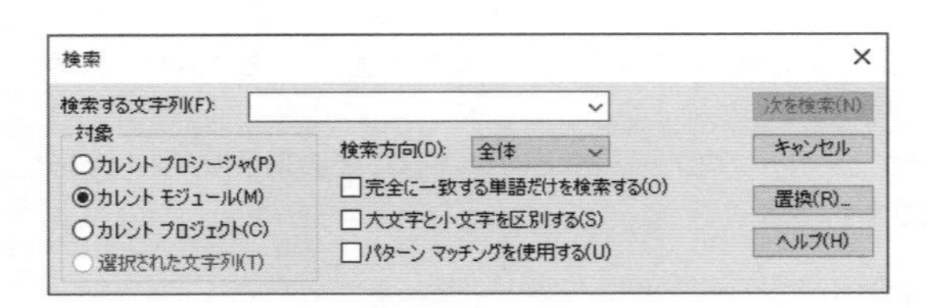

検索を行うには次のような操作を行います。これらの操作を行う前にコード上で範囲選択しておくと、その文字列を検索文字列の初期値に設定できます。

- **メニューバー**……………………**[編集] - [検索]**
- **ツールバー**

- **ショートカットキー**…………… Ctrl + F

VBEの検索の特徴は検索範囲を次の4つの中から選択できることです。

- **カレントプロシージャ**……………**カーソルがある行のプロシージャ内を検索**
- **カレントモジュール**………………**アクティブになっているモジュール内のすべてのコードを検索**
- **カレントプロジェクト**……………**フォームモジュールや標準モジュールなど、すべてのモジュール内を検索**
- **選択された文字列**…………………**範囲選択されたコード内から検索**

検索画面で「検索する文字列」を入力して［次を検索］ボタンをクリックすることで、次々と該当箇所へジャンプします。

またその際、次のショートカットキーも使えます（検索画面を閉じても使用可）。

- **次を検索**………………………………… F3
- **前を検索**………………………………… Shift + F3

085 コードの一部を置換したい

ポイント　置換

VBEの「置換」機能を使うと、モジュール内で特定の文字列を使っている箇所を別の指定文字列に置換できます。

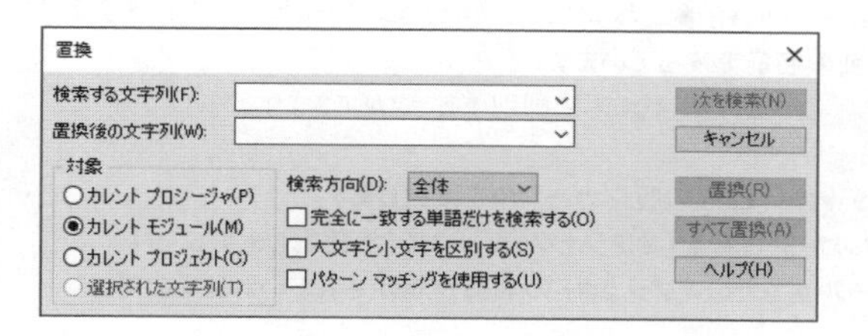

置換を行うには次のような操作を行います。これらの操作を行う前にコード上で範囲選択しておくと、その文字列を検索文字列の初期値に設定できます。

- **メニューバー**……………………**[編集] - [置換]**
- **ショートカットキー**……………Ctrl+H

置換対象を検索する際の範囲は次の4つの中から選択できます。

- **カレントプロシージャ**……**カーソルがある行のプロシージャ内を検索**
- **カレントモジュール**………**アクティブになっているモジュール内のすべてのコードを検索**
- **カレントプロジェクト**……**フォームモジュールや標準モジュールなど、すべてのモジュール内を検索**
- **選択された文字列**………**範囲選択されたコード内から検索**

置換画面で「検索する文字列」と「置換後の文字列」を入力したら[次を検索]ボタンをクリックします。該当箇所へジャンプしますので、置換を実行してよければ[置換]ボタンをクリックします。それと同時にカーソルは次の該当箇所へジャンプしますので、[置換]ボタンをクリックしていくことで次々と確認しながら置換を行うことができます。

また、[すべて置換]を実行することで、確認なしに一気に置換することもできます。

086 使われていないイベントプロシージャを探したい

ポイント　オブジェクトボックス、General

フォームを削除するとそのフォームモジュールも（もちろんイベントプロシージャも）いっしょに削除されます。一方、たとえばコマンドボタンのクリック時イベントプロシージャを作ったあと、ボタンをフォームのデザインから削除しても、そのイベントプロシージャは削除されずに残っています。またボタンの名前を変えてもイベントプロシージャ名は連動せず、前の名前で残っています。

そのような不要となったイベントプロシージャは次のようにして判別することができます。

- **① モジュール内の各プロシージャ内の任意の行にカーソルを移動します。**
- **② そのモジュールのウィンドウの左上にある「オブジェクトボックス」を確認します。**
- **③ そこに「Form」やコントロール名などのオブジェクトの名前が表示されていればそのプロシージャは使用されています。**
- **④ そこに「(General)」と表示されていたら、そのイベントプロシージャは使用されていません。**

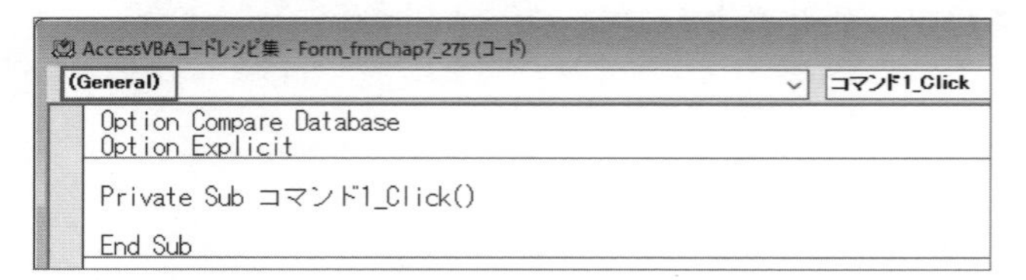

※ ただし、フォームモジュールなどにあるDeclarationsセクションや、Sub ／ Functionプロシージャも同様に「(General)」表示です。それらは使われていないとは限りませんので、注意が必要です。

087 特定のコード箇所にブックマークを付けたい

ポイント　ブックマーク

VBEではコードの特定の行に任意の数のブックマークを付けることができます。それによって、離れた箇所のコードを行き来しながら行う編集作業をスムースに行うことができます。

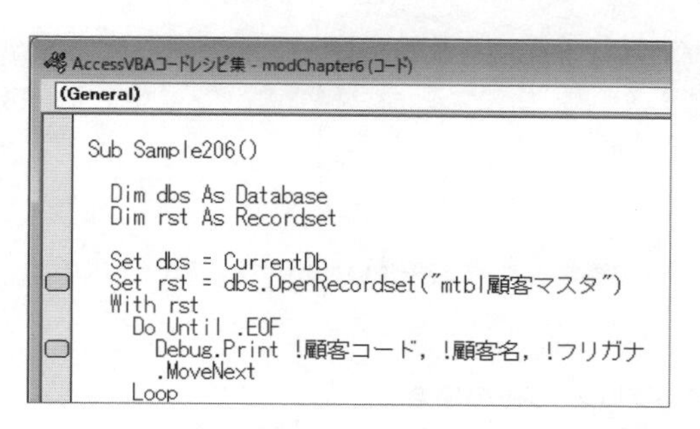

```
Sub Sample206()

  Dim dbs As Database
  Dim rst As Recordset

  Set dbs = CurrentDb
  Set rst = dbs.OpenRecordset("mtbl顧客マスタ")
  With rst
    Do Until .EOF
      Debug.Print !顧客コード, !顧客名, !フリガナ
      .MoveNext
    Loop
```

- ブックマークを付けるには、その行にカーソルがある状態で次のような操作を行います。
  - メニューバー……………［編集］-［ブックマーク］-［ブックマークの設定/解除］
  - ツールバー

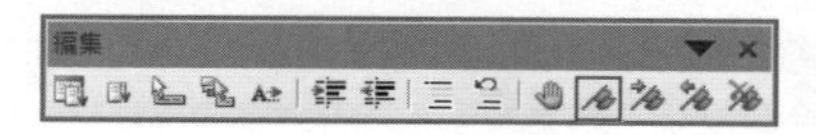

- 付けられたブックマークへジャンプしたいときは次のような操作を行います。
  - メニューバー……………［編集］-［ブックマーク］-［次のブックマーク］（または［前のブックマーク］）
  - ツールバー

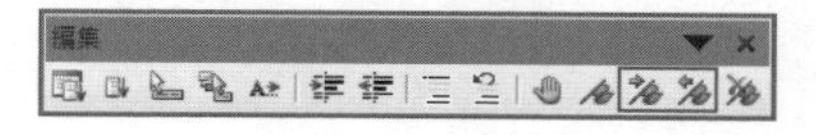

- ある1つのブックマークを解除したいときはその行で付けるときと同じ操作を行います。
一方、すべてのブックマークをまとめて解除したいときは次のような操作を行います。
  - メニューバー……………［編集］-［ブックマーク］-［すべてのブックマークの解除］
  - ツールバー

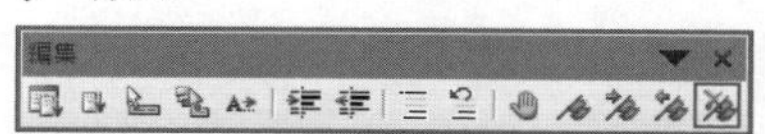

088 別のプロシージャにジャンプしたい

ポイント　オブジェクトボックス、プロシージャボックス

コードウィンドウの上部にある「オブジェクトボックス」と「プロシージャボックス」を利用することで、同じモジュール内の別のプロシージャへジャンプすることができます。

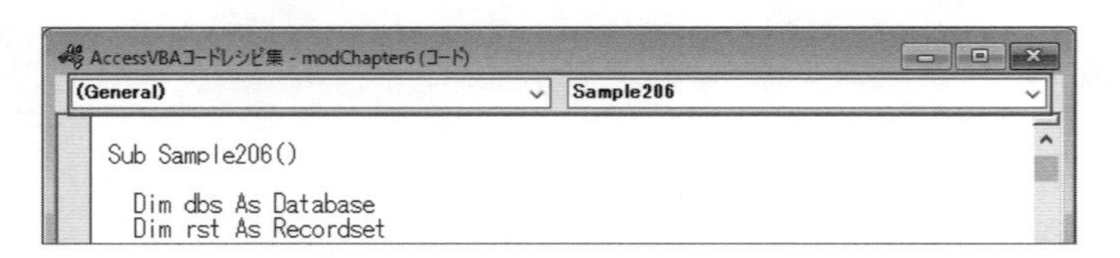

その操作はモジュールや移動先のプロシージャの種類によって若干違いがあります。それぞれ次のように操作します。

- **フォーム／レポートモジュールのイベントプロシージャの場合**
  - **①「オブジェクトボックス」で対象オブジェクト（フォームやコントロール）を選択する**
  - **② 続いて「プロシージャボックス」でイベント名を選択する**

- **フォーム／レポートモジュールのSub／Functionプロシージャの場合**
  - **①「オブジェクトボックス」で「(General)」を選択する**
  - **② 続いて「プロシージャボックス」でプロシージャ名を選択する**

- **標準モジュールのSub／Functionプロシージャの場合**
  - **①「プロシージャボックス」でプロシージャ名を選択する**

  ※ 標準モジュールのオブジェクトボックスは常に「(General)」です。

- **Declarationsセクションの場合**
  - **①「オブジェクトボックス」で「(General)」を選択する**
  - **②「プロシージャボックス」で「(Declarations)」を選択する**

  ※ Declarations セクションはコードウィンドウ最上部と決まっています。そのため「Ctrl + Home」のショートカットキーでジャンプすることもできます。

089 プロシージャの定義元へジャンプしたい

ポイント [Shift]+[F2]キー

VBAのプログラムでは、あるプロシージャから別のプロシージャを呼び出すというケースが多々あります。そのようなとき、呼び出し元のコードから、それが定義されている呼び出し先のプロシージャへカーソルを簡単にジャンプさせることができます。呼び出し先のモジュールが開いていないときは開きます。また呼び出し先からさらに別のプロシージャへと、階層的にジャンプすることもできます。

それには、呼び出し元の"プロシージャ名の部分"にカーソルがある状態で次のいずれかの操作を行います。

- **メニューバー**……………………**[表示]-[定義]**
- **ショートカットキー**…………[Shift]+[F2]

また、次の操作でジャンプ前の呼び出し元に戻ることができます。

- **メニューバー**……………………**[表示]-[元の位置へ移動]**
- **ショートカットキー**…………[Ctrl]+[Shift]+[F2]

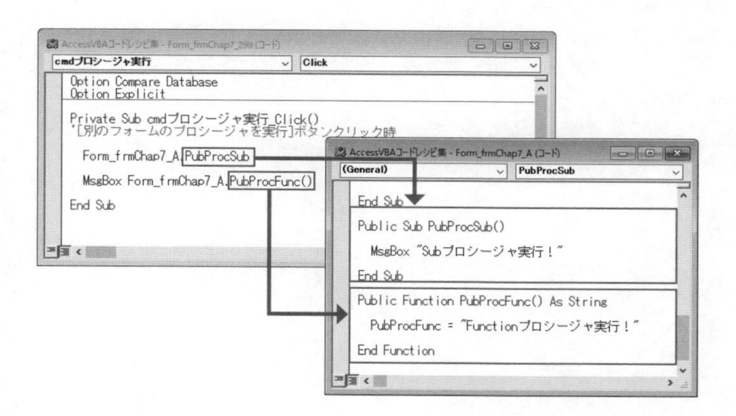

また、上記の操作はプロシージャだけでなく、変数や定数でも行うことができます。同じプロシージャ内においてDimステートメント等で宣言されている位置にジャンプさせることができます。その宣言が同じモジュール内のDeclarationsセクション、あるいは標準モジュールのDeclarationsセクションでPublicで宣言されていれば、そこにもジャンプできます。

090 コードの表示方法を切り替えたい

ポイント　プロシージャの表示／モジュール全体を連続表示

1つのモジュールに複数のプロシージャが記述されているとき、コードウィンドウでは次の2つの表示方法を切り替えることができます。

- **プロシージャの表示**
  1つのプロシージャだけを表示します。
  他のプロシージャを表示するには、（必要に応じて Ctrl キーを押しながら） Page Up キーや Page Down キー、あるいはオブジェクトボックスやプロシージャボックスを操作します。

- **モジュール全体を連続表示**
  複数のプロシージャを連続して表示します。
  画面をスクロールすることで他のプロシージャへ移動できます。

上記の切り替えを行うには、コードウィンドウの左下にあるそれぞれのボタンをクリックします。

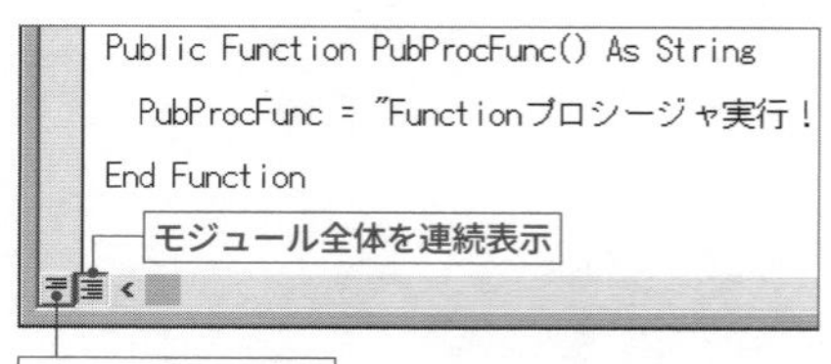

091 コードをドラッグ&ドロップで移動・コピーしたい

ポイント ドラッグ&ドロップ

ある一部のコードを他のところにコピーしたり移動したりしたいとき、Windowsの一般的な操作でもある下記操作が行えます。

- **メニューバー**……………………**[編集]-[コピー]、[編集]-[切り取り]、[編集]-[貼り付け]**
- **ショートカットキー**…………Ctrl+C、Ctrl+X、Ctrl+V

さらにVBEのコードウィンドウでは、マウスのドラッグ&ドロップでもこれらの操作を行うことができます。それには、コピーまたは移動したいコードを範囲選択したあと、次の操作を行います。

- **コピー**……………………………Ctrl**キーを押しながらコピー先にドラッグ&ドロップ**
- **移動**………………………………**そのまま移動先にドラッグ&ドロップ**

※ この操作はコードウィンドウからイミディエイトウィンドウへのコピーや移動にも使うことができます。

※ この機能を使うには、VBEのオプション画面で「テキストエディタでのドラッグアンドドロップ」の項目にチェックマークを付けて有効にしておく必要があります。

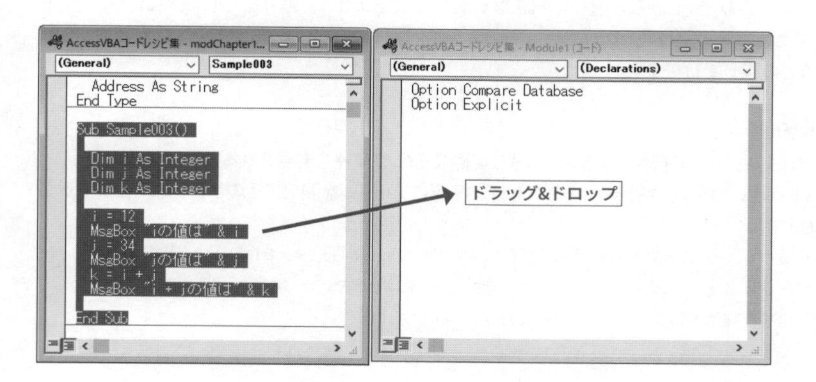

092 プロシージャを実行させたい

ポイント　[F5]キー

あるプロシージャをテスト的に単独で実行させるには、その種類に応じて次のような操作を行います。

● **標準モジュールのSubプロシージャ**

まず、実行したいプロシージャ内のいずれかの行にカーソルがある状態にして、次のいずれかの操作を行います。

- **メニューバー** ………………………… **[実行] - [Sub/ユーザーフォームの実行]**
- **ツールバー**

- **ショートカットキー** ……………………… [F5]

● **標準モジュールのFunctionプロシージャ**

操作方法はSubプロシージャと同じです。

ただし実行のみでそこからの返り値を確認することはできません。返り値を取得するには、それを呼び出すためのテスト用のSubプロシージャ内から実行する、あるいはイミディエイトウィンドウから呼び出すなどの操作を行います。

● **イベントプロシージャ**

そのプロシージャを実行させる基点、つまり実際にそのイベントを発生させる操作が必要です。

たとえばボタンのクリック時イベントであれば、実際にフォームを開いてそのボタンをクリックする必要があります。

※ カーソルがプロシージャ内にないとき、あるいはイベントプロシージャ上で [F5] キーを押したときなどは「マクロ」画面が表示されます。ここから実行することもできますが、対象は標準モジュールにおいて Public などで宣言された、参照可能な Sub プロシージャのみとなります。

093 プログラムを一時停止させたい

ポイント ブレークポイント

コードウィンドウ上である行に「ブレークポイント」を設定すると、その行が実行されようとしたところでプログラムを一時停止させることができます。一時停止した状態で変数の値を確認したい、そのあとどのような流れでプログラムが実行されるか確認したいなど、デバッグの必須機能です。

- **ブレークポイントを設定するには、その行にカーソルがある状態で次のような操作を行います。**
  - **メニューバー……………………[デバッグ] - [ブレークポイントの設定/解除]**
  - **ツールバー**

  - **ショートカットキー…………… F9**
  - **マウス操作………………………行の左端の灰色の領域(インジケータバー)をクリック**

- **ブレークポイントが設定されると、インジケータバーに赤丸が表示されるとともに、その行全体の背景色が変わります。**
  また、実際に実行してそこで停止しているときは、インジケータバーに黄色の矢印が表示されるとともに、その行全体が黄色のハイライト表示に変わります。

- **ある1つのブレークポイントを解除したいときは、その行で設定時と同じ操作を行います。**
  すべてのブレークポイントをまとめて解除したいときは次のような操作を行います。
  - **メニューバー……………………[編集] - [デバッグ] - [すべてのブレークポイントの解除]**
  - **ショートカットキー…………… Ctrl + Shift + F9**

■ **補足**

コードに「Stop」というステートメントを記述することでもそこで一時停止させることができます。ただしブレークポイントとは違って以降常に止まりますので、最後に削除する必要があります。

094 プログラムをステップ実行したい

ポイント ステップイン、ステップアウト

ブレークポイントでプログラムを一時停止したあと、次の操作を行うことでコードを1行ずつステップ実行することができます。

- **メニューバー**……………… [デバッグ] - [ステップイン]
- **ツールバー**

- **ショートカットキー**……… F8

ステップ実行中は次に実行しようとしている行全体が黄色のハイライト表示に変わります。

ステップ実行中に次の操作を行うことで、その階層の処理を最後まで実行し、1つ上位の階層で再度一時停止します。

- **メニューバー**……………… [デバッグ] - [ステップアウト]
- **ツールバー**

- **ショートカットキー**……… Ctrl + Shift + F8

※ ここでいう階層とは、プロシージャから別のプロシージャを呼び出すときの段階のことです。最初に実行したプロシージャでステップアウトを実行すると、そのプロシージャを最後まで実行して終了します。2段階目でステップアウトを実行した場合は、そのプロシージャを最後まで実行したあと、1段階上のプロシージャの呼び出し元の次の行で一時停止します。

ステップ実行をやめ、そのあと一気に通常の処理を行いたいときは、F5キーや[▶]ボタンなど、プロシージャの開始時と同じ操作を行います。

ステップ実行をやめ、そこで完全にプログラムの実行を中止したいときは、ツールバーの[■](リセット)ボタンをクリックします。

095 ステップ実行中に実行位置を変えたい

ポイント　次のステートメントの設定、カーソルの前まで実行

プログラムを一時停止したあとのステップ実行では、1行ずつ次のコードを実行していくだけでなく、次の実行位置を強制的に変更したり、ある行まで一気に実行させたりすることができます。

● **次のステートメントの設定**
- ▶ **メニューバー** ……………… **[デバッグ] - [次のステートメントの設定]**
- ▶ **ショートカットキー** ……… **Ctrl + F9**
- ▶ **マウス操作** ………………… **その行の右クリック- [次のステートメントの設定]**

● **カーソルの前まで実行**
- ▶ **メニューバー** ……………… **[デバッグ] - [カーソルの前まで実行]**
- ▶ **ショートカットキー** …… **Ctrl + F8**
- ▶ **マウス操作** ……………… **その行の右クリック- [カーソルの前まで実行]**

次のようなプログラムにおいて、①にブレークポイントを設定して一時停止しているとします。

```
A = 2000 ―――――――― ①
Debug.Print A ――――― ②
B = 10 ――――――――― ③
Debug.Print B ――――― ④
```

④を"次のステートメントに設定"して続行すると、①②③はスキップされ実行されません。③が実行されないため、④は実行されますが何も出力されません。

④で"カーソルの前まで実行"を行うと、①②③が一気に実行され、④を実行しようとしているところで再度一時停止します。

096 ステップインとステップオーバーを使い分けたい

ポイント　ステップイン、ステップオーバー

ステップ実行では、プロシージャから別のプロシージャを呼び出している場合、別のプロシージャの階層、さらにはその下位の階層まで順次入り込んでステップ実行することができます。

その際、別のプロシージャに対するステップ実行の動きをその都度変えることができます。

ステップイン

ステップ実行中のプロシージャから下位のプロシージャへも入ってステップ実行を行います。

- **メニューバー** ………………… [デバッグ] - [ステップイン]
- **ツールバー**

- **ショートカットキー** ………… F8

ステップオーバー

ステップ実行中のプロシージャから別のプロシージャ呼び出しがあった場合、その別のプロシージャ自体は実行しますが、その中でのステップ実行は行いません。別のプロシージャは一気に実行され、次の実行ステートメントは別のプロシージャを呼び出したすぐ次の行へ進みます。

- **メニューバー** ………………… [デバッグ] - [ステップオーバー]
- **ツールバー**

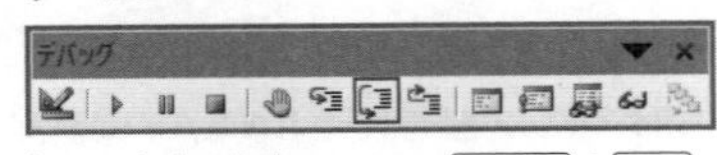

- **ショートカットキー** ………… Shift + F8

次のようなプログラムで②で一時停止しているとします。

```
A = 2000 ――――――― ①
B = MyFunc(A) ―――― ②
Debug.Print B ―――― ③
```

ステップインを実行するとMyFuncプロシージャ内のコードでもステップ実行されます。

ステップアウトを実行するとMyFuncプロシージャ内は止まることなく実行され、返り値がBに代入されたあと、③の行で一時停止します。

097 ステップ実行中に変数の値を調べたい

ポイント　自動データヒント

プログラムのデバッグでは、単にステップ実行するだけでなく、その時点の変数の値などを知りたいところです。プログラムが一時停止している状態では、次のような方法で変数の値を調べることができます。

自動データヒント

ブレークポイントでプログラムが一時停止しているときやステップ実行中、コード上の変数名の上にマウスのカーソルを移動すると、自動的にその時点の値をヒント表示してくれます。

そのプロシージャ内の変数に限らず、その時点で参照可能な変数であれば、Declarationsセクションで宣言されている変数の値を知ることができます。

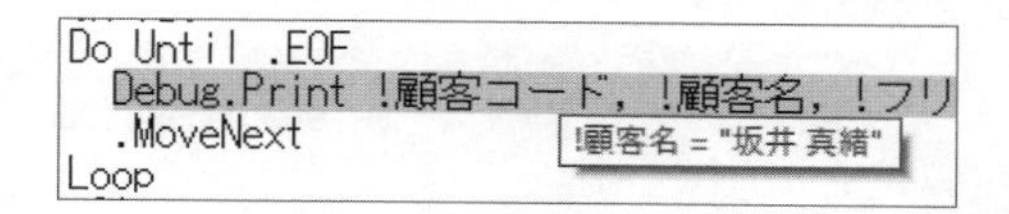

イミディエイトウィンドウ

イミディエイトウィンドウに「?変数名」とキー入力して Enter キーを押すと、その次の行に変数の値が表示されます。ここでは「?変数A+変数B」のようにその時点の変数値での演算を試行することもできます。

イミディエイトウィンドウを表示するには、次のような操作を行います。

- **メニューバー** ………………… **[表示] - [イミディエイトウィンドウ]**
- **ツールバー**

- **ショートカットキー** ……… Ctrl + G

ローカルウィンドウ

ローカルウィンドウを開くとその時点で参照可能な変数名と値がすべて表示されます。

098 イミディエイトウィンドウに途中経過を出力したい

ポイント　Debug.Print

プログラムをデバッグする際、ステップ実行するのではなく、イミディエイトウィンドウを利用することで、各行での変数の値や処理が流れた経路を知ることができます。

それには、コードの所定の位置に「Debug.Print 変数名」や「Debug.Print 変数名, 変数名, ……」といった記述を挟み込みます。それによって実行時にイミディエイトウィンドウにその変数の値が出力されます。

またここでは、変数名だけでなく自由な文字列や文字列と変数を組み合わせた情報を出力させることでもできます。

次のプログラム例では、変数iintLoopとintSumの値をイミディエイトウィンドウに出力するとともに、開始と終了、ループを抜けたことを示すための文字列を出力します。

■ プログラム例　Sub Sample098

```
Sub Sample098()

  Dim intSum As Integer
  Dim iintLoop As Integer

  Debug.Print "処理開始"

  For iintLoop = 1 To 10
    intSum = intSum + iintLoop
    Debug.Print iintLoop, intSum
    If intSum > 20 Then
      Debug.Print iintLoop & " でループを抜けた"
      Exit For
    End If
  Next iintLoop

  Debug.Print "処理完了"

End Sub
```

099 コードを複数行まとめてコメントアウトしたい

ポイント コメントブロック、非コメントブロック

VBEのコードでは、「'(シングルクォーテーション)」を付けることで行内のそれ以降の記述をコメント化して実行させないようにすることができます。

その際、「'」を都度キー入力してもかまいませんが、連続した複数行に渡って一度にコメントアウトすることができます。

それには、複数行を範囲選択したあと(1行のコメントアウトなら範囲選択は不要)、次の操作を行います。それによって各行の先頭に「'」が付きます。

▶ **ツールバー…………[コメントブロック]**

```
    Debug.Print "処理開始"

'   For iintLoop = 1 To 10
'       intSum = intSum + iintLoop
'       Debug.Print iintLoop, intSum
'       If intSum > 20 Then
'           Debug.Print iintLoop & " でループを抜けた"
'           Exit For
'       End If
'   Next iintLoop
```

また次の操作で、コメントアウトされている複数行からまとめて先頭の「'」を取り除くことができます(行の途中から始まる「'」は削除できません)。

▶ **ツールバー…………[非コメントブロック]**

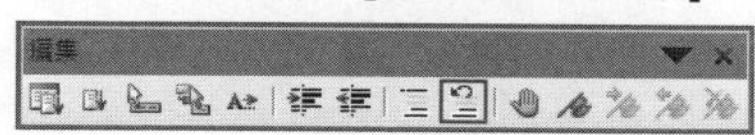

100 コードを複数行まとめてインデントしたい

ポイント | インデント

コードを記述する際、ひとまとまりのコードブロックをインデント（字下げ）することで、プログラム構造や構文が見やすくなります。ここでのブロックとは、たとえば「If... Else...」や「For...Next」ステートメントの「...」と書かれた範囲のことです。プログラムの実行には影響を与えませんが、コードのメンテナンス性を向上させることができます。

コードをインデントするには次のような操作を行います。複数行まとめてインデントしたい場合はあらかじめそれらを範囲選択しておきます。

- **メニューバー** ………………… **[編集] - [インデント]**
- **ツールバー**

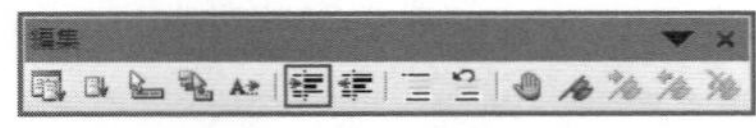

- **ショートカットキー** ……… Tab

```
For iintLoop = 1 To 10
  intSum = intSum + iintLoop
  Debug.Print iintLoop, intSum
        If intSum > 20 Then
          Debug.Print iintLoop & "でループを抜けた"
          Exit For
        End If
Next iintLoop
```

また次の操作で、インデントされている行を元に戻す（左に移動する）ことができます。

- **メニューバー** ………………… **[編集] - [インデントを戻す]**
- **ツールバー**

- **ショートカットキー** ……… Shift + Tab

101 Excel VBAのオブジェクトを扱いたい

ポイント　参照設定

Access VBAでは、通常はAccessが持っている関数やオブジェクトのみを使ってコーディングします。しかしVBEで「参照設定」を行うことで、他のアプリケーションやライブラリの機能も使えるようになります。

たとえばExcelの関数を使えるようにしたい場合は、次のようにしてその設定を行います。

- ① VBEのメニューより[ツール]-[参照設定]を選択する
- ② 表示された画面の「参照可能なライブラリファイル」の一覧で「Microsoft Excel 16.0 Object Library」にチェックマークを付ける(16.0の部分はExcelのバージョンによって異なります)

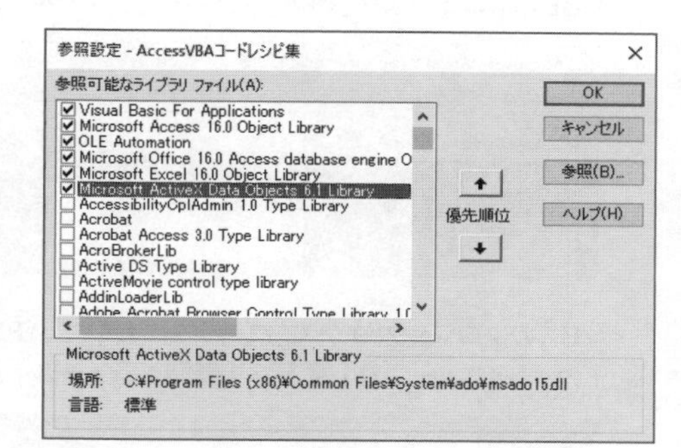

次のプログラムが実際に"Excelのワークシート関数"を実行している例です。

※ ここでは配列のデータを引数として渡しています。この場合の配列はワークシートのセル範囲と同等です。

※ ワークシート関数の場合は正確には「WorksheetFunction. 関数名 (引数)」のように書きますが、下記例では With を使ってコードを簡略化しています。

※ 参照設定を行うことで、Excel のオブジェクトや関数類もオブジェクトブラウザに表示されます。

■ プログラム例

Sub Sample101

```
Sub Sample101()

  Dim varAry As Variant
  varAry = Array(10, 20, 30, 40, 50) ――― 配列データを設定
  With WorksheetFunction
    Debug.Print .Sum(varAry) ――― 合計
    Debug.Print .Average(varAry) ――― 平均
    Debug.Print .Count(varAry) ――― 件数
    Debug.Print .TextJoin(",", True, varAry) ――― カンマで文字列結合
    Debug.Print .Large(varAry, 2) ――― 2番目に大きな値
    Debug.Print .Small(varAry, 3) ――― 3番目に小さな値
  End With

End Sub
```

102 VBEからモジュールを新規作成したい

ポイント [挿入] - [標準モジュール] メニュー

VBEのウィンドウから新規の標準モジュールを作成するには、次のいずれかの操作を行います。

※ フォームやレポートのモジュールは VBE からは新規作成できません。

- **VBEのメニューより [挿入] - [標準モジュール] を選択する**

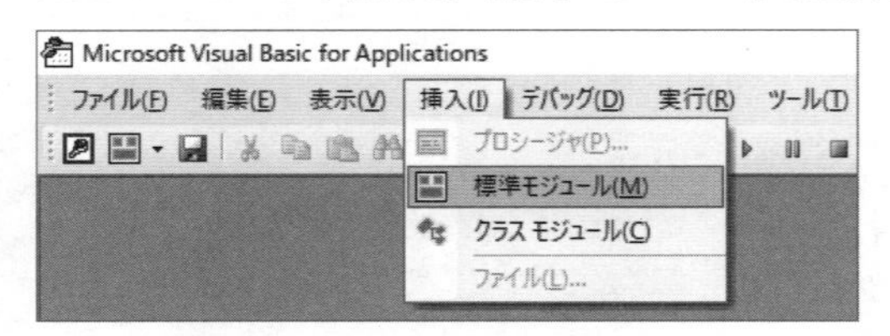

- **VBEのプロジェクトエクスプローラーにおいて、任意の場所を右クリックし、表示されたショートカットメニューより [挿入] - [標準モジュール] を選択する**

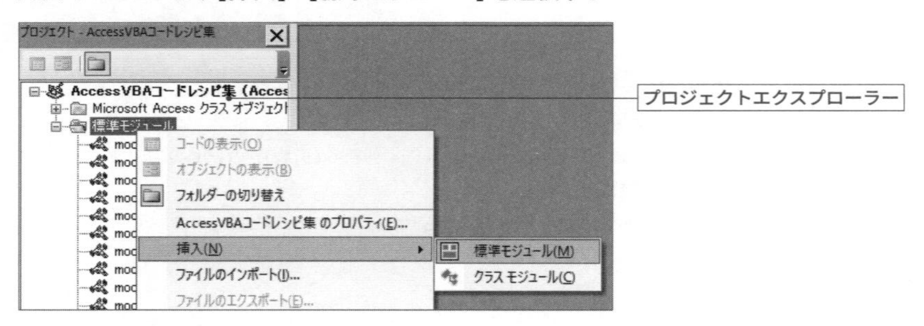

上記の操作を行うと、直ちに新しいモジュールのコードウィンドウが表示されます。モジュール名は空のものです。はじめて保存する際に名前を指定します。

103 VBEからプロシージャを新規作成したい

ポイント [挿入] - [プロシージャ] メニュー

モジュールにプロシージャを新規作成する1つの方法は、一般的なエディタのようにモジュールの任意の位置にそのプロシージャ名や引数、処理内容を手入力して書き込んでいく方法です。

既存のプロシージャのコードを流用したいときは、それをコピー＆ペーストしてから編集するということもできます。

また、下記手順でVBEのメニューを使って作成することもできます。

- **① まず、プロシージャを作成したいモジュールをアクティブにする**
- **② メニューより [挿入] - [プロシージャ] を選択する**
  これによって「プロシージャの追加」画面が表示されます。

- **③ プロシージャの「名前」を入力する**
  基本的に任意の名前を指定できますが、「_（アンダーバー）」以外の記号やスペースは使えない、先頭には数字や「_」は使えない、VBAの予約語は使えないなどの規則があります。それに反する名前は [OK] ボタンクリック時に「プロシージャ名が無効です」エラーとなります。
- **④ プロシージャの「種類」と「適用範囲」を選択する**
- **⑤ 最後に [OK] ボタンをクリックする**

これによって、「Sub～End Sub」や「Function～End Function」のプロシージャの枠組みが追加されます。その間に処理に関するコードを記述していきます。

「プロシージャの追加」画面はあくまでも入力支援ですので、コードウィンドウに挿入されたコードを編集することで、名前や種類・適用範囲をあとから変えることもできます。

104 モジュールをテキストファイルに出力したい

ポイント　[ファイル] - [ファイルのエクスポート] メニュー

各モジュールは、個別にテキストファイルとして出力することができます。

それには次のいずれかの操作を行います。いずれの場合もまずプロジェクトエクスプローラーで対象モジュールを選択しておきます。

- **VBEのメニューより [ファイル] - [ファイルのエクスポート] を選択する**
  - **ショートカットキー**……… Ctrl + E

- **VBEのプロジェクトエクスプローラーにおいて、任意の場所を右クリックし、表示されたショートカットメニューより [ファイル] - [ファイルのエクスポート] を選択する**

いずれかの選択を行うと「ファイルのエクスポート」画面が表示されますので、出力先のフォルダやファイル名を指定して [保存] ボタンをクリックします。

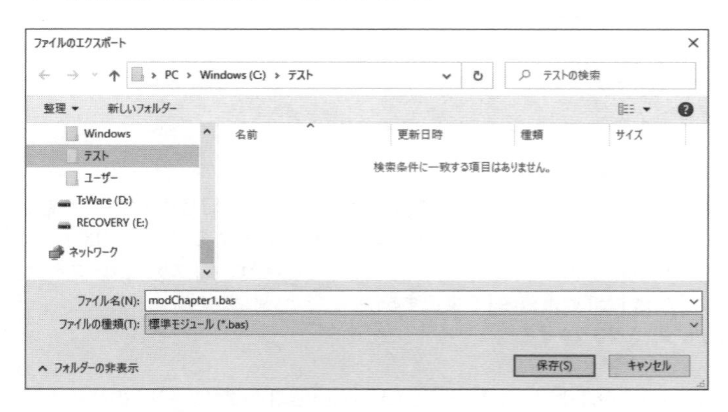

なお、標準モジュールについては、Accessのウィンドウのリボンから [外部データ] - [エクスポート] - [テキストファイル] の操作でも出力することができます。フォームモジュールやレポートモジュールを出力したい場合はVBEからの操作のみとなります。

■ 補足

出力されたテキストファイルを見ると、1行目に「Attribute VB_Name = "モジュール1"」といった文が付記されて保存されています。これはVBEで"インポート"の操作を行った際のモジュール名の識別用です。

105 モジュールにパスワードを設定したい

ポイント　プロジェクトプロパティ-[保護]

VBEを使ってパスワードを設定することで、モジュール内のプログラムを自由に見られないようにすることができます。それには次のような手順でその設定を行います。

- ① **VBEの[ツール]-[○○のプロパティ]メニュー、またはプロジェクトエクスプローラーの一番上のプロジェクト名を右クリックして[○○のプロパティ]メニューを選択する（○○の部分はデータベースによって異なります）**
- ② **「プロジェクトプロパティ」画面が表示されるので、[保護]タブを選択する**

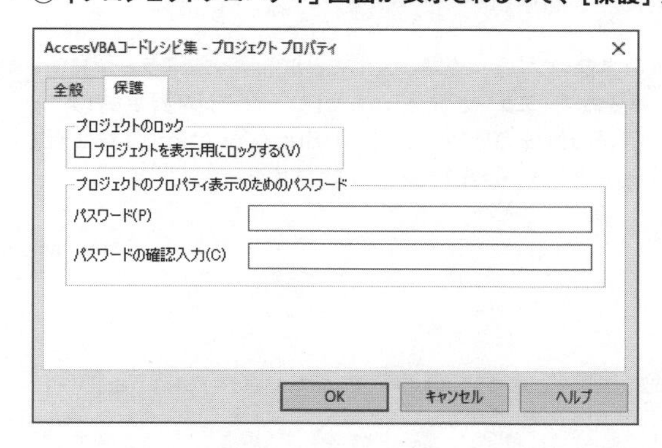

- ③ **[プロジェクトを表示用にロックする]にチェックマークを付ける**
- ④ **「パスワード」と「パスワードの確認入力」欄に設定したいパスワードを入力する**
- ⑤ **最後に[OK]ボタンをクリックする**

ここで設定したパスワードは、次回データベースファイルを開き直したときから有効となります。モジュールの内容を見ようとするとパスワードの入力が求められるようになります。

パスワード解除するには、[プロジェクトを表示用にロックする]のチェックマークを外して、2つのパスワード欄を空欄にします。

このパスワードは、データベース内のすべてのモジュールである（VBAの）「プロジェクト」に対して一括設定するものです。

上記パスワード設定は、フォームデザインなどを含むデータベースファイル全体に設定する「データベースパスワード」とは異なります。

106 エラー発生時の動きもプログラムで制御したい

ポイント	On Errorステートメント
構文	On Error GoTo エラー処理ルーチンの行ラベル

エラーが発生したとき、通常の処理の流れから外れて、あらかじめ用意されたエラー処理用のコード（エラー処理ルーチン）へ実行先を分岐させることができます。その際に使うのが「On Error」ステートメント」です。これを使うことで、プログラムを止めることなく、例外処理も流れの1つとして制御することができます。

それにはコードの中に「On Error GoTo ～～」という行を記述します。それによって、それ以降の行でエラーが発生したとき、GoToで指定された行ラベルへ処理が分岐します。

※ 行ラベルは、任意の名前に「:（コロン）」を付けて表記します。

次のプログラム例では、存在しない名前のフォームを開こうとしています。そこでエラーが発生しますので、「Err_Handler:」の行へ流れが変わり、"エラーが発生しました! "メッセージが表示されます。

なお、エラーが発生しないときの通常の処理の最後には「Exit Sub (Function) 」が必須です。それがないと引き続き次の行のエラー処理ルーチンが実行されてしまいます。

■ プログラム例

Sub Sample106

```
Sub Sample106()

  On Error GoTo Err_Handler ———— 行ラベルErr_Handlerの行へ飛ぶよう指示

  DoCmd.OpenForm "存在しないフォーム"

  MsgBox "正常終了しました！"
  Exit Sub

Err_Handler: ———————— Err_Handlerというラベルの行
  MsgBox "エラーが発生しました！"

End Sub
```

実行例

107 エラー番号とエラー内容を取得したい

ポイント	Errオブジェクト、Numberプロパティ、Descriptionプロパティ
構文	Err.Number、Err.Description

プログラム上でエラーが発生すると「Err」オブジェクトが生成されます。そのオブジェクトの「Number」プロパティでエラー番号を、また「Description」プロパティでエラー内容を取得することができます。

次のプログラム例では、エラー番号とエラー内容をメッセージボックスで表示します。これらはOn Errorステートメントがないときに VBAが発するメッセージと同様のものです。

■ **プログラム例**

Sub Sample107

```
Sub Sample107()

  On Error GoTo Err_Handler

  DoCmd.OpenForm "存在しないフォーム"

  MsgBox "正常終了しました！"
  Exit Sub

Err_Handler:
  MsgBox "エラーが発生しました！" & vbCrLf & _
          "エラー番号：" & Err.Number & vbCrLf & _
          "エラー内容：" & Err.Description

End Sub
```

実行例

Microsoft Access ×

エラーが発生しました！
エラー番号：2102
エラー内容：フォーム名 '存在しないフォーム' が正しくないか、存在しないフォームを参照しています。

OK

108 エラー番号に応じて独自メッセージを表示したい

ポイント　Errオブジェクト、Numberプロパティ

通常の処理の流れにおいてエラーが発生したときは常に1つのエラー処理ルーチンへ分岐させ、その中でさらにエラー番号に応じて処理を分岐させることができます。それには、「Err」オブジェクトの「Number」プロパティに応じて分岐するコードを記述します。

次の例ではまずインプットボックスでデータ入力を行います。その入力値によって異なる番号のエラーが発生しますので、それをSelect Caseで分岐して異なるエラーメッセージを表示します。

- **255を超える数値が入力されると返り値をByte型変数に代入できない……エラー番号6**
- **アルファベットなどが入力されると返り値を数値型に代入できない……エラー番号13**
- **0が入力されると「100 / bytData1」の式でゼロ除算となる……エラー番号11**

■ **プログラム例**　　Sub Sample108

```
Sub Sample108()

  Dim bytData1 As Byte, sngData2 As Single

  On Error GoTo Err_Handler

  bytData1 = InputBox("数値を入力してください！")
  sngData2 = 100 / bytData1

  MsgBox "正常終了しました！"
  Exit Sub

Err_Handler:
  Select Case Err.Number
    Case 6
      MsgBox "オーバーフローしました！ 0～255の値を入力してください。" ── 0～255以外の数字入力時
    Case 11
      MsgBox "0で除算しました！ 1以上の値を入力してください。" ── 0の入力時
    Case 13
      MsgBox "型が一致しません！ 数値を入力してください。" ── 数字以外の入力時
  End Select

End Sub
```

109 エラー後の処理継続位置を指定したい

ポイント	Resumeステートメント
構文	Resume 継続行の行ラベル

エラーが発生してエラー処理ルーチンへ分岐したとき、その処理のあとに何も書かなければそのまま後続の「End Sub」や「End Function」が実行されプロシージャが終了します。

一方、「Resume」ステートメントを使うことで、エラーから復帰して、そのラベルで示された行から通常の処理の流れに戻すことができます。

次のプログラム例では、「Resume Exit_Here」の記述によって「Exit_Here:」のラベルの行から処理が継続されます。その行ラベル以降の「DoCmd.Hourglass False」の命令は正常処理された場合でもエラーが発生した場合でも実行されますので、常に砂時計ポインタは元に戻されることになります。

■ プログラム例

Sub Sample109

```
Sub Sample109()

  Dim bytData As Byte
  Dim iintLoop As Integer

  On Error GoTo Err_Handler

  DoCmd.Hourglass True ―――――― 砂時計ポインタを表示

  For iintLoop = 1 To 1000
    bytData = bytData + iintLoop ―――― bytDataが255を超えるとここでエラー発生
  Next iintLoop

Exit_Here:
  DoCmd.Hourglass False ―――――― 砂時計ポインタを元に戻す
  Exit Sub

Err_Handler:
  Resume Exit_Here ―――――― Exit_Hereの行から継続

End Sub
```

110 エラー後に同じ行から再実行したい

ポイント	Resumeステートメント
構文	Resume

エラー処理ルーチンにおいて「Resume」ステートメントを単独で使うと、エラーの発生した行から再実行させることができます。単なる再実行では同じエラーが発生してしまいますが、エラー処理でその原因を解決する処理を行えば、そこからリトライして通常の流れに戻すことができます。

次のプログラム例では、変数bytDataの値を1ずつ増やします。この変数はByte型のため255を超える数値になるとエラーが発生します。そこでいったん変数値を0にしてから再実行します。

■ プログラム例　　Sub Sample110

```
Sub Sample110()

  Dim bytData As Byte, iintLoop As Integer

  On Error GoTo Err_Handler

  For iintLoop = 1 To 1000
    bytData = bytData + 1 ———— bytDataが255を超えるとここでエラー発生
  Next iintLoop

  MsgBox "正常終了しました！"

Exit_Here:
  Exit Sub

Err_Handler:
  If Err.Number = 6 Then
    bytData = 0
    Resume ———————————— エラー発生行から再実行
  Else
    MsgBox "エラーが発生しました！"
    Resume Exit_Here
  End If

End Sub
```

111 エラー後に次の行から処理を継続したい

ポイント	Resumeステートメント
構文	Resume Next

エラー処理ルーチンで「Resume Next」と記述すると、エラーの発生した行の次の行から通常の流れを継続させることができます。

次のプログラム例では、iintLoopの値が256になるとByte型変数bytData1への代入時にオーバーフローのエラーになります。Resume Nextによってその行のエラーは無視され次の行に進みますので、エラーが発生しても停止せず、またこの変数値は最終的に255となります。

一方、intData2の方は途中エラーとなりませんので、最終値は1000となります。

■ **プログラム例**

Sub Sample111

```
Sub Sample111()

  Dim bytData1 As Byte, intData2 As Integer, iintLoop As Integer

  On Error GoTo Err_Handler

  For iintLoop = 1 To 1000
    bytData1 = iintLoop ──── bytDataが255を超えるとここでエラー発生
    intData2 = iintLoop
  Next iintLoop

  MsgBox "終了しました！ " & bytData1 & ", " & intData2

Exit_Here:
  Exit Sub

Err_Handler:
  If Err.Number = 6 Then
    Resume Next ──────── エラーの次の行へ戻る
  Else
    MsgBox "エラーが発生しました！"
    Resume Exit_Here
  End If

End Sub
```

112 エラーを無視して処理を継続したい

ポイント	On Errorステートメント、Resumeステートメント
構文	On Error Resume Next

エラー処理のないプログラムでは、エラーが発生するとその位置でプログラムが一時停止します。そのようなとき、エラー停止することなく、またエラー処理も行わず、すべてのエラーを無視して処理が続行されるようにすることができます。

それには、その行以降のエラーを無視したい位置に「On Error Resume Next」と記述します。

※ ただしエラー自体が解決されるわけではありません。次のプログラム例で、256 以上は代入できない Byte 型変数 bytData1 の最終値は、最後に正常に代入された 255 のままとなります。

■ プログラム例　Sub Sample112

```
Sub Sample112()

  Dim bytData1 As Byte
  Dim intData2 As Integer
  Dim iintLoop As Integer

  On Error Resume Next ──────── 以降発生するエラーはすべて無視

  For iintLoop = 1 To 1000
    bytData1 = iintLoop
    intData2 = iintLoop
  Next iintLoop

  MsgBox "終了しました！ " & bytData1 & ", " & intData2

End Sub
```

実行例

113 エラーが発生しているか確認したい

ポイント　Errオブジェクト、Numberプロパティ

コード上で「On Error Resume Next」を記述するとそれ以降のエラーは無視されます。しかし無視して続行されるだけでエラー自体が発生していないわけではありません。エラーが発生することで「Err」オブジェクトが生成されています。

そこで、その「Number」プロパティの値を調べます。それによってエラーが発生しているかどうかを確認することができます。Numberプロパティ値が「0ならエラーは発生していない」、「0でなければエラーが発生している」と判別することができます。

※ 複数の箇所でエラーが発生している場合、その場所までは特定できません。通常は、発生する可能性があるエラーの場所や内容を想定したうえで、所定の位置で確認を行います。

■ プログラム例

Sub Sample113

```
Sub Sample113()

  Dim bytData As Byte
  Dim iintLoop As Integer

  On Error Resume Next ──── 以降発生するエラーはすべて無視

  For iintLoop = 1 To 1000
    bytData = iintLoop ──── bytDataが255を超えるとエラーが発生するが無視される
    If Err.Number <> 0 Then ── ここでエラーを確認
      MsgBox "エラーが発生しました！" & vbCrLf & _
             "エラー番号：" & Err.Number & vbCrLf & _
             "エラー内容：" & Err.Description
      Exit For
    End If
  Next iintLoop

End Sub
```

実行例

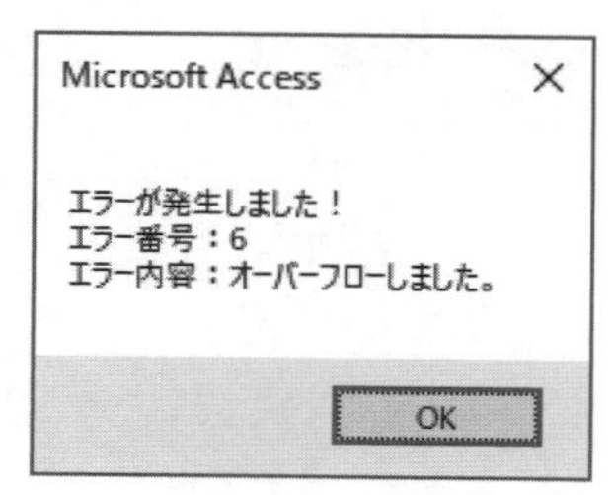

114 エラーを無視したあとに再度エラー発生を検知したい

ポイント	On Errorステートメント
構文	On Error GoTo 0

「On Error GoTo ～～」でエラー処理ルーチンに分岐したり、「On Error Resume Next」でエラーを無視したりしたあと、ある行以降は再度、エラー発生時にその行でプログラムを停止させたいといった場合には、「On Error GoTo 0」を記述します。その命令以降はすべてのエラー処理がない状態になります。

次のプログラム例では、Byte型変数bytData2に256を代入するところでエラーが発生しますが、それまで「On Error Resume Next」で無視されていたエラーは再度検知され、既定のエラーメッセージが表示され、プログラムが一時停止します。

■ **プログラム例**　　Sub Sample114

```
Sub Sample114()

  Dim bytData1 As Byte
  Dim bytData2 As Byte

  On Error Resume Next
  bytData1 = 256 ——— ここでのエラーは無視される

  On Error GoTo 0
  bytData2 = 256 ——— ここでのエラーは一時停止する

End Sub
```

実行例

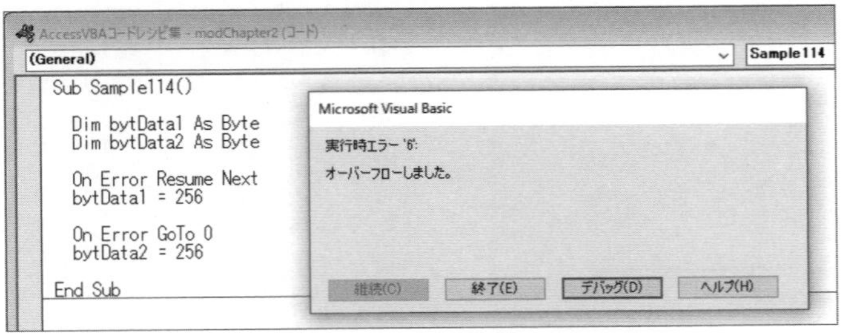

```
AccessVBAコードレシピ集 - modChapter2 (コード)
(General)   Sample114
Sub Sample114()

  Dim bytData1 As Byte
  Dim bytData2 As Byte

  On Error Resume Next
  bytData1 = 256

  On Error GoTo 0
  bytData2 = 256

End Sub
```

Microsoft Visual Basic
実行時エラー '6':
オーバーフローしました。
継続(C)　終了(E)　デバッグ(D)　ヘルプ(H)

115 エラーを強制的に発生させたい

ポイント	Errオブジェクト、Raiseメソッド
構文	Err.Raise エラー番号, , エラー内容

「Err」オブジェクトの「Raiseメソッド」を実行すると、実際にはエラーとなっていなくても、強制的にエラーを発生させることができます。

このメソッドでは、引数を指定することで、意図的な番号・内容のエラーを発生させることができます。1つめの引数にエラー番号となる任意の数値、2つめは省略して、3つめに任意のエラー内容の文字列を指定します。

次のプログラム例では、インプットボックスでの入力エラーをあえてエラー処理ルーチンで処理させるため、エラー番号「30000」・エラー内容「1以上の値を入力してください!」などのエラーを発生させています(Byte型変数へのマイナス入力などのエラーは既定のエラー番号・エラー内容として処理されます)。

■ **プログラム例**

Sub Sample115

```
Sub Sample115()

  Dim bytData As Byte

  On Error GoTo Err_Handler

  bytData = InputBox("数値を入力してください！")
  If bytData = 0 Then
    Err.Raise 30000, , "1以上の値を入力してください！"
  ElseIf bytData > 10 Then
    Err.Raise 30001, , "10以下の値を入力してください！"
  End If

Exit_Here:
  Exit Sub

Err_Handler:
  MsgBox Err.Number & ":" & Err.Description
  Resume Exit_Here

End Sub
```

116 エラー処理時にエラー箇所を調べたい

ポイント　Stopステートメント、Resumeステートメント

「On Error GoTo」ステートメントでエラー処理ルーチンへ分岐したとき、どこでエラーが発生したかまでは分かりません。そこで、次のような方法で調べることができます。

- **① エラー処理ルーチンの先頭に「Stop」ステートメントと「Resume」ステートメントを追記する**
- **② プロシージャを実行する**
- **③ エラーが発生するとStopでプログラムが一時停止するので、ステップ実行に入る**
- **④ Resumeをステップ実行するとエラー箇所に戻り、その行が黄色のハイライト表示になる → そこがエラー発生行**
- **⑤ ステップ実行の状態なので、自動データヒント機能やイミディエイトウィンドウを使うなどしてその時点の変数の値やオブジェクトの状態などを調べ、エラー原因を探る**
- **⑥ プログラムをリセットして、プログラムを修正し、エラー対策を行う**
- **⑦ 修正が終わったら追記した2行を最後に削除する**

■ **プログラム例**

Sub Sample116

```
Sub Sample116()

  Dim bytData1 As Byte, intData2 As Integer, iintLoop As Integer

  On Error GoTo Err_Handler

  For iintLoop = 1 To 1000
    bytData1 = iintLoop
    intData2 = iintLoop
  Next iintLoop

Exit_Here:
  Exit Sub

Err_Handler:
  Stop ──────────── 一時的にこれを付け加える
  Resume ────────── 一時的にこれを付け加える
  MsgBox "エラーが発生しました！"
  Resume Exit_Here

End Sub
```

文字列処理

Chapter

3

117 文字列どうしや文字列と変数を結合したい

ポイント	連結演算子
構文	文字列 & 文字列、文字列 & 変数

文字列を結合するには、連結演算子「&」を使います。「"(ダブルクォーテーション)」で囲まれた文字列どうしを結合したり、文字列とString型の変数値とを結合したり、あるいはその変数どうしを結合したりすることができます。

また、VBAでは暗黙的な型変換によって「100 & "個"」のような数値と文字列の結合をしたり、関数の返り値と結合したりすることもできます。

■ **プログラム例**

Sub Sample117

```
Sub Sample117()
  Dim strA As String, strB As String
  strA = "サインペン" & " 黒"
  strB = strA & " 5本セット"
  Debug.Print strA —— サインペン 黒 が出力される
  Debug.Print strB —— サインペン 黒 5本セット が出力される
End Sub
```

実行例

118 文字列の長さを調べたい

ポイント	Len関数
構文	Len(文字列)

文字列の長さを調べるには、「Len」関数を使います。引数に文字列やString型変数を与えることで、その長さが返されます。

その際、半角／全角あるいは漢字など問わず、その文字数が返されます。よって、次のプログラム例の上2つはいずれも「7」が、3つめは「2」が返されます。

■ プログラム例

Sub Sample118

```
Sub Sample118()

  Debug.Print Len("ABCD123") ――――― 半角英数字の場合

  Debug.Print Len("ＡＢＣＤ１２３") ―― 全角英数字の場合

  Debug.Print Len("鉛筆") ――――――― 漢字の場合

End Sub
```

実行例

119 特定の文字が何文字目にあるか調べたい

ポイント	InStr関数
構文	InStr([検索開始位置], 文字列, 検索文字列)

「InStr」関数を使うことで、引数の文字列の中から特定の文字列が何文字目にあるかを調べることができます。引数の指定は次のとおりです。

- **1つめの引数には、文字列のどの位置から検索するかを指定します。これは省略可能で、省略したときは先頭の1文字目から検索されます（省略した場合はその直後のカンマも付けません）。**
- **2つめの引数に対象となる全体の文字列や変数を指定します。**
- **3つめの引数に位置を調べたい文字列や変数を指定します。**
- **返り値は、文字列の先頭を1とする数値です。**

この関数は文字列を先頭から後方に向けて検索します。次のプログラム例の3つめでは「m」を検索しており、対象文字列内に「mm」というがみつかりますが、前の「m」の位置が返されることになります。

また、検索文字列が見つからないときは、「0」が返されます（例の4つめ）。

■ **プログラム例**　　Sub Sample119

```
Sub Sample119()

  Const cstrData As String = "シャープペン 0.5mm"

  Debug.Print InStr(cstrData, "ペ")
  Debug.Print InStr(cstrData, "ペン")
  Debug.Print InStr(cstrData, "m") ——— mmの前の文字位置が返り値
  Debug.Print InStr(cstrData, "0.3") ——— ないときは返り値は0
  Debug.Print InStr(2, cstrData, "シャープ") ——— 2文字目から検索

End Sub
```

実行例

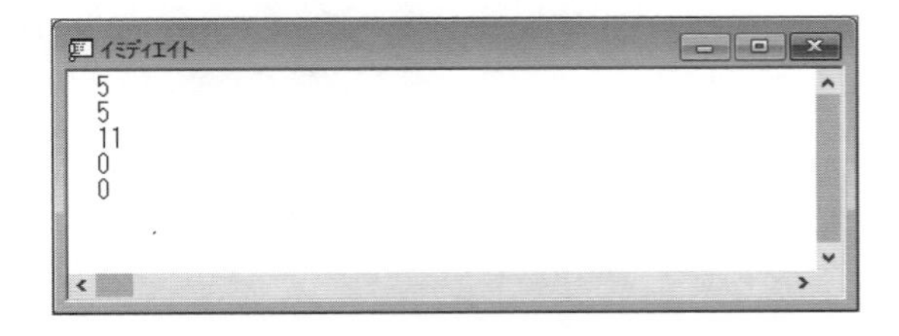

120 特定の文字が何文字目にあるか後ろから探したい

ポイント	InStrRev関数
構文	InStrRev(文字列, 検索文字列, [検索開始位置])

「InStrRev」関数を使うと、引数の文字列の中から特定の文字列が何文字目にあるかを、文字列の"最後から先頭に向けて検索"して取得することができます。後方から検索しますが、返り値は"先頭から数えた位置"（文字列の先頭を1とする）になります。引数の指定は次のとおりです。

- **1つめの引数に対象となる全体の文字列や変数を指定します。**
- **2つめの引数に位置を調べたい文字列や変数を指定します。**
- **3つめの引数には、文字列のどの位置から検索するかを指定します（省略可能）。**

この関数は後方から先頭に向けて検索するため、次のプログラム例の3つめでは、対象文字列内にある「mm」の後ろの「m」の位置が返されます。

また、検索文字列が見つからないときは、「0」が返されます（例の4つめ）。

■ **プログラム例**

Sub Sample120

```
Sub Sample120()

  Const cstrData As String = "シャープペン 0.5mm"

  Debug.Print InStrRev(cstrData, "ペ")
  Debug.Print InStrRev(cstrData, "ペン")
  Debug.Print InStrRev(cstrData, "m") ——— mmの後ろの文字位置が返り値
  Debug.Print InStrRev(cstrData, "0.3") —— ないときは返り値は0

End Sub
```

実行例

121 文字列内に特定の文字が含まれるか調べたい

ポイント　InStr関数

「InStr」関数は文字列の中から特定の文字列が何文字目にあるかを調べる関数ですが、見つからない場合は「0」を返します。それを利用して、文字列内に特定の文字があるかどうかを判定することができます。

それには、「InStr関数の返り値が0より大きいか」、もしくは「InStr関数の返り値が0かどうか」の条件式で判定します。0より大きい（=0でない）ときは特定の文字列が含まれていることになります。0より大きくない（=0である）ときは含まれていないことになります。

■ プログラム例　　Sub Sample121

```
Sub Sample121()

  Const cstrData As String = "シャープペン 0.5mm"

  Debug.Print InStr(cstrData, "ペン") > 0 ――― あるのでTrue

  Debug.Print InStr(cstrData, "0.3mm") > 0 ―― ないのでFalse

  If InStr(cstrData, "0.5mm") = 0 Then
    Debug.Print "0.5mmは含まれない"
  Else
    Debug.Print "0.5mmは含まれる"
  End If

End Sub
```

実行例

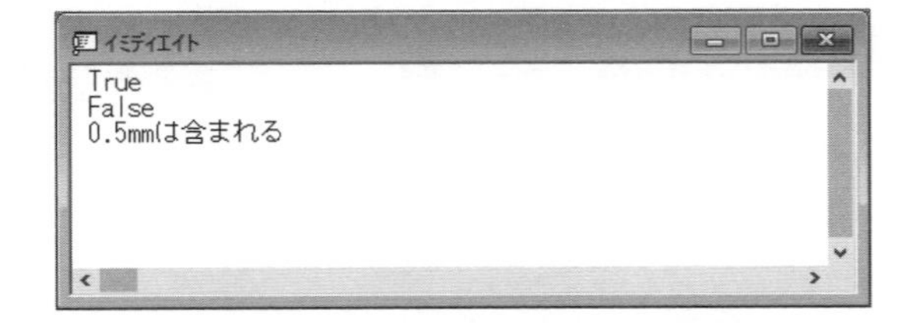

122 文字列の先頭から指定文字数を取り出したい

ポイント	Left関数
構文	Left(文字列, 長さ)

文字列の"先頭"から指定文字数を取り出すには、「Left」関数を使います。この関数は、1つめの引数に指定した文字列の先頭から、2つめの引数で指定された長さ分の文字列だけを取り出して返します。

長さに0を指定したときは、長さ0の文字列("")が返されます。また、引数の文字列の全長を超える長さを指定したときは、引数の文字列全体がそのまま返されます。

■ プログラム例

Sub Sample122

```
Sub Sample122()

  Const cstrData As String = "シャープペン 0.5mm"

  Debug.Print Left(cstrData, 4)

  Debug.Print Left(cstrData, 6)

  Debug.Print Left(cstrData, 0) ——— 返り値は長さ0の文字列("")

  Debug.Print Left(cstrData, 100) —— 全体が返される

End Sub
```

実行例

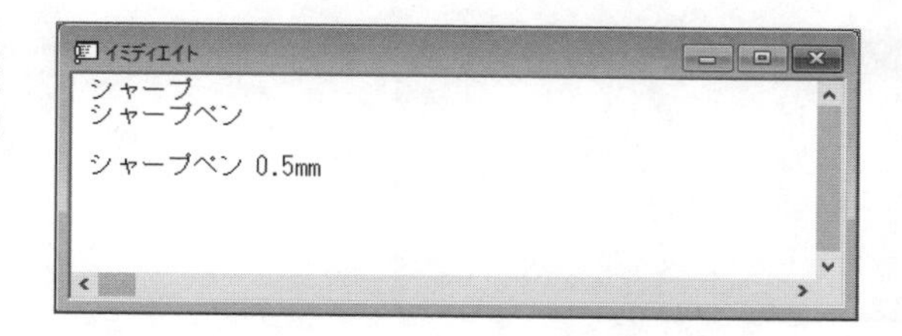

123 文字列の最後から指定文字数を取り出したい

ポイント	Right関数
構文	Right(文字列, 長さ)

文字列の"最後"から指定文字数を取り出すには、「Right」関数を使います。この関数は、1つめの引数に指定した文字列の最後尾から、2つめの引数で指定された長さ分の文字列だけを取り出して返します。

長さに0を指定したときは、長さ0の文字列("")が返されます。また、引数の文字列の全長を超える長さを指定したときは、引数の文字列全体がそのまま返されます。

■ プログラム例　　Sub Sample123

```
Sub Sample123()

  Const cstrData As String = "シャープペン 0.5mm"

  Debug.Print Right(cstrData, 5)

  Debug.Print Right(cstrData, 8)

  Debug.Print Right(cstrData, 0) ――― 返り値は長さ0の文字列（""）

  Debug.Print Right(cstrData, 100) ―― 全体が返される

End Sub
```

実行例

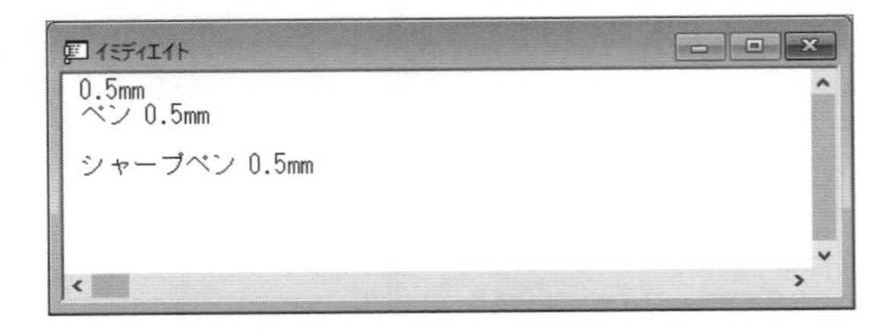

124 文字列の途中から指定文字数分を取り出したい

ポイント	Mid関数
構文	Mid(文字列, 開始位置, [長さ])

文字列の"途中"から指定文字数分だけの文字列を取り出すには、「Mid」関数を使います。引数の指定は次のとおりです。

- **1つめの引数に取り出し元の文字列を指定します。**
- **2つめの引数には、何文字目から取り出すかを文字列の先頭を1とする数値で指定します。**
- **3つめの引数に取り出す長さを指定します（省略可）。1つめの引数の文字列の全長を超える長さを指定したときは、指定した位置以降のすべての文字列が返されます。**

■ **プログラム例**

Sub Sample124

```
Sub Sample124()

  Const cstrData As String = "シャープペン 0.5mm"

  Debug.Print Mid(cstrData, 5, 2)

  Debug.Print Mid(cstrData, 8, 3)

  Debug.Print Mid(cstrData, 8, 100) ―― 指定位置以降すべてが返される

End Sub
```

実行例

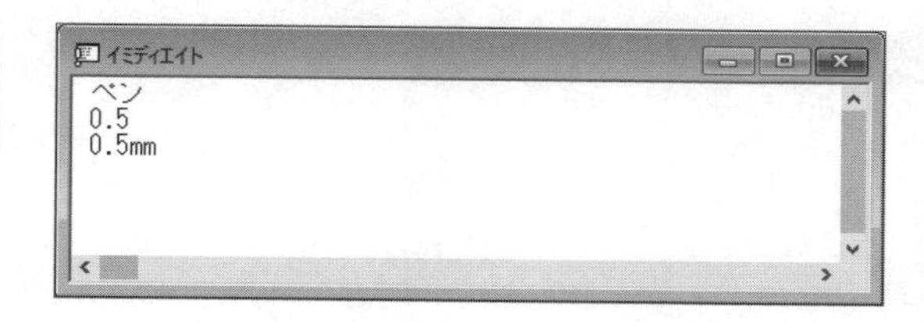

125 文字列の途中から最後までを取り出したい

ポイント	Mid関数
構文	Mid(文字列, 開始位置, [長さ])

「Mid」関数は、文字列の途中から指定文字数分を取り出す関数ですが、取り出す長さを指定する3つめの引数を省略することで、指定位置から最後までの文字列を取り出すことができます。その場合、全長が何文字あるかは考える必要はありません。引数の指定は次のとおりです。

- **1つめの引数に取り出し元の文字列を指定します。**
- **2つめの引数には、何文字目から取り出すかを文字列の先頭を1とする数値で指定します。「1」を指定したときは結果的に文字列全体が返されることになります。**

■ **プログラム例**　　Sub Sample125

```
Sub Sample125()

  Const cstrData As String = "シャープペン 0.5mm"

  Debug.Print Mid(cstrData, 5)

  Debug.Print Mid(cstrData, 8)

  Debug.Print Mid(cstrData, 1) —— 全体が返される

End Sub
```

実行例

126 文字列から指定文字で囲まれた部分を取り出したい

ポイント　InStr関数、Mid関数

文字列内を検索して、その中のある2つの文字列で囲まれた部分を取り出すには、「InStr」関数と「Mid」関数を組み合わせて使います。

次のプログラム例では、定数cstrDataの文字列をInStr関数で検索して、「(」と「)」それぞれの位置を変数intDelm1とintDelm2に取得したあと、それら2つの間にある文字列をMid関数で取り出しています。

■ プログラム例

Sub Sample126

```
Sub Sample126()

  Dim intDelm1 As Integer
  Dim intDelm2 As Integer
  Const cstrData As String = "シャープペン (0.5mm)"

  '( の位置を取得
  intDelm1 = InStr(cstrData, "(")

  '見つかった次の位置から ) の位置を取得
  intDelm2 = InStr(intDelm1 + 1, cstrData, ")")

  If intDelm2 > intDelm1 Then
    '2つの位置の間にある文字列を取り出し
    Debug.Print Mid(cstrData, intDelm1 + 1, intDelm2 - intDelm1 - 1)
  End If

End Sub
```

実行例

127 文字列内の特定の文字列を置換したい

ポイント	Replace関数
構文	Replace(文字列, 検索文字列, 置換文字列, [開始位置], [置換文字数])

ある文字列内に含まれる特定の文字列を別の文字列に置換するには、「Replace」関数を使います。引数の指定は次のとおりです。

- **1つめの引数に対象となる文字列全体を指定します。**
- **2つめの引数に置換元の文字列を指定します。**
- **3つめの引数には、置換後の文字列を指定します。結果、2つめで指定した文字列が検索され、それらすべてがこの文字列に置換されることになります。**
- **返り値の開始位置と置換文字数の2つの引数は省略可能です。**
- **返り値は、置換された後の全体の文字列です。**

次のプログラム例では、「ペン → 鉛筆」や「0.5 → 0.3」の置換を行います。また3つめの処理として、Replace関数の返り値である置換後の文字列をそのままもう1つのReplace関数の引数に指定する（入れ子にする）ことで、1行で2つの置換を行っています。

■ **プログラム例** Sub Sample127

```
Sub Sample127()

  Const cstrData As String = "シャープペン 0.5mm"

  Debug.Print Replace(cstrData, "ペン", "鉛筆") ——— ペン → 鉛筆の置換

  Debug.Print Replace(cstrData, "0.5", "0.3") ——— 0.5 → 0.3の置換

  '一度に2つの文字を置換
  Debug.Print Replace(Replace(cstrData, "ペン", "鉛筆"), "0.5", "0.3")

End Sub
```

実行例

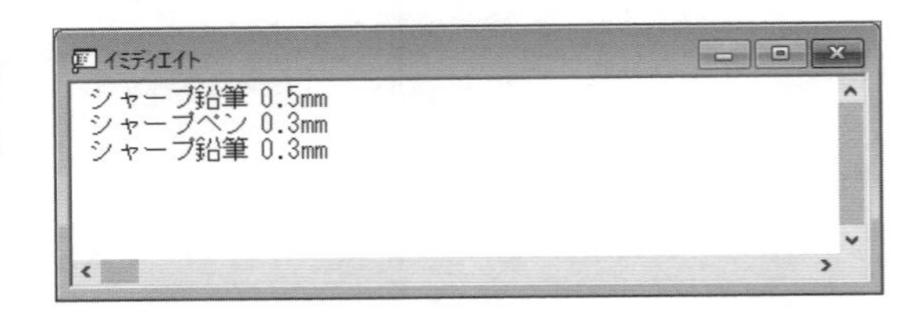

128 文字列の一部を指定回数だけ置換したい

ポイント	Replace関数
構文	Replace(文字列, 検索文字列, 置換文字列, [開始位置], [置換文字数])

文字列内の特定の文字列を置換する「Replace」関数において、5つめの引数「置換文字数」を指定すると、該当する文字のうちその数だけを置換することができます。

次のプログラム例では定数で宣言された「**********」という文字列を対象に各種の置換を行います。次のように動作します。

- **最初の3つしか引数を指定しないときは、その文字列に含まれる「*」をすべて「#」に置換します。**
- **5つめの引数を指定したときは、その文字列の中から見つかった「*」について、指定した回数だけ置換を行います。それを超える分は検索文字列に該当していても置換しません。次の例の場合、先頭の5文字だけが「#」に置換され、「#####*****」が返されます。**

なお、4つめの引数「開始位置」を指定した場合は、まずその位置から後ろの文字列が切り出され、それに対して所定の置換処理が行われます。次の例の場合、まず4文字目からの7文字分が切り出されたあと、最初の5文字だけ置換された「#####**」が返されます。

■ プログラム例

Sub Sample128

```
Sub Sample128()

  Const cstrData As String = "**********"

  Debug.Print Replace(cstrData, "*", "#") ——— すべて置換

  Debug.Print Replace(cstrData, "*", "#", , 5) — 先頭から5個置換

  Debug.Print Replace(cstrData, "*", "#", 4, 5) – 4文字目以降だけ置換結果を返す

End Sub
```

実行例

イミディエイト

```
##########
#####*****
#####**
```

129 文字列内の複数の文字列をまとめて置換したい

ポイント　Replace関数

「Replace」関数を利用して、検索文字列と置換文字列がペアで設定された配列に基づき、複数の文字列をまとめて置換する例です。

プログラム例では、次のような手順で処理を行います。

- **① 置換前の文字列は1つ（シャープペン 0.5mm）として、それを変数strDataに代入する**
- **②「検索文字列と置換文字列」を1セットとして、交互にArray関数でVariant型変数avarReplaceに代入する**
- **③ その変数は配列なので、インデックス「0」から要素数分のループを構成して1つずつ取り出す**
  ※検索文字列と置換文字列が交互のため、「Step 2」を指定して１つ飛ばしで処理します。
- **④ 取り出した1つ分について、Replace関数で置換処理を行う**
  ※ 結果を strData に代入することで、ループではそれを次々と置換していくことになります。

■ **プログラム例**　　Sub Sample129

```
Sub Sample129()

  Dim strData As String
  Dim avarReplace As Variant
  Dim iintLoop As Integer

  '置換前の文字列
  strData = "シャープペン 0.5mm"
  '置換文字の組み合わせ
  avarReplace = Array("ペン", "鉛筆", "0.5", "0.3", "mm", "ミリ")

  Debug.Print strData ——— シャープペン 0.5mm

  '配列を1つずつ置換するループ
  For iintLoop = 0 To UBound(avarReplace) Step 2
    strData = Replace(strData, avarReplace(iintLoop), 
avarReplace(iintLoop + 1))
  Next iintLoop

  Debug.Print strData ——— シャープ鉛筆 0.3ミリ

End Sub
```

130 文字列の前後のスペースを削除したい

ポイント	Trim関数、LTrim関数、RTrim関数
構文	Trim(文字列)、LTrim(文字列)、RTrim(文字列)

文字列の前後にあるスペースを取り除くには、「Trim」関数、「LTrim」関数、「RTrim」関数を使います。いずれも文字列を引数に指定し、前後のスペースが削除された文字列が返されます。

- **Trim関数**……… **前後からスペースを削除します**
- **LTrim関数**……… **前のスペースだけ削除します**
- **RTrim関数**……… **後ろのスペースだけ削除します**

なお、これらの関数では、途中のスペース、つまりスペース以外の文字で囲まれた位置にあるスペースは削除されません。

例：「シャープ△ペン」の△部分

■ **プログラム例**

Sub Sample130

```
Sub Sample130()

  Const cstrData As String = "    シャープペン     "

  Debug.Print "*" & cstrData & "*" ――― 元の文字列

  Debug.Print "*" & Trim(cstrData) & "*" ――― 前後のスペースを削除

  Debug.Print "*" & LTrim(cstrData) & "*" ――― 前のスペースだけ削除

  Debug.Print "*" & RTrim(cstrData) & "*" ――― 後ろのスペースだけ削除

End Sub
```

実行例

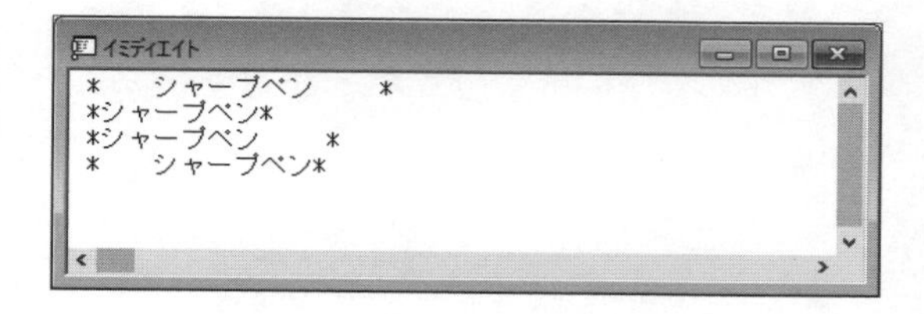

131 文字列内のすべてのスペースを削除したい

ポイント | Replace関数

Trim／LTrim／RTrim関数では削除されない、スペース以外の文字で囲まれた位置にあるスペースも含めて、文字列内からすべてのスペースを削除するには、「Replace」関数を使います。

2つめの引数にスペースを指定し、3つめの引数に「""（長さ0の文字列）」を指定します。それによってスペースが除去されます。

次のプログラム例では定数cstrDataの値が「△シャープ△ペ△ン△」のような構成になっています。Trim関数では先頭と最後のスペースだけですが、Replaceによって中のスペースも削除（空文字に置換）されます。

■ **プログラム例** Sub Sample131

```
Sub Sample131()

  Const cstrData As String = " シャープ ペ ン "

  Debug.Print "*" & cstrData & "*" ———— 元の文字列

  Debug.Print "*" & Replace(cstrData, " ", "") & "*" ——— スペースを削除

End Sub
```

実行例

```
イミディエイト
* シャープ ペ ン *
*シャープペン*
```

132 文字列の後ろのTabコードや制御コードを削除したい

ポイント　Replace関数

「Replace」関数は文字列内の特定の文字列を置換する関数ですが、ここでの文字列は「シャープペン」といったような一般的な語句だけでなく、Tabコードや改行コードなど、特殊な文字も対象として置換することができます。

次のプログラム例では、置換対象文字列である定数cstrDataにはTabコードと改行コードをそれぞれ「vbTab」「vbCrLf」の組み込み定数で結合してあります。これを直接出力するとタブ送り・改行されて表示されます。

その文字列に対して、内側のReplace関数で「vbTab」を「""（長さ0の文字列）」に置換し、さらに外側のReplace関数で「vbCrLf」を「""」に置換します。その結果、タブ送りも改行もなくなった文字列がイミディエイトウィンドウに出力されます。

■ プログラム例

Sub Sample132

```
Sub Sample132()

  Const cstrData As String = "シャープ" & vbTab & "ペン" & vbCrLf & vbTab &
"0.5mm"

  '元の文字列を出力
  Debug.Print cstrData

  'Tabコードと改行コードを置換
  Debug.Print Replace(Replace(cstrData, vbTab, ""), vbCrLf, "")

End Sub
```

実行例

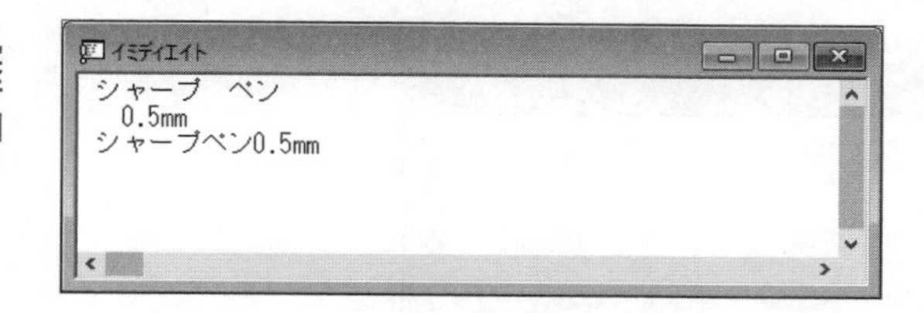

133 文字列を連続した同じ文字で埋めたい

ポイント	String関数
構文	String(長さ, 文字)

「String」関数を使うと、指定した文字が指定した数だけ連続した状態の文字列を返り値として取得することができます。

この関数の2つめの引数に指定するのは任意の1文字です。複数の文字を指定した場合は先頭の1文字だけが使われ、2文字目以降は無視されます。

また次のプログラム例の4つめでは、数値の先頭に連続した5個の「0」を結合し、そこからRight関数で右5桁を取り出すことで、数値を5桁のゼロ埋めフォーマットにするコードを例示しています。

■ プログラム例

Sub Sample133

```
Sub Sample133()

  Dim intData As Integer
  Dim strFormat As String

  Debug.Print String(10, "*") ——— *が10個出力される

  Debug.Print String(5, "A") ——— Aが5個出力される

  Debug.Print String(5, "AB") ——— Bは無視されAだけが5個出力される

  intData = 123
  strFormat = Right(String(5, "0") & intData, 5)
  Debug.Print strFormat ——— 00123が出力される

End Sub
```

実行例

134 文字列を連続したスペースで埋めたい

ポイント	Space関数
構文	Space(長さ)

「Space」関数を使うと、半角スペースが指定した数だけ連続した文字列を返り値として取得することができます。埋める文字はスペースと決まっているため、引数にはその長さだけ指定します。

次のプログラム例の2つめでは、変数strCol1～strCol3の各値の先頭に5つのスペースを結合し、そこからRight関数で右5桁を取り出し、それらを1つの変数strFixDataに代入・出力しています。これは、長さがバラバラなデータを1つの固定長データとして組み立てる例です。

■ **プログラム例**

Sub Sample134

```
Sub Sample134()

  Dim strData As String
  Dim strCol1 As String, strCol2 As String, strCol3 As String
  Dim strFixData As String

  strData = Space(10)
  Debug.Print "*" & strData & "*"
  Debug.Print Len(strData) ――― スペースだけだが長さは10

  strCol1 = "123"
  strCol2 = "ABC"
  strCol3 = "XYZ"
  strFixData = Right(Space(5) & strCol1, 5) & _
               Right(Space(5) & strCol2, 5) & _
               Right(Space(5) & strCol3, 5)
  Debug.Print strFixData ――― 123  ABC  XYZが出力される

End Sub
```

実行例

135 2つの文字列が同じかどうか判別したい

ポイント	比較演算子
構文	文字列1=文字列2、文字列1<>文字列2

2つの文字列が同じかどうかを判別するには、比較演算子「=」や「<>」を使います。

「=」で比較した場合、両者が同じであればTrue、違う場合はFalseとなります。

逆に「<>」比較した場合は、両者が違っていればTrue、同じ場合はFalseとなります。

それらの演算子による比較では、大文字／小文字あるいは半角／全角の区別はありません。次の例の場合、strData1とstrData2とstrData3はすべて同じものと判定されます。

■ **プログラム例**　　Sub Sample135

```
Sub Sample135()

  Const strData1 As String = "PI-SSP5" ―――――――― 半角大文字
  Const strData2 As String = "pi-ssp5" ―――――――― 半角小文字
  Const strData3 As String = "ＰＩ－ＳＳＰ５" ―――― 全角
  Const strData4 As String = "PI-3WM6"

  Debug.Print IIf(strData1 = strData2, "同じ", "違う") ―― 同じ
  Debug.Print IIf(strData1 = strData3, "同じ", "違う") ―― 同じ
  Debug.Print IIf(strData2 = strData3, "同じ", "違う") ―― 同じ
  Debug.Print IIf(strData1 = strData4, "同じ", "違う") ―― 違う

End Sub
```

実行例

136 2つの文字列を大文字／小文字区別して比較したい

ポイント	StrComp関数
構文	StrComp(文字列1, 文字列2, vbBinaryCompare)

2つの文字列を比較演算子で比較する場合、大文字や小文字などは区別なく同じものと判断されます。それに対して、「StrComp」関数を使うと、それらを別のものとして比較判定することができます。

「StrComp」関数では、1つめと2つめの引数に比較する文字列を指定します。そして3つめの引数に組み込み定数「vbBinaryCompare」を指定します。

vbBinaryCompareによって大文字／小文字を別扱いするバイナリ比較を指示しています。

この他にもvbTextCompareやvbDatabaseCompareなどがありますが、それらを指定したときや省略時は、通常は大文字／小文字同一扱いされます。

返り値は、同じかどうかの真偽ではなく、両者の比較結果に応じて次のような値となります。このことから、"返り値が0であるかどうか"で同じかどうかを判定できます。

比較結果	返り値
文字列1 < 文字列2	-1
文字列1 ＝ 文字列2	0
文字列1 > 文字列2	1
文字列1・文字列2いずれかがNull	Null

■ プログラム例

Sub Sample136

```
Sub Sample136()

  Const strData1 As String = "PI-SSP5" ——— 半角大文字
  Const strData2 As String = "pi-ssp5" ——— 半角小文字
  Const strData3 As String = "ＰＩ－ＳＳＰ５" ——— 全角
  Const strData4 As String = "PI-3WM6"
  Const strData5 As String = "PI-3WM6"

  Debug.Print IIf(StrComp(strData1, strData2, vbBinaryCompare) = 0, "同じ
", "違う") ——— 違う
  Debug.Print IIf(StrComp(strData1, strData3, vbBinaryCompare) = 0, "同じ
", "違う") ——— 違う
  Debug.Print IIf(StrComp(strData2, strData3, vbBinaryCompare) = 0, "同じ
", "違う") ——— 違う
  Debug.Print IIf(StrComp(strData1, strData4, vbBinaryCompare) = 0, "同じ
", "違う") ——— 違う
  Debug.Print IIf(StrComp(strData4, strData5, vbBinaryCompare) = 0, "同じ
", "違う") ——— 同じ

End Sub
```

137 Null値を特定の文字列に置換したい

ポイント	Nz関数
構文	Nz(値, [Nullの置換値])

Access VBAでよくあるケースとして、テーブルから読み込んだフィールドやVariant型の変数がデータを持っていない状態であることがあります。そのような値を「Null」といいます。

Nullのまま演算を行うと結果もNullになったり、String型変数への代入(※注)や関数への引数指定でエラーとなったりすることもあります。

そのようなとき、Null値を特定の別の値に変換するのが「Nz」関数です。

Nz関数では1つめの引数には任意の値を指定します。その値を判定し、Nullでなければその値をそのまま返します。Nullなら、返り値をString型の変数に代入するような場合であれば「""(長さ0の文字列)」を返します。

また2つめの引数(省略可)として、値がNullであったときの返り値に特定の文字列を指定することもできます。プログラム例では「空」という文字を指定しています。

※ 注:下記コードの「'strData = varData」の行のコメントを外して実行すると、エラー番号94「Nullの使い方が不正です。」エラーが起こることを確認できます。

■ プログラム例

Sub Sample137

```
Sub Sample137()

  Dim varData As Variant
  Dim strData As String

  varData = Null

  'strData = varData ――― これを実行するとエラー

  strData = Nz(varData)
  Debug.Print strData ――― 長さ0の文字列("")が出力される

  strData = Nz(varData, "空")
  Debug.Print strData ――― "空"が出力される

End Sub
```

138 文字コードの表す文字を調べたい

ポイント	Chr関数
構文	Chr(文字コード)

文字コードに対応した文字を調べるには「Chr」関数を使います。引数に文字コードの数値を指定することで、その文字が返されます。

引数に指定するコードには下表のようなものがあります。たとえば文字コード「48」を指定したときのChr関数の返り値は「0」の文字となります。またこの表以外の制御コードも指定可能で、たとえば「Chr(10) & Chr(13)」で改行コードを表現することもできます。

■ 文字コードの例

文字	コード	文字	コード	文字	コード	文字	コード	文字	コード	文字	コード
Space	32	0	48	@	64	P	80	`	96	p	112
!	33	1	49	A	65	Q	81	a	97	q	113
"	34	2	50	B	66	R	82	b	98	r	114
#	35	3	51	C	67	S	83	c	99	s	115
$	36	4	52	D	68	T	84	d	100	t	116
%	37	5	53	E	69	U	85	e	101	u	117
&	38	6	54	F	70	V	86	f	102	v	118
'	39	7	55	G	71	W	87	g	103	w	119
(	40	8	56	H	72	X	88	h	104	x	120
)	41	9	57	I	73	Y	89	i	105	y	121
*	42	:	58	J	74	Z	90	j	106	z	122
+	43	;	59	K	75	[	91	k	107	{	123
,	44	<	60	L	76	¥	92	l	108	|	124
-	45	=	61	M	77	]	93	m	109	}	125
.	46	>	62	N	78	^	94	n	110	~	126
/	47	?	63	O	79	_	95	o	111		

■ プログラム例

Sub Sample138

```
Sub Sample138()

    Debug.Print Chr(49) ——— 1
    Debug.Print Chr(50) ——— 2
    Debug.Print Chr(65) ——— A
    Debug.Print Chr(66) ——— B
    Debug.Print Chr(97) ——— a

End Sub
```

139 文字を文字コードに変換したい

ポイント	Asc関数
構文	Asc(文字)

文字をそれに対応した文字コードに変換するには、「Asc」関数を使います。

この関数では、引数に任意の1文字を指定することで、その文字コードが返されます。引数の指定は次のとおりです。

- **複数の文字を指定した場合は、その文字列の先頭1文字の文字コードが返されます。**
- **「Asc("字")」のように全角の1文字を引数に指定することもできます。**
- **「""（長さ0の文字列）」を引数に指定したときはエラーとなります。**

この関数は「Chr」関数と対をなすものです。たとえば「Asc(Chr(65))」の返り値は引数と同じ「65」となります。

※ 文字と文字コードの例は「138 文字コードの表す文字を調べたい」を参照してください。

■ **プログラム例**　　Sub Sample139

```
Sub Sample139()

  Debug.Print Asc("1") ——— 49
  Debug.Print Asc("2") ——— 50
  Debug.Print Asc("A") ——— 65
  Debug.Print Asc("B") ——— 66
  Debug.Print Asc("a") ——— 97

End Sub
```

実行例

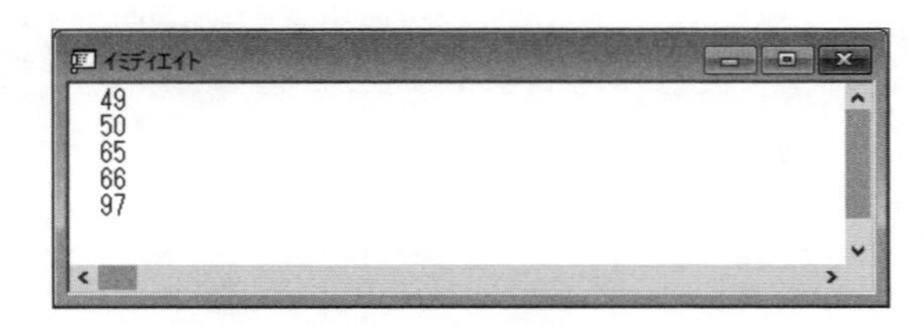

140 英字の大文字／小文字を変換したい

ポイント	StrConv関数
構文	StrConv(文字列, 変換の種類)

文字列の英字の大文字／小文字を変換するには、「StrConv」関数を使います。

変換したい文字列を1つめの引数に指定します。そして、大文字／小文字の変換については変換の種類に応じて次の組み込み定数を2つめの引数に指定します。

- **vbLowerCase**……すべての大文字を小文字に変換
- **vbUpperCase**……すべての小文字を大文字に変換
- **vbProperCase**……先頭の1文字だけ大文字に変換

■ **プログラム例**

Sub Sample140

```
Sub Sample140()

  Const strData1 As String = "PI-SSP5" ――――― 大文字
  Const strData2 As String = "pi-ssp5" ――――― 小文字

  Debug.Print StrConv(strData1, vbLowerCase) ―― 大文字 → 小文字変換

  Debug.Print StrConv(strData2, vbUpperCase) ―― 小文字 → 大文字変換

  Debug.Print StrConv(strData2, vbProperCase) ―― 先頭だけ大文字変換

End Sub
```

実行例

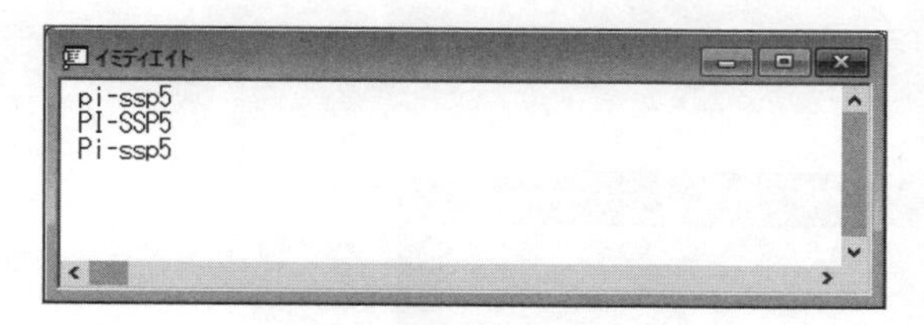

141 英数字の半角／全角を変換したい

ポイント	StrConv関数
構文	StrConv(文字列, 変換の種類)

文字列の英数字の半角／全角を変換するには、「StrConv」関数を使います。

変換したい文字列を1つめの引数に指定します。そして、半角／全角の変換については変換の種類に応じて次の組み込み定数を2つめの引数に指定します。

- **vbWide**…………**半角を全角に変換**
- **vbNarrow**………**全角を半角に変換**

※ これらの変換種類では、英数字だけでなくカタカナも半角／全角変換できます。

■ **プログラム例**

Sub Sample141

```
Sub Sample141()

  Const strData1 As String = "PI-SSP5" ———— 半角
  Const strData2 As String = "ＰＩ－ＳＳＰ５" ——— 全角

  Debug.Print StrConv(strData1, vbWide) ———— 半角 → 全角変換

  Debug.Print StrConv(strData2, vbNarrow) ——— 全角 → 半角変換

  'カタカナの場合
  Debug.Print StrConv("ｱｲｳｴｵ", vbWide)
  Debug.Print StrConv("アイウエオ", vbNarrow)

End Sub
```

実行例

142 カタカナ／ひらがなを変換したい

ポイント	StrConv関数
構文	StrConv(文字列, 変換の種類)

文字列のカタカナ／ひらがなを変換するには、「StrConv」関数を使います。

変換したい文字列を1つめの引数に指定します。そして、カタカナ／ひらがなの変換については変換の種類に応じて次の組み込み定数を2つめの引数に指定します。

- **vbHiragana**……… **カタカナをひらがなに変換**
- **vbKatakana**……… **ひらがなをカタカナに変換**

なお、プログラム例の3つめのように、変換元の文字列が半角カタカナである場合はひらがなに変換されません。2つの組み込み定数を足し算する形で「vbHiragana + vbWide」と引数に指定することで、全角のひらがなに変換されます。

■ **プログラム例**

Sub Sample142

```
Sub Sample142()

    Const strData1 As String = "クリハラ ケンジ"  ——— カタカナ
    Const strData2 As String = "くりはら けんじ"  ——— ひらがな
    Const strData3 As String = "ｸﾘﾊﾗ ｹﾝｼﾞ"  ——— 半角カタカナ

    Debug.Print StrConv(strData1, vbHiragana)  ——— カタカナ → ひらがな変換

    Debug.Print StrConv(strData2, vbKatakana)  ——— ひらがな → カタカナ変換

    Debug.Print StrConv(strData3, vbHiragana)  ——— 半角は変換されない

    Debug.Print StrConv(strData3, vbHiragana + vbWide) ——
                                               半角カタカナ → ひらがな変換
End Sub
```

実行例

143 氏名を名字と名前に分けたい

ポイント InStr関数、Left関数、Mid関数

氏名が「名字+スペース+名前」のような形式の文字列になっているとき、名字と名前に分けるには、「InStr」関数、「Left」関数、「Mid」関数を組み合わせて使います。

次のプログラム例では、まず定数cstrNameの文字列をInStr関数で検索して、名字と名前を区切っているスペースの位置を取得、変数intDelmに代入します。そのあと、その位置を使ってLeft関数で名字を、Mid関数で名前だけを取り出し、それぞれの変数strLastNameとstrFirstNameに代入します。

Left関数は使わずに、「Mid(cstrName, 1, intDelm - 1)」のような書き方もできます。

■ プログラム例

Sub Sample143

```
Sub Sample143()

  Dim strLastName As String
  Dim strFirstName As String
  Dim intDelm As Integer
  Const cstrName As String = "宮田 有紗"

  'スペースの位置を取得
  intDelm = InStr(cstrName, " ")

  '名字を取り出し
  strLastName = Left(cstrName, intDelm - 1)
                                Mid(cstrName, 1, intDelm - 1)でも可
  '名前を取り出し
  strFirstName = Mid(cstrName, intDelm + 1)

  Debug.Print strLastName, strFirstName

End Sub
```

実行例

144 フルパスからドライブ名を取り出したい

ポイント　InStr関数、Left関数

フルパスからドライブ名を取り出すには、「InStr」関数と「Left」関数を組み合わせて使います。

フルパスは「ドライブ名:¥フォルダ名¥～～¥ファイル名.拡張子」のような文字列で構成されています。ドライブ名は常にその文字列の先頭にあるということと、その次に「:（コロン）」があるということがポイントです。

「:」の位置をInStr関数で取得し、文字列の先頭からその位置の直前までをLeft関数で取り出すことでドライブ名を取り出すことができます。

■ プログラム例

Sub Sample144

```
Sub Sample144()

  Dim intDelm As Integer
  Const cstrFullPath = "C:¥Windows¥notepad.exe" ——— フルパス

  ':の位置を取得
  intDelm = InStr(cstrFullPath, ":")

  'ドライブ名を取り出し
  Debug.Print Left(cstrFullPath, intDelm - 1) ——— Cが出力される

End Sub
```

実行例

■ 補足

VBAには、フルパスの"実体"から情報を取得・解析する「FileSystemObjectオブジェクト」を使った方法もあります。上記は、フルパスの実在は関係なく、あくまでも"文字列"としてのフルパスを分解する場合の例です。

145 フルパスからファイル名や拡張子を取り出したい

ポイント　InStrRev関数、Mid関数

フルパスからファイル名や拡張子を取り出すには、「InStrRev」関数と「Mid」関数を組み合わせて使います。

フルパスは「ドライブ名:¥フォルダ名¥～～¥ファイル名.拡張子」のような文字列で構成されています。

フォルダを表す「¥」は複数ありますので、先頭から検索するとどこからがファイル名か分かりません。しかし後ろから検索すれば常に最初に現れる「¥」の次が「ファイル名.拡張子」となります。

同様に、後ろから検索して最初に現れる「.」の次が「拡張子」となります。

それらのことから、InStr関数ではなく「InStrRev」関数を使って「¥」や「.」の位置を検索します。

そして、それら2つの位置を引数として使うことで、「Mid」関数でファイル名と拡張子をそれぞれ取り出すことができます。

■ プログラム例

Sub Sample145

```
Sub Sample145()

  Dim strFile As String
  Dim strExt As String
  Dim intDelm1 As Integer
  Dim intDelm2 As Integer
  Const cstrFullPath = "C:¥Windows¥notepad.exe" ── フルパス

  intDelm1 = InStrRev(cstrFullPath, "¥") ── 最後の¥の位置
  intDelm2 = InStrRev(cstrFullPath, ".") ── 最後の.の位置

  'ファイル名を取り出し
  strFile = Mid(cstrFullPath, intDelm1 + 1, intDelm2 - intDelm1 - 1)
  '拡張子を取り出し
  strExt = Mid(cstrFullPath, intDelm2 + 1)

  Debug.Print strFile, strExt ── notepadとexeが出力される

End Sub
```

146 文字列を分解したい

ポイント	Split関数
構文	Split(文字列, 区切り記号)

「Split」関数を使うことで、文字列を指定の区切り記号で分解することができます。引数の指定は次のとおりです。

- **1つめの引数に分解前の文字列を指定します。**
- **2つめの引数に区切りの基準となる文字を指定します。たとえば「,(カンマ)」や半角スペースなどです。**
- **返り値は、分解されたそれぞれのデータを要素とする配列です。その配列にインデックスを指定することで、分解後のデータそれぞれを扱うことができます。**

次のプログラム例では、氏名・フリガナ・生年月日・郵便番号・住所が半角スペース区切りで定数cstrPersonに格納されています。それをSplit関数に渡して分解したあと、返り値をいったんVariant型の変数varPersonに代入します。あとはループでそれぞれの配列要素をイミディエイトウィンドウに出力します。

■ **プログラム例**

Sub Sample146

```
Sub Sample146()

  Dim varPerson As Variant
  Dim iintLoop As Integer
  Const cstrPerson As String = "宮田有紗 ミヤタアリサ 1974/08/16 883-0046 宮崎県日向市"

  'スペースで分解してVariant型変数に代入
  varPerson = Split(cstrPerson, " ")

  '変数を配列として各要素を出力
  For iintLoop = 0 To UBound(varPerson)
    Debug.Print varPerson(iintLoop)
  Next iintLoop

End Sub
```

147 文字列の並び順を逆にしたい

ポイント	StrReverse関数
構文	StrReverse(文字列)

文字列の並び順を逆にするには、「StrReverse」関数を使います。

元の文字列を引数に指定することで、前後の順番が入れ替わった文字列が返されます。たとえば「12345」なら「54321」が返されます。

■ **プログラム例**　　Sub Sample147

```
Sub Sample147()

  Const cstrData1 As String = "123456789"
  Const cstrData2 As String = "ABCDEFG"
  Const cstrData3 As String = "シャープペン 0.5mm"

  Debug.Print StrReverse(cstrData1) ——— 987654321が出力される

  Debug.Print StrReverse(cstrData2) ——— GFEDCBAが出力される

  Debug.Print StrReverse(cstrData3) ——— mm5.0 ンペプーャシが出力される

End Sub
```

実行例

148 文字列化されたプロシージャ名を実行したい

ポイント	Eval関数
構文	Eval(評価式)

通常、プロシージャを呼び出すには「A = FuncX(123)」のように記述しますが、「Eval」関数を使うと、「プロシージャ名という文字列」を引数として、そのプロシージャを呼び出すことができます。

具体的には、「A = Eval("FuncX(123)")」のように引数を指定するとともにその返り値を受け取ります。

引数の指定は次のとおりです。

- **Eval関数の引数に指定する文字列化されたプロシージャには「()」の部分も付けます。引数がない場合も必要です。**
  例:Eval("FuncX()")
- **Eval関数に渡す評価式は、文字列や数値などの"値を返す式"でなければなりません。よってEval関数の引数から呼び出すプロシージャは返り値を持たない場合であっても「Function」プロシージャとする必要があります。返り値がないSubプロシージャはエラーとなります。**
- **Eval関数の引数から呼び出すプロシージャは、標準モジュールにあり、またそのモジュール内だけからのPrivateな呼び出しであっても「Public」を付けて(もしくは"Function"の前に何も書かないで)宣言する必要があります。**

※ Eval 関数では計算式や関数式なども引数に指定できます。

■ プログラム例

Sub Sample148

```
Sub Sample148()

  Dim strFunc As String

  FuncSample148 123 ——— 通常の呼び出し方

  strFunc = "FuncSample148(456)"
  Eval strFunc ——————— Evalでの呼び出し方

  '計算式や関数式の例
  MsgBox Eval("10+20+30")
  MsgBox Eval("IIf(20<10, ""はい"", ""いいえ"")")

End Sub

Function FuncSample148(intArg As Integer)
  MsgBox "FuncSample148が呼びされました! 引数は " & intArg & " です。"
End Function
```

COLUMN ▶▶ Access VBAとExcel VBAの違い

まず次の2つのプログラム例を見比べてみてください。1つめはAccess VBAで書かれた、フォームのテキストボックスに値を代入し、文字色と背景色を設定するコードです。2つめはExcel VBAのワークシートのセルに対して同様の代入・設定を行うコードです。

■ **Access VBA：**

```
テキスト1 = "AccessとExcel"
テキスト2 = 12345
テキスト3 = Date
テキスト1.ForeColor = vbRed
テキスト2.BackColor = vbYellow
```

■ **Excel VBA：**

```
Range("A1") = "AccessとExcel"
Range("A2") = 12345
Range("A3") = Date
Range("A1").Font.Color = vbRed
Range("A2").Interior.Color = vbYellow
```

いずれも、値の代入では文字列、数値、日付の異なる型のデータを代入しています。また文字色は赤、背景色は黄色に設定していますが、着目すべき点として、"式の右辺は2つともすべてまったく同じである"ということが挙げられます。

それに対して式の左辺を見てみると、Accessの場合、セルはありませんので、対象（＝左辺）はテキストボックスやコンボボックスなどの"コントロール"になります。また値の代入においては、実際には「テキスト1.Value」というように"Value"プロパティに代入しています（Valueは既定のプロパティのため省略可）。また文字色は"ForeColor"、背景色は"BackColor"というプロパティで扱うことになります。

一方、Excelの場合、ワークシートにはたくさんのセルがありますが、ひとつひとつのセルに名前が付けられているわけではありません。そこで、値の代入においては"Range"オブジェクト（シートはセルの集合体と考えればコレクションでもある）の中から"A1"のようにして代入対象を指定しています。また文字色や背景色については、Rangeの下位の"Font"オブジェクトや"Interior"オブジェクトの"Color"プロパティで扱います。

ここで、VBAでプログラムを作る際に必要となるオブジェクト構造を考えてみます。

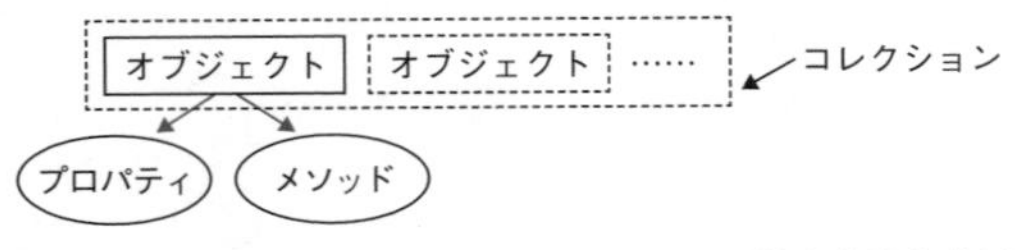

この全体構造はAccessでもExcelでも同じです。つまり、どちらも書き方は同じ、ただ各々で使える固有のオブジェクトが違うだけなのです（合わせて各オブジェクトが持つプロパティやメソッド、コレクションの表記も違ってきます）。基本文法やステートメント、関数なども含めて多くは共通であり、それぞれのオブジェクトさえ押さえれば他のアプリケーションにも応用が利く、それが"同じVBA言語"である所以なのです。

数値計算

Chapter

4

149 四則演算を行いたい

ポイント　算術演算子

VBAでの四則演算は、次の演算子を使って行います。

演算子	説明
+	足し算
-	引き算
*	掛け算
/	割り算

■ プログラム例　Sub Sample149

```
Sub Sample149()

  Const A = 100
  Const B = 25

  Debug.Print A + B ―― 125

  Debug.Print A - B ―― 75

  Debug.Print A * B ―― 2500

  Debug.Print A / B ―― 4

End Sub
```

実行例

150 割り算の余りを求めたい

ポイント	Mod演算子
構文	割られる数 Mod 割る数

割り算の余りを求めるには「Mod」演算子を使います。関数ではありませんので、「割られる数 Mod 割る数」の構文で、「10 Mod 3」のように記述します。余りを変数に代入するのであれば「A = 10 Mod 3」のように記述します。

なお、プログラム例の5つめのように、0で割ったときは演算時点で除算エラーとなります。また小数の演算では整数に丸められた数値が返され、Null値の演算ではNull値が返されます（エラーにはなりません）。

■ プログラム例

Sub Sample150

```
Sub Sample150()
  Debug.Print 10 Mod 5 ――― 0
  Debug.Print 10 Mod 3 ――― 1
  Debug.Print 10 Mod 4 ――― 2
  Debug.Print 10 Mod 15 ―― 10
  Debug.Print 10 Mod 0 ――― 0で除算エラー
End Sub
```

実行例

Microsoft Visual Basic

実行時エラー '11':

0 で除算しました。

継続(C)　終了(E)　デバッグ(D)　ヘルプ(H)

■ 補足

割り算結果の整数部分の値「商」は、「¥」演算子を使います。「割られる数 ¥ 割る数」の構文で、「10 ¥ 3」、「B = 10 ¥ 3」のように記述します。

151 奇数か偶数かを調べたい

ポイント　Mod演算子

ある整数が奇数か偶数かは、その数値が2で割り切れるか、つまり2で割ったときの余りが0かどうかで判別することができます。

余りは「Mod」演算子で求めることができます。割られる数が奇数のときは「1」、偶数のときは「0」が演算結果となります。

次のプログラム例では、インプットボックスで任意の値を入力し、その値をMod演算子で確認、奇数か偶数かによって処理分岐してそれぞれのメッセージを表示します。

■ プログラム例　Sub Sample151

```
Sub Sample151()

  Dim varInput As Variant

  varInput = InputBox("正数を入力してください！")

  If (varInput Mod 2) = 1 Then
    MsgBox varInput & " は奇数です！"
  Else
    MsgBox varInput & " は偶数です！"
  End If

End Sub
```

実行例

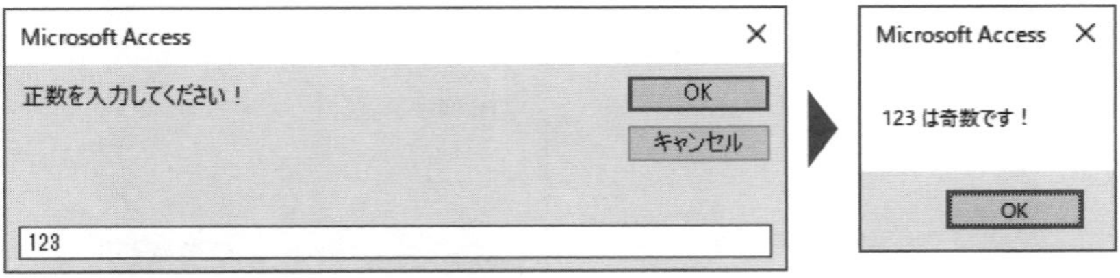

Microsoft Access
正数を入力してください！
OK
キャンセル
123

Microsoft Access
123 は奇数です！
OK

152 絶対値を求めたい

ポイント	Abs関数
構文	Abs(数値)

絶対値を求めるには「Abs」関数を使います。引数に符号付きの数値を指定すると、その符号を取り除いた値が返されます。

■ プログラム例

Sub Sample152

```
Sub Sample152()

  Debug.Print Abs(10) ──── 10
  Debug.Print Abs(-10) ──── 10

  Debug.Print Abs(1.23) ──── 1.23
  Debug.Print Abs(-1.23) ──── 1.23

End Sub
```

実行例

153 平方根を求めたい

ポイント	Sqr関数
構文	Sqr(数値)

平方根を求めるには「Sqr」関数を使います。引数に0以上の任意の数値を指定すると、その平方根の値が返されます。

返り値はDouble型（倍精度浮動小数型）ですので、引数によっては小数となります。また引数にマイナス値を指定したときはエラーとなります。

■ プログラム例　Sub Sample153

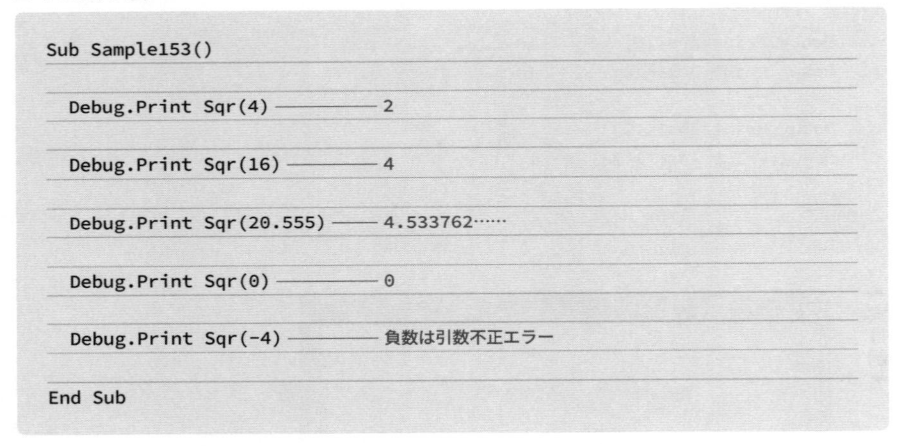

```
Sub Sample153()

  Debug.Print Sqr(4) ———— 2

  Debug.Print Sqr(16) ———— 4

  Debug.Print Sqr(20.555) —— 4.533762……

  Debug.Print Sqr(0) ———— 0

  Debug.Print Sqr(-4) ———— 負数は引数不正エラー

End Sub
```

実行例

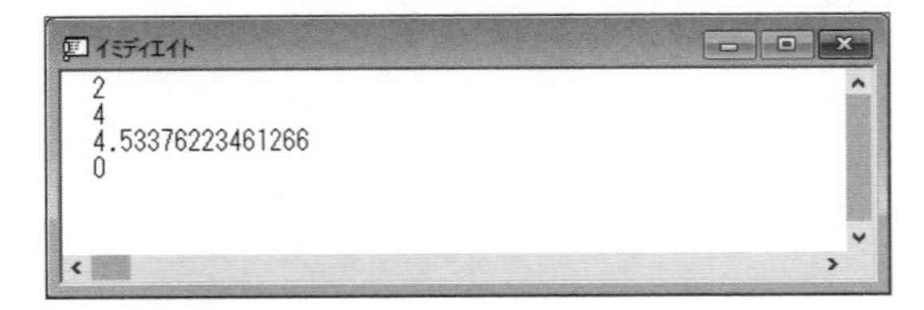

Microsoft Visual Basic

実行時エラー '5':

プロシージャの呼び出し、または引数が不正です。

継続(C)　終了(E)　デバッグ(D)　ヘルプ(H)

154 数値が正／負／ゼロのどれか調べたい

ポイント	Sgn関数
構文	Sgn(数値)

ある数値が正／負／ゼロのどれかを調べるには「Sgn」関数を使います。引数に任意の数値を指定すると、その結果に応じて次のいずれかの値が返されます。

- 正…………1
- ゼロ………0
- 負…………-1

次のプログラム例では、インプットボックスで任意の数値を入力し、その値を引数にしてSgn関数を呼び出します。そしてその返り値をSelect Caseステートメントの式として、値に応じたメッセージを表示します。

■ プログラム例

Sub Sample154

```
Sub Sample154()

  Dim varInput As Variant

  varInput = InputBox("数値を入力してください！")

  Select Case Sgn(varInput)
    Case 1
      MsgBox "正数です！"
    Case 0
      MsgBox "ゼロです！"
    Case -1
      MsgBox "負数です！"
  End Select

End Sub
```

実行例

Microsoft Access
数値を入力してください！
OK
キャンセル
-30

Microsoft Access
負数です！
OK

155 値が数値かどうか調べたい

ポイント	IsNumeric関数
構文	IsNumeric(値)

引数の値が数値であるか、あるいはアルファベットなどの文字であるかを調べるには「IsNumeric」関数を使います。数値であればTrue、そうでなければFalseが返されます。

その際、引数が文字列であっても全角であっても、数字だけから構成されていれば数値として扱い可能と判断され、Trueが返されます。

プログラムにおいて数値計算を行うとき、あるいは数値限定の関数を実行するときなど、それが文字であるとエラーとなります。IsNumeric関数を使って事前に変数などが数値かチェックすることで、エラーとなるような処理をスルーしたり警告メッセージを出したりすることができます。

■ プログラム例

Sub Sample155

```
Sub Sample155()

  Debug.Print IsNumeric(100) ——————— True

  Debug.Print IsNumeric(34.56) —————— True

  Debug.Print IsNumeric("34.56") ———— True

  Debug.Print IsNumeric("３４．５６") —— True

  Debug.Print IsNumeric("100Km") ———— False

End Sub
```

実行例

156 数値を指定した桁で切り捨てたい

ポイント	Int関数、Fix関数
構文	Int(数値)、Fix(数値)

数値の小数点以下を切り捨てて整数にするには「Int」関数または「Fix」関数を使います。引数に数値を指定することで、切り捨てされた数値が返されます。

2つの関数は引数が正ならどちらを使っても同じです。一方、負の数値の場合は挙動が異なります。

- **Int関数はマイナス方向の整数を返す……Int(-12.5) → -13**
- **Fix関数はプラス方向の整数を返す………Fix(-12.5) → -12**

一方、数値を指定桁位置で切り捨てるには、単純にInt関数を使うだけでなく、次のような演算を行います。ここでは、通常のInt関数のように小数点以下をすべて切り捨てるのであれば「n=0」、小数点第1位まで返したいのであれば「n=1」、10の位なら「n=-1」とします。

```
Int(数値 × 10のn乗) ÷ 10のn乗
```

■ プログラム例

Sub Sample156

```
Sub Sample156()

  '小数の単純な切り捨て
  Debug.Print Int(10.4) ——— 10
  Debug.Print Int(10.999) ——— 10
  Debug.Print Int(-10.4) ——— -11

  '桁を指定した切り捨て
  Dim intDigit As Integer
  Const csngData As Single = 123.435

  intDigit = 0
  Debug.Print Int(csngData * 10 ^ intDigit) / 10 ^ intDigit ——— 123
  intDigit = 1
  Debug.Print Int(csngData * 10 ^ intDigit) / 10 ^ intDigit ——— 123.4
  intDigit = 2
  Debug.Print Int(csngData * 10 ^ intDigit) / 10 ^ intDigit ——— 123.43
  intDigit = -1
  Debug.Print Int(csngData * 10 ^ intDigit) / 10 ^ intDigit ——— 120

End Sub
```

157 数値を指定した桁で切り上げたい

ポイント　Int関数

数値の小数点以下を切り上げて整数にするには、「Int」関数を次のような構文で呼び出します。

```
Int(数値+ 0.99)
```

一方、数値を指定桁位置で切り上げるには、「Int関数」を使って次のような演算を行います。

小数点以下を切り上げて整数にするのであれば「n=0」、小数点第1位まで返したいのであれば「n=1」、10の位なら「n=-1」とします。

```
Int(数値 × 10のn乗 + 0.99) ÷ 10のn乗
```

ただしいずれも常に「0.99」を足すのではなく、切り上げ対象の小数点以下桁数に応じて「0.9999」のように9を付け加える必要があります(プログラム例参照、またはじめからすべてを「0.999999」のようにするのでも可)。

■ プログラム例　　Sub Sample157

```
Sub Sample157()

    '小数の単純な切り上げ
    Debug.Print Int(10.1 + 0.99) ──── 11
    Debug.Print Int(10.001 + 0.9999) ── 11

    '桁を指定した切り上げ
    Dim intDigit As Integer
    Const csngData As Single = 123.435

    intDigit = 0
    Debug.Print Int(csngData * 10 ^ intDigit + 0.9999) / 10 ^ intDigit ── 124
    intDigit = 1
    Debug.Print Int(csngData * 10 ^ intDigit + 0.9999) / 10 ^ intDigit ── 123.5
    intDigit = 2
    Debug.Print Int(csngData * 10 ^ intDigit + 0.9999) / 10 ^ intDigit ── 123.44
    intDigit = -1
    Debug.Print Int(csngData * 10 ^ intDigit + 0.9999) / 10 ^ intDigit ── 130

End Sub
```

158 数値を指定した桁で四捨五入したい

ポイント Int関数

数値の小数点以下を四捨五入して整数にするには、「Int」関数を次のような構文で呼び出します。

```
Int(数値+ 0.5)
```

一方、数値を指定桁位置で四捨五入するには、「Int関数」を使って次のような演算を行います。

小数点以下を四捨五入して整数にするのであれば「n=0」、小数点第1位まで返したいのであれば「n=1」、10の位なら「n=-1」とします。

```
Int(数値 × 10のn乗 + 0.5) ÷ 10のn乗
```

ただしいずれも常に「0.5」を足すのではなく、求める桁数に応じて「0.55」のようの5を付け加える必要があります。また、「123.4445」を整数に四捨五入するとき、下位から順番に四捨五入していき、最終的に「124」としたいときも、「0.55」ではなく、適宜「5」を増やして「0.5555」のようにします。

■ プログラム例

Sub Sample158

```
Sub Sample158()

  Dim intDigit As Integer
  Const csngData As Single = 123.435

  intDigit = 0
  Debug.Print Int(csngData * 10 ^ intDigit + 0.5) / 10 ^ intDigit      '123
  intDigit = 1
  Debug.Print Int(csngData * 10 ^ intDigit + 0.5) / 10 ^ intDigit      '123.4
  intDigit = 2
  Debug.Print Int(csngData * 10 ^ intDigit + 0.55) / 10 ^ intDigit     '123.44
  intDigit = -1
  Debug.Print Int(csngData * 10 ^ intDigit + 0.5) / 10 ^ intDigit      '120

End Sub
```

■ 補足

VBAには引数を四捨五入する関数として「Round」関数があります。しかしこの関数の場合、たとえば「Round(2.51)」の返り値は「3」ですが、「Round(2.50)」では「2」になってしまいます。

159 数値をゼロで埋めた文字列に変換したい

ポイント	Format関数
構文	Format(値, 書式)

数値を固定の長さでかつ先頭をゼロで埋めた文字列に変換するには、「Format」関数を使います。

1つめの引数に値を、2つめの引数には何桁のゼロ埋めにするかを表す所定の書式を「"（ダブルクォーテーション）」で囲んだ文字列で指定します。

次のプログラム例では、同じ「123」という数値を、それぞれ4桁・6桁・8桁のゼロ埋めで出力する例を示しています。なお、書式で設定した「0」の数より数値の桁数の方が多い場合には、元の数値がそのまま返されます。

■ プログラム例

Sub Sample159

```
Sub Sample159()

  Const cintData As Integer = 123

  Debug.Print Format(cintData, "0000")     ——— 4桁で出力

  Debug.Print Format(cintData, "000000")   ——— 6桁で出力

  Debug.Print Format(cintData, "00000000") ——— 8桁で出力

  Debug.Print Format(cintData, "00")       ——— 0は付かずに123が出力される

End Sub
```

実行例

160 小数を整数化したい

ポイント	Format関数、CInt関数、CLng関数
構文	Format(値, 書式)、CInt(値)、CLng(値)

小数を整数化するには、「Format」関数、「CInt」関数、「CLng」関数などを使った方法があります。

- **Format関数**……値を書式化して整数にします（書式の引数に「0」を指定）
- **CInt関数**…………値をInteger型の整数に変換します
- **CLng関数**………値をLong型の整数に変換します

正確には、Format関数はString型の値を、CIntなどは数値型を返します。

CInt関数とCLng関数は値の大きさに応じて使い分けます。大きな数値（-32,768～32,767を超えるもの）の場合はCIntだとオーバーフローエラーとなりますので、CLngを使います。

引数に指定する値は数字だけ構成されたものであれば文字列でも変換可能です。

■ プログラム例

Sub Sample160

```
Sub Sample160()
  Debug.Print Format(9.445, 0) ──── 9
  Debug.Print Format(9.501, 0) ──── 10
  Debug.Print CInt(123.435) ──── 123
  Debug.Print CLng(35000.435) ──── 35000
End Sub
```

実行例

■ 補足

整数化する方法としては、「158 数値を指定した桁で四捨五入したい」のような方法もあります。

161 数値をカンマ表示にしたい

ポイント	Format関数、FormatNumber関数
構文	Format(値, 書式)、FormatNumber(値, [小数点以下桁数])

数値を3桁ごとのカンマ表示にするには、「Format」関数を使う方法と「FormatNumber」関数を使う方法があります。

- **Format関数**……2つめの引数にカンマ区切りを表す書式、「"#,###"」や「"#,##0"」を指定します。
- **FormatNumber関数**……2つめの引数に小数点以下に表示する桁数を指定できます。「0」を指定した場合は丸められた整数として、省略した場合は小数点第2位まで出力されます。

■ **プログラム例**

Sub Sample161

```
Sub Sample161()

  Const csngData As Single = 12345.678

  Debug.Print Format(12345, "#,###") ―――― 12,345

  Debug.Print FormatNumber(12345) ―――― 12,345.00

  Debug.Print FormatNumber(csngData, 0) ―――― 12,346
  Debug.Print FormatNumber(csngData, 1) ―――― 12,345.7
  Debug.Print FormatNumber(csngData, 2) ―――― 12,345.68

End Sub
```

実行例

イミディエイト

```
12,345
12,345.00
12,346
12,345.7
12,345.68
```

162 小数をパーセントに表示したい

ポイント	Format関数、FormatPercent関数
構文	Format(値, 書式)、FormatPercent(値, [小数点以下桁数])

小数をパーセント表示（小数値を100倍した値の%記号付き表示）にするには、「Format」関数を使う方法と「FormatPercent」関数を使う方法があります。

- **Format関数** ……… 桁数や0の値の表示書式と「%」記号を使って、「"#%"」や「"0.0%"」のような書式を2つめの引数に指定します。
- **FormatNumber関数** ……… 2つめの引数に%記号付きの値の小数点以下桁数を指定できます。「0」を指定した場合は丸められた整数として、省略した場合は小数点第2位まで出力されます。

■ **プログラム例**

Sub Sample162

```
Sub Sample162()

  Const csngData As Single = 0.43578

  Debug.Print Format(csngData, "#%") ──────── 44%
  Debug.Print Format(csngData, "0.0%") ────── 43.6%

  Debug.Print FormatPercent(csngData) ──────── 43.58%
  Debug.Print FormatPercent(csngData, 0) ──── 44%
  Debug.Print FormatPercent(csngData, 1) ──── 43.6%
  Debug.Print FormatPercent(csngData, 2) ──── 43.58%

End Sub
```

実行例

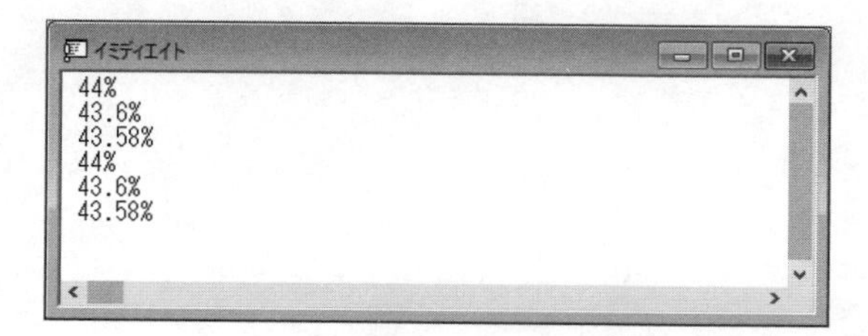

163 文字列を数値化したい

ポイント	Val関数
構文	Val(文字列)

文字列を数値化するには「Val」関数を使います。引数に指定した文字列を、その値に応じた数値型の値として返します。以下のような仕様があります。

- **アルファベットや記号、漢字など、数字以外から構成される文字列は「0」が返されます（2例目）。**
- **ただし、一連の数字のあとに数字以外の文字がある場合には、先頭部分の数字のみが数値化されます（3例目）。**
- **よって、後続の文字が数字であっても先頭が数字以外であれば「0」が返されます（4例目）。**
- **桁区切りの「,（カンマ）」は数字以外とみなされます（5例目）。**
- **途中のスペースはスキップされ、また小数点を表す「.（ピリオド）」は数字の一部とみなされます（6例目）。**
- **「Val("12000円")」のように数字以外の文字を含む場合、厳密には返り値はString型です。**

■ **プログラム例**　　Sub Sample163

```
Sub Sample163()

  Debug.Print Val("12000") ———————— 12000

  Debug.Print Val("ABCDEFG") ——————— 0

  Debug.Print Val("12000円") ——————— 12000

  Debug.Print Val("¥12000") ———————— 0

  Debug.Print Val("12,000") ———————— 12

  Debug.Print Val("  1 2 3 4.567") ——— 1234.567

End Sub
```

実行例

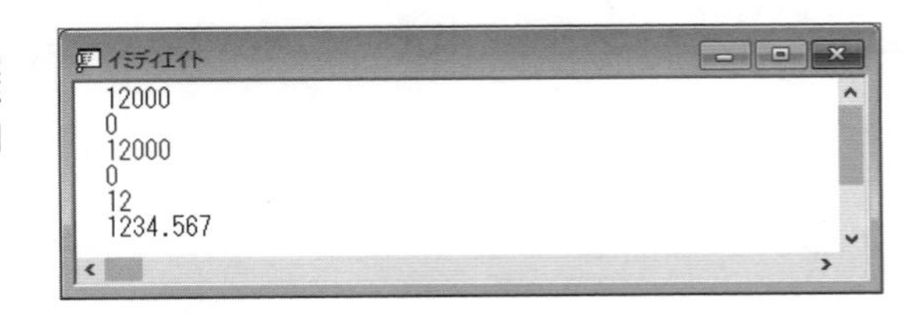

164 カンマ付きの数字の文字列を数値化したい

ポイント	Val関数、Replace関数
構文	Val(文字列)、Replace(文字列, 検索文字列, 置換文字列)

文字列を数値化する関数として「Val」関数がありますが、この関数では桁区切りの「,（カンマ）」は数字の一部としてはみなされず、それ以降の文字は無視されてしまいます。

たとえば「Val("1000円")」は「1000」になりますが、「Val("1,000円")」は「1」になってしまいます。

そこで、「Replace」関数を使って「,」を「""（長さ0の文字列）」に置換することで取り除いたあと、Val関数に渡します。

```
Val("1,000円") → Val("1000円") → 1000
```

■ プログラム例

Sub Sample164

```
Sub Sample164()

  Const cstrData1 As String = "98,000"
  Const cstrData2 As String = "12,345,000"

  Debug.Print Val(cstrData1) ―――――― 98

  Debug.Print Val(cstrData2) ―――――― 12

  Debug.Print Val(Replace(cstrData1, ",", "")) ―― 98000

  Debug.Print Val(Replace(cstrData2, ",", "")) ―― 12345000

End Sub
```

実行例

165 Null値を特定の数値に変換したい

ポイント	Nz関数
構文	Nz(値, [Nullの置換値])

ある変数が値を持たない状態「Null」である場合、一見ゼロとして計算されそうですが、実際にはそれを使った計算の結果はNullになってしまいます。また、Integerなどの数値型変数への代入(※注)や関数への引数指定でエラーとなったりすることもあります。

そのように値がNullになる可能性がある場合には、その値を「Nz」関数に渡すことで、特定の別の値に変換します。

Nz関数では1つめの引数には任意の値を指定します。その値を判定し、Nullでなければその値をそのまま返します。Nullなら、返り値を数値型の変数に代入するような場合であれば「0」を返します。

また2つめの引数(省略可)として、値がNullであったときの返り値に特定の数値を指定することもできます。プログラム例では「999」を指定しています。

※ 注:下記コードの「'intData = varData」の行のコメントを外して実行すると、エラー番号94「Null の使い方が不正です。」エラーが起こることを確認できます。

■ **プログラム例**　　Sub Sample165

```
Sub Sample165()

  Dim varData As Variant
  Dim intData As Integer

  varData = Null

  'intData = varData ―― これを実行するとエラー

  intData = Nz(varData)
  Debug.Print intData ―― 0が出力される

  intData = Nz(varData, 999)
  Debug.Print intData ―― 999が出力される

End Sub
```

166 計算結果がエラーかどうか調べたい

ポイント	IsError関数
構文	IsError(式)

「IsError」関数を使うと、引数に指定した値や計算式がエラーかどうかを調べることができます。エラーの場合はTrueを、そうでない場合はFalseを返します。

ただし本来、引数の式は任意の式ではなく、呼び出し先のプロシージャ内においてCVErrという関数で生成されたエラー値を指定するものです。そのため、IsError関数の使用に関しては留意が必要です。

次のプログラム例の場合、「IsError(100/0)」の返り値がTrueになるのではなく、IsError関数を呼び出す前の「100÷0」を計算する時点でエラーが発生します。

そこで、「On Error Resume Next」でそのエラーを無視するようにしています。

それによって「If IsError(100/0) Then」の行でエラーが発生してもそれは無視され、その次「Debug.Print "エラー"」の行が実行されます。その結果、見た目はエラー有無で処理分岐しているようになります。

■ **プログラム例**

Sub Sample166

```
Sub Sample166()

  On Error Resume Next ——— エラーを無視する（必須）

  If IsError(100 / 20) Then —— OKが出力される
    Debug.Print "エラー"
  Else
    Debug.Print "OK"
  End If

  If IsError(100 / 0) Then —— エラーが出力される
    Debug.Print "エラー"
  Else
    Debug.Print "OK"
  End If

End Sub
```

167 10進数を16進数表記にしたい

ポイント	Hex関数
構文	Hex(数値)

10進数を16進数表記にするには、「Hex」関数を使います。引数に10進数の数値を指定することで、16進数表記の文字列が返されます。

■ 例:

10進数	1	2	3	4	5	6	7	8	9	10	11	12	13	14	15	
16進数	1	2	3	4	5	6	7	8	9	A	B	C	D	E	F	
10進数	16	17	18	19	20	21	22	23	24	25	26	27	28	29	30	31
16進数	10	11	12	13	14	15	16	17	18	19	1A	1B	1C	1D	1E	1F

もし16進数を「&H1F」のような表記にしたい場合には、プログラム例のように、返された文字列の前に「&H」を文字列結合します。

■ プログラム例

Sub Sample167

```
Sub Sample167()

  Dim iintLoop As Integer

  For iintLoop = 1 To 31
    Debug.Print iintLoop,
    Debug.Print Hex(iintLoop),
    Debug.Print "&H" & Hex(iintLoop)
  Next iintLoop

End Sub
```

実行例

```
イミディエイト
1             1             &H1
2             2             &H2
3             3             &H3
4             4             &H4
5             5             &H5
6             6             &H6
7             7             &H7
8             8             &H8
9             9             &H9
10            A             &HA
```

168 16進数を10進数表記にしたい

ポイント	CInt関数、CLng関数
構文	CInt(値)、CLng(値)

16進数を10進数表記にするには、「CInt」関数や「CLng」関数を使います。10進数にしたときに32,767を超える大きな数値になる場合は「CLng」関数の方を使います。

それらの関数の引数には16進数をそのまま渡すのではなく、その前に「&H」を文字列結合して、「&H1F」のような値にしてから渡します。

■ プログラム例

Sub Sample168

```
Sub Sample168()

  Dim strHex As String
  Dim intDec As Integer
  Dim iintLoop As Integer

  For iintLoop = 1 To 31
    '16進数を生成
    strHex = Hex(iintLoop)

    '16進数を10進数に変換
    intDec = CInt("&H" & strHex)

    Debug.Print strHex, intDec

  Next iintLoop

End Sub
```

実行例

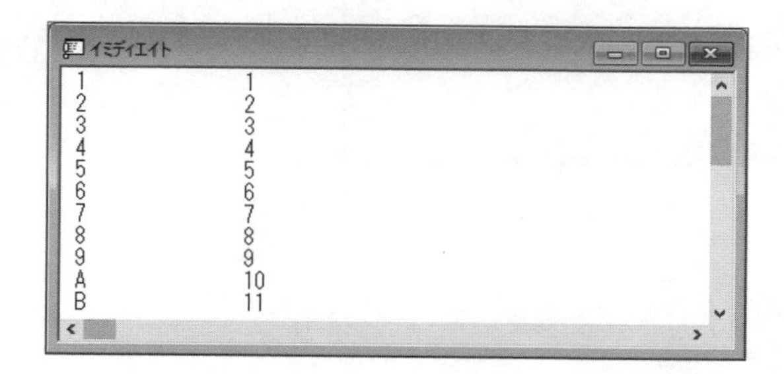

169 乱数を発生させたい

ポイント	Randomizeステートメント、Rnd関数
構文	Randomize [数値]、Rnd[(数値)]

乱数を発生させるには「Rnd」関数を使います。返り値はSingle型（単精度浮動小数型）の0以上1未満の小数値です。引数を指定することで次に発生する乱数の順序が変わりますが、省略可能です。

また乱数ジェネレーターを初期化するために、その前に「Randomize」ステートメントを実行します。

Randomizeステートメントは、新しいシード値（乱数系列の初期値）を生成します。引数を省略した場合は時々刻々変わるシステムタイマの値がシード値として使われ、より再現性のないランダムな値が生成されます。

■ プログラム例　　Sub Sample169

```
Sub Sample169()

  Dim iintLoop As Integer

  Randomize ―――――――― 乱数ジェネレーターを初期化

  For iintLoop = 1 To 10
    Debug.Print Rnd() ――― 乱数を出力
  Next iintLoop

End Sub
```

実行例

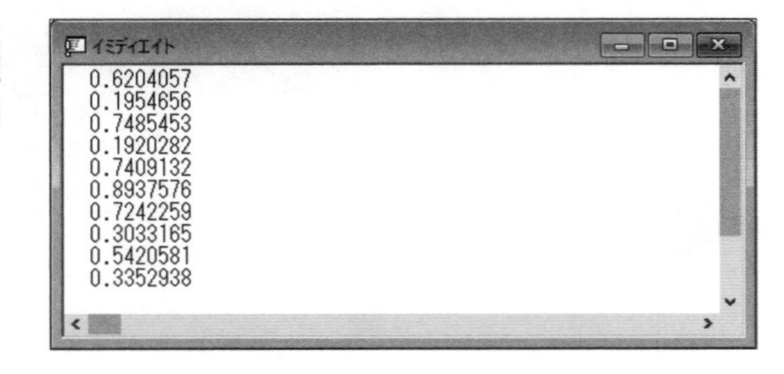

170 乱数で指定範囲の整数値を発生させたい

ポイント　Rnd関数、Int関数

乱数を発生させるには「Rnd」関数を使います。その返り値は0以上1未満の小数です。その値に大きな値を掛けることで、1以上の値をランダムに生成することができます。

それを利用して、必要とする最大値と最小値を考慮して計算、さらにその結果を「Int」関数によって小数を切り捨てる次のような式で、指定範囲の整数値を発生することができます。

```
Int((最大値 - 最小値 + 1) * Rnd() + 最小値)
```

次のプログラム例では、変数intMinとintMaxにそれぞれ最小値と最大値を設定し、上記式に当てはめて、1～10の範囲のランダムな整数を20個出力します。

■ **プログラム例**

Sub Sample170

```
Sub Sample170()

  Dim intMin As Integer, intMax As Integer
  Dim intRnd As Integer
  Dim iintLoop As Integer

  intMin = 1 ──── 範囲の最小値
  intMax = 10 ──── 範囲の最大値

  Randomize

  For iintLoop = 1 To 20
    '乱数から1～10の値を生成
    intRnd = Int((intMax - intMin + 1) * Rnd() + intMin)
    Debug.Print intRnd
  Next iintLoop

End Sub
```

171 変数をインクリメント・デクリメントしたい

ポイント	インクリメント、デクリメント
構文	+演算子、-演算子

ある変数の値を1ずつ増やすことを「インクリメント」、1ずつ減らすことを「デクリメント」といいます。

VBAではそれぞれ「+」演算子と「-」演算子を使って、変数自身の現在値に+1したり-1したりすることでインクリメント・デクリメントを行います。

※ VBA では他の言語にあるような「i++」や「i += 1」といった表記は使えません。

■ プログラム例

Sub Sample171

```
Sub Sample171()

  Dim intData1 As Integer
  Dim intData2 As Integer
  Dim iintLoop As Integer

  '初期値を設定
  intData1 = 100
  intData2 = 100

  For iintLoop = 1 To 10
    intData1 = intData1 + 1 ——— intData1をインクリメント
    intData2 = intData2 - 1 ——— intData2をデクリメント
  Next iintLoop

  '結果を出力
  Debug.Print intData1 ——— 100+10 → 110
  Debug.Print intData2 ——— 100-10 → 90

End Sub
```

実行例

日付・時間

Chapter

5

172 今日の日付を調べたい

ポイント	Date関数
構文	Date

今日の日付を取得するには、「Date」関数を使います。現在日付がDate型（日付/時刻型）で返されます。引数はありません。また引数用のカッコを付けてもコード改行時などに自動的に消去されます。

VBAにおける日付/時刻のデータは内部的には小数で構成されています。1899年12月31日 0時00分00秒を「1」として、そこからの経過日数と時間を数値で表したものです。1日後は「2」というように整数部が加算されていきます。また1日は24時間ですので、12時は「.5」、18時は「.75」というように小数部が加算されていきます。よって、Date関数の返り値をLong型の変数に代入すると、日付ではなく数値に変換されます。

```
例：2023/1/1 → 44,927
```

日付/時刻を固定値としてコードに記述する際は、その前後を「#」で囲みます（プログラム例参照）。その際、「#2023/12/31#」のように入力しても、改行などのタイミングで「#12/31/2023#」のような月/日/年形式に自動的に変わります。また、固定値は「CDate("2023/12/31")」のように関数と文字列で指定することもできます。

■ プログラム例　　Sub Sample172

```
Sub Sample172()

  Dim dtmToday As Date
  Dim lngToday As Long

  Debug.Print Date ―――― 今日の日付をそのまま出力

  dtmToday = Date
  Debug.Print dtmToday ―― Date型変数に代入して出力

  lngToday = Date
  Debug.Print lngToday ―― Long型変数に代入して出力

  If Date >= #1/1/2023# And Date <= #12/31/2023# Then
    Debug.Print "今日は2023年です！"
  End If

End Sub
```

173 現在の日時を調べたい

ポイント	Now関数
構文	Now()

現在の日時（日付と時刻）を取得するには、「Now」関数を使います。Date型の「2023/03/01 13:26:37」のような値が返されます。引数はありません。また引数用のカッコは省略することができます。

次のプログラム例はすべて現在日時を取得するものですが、

- **関数の返り値を直接出力した場合（その場合はカッコ有無による違いがない）**
- **Date型変数に代入して出力した場合**
- **Double型変数に代入して出力した場合（その場合は小数で出力される）**

をそれぞれ示しています。

■ **プログラム例**

Sub Sample173

```
Sub Sample173()

  Dim dtmNow As Date
  Dim dblNow As Double

  Debug.Print Now()
  Debug.Print Now

  dtmNow = Now()
  Debug.Print dtmNow

  dblNow = Now()
  Debug.Print dblNow

End Sub
```

実行例

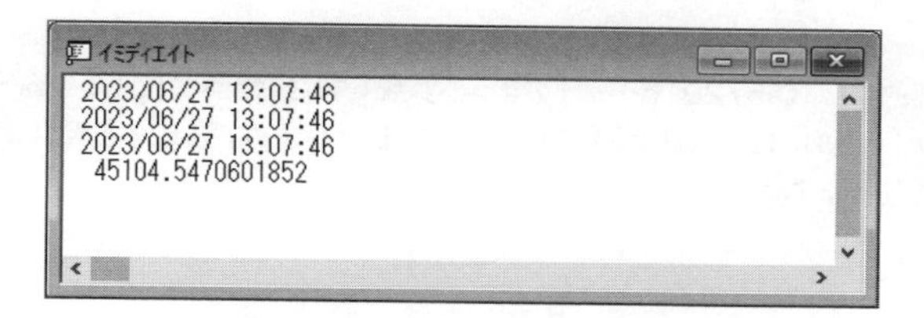

174 現在の時刻を調べたい

ポイント	Time関数
構文	Time()

現在の時刻を取得するには、「Time」関数を使います。Date型の「13:26:37」のような値が返されます。引数はありません。また引数用のカッコは省略することができます。

次のプログラム例はすべて現在時刻を取得するものですが、

- **関数の返り値を直接出力した場合(その場合はカッコ有無による違いがない)**
- **Date型変数に代入して出力した場合**
- **Double型変数に代入して出力した場合(その場合は小数で出力される)**

をそれぞれ示しています。

■ **プログラム例**　　Sub Sample174

```
Sub Sample174()

  Dim dtmTime As Date
  Dim dblTime As Double

  Debug.Print Time()
  Debug.Print Time

  dtmTime = Time()
  Debug.Print dtmTime

  dblTime = Time()
  Debug.Print dblTime

End Sub
```

■ **補足**

Time関数の返り値は、内部的には「0.572916……」のような小数です。整数部は「0」であるため、日付に変換したような場合には「1899/12/30」となります。よって、日付も含めて処理する場合には、Time関数ではなくNow関数を使います。

175 日時の値から日付部分だけ取り出したい

ポイント	DateValue関数
構文	DateValue(日付/時刻)

日付と時刻の両方を持った変数や関数の返り値などから"日付"の部分だけを取り出すには、「DateValue」関数を使います。引数にDate型の値を指定すると、時刻部分が取り除かれた値（正確には時刻が00:00:00の値）が返されます。

次のプログラム例では、変数dtmNowにNow関数で現在日時を代入したあと、日付の部分だけを取り出してイミディエイトウィンドウに出力します。

■ **プログラム例**

Sub Sample175

```
Sub Sample175()

  Dim dtmNow As Date
  Dim dtmDate As Date

  dtmNow = Now()
  Debug.Print dtmNow

  dtmDate = DateValue(Now())
  Debug.Print dtmDate

End Sub
```

実行例

176 日時の値から時刻部分だけ取り出したい

ポイント	TimeValue関数
構文	TimeValue(日付/時刻)

日付と時刻の両方を持った変数や関数の返り値などから"時刻"の部分だけを取り出すには、「TimeValue」関数を使います。引数にDate型の値を指定すると、日付部分が取り除かれた値（正確には内部値1899/12/30の値）が返されます。

次のプログラム例では、変数dtmNowにNow関数で現在日時を代入したあと、時刻の部分だけを取り出してイミディエイトウィンドウに出力します。

■ プログラム例

Sub Sample176

```
Sub Sample176()

  Dim dtmNow As Date
  Dim dtmTime As Date

  dtmNow = Now()
  Debug.Print dtmNow

  dtmTime = TimeValue(Now())
  Debug.Print dtmTime

End Sub
```

実行例

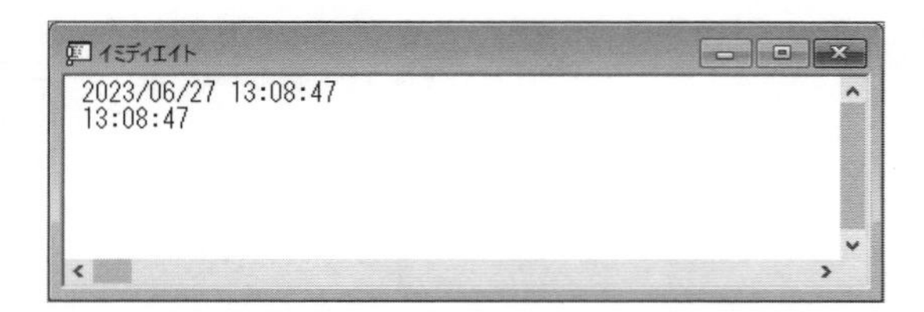

177 日付からその曜日を調べたい

ポイント	Weekday関数
構文	Weekday(日付)

日付から曜日を取得するには、「Weekday」関数を使います。日付を引数に指定すると、その曜日が次表のような数値で返されます。また各値に対応した組み込み定数も用意されていますので、返り値と比較照合するプログラムではそちらを使うとコードが分かりやすくなります。

曜日	返り値	組み込み定数
日	1	vbSunday
月	2	vbMonday
火	3	vbTuesday
水	4	vbWednesday
木	5	vbThursday
金	6	vbFriday
土	7	vbSaturday

返り値は日曜を「1」とする連番になっていますので、漢字の曜日に変換したいようなときにはChoose関数が使えます。1つめの引数にその値を指定することで、2つめ以降の該当する文字が得られます。

また次のプログラム例では、Format関数を使った例も示しています。2つめの引数に「"aaa"」を指定すると「月」のような1文字が、また「"aaaa"」で「月曜日」のような文字列が返されます。

■ **プログラム例**

Sub Sample177

```
Sub Sample177()

  Dim intWeekDay As Integer
  Dim strWeekDay As String

  intWeekDay = Weekday(Date)
  Debug.Print intWeekDay

  strWeekDay = Choose(Weekday(Date), "日", "月", "火", "水", "木", "金", "
土")
  Debug.Print strWeekDay

  Debug.Print Format(Date, "aaa")
  Debug.Print Format(Date, "aaaa")

End Sub
```

178 日付から年月日それぞれを取り出したい

ポイント	Year関数、Month関数、Day関数
構文	Year(日付)、Month(日付)、Day(日付)

日付の値から年・月・日それぞれを取り出すには、次の関数を使います。いずれもDate型の値や変数などを引数に指定することで、各値の整数値が返されます。

- **Year関数**……………「年」の取り出し
- **Month関数**…………「月」の取り出し
- **Day関数**………………「日」の取り出し

次のプログラム例では、「2023年3月1日」について年・月・日それぞれを変数に取得し、イミディエイトウィンドウに出力します。

■ **プログラム例**　　Sub Sample178

```
Sub Sample178()

  Dim intYear As Integer
  Dim intMonth As Integer
  Dim intDay As Integer
  Const cdtmDate As Date = #3/1/2023#

  intYear = Year(cdtmDate) ──── 年の取り出し
  intMonth = Month(cdtmDate) ─── 月の取り出し
  intDay = Day(cdtmDate) ───── 日の取り出し

  Debug.Print intYear
  Debug.Print intMonth
  Debug.Print intDay

End Sub
```

実行例

179 ある日付が月の第何曜日かを調べたい

ポイント　Day関数

たとえばその月で最初に訪れる月曜日を"第1月曜日"とカウントするとき、ある日付がその月の第n曜日かを調べるには、Day関数で取得した日にちを演算してnを求めます。

何週目かは日にちを7で割ることで求められます。ただし、その値を切り捨てた値は7の倍数の日から1増えます。

例：1～6日は0、7～13日は1、14日からは2、……

次のプログラム例では、Day関数で日にち部分だけを取り出し、それを切り捨てることでnを求めます。ただし、その値が7の倍数でないとき（Mod演算子での結果が0でないとき）はそれを+1することでnの値を補正しています。

なお、プログラム例では、2023/3/1～2023/3/31の各日付をループ処理することで、それぞれの日付とその日付が第何曜日かをイミディエイトウィンドウに出力します。

■ プログラム例

Sub Sample179

```
Sub Sample179()

  Dim intWeekNum As Integer
  Dim dtmLoop As Date
  Const cdtmFirst As Date = #3/1/2023#
  Const cdtmLast As Date = #3/31/2023#

  For dtmLoop = cdtmFirst To cdtmLast
    intWeekNum = Int(Day(dtmLoop) / 7)  ——— 何週目かを計算
    If Day(dtmLoop) Mod 7 <> 0 Then
      intWeekNum = intWeekNum + 1  ——— 日にちが7の倍数でないときは+1
    End If
    Debug.Print dtmLoop & "は第" & intWeekNum & Format(dtmLoop, "aaaa")
  Next dtmLoop

End Sub
```

180 年月日それぞれを指定して日付を組み立てたい

ポイント	DateSerial関数
構文	DateSerial(年, 月, 日)

「DateSerial」関数を使うと、年・月・日それぞれを個別に引数に指定することで、そこから組み立てられた日付を取得することができます。

その際、「2023, 3, 1」のような引数を単純に結合して「2023/03/01」の形式にするだけではありません。たとえば「2023, 3, 32」のように組み立て後の日付が実在しない場合、3月32日は3月31日の翌日と判断して「2023/04/01」を返します。同様に「2023, 13, 1」は「2024/01/01」に、「2024, 3, 0」はうるう年も考慮されて前月末の「2024/02/29」となります。

また、年月日を別々に指定できることから、それぞれの値に計算を行って引数に渡すこともできます。たとえば「2023, 3 + 1, 1 + 2」のように引数を渡すと、「2023/04/03」が返されます。

■ プログラム例

Sub Sample180

```
Sub Sample180()

  Dim intYear As Integer
  Dim intMonth As Integer
  Dim intDay As Integer
  Dim dtmDate As Date

  intYear = 2023
  intMonth = 3
  intDay = 1
  dtmDate = DateSerial(intYear, intMonth, intDay) ── 引数に変数を指定する場合
  Debug.Print dtmDate

  dtmDate = DateSerial(2023, 12, 31) ──────── 直接引数を指定する場合
  Debug.Print dtmDate

End Sub
```

実行例

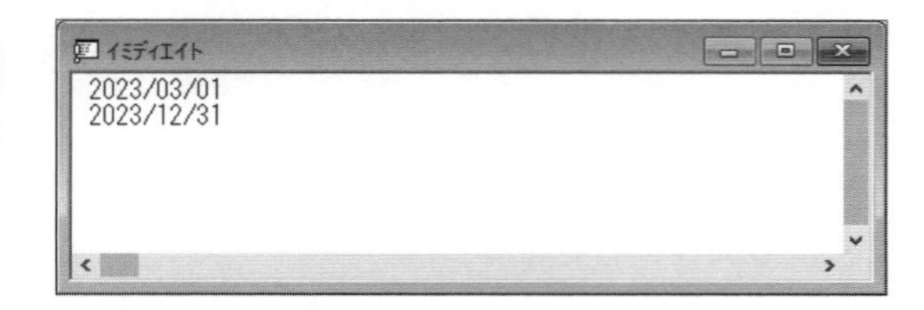

181 ある日付のn年前・n年後を求めたい

ポイント	DateAdd関数、DateSerial関数
構文	DateAdd(間隔の文字列式, 加減算する数値, 日付/時刻)

日付の加減算を行うには、「DateAdd」関数を使います。

この関数では、1つめの引数に加減算の間隔として、あらかじめ決められた文字列式を指定します。2つめの引数にはその間隔で加減算する量、3つめに元の日付/時刻を指定します。その計算結果であるDate型の値が返されます。

「n年前・n年後」を求めたい場合は、加減算の間隔は「年」となります。その場合、1つめの引数に「"yyyy"」という文字列式を指定します。

また、「DateSerial」関数の3つの引数において、1つめの「年」の引数にnを加減算した値を指定することでも同様の結果を得ることができます（プログラム例の後半）。

■ プログラム例

Sub Sample181

```
Sub Sample181()

  Dim intYear As Integer
  Dim intMonth As Integer
  Dim intDay As Integer
  Const cdtmDate As Date = #3/1/2023#

  Debug.Print DateAdd("yyyy", 2, cdtmDate) ――――― 2年後
  Debug.Print DateAdd("yyyy", -3, cdtmDate) ――――― 3年前

  intYear = Year(cdtmDate)
  intMonth = Month(cdtmDate)
  intDay = Day(cdtmDate)
  Debug.Print DateSerial(intYear + 2, intMonth, intDay) ―― 2年後
  Debug.Print DateSerial(intYear - 3, intMonth, intDay) ―― 3年前

End Sub
```

実行例

Chap 5 日付・時間

182 ある日付のnケ月前・nケ月後を求めたい

ポイント	DateAdd関数、DateSerial関数
構文	DateAdd(間隔の文字列式, 加減算する数値, 日付/時刻)

ある日付のnケ月前・nケ月後を求めたい場合、加減算の間隔は「月」です。そこで、日付の加減算を行う「DateAdd」関数において、1つめの引数に「"m"」という文字列式を指定することで、返り値としてその日付を得ることができます。

また、「DateSerial」関数の3つの引数において、2つめの「月」の引数にnを加減算した値を指定することでも同様の結果を得ることができます（プログラム例の後半）。

そのほか、以下のような仕様があります。

- **引数の値が1～12以外の月となる場合、「DateSerial(2023,13,1) → 2024/01/01」、「DateSerial(2024,0,1) → 2023/12/01」のように調整された値が返されます。**
- **「DateAdd("m", 1, #2023/3/31#)」は「2023/04/30」が返されますが、「DateSerial(2023, 3 + 1, 31)」は「2023/05/01」となります。月末日の解釈が異なりますので注意が必要です。**

■ **プログラム例**

Sub Sample182

```
Sub Sample182()

  Dim intYear As Integer
  Dim intMonth As Integer
  Dim intDay As Integer
  Const cdtmDate As Date = #3/1/2023#

  Debug.Print DateAdd("m", 2, cdtmDate) ———————— 2ケ月後
  Debug.Print DateAdd("m", -3, cdtmDate) ——————— 3ケ月前

  intYear = Year(cdtmDate)
  intMonth = Month(cdtmDate)
  intDay = Day(cdtmDate)
  Debug.Print DateSerial(intYear, intMonth + 2, intDay) ——— 2ケ月後
  Debug.Print DateSerial(intYear, intMonth - 3, intDay) ——— 3ケ月前

End Sub
```

183 ある日付のn日前・n日後を求めたい

ポイント	DateAdd関数、DateSerial関数
構文	DateAdd(間隔の文字列式, 加減算する数値, 日付/時刻)

ある日付のn日前・n日後を求めたい場合、加減算の間隔は「日」です。そこで、日付の加減算を行う「DateAdd」関数において、1つめの引数に「"d"」という文字列式を指定することで、返り値としてその日付を得ることができます。

また、「DateSerial」関数の3つの引数において、3つめの「日」の引数にnを加減算した値を指定することでも同様の結果を得ることができます（プログラム例の中頃）。

なお、引数の値がその月の範囲を超える場合、「DateSerial(2023,3,32) → 2023/04/01」、「DateSerial(2023,4,0) → 2023/03/31」のように調整された値が返されます。

日付/時刻型のデータは内部的には小数で、そのうちの整数部分が"日付"を表します。よって、単純に整数値を加減算することでもn日前・n日後を求めることができます（プログラム例の後半）。

■ プログラム例

Sub Sample183

```
Sub Sample183()

  Dim intYear As Integer
  Dim intMonth As Integer
  Dim intDay As Integer
  Const cdtmDate As Date = #3/1/2023#

  Debug.Print DateAdd("d", 2, cdtmDate) ——— 2日後
  Debug.Print DateAdd("d", -3, cdtmDate) ——— 3日前

  intYear = Year(cdtmDate)
  intMonth = Month(cdtmDate)
  intDay = Day(cdtmDate)
  Debug.Print DateSerial(intYear, intMonth, intDay + 2) ——— 2日後
  Debug.Print DateSerial(intYear, intMonth, intDay - 3) ——— 3日前

  Debug.Print cdtmDate + 2 ——— 2日後
  Debug.Print cdtmDate - 3 ——— 3日前

End Sub
```

184 ある日付のn週前・n週後を求めたい

ポイント	DateAdd関数、DateSerial関数
構文	DateAdd(間隔の文字列式, 加減算する数値, 日付/時刻)

ある日付のn週前・n週後を求めたい場合、加減算の間隔は「週」です。そこで、日付の加減算を行う「DateAdd」関数において、1つめの引数に「"ww"」という文字列式を指定することで、返り値としてその日付を得ることができます。

また、「DateSerial」関数の3つの引数において、3つめの「日」の引数に「n×7」を加減算した値を指定することでも同様の結果を得ることができます(プログラム例の中頃)。

単純に「n×7」を加減算することでもn週前・n週後を求めることができます(プログラム例の後半)。

■ プログラム例

Sub Sample184

```
Sub Sample184()

  Dim intYear As Integer
  Dim intMonth As Integer
  Dim intDay As Integer
  Const cdtmDate As Date = #3/1/2023#

  Debug.Print DateAdd("ww", 2, cdtmDate) ―――――――――――― 2週間後
  Debug.Print DateAdd("ww", -3, cdtmDate) ――――――――――― 3週間前

  intYear = Year(cdtmDate)
  intMonth = Month(cdtmDate)
  intDay = Day(cdtmDate)
  Debug.Print DateSerial(intYear, intMonth, intDay + 2 * 7) ―― 2週間後
  Debug.Print DateSerial(intYear, intMonth, intDay - 3 * 7) ―― 3週間前

  Debug.Print cdtmDate + 2 * 7 ――――――――――――――――― 2週間後
  Debug.Print cdtmDate - 3 * 7 ――――――――――――――――― 3週間前

End Sub
```

185 時刻を時分秒単位で加減算したい

ポイント	DateAdd関数、Hour関数、Minute関数、Second関数、TimeSerial関数
構文	DateAdd(間隔の文字列式, 加減算する数値, 日付/時刻) Hour(日付/時刻)、Minute(日付/時刻)、Second(日付/時刻)、TimeSerial(時, 分, 秒)

日付の加減算を行う「DateAdd」関数において、1つめの引数に時刻に関する文字列式を指定することで、時・分・秒の加減算を行うことができます。

- **"h" ……… 「時」の加減算**
- **"n" ……… 「分」の加減算**
- **"s" ……… 「秒」の加減算**

また、時刻から時分秒それぞれを取り出す関数、時分秒から時刻を組み立てる関数として次のようなものがあります。これらを使って時刻の加減算を行うこともできます（プログラム例の後半）。

- **Hour関数 ……………… 「時」の取り出し**
- **Minute関数 …………… 「分」の取り出し**
- **Second関数 ………… 「秒」の取り出し**
- **TimeSerial関数 …… 「時」「分」「秒」の3つの引数から時刻を組み立て**

■ **プログラム例**

Sub Sample185

```
Sub Sample185()

  Dim intHour As Integer, intMin As Integer, intSec As Integer
  Const cdtmTime As Date = #3:30:00 PM#

  Debug.Print DateAdd("h", 2, cdtmTime) ———————— 2時間後
  Debug.Print DateAdd("n", -30, cdtmTime) ——————— 30分前
  Debug.Print DateAdd("s", 10, cdtmTime) ——————— 10秒後

  intHour = Hour(cdtmTime)
  intMin = Minute(cdtmTime)
  intSec = Second(cdtmTime)
  Debug.Print TimeSerial(intHour + 1, intMin, intSec) ——— 1時間後
  Debug.Print TimeSerial(intHour, intMin - 12, intSec) —— 12分前
  Debug.Print TimeSerial(intHour, intMin, intSec + 45) —— 45秒後

End Sub
```

186 年月日それぞれの差分を指定して日付を加減算したい

ポイント　DateAdd関数、DateSerial関数

日付の加減算を行う「DateAdd」関数を入れ子にすることで、1行のコードで年・月・日それぞれを加減算した日付を求めることができます。

また、「DateSerial」関数の3つの引数それぞれに対して、異なる数を加減算する式を指定することでも同様の日付を得ることができます。

次のプログラム例では、3つの加減算パターンについて、それぞれ上記2つの方法を示しています。

■ **プログラム例**　　Sub Sample186

```
Sub Sample186()

  Dim intYear As Integer
  Dim intMonth As Integer
  Dim intDay As Integer
  Const cdtmDate As Date = #3/1/2023#

  intYear = Year(cdtmDate)
  intMonth = Month(cdtmDate)
  intDay = Day(cdtmDate)

  '1年2ケ月後 ―――― 2024/05/01
  Debug.Print DateAdd("m", 2, DateAdd("yyyy", 1, cdtmDate))
  Debug.Print DateSerial(intYear + 1, intMonth + 2, intDay)

  '6ケ月と5日前 ――― 2022/08/27
  Debug.Print DateAdd("d", -5, DateAdd("m", -6, cdtmDate))
  Debug.Print DateSerial(intYear, intMonth - 6, intDay - 5)

  '2年6ケ月10日後 ―― 2025/09/11
  Debug.Print DateAdd("d", 10, DateAdd("m", 6, DateAdd("yyyy", 2,
cdtmDate)))
  Debug.Print DateSerial(intYear + 2, intMonth + 6, intDay + 10)

End Sub
```

187 2つの日付の年月日それぞれの差を求めたい

ポイント	DateDiff関数
構文	DateDiff(時間単位の文字列式, 日付, 日付)

2つの日付の差を求めるには、「DateDiff」関数を使います。
1つめの引数には、差の単位としてそれぞれ下記の文字列式を指定します。

- **"yyyy"……「年」**
- **"m"…………「月」**
- **"d"…………「日」**

2つめと3つめの引数には、差を求める2つの日付（時刻を含んでいても可）を指定します。「引数2<引数3」だとプラス、「引数2>引数3」だとマイナスの返り値となります。

■ プログラム例

Sub Sample187

```
Sub Sample187()

  Const cdtmDate As Date = #3/1/2023#

  Debug.Print DateDiff("yyyy", #3/1/2022#, cdtmDate) ——— 1
  Debug.Print DateDiff("yyyy", #9/1/2020#, cdtmDate) ——— 3
  Debug.Print DateDiff("yyyy", #12/1/2023#, #1/1/2024#) ——— 1

  Debug.Print DateDiff("m", #2/1/2023#, cdtmDate) ——— 1
  Debug.Print DateDiff("m", #6/19/2023#, cdtmDate) ——— -3
  Debug.Print DateDiff("m", #3/31/2023#, #4/1/2023#) ——— 1

  Debug.Print DateDiff("d", #4/1/2023#, cdtmDate) ——— -31
  Debug.Print DateDiff("d", #3/1/2022#, cdtmDate) ——— 365

End Sub
```

■ 補足

実際には「1年経っていなくても年を跨いだら」、また「1ケ月経っていなくても月を跨いだら」カウントアップされます。

```
DateDiff("yyyy", #12/1/2023#, #1/1/2024#)    → 1
DateDiff("m", #3/31/2023#, #4/1/2023#)       → 1
```

188 2つの時刻差から経過時間を求めたい

ポイント	DateDiff関数
構文	DateDiff(時間単位の文字列式, 時刻, 時刻)

2つの時刻の差、つまりその間の経過時間を求めるには、「DateDiff」関数を使います。
1つめの引数には、差の単位としてそれぞれ下記の文字列式を指定します。

- **"h"……「時」**
- **"n"……「分」**
- **"s"……「秒」**

2つめと3つめの引数には、差を求める2つの時刻（日付を含んでいても可）を指定します。「引数2<引数3」だとプラス、「引数2>引数3」だとマイナスの返り値となります。

Date型の値については「cdtmTime2 - cdtmTime1」のような単純な引き算でも差を求めることができます。そのとき時刻の差は1日（24Hr）を「1」とする小数で表現されます。そのため、たとえば"時"で表現したければ24Hrを、"分"で表現したければ24Hr×60Minを掛けます（プログラム例の最後）。

■ **プログラム例**　　Sub Sample188

```
Sub Sample188()

  Const cdtmTime1 As Date = #1:00:00 PM#
  Const cdtmTime2 As Date = #3:30:44 PM#

  Debug.Print DateDiff("h", cdtmTime1, cdtmTime2) ―― 2

  Debug.Print DateDiff("n", cdtmTime1, cdtmTime2) ―― 150

  Debug.Print DateDiff("s", cdtmTime1, cdtmTime2) ―― 9044

  Debug.Print (cdtmTime2 - cdtmTime1) * 24 * 60 ―― 150.733……

End Sub
```

189 月初め・月末の日付を求めたい

ポイント　DateSerial関数、Year関数、Month関数

　ある日付から「年」を取り出すには「Year」関数を、「月」を取り出すには「Month」関数を使います。また「DateSerial」関数を使うことで、取り出した年・月を個別の引数として日付を再組み立てすることができます。そのとき、DateSerial関数の3つめの引数「日」に次の値を指定することで、月初めと月末の日付を求めることができます。

- **1……指定年月の1日**
- **0……指定年月の前月の末日**

　後者では、日付には"0日"というのはないため、自動的に指定年月の"前月"の末日が算出されます。2つめの引数「月」の値をあらかじめ+1しておけば、"当月"の末日が導かれます。
　また月末については、大の月／小の月あるいはうるう年も考慮された日付が返されます。

■ プログラム例

Sub Sample189

```
Sub Sample189()

  Const cdtmDate1 As Date = #2/15/2023#
  Const cdtmDate2 As Date = #3/15/2023#
  Const cdtmDate3 As Date = #4/15/2023#

  '各日付の月初め
  Debug.Print DateSerial(Year(cdtmDate1), Month(cdtmDate1), 1) - 2023/02/01
  Debug.Print DateSerial(Year(cdtmDate2), Month(cdtmDate2), 1) - 2023/03/01
  Debug.Print DateSerial(Year(cdtmDate3), Month(cdtmDate3), 1) - 2023/04/01

  '各日付の末日
  Debug.Print DateSerial(Year(cdtmDate1), Month(cdtmDate1) + 1, 0) - 2023/02/28
  Debug.Print DateSerial(Year(cdtmDate2), Month(cdtmDate2) + 1, 0) - 2023/03/31
  Debug.Print DateSerial(Year(cdtmDate3), Month(cdtmDate3) + 1, 0) - 2023/04/30

End Sub
```

■ 補足

月初めについては、「Format」関数の書式の日にちを"01"に固定することでも求められます。

```
例：Format(cdtmDate1, "yyyy/mm/01") → 2023/02/01
```

190 その年がうるう年か調べたい

ポイント　DateDiff関数

うるう年とは、2月29日があり、1年366日となる年のことです。後者を判断基準とした場合、1/1～12/31との日数差が365なら平年、そうでなければうるう年と判定することができます。

日数差を求めるには「DateDiff」関数を使います。1つめの引数に「"d"」を、2つめ以降にその年の1/1と12/31を指定します。

ただし、差ですので、正確には1/1はその数に含まれず、平年の場合は364となります。よって、プログラムで比較する際はそれに+1した値と365を比較します。

■ プログラム例　　Sub Sample190

```
Sub Sample190()

  Dim intYear As Integer
  Dim dtmFirst As Date
  Dim dtmLast As Date

  For intYear = 2023 To 2033
    dtmFirst = DateSerial(intYear, 1, 1)
    dtmLast = DateSerial(intYear, 12, 31)
    If DateDiff("d", dtmFirst, dtmLast) + 1 = 365 Then
      Debug.Print intYear & "年は平年です"
    Else
      Debug.Print intYear & "年はうるう年です"
    End If
  Next intYear

End Sub
```

■ 補足

1/1と12/31の差ではなく、「DatePart」関数を使って12/31の"年間通算日"で判定する方法もあります（196「1月1日からの経過日数を求めたい」を参照）。

```
例：DatePart("y", DateSerial(2023, 12, 31)) → 365
```

191 次の指定曜日の日付を調べたい

ポイント　Weekday関数、DateAdd関数

ある日付からみた次の日曜日や次の水曜日といった日付を調べるには、「Weekday」関数で返されるある日付の曜日の番号と、調べたい次の曜日の番号とを使って計算を行います。

※ "曜日の番号"とは、日曜を1、月曜を2とする連番です（「177 日付からその曜日を調べたい」の表を参照）。

プログラム例では、次のような手順でその計算を行います。

- **① 指定日付の曜日番号をWeekday関数で取得する**
- **② 調べたい次の曜日番号（組み込み定数で指定）から①の値を引いてその差を求める**
- **③ もしその差が0以下であれば+7して補正する（そうでなければ②の値をそのまま使用）**
  - ※ 指定日付が日曜日で次の水曜日を計算する場合、曜日番号はそれぞれ「1」「4」、差は「3」となります。しかし翌週に跨ぐ場合、たとえば金曜日からみた次の月曜日では「6」「1」で、差は「-5」となり、計算上過去の日付になってしまいます。そこで、差が0以下なら+7することで先の日付になるようにします。
- **④ 最後に、指定日付に③で求められた分の日数をDateAdd関数で加算、それを答えとする**

■ プログラム例

Sub Sample191

```
Sub Sample191()

  Dim intDiffDay As Integer
  Const cdtmDate As Date = #3/1/2023# ――― 2023/3/1 水曜日

  '次の月曜日 (vbMonday)                    月曜日と指定日付の曜日との曜日番号の差を計算
  intDiffDay = vbMonday - Weekday(cdtmDate) ―┘
  If intDiffDay <= 0 Then intDiffDay = intDiffDay + 7 ―― 0以下なら+7して補正
  Debug.Print DateAdd("d", cdtmDate, intDiffDay) ― 曜日番号の差を指定日付に加算

  '次の土曜日 (vbSaturday)
  intDiffDay = vbSaturday - Weekday(cdtmDate)
  If intDiffDay <= 0 Then intDiffDay = intDiffDay + 7
  Debug.Print DateAdd("d", cdtmDate, intDiffDay)

End Sub
```

192 日付を年度の形式に変換したい

ポイント　Year関数、Month関数

一般的な年度は4月に始まり翌年の3月で終わります。そのため、日付から「Year」関数で年を取り出すと、4～12月に対して1～3月は1大きい値となってしまい、年度としては使えません。

そこで次のプログラム例では、「Month」関数で月を取り出し、それが4～12月か1～3月かで処理分岐し、IIf関数によって1～3月なら-1することで年度の形式に補正しています。

■ プログラム例　　Sub Sample192

```
Sub Sample192()

  Dim dtmDate As Date
  Dim intNendo As Integer

  dtmDate = #3/31/2023#
  intNendo = Year(dtmDate) + IIf(Month(dtmDate) >= 4, 0, -1)
  Debug.Print dtmDate, intNendo & "年度" ―― 2022年度

  dtmDate = #4/1/2023#
  intNendo = Year(dtmDate) + IIf(Month(dtmDate) >= 4, 0, -1)
  Debug.Print dtmDate, intNendo & "年度" ―― 2023年度

  dtmDate = #1/1/2024#
  intNendo = Year(dtmDate) + IIf(Month(dtmDate) >= 4, 0, -1)
  Debug.Print dtmDate, intNendo & "年度" ―― 2023年度

End Sub
```

実行例

イミディエイト

```
2023/03/31    2022年度
2023/04/01    2023年度
2024/01/01    2023年度
```

193 誕生日から現在年齢を求めたい

ポイント | DateDiff関数

誕生日から今日現在の年齢を求めるには、「DateDiff」関数を使います。

"年"の差を求めることから、DateDiff関数の1つめの引数には「"yyyy"」を指定します。2つめと3つめにはその比較対象として誕生日と今日の日付を指定します。それによって両者の年数差が得られます。

しかしその場合、DateDiff関数の特性から、今日現在の年齢ではなく今年末での年齢となってしまいます。そこで、次のプログラム例のように、今年の誕生日の日付をDateSerial関数で求め、それと今日の日付を比較、もしまだ今年の誕生日になっていなければ-1します。

■ プログラム例

Sub Sample193

```
Sub Sample193()

  Dim dtmBirthDay As Date
  Dim intAge As Integer

  dtmBirthDay = #2/25/2000#

  '経過年数から今年末時点での年齢を算出
  intAge = DateDiff("yyyy", dtmBirthDay, Date)

  '今日が誕生日より前なら-1
  If Date < DateSerial(Year(Date), Month(dtmBirthDay), Day(dtmBirthDay))
Then
    intAge = intAge - 1
  End If

  Debug.Print intAge

End Sub
```

実行例

194 誕生日からの経過日数を求めたい

ポイント DateDiff関数

誕生日から今日現在までの経過日数を求めるには、「DateDiff」関数を使います。1つめの引数を「"d"」とすることで"日"の差を求めることを指定したうえで、2つめと3つめの引数にはその比較対象として誕生日と今日の日付を指定します。

なおその値は差ですので、生まれた当日は0、翌日が1となります。"何日目"という値ではありません。

■ プログラム例　Sub Sample194

```
Sub Sample194()

  Dim dtmBirthDay As Date

  dtmBirthDay = #2/25/2000#
  Debug.Print DateDiff("d", dtmBirthDay, Date) & "日"

  dtmBirthDay = #1/1/2023#
  Debug.Print DateDiff("d", dtmBirthDay, Date) & "日"

End Sub
```

実行例

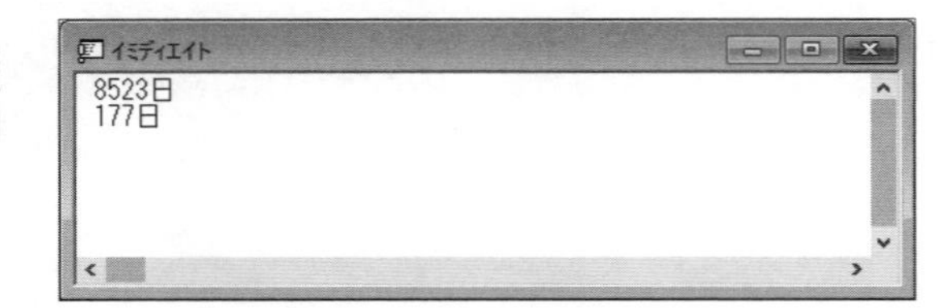

195 n日締めの翌月末払の日付を求めたい

ポイント　Day関数、DateSerial関数

ある品物の購入とその代金の支払において、「20日締めの翌月末払」や「25日締めの翌々月末払」といったことがあります。そのような支払日の計算では、「Day」関数と「DateSerial」関数を利用します。

プログラム例では次のような処理を行っています。

- **① まず変数dtmDateに計算の基準日（たとえば商品の購入日など）を、またintAbndlDayに締日を代入する**
- **② 次に、Day関数で基準日の「日」の部分を取り出して、締日と大小比較を行い、それが締日以前なら「1」、そうでないときは「2」をIIf関数でintAddMonthに代入する**

  ※ ここで「1」は基準日の月 +1 つまり翌月が支払月であり、「2」は +2 で翌々月が支払月であることを表しています。締日が 25 日の場合、基準日が「24 日なら " その月 " の 25 日締めで " 翌月 " 末払」、「26 日なら " 次の月 " の 25 日締めで " 翌々月 " 末払」という計算を行います。
- **③ 最後に、DateSerial関数の3つの引数に「基準日の年」、「基準日の月+intAddMonthの値+1」、「0日」を指定することで、支払日の月末日として翌月末日（または翌々月末日）を求める**

  ※ たとえば DateSerial(2023, 4, 0) は 2023/3/31 を返します。このことから 2 つめの引数には最後に +1 した値を与えています。

■ プログラム例

Sub Sample195

```
Sub Sample195()

  Dim dtmDate As Date ―― 基準日
  Dim intAbndlDay ―――― 締め日
  Dim intAddMonth As Integer

  dtmDate = #2/24/2023#
  intAbndlDay = 25                     締日以前のときは翌月、あとのときは翌々月
  intAddMonth = IIf(Day(dtmDate) <= intAbndlDay, 1, 2) ―┘
  Debug.Print DateSerial(Year(dtmDate), Month(dtmDate) + intAddMonth +
1, 0) ―― 2023/03/31

  dtmDate = #2/26/2023#
  intAbndlDay = 15
  intAddMonth = IIf(Day(dtmDate) <= intAbndlDay, 1, 2)
  Debug.Print DateSerial(Year(dtmDate), Month(dtmDate) + intAddMonth +
1, 0) ―― 2023/04/30

End Sub
```

196 1月1日からの経過日数を求めたい

ポイント	DatePart関数
構文	DatePart(時間単位の文字列式, 日付/時刻)

「DatePart」関数は、2つめの引数に指定された日付/時刻の値の中から、1つめの引数で指定された単位の部分だけを取り出す関数です。Year関数やHour関数などと同じ動作をします。

ある日付がその年の1月1日から何日経過しているか（通年での日数）を求めるには、この関数の1つめの引数に「"y"」を指定して呼び出します。

■ 時間単位の文字列式の例

単位文字列式	返り値	単位文字列式	返り値
yyyy	年	ww	週
q	四半期	h	時
m	月	n	分
y	通年での日数	s	秒
d	日		

■ プログラム例

Sub Sample196

```
Sub Sample196()

  Dim dtmDate As Date

  dtmDate = #1/31/2023#
  Debug.Print DatePart("y", dtmDate) ―― 31

  dtmDate = #12/31/2023#
  Debug.Print DatePart("y", dtmDate) ―― 365

End Sub
```

■ 補足

「DateDiff」関数を使って1月1日との差を求めることでも算出できます。

```
例：DateDiff("d", #1/1/2023#, dtmDate) + 1
```

※ 差のため +1 が必要です。

197 午前0時からの経過時間を求めたい

ポイント	Timer関数
構文	Timer()

その日の午前0時からの経過時間（小数を含む秒数）は「Timer」関数で求めることができます。引数はありません。また引数用のカッコは省略することができます。

経過時間として「分」や「時間」単位の取得はこの関数単独ではできません。DateDiff関数で00:00:00と現在時刻を比較して取得する必要があります。次のプログラム例では、Timer関数で取得した値を60で割り算する方法でそれらを求める例も示しています。

返り値は秒数ですので、それを1日の総秒数で割ってCDate関数でDate型に変換すると、現在時刻が求まります（プログラム例の最後）。

この関数はその値の取得自体を目的とするよりも、プログラムの複数箇所で使うことでその間の経過時間を求めたい、時々刻々変化する値を利用したいといった場面でよく使われます。

■ **プログラム例**

Sub Sample197

```
Sub Sample197()

  Debug.Print Timer() ――――――――――――― 経過秒数

  Debug.Print Timer() / 60 ――――――――― 経過分数

  Debug.Print Timer() / 60 / 60 ――――― 経過時間数

  Debug.Print CDate(Timer() / 24 / 60 / 60) ―― 現在時刻

End Sub
```

実行例

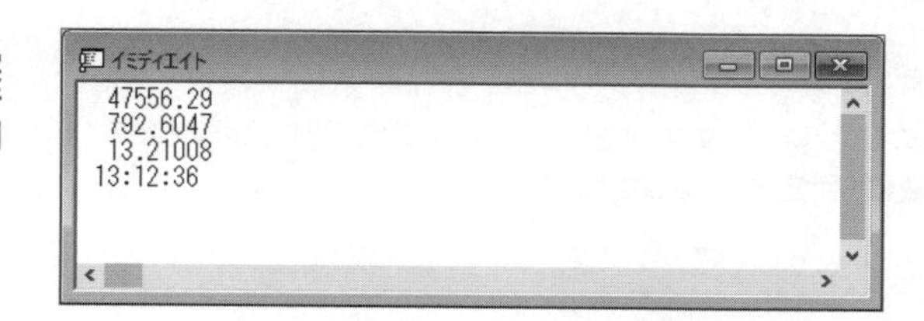

198 データが日付/時刻型か確認したい

ポイント	IsDate 関数
構文	IsDate(文字列または日付/時刻)

固定の文字列や変数の値が日付/時刻型かどうか確認するには、「IsDate」関数を使います。引数に検証したい値を指定することで、それが日付/時刻型であればTrue、そうでなければFalseが返されます。

正確にはデータ型を検証するのではなく、引数の値が正しい日付や時刻の形式を満たしているか、日付/時刻型のデータとなり得るかどうかを検証します。したがって、アルファベットや使えない記号を含んでいる、必要な記号がないなど、日時を表すフォーマットと異なっている場合や、4月31日や13月など、日付に実在しない値もFalseとなります。

■ **プログラム例** Sub Sample198

```
Sub Sample198()

  Debug.Print IsDate("2023/4/1") ——— True
  Debug.Print IsDate("20230401") ——— False (/なし)
  Debug.Print IsDate("2023/4/31") ——— False (4/31はない)
  Debug.Print IsDate("2023/13/1") ——— False (13月はない)
  Debug.Print IsDate("2023" & "/" & 3 + 1 & "/" & "1") ——— True

  Debug.Print IsDate("12:31:45") ——— True
  Debug.Print IsDate("123145") ——— False (:なし)
  Debug.Print IsDate("12:31:61") ——— False (61秒はない)
  Debug.Print IsDate("25:00:00") ——— False (25時はなし)

End Sub
```

■ **補足**

プログラム例ではすべて引数の日付/時刻を文字列で指定していますが、「IsDate(#2023/4/1#)」のような固定値や、Date型の変数を指定することもできます。

199 日付をフォーマットして文字列に変換したい

ポイント	Format関数
構文	Format(日付/時刻, 書式)

「Format」関数を使うことで、1つめの引数に指定した日付/時刻の値を、2つめの引数で指定した書式の文字列に変換することができます。

書式には、例として次のような記号と任意の文字("年"など)を組み合わせた文字列を指定できます。

書式の記号	内容	例
yyyy	西暦年4桁	2023
yy	西暦年の下2桁	23
m	1桁または2桁の月	2
mm	前に0を付けた2桁の月	02
mmm	月の省略名	Feb
d	1桁または2桁の日	8
dd	前に0を付けた2桁の日	08
aaa	曜日の省略名	月
h	1桁または2桁の時	9
hh	前に0を付けた2桁の時	09
n	1桁または2桁の分	1
nn	前に0を付けた2桁の分	01
s	1桁または2桁の秒	4
ss	前に0を付けた2桁の秒	04
AM/PM	AMまたはPM	PM

■ プログラム例

Sub Sample199

```
Sub Sample199()

  Const cdtmDate As Date = #3/1/2023#
  Const cdtmTime As Date = #3:08:03 PM#

  Debug.Print Format(cdtmDate, "yyyy/mm/dd") ———— 2023/03/01
  Debug.Print Format(cdtmDate, "yy/m/d") ———— 23/3/1
  Debug.Print Format(cdtmDate, "yyyy年m月d日") ———— 2023年3月1日
  Debug.Print Format(cdtmDate, "yy年m月d日(aaa)") —— 23年3月1日(水)

  Debug.Print Format(cdtmTime, "hh:nn:ss") ———— 15:08:03
  Debug.Print Format(cdtmTime, "hh:n:s") ———— 15:8:3
  Debug.Print Format(cdtmTime, "AM/PM h:nn:ss") —— PM 3:08:03

End Sub
```

200 日付を和暦表示したい

ポイント	Format関数
構文	Format(日付/時刻, 書式)

日付を和暦で表示するには、「Format」関数を使います。1つめの引数に日付を、2つめの引数には下表のような記号を含む書式を文字列で指定します。

書式の記号	内容	例
e	和暦の年（前に0を付けない）	5
ee	前に0を付けた2桁の和暦の年	05
g	年号のアルファベットの頭文字	R
gg	年号の漢字1文字	令
ggg	年号の漢字2文字	令和

■ プログラム例　Sub Sample200

```
Sub Sample200()

  Const cdtmDate As Date = #3/1/2023#

  Debug.Print Format(cdtmDate, "e/mm/dd") ———— 5/03/01
  Debug.Print Format(cdtmDate, "ee/mm/dd") ———— 05/03/01
  Debug.Print Format(cdtmDate, "gee/mm/dd") ———— R05/03/01
  Debug.Print Format(cdtmDate, "gge/m/d") ———— 令5/3/1
  Debug.Print Format(cdtmDate, "ggge年m月d日") ———— 令和5年3月1日
  Debug.Print Format(cdtmDate, "gggee年mm月dd日") ———— 令和05年03月01日

End Sub
```

実行例

201 整数値を日付値に変換したい

ポイント	CDate関数
構文	CDate(値)

Date型で表わされる日付のデータは、内部的には1899年12月31日を1とした経過日数の整数値です。Date型の変数や定数の値をLong型に変換するとその経過日数の値になります。

逆に、そのような整数値を日付の値に変換するには「CDate」関数を使います。

次のプログラム例では、まず2023/03/01をCLng関数でLong型に変換しています。得られた値を今度はCDate関数の引数にして日付に変換していますが、元の2023/03/01になっていることが確認できます。

また3つめでは、CDate関数は使わず、Date型の変数に単純に整数を代入することでも自動的に日付に変換されることを例示しています。

■ プログラム例

Sub Sample201

```
Sub Sample201()

  Dim dtmDate As Date

  Debug.Print CLng(#3/1/2023#) ——— 44986

  Debug.Print CDate(44986) ——— 2023/03/01

  dtmDate = 44986
  Debug.Print dtmDate ——— 2023/03/01

End Sub
```

実行例

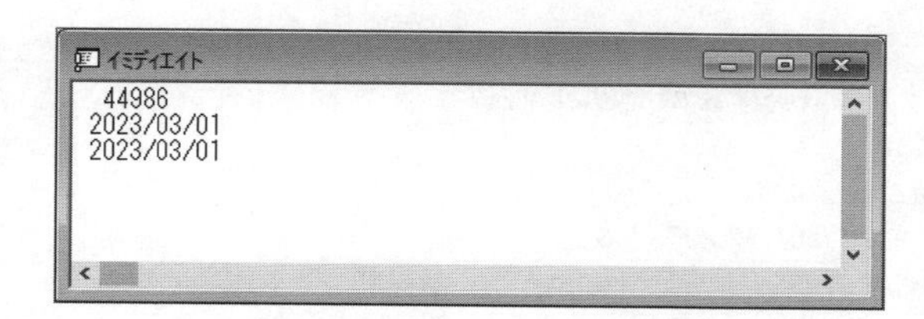

202 日付をSQL文に埋め込む形式にしたい

ポイント　#記号

クエリのSQL文、あるいはVBAのプログラムからSQL文を発行する際、固定値として日付を指定する場合はその前後を「#」で囲みます。たとえば2023年3月1日をSQL文内で指定するには、「2023/3/1」ではなく、「#2023/3/1#」のような形式で記述します。

次のプログラム例では、「#」がないため正しく動作しないSQL文と、「#」が付いて正しく動作するSQL文をイミディエイトウィンドウに出力しています。このプログラム自体でエラーが発生するわけではありません。出力されたSQL文をクエリのSQLビューにコピー＆ペーストして、その是非を確認してみてください。

※「SQL」については「Chapter 13 SQL」を参照

■ プログラム例　　Sub Sample202

```
Sub Sample202()

  Dim strSQL As String
  Dim dtmDate1 As Date, dtmDate2 As Date

  '正しく動作しないSQL文
  strSQL = "SELECT * FROM tbl購入履歴 " & _
           "WHERE 日付 BETWEEN 2023/3/1 AND 2023/3/31"
  Debug.Print strSQL

  '正しく動作するSQL文
  strSQL = "SELECT * FROM tbl購入履歴 " & _
           "WHERE 日付 BETWEEN #2023/3/1# AND #2023/3/31#"
  Debug.Print strSQL

  '正しく動作するSQL文 ——— Date型変数でも前後に#が必要
  dtmDate1 = #3/1/2023#
  dtmDate2 = #3/31/2023#
  strSQL = "SELECT * FROM tbl購入履歴 " & _
           "WHERE 日付 BETWEEN #" & dtmDate1 & "# AND #" & dtmDate2 &
"#"
  Debug.Print strSQL

End Sub
```

203 一定時間経過するまで処理を待ちたい

ポイント　Timer関数

「Timer」関数はその日の午前0時からの経過時間を返す関数です。よってその返り値は処理を実行するたびに増えていきます。それを利用することで、一定時間経過するまで次の処理を実行待ちさせることができます。

※ Timer 関数の返り値は日を跨ぐとリセットされるため、そのようなケースでは使えません。

それには、まず開始時点のTimer値を変数（プログラム例ではsngStartTimer）に保存します。そしてループで次々とTimer関数を実行、その値と最初に保存した値との差をチェックし、それが一定の値（待ち時間）を超えたらループを抜けます。プログラム例では、ループの終了条件を「Timer >= sngStartTimer + 5」とすることで5秒の待機を行っています。

■ プログラム例

Sub Sample203

```
Sub Sample203()

  Dim sngStartTimer As Single

  '現在のTimer値を保存
  sngStartTimer = Timer()

  Debug.Print Time() ――――――――――――― 開始時刻
  'Timer値をチェックするループ
  Do
    DoEvents
  Loop Until Timer >= sngStartTimer + 5 ――― 開始から5秒で待機終了
  Debug.Print Time() ――――――――――――― 終了時刻

End Sub
```

■ 補足

ループ内で使われている「DoEvents」関数は、制御を一時的にWindowsに渡すものです。仮にフォームで"中止ボタンが押されたらループを抜けたい"という場合、これがないとボタンのクリックを検出できません。ただしこれ自体が処理時間を要します。回数の多いループでは全体の処理時間を余分に増やしてしまいますので、状況に応じて使います。

COLUMN ▸▸ VBAとVB.NET

VBAを勉強中の方であれば「VB.NET」という言葉を目にした方も多いと思います。共通するのは"VB"です。古くは「Microsoft Basic」というプログラミング言語を起源として「VB（Visual Basic）」が生まれ、それをAccess／Excel／Word／OutlookといったOfficeアプリケーションに適用したものが「VBA」であり、一方、より広範な開発向けにオブジェクト指向の言語に発展させたものが「VB.NET」です。

ではオブジェクト指向とは何なのでしょうか。詳しい話は専門書に譲るとして、簡単にプログラムの違いを見てみましょう（ほんの一例です）。ここでは文字列型の変数Aに代入されている値の、先頭5文字、bを*に置換した結果、前後の空白を除去した結果をメッセージボックスで表示しています。

● VBA：

```
B = Left(A, 5)
C = Replace(A, "b", "*")
D = Trim(A)
MsgBox B & " : " & C & " : " & D
```

● VB.NET：

```
B = A.Substring(0, 5)
C = A.Replace("b", "*")
D = A.Trim
MessageBox.Show(B + " : " + C + " : " + D)
```

大きな違いは、VBAではLeftやReplace、Trimといった"関数"にAを引数として渡すことで、先頭文字を取り出したり、置換や空白除去したりしているのに対して、VBA.NETでは変数AのSubstringやReplace、Trimといった"メソッド"として取り出しや変換などを行っている点です。つまりAという文字列型変数自体が1つのオブジェクトであり、そこに代入されている値を処理するためのさまざまなメソッドやプロパティを持っているのです。

またメッセージボックスもVBAでは関数であるのに対して、VB.NETではMessageBoxクラスのShowというメソッドになっています。

しかし、"VBAにもRecordsetやDoCmdなどのオブジェクトがあるではないか"と思われるかもしれません。そう、ある意味ではVBAもオブジェクト指向なのです。ただVB.NETに比べると、完全なオブジェクト指向言語と言えるほどの機能は持っていないということなのです。Access VBAでは、Recordsetオブジェクトを生成し、OpenRecordsetメソッドを実行したりEOFプロパティを取得したりといったことができます。確かにそれらはオブジェクトを操作しているのですが、関数を使わざるを得ないケースが多々あったり、オブジェクト指向言語特有の機能をまったく持っていなかったりします。

しかしながら、基本文法や関数、プロパティ／メソッド／イベントなどの考え方など、共通するところも多くありますので、機会があればVB.NETにもチャレンジしてみてはいかがでしょうか。

テーブル・クエリ操作

Chapter 6

204 テーブルやクエリを データシートビューで開きたい

ポイント	OpenTableメソッド、OpenQueryメソッド
構文	DoCmd.OpenTable テーブル名, [acViewNormal] DoCmd.OpenQuery クエリ名, [acViewNormal]

テーブルを開くにはDoCmdオブジェクトの「OpenTable」メソッドを、クエリを開くには「OpenQuery」メソッドを使います。

1つめの引数にテーブル名やクエリ名を指定します。またここでの"開く"とは、"データシートビュー"を表示することです。その場合、2つめの引数の組み込み定数acViewNormalは省略可能です。

※ データシートビューで開けるクエリは、選択クエリやクロス集計クエリなど、データを返すクエリのみです。追加クエリなどの"アクションクエリ"はデータシートビューで開くことはできません。OpenQuery メソッドで開くとそのクエリが"実行"されることになります（「225 アクションクエリを実行したい」を参照）。

■ **プログラム例**　Sub Sample204

```
Sub Sample204()

  'テーブルを開く
  DoCmd.OpenTable "mtbl顧客マスタ"

  'テーブルをビューを指定して開く
  DoCmd.OpenTable "mtbl商品マスタ", acViewNormal

  'クエリを開く
  DoCmd.OpenQuery "qsel商品マスタ"

End Sub
```

実行例

mtbl顧客マスタ × | mtbl商品マスタ × | qsel商品マスタ ×

商品コード	商品名	単価	消費税率
4901991020977	トンボ 丸つけ用赤えんぴつ 12本入り	¥698	10.00%
4901991021516	トンボ 丸つけ用赤青えんぴつ 12本入り	¥698	10.00%
4901991022254	トンボ ippo! かきかたえんぴつ プレーン Blue B	¥598	10.00%
4901991022261	トンボ ippo! かきかたえんぴつ プレーン Blue 2B	¥598	10.00%
4901991022292	トンボ ippo! かきかたえんぴつ プレーン Pink B	¥598	10.00%
4901991022308	トンボ ippo! かきかたえんぴつ プレーン Pink 2B	¥598	10.00%
4901991056372	トンボ 丸つけ用赤えんぴつ 六角軸 2本入	¥118	10.00%
4944121534029	くもん こどもえんぴつ 4B	¥498	10.00%
4944121534036	くもん こどもえんぴつ 2B	¥498	10.00%

205 テーブルやクエリをデザインビューで開きたい

ポイント	OpenTableメソッド、OpenQueryメソッド
構文	DoCmd.OpenTable テーブル名, acViewDesign DoCmd.OpenQuery クエリ名, acViewDesign

テーブルやクエリのデザインビューをVBAのプログラムから開くには、DoCmdオブジェクトの「OpenTable」メソッド、「OpenQuery」メソッドの2つめの引数に組み込み定数「acViewDesign」を指定します。

■ プログラム例

Sub Sample205

```
Sub Sample205()

  'テーブルをデザインビューで開く
  DoCmd.OpenTable "mtbl顧客マスタ", acViewDesign

  'クエリをデザインビューで開く
  DoCmd.OpenQuery "qsel商品マスタ", acViewDesign

End Sub
```

実行例

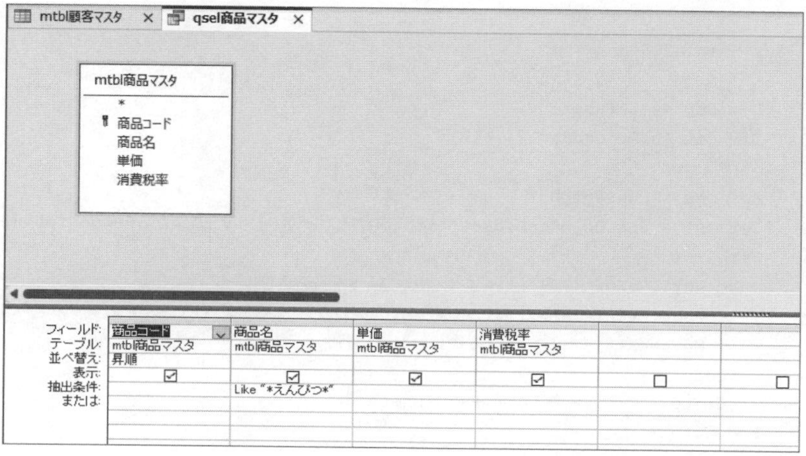

mtbl顧客マスタ　qsel商品マスタ

mtbl商品マスタ
*
商品コード
商品名
単価
消費税率

フィールド:	商品コード	商品名	単価	消費税率		
テーブル:	mtbl商品マスタ	mtbl商品マスタ	mtbl商品マスタ	mtbl商品マスタ		
並べ替え:	昇順					
表示:	☑	☑	☑	☑	☐	☐
抽出条件:		Like "*えんぴつ*"				
または:						

206 テーブルやクエリからレコードを読み込みたい

ポイント	Databaseオブジェクト、OpenRecordsetメソッド、CurrentDbメソッド
構文	Database.OpenRecordset(テーブル/クエリ名)

テーブルやクエリから1件ごとのレコードを読み込むには、「Database」オブジェクトの「OpenRecordset」メソッドを使います。次のように記述します。

- ① **まずデータベースを開きます。自分自身のデータベースを開く場合は「CurrentDb」メソッドを実行してDatabaseオブジェクト変数に代入します。**
  ※ 正式には「Application.CurrentDb」と書きますが、「Application.」は省略できます。
- ② **続いて、DatabaseオブジェクトのOpenRecordsetメソッドの引数にテーブル名や選択クエリ名を指定して実行します。テーブルやクエリのレコードセットが開きますので、それをそのあとの利用のために「Recordset」オブジェクト変数に代入します。**
  ※ レコードセットとは読み込んだレコードの全体を保持するオブジェクトです。
- ③ **レコードセットを開いた直後は先頭レコードが読み込まれた状態にあります。「Recordset!フィールド名」の構文ですぐにその各フィールドのデータを取得することができます。**
- ④ **RecordsetのMoveNextメソッドを実行することで次のレコードへカレントレコードが進みます。あとはそれをループで繰り返し、最終レコードまで（RecordsetのEOFプロパティがTrueになるまで）読み込むことで、すべてのレコードのデータを取得することができます。**

■ プログラム例　　Sub Sample206

```
Sub Sample206()

  Dim dbs As Database
  Dim rst As Recordset

  Set dbs = CurrentDb ――― データベースを開く
  Set rst = dbs.OpenRecordset("mtbl顧客マスタ") ―― テーブルからRecordsetを開く
  With rst
    Do Until .EOF ――― すべてのレコードを読み込むループ
      Debug.Print !顧客コード, !顧客名, !フリガナ ― 顧客コードと顧客名とフリガナを出力
      .MoveNext ――― 次のレコードへ移動
    Loop
    .Close ――― Recordsetを閉じる
  End With

End Sub
```

207 読み込んだレコードを移動したい

ポイント	MoveFirst／MovePrevious／MoveNext／MoveLastメソッド
構文	Recordset.MoveFirst、Recordset.MovePrevious、Recordset.MoveNext、Recordset.MoveLast

Recordsetオブジェクトとしてテーブルやクエリから読み込んだレコードは、次のメソッドを使うことでカレントレコードを移動することができます。なお、Recordsetを開いた直後は先頭レコードがカレントレコードの状態になっています（レコードが1件以上ある場合）。

- **MoveFirst**……………**先頭レコードへ移動**
- **MovePrevious**……**1つ前のレコードへ移動**
- **MoveNext**……………**1つ次のレコードへ移動**
- **MoveLast**……………**最終レコードへ移動**

■ **プログラム例**

Sub Sample207

```
Sub Sample207()

  Dim dbs As Database
  Dim rst As Recordset

  Set dbs = CurrentDb
  Set rst = dbs.OpenRecordset("mtbl顧客マスタ")
  With rst
    Debug.Print !顧客名 ——— 先頭レコードの顧客コードと顧客名を出力
    .MoveNext ——————— 1つ次のレコードへ移動
    Debug.Print !顧客名
    .MovePrevious ——————— 1つ前のレコードへ移動
    Debug.Print !顧客名
    .MoveLast ——————— 最終レコードへ移動
    Debug.Print !顧客名
    .MoveFirst ——————— 先頭レコードへ移動
    Debug.Print !顧客名
    .Close
  End With

End Sub
```

208 レコードにブックマークを付けたい

ポイント	Bookmarkプロパティ
構文	Recordset.Bookmark

レコードセット内の任意のレコードにブックマークを付けることができます。それによってあとから簡単にそのレコードへジャンプさせることができます。

ブックマークを付けるには、そのレコードに移動したあと、Recordsetオブジェクトの「Bookmark」プロパティの値を取得して変数に保存します。ブックマークの付いたレコードへ移動するには、逆にBookmarkプロパティにその変数の値を代入します。

次のプログラム例では、まず最終レコードに移動してそこにブックマークを付けています。次に先頭レコードに移動、さらにブックマークの付いた最終レコードに移動してその内容を出力することで、レコード移動の流れを確認できます。

■ **プログラム例**　　Sub Sample208

```
Sub Sample208()

  Dim dbs As Database
  Dim rst As Recordset
  Dim varBookMark As Variant

  Set dbs = CurrentDb
  Set rst = dbs.OpenRecordset("mtbl顧客マスタ")
  With rst
    .MoveLast ———————————— 最終レコードへ移動
    Debug.Print !顧客名
    varBookMark = .Bookmark —— ブックマークを付ける
    .MoveFirst ——————————— 先頭レコードへ移動
    Debug.Print !顧客名
    .Bookmark = varBookMark —— ブックマークへ移動
    Debug.Print !顧客名 ————— 最終レコードが出力される
    .Close
  End With

End Sub
```

209 テーブルにレコードを追加したい

ポイント	AddNewメソッド、Updateメソッド
構文	Recordset.AddNew、Recordset.Update

レコードセットとして開いたテーブルに新規のレコードを追加するには、Recordsetオブジェクトの「AddNew」メソッドと「Update」メソッドを使います。次のように記述します。

- **① まずAddNewメソッドを実行し、これから新規レコードを追加することを宣言します。**
- **② 次に、「Recordset!フィールド名 = ○○○」のようなコードで、それぞれのフィールドに追加したいデータを代入します。**
- **③ 最後にUpdateメソッドを実行することで、各フィールドに代入されたデータを実際のテーブルに書き込んで保存します。**

■ **プログラム例**

Sub Sample209

```
Sub Sample209()

  Dim dbs As Database
  Dim rst As Recordset

  Set dbs = CurrentDb
  Set rst = dbs.OpenRecordset("mtbl顧客マスタ")
  With rst
    .AddNew ——— レコード追加の開始
      !顧客名 = "市谷 太郎"
      !フリガナ = "イチガヤ タロウ"
      !性別 = "男"
      !生年月日 = #5/1/2013#
    .Update ——— 追加したデータを保存
    .Close
  End With

End Sub
```

210 テーブルのレコードを更新したい

ポイント	Editメソッド、Updateメソッド
構文	Recordset.Edit、Recordset.Update

レコードセットとして開いたテーブルの既存レコードを更新するには、Recordsetオブジェクトの「Edit」メソッドと「Update」メソッドを使います。次のように記述します。

- ① まず、更新したいレコードへ移動します（プログラム例では最終レコードへ移動）。
- ② Editメソッドを実行し、これから既存レコードを更新することを宣言します。
- ③ 次に、「Recordset!フィールド名 = ○○○」のようなコードで、それぞれのフィールドに更新データを代入します。
- ④ 最後にUpdateメソッドを実行することで、各フィールドに代入された変更後のデータを実際のテーブルに書き込んで保存します。

※ 更新した直後、カレントレコードはそのままそこに保持されています。

■ **プログラム例**

Sub Sample210

```
Sub Sample210()

  Dim dbs As Database
  Dim rst As Recordset

  Set dbs = CurrentDb
  Set rst = dbs.OpenRecordset("mtbl顧客マスタ")
  With rst
    .MoveLast ——————————————————— 最終レコードへ移動
    Debug.Print !顧客名, !フリガナ, !郵便番号, !住所1 —— 更新前のデータ
    .Edit ——————————————————————— レコード更新の開始
      !顧客名 = "市谷 次郎"
      !フリガナ = "イチガヤ ジロウ"
      !郵便番号 = "162-0846"
      !住所1 = "東京都新宿区市谷左内町"
    .Update ————————————————————— 変更したデータを保存
    Debug.Print !顧客名, !フリガナ, !郵便番号, !住所1 —— 更新後のデータ
    .Close
  End With

End Sub
```

211 テーブルからレコードを削除したい

ポイント	Deleteメソッド
構文	Recordset.Delete

レコードセットとして開いたテーブルの既存レコードを削除するには、Recordsetオブジェクトの「Delete」メソッドを使います。次のように記述します。

- **① まず、削除したいレコードへ移動します（プログラム例では最終レコードへ移動）。**
- **② Deleteメソッドを実行します。これによって直ちにテーブルからレコードが削除されます。**

プログラム例ではそのレコードの顧客名を確認し、所定の値である場合のみ削除しています。

Deleteメソッド実行直後に顧客名等のデータを参照しようとすると、すでに削除されているためエラーになります。テーブルのデータシートビューにおいて手動でレコード削除したときとは違い、次のレコードに移動するわけではありません。

■ **プログラム例**

Sub Sample211

```
Sub Sample211()

  Dim dbs As Database
  Dim rst As Recordset

  Set dbs = CurrentDb
  Set rst = dbs.OpenRecordset("mtbl顧客マスタ")
  With rst
    .MoveLast ――――――――――――――――――― 最終レコードへ移動
    Debug.Print !顧客名, !フリガナ, !郵便番号, !住所1 ―― 削除前のデータ
    If !顧客名 = "市谷 太郎" Or !顧客名 = "市谷 次郎" Then
      .Delete ――――――――――――――――――― レコード削除
    End If
    .Close
  End With

End Sub
```

212 SQL文を使ってレコードを読み込みたい

ポイント	OpenRecordsetメソッド、SELECTステートメント
構文	Database.OpenRecordset(SQL文)

Databaseオブジェクトの「OpenRecordset」メソッドを使ってレコードセットを開く際、その引数にはテーブル名だけでなく、SQL文を指定することもできます。

次のプログラム例では、SQLのSELECTステートメント(※注)を使って、テーブル「mtbl顧客マスタ」の全レコード・全フィールドを読み込むSQL文を指定してレコードセットを開きます。

※ 注：SQL、SELECT ステートメントについては「Chapter 13 SQL」を参照してください。

■ プログラム例

Sub Sample212

```
Sub Sample212()

  Dim dbs As Database
  Dim rst As Recordset
  Dim strSQL As String

  Set dbs = CurrentDb

  'SQL文を組み立て
  strSQL = "SELECT * FROM mtbl顧客マスタ"

  Set rst = dbs.OpenRecordset(strSQL) ——— SQL文でRecordsetを開く
  With rst
    Do Until .EOF
      Debug.Print !顧客コード, !顧客名, !フリガナ
      .MoveNext
    Loop
    .Close
  End With

End Sub
```

213 テーブルから特定のフィールドだけ読み込みたい

ポイント	OpenRecordsetメソッド、SELECT句
構文	Database.OpenRecordset(SQL文)

「OpenRecordset」メソッドの引数に指定するSQL文において、「SELECT」句に特定のフィールド名をカンマで区切って列挙することで、それらのフィールドだけを読み込ませることができます。

全フィールドを読み込むには「SELECT *」(あるいは全フィールド名を列挙)としますが、「SELECT 顧客コード, 顧客名」とした場合には顧客コードと顧客名の2つのフィールドのみが読み込まれます。

そのため、次のプログラム例で「Debug.Print !フリガナ」とした場合には、フリガナフィールドは読み込まれていないためエラーとなります。

■ プログラム例

Sub Sample213

```
Sub Sample213()

  Dim dbs As Database
  Dim rst As Recordset
  Dim strSQL As String

  Set dbs = CurrentDb

  '読み込むフィールドを指定したSQL文を組み立て
  strSQL = "SELECT 顧客コード, 顧客名, 電話番号 FROM mtbl顧客マスタ"

  Set rst = dbs.OpenRecordset(strSQL)
  With rst
    Do Until .EOF
      Debug.Print !顧客コード, !顧客名, !電話番号
      .MoveNext
    Loop
    .Close
  End With

End Sub
```

214 条件に一致するレコードだけ読み込みたい

ポイント	OpenRecordsetメソッド、WHERE句
構文	Database.OpenRecordset(SQL文)

「OpenRecordset」メソッドの引数に指定するSQL文に「WHERE」句を指定すると、そこで指定された条件に一致するレコードだけが読み込まれます。

次のプログラム例では、「血液型 = 'A'」というWHERE句を指定しています。そのため、すべてのレコードの中から血液型フィールドの値が「A」であるレコードのみが読み込まれることになります。

■ **プログラム例**

Sub Sample214

```
Sub Sample214()

  Dim dbs As Database
  Dim rst As Recordset
  Dim strSQL As String

  Set dbs = CurrentDb

  '抽出条件を指定したSQL文を組み立て
  strSQL = "SELECT * FROM mtbl顧客マスタ WHERE 血液型 = 'A'"

  Set rst = dbs.OpenRecordset(strSQL)
  With rst
    Do Until .EOF
      Debug.Print !顧客コード, !顧客名, !血液型
      .MoveNext
    Loop
    .Close
  End With

End Sub
```

■ **補足**

SQL文の中に固定的な文字列を含めるには、シングルクォーテーションを使って「'A'」のように表記するか、ダブルクォーテーション2つを使って「""A""」のように表記します。

215 条件に一致するレコードを検索したい

ポイント	FindFirst／FindPrevious／FindNext／FindLastメソッド、NoMatchプロパティ
構文	Recordset.FindFirst｜FindPrevious｜FindNext｜FindLast 条件式

レコードセットの中から条件に一致するレコードを検索するには、Recordsetオブジェクトの次のメソッドを使い、その引数として検索条件式を指定します。

- **FindFirst**……………… **先頭レコードから検索**
- **FindPrevious**……… **1つ前のレコードから検索**
- **FindNext**……………… **1つ次のレコードから検索**
- **FindLast**……………… **最終レコードから検索**

※ OpenRecordsetメソッドにテーブル名を指定して開く場合、これらを実行するためには2つめの引数に「dbOpenDynaset」を指定する必要があります（クエリやSQL文指定では不要です）。

メソッド実行後は該当レコードへ移動します。見つからなかった場合はその直前のカレントレコード（FindFirstの場合は該当有無に関係なく先頭レコード）へ移動します。その判定は「NoMatch」プロパティを調べることで行えます。見つからなかったとき、その値はTrueになっています。

■ **プログラム例**

Sub Sample215

```
Sub Sample215()

  Dim dbs As Database
  Dim rst As Recordset

  Set dbs = CurrentDb                        テーブル名指定のためdbOpenDynasetが必要
  Set rst = dbs.OpenRecordset("mtbl顧客マスタ", dbOpenDynaset)
  With rst
    .FindFirst "血液型 = 'A'"
    Debug.Print !顧客コード, !顧客名, !血液型 ―― 最初の該当レコード
    .FindNext "血液型 = 'A'"
    Debug.Print !顧客コード, !顧客名, !血液型 ―― その次の該当レコード
    .FindFirst "血液型 = 'Z'" ―――――― 別条件で最初のレコードを検索
    If .NoMatch Then
      Debug.Print "該当レコードなし！"
    End If
    .Close
  End With

End Sub
```

Chap 6 テーブル・クエリ操作

216 読み込んだテーブルやクエリのレコード数を調べたい

ポイント	RecordCountプロパティ
構文	Recordset.RecordCount

テーブルやクエリから読み込んだレコードセットのレコード数を調べるには、Recordsetオブジェクトの「RecordCount」プロパティの値を参照します。

クエリの内容などによっては一度最終レコードまで移動しないとレコード数を正しくカウントできないことがあります。そのようなときはプログラム例の「.MoveLast」と「.MoveFirst」の部分のコメントを外した形で実行します。

■ **プログラム例**

Sub Sample216

```
Sub Sample216()

  Dim dbs As Database
  Dim rst As Recordset

  Set dbs = CurrentDb
  Set rst = dbs.OpenRecordset("mtbl顧客マスタ")
  With rst
    '.MoveLast
    '.MoveFirst
    Debug.Print .RecordCount & " 件のレコードがあります！"
    .Close
  End With
```

実行例

217 配列に全レコードをまとめて取り出したい

ポイント	GetRowsメソッド
構文	Recordset.GetRows(レコード数)

レコードセットを1件ずつループで移動しながらデータを読み込むのではなく、配列にまとめて全レコード・全フィールドのデータを格納することができます。それにはRecordsetオブジェクトの「GetRows」メソッドを使います。

引数にはレコードセットから読み込みたいレコード数を指定します。全レコードを読み込みたい場合には、あらかじめRecordsetのレコード数を取得し、その値を指定します。

次のプログラム例では、「mtbl顧客マスタ」の全レコードをVariant型の変数avarDataに代入します。そのあと、配列の2次元のインデックスのループで全データをイミディエイトウィンドウに出力します。

■ プログラム例

Sub Sample217

```
Sub Sample217()

  Dim dbs As Database, rst As Recordset
  Dim avarData As Variant ―――――――― 全データを格納する配列
  Dim intRow As Integer, intCol As Integer

  Set dbs = CurrentDb
  Set rst = dbs.OpenRecordset("mtbl顧客マスタ")
  With rst
    avarData = .GetRows(.RecordCount) ―― レコード数を指定して全データを配列に代入
    .Close
  End With

  Debug.Print avarData(0, 0) ―――――――― 1レコード目の1フィールド目を出力
  Debug.Print avarData(1, 0) ―――――――― 1レコード目の2フィールド目を出力
  Debug.Print avarData(2, 1) ―――――――― 2レコード目の3フィールド目を出力

  For intRow = 0 To UBound(avarData, 2) ――― レコード方向のループ
    For intCol = 0 To UBound(avarData, 1) ―― フィールド方向のループ
      Debug.Print avarData(intCol, intRow),
    Next intCol
    Debug.Print
  Next intRow

End Sub
```

218 テーブルから該当する1件目のデータを取り出したい

ポイント	DFirst関数
構文	DFirst(フィールド名, テーブル/クエリ名, [条件式])

「定義域集計関数」と呼ばれる"D"で始まる関数群の1つである「DFirst」関数を使うと、テーブルを検索して、該当する先頭1件目のデータを取り出すことができます。定義域集計関数では常に1つの値だけが返されます。引数の指定は次のとおりです。

- **1つめの引数には、取り出したいデータのフィールド名を指定します。**
  - **たとえばここに「顧客名」を指定した場合、該当する顧客名フィールドの値が1つ返されることになります。**
- **2つめの引数には、取り出し元であるテーブルや選択クエリ名を指定します。**
- **3つめの引数には、検索対象とするレコードの条件式を指定します。**
  - **SQL文のWHERE句に相当するもので、それに一致するレコードだけを検索し、見つかったその中の1件が返されます。これを省略した場合はすべてのレコードが検索対象になります。**

■ プログラム例

Sub Sample218

```
Sub Sample218()

  Debug.Print DFirst("商品コード", "mtbl商品マスタ")

  Debug.Print DFirst("顧客名", "mtbl顧客マスタ")

  Debug.Print DFirst("顧客名", "mtbl顧客マスタ", "血液型 = 'B'")

  Debug.Print DFirst("顧客名", "mtbl顧客マスタ", "血液型 = 'B' AND 性別 = '女
'")

End Sub
```

実行例

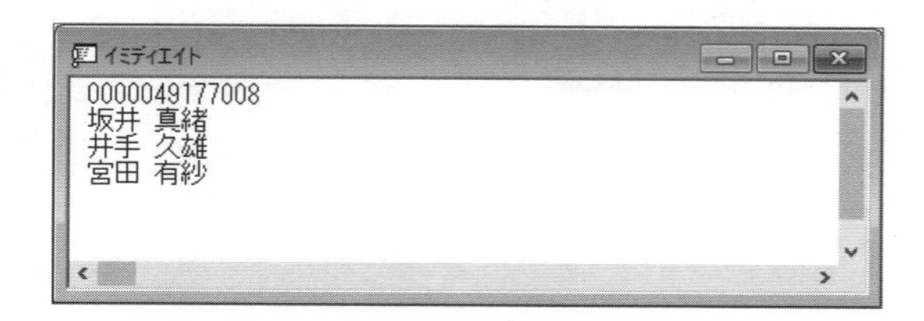

219 テーブルのレコード数を求めたい

ポイント	DCount関数
構文	DCount(フィールド名, テーブル/クエリ名, [条件式])

「定義域集計関数」の1つである「DCount」関数を使うと、テーブルやクエリ内の該当するレコード数を求めることができます。引数の指定は次のとおりです。

- **1つめの引数には「*」を指定します。**
  - **特定のフィールド名を指定してもかまいませんが、どのフィールドも件数は同じため結果は変わりません。**
- **2つめの引数には、集計元であるテーブルや選択クエリ名を指定します。**
- **3つめの引数には、レコード数のカウント対象とするレコードの条件式を指定します。**
  - **省略可能で、その場合はテーブルやクエリの全レコード数が返されます。**

■ **プログラム例**

Sub Sample219

```
Sub Sample219()
  Debug.Print DCount("*", "mtbl商品マスタ")
  Debug.Print DCount("*", "mtbl顧客マスタ")
  Debug.Print DCount("*", "mtbl顧客マスタ", "血液型 = 'B'")
  Debug.Print DCount("*", "mtbl顧客マスタ", "血液型 = 'B' AND 性別 = '女'")
End Sub
```

実行例

220 特定フィールドの最大値／最小値を求めたい

ポイント	DMax関数、DMin関数
構文	DMax<DMin>(フィールド名, テーブル/クエリ名, [条件式])

「定義域集計関数」の1つである「DMax」や「DMin」関数を使うと、指定したフィールドの最大値や最小値を求めることができます。引数の指定は次のとおりです。

- **1つめの引数には、求めたいデータの対象フィールド名を指定します。**
  - ▸ **ここには任意の型のフィールドを指定できますが、テキスト型の場合はテキストとして並べ替えたときの最大値／最小値が返されます。**
- **2つめの引数には、集計元であるテーブルや選択クエリ名を指定します。**
- **3つめの引数には、集計対象とするレコードの条件式を指定します。**
  - ▸ **省略可能で、その場合は全レコードの中の最大値／最小値が返されます。**

■ **プログラム例**

Sub Sample220

```
Sub Sample220()

  Debug.Print DMax("単価", "mtbl商品マスタ")
  Debug.Print DMin("単価", "mtbl商品マスタ")

  Debug.Print DMax("顧客コード", "mtbl顧客マスタ")
  Debug.Print DMin("顧客コード", "mtbl顧客マスタ")

  Debug.Print DMax("生年月日", "mtbl顧客マスタ")
  Debug.Print DMin("生年月日", "mtbl顧客マスタ")

  Debug.Print DMax("生年月日", "mtbl顧客マスタ", "性別 = '男'")
  Debug.Print DMin("生年月日", "mtbl顧客マスタ", "性別 = '男'")

End Sub
```

実行例

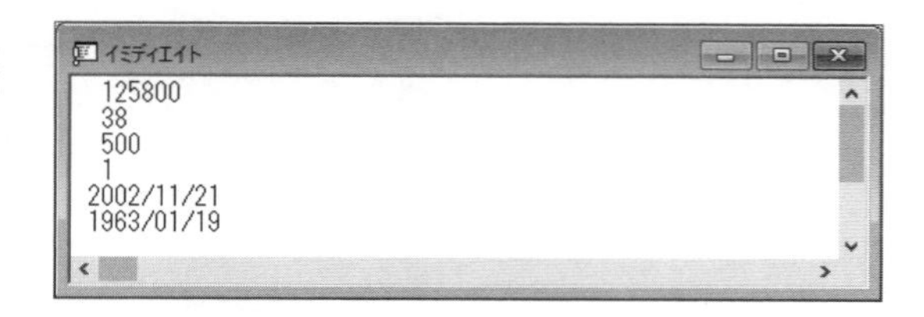

221 特定フィールドの合計値を求めたい

ポイント	DSum関数
構文	DSum(フィールド名, テーブル/クエリ名, [条件式])

「定義域集計関数」の1つである「DSum」関数を使うと、指定したフィールドの合計値を求めることができます。引数の指定は次のとおりです。

- **1つめの引数には、求めたいデータの対象フィールド名を指定します。**
  - **ここには数値型などの合計値計算ができるフィールドを指定します。テキスト型など計算不可のフィールド名を指定したときはエラーとなります。**
  - **「単価 * 数量」のような、フィールドの値を使った有効な計算式を指定することもできます。その場合は各レコードの計算結果の合計値が集計されます。**
- **2つめの引数には、集計元であるテーブルや選択クエリ名を指定します。**
- **3つめの引数には、集計対象とするレコードの条件式を指定します。**
  - **省略可能で、その場合は全レコードの合計値が返されます。**

■ プログラム例

Sub Sample221

```
Sub Sample221()

  Debug.Print DSum("数量", "tbl購入履歴明細")
  Debug.Print DSum("数量", "tbl購入履歴明細", "商品コード = '4970116039545'")

  Debug.Print DSum("数量", "qsel購入履歴明細")
  Debug.Print DSum("数量", "qsel購入履歴明細", "商品コード = '4970116039545'")

  Debug.Print DSum("単価 * 数量", "qsel購入履歴明細", "伝票番号 = 1")
  Debug.Print DSum("単価 * 数量 * (1 + 消費税率)", "qsel購入履歴明細", "伝票番号
= 1")

End Sub
```

実行例

222 特定フィールドの平均値を求めたい

ポイント	DAvg関数
構文	DAvg(フィールド名, テーブル/クエリ名, [条件式])

「定義域集計関数」の1つである「DAvg」関数を使うと、指定したフィールドの平均値を求めることができます。引数の指定は次のとおりです。

- **1つめの引数には、求めたいデータの対象フィールド名を指定します。**
  - **ここには数値型などの平均値計算ができるフィールドを指定します。テキスト型など計算不可のフィールド名を指定したときはエラーとなります。**
  - **「単価 * 数量」のような、フィールドの値を使った有効な計算式を指定することもできます。その場合は各レコードの計算結果の平均値が集計されます。**
- **2つめの引数には、集計元であるテーブルや選択クエリ名を指定します。**
- **3つめの引数には、集計対象とするレコードの条件式を指定します。**
  - **省略可能で、その場合は全レコードの平均値が返されます。**

■ プログラム例

Sub Sample222

```
Sub Sample222()

  Debug.Print DAvg("数量", "tbl購入履歴明細")
  Debug.Print DAvg("数量", "tbl購入履歴明細", "商品コード = '4970116039545'")

  Debug.Print DAvg("数量", "qsel購入履歴明細")
  Debug.Print DAvg("数量", "qsel購入履歴明細", "商品コード = '4970116039545'")

  Debug.Print DAvg("単価 * 数量", "qsel購入履歴明細")
  Debug.Print DAvg("単価 * 数量 * (1 + 消費税率)", "qsel購入履歴明細")

End Sub
```

実行例

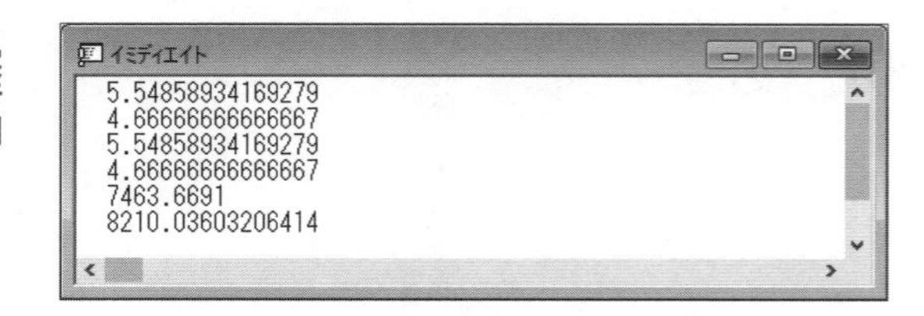

223 パラメータ付きの選択クエリからレコードを読み込みたい

ポイント	QueryDefsコレクション、QueryDefオブジェクト、Parametersコレクション
構文	Database.QueryDefs(クエリ名)、QueryDef.Parameters(パラメータ名または番号)

「コレクション」とはオブジェクトの集合体のことです。たとえばDatabaseオブジェクトの「QueryDefs」コレクションはデータベース内のクエリの集まりであり、名前を指定したり配列のようにインデックスを指定したりすることで、特定のクエリ（QueryDef）オブジェクトを参照できます。

次のプログラム例では、QueryDefsコレクションから「qselChap6_223」という名前のクエリを参照、QueryDefオブジェクト変数qdfに代入します。さらにそこに含まれるパラメータの集合体である「Parameters」コレクションの中の「抽出商品名」というパラメータに値を代入し、そこからレコードセットを開きます。

これは手動でクエリを開いてパラメータ入力するのと同じ操作をしていることになります。

クエリデザインの抽出条件欄は「Like "*" & [抽出商品名] & "*"」のようになっている前提です。

■ **プログラム例**

Sub Sample223

```
Sub Sample223()

  Dim dbs As Database
  Dim qdf As QueryDef
  Dim rst As Recordset

  Set dbs = CurrentDb
  Set qdf = dbs.QueryDefs("qselChap6_223") ——— QueryDefオブジェクトを開く
  With qdf
    .Parameters("抽出商品名") = "えんぴつ" ——— パラメータを設定
    Set rst = .OpenRecordset() ——— QueryDefからRecordsetを開く
    .Close
  End With
  With rst
    Do Until .EOF
      Debug.Print !商品コード, !商品名
      .MoveNext
    Loop
    .Close
  End With

End Sub
```

224 フォーム参照のパラメータクエリからレコードを読み込みたい

ポイント	QueryDefsコレクション、QueryDefオブジェクト、Parametersコレクション
構文	Database.QueryDefs(クエリ名)、QueryDef.Parameters(パラメータ名または番号)

クエリにおいては、あるフォームのコントロール名をパラメータに指定し、フォームでのそこへの入力値を抽出条件に使うことがあります。たとえば、クエリの商品名フィールドの抽出条件欄が「Like "*" & [Forms]![frmChap6_224]![抽出商品名] & "*"」のようになっているとき、これは「frmChap6_224フォームの抽出商品名コントロールに入力されている値を商品名に含むレコードを抽出する」という意味になります。

そのようなクエリでParametersコレクションの中からそのパラメータを参照するには、「QueryDef.Parameters("[Forms]![frmChap6_224]![抽出商品名]")」のように、式全体を文字列として記述します。あとはそこに値を代入して、QueryDefオブジェクトからOpenRecordsetメソッドでレコードセットを開きます。

■ **プログラム例**

Sub Sample224、frmChap6_224

```
Sub Sample224()

  Dim dbs As Database
  Dim qdf As QueryDef
  Dim rst As Recordset

  Set dbs = CurrentDb
  Set qdf = dbs.QueryDefs("qselChap6_224") ―― QueryDefオブジェクトを開く
  With qdf                                             パラメータを設定
    .Parameters("[Forms]![frmChap6_224]![抽出商品名]") = "えんぴつ" ―┘
    Set rst = .OpenRecordset() ―― QueryDefからRecordsetを開く
    .Close
  End With
  With rst
    Do Until .EOF
      Debug.Print !商品コード, !商品名
      .MoveNext
    Loop
    .Close
  End With

End Sub
```

225 アクションクエリを実行したい

ポイント	OpenQueryメソッド、QueryDefオブジェクト、Executeメソッド
構文	DoCmd.OpenQuery クエリ名、QueryDef.Execute

選択クエリをデータシートビューで開くのと同様、DoCmdオブジェクトの「OpenQuery」メソッドにクエリ名を指定して呼び出すことで、追加クエリや更新クエリなどのアクションクエリを実行させることができます。

また、DatabaseオブジェクトのQueryDefsコレクションの中からそのクエリをQueryDefオブジェクトとして取り出し、その「Execute」メソッドを実行することでもアクションクエリを実行できます。

■ **プログラム例**

Sub Sample225

```
Sub Sample225()

  Dim dbs As Database
  Dim qdf As QueryDef

  'DoCmdオブジェクトでアクションクエリを開く
  DoCmd.OpenQuery "qupdChap6_225_1"

  'QueryDefオブジェクトでアクションクエリを実行
  Set dbs = CurrentDb
  Set qdf = dbs.QueryDefs("qupdChap6_225_2")
  With qdf
    .Execute
    .Close
  End With

End Sub
```

実行例

Microsoft Access ×

更新クエリを実行すると、テーブルのデータが変更されます。

このアクション クエリを実行してもよろしいですか?
アクション クエリを実行するたびにこのメッセージが表示されないようにするには、[ヘルプ] をクリックして、表示されるヘルプ トピックを参照してください。

はい(Y)　いいえ(N)　ヘルプ(H)

226 アクションクエリ実行時の確認メッセージを出さないようにしたい

ポイント	SetWarningsメソッド
構文	SetWarnings True｜False

DoCmdオブジェクトのOpenQueryメソッドでアクションクエリを実行しようとすると、実行していいかどうかを確認するシステムメッセージが表示されます。さらに、そのメッセージで［いいえ］を選択したときはエラーでプログラムが止まってしまいます。

しかし直前にDoCmdオブジェクトの「SetWarnings」メソッドに引数「False」を指定して実行しておくことで、そのメッセージなしにアクションクエリを実行させることができます。

一連の処理が完了したら今度は引数に「True」を指定してシステムメッセージをONに戻しておきます。そうしないと以降Access全般の操作で確認メッセージが表示されなくなります。

ただし、このメソッドはAccessのオプションの［クライアントの設定］-［確認］の設定を変えるものですので、はじめからメッセージOFFとなっている場合はONにしないように注意します。

■ プログラム例

Sub Sample226

```
Sub Sample226()

  With DoCmd
    .SetWarnings False ―――――― システムメッセージをOFF
    .OpenQuery "qupdChap6_225_1" ―― アクションクエリを開く
    .OpenQuery "qupdChap6_225_2"
    .SetWarnings True ―――――― システムメッセージをON
  End With

  MsgBox "アクションクエリの実行を完了しました！", vbInformation

End Sub
```

実行例

227 アクションクエリで処理された レコード件数を調べたい

ポイント	RecordsAffectedプロパティ
構文	Database.RecordsAffected

アクションクエリ実行直後にDatabaseオブジェクトの「RecordsAffected」プロパティの値を取得することで、そのクエリで処理された（影響を与えた）レコード件数を調べることができます。この件数は、クエリを単独で実行したときのAccessの確認メッセージに表示される値になります。

このプロパティはDatabaseオブジェクトのプロパティです。そのため、DatabaseオブジェクトのExecuteメソッドを使ってアクションクエリとなるSQL文を実行する必要があります。DoCmdのOpenqueryメソッドでは取得できません。

プログラム例では、QueryDefオブジェクトのSQLプロパティをExecuteメソッドの引数に指定していますが、直接SQL文を指定することもできます。

■ プログラム例

Sub Sample227

```
Sub Sample227()

  Dim dbs As Database
  Dim qdf As QueryDef
  Dim strSQL As String

  Set dbs = CurrentDb
  Set qdf = dbs.QueryDefs("qupdChap6_225_1") ―― QueryDefオブジェクトを開く
  With qdf
    strSQL = .SQL ―――――――――――――――― QueryDefからSQL文を取得
    .Close
  End With
  dbs.Execute qdf.SQL ―――――――――――――― SQL文を実行
  Debug.Print dbs.RecordsAffected ――――――― 処理件数を出力

End Sub
```

実行例

Chap 6 テーブル・クエリ操作

228 パラメータ付きのアクションクエリを実行したい

ポイント	QueryDefオブジェクト、Parametersコレクション、Executeメソッド
構文	QueryDef.Parameters(パラメータ名または番号)、QueryDef. Execute

パラメータ付きのアクションクエリを実行するには、次のような手順のプログラムを作成します。

- **① データベースを開いてDatabaseオブジェクトを生成する**
- **② DatabaseオブジェクトのQueryDefsコレクションに既存のアクションクエリ名を指定して、QueryDefオブジェクトを生成する**
- **③ QueryDefオブジェクトのParametersコレクションにおいて、必要なパラメータの値を設定する**
  - 次のプログラム例では「更新備考」がパラメータ名で、そこに「変更後の備考です!」という文字列をパラメータ値として代入しています。
- **④ QueryDefオブジェクトの「Execute」メソッドを実行する**

■ **プログラム例**

Sub Sample228

```
Sub Sample228()

  Dim dbs As Database
  Dim qdf As QueryDef

  Set dbs = CurrentDb
  Set qdf = dbs.QueryDefs("qupdChap6_228") ――― QueryDefオブジェクトを開く
  With qdf
    .Parameters("更新備考") = "変更後の備考です！" ――― パラメータを設定
    .Execute ――――――――――――――――――― QueryDefを実行
    .Close
  End With

End Sub
```

229 SQL文で追加クエリを実行したい

ポイント	Executeメソッド、INSERT INTOステートメント
構文	Database.Execute INSERT INTOステートメント

Databaseオブジェクトの「Execute」メソッドの引数に、SQLのINSERT INTOステートメント(※注)の文字列を指定することで、追加クエリを実行することができます。

※ 注：SQL、INSERT INTO ステートメントについては「Chapter 13 SQL」を参照してください。

INSERT INTOステートメントは下記の構文で記述しますが、VBAのコードではそれ全体を文字列として組み立てます。文字データであればクォーテーションで囲んだり、日付などであれば「#」で囲んだり、また変数を使っている場合は文字列結合したりといった点に注意します。またSQLの句の区切りには半角スペースを入れる必要があります。

```
INSERT INTO テーブル名
  (フィールド名1, フィールド名2, ……)
VALUES
  (値1, 値2, ……)
```

■ プログラム例

Sub Sample229

```
Sub Sample229()

  Dim dbs As Database
  Dim strSQL As String

  Set dbs = CurrentDb

  '追加クエリのSQL文を組み立て
  strSQL = "INSERT INTO mtbl顧客マスタ " & _
           "(顧客名, フリガナ, 性別, 生年月日) " & _
           "VALUES " & _
           "('市谷 太郎', 'イチガヤ タロウ', '男' , #2013/5/1#)"

  'SQL文を実行
  dbs.Execute strSQL

End Sub
```

230 SQL文で更新クエリを実行したい

ポイント	Executeメソッド、UPDATEステートメント
構文	Database.Execute UPDATEステートメント

Databaseオブジェクトの「Execute」メソッドの引数に、SQLのUPDATEステートメント(※注)の文字列を指定することで、更新クエリを実行することができます。

※ 注：SQL、UPDATEステートメントについては「Chapter 13 SQL」を参照してください。

UPDATEステートメントは下記の構文で記述しますが、VBAのコードではそれ全体を文字列として組み立てます。文字データであればクォーテーションで囲んだり、日付などであれば「#」で囲んだり、また変数を使っている場合は文字列結合したりといった点に注意します。またSQLの句の区切りには半角スペースを入れる必要があります。

```
UPDATE テーブル名
SET フィールド名1 = 値1,
      フィールド名2 = 値2,
      ……
WHERE 条件式
```

■ プログラム例　　Sub Sample230

```
Sub Sample230()

  Dim dbs As Database
  Dim strSQL As String

  Set dbs = CurrentDb

  '更新クエリのSQL文を組み立て
  strSQL = "UPDATE mtbl顧客マスタ " & _
             "SET " & _
               "顧客名 = '市谷 次郎', " & _
               "フリガナ = 'イチガヤ ジロウ', " & _
               "郵便番号 = '162-0846', " & _
               "住所1 = '東京都新宿区市谷左内町' " & _
             "WHERE 顧客名 = '市谷 太郎'"

  'SQL文を実行
  dbs.Execute strSQL

End Sub
```

231 SQL文で削除クエリを実行したい

ポイント	Executeメソッド、DELETEステートメント
構文	Database.Execute DELETEステートメント

Databaseオブジェクトの「Execute」メソッドの引数に、SQLのDELETEステートメント(※注)の文字列を指定することで、削除クエリを実行することができます。

※ 注：SQL、DELETE ステートメントについては「Chapter 13 SQL」を参照してください。

DELETEステートメントは下記の構文で記述しますが、VBAのコードではそれ全体を文字列として組み立てます。文字データであればクォーテーションで囲んだり、日付などであれば「#」で囲んだり、また変数を使っている場合は文字列結合したりといった点に注意します。またSQLの句の区切りには半角スペースを入れる必要があります。

```
DELETE * FROM テーブル名
WHERE 条件式
```

■ プログラム例

Sub Sample231

```
Sub Sample231()

  Dim dbs As Database
  Dim strSQL As String

  Set dbs = CurrentDb

  '削除クエリのSQL文を組み立て
  strSQL = "DELETE * FROM mtbl顧客マスタ " & _
           "WHERE 顧客名 = '市谷 太郎' OR 顧客名 = '市谷 次郎'"

  'SQL文を実行
  dbs.Execute strSQL

End Sub
```

232 一時的な選択クエリからレコードを読み込みたい

ポイント	CreateQueryDefメソッド
構文	Datebase.CreateQueryDef(クエリ名, SQL文)

多くの場合、QueryDefオブジェクトは保存済みの既存のクエリ（ナビゲーションウィンドウに表示されているクエリ）から生成しますが、プログラム上だけの一時的なクエリを生成することもできます。

それには、Datebaseオブジェクトの「CreateQueryDef」メソッドを使います。1つめの引数は「""」とし、2つめの引数にクエリのSQL文を指定します。

1つめの引数に任意の名前を指定した場合は、一時的なものではなく、その名前のクエリとして保存され、ナビゲーションウィンドウに表示されるようになります。

次のプログラム例では、SQL文を直接記述するのではなく、既存のクエリを開いてそのSQLを取得、それを加工したものを2つめの引数に指定しています。

■ **プログラム例**

Sub Sample232

```
Sub Sample232()
  Dim dbs As Database, qdf As QueryDef, rst As Recordset, strSQL As
String

  Set dbs = CurrentDb
  Set qdf = dbs.QueryDefs("qselChap1_24") ―― 既存のクエリを開く
  With qdf
    strSQL = Replace(qdf.SQL, ";", "") ―――― SQL文を取得（最後の;を除去）
    .Close
  End With
  strSQL = strSQL & " WHERE 商品名 LIKE '*えんぴつ*'" ―― SQL文を変更
                                     SQL文から一時的なQueryDefオブジェクトを生成
  Set qdf = dbs.CreateQueryDef("", strSQL) ――┘
  Set rst = qdf.OpenRecordset() ―― QueryDefからRecordsetを開く
  With rst
    Do Until .EOF
      Debug.Print !商品コード, !商品名, !単価
      .MoveNext
    Loop
    .Close
  End With
  qdf.Close

End Sub
```

233 一時的なアクションクエリを実行したい

ポイント	CreateQueryDefメソッド、Executeメソッド
構文	Datebase.CreateQueryDef(クエリ名, SQL文)、QueryDef.Execute

Datebaseオブジェクトの「CreateQueryDef」メソッドを使って、一時的なアクションクエリのQueryDefオブジェクトを生成・実行することができます。

それには、まず「CreateQueryDef」の1つめの引数に「""」を、2つめの引数にINSERT INTOやUPDATEステートメントなどのアクションクエリのSQL文を指定します。そこからQueryDefオブジェクトを生成し、「Execute」メソッドで実行します。

また、プログラム例では次の要領でパラメータもいっしょに生成・設定しています。

- **SQL文においてパラメータ値を設定する箇所を「?」で表記します(「備考 = ?」の部分)。**
- **Parametersコレクションを使ってその値を設定します。**

■ **プログラム例**

Sub Sample233

```
Sub Sample233()

  Dim dbs As Database
  Dim qdf As QueryDef
  Dim strSQL As String

  Set dbs = CurrentDb

  '追加クエリのSQL文を組み立て（パラメータ付き）
  strSQL = "UPDATE mtbl顧客マスタ " & _
           "SET 備考 = ? " & _
           "WHERE 住所1 LIKE '東京都*'"

  'SQL文から一時的なQueryDefオブジェクトを生成して実行
  Set qdf = dbs.CreateQueryDef("", strSQL)
  With qdf
    .Parameters(0) = "東京の備考です！"
    .Execute
    .Close
  End With

End Sub
```

234 テーブルを空にしたい

ポイント DELETEステートメント

Databaseオブジェクトのメソッドによる SQL文の実行において、DELETEステートメントを"WHERE句なし"で指定することで、FROM句に記述されたテーブルを空にすることができます。

プログラム例では「wtbl購入集計」テーブルを空にしています。

なお、Executeメソッドは事前の確認も完了メッセージもなく実行されるため、プログラム例では実行確認のメッセージだけ表示しています。

■ プログラム例 Sub Sample234

```
Sub Sample234()

  Dim dbs As Database
  Dim strSQL As String

  If MsgBox("テーブルを空にしますか？", vbYesNo + vbQuestion) = vbYes Then
    Set dbs = CurrentDb
    '削除クエリのSQL文を組み立て（WHERE句なし）
    strSQL = "DELETE * FROM wtbl購入集計"
    'SQL文を実行
    dbs.Execute strSQL
  End If

End Sub
```

実行例

■ 実行確認のメッセージ

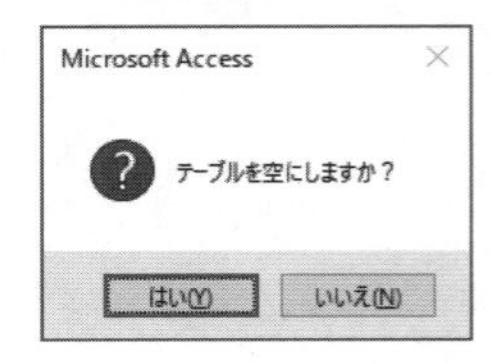

■ 実行後のテーブル

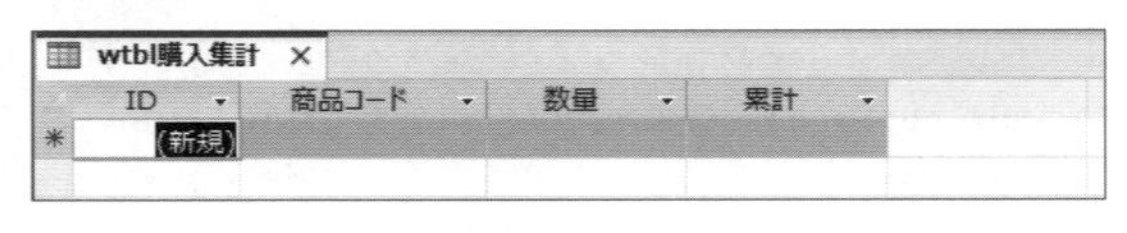

235 DoCmdオブジェクトでテーブルを削除したい

ポイント	DeleteObjectメソッド
構文	DoCmd.DeleteObject acTable, テーブル名

DoCmdオブジェクトの「DeleteObject」メソッドを実行することで、データベースからテーブルを削除することができます。

このメソッドでは、1つめの引数に組み込み定数「acTable」を、2つめの引数に削除したいテーブル名を指定します。

また1つめの引数に下表の組み込み定数を指定することで、テーブル以外のオブジェクトも削除することができます。

組み込み定数	オブジェクト
acQuery	クエリ
acForm	フォーム
acReport	レポート
acMacro	マクロ

■ プログラム例

Sub Sample235

```
Sub Sample235()

  If MsgBox("テーブルを削除しますか？", vbYesNo + vbQuestion) = vbYes Then
    'テーブルを削除
    DoCmd.DeleteObject acTable, "wtbl購入集計"
  End If

End Sub
```

■ 補足

同じくDoCmdオブジェクトの「CopyObject」メソッドを使うことで、既存のオブジェクトを複製することができます。

```
例：「wtbl購入集計」テーブルを複製して「wtbl購入集計のコピー」を作る
    DoCmd.CopyObject , "wtbl購入集計", acTable, "wtbl購入集計のコピー"
```

236 レコードのNull値を扱いたい

ポイント	Nz関数
構文	Nz(値, [Nullの置換値])

テーブルに保存されているデータはすべてのフィールドが埋まっているとは限りません。見た目空欄になっているフィールドをレコードセットとして読み込むと値は「Null」となり、それに対する演算結果もNullとなります。

そこで、「Nz」関数を使い、その引数にレコードセットのフィールドを指定することで、Null値を任意の値に置き換えることができます。以下のような仕様です。

- **フィールドのデータ型が数値型や通貨型などの場合は「0」として扱われます。**
- **テキスト型の場合は「""（長さ0の文字列）」として扱われます。**
- **またNull値を意図的に「0」や任意の値に変換したいときは、その値を2つめの引数に指定します。**

■ プログラム例

Sub Sample236

```
Sub Sample236()

  Dim dbs As Database
  Dim rst As Recordset
  Dim strSQL As String

  Set dbs = CurrentDb
  strSQL = "SELECT * FROM qsel購入履歴明細 WHERE 伝票番号 = 999"
  Set rst = dbs.OpenRecordset(strSQL)
  With rst
    Do Until .EOF
      Debug.Print !商品コード, !単価, !数量, !単価 * !数量
      Debug.Print !商品コード, !単価, !数量, Nz(!単価) * Nz(!数量)
      .MoveNext
    Loop
    .Close
  End With

End Sub
```

237 空のデータを「空」と表示したい

ポイント	IsNull関数
構文	IsNull(値)

「IsNull」関数は、引数の値がNullかどうかを判定する関数です。NullならTrue、NullでなければFalseを返します。その値を使って条件分岐などを行うことができます。

プログラム例では、IsNull関数の使用例も含めて、Nullの値を処理する次の3つの方法を例示しています。いずれもNullであれば「空」という文字に置き換えて出力します。

- **If...Then...Elseステートメント………IsNull関数の返り値によって条件分岐する**
- **IIf関数………IsNull関数の返り値に応じて出力内容を切り替える**
- **Nz関数………2つめの引数に「空」と指定することで置き換える**

■ **プログラム例**

Sub Sample237

```
Sub Sample237()

  Dim dbs As Database
  Dim rst As Recordset
  Dim strSQL As String

  Set dbs = CurrentDb
  strSQL = "SELECT * FROM qsel購入履歴明細 WHERE 伝票番号 = 999"
  Set rst = dbs.OpenRecordset(strSQL)
  With rst
    Do Until .EOF
      If IsNull(!単価) Then ――――――――――――――― 用例1
        Debug.Print !商品コード, "空"
      Else
        Debug.Print !商品コード, !単価
      End If
      Debug.Print !商品コード, IIf(IsNull(!単価), "空", !単価) ――― 用例2
      Debug.Print !商品コード, Nz(!単価, "空") ――――――――― 用例3
      .MoveNext
    Loop
    .Close
  End With

End Sub
```

238 レコードセットから抽出した別のレコードセットを作りたい

ポイント	Filterプロパティ
構文	Recordset.Filter = 条件式

OpenRecordsetメソッドで開いたレコードセットに「Filter」プロパティを設定することで、その抽出結果のレコードだけを持った別のレコードセットを作ることができます。最終的に開いたレコードセットを操作することで、抽出したレコードのみを扱うことができます。次のように記述します。

- ① **まずOpenRecordsetメソッドでテーブル／クエリなどを開く（プログラム例ではrst）**
  ※ OpenRecordset メソッドにテーブル名を指定して開く場合、Filter プロパティを設定するには 2 つめの引数に「dbOpenDynaset」を指定する必要があります（クエリや SQL 文指定では不要です）。
- ② **開いたRecordsetオブジェクトのFilterプロパティに、テーブルからのレコードの抽出条件として有効な条件式を代入する（プログラム例では「血液型 = 'AB'」）**
- ③ **そのRecordsetオブジェクトからさらにOpenRecordsetメソッドを実行し、新たなレコードセットを開く（プログラム例ではrstF）**

■ **プログラム例**　　Sub Sample238

```
Sub Sample238()

  Dim dbs As Database
  Dim rst As Recordset
  Dim rstF As Recordset

  Set dbs = CurrentDb                          RecordsetをDynasetタイプとして開く
  Set rst = dbs.OpenRecordset("mtbl顧客マスタ", dbOpenDynaset)
  rst.Filter = "血液型 = 'AB'" ―― フィルタをかける
  Set rstF = rst.OpenRecordset ―― フィルタをかけた別のRecordsetを開く
  With rstF
    Do Until .EOF
      Debug.Print !顧客コード, !顧客名, !血液型
      .MoveNext
    Loop
    .Close
  End With
  rst.Close

End Sub
```

239 レコードセットを並べ替えた別のレコードセットを作りたい

ポイント	Sortプロパティ
構文	Recordset.Sort = フィールド名

OpenRecordsetメソッドで開いたレコードセットに「Sort」プロパティを設定することで、元のレコードセットを並べ替えた別のレコードセットを作ることができます。最終的に開いたレコードセットを操作することで、並べ替えたレコードを扱うことができます。次のように記述します。

- **① まずOpenRecordsetメソッドでテーブル／クエリなどを開く（プログラム例ではrst）**
  ※ OpenRecordset メソッドにテーブル名を指定して開く場合、Sort プロパティを設定するには 2 つめの引数に「dbOpenDynaset」を指定する必要があります（クエリや SQL 文指定では不要です）。
- **② 開いたRecordsetオブジェクトのSortプロパティに、並べ替えの基準となるフィールド名を代入する（プログラム例では「フリガナ」、カンマ区切りで複数指定も可）**
- **③ そのRecordsetオブジェクトからさらにOpenRecordsetメソッドを実行し、新たなレコードセットを開く（プログラム例ではrstS）**

■ **プログラム例**

Sub Sample239

```
Sub Sample239()

  Dim dbs As Database
  Dim rst As Recordset
  Dim rstS As Recordset

  Set dbs = CurrentDb                          RecordsetをDynasetタイプとして開く
  Set rst = dbs.OpenRecordset("mtbl顧客マスタ", dbOpenDynaset)
  rst.Sort = "フリガナ" ———— 並べ替え
  Set rstS = rst.OpenRecordset —— 並べ替えた別のRecordsetを開く
  With rstS
    Do Until .EOF
      Debug.Print !顧客コード, !顧客名, !フリガナ
      .MoveNext
    Loop
    .Close
  End With
  rst.Close

End Sub
```

240 カレンダテーブルを作成したい

ポイント | AddNewメソッド、DateSerial関数

AddNewメソッドを使って、ループで大量のレコードをテーブルに追加処理するプログラム例です。以下のプログラムでは、ある年の1月1日から12月31日までの日付データをテーブルに追加します。次のように記述しています。

- **Date型の変数を使って1年分の日別のループを構成します。開始日と終了日はそれぞれDateSerial関数でその年の1月1日と12月31日を設定します。**
- **AddNewメソッドによって、ループの1日分の日付と曜日と通算日をレコード追加します。**
- **ここでのテーブル「tblカレンダ」は、「日付（日付/時刻型の主キー）」、「曜日（短いテキスト）」、「通算日（整数型）」の3フィールドの構造としています。**

※ 最初にDELETEステートメントで当該年の既存レコードを削除しているのは、この処理が再度実行された際に「日付」主キーの重複エラーを防ぐためです。

■ **プログラム例** Sub Sample240

```
Sub Sample240()

  Dim dbs As Database
  Dim rst As Recordset
  Dim dtmLoop As Date
  Const cintYear As Integer = 2023

  Set dbs = CurrentDb                                          既存レコードを削除
  dbs.Execute "DELETE * FROM tblカレンダ WHERE YEAR(日付) = " & cintYear
  Set rst = dbs.OpenRecordset("tblカレンダ")
  With rst
    For dtmLoop = DateSerial(cintYear, 1, 1) To DateSerial(cintYear, 12,
31) ―― 1/1～12/31のループ
      .AddNew
        !日付 = dtmLoop
        !曜日 = Format(dtmLoop, "aaa")
        !通算日 = DatePart("y", dtmLoop)
      .Update
    Next dtmLoop
  .Close
  End With

End Sub
```

241 テーブル一括更新でトランザクション処理を行いたい

ポイント	BeginTransメソッド、CommitTransメソッド
構文	[Workspace.]BeginTrans、[Workspace.]CommitTrans

テーブルの一括更新などの処理においてトランザクション処理を行うには、「Workspace」オブジェクトの「BeginTrans」メソッドと「CommitTrans」メソッドを使います。トランザクション処理を行うことによって、複数テーブルの同時更新などでの整合性を保ったり、処理中のトラブル時にデータ復旧を行ったり、ディスクアクセスを減らしたりすることができます。次のように記述します。

- **BeginTransでトランザクションを開始、CommitTransで終了してそれまでの変更を保存します。**
- **エラー発生時などにトランザクション開始前のデータに戻すには「Rollback」メソッドを実行します。**
- **Workspaceオブジェクトはトランザクションに必要なセッションを管理するオブジェクトです。自分自身のデータベースに対して処理する場合はコード上「Workspace.」の記述を省略できます。**

■ **プログラム例**

Sub Sample241

```
Sub Sample241()

  Dim dbs As Database
  Dim rst As Recordset
  Dim lngTotal As Long

  Set dbs = CurrentDb
  Set rst = dbs.OpenRecordset("wtbl購入集計")
  BeginTrans ──────────────── トランザクションを開始
  With rst
    lngTotal = 0
    Do Until .EOF
      lngTotal = lngTotal + !数量 ── 累計値を計算
      .Edit
        !累計 = lngTotal ──────── 累計フィールドを更新
      .Update
      .MoveNext
    Loop
  End With
  CommitTrans ─────────────── トランザクションを終了して変更を保存

End Sub
```

242

大量のレコードをエラーなく更新したい

ポイント　BeginTransメソッド、CommitTransメソッド

ループ処理で大量のレコード更新を行う処理を行う場合、ある程度の処理量になったときに下図のようなエラーが発生することがあります。このエラーが発生するとモジュールの保存さえできなくなることもあります。

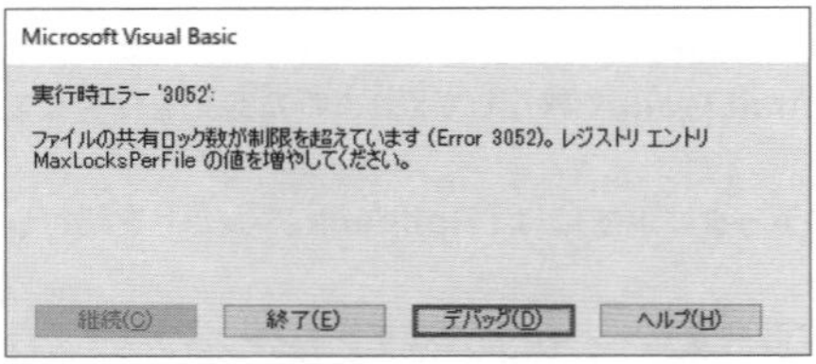

Microsoft Visual Basic

実行時エラー '3052':

ファイルの共有ロック数が制限を超えています (Error 3052)。レジストリ エントリ MaxLocksPerFile の値を増やしてください。

継続(C)　終了(E)　デバッグ(D)　ヘルプ(H)

このエラーはメッセージのようにレジストリの書き換えで対処することもできますが、トランザクション処理を行うことで、プログラム上でエラー回避できます。

それには、全処理が完了したときに「CommitTrans」メソッドを実行するのではなく、一定数の更新ごとにCommitTransメソッドを実行、すぐに次レコード以降の更新用に「BeginTrans」メソッドでトランザクションを再開するというプログラムにします。次のように記述しています。

- **intTranCntという変数で次のコミットのタイミングのためのカウントを取っています。1レコード処理ごとにカウントアップし、CommitTransを実行したら0にリセットします。**
- **プログラム例では5000件ごとにCommitTransを実行していますが、その数はエラー状況に応じて適宜調整します。**

■ **プログラム例**　　Sub Sample242

```
Sub Sample242()

  Dim dbs As Database
  Dim rst As Recordset
  Dim lngTotal As Long
  Dim intTranCnt As Integer

  Set dbs = CurrentDb
  Set rst = dbs.OpenRecordset("wtbl購入集計")
  intTranCnt = 0
  BeginTrans ——— トランザクションを開始
```

```
    With rst
      lngTotal = 0
      Do Until .EOF
        lngTotal = lngTotal + !数量
        .Edit
          !累計 = lngTotal
        .Update
        intTranCnt = intTranCnt + 1 ── トランザクション処理件数をインクリメント
        If intTranCnt > 5000 Then ──── 5000件処理したとき
          CommitTrans ─────────────── それまでの変更を保存してトランザクションを終了
          BeginTrans ──────────────── トランザクションを再開
          intTranCnt = 0 ──────────── トランザクション処理件数をリセット
        End If
        .MoveNext
      Loop
    End With
    CommitTrans

End Sub
```

実行例

■ 実行前のテーブル

wtbl購入集計

ID	商品コード	数量	累計
1	4970116039545	5	
2	4549292100037	6	
3	4904611014219	9	
4	4961099808365	2	
5	4560146982234	6	
6	4901991001006	10	
7	4901480163314	1	
8	4902205672999	5	
9	4944121534029	8	
10	4977564431525	5	
11	4960999918495	5	
12	4901480042732	1	
13	4902205563884	3	
14	4971660956890	4	

■ 実行後のテーブル

wtbl購入集計

ID	商品コード	数量	累計
1	4970116039545	5	5
2	4549292100037	6	11
3	4904611014219	9	20
4	4961099808365	2	22
5	4560146982234	6	28
6	4901991001006	10	38
7	4901480163314	1	39
8	4902205672999	5	44
9	4944121534029	8	52
10	4977564431525	5	57
11	4960999918495	5	62
12	4901480042732	1	63
13	4902205563884	3	66
14	4971660956890	4	70

243 テーブル名の一覧を取得したい

ポイント	TableDefsコレクション、TableDefオブジェクト、Nameプロパティ
構文	Database.TableDefs、TableDef.Name

データベース内にあるすべてのテーブルの情報を取得するには、Databaseオブジェクトの「TableDefs」コレクションを参照します。次のように記述します。

- **コレクションから個々のオブジェクトを取り出すには、「For Each...Next」ステートメントを使います。「In」の次に指定されたコレクションから1つずつオブジェクトが取り出され、オブジェクト変数に代入されます。**

```
For Each オブジェクト変数 In コレクション
  個々のオブジェクトに対する処理
Next
```

- **テーブル定義を扱う場合のオブジェクト変数は「TableDef」オブジェクト型として宣言します。**
- **そのTableDefオブジェクトの「Name」プロパティを参照することで、テーブルの名前を取得できます。**

次のプログラム例ではテーブルの属性を表す「Attributes」プロパティ値を参照し、システムオブジェクトと隠しオブジェクトは出力するテーブル一覧から除外しています。

■ **プログラム例**

Sub Sample243

```
Sub Sample243()

  Dim dbs As Database
  Dim tdf As TableDef

  Set dbs = CurrentDb
  For Each tdf In dbs.TableDefs ──── すべてのテーブルを列挙するループ
    With tdf                              システムオブジェクトと隠しオブジェクトは除外
      If ((.Attributes And dbSystemObject) Or _
          (.Attributes And dbHiddenObject)) = 0 Then
        Debug.Print .Name ──────── テーブル名を出力
      End If
    End With
  Next tdf

End Sub
```

244 テーブルのフィールド数を調べたい

ポイント	Fieldsコレクション、Countプロパティ
構文	TableDef.Fields、Fields.Count

ある1つのテーブルを表すTableDefオブジェクトは、その中で定義されているフィールドの集まりである「Fields」コレクションを持っています。そのコレクションの「Count」プロパティを調べることで、コレクション内の要素数、すなわちフィールド数を調べることができます。

■ **プログラム例**

Sub Sample244

```
Sub Sample244()

  Dim dbs As Database
  Dim tdf As TableDef

  Set dbs = CurrentDb
  For Each tdf In dbs.TableDefs ——— すべてのテーブルを列挙するループ
    With tdf                        システムオブジェクトと隠しオブジェクトは除外
      If ((.Attributes And dbSystemObject) Or _
          (.Attributes And dbHiddenObject)) = 0 Then
        Debug.Print .Name ——— テーブル名を出力
        Debug.Print .Fields.Count ——— フィールド数を出力
      End If
    End With
  Next tdf

End Sub
```

実行例

```
イミディエイト
Chap13SQL文例
 3
mtbl顧客マスタ
 13
mtbl顧客マスタ_Import
 13
mtbl顧客マスタ_Log
 14
mtbl商品マスタ
 4
stblシステム管理
 3
T_お客様名簿
 6
tblカレンダ
 3
tbl購入履歴
 7
```

245 テーブルのフィールド名一覧を取得したい

ポイント	Fieldsコレクション、Fieldオブジェクト、Nameプロパティ
構文	TableDef.Fields、Field.Name

ある1つのテーブルを表すTableDefオブジェクトは、その中で定義されているフィールドの集まりである「Fields」コレクションを持っています。そのコレクション内のフィールド定義を1つずつ参照することで、フィールド名の一覧を取得することができます。次のように記述します。

- **フィールド定義を扱う場合のオブジェクト変数は「Field」オブジェクト型として宣言します。**
- **「For Each...Next」ステートメントを使って、Fieldsコレクションから個々のFieldオブジェクトを取り出します。**
- **そのFieldオブジェクトの「Name」プロパティを参照することで、フィールドの名前を取得できます。**

■ **プログラム例**

Sub Sample245

```
Sub Sample245()

  Dim dbs As Database
  Dim tdf As TableDef
  Dim fld As Field

  Set dbs = CurrentDb
  For Each tdf In dbs.TableDefs ――――― すべてのテーブルを列挙するループ
    With tdf                        システムオブジェクトと隠しオブジェクトは除外
      If ((.Attributes And dbSystemObject) Or _
          (.Attributes And dbHiddenObject)) = 0 Then
        Debug.Print .Name ――――――――― テーブル名を出力
        For Each fld In .Fields ――――― すべてのフィールドを列挙するループ
          Debug.Print "  " & fld.Name ―― フィールド名を出力
        Next fld
      End If
    End With
  Next tdf

End Sub
```

246 フィールドのデータ型を調べたい

ポイント	Fieldオブジェクト、Typeプロパティ
構文	Field.Type

フィールドのデータ型を調べるには、Fieldオブジェクトの「Type」プロパティを参照します。

このプロパティ値は数値です。主なものとしてそれぞれ下表のようなデータ型を表しています。またこれを扱う際には直接数値を指定するだけでなく、組み込み定数も利用することができます。

Typeプロパティ	データ型	組み込み定数
10	短いテキスト	dbText
12	長いテキスト（メモ型）	dbMemo
2	バイト型	dbByte
3	整数型	dbInteger
4	長整数型	dbLong
6	単精度浮動小数点型	dbSingle
7	倍精度浮動小数点型	dbDouble
5	通貨型	dbCurrency
8	日付/時刻型	dbDate
11	OLEオブジェクト型	dbLongBinary

■ プログラム例

Sub Sample246

```
Sub Sample246()

  Dim dbs As Database
  Dim tdf As TableDef, fld As Field

  Set dbs = CurrentDb
  For Each tdf In dbs.TableDefs ——— すべてのテーブルを列挙するループ
    With tdf                         システムオブジェクトと隠しオブジェクトは除外
      If ((.Attributes And dbSystemObject) Or _
          (.Attributes And dbHiddenObject)) = 0 Then
        Debug.Print .Name ——— テーブル名を出力
        For Each fld In .Fields ——— すべてのフィールドを列挙するループ
          Debug.Print "  " & fld.Name & " " & fld.Type
        Next fld                     フィールド名とデータ型を出力
      End If
    End With
  Next tdf

End Sub
```

247 すべてのテーブル／フィールドから特定のデータ型を検索したい

ポイント　Typeプロパティ、Attributesプロパティ

Fieldsコレクション内のすべてのFieldオブジェクトを取り出すループにおいて、「Type」プロパティの値に応じて処理分岐することで、特定のデータ型だけ取り出すことができます。

次のプログラム例では、「If fld.Type = dbLong Then」という組み込み定数を使った条件式によって、"長整数型"のフィールドのみを取り出しています。

またここでは、Fieldオブジェクトの「Attributes」プロパティを調べることで、"オートナンバー型"か"通常の長整数型"かを判別するコードも例示しています。

■ プログラム例　　Sub Sample247

```
Sub Sample247()

  Dim dbs As Database
  Dim tdf As TableDef
  Dim fld As Field

  Set dbs = CurrentDb
  For Each tdf In dbs.TableDefs ──────── すべてのテーブルを列挙するループ
    With tdf                       システムオブジェクトと隠しオブジェクトは除外
      If ((.Attributes And dbSystemObject) Or _
          (.Attributes And dbHiddenObject)) = 0 Then
        For Each fld In .Fields ──────── すべてのフィールドを列挙するループ
          If fld.Type = dbLong Then ──── 長整数型のとき
            Debug.Print .Name, fld.Name, ─── テーブル名とフィールド名を出力
            If fld.Attributes And dbAutoIncrField Then
              Debug.Print "オートナンバー型"
            Else
              Debug.Print "長整数型"
            End If
          End If
        Next fld
      End If
    End With
  Next tdf

End Sub
```

248 すべてのテーブル／フィールドからデータを検索したい

ポイント TableDefsコレクション、Recordsetオブジェクト

データベース内のすべてのテーブル／すべてのフィールドの値を取得し、特定の条件に一致するデータを検索するプログラム例です。

TableDefsコレクションからテーブル名を列挙します。それぞれのテーブルについてレコードセットを開きます。そして、すべてのレコードをループで読み込むとともに、各フィールドをループでFieldオブジェクトとして取得、その名前のフィールドの値を条件と一致するか比較照合します。

■ **プログラム例**

Sub Sample248

```
Sub Sample248()

  Dim dbs As Database, tdf As TableDef, fld As Field
  Dim rst As Recordset
  Dim varValue As Variant

  Set dbs = CurrentDb
  For Each tdf In dbs.TableDefs ――― すべてのテーブルを列挙するループ
    With tdf                  システムオブジェクトと隠しオブジェクトとtbl資料は除外
      If ((.Attributes And dbSystemObject) Or _
          (.Attributes And dbHiddenObject)) = 0 And _
          .Name <> "tbl資料" Then
        Set rst = dbs.OpenRecordset(.Name) ―― テーブルからRecordsetを開く
        Do Until rst.EOF ――― すべてのレコードを読み込むループ
          For Each fld In .Fields ――― すべてのフィールドのループ
            varValue = rst(fld.Name) ―― フィールドの値を取得
            If InStr(varValue, "東京") > 0 Or varValue = 100 Then
              '東京を含むか100ならテーブル名・フィールド名・値を出力
              Debug.Print .Name, fld.Name, varValue
            End If
          Next fld
          rst.MoveNext
        Loop
        rst.Close
      End If
    End With
  Next tdf

End Sub
```

※ 注:tbl 資料には「複数の値の許可」や「添付ファイル型」フィールドがあるため上記プログラムはエラーとなって使えません。そのため除外しています（Chapter9 の 478 ～ 483 参照）。

249 テーブルのフィールド名を一括変更したい

ポイント	TableDefオブジェクト、Nameプロパティ
構文	TableDef.Name

TableDefオブジェクトの「Name」プロパティを参照することで、各フィールドの名前を取得できます。逆にそのプロパティに任意の値を代入することで、フィールド名をプログラムから変更することができます。

次のプログラム例では、Fieldsコレクションから各フィールドの定義をFieldオブジェクト（変数fld）に取り出したあと、そのNameプロパティを取得し、それが"データ登録日"や"本数"であったらフィールド名を変更するという処理を行います。

■ プログラム例

Sub Sample249

```
Sub Sample249()

  Dim dbs As Database
  Dim tdf As TableDef
  Dim fld As Field

  Set dbs = CurrentDb
  For Each tdf In dbs.TableDefs ―― すべてのテーブルを列挙するループ
    With tdf                          システムオブジェクトと隠しオブジェクトは除外
      If ((.Attributes And dbSystemObject) Or _
          (.Attributes And dbHiddenObject)) = 0 Then
        For Each fld In .Fields ―― すべてのフィールドを列挙するループ
          If fld.Name = "データ登録日" Then
            fld.Name = "登録日時" ―― フィールド名を変更
          End If
          If fld.Name = "本数" Then
            fld.Name = "数量"
          End If
        Next fld
      End If
    End With
  Next tdf

End Sub
```

250 クエリ名の一覧を取得したい

ポイント	QueryDefsコレクション、QueryDefオブジェクト、Nameプロパティ
構文	Database.QueryDefs、QueryDef.Name

データベース内にあるすべてのクエリの情報を取得するには、Databaseオブジェクトの「QueryDefs」コレクションを参照します。次のように記述します。

- **クエリの定義を扱う場合のオブジェクト変数は「QueryDef」オブジェクト型として宣言します。**
- **「For Each...Next」ステートメントを使って、QueryDefsコレクションから個々のQueryDefオブジェクトを取り出します。**
- **そのQueryDefオブジェクトの「Name」プロパティを参照することで、クエリの名前を取得できます。**

次のプログラム例では、クエリ名の先頭4文字を確認し、隠しオブジェクトは除外しています。

クエリの隠しオブジェクトとは、フォームなどの「レコードソース」プロパティに直接書かれたSQL文などのことです。ナビゲーションウィンドウには表示されませんが、それらは「~sq_」で始める名前で独立したクエリとしてデータベースに保存されています。

■ **プログラム例**

Sub Sample250

```
Sub Sample250()

  Dim dbs As Database
  Dim qdf As QueryDef

  Set dbs = CurrentDb
  For Each qdf In dbs.QueryDefs ———— すべてのクエリを列挙するループ
    With qdf
      If Left(.Name, 4) <> "~sq_" Then —— 隠しオブジェクトは除外
        Debug.Print .Name ———— クエリ名を出力
      End If
    End With
  Next qdf

End Sub
```

251 クエリの種類を調べたい

ポイント	QueryDefオブジェクト、Typeプロパティ
構文	QueryDef.Type

選択クエリや追加クエリといったクエリの種類を調べるには、QueryDefオブジェクトの「Type」プロパティを参照します。

このプロパティ値は数値ですが、下表のような組み込み定数と比較することで具体的な種類の名称を得ることができます。

組み込み定数	クエリの種類
dbQSelect	選択クエリ
dbQAppend	追加クエリ
dbQUpdate	更新クエリ
dbQDelete	削除クエリ
dbQMakeTable	テーブル作成クエリ
dbQCrosstab	クロス集計クエリ
dbQDDL	データ定義クエリ
dbQSQLPassThrough	パススルークエリ

■ プログラム例

Sub Sample251

```
Sub Sample251()

  Dim dbs As Database
  Dim qdf As QueryDef

  Set dbs = CurrentDb
  For Each qdf In dbs.QueryDefs ――――― すべてのクエリを列挙するループ
    With qdf
      If Left(.Name, 4) <> "~sq_" Then ―― 隠しオブジェクトは除外
        Debug.Print .Name, .Type ――――― クエリ名とその種類を出力
        If .Type = dbQSelect Then ――――― 選択クエリなら条件分岐
          Debug.Print "→選択クエリ"
        End If
      End If
    End With
  Next qdf

End Sub
```

252 選択クエリのフィールド名一覧を取得したい

ポイント	Fieldsコレクション、Fieldオブジェクト、Nameプロパティ
構文	QueryDef.Fields、Field.Name

選択クエリでは所定のフィールドが出力されます。それらのフィールド情報はQueryDefオブジェクトの「Fields」コレクションに格納されています。

そのコレクション内にある各「Field」オブジェクトを参照することで、フィールド名一覧を取得することができます。フィールド名はFieldオブジェクトの「Name」プロパティに格納されています。

■ プログラム例

Sub Sample252

```
Sub Sample252()

  Dim dbs As Database
  Dim qdf As QueryDef
  Dim fld As Field

  Set dbs = CurrentDb
  For Each qdf In dbs.QueryDefs ——————— すべてのクエリを列挙するループ
    With qdf
      If Left(.Name, 4) <> "~sq_" Then ——— 隠しオブジェクトは除外
        If .Type = dbQSelect Then ———— 選択クエリのとき
          Debug.Print .Name —————— クエリ名を出力
          For Each fld In .Fields
            Debug.Print "  " & fld.Name ——— フィールド名を出力
          Next fld
        End If
      End If
    End With
  Next qdf

End Sub
```

253 クエリのSQL文を取得したい

ポイント	QueryDefオブジェクト、SQLプロパティ
構文	QueryDef.SQL

クエリのSQL文を取得するには、QueryDefオブジェクトの「SQL」プロパティを参照します。

単一のクエリであれば「dbs.QueryDefs(クエリ名).SQL」の1文で取得できます。

すべてのクエリのSQL文を列挙したい場合は、「For Each...Next」ステートメントによるループ処理を行います。QueryDefsコレクションから個々のQueryDefオブジェクトを取り出し（プログラム例では変数qdfに代入）、それぞれのSQLプロパティから取得します。

■ **プログラム例**

Sub Sample253

```
Sub Sample253()

  Dim dbs As Database
  Dim qdf As QueryDef

  Set dbs = CurrentDb
  For Each qdf In dbs.QueryDefs ———— すべてのクエリを列挙するループ
    With qdf
      If Left(.Name, 4) <> "~sq_" Then —— 隠しオブジェクトは除外
        Debug.Print .Name ———— クエリ名を出力
        Debug.Print .SQL ———— SQL文を出力
      End If
    End With
  Next qdf

End Sub
```

実行例

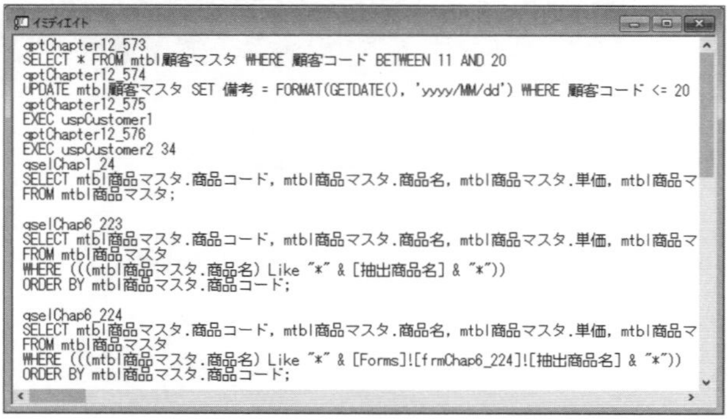

```
イミディエイト
qptChapter12_573
SELECT * FROM mtbl顧客マスタ WHERE 顧客コード BETWEEN 11 AND 20
qptChapter12_574
UPDATE mtbl顧客マスタ SET 備考 = FORMAT(GETDATE(), 'yyyy/MM/dd') WHERE 顧客コード <= 20
qptChapter12_575
EXEC uspCustomer1
qptChapter12_576
EXEC uspCustomer2 34
qselChap1_24
SELECT mtbl商品マスタ.商品コード, mtbl商品マスタ.商品名, mtbl商品マスタ.単価, mtbl商品マ
FROM mtbl商品マスタ;

qselChap6_223
SELECT mtbl商品マスタ.商品コード, mtbl商品マスタ.商品名, mtbl商品マスタ.単価, mtbl商品マ
FROM mtbl商品マスタ
WHERE (((mtbl商品マスタ.商品名) Like "*" & [抽出商品名] & "*"))
ORDER BY mtbl商品マスタ.商品コード;

qselChap6_224
SELECT mtbl商品マスタ.商品コード, mtbl商品マスタ.商品名, mtbl商品マスタ.単価, mtbl商品マ
FROM mtbl商品マスタ
WHERE (((mtbl商品マスタ.商品名) Like "*" & [Forms]![frmChap6_224]![抽出商品名] & "*"))
ORDER BY mtbl商品マスタ.商品コード;
```

254 SQL文の中に特定の文字列を含むクエリを探したい

ポイント　QueryDefオブジェクト、SQLプロパティ

文字列処理に使う「InStr」関数は、文字列内を検索して、特定文字列の出現位置を取得する関数です。

この関数では特定文字列が含まれていない場合は「0」が返されます。逆にそれが「>0」であればその文字列が含まれていると判定できます。

それを利用して、次のプログラム例ではQueryDefオブジェクトの「SQL」プロパティの文字列内を検索します。ここでは「mtbl商品マスタ」という文字列が含まれていたらそのクエリ名とSQL文をイミディエイトウィンドウに出力します。

■ プログラム例

Sub Sample254

```
Sub Sample254()

  Dim dbs As Database
  Dim qdf As QueryDef

  Set dbs = CurrentDb
  For Each qdf In dbs.QueryDefs ――― すべてのクエリを列挙するループ
    With qdf                                    mtbl商品マスタが含まれているとき
      If Left(.Name, 4) <> "~sq_" Then ―― 隠しオブジェクトは除外
        If InStr(.SQL, "mtbl商品マスタ") > 0 Then
          Debug.Print .Name ――― クエリ名を出力
          Debug.Print .SQL ――― SQL文を出力
        End If
      End If
    End With
  Next qdf

End Sub
```

実行例

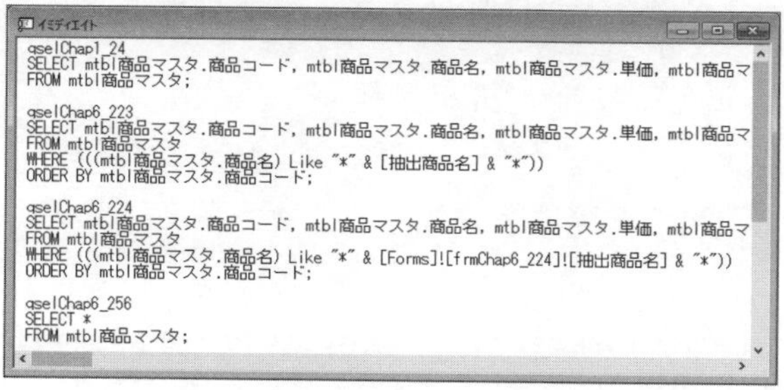

```
イミディエイト
qselChap1_24
SELECT mtbl商品マスタ.商品コード, mtbl商品マスタ.商品名, mtbl商品マスタ.単価, mtbl商品マ
FROM mtbl商品マスタ;

qselChap6_223
SELECT mtbl商品マスタ.商品コード, mtbl商品マスタ.商品名, mtbl商品マスタ.単価, mtbl商品マ
FROM mtbl商品マスタ
WHERE (((mtbl商品マスタ.商品名) Like "*" & [抽出商品名] & "*"))
ORDER BY mtbl商品マスタ.商品コード;

qselChap6_224
SELECT mtbl商品マスタ.商品コード, mtbl商品マスタ.商品名, mtbl商品マスタ.単価, mtbl商品マ
FROM mtbl商品マスタ
WHERE (((mtbl商品マスタ.商品名) Like "*" & [Forms]![frmChap6_224]![抽出商品名] & "*"))
ORDER BY mtbl商品マスタ.商品コード;

qselChap6_256
SELECT *
FROM mtbl商品マスタ;
```

255 クエリのSQL文からFROM句部分だけを取り出したい

ポイント | QueryDefオブジェクト、SQLプロパティ、FROM句

QueryDefオブジェクトの「SQL」プロパティの値は単なる文字列です。InStr関数やMid関数などを使って文字列処理することで、FROM句のような特定の文字列範囲を取り出すことができます。

次のプログラム例では、"FROM"という文字列の開始位置を取得（変数indeDlm1）、その後続の改行コードの位置を取得し（変数indeDlm2）、Mid関数でその間を切り出します。

また、Accessで保存したクエリのSQL文の最後には「;（セミコロン）」が自動的に付加されています。それをReplace関数で除去して、その結果を最終的に変数strFromに代入します。

■ **プログラム例**

Sub Sample255

```
Sub Sample255()

  Dim dbs As Database
  Dim qdf As QueryDef
  Dim intDelm1 As Integer, intDelm2 As Integer
  Dim strFrom As String

  Set dbs = CurrentDb
  For Each qdf In dbs.QueryDefs ―――― すべてのクエリを列挙するループ
    With qdf                                          FROMの次の改行コードを取得
      If Left(.Name, 4) <> "~sq_" Then ―― 隠しオブジェクトは除外
        intDelm1 = InStr(.SQL, "FROM") ―― SQL文からFROMの位置を取得
        If intDelm1 > 0 Then ―――― FROM句があるとき
          intDelm2 = InStr(intDelm1, .SQL, vbCrLf)
          If intDelm2 = 0 Then
            intDelm2 = InStr(intDelm1 + 5, .SQL, " ")
          End If                                改行がないときは次のスペースを取得
          strFrom = Mid(.SQL, intDelm1, intDelm2 - intDelm1)
          strFrom = Replace(strFrom, ";", "") ―― 最後の;を除去
          Debug.Print .Name ―――― クエリ名を出力
          Debug.Print strFrom ―――― FROM句を出力
        End If                                    FROM句の範囲を取り出し
      End If
    End With
  Next qdf

End Sub
```

※ 注：このコードはクエリのデザインビューで自動生成されたSQL文を前提としています。パススルークエリなどにおいて直接SQL文を手入力した場合などではエラーとなることがあります。

256 クエリのSQL文を変更したい

ポイント　QueryDefオブジェクト、SQLプロパティ

QueryDefオブジェクトの「SQL」プロパティを参照することで、指定したクエリのSQL文を取得できます。逆にそのプロパティにSQL文として有効な文字列式を代入することで、クエリのSQL文をプログラムから変更することができます。そこで行った変更は保存されますので、そのあと他の場面でも変更後のクエリを利用することができます。

次のプログラム例では、QueryDefsオブジェクトの引数に「qselChap6_256」という既存クエリ名を指定することで、そのクエリの定義をQueryDefオブジェクト変数qdfに代入します。そしてそのSQLプロパティにWHERE句を追加してクエリの内容を書き換えます。

■ プログラム例

Sub Sample256

```
Sub Sample256()

  Dim dbs As Database
  Dim qdf As QueryDef

  Set dbs = CurrentDb
  Set qdf = dbs.QueryDefs("qselChap6_256") ——— QueryDefオブジェクトを開く
  With qdf
    .SQL = "SELECT * FROM mtbl商品マスタ " & _
           "WHERE 商品名 LIKE '*消しゴム*'" ——— SQLプロパティを変更
  End With

End Sub
```

実行例

■ 実行前

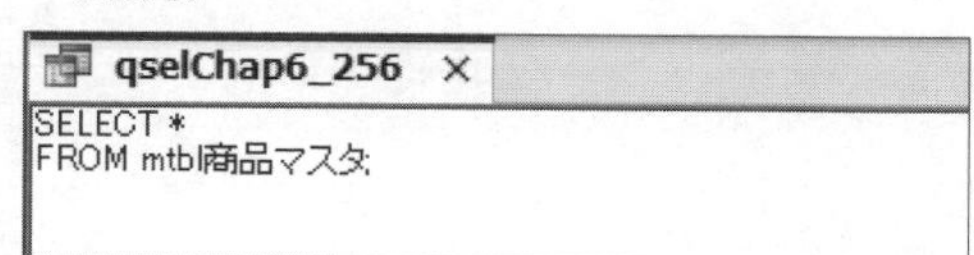

■ 実行後

257 スペース区切りの複数ワードからWHERE句を組み立てたい

ポイント | SQL文、WHERE句

テーブルに対するキーワード検索の処理として、スペース区切りで複数のキーワードを列挙し、そのいずれかを特定フィールドに含むレコードだけを抽出（OR検索）するプログラム例です。次のように記述しています。

- ① **まずここでは変数strKeyWordsに固定的に検索キーワードを指定しています（本来はフォームのテキストボックスへの入力値を使うと思います）。**
- ② **このキーワードには全角スペースも含まれる可能性もあるので、Replace関数でそれを半角スペースに置換します。**
- ③ **それをSplit関数に渡すことで、スペース区切りで分解したそれぞれの文字列を配列として受け取り、Variant型の変数avarWordsに代入します。**
- ④ **その配列からすべての要素をループで取り出します。**
- ⑤ **キーワードの区切りにスペースが連続している可能性もあります。そのような場合、Split関数で取り出したある要素は"スペースだけ"の状態となります。そのため、各要素についてスペースをTrim関数で除去し、その結果が空でなければ、つまりLen関数の返り値が0より大きければそれを採用してWHERE句（変数strWhere）に追加していきます。**
  - ※ ここでは「顧客名にそのキーワードを含む」を抽出条件としています。
  - ※「IIf(Len(strWhere) > 0, " OR ", "")」は、ループの1回目では何も付けず、2回目以降は条件式の前に"または"を表すOR演算子を付加するためのものです。
- ⑥ **最後にそのWHERE句を使ってSQL文全体を構成し、それを指定してレコードセットを開きます。**

■ **プログラム例** Sub Sample257

```
Sub Sample257()

  Dim dbs As Database
  Dim rst As Recordset
  Dim strSQL As String
  Dim strWhere As String
  Dim strKeyWords As String
  Dim avarWords As Variant
  Dim strWord As String
  Dim iintLoop As Integer

  strKeyWords = "栗原 井手　 塩崎　川端 " ―― 検索キーワード

```

```
    strKeyWords = Replace(strKeyWords, "　", " ") ——— 全角スペースの置換

    avarWords = Split(strKeyWords, " ") ——— スペース区切りで分解

    For iintLoop = 0 To UBound(avarWords) ——— WHERE句を組み立てるループ
      strWord = Trim(avarWords(iintLoop)) ——— 前後のスペースを除去
      If Len(strWord) > 0 Then ——— スペースのみの配列は除外
        strWhere = strWhere & _
                    IIf(Len(strWhere) > 0, " OR ", "") & _
                    "顧客名 LIKE '*" & strWord & "*'" ——— WHERE句に追加
      End If
    Next iintLoop
    Set dbs = CurrentDb                        WHERE句を追加してSQL文を組み立て
    strSQL = "SELECT * FROM mtbl顧客マスタ WHERE " & strWhere ———┘
    Set rst = dbs.OpenRecordset(strSQL)
    With rst
      Do Until .EOF
        Debug.Print !顧客コード, !顧客名
        .MoveNext
      Loop
      .Close
    End With

End Sub
```

■ **補足**

OR検索ではなくAND検索にしたい場合は、WHERE句組み立て時の「OR」の部分を「AND」に書き換えたり、カンマ区切りで検索キーワードを分解して「AND」に書き換えたりするなどのアレンジを加えます。

258 テーブルやクエリ名を一括変更したい

ポイント	DoCmdオブジェクト、Renameメソッド
構文	DoCmd.Rename 変更後の名前, acTable|acQuery, 変更前の名前

DoCmdオブジェクトの「Rename」メソッドを実行することで、テーブルやクエリ名を変更することができます。ナビゲーションウィンドウでの操作ではひとつひとつ行う必要がありますが、プログラムであれば複数の命令を列挙することで複数オブジェクトの名前を一括変更することができます。

2つめの引数にはテーブル・クエリそれぞれ組み込み定数「acTable」「acQuery」を指定しますが、対象オブジェクトに応じて次の組み込み定数も使うことができます。

組み込み定数	オブジェクト
acForm	フォーム
acReport	レポート
acMacro	マクロ

プログラム例はデータベースからテーブルやクエリ名を探すのではなく、固定値として指定しています。その場合、その名前のテーブルやクエリがデータベースにないとエラーとなります。

■ プログラム例

Sub Sample258

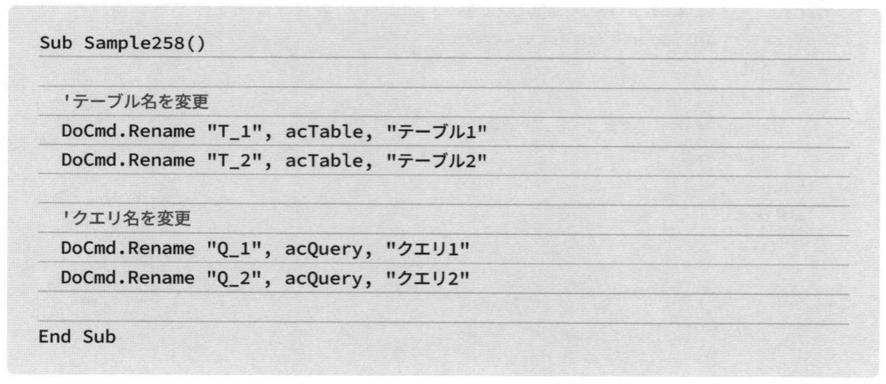

```
Sub Sample258()

  'テーブル名を変更
  DoCmd.Rename "T_1", acTable, "テーブル1"
  DoCmd.Rename "T_2", acTable, "テーブル2"

  'クエリ名を変更
  DoCmd.Rename "Q_1", acQuery, "クエリ1"
  DoCmd.Rename "Q_2", acQuery, "クエリ2"

End Sub
```

実行例

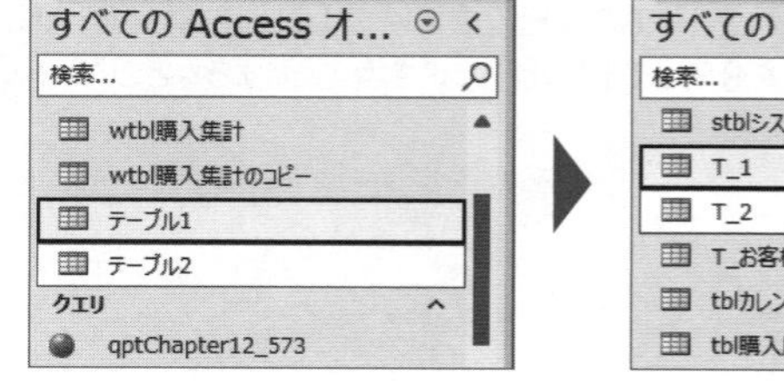

フォーム操作

Chapter

7

259 フォームを開きたい

ポイント	OpenFormメソッド
構文	DoCmd.OpenForm フォーム名, [ビュー], [クエリ名], [抽出条件式], [入力モード], [ウィンドウモード], [引数]

フォームを開くには、DoCmdオブジェクトの「OpenForm」メソッドを使います。引数にフォーム名だけを指定して実行することで、"フォームビュー"でそれを開くことができます。

■ **プログラム例**

Sub Sample259

```
Sub Sample259()

  'フォームを開く
  DoCmd.OpenForm "frmChap7_A"

End Sub
```

実行例

frmChap7_A

項目	値	項目	値
顧客コード	1		
顧客名	坂井 真緒	フリガナ	サカイ マオ
性別	女	生年月日	1990/10/19
郵便番号	781-1302		
住所1	高知県高岡郡越知町越知乙1-5-9		
住所2			
血液型	A		

閉じる

260 フォームをデータシートビューで開きたい

ポイント	OpenFormメソッド
構文	DoCmd.OpenForm フォーム名, [ビュー], [クエリ名], [抽出条件式], [入力モード], [ウィンドウモード], [引数]

フォームをデータシートビューで開くには、OpenFormメソッドの2つめの引数"ビュー"に組み込み定数「acFormDS」を指定します。

フォームのデザインにおいて「既定のビュー」プロパティが「データシート」に設定されていても、OpenFormメソッドではそれは反映されません。引数としてそれを指示する必要があります。逆に既定のビューが他の設定であっても、acFormDSを指定すればデータシートビューで開くことができます。

ビューの組み込み定数には次のようなものがあります。

組み込み定数	ビュー
acNormal	フォームビュー(既定)
acDesign	デザイン ビュー
acFormDS	データシートビュー
acPreview	印刷プレビュー
acFormPivotChart	ピボットグラフビュー
acFormPivotTable	ピボットテーブルビュー
acLayout	レイアウトビュー

■ プログラム例

Sub Sample260

```
Sub Sample260()

    'フォームをデータシートビューで開く
    DoCmd.OpenForm "frmChap7_A", acFormDS

End Sub
```

実行例

frmChap7_A

顧客コード	顧客名	フリガナ	性別	生年月日	郵便番号	住所1	住所2
1	坂井 真緒	サカイ マオ	女	1990/10/19	781-1302	高知県高岡郡越知町越知乙1-5-9	
2	澤田 雄也	サワダ ユウヤ	男	1980/02/27	402-0055	山梨県都留市川棚1-17-9	
3	井手 久雄	イデ ヒサオ	男	1992/03/01	898-0022	鹿児島県枕崎市宮田町4-16	宮田町レジデンス107
4	栗原 研治	クリハラ ケンジ	男	1984/11/05	329-1324	栃木県さくら市草川3-1-7	キャッスル草川117
5	内村 海士	ウチムラ アマト	男	2000/08/05	917-0012	福井県小浜市熊野4-18-16	
6	戸塚 松夫	トツカ マツオ	男	1982/04/15	519-0147	三重県亀山市山下町1-8-6	コート山下町418
7	塩崎 泰	シオザキ ヤスシ	男	1973/05/26	511-0044	三重県桑名市萱町1-8	萱町プラザ100
8	菅野 瑞樹	スガノ ミズキ	女	1977/02/05	607-8191	京都府京都市山科区大宅鳥田町2-5	
9	宮田 有紗	ミヤタ アリサ	女	1974/08/16	883-0046	宮崎県日向市中町1-1-14	
10	畠山 美佳	ハタケヤマ ミカ	女	1964/11/14	915-0037	福井県越前市萱谷町4-4	萱谷町ステーション306
11	山崎 正文	ヤマザキ マサフミ	男	1977/04/02	106-0045	東京都港区麻布十番2-13-9	
12	並木 幸三郎	ナミキ コウザブロウ	男	1974/01/24	824-0201	福岡県京都郡みやこ町犀川下高屋2-19-19	ステージ犀川下高屋408

261 フォームのデザインビューを開きたい

ポイント	OpenFormメソッド
構文	DoCmd.OpenForm フォーム名, [ビュー], [クエリ名], [抽出条件式], [入力モード], [ウィンドウモード], [引数]

フォームのデザインビューを開くには、OpenFormメソッドの2つめの引数"ビュー"に組み込み定数「acDesign」を指定します。

■ **プログラム例**

Sub Sample261

```
Sub Sample261()

  'フォームをデザインビューで開く
  DoCmd.OpenForm "frmChap7_A", acDesign

End Sub
```

実行例

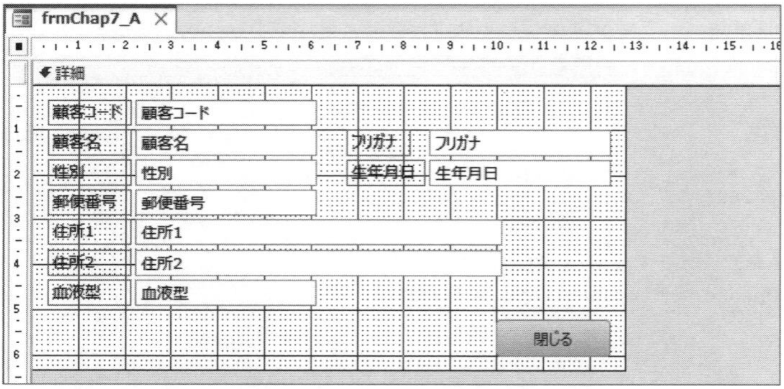

262 フォームをダイアログとして開きたい

ポイント	OpenFormメソッド
構文	DoCmd.OpenForm フォーム名, [ビュー], [クエリ名], [抽出条件式], [入力モード], [ウィンドウモード], [引数]

フォームをダイアログとして開くには、OpenFormメソッドの6つめの引数"ウィンドウモード"に組み込み定数「acDialog」を指定します。

この引数を指定することでフォームは"ポップアップ"と"作業ウィンドウ固定"の状態で開かれます。フォームのデザインにおいて「ポップアップ」や「作業ウィンドウ固定」プロパティを"はい"に設定しておく必要はありません。

ウィンドウモードの組み込み定数には次のようなものがあります。

組み込み定数	ウィンドウモード
acWindowNormal	通常（既定）
acDialog	ダイアログ
acHidden	非表示
acIcon	最小化

■ プログラム例

Sub Sample262

```
Sub Sample262()

  'フォームをダイアログで開く
  DoCmd.OpenForm "frmChap7_A", , , , , acDialog

End Sub
```

実行例

frmChap7_A	
顧客コード	1
顧客名	坂井 真緒
フリガナ	サカイ マオ
性別	女
生年月日	1990/10/19
郵便番号	781-1302
住所1	高知県高岡郡越知町越知乙1-5-9
住所2	
血液型	A

閉じる

レコード: 1 / 500 フィルターなし 検索

263 フォームを追加専用で開きたい

ポイント	OpenFormメソッド
構文	**DoCmd.OpenForm フォーム名, [ビュー], [クエリ名], [抽出条件式], [入力モード], [ウィンドウモード], [引数]**

フォームを新規レコードの追加専用で開くには、OpenFormメソッドの5つめの引数"入力モード"に組み込み定数「acFormAdd」を指定します。

この引数を指定することで、既存のレコードは表示されず、編集もできません。ただしこの状態で開いたあとに追加したデータについては、その範囲でレコード移動して表示・編集することができます。

入力モードの組み込み定数には次のようなものがあります。

組み込み定数	データ入力モード
acFormEdit	編集可（既定）
acFormAdd	追加専用
acFormReadOnly	読み込み専用

■ **プログラム例**

Sub Sample263

```
Sub Sample263()

    'フォームを追加専用で開く
    DoCmd.OpenForm "frmChap7_A", , , , acFormAdd

End Sub
```

実行例

frmChap7_A			
顧客コード	(新規)		
顧客名		フリガナ	
性別		生年月日	
郵便番号			
住所1			
住所2			
血液型			
		閉じる	

264 フォームを読み込み専用で開きたい

ポイント	OpenFormメソッド
構文	DoCmd.OpenForm フォーム名, [ビュー], [クエリ名], [抽出条件式], [入力モード], [ウィンドウモード], [引数]

フォームを読み込み専用で開くには、OpenFormメソッドの5つめの引数"入力モード"に組み込み定数「acFormReadOnly」を指定します。

フォームのデザインにおいて「追加の許可」「削除の許可」「更新の許可」プロパティがすべて"はい"に設定されていても、プログラムでそれらを変更することなく、すべて"いいえ"の状態で開くことができます。移動ボタンでは新規レコードへ移動するボタンが使用不可となります。データシートでは表の最下行に空のレコードが表示されなくなります。

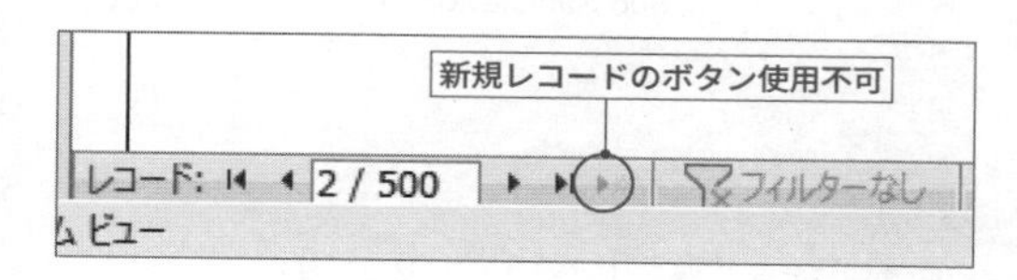

■ プログラム例

Sub Sample264

```
Sub Sample264()

  'フォームを読み込み専用で開く
  DoCmd.OpenForm "frmChap7_A", , , , acFormReadOnly

End Sub
```

265 フォームに抽出条件を指定して開きたい

ポイント	OpenFormメソッド
構文	DoCmd.OpenForm フォーム名, [ビュー], [クエリ名], [抽出条件式], [入力モード], [ウィンドウモード], [引数]

フォームを特定のレコードだけを抽出した状態で開くには、OpenFormメソッドの4つめの引数"抽出条件式"を指定します。ここにはSQL文のWHERE句で有効な文字列を指定します("WHERE"という語句は不要です)。

次のプログラム例では、「血液型 = 'A'」で血液型が"A"であるレコードだけを、また「住所1 LIKE '東京都*'」で住所1が"東京都で始まる"レコードだけを抽出して開きます。

■ **プログラム例**　　Sub Sample265_1、Sub Sample265_2

```
Sub Sample265_1()

  'フォームを抽出条件を指定して開く(血液型がA)
  DoCmd.OpenForm "frmChap7_A", acFormDS, , "血液型 = 'A'"

End Sub

Sub Sample265_2()

  'フォームを抽出条件を指定して開く(住所1が東京都で始まる)
  DoCmd.OpenForm "frmChap7_A", acFormDS, , "住所1 LIKE '東京都*'"

End Sub
```

●実行例●

frmChap7_A

顧客コード	顧客名	フリガナ	性別	生年月日	郵便番号	住所1	住所2
1	坂井 真緒	サカイ マオ	女	1990/10/19	781-1302	高知県高岡郡越知町越知乙1-5-9	
5	内村 海士	ウチムラ アマト	男	2000/08/05	917-0012	福井県小浜市熊野4-18-16	
6	戸塚 松夫	トツカ マツオ	男	1982/04/15	519-0147	三重県亀山市山下町1-8-6	コート山下町418
7	塩崎 泰	シオザキ ヤスシ	男	1973/05/26	511-0044	三重県桑名市萱町1-8	萱町プラザ100
12	並木 幸三郎	ナミキ コウザブロウ	男	1974/01/24	824-0201	福岡県京都郡みやこ町犀川下高屋2-19-19	ステージ犀川下高屋408
20	唐沢 綾子	カラサワ アヤコ	女	1992/06/24	854-0004	長崎県諫早市金谷町3-10-6	ハウス金谷町418
21	富岡 百花	トミオカ モモカ	女	1988/06/15	643-0531	和歌山県有田郡有田川町楠本2-16-16	
29	北村 咲子	キタムラ サキコ	女	1980/04/23	605-0084	京都府京都市東山区清本町4-8-20	
31	小西 花	コニシ ハナ	女	1990/08/05	417-0054	静岡県富士市永田4-18	永田ステーション316

frmChap7_A

顧客コード	顧客名	フリガナ	性別	生年月日	郵便番号	住所1	住所2
11	山崎 正文	ヤマザキ マサフミ	男	1977/04/02	106-0045	東京都港区麻布十番2-13-9	
15	岩下 省三	イワシタ ショウゾウ	男	1990/12/05	105-0011	東京都港区芝公園1-8	
92	佐竹 祥子	サタケ ショウコ	女	1972/03/14	111-0024	東京都台東区今戸4-12-3	
114	西 陽夏花	ニシ ヒマワリ	女	1997/06/03	111-0033	東京都台東区花川戸1-1	
169	矢部 藍花	ヤベ アイカ	女	1995/07/03	108-0073	東京都港区三田3-13-13	
276	秋本 音葉	アキモト オトハ	女	1964/11/12	171-0022	東京都豊島区南池袋3-5-10	
358	平野 栞奈	ヒラノ カンナ	女	1985/05/11	108-0073	東京都港区三田2-4-4	
361	郡司 真子	グンジ マコ	女	1991/02/16	101-0065	東京都千代田区西神田4-12	
386	西尾 幸市	ニシオ コウイチ	男	1985/05/01	140-0012	東京都品川区勝島4-14	勝島キャッスル107

266 フォームを非表示や最小化して開きたい

ポイント	OpenFormメソッド
構文	DoCmd.OpenForm フォーム名, [ビュー], [クエリ名], [抽出条件式], [入力モード], [ウィンドウモード], [引数]

フォームを開くOpenFormメソッドの6つめの引数"ウィンドウモード"において、フォームを非表示で開きたいときは組み込み定数「acHidden」を、最小化の状態で開きたいときは「acIcon」を指定します。

次のプログラム例の1つめでは、非表示で開いてもあくまでも見えないだけで、フォームのコントロールなどは参照できることを例示しています。ただし非表示で開いたときは閉じる操作もプログラムで行う必要があります。

最小化はAccessのオプションで「ウィンドウを重ねて表示する」が選択されているときだけ有効です。「タブ付きドキュメント」の場合は動作しません。

■ **プログラム例**

Sub Sample266_1、Sub Sample266_2

```
Sub Sample266_1()

  'フォームを非表示で開く
  DoCmd.OpenForm "frmChap7_A", , , , , acHidden

  'フォームのコントロールを参照
  MsgBox Forms!frmChap7_A!顧客名
  'フォームを閉じる
  DoCmd.Close acForm, "frmChap7_A"

End Sub

Sub Sample266_2()

  'フォームを最小化して開く
  DoCmd.OpenForm "frmChap7_A", , , , , acIcon

End Sub
```

267 フォームに引数を指定して開きたい

ポイント	OpenFormメソッド、OpenArgsプロパティ
構文	DoCmd.OpenForm フォーム名, [ビュー], [クエリ名], [抽出条件式], [入力モード], [ウィンドウモード], [引数]

OpenFormメソッドでフォームを開く際、そのフォームに引数を渡すことができます。それには7つめの"引数"(OpenArgs)を指定します。ここには任意の文字列や数値を指定することができます。

またそれを受け取る側のフォームでは、そのFormオブジェクトの「OpenArgs」プロパティでその値を取得することができます。

次のプログラム例では、「引数です!」という文字列を渡してフォームを開きます。

受け取り側では、そのフォーム自身を表すキーワード「Me」というオブジェクトのプロパティとしてOpenArgsプロパティの値を取得、メッセージボックスにそのまま表示します。

ここでもしOpenArgsが未指定で開かれた場合、受け取り側がそのプロパティを参照しようとするとNullであるためエラーとなることがあります。必ず指定されているという保証がないときは、IsNull関数で事前に判定したり、Nz関数で置き換えたりしてから処理する必要があります。

■ **プログラム例**

frmChap7_A、Sub Sample267

```
Private Sub Form_Load()
'フォーム読み込み時

  If Not IsNull(Me.OpenArgs) Then
    'OpenArgsが指定されていたらメッセージ表示
    MsgBox Me.OpenArgs, vbOKOnly + vbInformation
  End If

End Sub

Sub Sample267()

  'フォームに引数を指定して開く
  DoCmd.OpenForm "frmChap7_A", , , , , , "引数です！"

End Sub
```

268 フォームを閉じたい

ポイント	Closeメソッド
構文	DoCmd.Close [acForm, フォーム名, 保存有無]

開いているフォームを閉じるには、DoCmdオブジェクトの「Close」メソッドを使います。

2つめの引数には組み込み定数「acForm」を、3つめの引数にはフォーム名を指定しますが、フォームのイベントプロシージャで自分自身を閉じる場合にはそれらは省略できます。

次のプログラム例の1つめでは、[閉じる] ボタンのクリックで自分自身を閉じます。引数は省略できますが、ここでは自分自身のフォーム名を表す「Me.Name」という表記で引数指定しています。

2つめでは確認メッセージを表示して [はい] が選択されたときに指定フォームを閉じます。

指定したフォームが開いていなくても、あるいは実在しないフォーム名を指定しても通常はエラーとはなりません。ただしそのフォームの読み込み解除時イベントプロシージャでキャンセルされたときなど、閉じることを拒否された場合はエラーとなります。

■ **プログラム例**

frmChap7_A、Sub Sample268

```
Private Sub cmd閉じる_Click()
' [閉じる] ボタンクリック時

  'このフォームを閉じる
  DoCmd.Close acForm, Me.Name

End Sub

Sub Sample268()

  'フォームを開く
  DoCmd.OpenForm "frmChap7_A"

  If MsgBox("フォームを閉じますか？", vbYesNo + vbQuestion) = vbYes Then
    'フォームを閉じる
    DoCmd.Close acForm, "frmChap7_A"
  End If

End Sub
```

269 デザイン変更を保存せずにフォームを閉じたい

ポイント	Closeメソッド
構文	DoCmd.Close [acForm, フォーム名, 保存有無]

フォームを閉じる「Close」メソッドの3つめの引数で、閉じる際にそのフォームを保存するかどうかを指定することができます。

なお、ここでの保存とはデータのことではなく、フォームデザインの保存のことです。それに変更がない場合は、引数は特に意味を持ちません。

この引数には次のような組み込み定数を指定できます。

- **acSavePrompt**……… **保存するかどうかの確認メッセージを表示する**
- **acSaveYes**……………… **変更を保存して閉じる**
- **acSaveNo**………………… **変更を保存せずに閉じる**

■ プログラム例

Sub Sample269

```
Sub Sample269()

  'フォームを開く
  DoCmd.OpenForm "frmChap7_A"

  If MsgBox("フォームを保存してから閉じますか？", vbYesNo + vbQuestion) = vbYes
Then
    'フォームを保存して閉じる
    DoCmd.Close acForm, "frmChap7_A", acSaveYes
  Else
    'フォームを保存しないで閉じる
    DoCmd.Close acForm, "frmChap7_A", acSaveNo
  End If

End Sub
```

270 開いているフォームをまとめて閉じたい

ポイント　Formsコレクション、Closeメソッド

「Forms」コレクションは現在"開かれているフォーム"の集まりです。それを1つずつ調べていき、DoCmdオブジェクトのCloseメソッドを実行していくことで、名前の分からないフォームでもそれらをまとめて閉じることができます。

ただしその際は、閉じる順番が重要です。1つ閉じるとコレクション内の各要素が前に詰められてしまうためです。そのため、プログラム例ではコレクションの後ろから順番に閉じています。

Formsコレクションでは、配列のように「Forms(0)、Forms(1)……」とインデックスを指定することで、1つずつのFormオブジェクトを参照することができます。

またそのオブジェクトの「Name」プロパティを調べることで、フォーム名を取得することができます。

コレクションの要素数、つまり開いているフォームの数は「Count」プロパティで取得します。

■ プログラム例

Sub Sample270

```
Sub Sample270()

  Dim iintLoop As Integer

  '開いているフォームのループ
  For iintLoop = Forms.Count - 1 To 0 Step -1
    'iintLoop番目のフォームを閉じる
    DoCmd.Close acForm, Forms(iintLoop).Name
  Next iintLoop

End Sub
```

■ 補足

ここではどのフォームが開いているか分からないという前提での方法を示しています。もし開いているフォームが決まっているのであれば「DoCmd.Close」を連続実行するという方法あります。

271 あるフォームが開いているかどうか調べたい

ポイント	SysCmdメソッド
構文	SysCmd(acSysCmdGetObjectState, acForm, フォーム名)

Applicationオブジェクトの「SysCmd」メソッドが持ついくつかの機能のうち、1つめの引数に組み込み定数「acSysCmdGetObjectState」を指定することで、指定オブジェクトの状態を調べることができます。2つめの引数に「acForm」、3つめにフォーム名を指定することで、そのフォームが開いているかどうかを取得できます。

返り値は、そのフォームが閉じているときは「0」、それ以外の場合は状態に応じた0以外の値です。

次のプログラム例では、まずSysCmdを実行することで指定フォームが閉じていることを確認します。そしてフォームを開いたあとに再度実行することで、今度は開いていることを確認します。

※ Application オブジェクトは Access そのものを表すオブジェクトです。Access 上で実行するので、コードでは「Application.」の記述は省略できます。

■ プログラム例

Sub Sample271

```
Sub Sample271()

  Dim intRet As Integer

  '開いているかどうかを取得
  intRet = SysCmd(acSysCmdGetObjectState, acForm, "frmChap7_A")
  MsgBox IIf(intRet <> 0, "開いています！", "閉じています！")

  'フォームを開く
  DoCmd.OpenForm "frmChap7_A"

  '開いているかどうかを取得
  intRet = SysCmd(acSysCmdGetObjectState, acForm, "frmChap7_A")
  MsgBox IIf(intRet <> 0, "開いています！", "閉じています！")

End Sub
```

実行例

272 指定フォームが閉じるまで待機したい

ポイント	SysCmdメソッド
構文	SysCmd(acSysCmdGetObjectState, acForm, フォーム名)

「SysCmd」メソッドの引数に「acSysCmdGetObjectState」を指定することで、フォームが開いているかどうかを調べることができます。そのチェックをループ内で行い、フォームが閉じたら（返り値が0になったら）ループを抜けるという処理を行うことで、フォームが閉じるまで次のコードの実行を待機させることができます。

■ プログラム例

Sub Sample272

```
Sub Sample272()

  'フォームを開く
  DoCmd.OpenForm "frmChap7_A"

  '開いている間待機するループ
  Do
    DoEvents
  Loop Until SysCmd(acSysCmdGetObjectState, acForm, "frmChap7_A") = 0

  MsgBox "フォームが閉じられました！"

End Sub
```

実行例

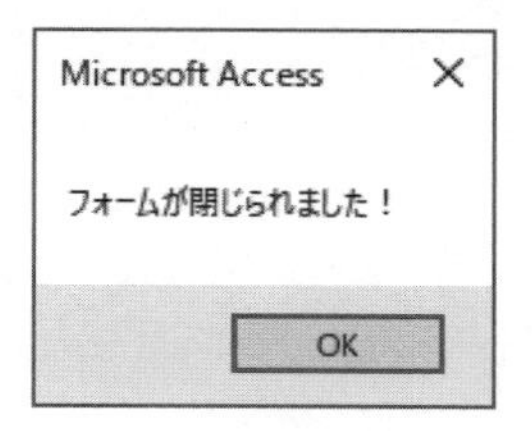

■ 補足

上記ではDo...Loop内で「DoEvents」関数を実行して制御を一時的にWindowsに渡しています。それによって、開いたフォームをユーザーが操作したり閉じたりできるようにしています。

273 アクティブなフォームを調べたい

ポイント	ActiveFormオブジェクト
構文	Screen.ActiveForm

現在アクティブになっているフォームを調べるには、「Screen」オブジェクトの「ActiveForm」オブジェクトを参照します。

これはFormオブジェクトですので、「Name」プロパティでフォーム名を取得することができます。またそれ以外のプロパティを参照したりメソッドを実行したりすることもできます。

さらに、その中の特定のコントロールを「Screen.ActiveForm!顧客名」のようにして参照することで、その値や各種プロパティを扱うこともできます。

■ **プログラム例**

Sub Sample273

```
Sub Sample273()

  'フォームを開く
  DoCmd.OpenForm "frmChap7_A"

  'アクティブなフォームの名前を参照
  MsgBox Screen.ActiveForm.Name

  'アクティブなフォームのコントロールを参照
  MsgBox Screen.ActiveForm!顧客名

End Sub
```

実行例

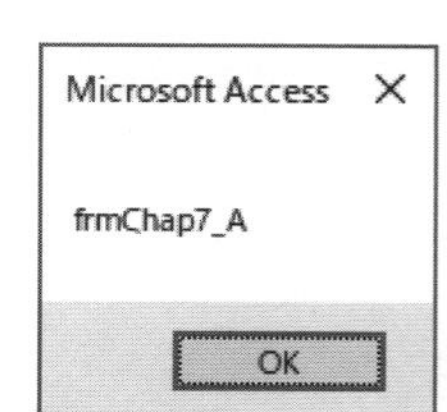

274 複数フォームの中の特定フォームをアクティブにしたい

ポイント	SelectObjectメソッド
構文	DoCmd.SelectObject acForm, フォーム名

あるデータベース内のオブジェクトをアクティブにするには、DoCmdオブジェクトの「SelectObject」メソッドを使います。1つめの引数に組み込み定数「acForm」を指定したうえで、2つめの引数に任意のフォーム名を指定すると、そのフォームを選択状態にすることができます。

次のプログラム例では、開いているフォームの集まりであるFormsコレクションから「For Each...Next」ステートメントでFormオブジェクトを1つずつ取り出し、その名前(Form.Name)が特定のものであったらアクティブにするという処理を行っています。

■ プログラム例

Sub Sample274

```
Sub Sample274()

  Dim frm As Form

  '開いているすべてのフォームのループ
  For Each frm In Forms
    If frm.Name = "frmChap7_A" Then
      'フォームをアクティブにする
      DoCmd.SelectObject acForm, frm.Name
    End If
  Next frm

End Sub
```

実行例

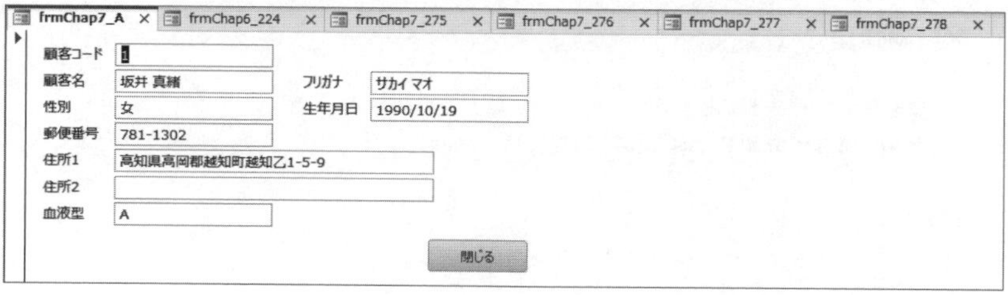

frmChap7_A ✕ | frmChap6_224 ✕ | frmChap7_275 ✕ | frmChap7_276 ✕ | frmChap7_277 ✕ | frmChap7_278 ✕

顧客コード	1		
顧客名	坂井 真緒	フリガナ	サカイ マオ
性別	女	生年月日	1990/10/19
郵便番号	781-1302		
住所1	高知県高岡郡越知町越知乙1-5-9		
住所2			
血液型	A		

閉じる

■ 補足

SelectObjectメソッドでは指定したオブジェクトが開いている必要があります。

また、構文の「acForm, フォーム名」に替えて、「acTable, テーブル名」、「acQuery, クエリ名」、「acReport, レポート名」とすることで、それらの種類のオブジェクトをアクティブにすることでもできます。

275 フォームの標題を開くときに切り替えたい

ポイント　OpenArgsプロパティ、Captionプロパティ

OpenFormメソッドを実行する際、7つめの引数であるOpenArgsを指定することで、その値に応じて受け取り側のフォームの標題を切り替えることができます。フォームの標題は「Caption」プロパティで取得・設定します。

次のプログラム例では、引数として数値を渡します。開かれた方のフォームでは、Load/読み込み時イベントプロシージャでその値（OpenArgsプロパティ）を受け取り、その値に応じて標題を切り替えます。

フォームを開く際（ユーザーに画面が見えるようになる前）にフォームやコントロールの属性を変えるには、「Load/読み込み時イベント」プロシージャを使います。

OpenArgsプロパティの値はフォームの読み込み時に限らず、そのフォームが開いている間は保持され、各所で参照することができます。

■ **プログラム例**　　frmChap7_275、Sub Sample275

```
Private Sub Form_Load()
'フォーム読み込み時

  'OpenArgsから標題を設定
  If Me.OpenArgs = 1 Then
    Me.Caption = "顧客マスタ画面"
  ElseIf Me.OpenArgs = 2 Then
    Me.Caption = "お客様マスタ画面"
  End If

End Sub

Sub Sample275()

  'フォームに引数を指定して開く
  DoCmd.OpenForm "frmChap7_275", , , , , , 1

End Sub
```

276 フォームを開くときに最終レコードに移動したい

ポイント	GoToRecordメソッド
構文	DoCmd.GoToRecord [acForm, フォーム名], 移動先

フォームのレコードを移動するには、DoCmdオブジェクトの「GoToRecord」メソッドを使います。

またそれをLoad/読み込み時イベントプロシージャで実行することで、画面がユーザーに見えるようになる前にレコード移動し、そのレコードを初期表示させることができます。

このメソッドでは、3つめの引数に移動先レコードとして下表の組み込み定数を指定します（1つめと2つめの引数は自分自身のフォームの場合は省略できます）。

組み込み定数	移動先コード
acFirst	先頭レコード
acPrevious	前レコード
acNext	次レコード
acLast	最終レコード
acNewRec	新規レコード
acGoTo	指定した番号のレコード 例：DoCmd.GoToRecord , , acGoTo, 10

■ プログラム例

frmChap7_276

```
Private Sub Form_Load()
'フォーム読み込み時

  '最終レコードに移動
  DoCmd.GoToRecord , , acLast

End Sub
```

実行例

frmChap7_276

顧客コード	500		
顧客名	横山 照男	フリガナ	ヨコヤマ テルオ
性別	男	生年月日	1967/10/25
郵便番号	523-0802		
住所1	滋賀県近江八幡市大中町2-8		
住所2	ステージ大中町115		
血液型	B		

277 フォームを開くときに新規レコードに移動したい

ポイント	GoToRecordメソッド
構文	DoCmd.GoToRecord [acForm, フォーム名], 移動先

フォームを開くときに新規レコードに移動するには、Load/読み込み時イベントプロシージャにおいて、DoCmdオブジェクトの「GoToRecord」メソッドを使います。その際、3つめの引数として組み込み定数「acNewRec」を指定します。

この場合、単に新規レコードに移動しただけですので、フォームをOpenFormメソッドで追加専用で開いたときとは違い、既存のレコードに移動したり編集したりすることもできます。

■ プログラム例

frmChap7_277

```
Private Sub Form_Load()
'フォーム読み込み時

  '新規レコードに移動
  DoCmd.GoToRecord , , acNewRec

End Sub
```

実行例

frmChap7_277

顧客コード	(新規)		
顧客名		フリガナ	
性別		生年月日	
郵便番号			
住所1			
住所2			
血液型			

278 1つのフォームを使い回したい

ポイント OpenArgsプロパティ

フォームのLoad/読み込み時イベントを利用して各種プロパティを変更すると、元々のデザインとは異なる外観や動作に動的に切り替えることができます。切り替えのタイミングとして、OpenFormメソッドの引数OpenArgsを状況に応じて変更することで、呼び出し側でスイッチングすることができます。

次のプログラム例では、OpenArgsが「1」かどうかで各種プロパティを切り替えます。またOpenArgsが省略された場合はNz関数を使って「1」として処理します。

■ **プログラム例**

frmChap7_278、Sub Sample278

```
Private Sub Form_Load()
'フォーム読み込み時

  Dim blnEditFlg As Boolean

  If Nz(Me.OpenArgs, 1) = 1 Then ―― OpenArgsによる切り替え（省略時は1）
    blnEditFlg = True
    Me!lblMsg.Caption = "データを編集できます！" ―― ラベルの標題プロパティ
  Else
    blnEditFlg = False
    Me!lblMsg.Caption = "閲覧専用です！編集はできません。"
    Me!lblMsg.BackColor = vbRed ―― ラベルの背景色プロパティ
  End If
  Me.AllowAdditions = blnEditFlg ―― 追加の許可プロパティ
  Me.AllowDeletions = blnEditFlg ―― 削除の許可プロパティ
  Me.AllowEdits = blnEditFlg ―― 更新の許可プロパティ
  Me!cmd追加.Visible = blnEditFlg ―― [追加] ボタンの可視プロパティ
  Me!cmd削除.Visible = blnEditFlg ―― [削除] ボタンの可視プロパティ
  Me!cmd更新.Visible = blnEditFlg ―― [更新] ボタンの可視プロパティ

End Sub

Sub Sample278()

  'フォームに引数を指定して開く
  DoCmd.OpenForm "frmChap7_278", , , , , , 1

End Sub
```

279 フォームに複数のOpenArgsを渡したい

ポイント　OpenArgsプロパティ、Split関数

フォームを開くOpenFormメソッドの引数OpenArgsは1つしかありません。しかし、カンマ区切りやセミコロン区切りなどで複数の値を列挙して、それら全体を1つの文字列データとして渡すことができます。

そこで、OpenArgsを受け取った側でそれを分解して個別に扱えるようにすれば、結果的に複数の値を渡せることになります。

次のプログラムはセミコロン区切りでOpenArgsを渡す例です。受け取った側のフォームではそれをSplit関数で分解し、それぞれの引数データをavarOpenArgsという配列の要素として取り出します。

■ プログラム例　　frmChap7_279、Sub Sample279

```
Private Sub Form_Load()
'フォーム読み込み時

  Dim avarOpenArgs As Variant
  Dim iintLoop As Integer

  'OpenArgsをセミコロンで分解
  avarOpenArgs = Split(Nz(Me.OpenArgs), ";")

  '各要素を取り出して表示するループ
  For iintLoop = 0 To UBound(avarOpenArgs)
    MsgBox avarOpenArgs(iintLoop)
  Next iintLoop

End Sub

Sub Sample279()

  'フォームにセミコロン区切りで複数の引数を指定して開く
  DoCmd.OpenForm "frmChap7_279", , , , , , "1つめ;2つめ;3つめ;4つめ"

End Sub
```

280 レコードソースにSQL文を指定したい

ポイント　RecordSourceプロパティ

フォームにどのテーブルやクエリのデータを表示するか、その設定を行うのが「RecordSource」プロパティです。このプロパティには、クエリビルダの操作でも分かるように、SQL文を指定することもできます。

次のプログラム例では、OpenArgsの値によって3種類のSQL文をフォーム読み込み時に切り替えています。

※ コントロールがフィールドと連結している場合、いずれのSQL文もそれらのフィールドを含んでいる必要があります。そうでないときは、含まれないフィールドと連結したコントロールのコントロールソースプロパティを切り替えたり、コントロールの可視／非可視を切り替えたりします。

■ プログラム例

frmChap7_280、Sub Sample280

```
Private Sub Form_Load()
'フォーム読み込み時

  Dim strSQL As String

  'OpenArgsによってSQL文を切り替え
  If Me.OpenArgs = 1 Then
     strSQL = "SELECT * FROM mtbl顧客マスタ WHERE 住所1 LIKE '東京都*'"
  ElseIf Me.OpenArgs = 2 Then
     strSQL = "SELECT * FROM mtbl顧客マスタ WHERE 住所1 LIKE '神奈川県*'"
  Else
     strSQL = "SELECT * FROM mtbl顧客マスタ"
  End If

  'フォームのレコードソースにSQL文を設定
  Me.RecordSource = strSQL

End Sub

Sub Sample280()

  'フォームに引数を指定して開く
  DoCmd.OpenForm "frmChap7_280", acFormDS, , , , , 1

End Sub
```

281 レコードソースやそのSQL文を動的に変更したい

ポイント　RecordSourceプロパティ

フォームの「RecordSource」プロパティは、コマンドボタンのクリックやオプションボタンの切り替えなど、任意のタイミングで、フォームを開いたあとでも動的に変更することができます。

次のプログラムは、フォーム上の3つのコマンドボタンでそれぞれ異なるRecordSourceを設定する例です。［ソース1］ボタンではSQL文を設定し、［ソース2］ボタンでは保存済みのクエリを、また［ソース3］ボタンではテーブルをRecordSourceに設定します。

■ **プログラム例**　　frmChap7_281

```
Private Sub cmdソース1_Click()
' [ソース1] ボタンクリック時

  Me.RecordSource = "SELECT * FROM mtbl顧客マスタ WHERE 住所1 LIKE '東京都*'"
                                                  └─ SQL文
End Sub

Private Sub cmdソース2_Click()
' [ソース2] ボタンクリック時

  Me.RecordSource = "qselChap7_281" ── クエリ

End Sub

Private Sub cmdソース3_Click()
' [ソース3] ボタンクリック時

  Me.RecordSource = "mtbl顧客マスタ" ── テーブル

End Sub
```

実行例

frmChap7_281

ソース1　ソース2　ソース3

顧客コード　13
顧客名　佐久間 瑞穂　フリガナ　サクマ ミズホ
性別　女　生年月日　1982/06/26
郵便番号　232-0054
住所1　神奈川県横浜市南区大橋町3-2
住所2　大橋町スカイ217
血液型　O

282 フォームを開いたあとにビューを切り替えたい

ポイント	RunCommandメソッド
構文	DoCmd.RunCommand コマンド組み込み定数

DoCmdオブジェクトの「RunCommand」メソッドにおいて、引数にビューに関連した組み込み定数を指定することで、フォームを開いたあとにそのビューを切り替えることができます。

組み込み定数	ビュー
acCmdFormView	フォームビュー
acCmdDatasheetView	データシートビュー
acCmdPrintPreview	印刷プレビュー

※ プログラム例では、［ビュー切り替え］ボタンクリック時の1つのイベントプロシージャで3つのビューを順番に切り替えています。一度データシートビューにするとボタンが表示されなくなり、他のビュー用のボタンを選択できなくなるため、例示用として連続切り替えしています。

■ プログラム例

frmChap7_282

```
Private Sub cmdビュー切り替え_Click()
'［ビュー切り替え］ボタンクリック時

  MsgBox "データシートビューに切り替えます！"
  DoCmd.RunCommand acCmdDatasheetView

  MsgBox "印刷プレビューに切り替えます！"
  DoCmd.RunCommand acCmdPrintPreview

  MsgBox "フォームビューに戻します！"
  DoCmd.RunCommand acCmdFormView

End Sub
```

実行例

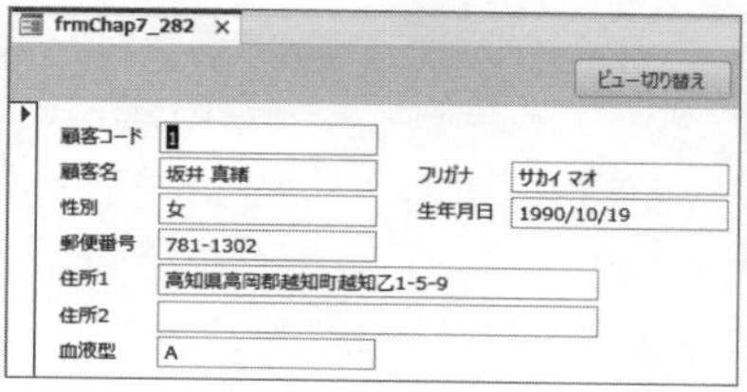

frmChap7_282

ビュー切り替え

顧客コード	1		
顧客名	坂井 真緒	フリガナ	サカイ マオ
性別	女	生年月日	1990/10/19
郵便番号	781-1302		
住所1	高知県高岡郡越知町越知乙1-5-9		
住所2			
血液型	A		

frmChap7_282

顧客コード	顧客名	フリガナ	性別	生年月日	郵便
1	坂井 真緒	サカイ マオ	女	1990/10/19	781
2	澤田 雄也	サワダ ユウヤ	男	1980/02/27	402
3	井手 久雄	イデ ヒサオ	男	1992/03/01	898
4	栗原 研治	クリハラ ケンジ	男	1984/11/05	329
5	内村 海士	ウチムラ アマト	男	2000/08/05	917
6	戸塚 松夫	トツカ マツオ	男	1982/04/15	519
7	塩崎 泰	シオザキ ヤスシ	男	1973/05/26	511
8	菅野 瑞樹	スガノ ミズキ	女	1977/02/05	607
9	宮田 有紗	ミヤタ アリサ	女	1974/08/16	883
10	畠山 美佳	ハタケヤマ ミカ	女	1964/11/14	915
11	山崎 正文	ヤマザキ マサフミ	男	1977/04/02	106

283 ポップアップフォームを移動したい

ポイント	Moveメソッド
構文	Form.Move 左, [上, 幅, 高さ]

ポップアップフォームを移動するには、Formオブジェクトの「Move」メソッドを使います。

引数として、"移動"に関しては1つめと2つめの引数にそれぞれ左位置、上位置を指定します。

またこのメソッドでは、3つめと4つめの引数でそれぞれ幅、高さの"サイズ"に関する変更も行えます（プログラム例の［移動3］ボタンクリック時）。

なお、引数に指定する値の単位は「twip」です。論理的な1cmは567twipです。

Accessのオプションで「タブ付きドキュメント」に設定されている場合、デザイン上、フォームの「ポップアップ」プロパティが"はい"に設定されている必要があります。通常のタブ付きドキュメント表示の場合は機能しません。

■ **プログラム例** frmChap7_283

```
Private Sub cmd移動1_Click()
' ［移動1］ボタンクリック時

  Me.Move 0, 0

End Sub

Private Sub cmd移動2_Click()
' ［移動2］ボタンクリック時

  Me.Move 3000, 3000

End Sub

Private Sub cmd移動3_Click()
' ［移動3］ボタンクリック時

  Me.Move 6000, 0, 10000, 8000

End Sub
```

284 ポップアップフォームの初期位置を設定したい

ポイント	Moveメソッド、Load/読み込み時イベント
構文	Form.Move 左, [上, 幅, 高さ]

フォームのLoad/読み込み時イベントプロシージャでFormオブジェクトの「Move」メソッドを実行することで、フォームがユーザーに見えるようになる前にその初期表示位置を設定することができます。またこれによって、デザインを保存したときの位置が変わっても、プログラムで常に同じ位置に初期表示させることができます。

Moveメソッドの引数では、1つめと2つめにそれぞれ左位置、上位置を指定します。

なお、引数に指定する値の単位は「twip」です。論理的な1cmは567twipです。

Accessのオプションで「タブ付きドキュメント」に設定されている場合、デザイン上、フォームの「ポップアップ」プロパティが"はい"に設定されている必要があります。通常のタブ付きドキュメント表示の場合は機能しません。

■ プログラム例

frmChap7_284

```
Private Sub Form_Load()
'フォーム読み込み時

  'フォームの初期位置を設定
  Me.Move 8000, 5000

End Sub
```

実行例

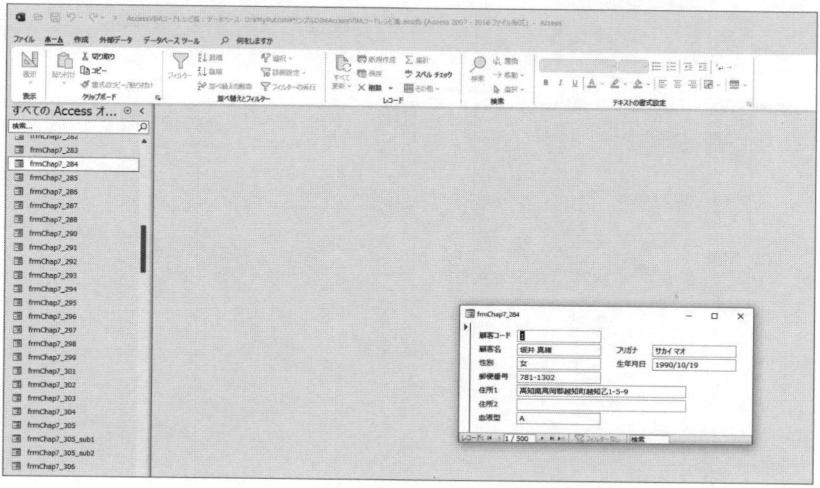

285 ポップアップフォームを最大化／最小化したい

ポイント	Maximizeメソッド、Minimizeメソッド、Restoreメソッド
構文	DoCmd.Maximize、DoCmd.Minimize、DoCmd.Restore

フォームの「ポップアップ」プロパティが"はい"に設定されている場合には、Accessのオプションでタブ付きドキュメントに設定されていても、ウィンドウの最大化／最小化が可能です。

最大化／最小化に関しては、DoCmdオブジェクトの次のメソッドを実行します。

- **最大化…………Maximize**
- **最小化…………Minimize**
- **元に戻す………Restore**

■ **プログラム例**　frmChap7_285

```
Private Sub cmd最大化_Click()
' [最大化] ボタンクリック時

  DoCmd.Maximize

End Sub

Private Sub cmd最小化_Click()
' [最小化] ボタンクリック時

  DoCmd.Minimize

End Sub

Private Sub cmd元に戻す_Click()
' [元に戻す] ボタンクリック時

  DoCmd.Restore

End Sub
```

286 フォームに時計を表示したい

ポイント　Timer/タイマー時イベント、TimerIntervalプロパティ

現在日時を取得するには「Now」関数を使います。それを時計として表示するポイントは、一定時間間隔でNow関数を再実行して、最新の時刻に更新することです。

フォームにおいて、一定時間間隔で同じ処理を行いたい場合には、「Timer/タイマー時」イベントを使います。このイベントプロシージャにNow関数で取得した最新時刻をテキストボックス（例ではtxtClock）などに代入する処理を記述します。

タイマー時イベントを発生させる時間間隔は、プロパティシートで固定値を設定するのであれば「タイマー間隔」プロパティ欄、VBAのコードで動的に設定するのであればFormオブジェクトの「TimerInterval」プロパティで設定します。単位は「ミリ秒」です。例では「1000」を設定して1秒間隔でイベントを発生させています。

なお、Now関数の返り値には日付も含まれます。時刻のみの表示にするには、プロパティシートやコード上で「hh¥時nn¥分ss¥秒」や「hh:nn:ss」などの書式を設定したり、TimeValue関数で時刻のみ取り出したりします。

■ プログラム例

frmChap7_286

```
Private Sub Form_Load()
'フォーム読み込み時

  'タイマー間隔を1秒に設定
  Me.TimerInterval = 1000

End Sub

Private Sub Form_Timer()
'フォームのタイマー時

  '時計を現在時刻に更新
  Me!txtClock = Now()

End Sub
```

287 予定時刻になったらアラームを表示したい

ポイント　Timer/タイマー時イベント

予定時刻になったらアラームを表示するには、一定時間間隔で現在時刻を調べ、それが予定時刻になったかどうかを比較照合します。そして予定時刻になったらメッセージを表示するなどの処理を行います。

一定時間間隔で現在時刻を調べるには、「Timer/タイマー時」イベントを使います。このイベントプロシージャでNow関数によって取得します。

※ 下記のプログラム例では、一例として予定時刻をフォーム読み込み時の5秒後としています。

※ 予定時刻のリセットで「dtmAlarmTime = DateAdd("m", 1, Now())」のように1ヶ月後を設定しているのは、将来の時刻を設定することで次回以降のタイマー時イベント発生時に予定時刻になったかどうかの条件式に該当しないようにするためです。そうしないと以降1秒ごとにメッセージが表示されてしまいます。

■ **プログラム例**　frmChap7_287

```
Private pdtmAlarmTime As Date ―― Declarationsで宣言（複数のプロシージャで共有するため）
Private Sub Form_Load()
'フォーム読み込み時

  Me.TimerInterval = 1000 ―― タイマー間隔を1秒に設定
  pdtmAlarmTime = DateAdd("s", 5, Now()) ―― 予定時刻を5秒後に初期設定

End Sub

Private Sub Form_Timer()
'フォームのタイマー時

  Me!txtClock = Now() ―― 時計を現在時刻に更新
  If Now() > pdtmAlarmTime Then ―― 予定時刻になったか確認
    MsgBox "予定時刻になりました！"
    pdtmAlarmTime = DateAdd("m", 1, Now()) ―― 予定時刻をリセット
  End If

End Sub
```

288 フォームのタイマーを停止／再開させたい

ポイント　TimerIntervalプロパティ

Timer/タイマー時イベントを発生させる時間間隔は、Formオブジェクトの「TimerInterval」プロパティで設定します（単位はミリ秒）。

ここに1000を設定すれば1秒間隔でイベントが発生するようになります。「0」を設定すればイベントの発生が停止します。そのあと1000を再設定すればイベントの発生も再開されます。

■ **プログラム例**

frmChap7_288

```
Private Sub Form_Load()
'フォーム読み込み時

  Me.TimerInterval = 1000 ―― タイマー間隔を1秒に設定

End Sub

Private Sub Form_Timer()
'フォームのタイマー時

  Me!txtClock = Now() ―――― 時計を現在時刻に更新

End Sub

Private Sub cmdタイマー停止_Click()
'［タイマー停止］ボタンクリック時

  Me.TimerInterval = 0 ―――― タイマー間隔を0に設定

End Sub

Private Sub cmdタイマー再開_Click()
'［タイマー再開］ボタンクリック時

  Me.TimerInterval = 1000 ―― タイマー間隔を1秒に再設定
  Me!txtClock = Now() ―――― 時計を現在時刻に更新

End Sub
```

289 一時的にフォームを隠したい

ポイント Visibleプロパティ

フォームを隠すにはFormオブジェクトの「Visible」プロパティに"False"を設定します。隠したフォームを再表示させるには"True"を設定します。

Visibleプロパティではフォームを閉じるのではなく非表示にするだけですので、隠れている間もそのフォームやコントロールなどを参照することができます。

■ プログラム例

Sub Sample289

```
Sub Sample289()

  Dim frm As Form
  Const cstrFormName As String = "frmChap7_A"

  DoCmd.OpenForm cstrFormName ――― フォームを開く
  Set frm = Forms(cstrFormName) ―― 開いたフォームをオブジェクト変数に代入

  MsgBox "フォームを隠します！"
  frm.Visible = False ――――――― フォームを隠す
  MsgBox frm.Caption ―――――――― フォームを参照
  MsgBox frm!顧客名 ――――――――― フォームのコントロールを参照

  MsgBox "フォームを再表示します！"
  frm.Visible = True ――――――― フォームを再表示

End Sub
```

290 フォームを閉じるときに終了確認メッセージを表示させたい

ポイント | Unload/読み込み解除時イベント

フォームを閉じようとしたときに終了確認メッセージを表示させるには、「Unload/読み込み解除時」イベントを使います。このイベントプロシージャにおいて、MsgBox関数で確認メッセージを表示します。

MsgBox関数で［いいえ］や［キャンセル］など終了しない方が選択されたときは、Unloadイベントプロシージャの既定の引数である「Cancel」に"True"を代入します。それによってフォームが閉じられようとしているのをキャンセル（閉じない）できます。

プログラム例では［閉じる］ボタンがフォームに配置されていますので、そのクリック時イベントプロシージャで確認してもよいように思えます。しかしその場合、フォーム右上の［×］（閉じるボタン）で閉じられようとしたときは確認できません。そこで、どちらの操作からでも閉じられようとしていることを検知できるUnloadイベントを使っています。

なお、［閉じる］ボタンのイベントプロシージャで「On Error Resume Next」を記述しているのは、Unloadイベントプロシージャで"閉じない"選択がされたときにDoCmd.Closeが失敗したことによるエラーを無視するためです。

■ プログラム例

frmChap7_290

```
Private Sub cmd閉じる_Click()
' [閉じる] ボタンクリック時

  'このフォームを閉じる
  On Error Resume Next
  DoCmd.Close acForm, Me.Name

End Sub

Private Sub Form_Unload(Cancel As Integer)
'フォーム読み込み解除時

  If MsgBox("この画面を終了しますか？", vbYesNo + vbQuestion) = vbNo Then
    Cancel = True
  End If

End Sub
```

291 フォームを閉じるときにAccessを終了したい

ポイント	Unload/読み込み解除時イベント、Quitメソッド
構文	[Application].Quit [保存有無]

Accessをプログラムから終了させるには、「Quit」メソッドを使います。

また、フォーム（たとえばメインメニュー画面のようなもの）が閉じるときにいっしょにAccessも終了させたいので、「Unload/読み込み解除時」イベントのプロシージャでそのメソッドを実行します。

Quitメソッドの引数では、変更されたオブジェクトの保存に関して次の組み込み定数を指定することができます（省略も可）。

- **acQuitSaveAll**…………変更を保存する（既定値）
- **acQuitPrompt**…………保存するかどうかの確認メッセージを表示する
- **acQuitSaveNone**……変更を保存しない

■ プログラム例　　frmChap7_291

```
Private Sub Form_Unload(Cancel As Integer)
'フォーム読み込み解除時

  Dim intRet As Integer

  intRet = MsgBox("Accessも同時に終了しますか？", vbYesNoCancel + vbQuestion)
  If intRet = vbYes Then ――――――― [はい] ボタン
    'Accessを終了
    Quit
  ElseIf intRet = vbCancel Then ――― [キャンセル] ボタン
    'このフォームを閉じない
    Cancel = True
  End If

End Sub
```

実行例

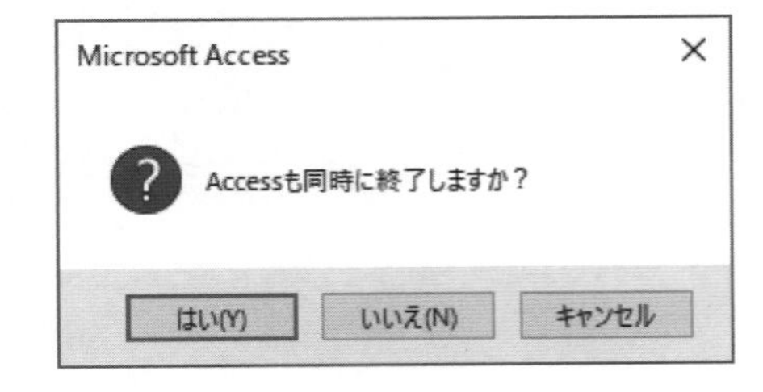

292 ファンクションキーの機能を付けたい

ポイント　KeyDown/キークリック時イベント

フォームの操作においてファンクションキーが押されたことを検知するには、「KeyDown/キークリック時」イベントを使います。

フォーム上で何らかのキーが押されるとこのイベントが発生します。このイベントプロシージャでは押されたキーのコードが引数「KeyCode」として渡されます。その値が何かによって処理分岐するコードを記述することで、ファンクションキーそれぞれの処理を実装することができます。

> 重要：このイベントを使うには、フォームの「キーボードイベント取得」プロパティを"はい"に設定しておく必要があります。

Accessにはあらかじめファンクションキーに機能が割り当てられています。たとえば F1 にはヘルプ、F7 にはスペルチェックなどです。それと重複するキー割り当てを独自に設けた場合、正常に動作しない可能性があります。そこで、引数であるKeyCodeに「0」を代入することでそのキーが押されなかったことにし、本来のAccess既定の動作をさせないようにします。

■ プログラム例

frmChap7_292

```
Private Sub Form_KeyDown(KeyCode As Integer, Shift As Integer)
'フォームのキークリック時

  Select Case KeyCode ── 押されたキーによる処理分岐
    Case vbKeyF1
      MsgBox "F1キーが押されました！"
      KeyCode = 0 ──── 本来のF1キーの動作をさせない
    Case vbKeyF2
      MsgBox "F2キーが押されました！"
    Case vbKeyF3
      MsgBox "F3キーが押されました！"
    Case vbKeyF4
      MsgBox "F4キーが押されました！"
    Case vbKeyF5
      cmd閉じる_Click ──── ［閉じる］ボタンクリック時イベントプロシージャを実行
  End Select

End Sub
```

293 Escキーでフォームを閉じたい

ポイント　KeyDown/キークリック時イベント

フォームの操作においてEscキーが押されたことを検知するには、「KeyDown/キークリック時」イベントを使います。

このイベントプロシージャでは押されたキーのコードが引数「KeyCode」として渡されます。その値がEscキーを表す組み込み定数「vbKeyEscape」と同じか比較し、そうであればそこにフォームを閉じる処理を記述します。

> **重要：このイベントを使うには、フォームの「キーボードイベント取得」プロパティを"はい"に設定しておく必要があります。**

KeyCodeとして渡されるキーの組み込み定数については、オブジェクトブラウザで「KeyCode」で検索することで調べることができます。

次のプログラム例ではあらかじめ［閉じる］ボタンでフォームを閉じる処理が記述されており、Escキーが押されたときはそのプロシージャを呼び出すようにしています。

しかしコマンドボタンの場合には、プロパティシートで「キャンセルボタン」プロパティを"はい"にすることで、ノンプログラミングで、Escキーでそのボタンの処理を実行させることができます。

■ **プログラム例**　frmChap7_293

```
Private Sub cmd閉じる_Click()
' ［閉じる］ボタンクリック時

  DoCmd.Close acForm, Me.Name ──── このフォームを閉じる

End Sub

Private Sub Form_KeyDown(KeyCode As Integer, Shift As Integer)
'フォームのキークリック時

  If KeyCode = vbKeyEscape Then ─── Escキーで［閉じる］ボタンクリック時を実行
    cmd閉じる_Click
  End If

End Sub
```

294 移動ボタンやレコードセレクタを非表示にしたい

ポイント　NavigationButtonsプロパティ、RecordSelectorsプロパティ

フォームの「移動ボタン」の表示／非表示を切り替えるには、Formオブジェクトの「NavigationButtons」プロパティを使います。また「レコードセレクタ」については「RecordSelectors」プロパティを使います。いずれも表示させるときは"True"、非表示にするときは"False"を代入します。

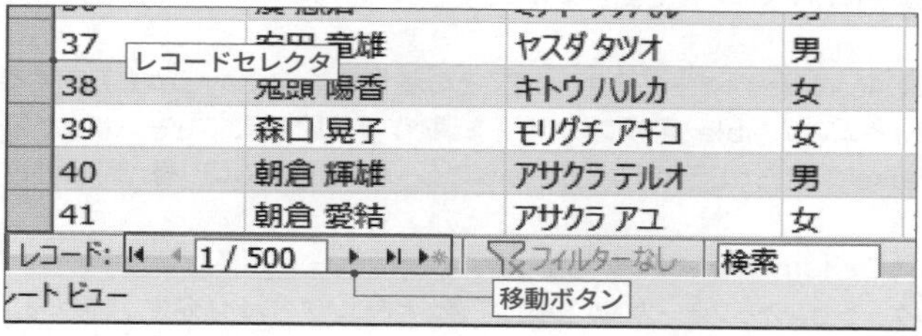

37	安田 竜雄	ヤスダ タツオ	男
38	鬼頭 陽香	キトウ ハルカ	女
39	森口 晃子	モリグチ アキコ	女
40	朝倉 輝雄	アサクラ テルオ	男
41	朝倉 愛結	アサクラ アユ	女

■ プログラム例

frmChap7_294

```
Private Sub cmd移動ボタン非表示_Click()
' [移動ボタン非表示] ボタンクリック時

  Me.NavigationButtons = False

End Sub

Private Sub cmdセレクタ非表示_Click()
' [セレクタ非表示] ボタンクリック時

  Me.RecordSelectors = False

End Sub
```

295 別のフォームからフォーカスが移動したときに処理させたい

ポイント　Activate/アクティブ時イベント、Deactivate/非アクティブ時イベント

別のフォームから自分自身にフォーカスが移動してアクティブになったことを検知するには、「Activate/アクティブ時」イベントを使います。

またその逆の検知には「Deactivate/非アクティブ時」イベントを使います。

それぞれのイベントプロシージャに所定のコードを記述することで、そのタイミングによる任意の処理を実行させることができます。

ただし、フォームを開く際にもActivateイベントが発生します。その場合のイベントかどうかを判別するには、プログラム例のようにフォームのVisible/可視プロパティを調べます。開く際、フォームはまだ非可視状態のため、その値はFalseです（ただしデザインビューからフォームビューへの切り替え時は可視状態にあります）。

なお、フォームを閉じる際にもDeactivateイベントが発生します。

Access以外の他のアプリケーションからフォーカスが移動してきたときは、イベントは発生しません。

■ **プログラム例**　frmChap7_295

```
Private Sub Form_Activate()
'フォームアクティブ時

  If Me.Visible Then
    MsgBox "このフォームにフォーカスが移動しました！"
  Else
    MsgBox "開く時のActivateイベントです！"
  End If

End Sub

Private Sub Form_Deactivate()
'フォーム非アクティブ時

  MsgBox "このフォームからフォーカスが外れました！"

End Sub
```

296 別のフォームとデータをやり取りしたい

ポイント	Formsコレクション
構文	Forms!フォーム名!コントロール名

自分自身のFormオブジェクトは「Me」で参照できます。自身のフォーム内にある「txt顧客名」という名前のコントロールであれば「Me!txt顧客名」でその値を取得・設定できます。

一方、すでに開いている別のフォームについては、「Forms」コレクションの中からそのフォーム名を指定することで参照できます（例:Forms!frmChap7_A）。よって、そのフォーム内にある「顧客名」という名前のコントロールの値を扱いたいのであれば、「Forms!frmChap7_A!顧客名」のように記述します。

あとはそれらの表記で自分自身と相手のフォームとコントロール名を指定することで、相互にデータをやり取りすることができます。

■ プログラム例

frmChap7_296

```
Private Sub cmdデータを取得_Click()
' [データを取得] ボタンクリック時

  Me!txt顧客名 = Forms!frmChap7_A!顧客名

End Sub

Private Sub cmdデータを送る_Click()
' [データを送る] ボタンクリック時

  Forms!frmChap7_A!顧客名 = Me!txt顧客名

End Sub
```

実行例

frmChap7_A × frmChap7_296 ×

顧客名 坂井 真緒

データを取得 データを送る

297 別のフォームにカレントレコードを同期させたい

ポイント　Current/レコード移動時イベント

フォームでレコード移動したとき、別のフォームも同じレコードに移動させ、両者のカレントレコードを同期させる方法です。

それには、"レコード移動したとき"がきっかけとなりますので、「Current/レコード移動時」イベントを利用します。

次のプログラム例では、自分自身のフォームでレコード移動時イベントが発生したとき、次の処理を行います。

- **① カレントレコードのキーフィールドである「顧客コード」の値を取得する**
- **② それを使って、同じキーのレコードに移動する際の検索条件式を組み立て、変数strCriteriaに代入する**
- **③ 同期先のフォーム名を指定して、そのRecordsetオブジェクトのFindFirstメソッドを、引数にstrCriteriaを指定して実行する → これによってキーが同じレコードに移動します**

■ **プログラム例**　　frmChap7_297

```
Private Sub Form_Load()
'フォーム読み込み時

  DoCmd.OpenForm "frmChap7_A" ── テスト用に別のフォームを開く

End Sub

Private Sub Form_Current()
'フォームのレコード移動時

  Dim strCriteria As String
                                  カレントレコードのキーを使った検索条件式を組み立て
  strCriteria = "顧客コード = " & Me!顧客コード ──┘
                                                  同期先フォームのレコードを検索
  Forms!frmChap7_A.Recordset.FindFirst strCriteria ──┘

End Sub
```

298 別のフォームにフィルタを同期させたい

ポイント　ApplyFilter/フィルタ実行時イベント、Filterプロパティ、FilterOnプロパティ

自分自身のフォームのフィルタに連動して、別のフォームにもそのフィルタを同期させるには、次のAccessの動作や機能を利用します。

- **フォームでフィルタが実行／解除されると「ApplyFilter/フィルタ実行時」イベントが発生する**
- **そのイベントプロシージャの「ApplyType」引数でフィルタの実行か解除かを取得できる**
  - **引数の値が組み込み定数「acApplyFilter」であるときは実行された**
  - **「acShowAllRecords」であるときは解除された**
- **フィルタの抽出条件式は「Filter」プロパティで取得、同期先にも設定できる**
- **フィルタの実行／解除は、「FilterOn」プロパティへのTrue／Falseの代入で行える**

■ プログラム例

frmChap7_298

```
Private Sub Form_Load()
'フォーム読み込み時

  DoCmd.OpenForm "frmChap7_A" ———————— テスト用に別のフォームを開く

End Sub

Private Sub Form_ApplyFilter(Cancel As Integer, ApplyType As Integer)
'フォームのフィルタ実行時

  With Forms!frmChap7_A
    If ApplyType = acApplyFilter Then ———— フィルタが実行されたとき
      '同期先フォームにも同じフィルタを実行
      .Filter = Me.Filter
      .FilterOn = True
    ElseIf ApplyType = acShowAllRecords Then —— フィルタが解除されたとき
      '同期先フォームも解除
      .Filter = ""
      .FilterOn = False
    End If
  End With

End Sub
```

299 別のフォームのプロシージャを実行したい

ポイント	Publicプロシージャ
構文	Form_フォーム名.プロシージャ名

別のフォームのモジュールに定義されているプロシージャを呼び出して実行するには、次の2つの要点に沿ってコードを記述します。

- **呼び出される側のプロシージャは、他のモジュールからも参照できるよう「Public」で宣言する**
- **呼び出す側では「Form_フォーム名.プロシージャ名」のような形式で記述する**
  - **この形式は実際にはフォームモジュールを直接参照しているため、プロシージャが定義されているフォームが閉じていても可**
  - **フォームが開いていればFormオブジェクト経由で参照する「Forms!フォーム名.プロシージャ名」あるいは「Forms(フォーム名).プロシージャ名」のような形式でも可**

■ **プログラム例**　　frmChap7_A、frmChap7_299

```
【frmChap7_A】
Public Sub PubProcSub() ―――――――――― Publicで宣言

  MsgBox "Subプロシージャ実行！"

End Sub

Public Function PubProcFunc() As String ―― Publicで宣言

  PubProcFunc = "Functionプロシージャ実行！"

End Function

【frmChap7_299】
Private Sub cmdプロシージャ実行_Click()
'［別のフォームのプロシージャを実行］ボタンクリック時

  Form_frmChap7_A.PubProcSub

  MsgBox Form_frmChap7_A.PubProcFunc()

End Sub
```

300 レコード保存前に未入力チェックをしたい

ポイント | BeforeUpdate/更新前処理イベント

フォームに表示されているレコードが編集され、保存されようとしたとき、次の順番でフォームのイベントが発生します。

- ① **BeforeUpdate/更新前処理イベント**
- ② **AfterUpdate/更新後処理イベント**

①の時点ではレコードはまだ保存されていません。またこのイベントプロシージャには「Cancel」という引数があり、これに"True"を代入することで更新をキャンセルすることができます（②へ進まない）。

よって、未入力チェックを行うには①のイベントプロシージャを使います。また未入力データがあった場合には「Cancel = True」とします（キャンセルしない場合はCancel = Falseと書く必要はありません）。

※ プログラム中の「SetFocus」メソッドはそのコントロールにフォーカス（カーソル）を移動させるためのものです。未入力の場合はその入力をすぐに行えるよう意図的にフォーカス移動しています。

■ **プログラム例**

frmChap7_A

```
Private Sub Form_BeforeUpdate(Cancel As Integer)
'フォームの更新前処理

  '未入力チェック
  If IsNull(Me!顧客名) Then
    MsgBox "顧客名が入力されていません！", vbOKOnly + vbExclamation
    Me!顧客名.SetFocus
    Cancel = True
  ElseIf IsNull(Me!生年月日) Then
    MsgBox "生年月日が入力されていません！", vbOKOnly + vbExclamation
    Me!生年月日.SetFocus
    Cancel = True
  ElseIf IsNull(Me!血液型) Then
    MsgBox "血液型が入力されていません！", vbOKOnly + vbExclamation
    Me!血液型.SetFocus
    Cancel = True
  End If

End Sub
```

301 フォームに独自のプロパティを作りたい

ポイント	Public変数、Publicプロシージャ
構文	Form.変数名

次の要点でコードを記述することで、あるフォームモジュールで宣言されている変数を別のフォームモジュールや標準モジュールから参照・設定したり、プロシージャを呼び出したりすることができます。前者はフォームの独自プロパティ、後者は独自メソッドのように振る舞うことができます。

- **変数を他からも参照できるよう、「Declarations」セクションに「Public」を付けて宣言する**
- **プロシージャも他から参照できるよう「Public」を付けて宣言する**
- **呼び出す側では次のような形式でそれぞれを記述する**
  - **Forms!フォーム名.変数名……Forms(フォーム名).変数名でも可**
  - **Forms!フォーム名.プロシージャ名……Forms(フォーム名).プロシージャ名でも可**

■ **プログラム例**　　frmChap7_301、Sub Sample301

```
Public pvarMyProp1 As Variant ――― DeclarationsセクションにPublicで宣言
Public pvarMyProp2 As Variant ――― 〃

Public Sub SetMyProp() ――― Publicで宣言
  Me.Caption = pvarMyProp1 ――― フォームの標題を設定
  Me!txtMyProp = pvarMyProp1 ――― テキストボックスに代入
  Me!txtMyProp.BackColor = pvarMyProp2 ――― テキストボックスの背景色を設定
End Sub

Sub Sample301()

  Dim frm As Form
  Const cstrFormName As String = "frmChap7_301"

  DoCmd.OpenForm cstrFormName ――― フォームを開く
  Set frm = Forms(cstrFormName) ――― 開いたフォームをオブジェクト変数に代入
  With frm
    .pvarMyProp1 = "テストです！" ――― Public変数に代入
    .pvarMyProp2 = vbGreen
    .SetMyProp ――― Public Subプロシージャを実行
  End With

End Sub
```

302 サブフォームのソースオブジェクトを変更したい

ポイント　SourceObjectプロパティ

サブフォームとして画面表示されるフォーム、すなわちソースオブジェクトを変更するには、サブフォームコントロールの「SourceObject」プロパティを使います。変更したいフォーム名をそのプロパティに代入します。

■ プログラム例

frmChap7_302

```
Private Sub cmdソース1_Click()
' [ソース1] ボタンクリック時

  Me!frmChap7_B_sub.SourceObject = "frmChap7_B_sub2"

End Sub

Private Sub cmdソース2_Click()
' [ソース2] ボタンクリック時

  Me!frmChap7_B_sub.SourceObject = "frmChap7_B_sub1"

End Sub
```

■ 補足

「サブフォーム」と「サブフォームコントロール」は一般的に曖昧に使われていますので、違いに注意してください。

- **サブフォーム**
  実行時に画面表示されるフォーム。実体はメインフォームと同じふつうの1つの"フォーム"。
- **サブフォームコントロール**
  フォームの中に別のフォームを表示するための"コントロール"の一種。これ自体にはフォームは含まれておらず、その位置とサイズで別フォームを表示するという枠組みを示すもの。

303 サブフォームの使用可否を切り替えたい

ポイント　Enabledプロパティ

サブフォームの使用可否を切り替えるには、そのサブフォームコントロールの「Enabled」プロパティに"True"または"False"を代入します。Trueで使用可能、Falseで使用不可の状態になります。

使用可能に設定しても、更新の許可プロパティが"いいえ"に設定されている場合など、すべてが利用可能になるわけではありません。サブフォーム側の各種設定に準じます。

使用不可に設定した場合には、フォーカス移動さえできない状態となります。サブフォーム内にあるボタンなどもクリックできません。

■ **プログラム例**　　frmChap7_303

```
Private Sub cmd使用可_Click()
'［使用可］ボタンクリック時

  Me!frmChap7_B_sub.Enabled = True

End Sub

Private Sub cmd使用不可_Click()
'［使用不可］ボタンクリック時

  Me!frmChap7_B_sub.Enabled = False

End Sub
```

実行例

frmChap7_303

使用可　使用不可

顧客コード	顧客名	フリガナ	性別	生年月日	郵便番号	住所1	住所2	血液型
1	坂井 真緒	サカイ マオ	女	1990/10/19	781-1302	高知県高岡郡越知町越知乙1-5-9		A
2	澤田 雄也	サワダ ユウヤ	男	1980/02/27	402-0055	山梨県都留市川棚1-17-9		AB
3	井手 久雄	イデ ヒサオ	男	1992/03/01	898-0022	鹿児島県枕崎市宮田町4-16	宮田町レジデンス107	B
4	栗原 研治	クリハラ ケンジ	男	1984/11/05	329-1324	栃木県さくら市草川3-1-7	キャッスル草川117	B
5	内村 海士	ウチムラ アマト	男	2000/08/05	917-0012	福井県小浜市熊野4-18-16		A
6	戸塚 松夫	トツカ マツオ	男	1982/04/15	519-0147	三重県亀山市山下町1-8-6	コート山下町418	A
7	塩崎 泰	シオザキ ヤスシ	男	1973/05/26	511-0044	三重県桑名市萱町1-8	萱町プラザ100	A
8	菅野 瑞樹	スガノ ミズキ	女	1977/02/05	607-8191	京都府京都市山科区大宅鳥田町2-5		O
9	宮田 有紗	ミヤタ アリサ	女	1974/08/16	883-0046	宮崎県日向市中町1-1-14		B
10	畠山 美佳	ハタケヤマ ミカ	女	1964/11/14	915-0037	福井県越前市萱谷町4-4	萱谷町ステーション306	B
11	山崎 正文	ヤマザキ マサフミ	男	1977/04/02	106-0045	東京都港区麻布十番2-13-9		AB
12	並木 幸三郎	ナミキ コウザブロウ	男	1974/01/24	824-0201	福岡県京都郡みやこ町犀川下高屋2-19-19	ステージ犀川下高屋408	A
13	佐久間 瑞穂	サクマ ミズホ	女	1982/06/26	232-0054	神奈川県横浜市南区大橋町3-2	大橋町スカイ217	O

304 サブフォームを最新情報に更新したい

ポイント　Requeryメソッド

サブフォームに表示されているデータをテーブルやクエリから再読み込みして最新情報に更新するには、サブフォーム内のFormオブジェクトの「Requery」メソッド（再クエリ）を実行します。

このとき、サブフォームのレコードソースなどの条件によっては、次のどちらの記述でも動く場合と、前者でしか最新情報に更新されないケースとがあります。

- **サブフォームコントロール名.Form.Requery**
- **サブフォームコントロール名.Requery**

■ **プログラム例**

frmChap7_304

```
Private Sub cmd最新情報に更新_Click()
' [最新情報に更新] ボタンクリック時

  'サブフォームを再クエリ
  Me!frmChap7_B_sub.Form.Requery

End Sub
```

実行例

frmChap7_304

最新情報に更新

顧客コード	顧客名	フリガナ	性別	生年月日	郵便番号	住所1	住所2	血液型
1	坂井 真緒	サカイ マオ	女	1990/10/19	781-1302	高知県高岡郡越知町越知乙1-5-9		A
2	澤田 雄也	サワダ ユウヤ	男	1980/02/27	402-0055	山梨県都留市川棚1-17-9		AB
3	井手 久雄	イデ ヒサオ	男	1992/03/01	898-0022	鹿児島県枕崎市宮田町4-16	宮田町レジデンス107	B
4	栗原 研治	クリハラ ケンジ	男	1984/11/05	329-1324	栃木県さくら市草川3-1-7	キャッスル草川117	B
5	内村 海士	ウチムラ アマト	男	2000/08/05	917-0012	福井県小浜市熊野4-18-16		A
6	戸塚 松夫	トツカ マツオ	男	1982/04/15	519-0147	三重県亀山市山下町1-8-6	コート山下町418	A
7	塩崎 泰	シオザキ ヤスシ	男	1973/05/26	511-0044	三重県桑名市萱町1-8	萱町プラザ100	A
8	菅野 瑞樹	スガノ ミズキ	女	1977/02/05	607-8191	京都府京都市山科区大宅鳥田町2-5		O
9	宮田 有紗	ミヤタ アリサ	女	1974/08/16	883-0046	宮崎県日向市中町1-1-14		B
10	畠山 美佳	ハタケヤマ ミカ	女	1964/11/14	915-0037	福井県越前市萱谷町4-4	萱谷町ステーション306	B
11	山崎 正文	ヤマザキ マサフミ	男	1977/04/02	106-0045	東京都港区麻布十番2-13-9		AB
12	並木 幸三郎	ナミキ コウザブロウ	男	1974/01/24	824-0201	福岡県京都郡みやこ町犀川下高屋2-19-19	ステージ犀川下高屋408	A
13	佐久間 瑞穂	サクマ ミズホ	女	1982/06/26	232-0054	神奈川県横浜市南区大橋町3-2	大橋町スカイ217	O

305 2つのサブフォームを同期させたい

ポイント　Current/レコード移動時イベント、Parentオブジェクト

1つのフォームに2つのサブフォームがあり、一方のサブフォーム（主側）でレコード移動したとき、もう一方（従側）もそれに同期して同じレコードに移動させるプログラム例です。

次のように記述しています。

- **主側サブフォームの「Current/レコード移動時」イベントプロシージャでその処理を記述します。**
- **カレントレコードの顧客コードの値を使って、同じレコードに移動させる条件式を組み立て、同期先サブフォームのFormオブジェクトのRecordset.FindFirstメソッドを実行します。**
- **主側から従側を参照するには、「自分 → 親 → もう一方の子」という見方をします。親のオブジェクトを参照するには「Parent」を使い、その子は「Parent!サブフォーム名」と記述します。**
- **メイン／サブフォーム形式のフォームが開かれた際、サブフォームの方が先に読み込まれます。その時点でまだ開いていないParentオブジェクトを参照するとエラーとなります。そこで、「Not Parent.Visible」を条件とする処理分岐で回避します。**

■ **プログラム例**

frmChap7_305_sub1

```
Private Sub Form_Current()
'フォームのレコード移動時

  Dim strCriteria As String

  If Not Parent.Visible Then ―― フォーム読み込み中のときは何もしない
    Exit Sub
  End If
                              カレントレコードのキーを使った検索条件式を組み立て
  strCriteria = "顧客コード = " & Me!顧客コード ――┘
  Parent!frmChap7_305_sub2.Form.Recordset.FindFirst strCriteria ――┐
                                       同期先サブフォームのレコードを検索
End Sub
```

実行例

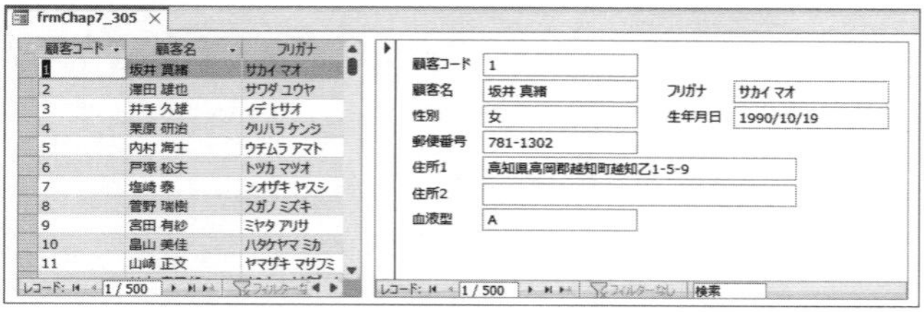

frmChap7_305

顧客コード	顧客名	フリガナ
1	坂井 真緒	サカイ マオ
2	澤田 雄也	サワダ ユウヤ
3	井手 久雄	イデ ヒサオ
4	栗原 研治	クリハラ ケンジ
5	内村 海士	ウチムラ アマト
6	戸塚 松夫	トツカ マツオ
7	塩崎 泰	シオザキ ヤスシ
8	菅野 瑞樹	スガノ ミズキ
9	宮田 有紗	ミヤタ アリサ
10	畠山 美佳	ハタケヤマ ミカ
11	山崎 正文	ヤマザキ マサフミ

レコード: 1 / 500

顧客コード 1
顧客名 坂井 真緒　フリガナ サカイ マオ
性別 女　生年月日 1990/10/19
郵便番号 781-1302
住所1 高知県高岡郡越知町越知乙1-5-9
住所2
血液型 A

レコード: 1 / 500　フィルターなし　検索

306 Tab キーでサブフォームからメインフォームへ移動したい

ポイント　KeyDown/キークリック時イベント、SetFocusメソッド

メイン／サブフォームでTabキーを使ってフォーカス移動していったとき、一度サブフォームに移動するとメイン側には戻ってきません。

Tabキーでサブフォームからメインフォームへ移動させる方法として、「サブフォームの最後のコントロールでTabキーが押されたら、本来のTabキーの動作は無視して、メインフォームにフォーカスを強制移動する」ということができます。

次のプログラム例では、サブフォームの「血液型」というコントロールの「KeyDown/キークリック時」イベントを利用して、その処理を行っています。次のように記述しています。

- **Tabキーが押されたことの判別は、イベントプロシージャの引数「KeyCode」と組み込み定数「vbKeyTab」を比較することで行います。**
- **プログラムからフォーカス移動を行うには「SetFocus」メソッドを使います。サブフォームからメインフォームにフォーカス移動するには「Parent!メインのコントロール.SetFocus」という構文を使います。**
- **イベントプロシージャの引数「KeyCode」に「0」を代入することで、キーが押されなかったことします。それによって本来のTabキーの動作をさせないようにします。**

■ **プログラム例**

frmChap7_306_sub

```
Private Sub 血液型_KeyDown(KeyCode As Integer, Shift As Integer)
'血液型のキークリック時

  If KeyCode = vbKeyTab Then
    Parent!txt抽出顧客名.SetFocus ―― メインフォームのコントロールにフォーカス移動
    KeyCode = 0 ―――――――――――― 本来のTabキーの動作をさせない
  End If

End Sub
```

実行例

frmChap7_306	
抽出顧客名	
顧客コード	1
顧客名	坂井 真緒
フリガナ	サカイ マオ
性別	女
生年月日	1990/10/19
郵便番号	781-1302
住所1	高知県高岡郡越知町越知乙1-5-9
住所2	
血液型	A

307 サブフォームのリンク親／子フィールドを変更したい

ポイント　LinkMasterFieldsプロパティ、LinkChildFieldsプロパティ

メインフォームとサブフォームの連動の基準となるのが「リンクフィールド」です。それらはVBAでは次のプロパティを使って取得・設定を行います。

- **LinkMasterFields**………**リンク親フィールド**
- **LinkChildFields**…………**リンク子フィールド**

次のプログラム例では、メインフォームに2つのコマンドボタンを配置し、それぞれのクリックで「性別」と「血液型」のどちらを使ってメイン／サブをリンクするかを切り替えます。それによって、たとえば［性別でリンク］ボタンでは、メインフォームの「txt抽出性別」テキストボックスに入力された値と同じ「性別」フィールドの値を持ったレコードだけがサブフォームに抽出表示されます。

■ **プログラム例**　　frmChap7_307

```
Private Sub cmdリンク性別_Click()
'［性別でリンク］ボタンクリック時

  With Me!frmChap7_307_sub
    .LinkMasterFields = "txt抽出性別" ―― リンク親フィールド
    .LinkChildFields = "性別" ――――― リンク子フィールド
  End With

End Sub

Private Sub cmdリンク血液型_Click()
'［血液型でリンク］ボタンクリック時

  With Me!frmChap7_307_sub
    .LinkMasterFields = "txt抽出血液型"
    .LinkChildFields = "血液型"
  End With

End Sub
```

実行例

frmChap7_307

男　性別でリンク　A　血液型でリンク

顧客コード	顧客名	フリガナ	性別	生年月日	郵便番号	住所1
1	坂井 真緒	サカイ マオ	女	1990/10/19	781-1302	高知県高岡郡越知町越知乙1-5-9
2	澤田 雄也	サワダ ユウヤ	男	1980/02/27	402-0055	山梨県都留市川棚1-17-9

308 サブフォームからメインフォームの表示内容を変えたい

ポイント　Parentオブジェクト

サブフォームから見たとき、自分自身のFormオブジェクトは「Me」で参照できます。自身のフォーム内にある「顧客コード」という名前のコントロールであれば「Me!顧客コード」でその値を取得・代入できます。

一方、サブフォームから見たメインフォームは「Parent」オブジェクトで参照することができます。メインフォーム側にある「txt顧客コード」という名前のコントロールを参照するのであれば、「Parent! txt顧客コード」という記述でその値を取得・代入できます。

次のプログラム例では、サブフォームでレコード移動したとき、そのレコードの各フィールドの値をメインフォーム上の非連結のテキストボックスに代入します。レコード移動が行われるたびメインフォームの表示内容が切り替わります。

■ プログラム例

frmChap7_308_sub

```
Private Sub Form_Current()
'フォームのレコード移動時

  'カレントレコードのデータをメインフォームに表示
  With Parent
    !txt顧客コード = Me!顧客コード
    !txt顧客名 = Me!顧客名
    !txtフリガナ = Me!フリガナ
  End With

End Sub
```

実行例

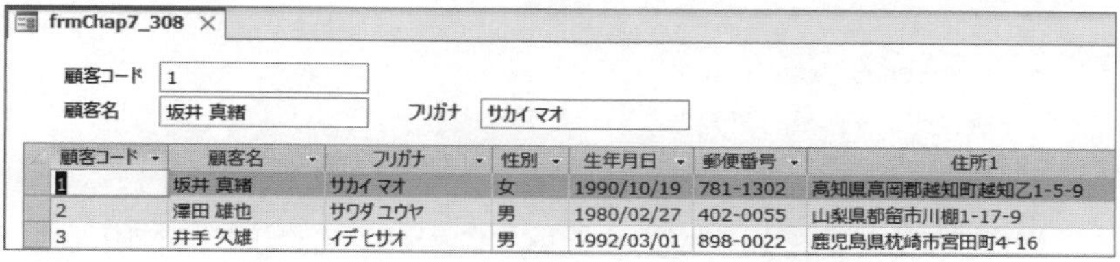

frmChap7_308

顧客コード 1
顧客名 坂井 真緒　　フリガナ サカイ マオ

顧客コード	顧客名	フリガナ	性別	生年月日	郵便番号	住所1
1	坂井 真緒	サカイ マオ	女	1990/10/19	781-1302	高知県高岡郡越知町越知乙1-5-9
2	澤田 雄也	サワダ ユウヤ	男	1980/02/27	402-0055	山梨県都留市川棚1-17-9
3	井手 久雄	イデ ヒサオ	男	1992/03/01	898-0022	鹿児島県枕崎市宮田町4-16

309 サブフォームからメインフォームのプロシージャを実行したい

ポイント	ParentオブジェクトPublcプロシージャ
構文	Parent.プロシージャ名

メインフォームのモジュールの記述されたプロシージャをサブフォームのモジュールから実行するには、次の2つの要点に沿ってコードを記述します。

- **メイン側のプロシージャは、他のモジュールからも参照できるよう「Public」を付けて宣言する**

※ イベントプロシージャの場合は、「Private」と自動入力された部分を「Public」に書き換えます。

- **呼び出す側では、「Parent.プロシージャ名」のような形式の記述で呼び出す**

次のプログラム例では、サブフォームのCurrent/レコード移動イベントでメインフォーム側のプロシージャを呼び出します。レコード移動するたびにメインフォームの［データ取得］ボタンクリック時の処理が行われます。

■ **プログラム例**

frmChap7_309、frmChap7_309_sub

```
【メイン側：frmChap7_309】
Public Sub cmdデータ取得_Click() ——— Publicで宣言
'［データ取得］ボタンクリック時

  With frmChap7_309_sub ———— サブフォームのデータを取得してテキストボックスに代入
    Me!txt顧客コード = !顧客コード
    Me!txt顧客名 = !顧客名
    Me!txtフリガナ = !フリガナ
  End With

End Sub

【サブ側：frmChap7_309_sub】
Private Sub Form_Current()
'フォームのレコード移動時

  Parent.cmdデータ取得_Click ——— メインフォームのイベントプロシージャを実行

End Sub
```

310 メインフォームからサブフォームのアクティブコントロールを調べたい

ポイント ActiveControlオブジェクト

フォーム上の現在のアクティブコントロール（フォーカスのあるコントロール）を調べるには、Formオブジェクトの「ActiveControl」オブジェクトを取得します。

ActiveControlはフォーカスのあるControlオブジェクトのことを指します。よって、「ActiveControl.プロパティ名」や「ActiveControl.メソッド名」とすることで、そのコントロールのプロパティやメソッドを操作できます（次のプログラム例では「Name」プロパティを取得しています）。

その操作は「顧客コード.プロパティ名」のように名前を指定することと同じですが、どのコントロールかは分からないがフォーカスのあるコントロールに対して処理をしたいといったときにActiveControlオブジェクトが役立ちます。

■ プログラム例

frmChap7_310

```
Private Sub cmd取得_Click()
'［取得］ボタンクリック時

  'サブフォームのアクティブコントロールの名前を取得・表示
  Me!txtアクティブコントロール = Me!frmChap7_310_sub.Form.ActiveControl.Name

End Sub
```

実行例

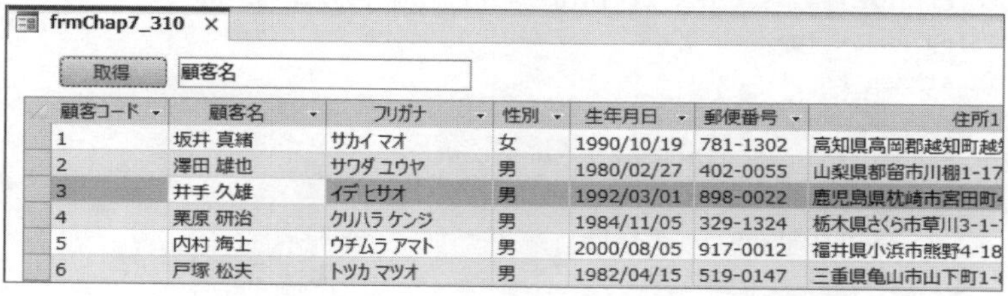

frmChap7_310

取得　顧客名

顧客コード	顧客名	フリガナ	性別	生年月日	郵便番号	住所1
1	坂井 真緒	サカイ マオ	女	1990/10/19	781-1302	高知県高岡郡越知町越
2	澤田 雄也	サワダ ユウヤ	男	1980/02/27	402-0055	山梨県都留市川棚1-17
3	井手 久雄	イデ ヒサオ	男	1992/03/01	898-0022	鹿児島県枕崎市宮田町
4	栗原 研治	クリハラ ケンジ	男	1984/11/05	329-1324	栃木県さくら市草川3-1-
5	内村 海士	ウチムラ アマト	男	2000/08/05	917-0012	福井県小浜市熊野4-18
6	戸塚 松夫	トツカ マツオ	男	1982/04/15	519-0147	三重県亀山市山下町1-

311 データシートの列情報を取得したい

ポイント　ColumnWidthプロパティ、ColumnHiddenプロパティ、ColumnOrderプロパティ

フォームがデータシートビューで表示されているときの各列の情報を取得するには、Formオブジェクトの次のような「Column○○○」プロパティを参照します。

- **ColumnWidthプロパティ…………列幅**
- **ColumnHiddenプロパティ………表示／非表示状態（Trueのとき非表示）**
- **ColumnOrderプロパティ…………表示順序**

※「Controls」はフォーム内のすべてのコントロールのコレクションです。そこからFor...Eachで1つずつ取り出します。

※Column ○○○プロパティはデータシートに表示されるコントロールのみ有効です。ラベルなどは表示されませんので参照するとエラーとなります。そのためプログラム例では、コントロールの種類を表す「ControlType」プロパティを調べてラベルを除外しています。

■ プログラム例

frmChap7_B

```
Private Sub cmd列情報_Click()
' [列情報] ボタンクリック時

  Dim ctl As Control
  Dim strInfo1 As String, strInfo2 As String, strInfo3 As String,
strInfo4 As String
  Dim strMsg As String

  For Each ctl In Me!frmChap7_B_sub3.Controls
    With ctl
      If .ControlType <> acLabel Then ―― ラベルは除外
        strInfo1 = .Name ―――――――― コントロール名（列名）
        strInfo2 = .ColumnWidth ―――― 列幅
        strInfo3 = .ColumnHidden ――― 非表示か表示か
        strInfo4 = .ColumnOrder ―――― 表示順序
        strMsg = strMsg & _
                  strInfo1 & "  " & strInfo2 & "  " & _
                  strInfo3 & "  " & strInfo4 & vbCrLf
      End If
    End With
  Next ctl
  MsgBox strMsg

End Sub
```

312 データシートの列幅や高さを変更したい

ポイント ColumnWidthプロパティ、RowHeightプロパティ

フォームをデータシートビューで表示したときの列幅や行の高さは、Formオブジェクトの次のプロパティで取得・設定できます。

- **ColumnWidthプロパティ……………列幅**
  コントロールのデータシートでの列幅を表すプロパティです。「コントロール名.ColumnWidth」の構文で扱います。

  ```
  例：!顧客コード.ColumnWidth
  ```

- **ColumnRowHeightプロパティ……行の高さ**
  Accessでは行の高さは全レコードすべて同じです。よってこのプロパティはフォームのプロパティであり、「Form.ColumnRowHeight」の構文で扱います。

  ```
  例：Me.RowHeight、サブフォーム名.Form.RowHeight
  ```

■ プログラム例

frmChap7_B

```
Private Sub cmd幅高さ変更_Click()
' ［幅・高さ変更］ボタンクリック時

  With Me!frmChap7_B_sub3
    '顧客コードの列幅を変更
    !顧客コード.ColumnWidth = 5000
    '顧客名の列幅を変更
    !顧客名.ColumnWidth = 5000
    '行の高さを変更
    .Form.RowHeight = 800
  End With

End Sub
```

313 データシートの列幅や高さを自動調整したい

ポイント　ColumnWidthプロパティ、RowHeightプロパティ

データシートの各列幅は「ColumnWidth」プロパティ、行の高さは「ColumnRowHeight」プロパティで扱います。このとき、それぞれ実際の設定値を代入するのではなく、次のような特殊な値を代入することで、それぞれを自動調整することができます。

- **ColumnWidthプロパティ……………………最適幅は「-2」、標準の幅は「-1」を代入**
- **ColumnRowHeightプロパティ………「-1」を代入**

なおここでの自動調整とは、画面表示されている実際のデータの文字数・桁数に合わせて最適幅にしたり、行高さを標準の高さにリセットしたりすることです。

■ プログラム例

frmChap7_B

```
Private Sub cmd幅高さ自動調整_Click()
'［幅・高さ自動調整］ボタンクリック時

  Dim ctl As Control

  With Me!frmChap7_B_sub3
    'すべての列幅を最適幅に自動調整
    For Each ctl In .Controls
      If ctl.ControlType <> acLabel Then ——— ラベルは除外
        ctl.ColumnWidth = -2 ——————————— -2で最適幅
      End If
    Next ctl
    '行の高さを標準高さに設定
    .Form.RowHeight = -1 ———————————— -1で標準の高さ
  End With

End Sub
```

実行例

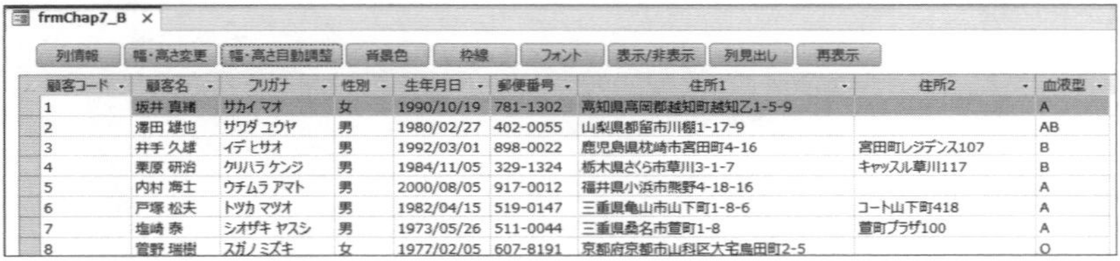

frmChap7_B

列情報　幅・高さ変更　幅・高さ自動調整　背景色　枠線　フォント　表示/非表示　列見出し　再表示

顧客コード	顧客名	フリガナ	性別	生年月日	郵便番号	住所1	住所2	血液型
1	坂井 真緒	サカイ マオ	女	1990/10/19	781-1302	高知県高岡郡越知町越知乙1-5-9		A
2	澤田 雄也	サワダ ユウヤ	男	1980/02/27	402-0055	山梨県都留市川棚1-17-9		AB
3	井手 久雄	イデ ヒサオ	男	1992/03/01	898-0022	鹿児島県枕崎市宮田町4-16	宮田町レジデンス107	B
4	栗原 研治	クリハラ ケンジ	男	1984/11/05	329-1324	栃木県さくら市草川3-1-7	キャッスル草川117	B
5	内村 海士	ウチムラ アマト	男	2000/08/05	917-0012	福井県小浜市熊野4-18-16		A
6	戸塚 松夫	トツカ マツオ	男	1982/04/15	519-0147	三重県亀山市山下町1-8-6	コート山下町418	A
7	塩崎 泰	シオザキ ヤスシ	男	1973/05/26	511-0044	三重県桑名市萱町1-8	萱町プラザ100	A
8	菅野 瑞樹	スガノ ミズキ	女	1977/02/05	607-8191	京都府京都市山科区大宅鳥田町2-5		O

314 データシートの背景色を変更したい

ポイント　DatasheetBackColorプロパティ、RGB関数

データシートの背景色を取得・設定するには、Formオブジェクトの「DatasheetBackColor」プロパティを使います。このプロパティに色として有効な値を代入することで変更することができます。

次のプログラム例では、色の値を生成するために「RGB」関数を使っています。この関数では赤(Red)、緑(Green)、青(Blue)の三原色をそれぞれ0～255の値で引数に指定します。返り値は16435390のような長整数となりますので、そのような値を直接プロパティに代入することもできます。

また、基本色であれば下表の色に関する組み込み定数を指定することもできます。

組み込み定数	色
vbBlack	黒
vbRed	赤
vbGreen	緑
vbBlue	青
vbMagenta	紫
vbYellow	黄
vbCyan	シアン
vbWhite	白

■ プログラム例

frmChap7_B

```
Private Sub cmd背景色_Click()
' [背景色] ボタンクリック時

    'サブフォームのデータシートの背景色を設定
    Me!frmChap7_B_sub3.Form.DatasheetBackColor = RGB(190, 200, 250)

End Sub
```

実行例

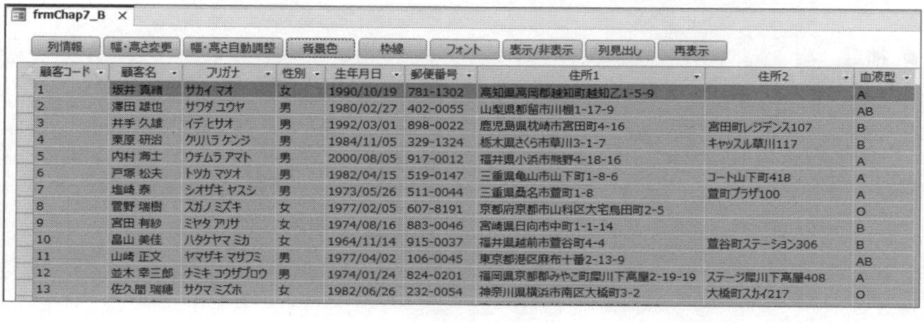

frmChap7_B

列情報 | 幅・高さ変更 | 幅・高さ自動調整 | 背景色 | 枠線 | フォント | 表示/非表示 | 列見出し | 再表示

顧客コード	顧客名	フリガナ	性別	生年月日	郵便番号	住所1	住所2	血液型
1	坂井 真緒	サカイ マオ	女	1990/10/19	781-1302	高知県高岡郡越知町越知乙1-5-9		A
2	澤田 雄也	サワダ ユウヤ	男	1980/02/27	402-0055	山梨県都留市川棚1-17-9		AB
3	井手 久雄	イデ ヒサオ	男	1992/03/01	898-0022	鹿児島県枕崎市宮田町4-16	宮田町レジデンス107	B
4	栗原 研治	クリハラ ケンジ	男	1984/11/05	329-1324	栃木県さくら市草川3-1-7	キャッスル草川117	B
5	内村 海士	ウチムラ アマト	男	2000/08/05	917-0012	福井県小浜市熊野4-18-16		A
6	戸塚 松夫	トツカ マツオ	男	1982/04/15	519-0147	三重県亀山市山下町1-8-6	コート山下町418	A
7	塩崎 泰	シオザキ ヤスシ	男	1973/05/26	511-0044	三重県桑名市萱町1-8	萱町プラザ100	A
8	菅野 瑞樹	スガノ ミズキ	女	1977/02/05	607-8191	京都府京都市山科区大宅鳥田町2-5		O
9	宮田 有紗	ミヤタ アリサ	女	1974/08/16	883-0046	宮崎県日向市中町1-1-14		B
10	畠山 美佳	ハタケヤマ ミカ	女	1964/11/14	915-0037	福井県越前市萱谷町4-4	萱谷町ステーション306	B
11	山崎 正文	ヤマザキ マサフミ	男	1977/04/02	106-0045	東京都港区麻布十番2-13-9		AB
12	並木 幸三郎	ナミキ コウザブロウ	男	1974/01/24	824-0201	福岡県京都郡みやこ町犀川下高屋2-19-19	ステージ犀川下高屋408	A
13	佐久間 瑞穂	サクマ ミズホ	女	1982/06/26	232-0054	神奈川県横浜市南区大橋町3-2	大橋町スカイ217	O

315 データシートの枠線を変更したい

ポイント | DatasheetGridlinesBehaviorプロパティ

データシートの枠線を変更するには、Formオブジェクトの「DatasheetGridlinesBehavior」プロパティを使います。

引数には、表示したい枠線の種類に応じて次のいずれかの組み込み定数を指定します。

- **acGridlinesBoth**…………**水平／垂直**
- **acGridlinesHoriz**………**水平のみ**
- **acGridlinesVert**…………**垂直のみ**
- **acGridlinesNone**………**枠線なし**

■ プログラム例

frmChap7_B

```
Private Sub cmd枠線_Click()
'［枠線］ボタンクリック時

  'サブフォームのデータシートの枠線を設定
  With Me!frmChap7_B_sub3.Form
    MsgBox "枠線を水平だけにします！"
    .DatasheetGridlinesBehavior = acGridlinesHoriz
    MsgBox "枠線を垂直だけにします！"
    .DatasheetGridlinesBehavior = acGridlinesVert
    MsgBox "枠線を水平／垂直ともに消します！"
    .DatasheetGridlinesBehavior = acGridlinesNone
    MsgBox "枠線を水平／垂直の両方に付けます！"
    .DatasheetGridlinesBehavior = acGridlinesBoth
  End With

End Sub
```

■ 補足

枠線の色を設定したいときは「DatasheetGridlinesColor」プロパティを使います。

```
例：Me!frmChap7_B_sub3.Form.DatasheetGridlinesColor = vbBlack
```

316 データシートのフォントを変更したい

ポイント　DatasheetFontName／DatasheetFontHeight／DatasheetForeColorプロパティ他

データシートのフォントを変更するには、Formオブジェクトの次の「DatasheetFont○○○」のような名前のプロパティを設定します。

- **DatasheetFontName**……………**フォントの種類**
- **DatasheetFontHeight**…………**フォントのサイズ**
- **DatasheetForeColor**……………**フォントの色**
- **DatasheetFontItalic**………………**斜体（True/False）**
- **DatasheetFontUnderline**……**下線（True/False）**
- **DatasheetFontWeight**…………**フォントの太さ（100～900で100単位で設定）**

■ プログラム例

frmChap7_B

```
Private Sub cmdフォント_Click()
' [フォント] ボタンクリック時

  With Me!frmChap7_B_sub3.Form
    'フォントの種類を設定
    .DatasheetFontName = "ＭＳ Ｐ明朝"
    'フォントのサイズを設定
    .DatasheetFontHeight = 15
    'フォントの色を設定
    .DatasheetForeColor = vbBlue
  End With

End Sub
```

実行例

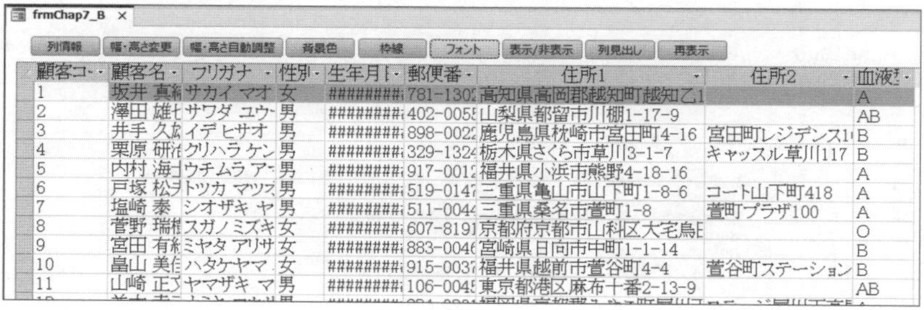

frmChap7_B ×

列情報　幅・高さ変更　幅・高さ自動調整　背景色　枠線　フォント　表示/非表示　列見出し　再表示

顧客コ・	顧客名・	フリガナ・	性別・	生年月[・	郵便番・	住所1	住所2	血液型・
1	坂井 真紀	サカイ マオ	女	#########	781-130	高知県高岡郡越知町越知乙1		A
2	澤田 雄t	サワダ ユウ	男	#########	402-005	山梨県都留市川棚1-17-9		AB
3	井手 久	イデ ヒサオ	男	#########	898-002	鹿児島県枕崎市宮田町4-16	宮田町レジデンス1	B
4	栗原 研	クリハラ ケン	男	#########	329-132	栃木県さくら市草川3-1-7	キャッスル草川117	B
5	内村 海	ウチムラ ア	男	#########	917-001	福井県小浜市熊野4-18-16		A
6	戸塚 松	トツカ マツ	男	#########	519-014	三重県亀山市山下町1-8-6	コート山下町418	A
7	塩崎 泰	シオザキ ヤ	男	#########	511-004	三重県桑名市萱町1-8	萱町プラザ100	A
8	菅野 瑞	スガノ ミズキ	女	#########	607-819	京都府京都市山科区大宅烏		O
9	宮田 有	ミヤタ アリサ	女	#########	883-004	宮崎県日向市中町1-1-14		B
10	畠山 美	ハタケヤマ	女	#########	915-003	福井県越前市萱谷町4-4	萱谷町ステーション	B
11	山崎 正	ヤマザキ マ	男	#########	106-004	東京都港区麻布十番2-13-9		AB

317 データシートの列の表示／非表示を切り替えたい

ポイント | ColumnHiddenプロパティ

データシートの列の表示／非表示を切り替えるには、データシートに表示される各コントロール（主にテキストボックスなど）の「ColumnHidden」プロパティを使います。

このプロパティに"True"を代入するとそのコントロールは「非表示」に、また"False"を代入すると「表示」に切り替わります。Hidden状態を表すプロパティですので、Trueが非表示になります。

次のプログラム例はサブフォームがデータシートビューで表示されるものとしています。その場合、サブフォーム内の各コントロールは「Me!サブフォーム名.Form!コントロール名」のような形式で参照します。そしてそれぞれについてColumnHiddenプロパティにTrueかFalseを設定します。

■ プログラム例

frmChap7_B

```
Private Sub cmd表示非表示_Click()
'［表示/非表示］ボタンクリック時

  With Me!frmChap7_B_sub3.Form
    MsgBox "一部の列を非表示にします！"
    !性別.ColumnHidden = True ―― Trueで非表示
    !生年月日.ColumnHidden = True
    !住所2.ColumnHidden = True
    !血液型.ColumnHidden = True

    MsgBox "列を再表示します！"
    !性別.ColumnHidden = False ―― Falseで表示
    !生年月日.ColumnHidden = False
    !住所2.ColumnHidden = False
    !血液型.ColumnHidden = False

  End With

End Sub
```

実行例

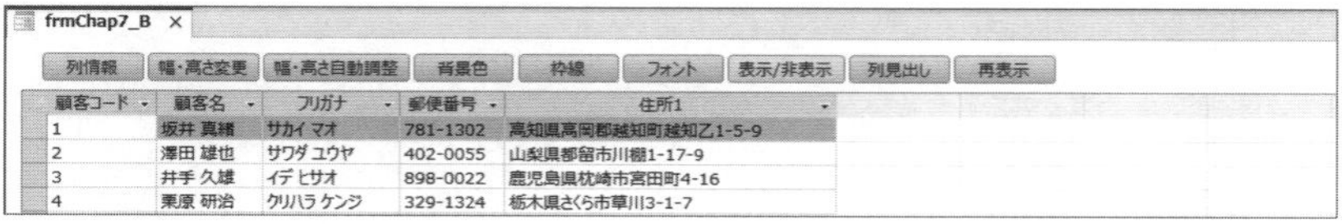

frmChap7_B

列情報 | 幅・高さ変更 | 幅・高さ自動調整 | 背景色 | 枠線 | フォント | 表示/非表示 | 列見出し | 再表示

顧客コード	顧客名	フリガナ	郵便番号	住所1
1	坂井 真緒	サカイ マオ	781-1302	高知県高岡郡越知町越知乙1-5-9
2	澤田 雄也	サワダ ユウヤ	402-0055	山梨県都留市川棚1-17-9
3	井手 久雄	イデ ヒサオ	898-0022	鹿児島県枕崎市宮田町4-16
4	栗原 研治	クリハラ ケンジ	329-1324	栃木県さくら市草川3-1-7

318 データシートの列見出しを変更したい

ポイント	DatasheetCaptionプロパティ
構文	Properties("DatasheetCaption")

データシートの列見出し（各列の標題）を変更するには、データシートに表示される各コントロールの「DatasheetCaption」プロパティを任意の文字列に設定変更します。これはプロパティシートでは「データシートの標題」という名前のプロパティです。

このプロパティの参照方法は一般的なプロパティとは異なります。「オブジェクト名.DatasheetCaption」ではエラーとなります。「オブジェクト名.Properties("DatasheetCaption")」のような記述で、プロパティの集まりであるPropertiesコレクションの1要素として指定する必要があります。

逆に一般的なプロパティも「Properties("プロパティ名")」のような書き方ができます。

■ プログラム例

frmChap7_B

```
Private Sub cmd列見出し_Click()
' [列見出し] ボタンクリック時

  '列見出しを変更
  With Me!frmChap7_B_sub3.Form
    !顧客コード.Properties("DatasheetCaption") = "顧客番号"
    !顧客名.Properties("DatasheetCaption") = "お客様名"
    !生年月日.Properties("DatasheetCaption") = "誕生日"
  End With

End Sub
```

■ 補足

データシートの列見出しを変更できる箇所として、次のようなものもあります。DatasheetCaptionが未設定の場合はこれらの値がデータシートの標題として使われます。

- **テキストボックスなどと親子関係にあるラベルコントロール（「ラベル名」プロパティに設定されているラベル）がある場合、そのラベルの「Caption/標題」プロパティを変更する**
- **親子関係のラベルのないテキストボックスなどについては、その「Name/名前」プロパティを変更する**

319 列の再表示ダイアログを表示したい

ポイント	RunCommandメソッド
構文	DoCmd.RunCommand コマンド組み込み定数

列の再表示ダイアログを表示するには、DoCmdオブジェクトの「RunCommand」メソッドを、引数に組み込み定数「acCmdUnhideColumns」を指定して実行します。

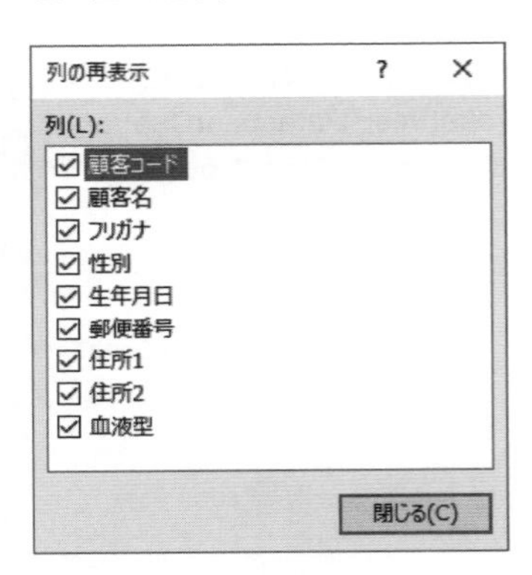

DoCmdのメソッドはマニュアル操作をプログラム化するものです。サブフォームに対する列の再表示ダイアログを表示するのであれば、マニュアル操作と同様、まずはサブフォームにフォーカスを移動させる必要があります（プログラム例参照）。

このコマンドはダイアログを表示するまでです。ダイアログの動きや選択結果を直接操作することはできません。

■ プログラム例

frmChap7_B

```
Private Sub cmd再表示_Click()
'［再表示］ボタンクリック時

 'サブフォームにフォーカスを移動
 Me!frmChap7_B_sub3.SetFocus

 '列の再表示コマンドを実行
 DoCmd.RunCommand acCmdUnhideColumns

End Sub
```

320 Accessのウィンドウを最大化／最小化したい

ポイント	RunCommandメソッド
構文	DoCmd.RunCommand コマンド組み込み定数

Access自体のウィンドウを最大化／最小化するには、DoCmdオブジェクトの「RunCommand」において、次の組み込み定数を引数に指定して実行します。

- **acCmdAppMaximize**……**最大化**
- **acCmdAppMinimize**……**最小化**
- **acCmdAppRestore**………**元のサイズに戻す**

■ **プログラム例**

Sub Sample320

```
Sub Sample320()

  MsgBox "最小化します！"
  DoCmd.RunCommand acCmdAppMinimize

  MsgBox "最大化します！"
  DoCmd.RunCommand acCmdAppMaximize

  MsgBox "元のサイズに戻します！"
  DoCmd.RunCommand acCmdAppRestore

End Sub
```

実行例

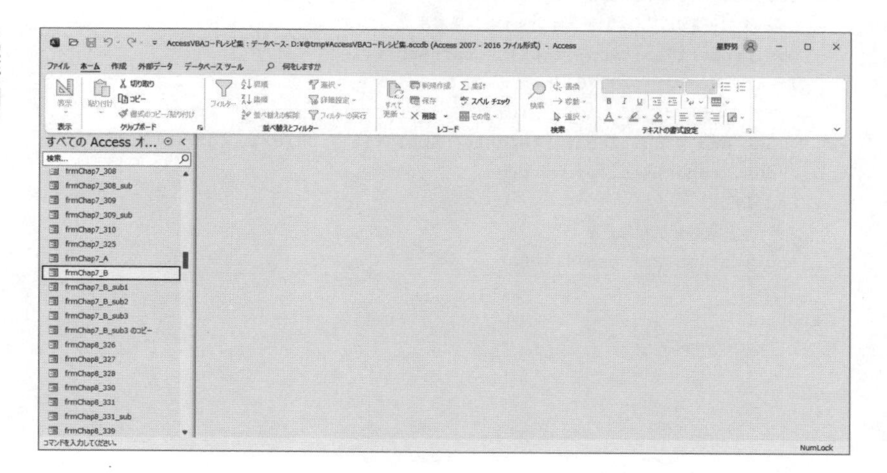

321 Accessのタイトルバーを変更したい

ポイント	AppTitleプロパティ、CreatePropertyメソッド
構文	Database.Properties("AppTitle")、CreateProperty(プロパティ名, 型, プロパティ値)

Access自体のタイトルバーに表示される標題は、Databaseオブジェクトの「AppTitle」プロパティを設定することで変更できます。

このプロパティは、「Database.Properties("AppTitle")」というように、プロパティの集まりであるPropertiesコレクションの1要素として指定する必要があります。

なお、Accessオプションの[カレントデータベース]の内容がまだ設定変更されていない初期状態であるとき、AppTitleプロパティを参照するとエラーが発生します(エラー番号3270)。

そのため、エラー処理を行い、そのルーチン内でDatabaseオブジェクトの「CreateProperty」メソッドでプロパティを生成すると同時に値を設定、さらに「Append」メソッドでPropertiesコレクションに追加します。

標題変更を画面に即反映させたい場合には、Applicationオブジェクトの「RefreshTitleBar」メソッドを実行します(実行しなくてもデータベースを開き直したときには反映されます)。

■ **プログラム例**　Sub Sample321

```
Sub Sample321()

  Dim dbs As Database
  Dim prp As Property
  Const cstrAppTitle As String = "Access VBAコードレシピ集"

  On Error Resume Next
  Set dbs = CurrentDb
  'データベースのアプリケーションタイトルを設定
  dbs.Properties("AppTitle") = cstrAppTitle
  If Err.Number = 3270 Then
    'プロパティが見つからないときは新規作成
    Set prp = dbs.CreateProperty("AppTitle", dbText, cstrAppTitle)
    dbs.Properties.Append prp
  End If
  'タイトルを最新情報に更新
  Application.RefreshTitleBar

End Sub
```

322 Accessのリボンを非表示にしたい

ポイント　CommandBarsオブジェクト、ExecuteMsoメソッド

Accessのリボンを非表示(※注)にするには、「CommandBars」オブジェクトの「ExecuteMso」メソッドを実行します。このメソッドでは、同じ命令を実行するたびに非表示／再表示が交互に切り替わります。

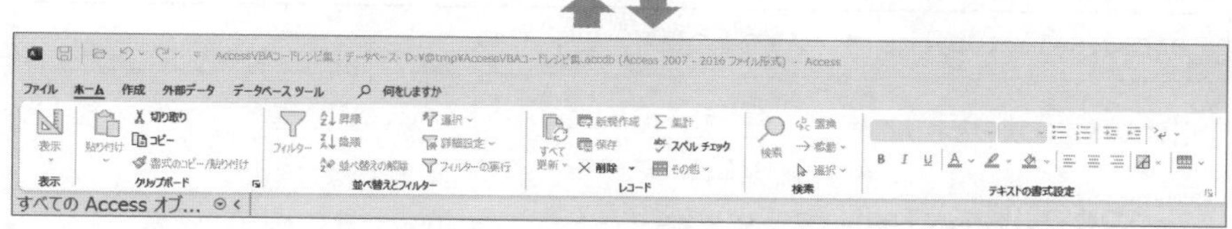

※ 注：正確には非表示ではなく「タブのみ表示」モードでの表示です。

■ プログラム例

Sub Sample322

```
Sub Sample322()

  MsgBox "リボンを非表示にします！"
  CommandBars.ExecuteMso "MinimizeRibbon"

  MsgBox "リボンを再表示します！"
  CommandBars.ExecuteMso "MinimizeRibbon"

End Sub
```

323 ナビゲーションウィンドウを非表示にしたい

ポイント	RunCommandメソッド、SelectObjectメソッド
構文	DoCmd.RunCommand コマンド組み込み定数

ナビゲーションウィンドウを非表示にするには、DoCmdオブジェクトの「RunCommand」において、組み込み定数「acCmdWindowHide」を引数に指定して実行します。

ただしこのコマンドは直接的にナビゲーションウィンドウの表示／非表示を切り替えるものではありません。あくまでもアクティブウィンドウを非表示にするものです。

そこで実際には、特定のデータベースオブジェクトを選択する命令である、DoCmdオブジェクトの「SelectObject」メソッドでナビゲーションウィンドウそのものを選択状態にしてから実行します。

ナビゲーションウィンドウを選択状態にする場合は、次のような命令を実行します。

```
DoCmd.SelectObject オブジェクトの種類, "", True
```

引数の指定は次のとおりです。

- **1つめの引数はacTableやacFormなど任意です。**
- **2つめの引数は本来、選択するオブジェクト名を指定しますが、ここでは特定のオブジェクトではないので「""」とします。**
- **3つめの引数は「True」とします。それによって"ナビゲーションウィンドウからオブジェクトを選択しなさい"という意味の命令になります。**

ナビゲーションウィンドウを非表示にしたあと、上記と同じ命令をもう一度実行することで再表示されます。

■ **プログラム例**

Sub Sample323

```
Sub Sample323()

  MsgBox "ナビゲーションウィンドウを隠します！"
  'ナビゲーションウィンドウが選択された状態にする
  DoCmd.SelectObject acTable, "", True
  'アクティブウィンドウを隠す
  DoCmd.RunCommand acCmdWindowHide

  MsgBox "ナビゲーションウィンドウを再表示します！"
  DoCmd.SelectObject acTable, "", True

End Sub
```

324 レジストリにデータを保存したい

ポイント	SaveSettingステートメント、GetSetting関数
構文	SaveSetting サブキー, セクション, 値の名前, 値のデータ GetSetting(サブキー, セクション, 値の名前, [既定値])

レジストリにデータを保存するには、「SaveSetting」ステートメントを使います。

プログラム例を実行した場合、各引数に対応して、レジストリには下図のような位置にキーや値が書き込まれます。

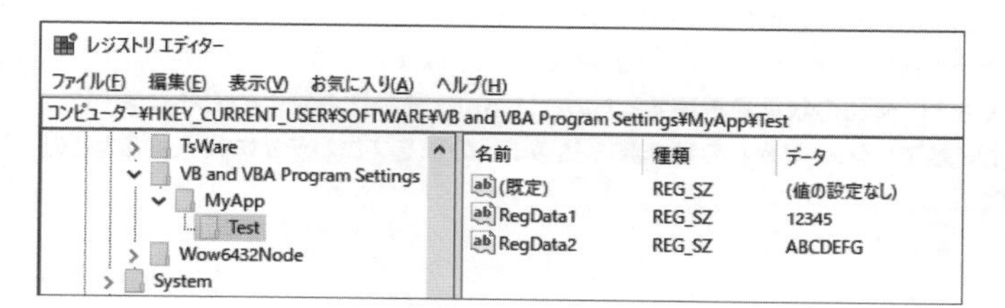

「HKEY_CURRENT_USER¥SOFTWARE¥VB and VBA Program Settings」部分のキーは、VBAのSaveSettingステートメントでは固定です。

また、作成される値の種類は「REG_SZ(文字列値)」に固定です。

保存されたデータを読み込むには「GetSetting」関数を使います。保存時と同じキーなどを引数に指定することで、保存されている値が返されます。なお4つめの引数"既定値"を指定することで、まだデータが保存されていないときの既定の返り値を指定することができます。

■ プログラム例

Sub Sample324

```
Sub Sample324()

  'レジストリに保存
   SaveSetting "MyApp", "Test", "RegData1", "12345"
   SaveSetting "MyApp", "Test", "RegData2", "ABCDEFG"

  'レジストリから読み込み
  Debug.Print GetSetting("MyApp", "Test", "RegData1")
  Debug.Print GetSetting("MyApp", "Test", "RegData2")

End Sub
```

325 レジストリを使ってフォームを閉じたときの状態を再現したい

ポイント　Load/読み込み時イベント、Unload/読み込み解除時イベント、SaveSettingステートメント、GetSetting関数

レジストリを使ってフォームを閉じたときの状態を再現するには、次のような処理を行います。

- **閉じるときの状態を保存するため、フォームの「Unload/読み込み解除時」イベントにおいて、「SaveSetting」ステートメントを使って再現に必要な情報をレジストリに保存します。**

※ 非連結コントロールの値を保存する場合は「Close/ 閉じる時」イベントでも可ですが、フィールドと連結しているコントロールの場合、Close イベントでは 1 レコード目の値が保存されてしまいます。

- **フォームを開いたときに前回の状態を再現するため、「Load/読み込み時」イベントにおいて、「GetSetting」関数でレジストリからの値を読み込み、その値をプロパティに代入するなどの処理を行います。**

■ プログラム例　　frmChap7_325

```
Private Sub Form_Load()
'フォーム読み込み時

  Dim strCustCode As String
                                    レジストリから読み込んでコントロールに代入
  Me!txt保存データ1 = GetSetting("MyApp", "FormData", "RegData1")
  Me!txt保存データ2 = GetSetting("MyApp", "FormData", "RegData2")
                                    レジストリから読み込んで変数に代入
  strCustCode = GetSetting("MyApp", "FormData", "CustCode")
  If strCustCode <> "" Then         レジストリの値を条件にレコード移動
    Me.Recordset.FindFirst "顧客コード = " & strCustCode
  End If

End Sub

Private Sub Form_Unload(Cancel As Integer)
'フォーム読み込み解除時
                                    レジストリに保存（Nzは未入力対策）
  SaveSetting "MyApp", "FormData", "RegData1", Nz(Me!txt保存データ1)
  SaveSetting "MyApp", "FormData", "RegData2", Nz(Me!txt保存データ2)
  SaveSetting "MyApp", "FormData", "CustCode", Nz(Me!顧客コード)

End Sub
```

フォームの
レコード操作

Chapter
8

326 独自のレコード移動ボタンを作りたい

ポイント	GoToRecordメソッド
構文	DoCmd.GoToRecord , , 移動先

フォームの左下に表示されるレコード移動ボタンと同様の機能を独自のコマンドボタンとして作るには、1つの方法として、DoCmdオブジェクトの「GoToRecord」メソッドを使います。

そのメソッドの3つめの引数"移動先"として、ボタンごとに次のような組み込み定数を指定します。

- **acFirst**……………………………**先頭レコード**
- **acPrevious**…………………………**前レコード**
- **acNext**……………………………**次レコード**
- **acLast**……………………………**最終レコード**
- **acNewRec**…………………………**新規レコード**

GoToRecordメソッドでは、先頭のレコードでさらに前に移動しようとしたとき、最後のレコード（最終または新規レコード）でさらに次に移動しようとしたとき、所定のエラー番号のエラーが発生します。次のプログラム例ではエラー処理を行い、そのようなときに警告メッセージを表示します。

■ **プログラム例**　　frmChap8_326

```
Private Sub cmd先頭_Click()
' [先頭] ボタンクリック時

  DoCmd.GoToRecord , , acFirst

End Sub

Private Sub cmd前_Click()
' [前] ボタンクリック時

  On Error GoTo Err_Handler

  DoCmd.GoToRecord , , acPrevious

Exit_Here:
  Exit Sub

Err_Handler:
  If Err.Number = 2105 Then
    MsgBox "先頭レコードです！ これ以上前に移動できません。", vbOKOnly + vbExclamation
  End If
```

```
  Resume Exit_Here

End Sub

Private Sub cmd次_Click()
' [次] ボタンクリック時

  On Error GoTo Err_Handler

  DoCmd.GoToRecord , , acNext

Exit_Here:
  Exit Sub

Err_Handler:
  If Err.Number = 2105 Then
    MsgBox "最終レコードです! これ以上後ろに移動できません。", vbOKOnly + vbExclamation
  End If
  Resume Exit_Here

End Sub

Private Sub cmd最終_Click()
' [最終] ボタンクリック時

  DoCmd.GoToRecord , , acLast

End Sub

Private Sub cmd新規_Click()
' [新規] ボタンクリック時

  DoCmd.GoToRecord , , acNewRec

End Sub
```

327 フォームのRecordsetでレコード移動したい

ポイント	MoveFirst／MovePrevious／MoveNext／MoveLast／AddNewメソッド
構文	Form.Recordset.MoveFirst｜MovePrevious｜MoveNext｜MoveLast｜AddNew

フォーム上でのレコード移動はそのレコードソースのRecordsetオブジェクトのレコード移動と一体です。よって、Recordsetオブジェクトの次のメソッドを使ってフォーム上のカレントレコードを移動させることができます。

- **MoveFirst**……………… **先頭レコードへ移動**
- **MovePrevious**……………… **1つ前のレコードへ移動**
- **MoveNext**……………… **1つ次のレコードへ移動**
- **MoveLast**……………… **最終レコードへ移動**
- **AddNew**……………… **新規レコードへ移動**

このうちMovePreviousとMoveNextメソッドについては、現在どのレコードにカーソルがあるかによって動きを変える必要があるため、プログラム例では次のような分岐処理を行っています。

- **[前] ボタンクリック時**
  - **2レコード目以降のときは前レコードに移動する**
    現在何レコード目かはフォームの「CurrentRecord」プロパティで取得します。
  - **新規レコードのときは最終レコードに移動する**
    新規レコードかどうかはフォームの「NewRecord」プロパティで判別します（新規レコードなら"True"）。
  - **1レコード目のときはそれ以上前へ移動できないため警告メッセージを表示する**

- **[次] ボタンクリック時**
  - **最終レコードより前のときは次レコードに移動する**
    最終レコードより前かどうかは、現在の行を返すフォームの「CurrentRecord」プロパティと、総レコード数を返すRecordsetオブジェクトの「RecordCount」プロパティとを比較することで判断します。
  - **最終レコードのときは新規レコードへ移動する**
    CurrentRecord＝RecordCountのときは最終レコードと判断します。ただしこの判断や新規レコードへの移動はレコード追加不可のフォームの場合は行いません。
  - **それ以外の場合は移動不可の警告メッセージを表示する**

■ プログラム例

frmChap8_327

```
Private Sub cmd先頭_Click()
' [先頭] ボタンクリック時
  Me.Recordset.MoveFirst
End Sub

Private Sub cmd前_Click()
' [前] ボタンクリック時

  If Me.NewRecord Then ―――――――――― 新規レコードのとき
    Me.Recordset.MoveLast
  ElseIf Me.CurrentRecord > 1 Then ―――― 既存レコードで1レコード目より後ろのとき
    Me.Recordset.MovePrevious
  Else
    MsgBox "先頭レコードです！ これ以上前に移動できません。", vbOKOnly + vbExclamation
  End If

End Sub

Private Sub cmd次_Click()
' [次] ボタンクリック時

  With Me.Recordset
    If Me.CurrentRecord < .RecordCount Then ――― 最終レコードより前のとき
      .MoveNext                        最終レコードのとき（新規追加可フォームの場合のみ）
    ElseIf Me.CurrentRecord = .RecordCount Then ―┘
      .AddNew
    Else
      MsgBox "最終レコードです！ これ以上後ろに移動できません。", vbOKOnly +
vbExclamation
    End If
  End With

End Sub

Private Sub cmd最終_Click()
' [最終] ボタンクリック時
  Me.Recordset.MoveLast
End Sub

Private Sub cmd新規_Click()
' [新規] ボタンクリック時
  Me.Recordset.AddNew
End Sub
```

328 フォームのRecordsetでレコード検索したい

ポイント	FindFirstメソッド
構文	Form.Recordset.FindFirst 条件式

フォームのRecordsetオブジェクトを使ってレコード検索するには、「FindFirst」メソッドを使います。

このメソッドを使うには、Formオブジェクト（自分自身のフォームの場合は「Me」）に続けて「.Recordset.FindFirst」と記述し、さらに引数に検索条件として有効な条件式を指定します。

メソッドを実行すると、フォーム内のレコードを"先頭"から検索し、見つかった最初のレコードへ移動します。見つからなかったときは1レコード目へ移動します。

次のプログラム例では、検索条件としてフォーム内のテキストボックス「txtフリガナ検索」への入力値を使います。Like演算子によって、その入力値を「フリガナ」フィールドに"含む"レコードを検索します。

■ プログラム例

frmChap8_328

```
Private Sub cmd検索_Click()
' [検索] ボタンクリック時

  Dim strCriteria As String

  '検索条件式を組み立て
  strCriteria = "フリガナ LIKE '*" & Me!txtフリガナ検索 & "*'"

  '先頭レコードを検索
  Me.Recordset.FindFirst strCriteria

End Sub
```

実行例

frmChap8_328

フリガナ検索 ケンジ　検索　次を検索

顧客コード	4	顧客名	栗原 研治	フリガナ	クリハラ ケンジ	性別	男
生年月日	1984/11/05	住所1	栃木県さくら市草川3-1-7			血液型	B
顧客コード	5	顧客名	内村 海士	フリガナ	ウチムラ アマト	性別	男
生年月日	2000/08/05	住所1	福井県小浜市熊野4-18-16			血液型	A

329 フォームのRecordsetで該当する次のレコードを検索したい

ポイント	FindNextメソッド
構文	Form.Recordset.FindNext 条件式

フォームのRecordsetオブジェクトを使って"次"のレコードを検索するには、「FindNext」メソッドを使います。

このメソッドを使うには、Formオブジェクト（自分自身のフォームの場合は「Me」）に続けて「.Recordset.FindNext」と記述し、さらに引数に検索条件として有効な条件式を指定します。

メソッドを実行すると、現在カーソルのあるカレントレコードの次のレコードから検索を行い、見つかった最初のレコードへ移動します。見つからなかったときは実行前のカレントレコードのままです。

次のプログラム例では、検索条件としてフォーム内のテキストボックス「txtフリガナ検索」への入力値を使います。Like演算子によって、その入力値を「フリガナ」フィールドに"含む"レコードを検索します。「FindFirst」メソッドとは違い、［次を検索］ボタンをクリックするたびに次々と該当レコードを検索・移動することができます。

■ **プログラム例**

frmChap8_328

```
Private Sub cmd次を検索_Click()
' ［次を検索］ボタンクリック時

  Dim strCriteria As String

  '検索条件式を組み立て
  strCriteria = "フリガナ LIKE '*" & Me!txtフリガナ検索 & "*'"

  '次のレコードを検索
  Me.Recordset.FindNext strCriteria

End Sub
```

実行例

frmChap8_328

フリガナ検索 ケンジ ［検索］［次を検索］

顧客コード 123　顧客名 池田 賢二　フリガナ イケダ ケンジ　性別 男
生年月日 1981/12/21　住所1 京都府京都市左京区大原小出石町3-7-16　血液型 A

顧客コード 124　顧客名 梅田 寿子　フリガナ ウメダ トシコ　性別 女
生年月日 1988/01/08　住所1 富山県南砺市上中田2-7-10　血液型 O

330 フォームのレコードを抽出したい

ポイント	Filterプロパティ、FilterOnプロパティ
構文	Form.Filter、Form.FilterOn

フォームのレコードを抽出するには、Formオブジェクトの「Filter」プロパティと「FilterOn」プロパティをセットで使います。

- Filterプロパティ………………………… 抽出条件を設定するプロパティ
- FilterOnプロパティ…………………… 抽出のON／OFFを切り替えるプロパティ

まず、Filterプロパティに抽出条件式を指定します。これはクエリの抽出条件欄に指定するのと同じものですが、ここでは前後を「"」で囲んだ文字列として代入します。

Filterプロパティに抽出条件式を指定しただけではまだ抽出は実行されません。次にFilterOnプロパティに"True"を代入します。それによって抽出が実行され、結果が画面に反映されます。

次のプログラム例では、抽出条件としてフォーム内のテキストボックス「txt住所抽出」への入力値を使います。Like演算子によって、その入力値を「住所1」フィールドに"含む"レコードだけを抽出します。

■ プログラム例　frmChap8_330

```
Private Sub cmd抽出_Click()
' [抽出] ボタンクリック時

  With Me
    .Filter = "住所1 LIKE '*" & Me!txt住所抽出 & "*'"
    .FilterOn = True
  End With

End Sub
```

実行例

frmChap8_330

住所抽出 東京都　抽出　抽出解除

顧客コード	11	顧客名	山崎 正文	フリガナ	ヤマザキ マサフミ	性別	男
生年月日	1977/04/02	住所1	東京都港区麻布十番2-13-9			血液型	AB
顧客コード	15	顧客名	岩下 省三	フリガナ	イワシタ ショウゾウ	性別	男
生年月日	1990/12/05	住所1	東京都港区芝公園1-8			血液型	AB
顧客コード	92	顧客名	佐竹 祥子	フリガナ	サタケ ショウコ	性別	女
生年月日	1972/03/14	住所1	東京都台東区今戸4-12-3			血液型	O
顧客コード	114	顧客名	西 陽夏花	フリガナ	ニシ ヒマワリ	性別	女
生年月日	1997/06/03	住所1	東京都台東区花川戸1-1			血液型	A

331 サブフォームのレコードを抽出したい

ポイント	Filterプロパティ、FilterOnプロパティ
構文	サブフォーム名.Form.Filter、サブフォーム名.Form.FilterOn

フォームのレコードを抽出するには、「Filter」プロパティと「FilterOn」プロパティを使いますが、これらはFormオブジェクトのプロパティです。サブフォームのレコードに対して抽出を行いたい場合には、その対象としてサブフォームコントロールのFormオブジェクトを指定し、「サブフォーム名.Form.Filter」や「サブフォーム名.Form.FilterOn」のように記述します。

次のプログラム例ではメインフォーム内の「frmChap8_331_sub」という名前のサブフォームに対して抽出を実行します。

またそのFormオブジェクトを指定する際、Withステートメントを使って「With Me!frmChap8_331_sub.Form」のように書いていますが、この部分1箇所を他のオブジェクト名、たとえば自分自身を表す「Me」や別のサブフォーム名などに書き換えれば、そのブロック内のコードはそのまま流用が効きます。

■ プログラム例

frmChap8_331

```
Private Sub cmd抽出_Click()
' [抽出] ボタンクリック時

  With Me!frmChap8_331_sub.Form
    .Filter = "住所1 LIKE '*" & Me!txt住所抽出 & "*'"
    .FilterOn = True
  End With

End Sub
```

実行例

frmChap8_331

住所抽出 東京都 [抽出] [抽出解除]

顧客コード	顧客名	フリガナ	性別	生年月日	郵便番号	住所1
11	山崎 正文	ヤマザキ マサフミ	男	1977/04/02	106-0045	東京都港区麻布十番2-13-9
15	岩下 省三	イワシタ ショウゾウ	男	1990/12/05	105-0011	東京都港区芝公園1-8
92	佐竹 祥子	サタケ ショウコ	女	1972/03/14	111-0024	東京都台東区今戸4-12-3
114	西 陽夏花	ニシ ヒマワリ	女	1997/06/03	111-0033	東京都台東区花川戸1-1
169	矢部 藍花	ヤベ アイカ	女	1995/07/03	108-0073	東京都港区三田3-13-13
276	秋本 音葉	アキモト オトハ	女	1964/11/12	171-0022	東京都豊島区南池袋3-5-10
358	平野 栞奈	ヒラノ カンナ	女	1985/05/11	108-0073	東京都港区三田2-4-4
361	郡司 真子	グンジ マコ	女	1991/02/16	101-0065	東京都千代田区西神田4-12
386	西尾 幸市	ニシオ コウイチ	男	1985/05/01	140-0012	東京都品川区勝島4-14
* (新規)						

332 データの先頭が一致するレコードを抽出したい

ポイント　Filterプロパティ、Like演算子

レコードを抽出する際、その条件式を設定する「Filter」プロパティに「Like」演算子を使って次のような式を指定することで、フィールドの値の"先頭"が指定値に一致する(データが指定値で始まる)レコードを抽出することができます。

```
フィールド名 LIKE 値*
```

ここでは指定値の"後ろ"に「*(アスタリスク)」を1つ付けることがポイントです。

この「*」は「その部分が任意の数の任意の文字である」というあいまい条件を表します。Like演算子で使われるもので、「ワイルドカード」と呼ばれます。ここでは「指定値で始まっていればその後ろは何でもよい」という意味合いになります。

次のプログラム例の場合、テキストボックス「txt抽出条件」に入力された値が「東京」であったとすると、組み立てられる文字列、すなわちFilterプロパティに代入される値は「住所1 LIKE '東京*'」となります。

※ これ全体が文字列式なので、「東京*」の前後は「'(シングルクォーテーション)」で囲みます。

■ **プログラム例**　　frmChap8_A

```
Private Sub cmd前方一致_Click()
' [前方一致] ボタンクリック時

  With Me
    .Filter = "住所1 LIKE '" & Me!txt抽出条件 & "*'"
    .FilterOn = True
  End With

End Sub
```

実行例

frmChap8_A

抽出条件 東京　[前方一致] [後方一致] [部分一致] [数字] [ア行] [カ行] [日付] [年度]

顧客コード	顧客名	フリガナ	性別	生年月日	住所1	血液型
11	山崎 正文	ヤマザキ マサフミ	男	1977/04/02	東京都港区麻布十番2-13-9	AB
15	岩下 省三	イワシタ ショウゾウ	男	1990/12/05	東京都港区芝公園1-8	AB
92	佐竹 祥子	サタケ ショウコ	女	1972/03/14	東京都台東区今戸4-12-3	O
114	西 陽夏花	ニシ ヒマワリ	女	1997/06/03	東京都台東区花川戸1-1	A

333 データの最後が一致するレコードを抽出したい

ポイント Filterプロパティ、Like演算子

データの"最後"が指定値に一致する(データが指定値で終わる)レコードを抽出するには、「Filter」プロパティに「Like」演算子を使って次のような式を指定します。

```
フィールド名 LIKE *値
```

ここでは指定値の"前"にワイルドカードとして「*(アスタリスク)」を1つ付けることがポイントです。

この「*」は「その部分が任意の数の任意の文字である」というあいまい条件を表すものです。つまり「指定値で終わっていればその前は何でもよい」という意味合いになります。

次のプログラム例の場合、テキストボックス「txt抽出条件」に入力された値が「2-13」であったとすると、組み立てられる文字列、すなわちFilterプロパティに代入される値は「住所1 LIKE '*2-13'」となります。

■ プログラム例

frmChap8_A

```
Private Sub cmd後方一致_Click()
' [後方一致] ボタンクリック時

  With Me
    .Filter = "住所1 LIKE '*" & Me!txt抽出条件 & "'"
    .FilterOn = True
  End With

End Sub
```

実行例

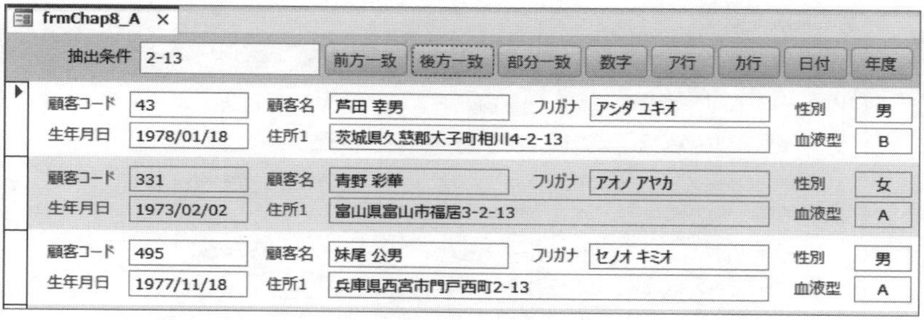

334 データの一部が一致するレコードを抽出したい

ポイント　Filterプロパティ、Like演算子

データの"一部分"が指定値に一致する（データに指定値が含まれる）レコードを抽出するには、「Filter」プロパティに「Like」演算子を使って次のような式を指定します。

```
フィールド名 LIKE *値*
```

ここでは指定値の"前と後ろ"にワイルドカードとして「*（アスタリスク）」を1つずつ付けることがポイントです。

この「*」は「その部分が任意の数の任意の文字である」というあいまい条件を表すものです。つまり「いずれかの位置にその値があればその前後は何でもよい」という意味合いになります。

次のプログラム例の場合、テキストボックス「txt抽出条件」に入力された値が「区」であったとすると、組み立てられる文字列、すなわちFilterプロパティに代入される値は「住所1 LIKE '*区*'」となります。

■ **プログラム例**　　frmChap8_A

```
Private Sub cmd部分一致_Click()
' [部分一致] ボタンクリック時

  With Me
    .Filter = "住所1 LIKE '*" & Me!txt抽出条件 & "*'"
    .FilterOn = True
  End With

End Sub
```

実行例

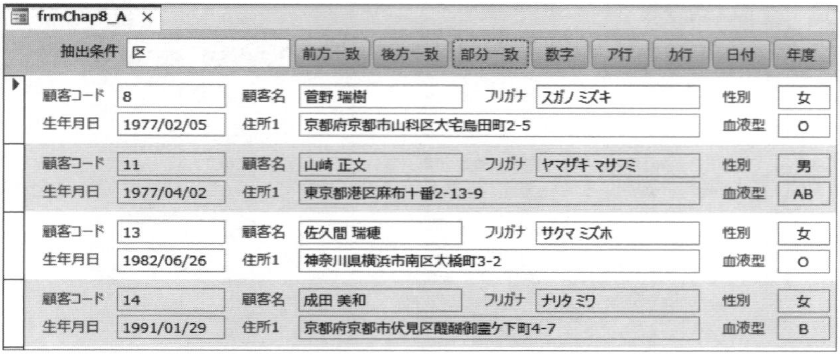

frmChap8_A

抽出条件 区　前方一致　後方一致　部分一致　数字　ア行　カ行　日付　年度

顧客コード	生年月日	顧客名	フリガナ	住所1	性別	血液型
8	1977/02/05	菅野 瑞樹	スガノ ミズキ	京都府京都市山科区大宅鳥田町2-5	女	O
11	1977/04/02	山崎 正文	ヤマザキ マサフミ	東京都港区麻布十番2-13-9	男	AB
13	1982/06/26	佐久間 瑞穂	サクマ ミズホ	神奈川県横浜市南区大橋町3-2	女	O
14	1991/01/29	成田 美和	ナリタ ミワ	京都府京都市伏見区醍醐御霊ケ下町4-7	女	B

335 数値の範囲を指定してレコードを抽出したい

ポイント　Filterプロパティ、Like演算子

Like演算子で使えるワイルドカードには、数値の範囲を指定するためのワイルドカードがあります。次のような式を「Filter」プロパティに代入することで、ある位置に数字があるレコードを抽出することができます。

```
フィールド名 LIKE [0-9]
```

ここで「[0-9]」は「0から9の範囲の数値」つまり「1桁の任意の数字」を表します。もし「[1-5]」のようにした場合には「1～5の数字」1文字となります。

次のプログラム例では抽出条件として「*2-[0-9]-[0-9]」を指定しています。これは住所データが「2-数字1桁-数字1桁」という構成で終わっていることを表しています。「○○町2-1-3」は該当しますが「○○町2-13-9」や「○○町2-1-15」などは該当しません。

■ **プログラム例**

frmChap8_A

```
Private Sub cmd数字抽出_Click()
' [数字抽出] ボタンクリック時

  With Me
    .Filter = "住所1 LIKE '*2-[0-9]-[0-9]'"
    .FilterOn = True
  End With

End Sub
```

実行例

frmChap8_A

抽出条件　[前方一致] [後方一致] [部分一致] [数字] [ア行] [カ行] [日付] [年度]

顧客コード	顧客名	フリガナ	性別	生年月日	住所1	血液型
26	井上 和雄	イノウエ カズオ	男	1979/08/15	茨城県つくば市東新井2-7-7	AB
191	梶田 日出男	カジタ ヒデオ	男	1991/10/27	愛知県知立市弘法町2-5-8	B
202	大江 瑠奈	オオエ ルナ	女	1982/02/23	岩手県二戸市浄法寺町飛鳥谷地2-3-4	AB
221	塩見 義明	シオミ ヨシアキ	男	1990/03/05	山梨県南アルプス市上市之瀬2-1-3	O

336 ア行やカ行などでレコードを抽出したい

ポイント | Filterプロパティ、Like演算子

Like演算子で使えるワイルドカードには、文字の範囲を指定するためのワイルドカードがあります。次のような式を「Filter」プロパティに代入することで、ある位置に所定の文字範囲のいずれかがあるレコードを抽出することができます。

```
フィールド名 LIKE [ア-オ]
```

ここで「[ア-オ]」は「アイウエオ」つまり「ア行のいずれかの1文字」を表します。

次のプログラム例では、ア行として「[ア-オ]」を、カ行として「[カ-ゴ]」を抽出条件として指定しています。「*」と組み合わせることで、「ア行の1文字から始まるデータ」などを抽出します。

なお、ア行・カ行以外は次のように指定します。

```
[サ-ゾ]、[タ-ド]、[ナ-ノ]、[ハ-ボ]、[マ-モ]、[ヤ-ヨ]、[ラ-ロ]、[ワ-ン]
```

■ **プログラム例**　　frmChap8_A

```
Private Sub cmdア行抽出_Click()
' [ア行抽出] ボタンクリック時

  With Me
    .Filter = "フリガナ LIKE '[ア-オ]*'"
    .FilterOn = True
  End With

End Sub

Private Sub cmdカ行抽出_Click()
' [カ行抽出] ボタンクリック時

  With Me
    .Filter = "フリガナ LIKE '[カ-ゴ]*'"
    .FilterOn = True
  End With

End Sub
```

337 日付の期間でレコードを抽出したい

ポイント　Filterプロパティ、Between...And演算子

日付の期間を指定してレコード抽出するには、「Filter」プロパティに「Between...And」演算子を使ってその日付範囲を指定します。

```
フィールド名 BETWEEN #期間自# AND #期間至#
```

各日付には、2000/1/1のような日付を直接指定したり、Date型の変数の値を使ったりすることができますが、いずれも日付であることを明示するために前後を「#」で囲みます。

```
例1　生年月日 BETWEEN #2000/1/1# AND #2000/12/31#
例2　生年月日 BETWEEN #" & dtmStart & "# AND #" & dtmEnd & "#"
```

次のプログラム例では、生年月日が2000/1/1～2000/12/31、つまり2000年であるレコードを抽出します。

■ プログラム例

frmChap8_A

```
Private Sub cmd日付抽出_Click()
' [日付抽出] ボタンクリック時

  With Me
    .Filter = "生年月日 BETWEEN #2000/1/1# AND #2000/12/31#"
    .FilterOn = True
  End With

End Sub
```

実行例

frmChap8_A

抽出条件　前方一致　後方一致　部分一致　数字　ア行　カ行　日付　年度

顧客コード	顧客名	フリガナ	性別	生年月日	住所1	血液型
5	内村 海士	ウチムラ アマト	男	2000/08/05	福井県小浜市熊野4-18-16	A
78	坂口 穂岳	サカグチ ホタカ	男	2000/08/24	岡山県和気郡和気町原3-20-18	A
112	竹内 真菜	タケウチ マナ	女	2000/05/04	栃木県下野市下文狭3-7	A
132	野田 桜輔	ノダ オウスケ	男	2000/12/16	北海道富良野市東麓郷2-7-13	O

338 年度で日付データを抽出したい

ポイント　Filterプロパティ、Between...And演算子、Month関数、DateSerial関数

ある年度のデータだけを抽出するには、「Filter」プロパティに「Between...And」演算子を使ってその日付範囲を指定します。

直接的に日付範囲を指定する場合は「○/4/1～□/3/31」と指定するだけですが、「今年度」といった動的な抽出条件にする場合は、事前に"年"の部分を計算する必要があります。

次のプログラム例では今年度に30才になる人を抽出します。まずMonth関数で今日の月を取得、その値が4～12月か1～3月かで処理分岐し、DateSerial関数を使ってそれぞれの場合の期間自と期間至を計算します。それを誕生年度に換算した上でFilterプロパティに式を代入します。

■ プログラム例　　frmChap8_A

```
Private Sub cmd年度抽出_Click()
'［年度抽出］ボタンクリック時

  Dim dtmStart As Date, dtmEnd As Date
  Const cintAge = 30 ―――― 今年度に30才になる人を抽出

  '今年度の期間を取得
  If Month(Date) >= 4 Then ―――― 今日が4～12月のとき
    dtmStart = DateSerial(Year(Date), 4, 1)
    dtmEnd = DateSerial(Year(Date) + 1, 3, 31)
  Else ―――― 今日が1～3月のとき
    dtmStart = DateSerial(Year(Date) - 1, 4, 1)
    dtmEnd = DateSerial(Year(Date), 3, 31)
  End If

  'cintAge年前の期間を計算
  dtmStart = DateAdd("yyyy", -1 * cintAge, dtmStart)
  dtmEnd = DateAdd("yyyy", -1 * cintAge, dtmEnd)

  'cintAge年前の期間で抽出を実行
  With Me
    .Filter = "生年月日 BETWEEN #" & dtmStart & "# AND #" & dtmEnd & "#"
    .FilterOn = True
  End With

End Sub
```

339 複数のコントロール値を元に抽出したい

ポイント　Filterプロパティ

　画面のインタフェースとして複数のコントロールに入力された値を条件にレコード抽出するには、基本はフォームの「Filter」プロパティに抽出条件式を代入するだけですが、その式の組み立てに工夫がいります。「条件式1 AND 条件式2 AND……」や「条件式1 OR 条件式2 OR……」のように、"かつ"や"または"の結合を加味して、その全体が1つの文字列式となるように結合します。

　次のプログラム例では、あるテキストボックスの値をIsNull関数で判定、未入力でなければその項目に関する条件式を組み立てます。またstrFilter変数がその時点で空でなければ" AND "を直前に文字列結合します。それを3項目に対して行い、最終的に出来上がった式をFilterプロパティに代入します。

■ プログラム例

frmChap8_339

```
Private Sub cmd抽出_Click()
'［抽出］ボタンクリック時

  Dim strFilter As String
  Const cstrOperate = " AND " ―――― 各条件の論理演算子

  If Not IsNull(Me!txtフリガナ抽出) Then ―――― フリガナが入力されているとき
    strFilter = IIf(strFilter = "", "", strFilter & cstrOperate) & _
                "フリガナ LIKE '*" & Me!txtフリガナ抽出 & "*'"
  End If
  If Not IsNull(Me!txt住所抽出) Then ―――― 住所が入力されているとき
    strFilter = IIf(strFilter = "", "", strFilter & cstrOperate) & _
                "住所1 LIKE '*" & Me!txt住所抽出 & "*'"
  End If
  If Not IsNull(Me!txt性別抽出) Then ―――― 性別が入力されているとき
    strFilter = IIf(strFilter = "", "", strFilter & cstrOperate) & _
                "性別 = '" & Me!txt性別抽出 & "'"
  End If

  With Me
    .Filter = strFilter ―――― 出来上がった抽出条件式を代入
    .FilterOn = True
  End With

End Sub
```

340 抽出を解除してレコードを全件表示に戻したい

ポイント Filterプロパティ、FilterOnプロパティ

レコード抽出されたフォームは、次の値を各プロパティに代入することで、抽出を解除して全レコードが表示された状態に戻すことができます。

- **Filterプロパティ** …………………………… **「""（長さ0の文字列）」を代入**
- **FilterOnプロパティ** ……………………… **"False"を代入**

ここでは、動作としては「FilterOn = False」だけで抽出解除することができます。ただし他でFilterプロパティの値を参照することで抽出状態を判断することもあり得ますので、一応こちらも空にリセットしておきます。

■ **プログラム例** frmChap8_330、frmChap8_331

```
【メインフォームの場合】
Private Sub cmd抽出解除_Click()
'［抽出解除］ボタンクリック時

  With Me
    .Filter = ""
    .FilterOn = False
  End With

End Sub

【サブフォームの場合】
Private Sub cmd抽出解除_Click()
'［抽出解除］ボタンクリック時

  With Me!frmChap8_331_sub.Form
    .Filter = ""
    .FilterOn = False
  End With

End Sub
```

341 検索と置換ダイアログを表示させたい

ポイント	RunCommandメソッド、PreviousControlプロパティ
構文	DoCmd.RunCommand acCmdFind／acCmdReplace

「検索と置換」ダイアログを表示させるには、その対象コントロールにフォーカスを移動したうえで、DoCmdオブジェクトの「RunCommand」を実行します。

その際、引数に指定する組み込み定数によって、ダイアログが表示されたときのアクティブタブ（検索または置換）を初期設定することができます（開いたあとに手動で切り替えできます）。

- **acCmdFind**……………………………… **検索タブ**
- **acCmdReplace**………………………… **置換タブ**

次の例ではコマンドボタンでダイアログを開きます。クリックしたときフォーカスはそのボタンにあります。そこで、Screenオブジェクトの「PreviousControl」プロパティで直前にフォーカスのあったコントロールを取得、そこにフォーカスを戻すことでそれを基準としたダイアログを表示します。

※ 常に同じコントロールを対象とする場合は、「そのコントロール名.SetFocus」とします。

※ On Error Resume Next でエラーを無視しているのは、直前のコントロールが別のボタンだったりした場合の RunCommand のエラーを無視するためのものです。

■ プログラム例

frmChap8_341

```
Private Sub cmd検索_Click()
' [検索] ボタンクリック時

  On Error Resume Next
  Screen.PreviousControl.SetFocus ──────── 直前のコントロールにフォーカスを戻す
  DoCmd.RunCommand acCmdFind ──────────── 検索ダイアログを表示

End Sub

Private Sub cmd置換_Click()
' [置換] ボタンクリック時

  On Error Resume Next
  Screen.PreviousControl.SetFocus ──────── 直前のコントロールにフォーカスを戻す
  DoCmd.RunCommand acCmdReplace ────────── 置換ダイアログを表示

End Sub
```

342 サブフォームのレコードを並べ替えたい

ポイント	OrderByプロパティ、OrderByOnプロパティ
構文	Form.OrderBy、Form.OrderByOn

フォームのレコードを並べ替えるには、Formオブジェクトの「OrderBy」プロパティと「OrderByOn」プロパティをセットで使います。

- **OrderByプロパティ**……………………… **並べ替えの基準フィールドを設定するプロパティ**
- **OrderByOnプロパティ**………………… **並べ替えのON／OFFを切り替えるプロパティ**

OrderByプロパティには並べ替えの優先順にフィールド名をカンマ区切りで列挙します。

```
例：性別，生年月日，フリガナ
```

既定は"昇順"ですが、後ろに「DESC」を付けることで"降順"を指定できます。

```
例：性別，生年月日 DESC，フリガナ……生年月日は降順、その他は昇順
```

OrderByプロパティを指定しただけではまだ並べ替えは実行されません。OrderByOnプロパティに"True"を代入することで実行されます。また"False"の代入で並べ替えが解除されます。

■ プログラム例

frmChap8_342

```
Private Sub cmd並べ替え_Click()
' [並べ替え] ボタンクリック時

  Dim strOrder As String

  strOrder = "性別，血液型，生年月日 DESC" ―――― 並び順を組み立て

  With Me
    .OrderBy = strOrder ―――――――――――― 並び順を設定
    .OrderByOn = True ――――――――――――― 並べ替えを実行
  End With

  MsgBox "並び替えを解除します！"
  With Me
    .OrderBy = ""
    .OrderByOn = False ――――――――――――― 並べ替えを解除
  End With

End Sub
```

343 全レコードをクリップボードにコピーしたい

ポイント	RunCommandメソッド
構文	DoCmd.RunCommand acCmdSelectAllRecords ／ acCmdCopy

DoCmdオブジェクトの「RunCommand」メソッドを使うことで、マニュアルでの全レコードの選択 → コピーの操作をプログラムから実行させることができます。それによって全レコードがクリックボードにコピーされ、他のアプリケーションなどに貼り付けできます。

それには、次の順番で組み込み定数を指定してRunCommandメソッドを実行します。

- ① **acCmdSelectAllRecords**……………… **すべてのレコードを選択**
- ② **acCmdCopy** ……………………………… **コピー**

acCmdSelectAllRecordsの代わりに「acCmdSelectRecord」を使うことで、カレントレコードだけをコピーできます。

acCmdSelectAllRecordsでは画面上、全レコードが範囲選択された反転表示になります。プログラム例ではコマンドボタンにフォーカスを戻すことでそれを解除しています。

■ プログラム例

frmChap8_343

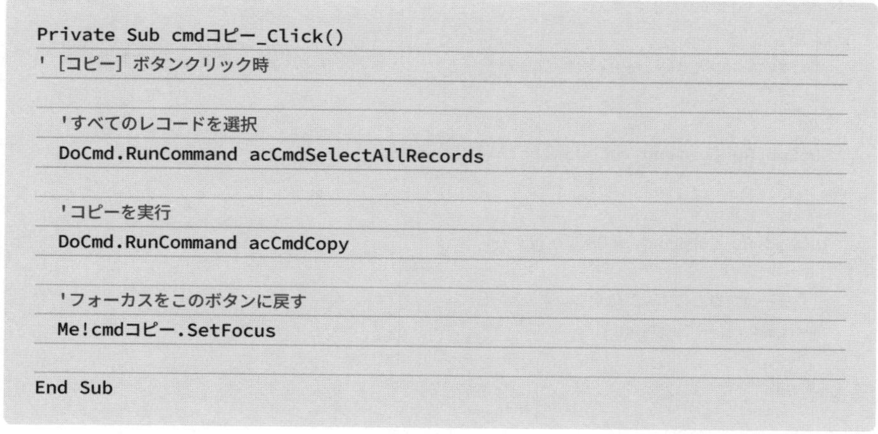

```
Private Sub cmdコピー_Click()
' [コピー] ボタンクリック時

  'すべてのレコードを選択
  DoCmd.RunCommand acCmdSelectAllRecords

  'コピーを実行
  DoCmd.RunCommand acCmdCopy

  'フォーカスをこのボタンに戻す
  Me!cmdコピー.SetFocus

End Sub
```

実行例

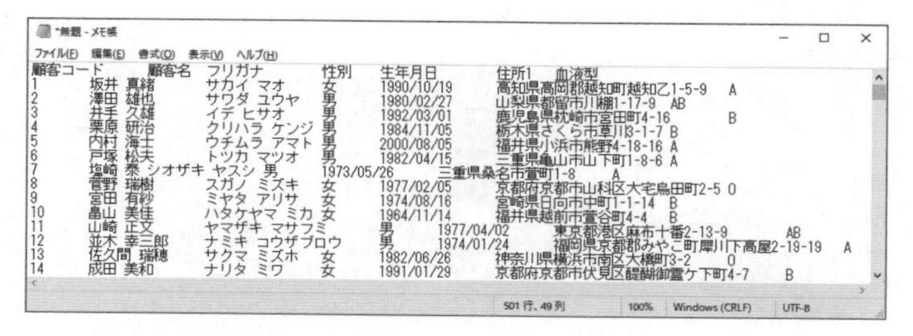

※ コピーされた内容をメモ帳に貼り付けたところ

344 サブフォームの全レコードをクリップボードにコピーしたい

ポイント	SetFocusメソッド、RunCommandメソッド
構文	**コントロール名.SetFocus、DoCmd.RunCommand acCmdCopy**

サブフォームの全レコードをクリップボードにコピーするには、DoCmdオブジェクトの「RunCommand」メソッドに次の順番で組み込み定数を指定して実行します。

- **① acCmdSelectAllRecords**……………**すべてのレコードを選択**
- **② acCmdCopy**…………………………………**コピー**

これらのメソッドはアクティブなフォームに対するマニュアル操作をプログラムから実行するものです。次のプログラム例では、[コピー] ボタンはメインフォームにあり、メインフォームにはレコードはないものとしています。クリックした時点でフォーカスはそのボタンに移っていますので、事前に「SetFocus」メソッドを実行して、対象レコードのあるサブフォームにフォーカス移動させておくことがポイントです。

■ **プログラム例**　　frmChap8_344

```
Private Sub cmdコピー_Click()
' [コピー] ボタンクリック時

  Me!frmChap8_344_sub.SetFocus ―――― 事前にサブフォームにフォーカス移動

  'すべてのレコードを選択
  DoCmd.RunCommand acCmdSelectAllRecords

  'コピーを実行
  DoCmd.RunCommand acCmdCopy

  'フォーカスをこのボタンに戻す
  Me!cmdコピー.SetFocus

End Sub
```

実行例

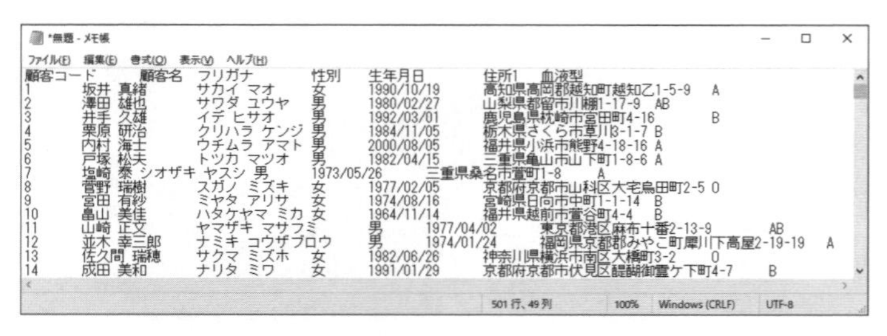

顧客コード	顧客名	フリガナ	性別	生年月日	住所1	血液型
1	坂井 真緒	サカイ マオ	女	1990/10/19	高知県高岡郡越知町越知乙1-5-9	A
2	澤田 雄也	サワダ ユウヤ	男	1980/02/27	山梨県都留市川棚1-17-9	AB
3	井手 久雄	イデ ヒサオ	男	1992/03/01	鹿児島県枕崎市宮田町4-16	B
4	栗原 研治	クリハラ ケンジ	男	1984/11/05	栃木県さくら市草川3-1-7	B
5	内村 海士	ウチムラ アマト	男	2000/08/05	福井県小浜市熊野4-18-16	A
6	戸塚 松夫	トツカ マツオ	男	1982/04/15	三重県亀山市山下町1-8-6	A
7	塩崎 泰	シオザキ ヤスシ	男	1973/05/26	三重県桑名市萱町1-8	A
8	菅野 瑞樹	スガノ ミズキ	女	1977/02/05	京都府京都市山科区大宅烏田町2-5	O
9	宮田 有紗	ミヤタ アリサ	女	1974/08/16	宮崎県日向市中町1-1-14	B
10	畠山 美佳	ハタケヤマ ミカ	女	1964/11/14	福井県越前市萱谷町4-4	B
11	山崎 正文	ヤマザキ マサフミ	男	1977/04/02	東京都港区麻布十番2-13-9	AB
12	並木 幸三郎	ナミキ コウザブロウ	男	1974/01/24	福岡県京都郡みやこ町犀川下高屋2-19-19	A
13	佐久間 瑞穂	サクマ ミズホ	女	1982/06/26	神奈川県横浜市南区大橋町3-2	O
14	成田 美和	ナリタ ミワ	女	1991/01/29	京都府京都市伏見区醍醐御霊ケ下町4-7	B

※ コピーされた内容をメモ帳に貼り付けたところ

345 フォームのRecordsetとRecordsetCloneを使い分けたい

ポイント　Recordsetオブジェクト、RecordsetCloneオブジェクト

フォームに表示されているレコードを扱うには、「Recordset」を使う方法と「RecordsetClone」を使う方法があります。どちらもプロパティやメソッドなどを同様に扱うことができますが、動作として次のような違いがあります。基本的には「画面表示されているレコードを直接的に操作する場合はRecordset」、「画面の見た目を変えずに間接的にデータ取得・編集する場合はRecordsetClone」のように使い分けます（プログラム例を実行するとその見た目の違いを確認できます）。

Recordset	RecordsetClone
画面表示されているレコードそのもの	画面表示されているレコードの複製
レコード移動すると画面のレコードも移動したりスクロールしたりする（直接的に操作）	画面には見えない、裏側で動作するイメージで、レコード移動もスクロールも起こらない（※注）
フォームが編集不可のときはEditメソッドも不可	フォームが編集不可でもEditメソッド可
フォームと直接連結しているのでCloseは不可	複製なのでClose可

※ 注：レコードソースがテーブルならCloneの編集も即フォームに反映されますが、クエリの場合はその構造によっては再クエリしないと反映されないことがあります。

■ プログラム例

frmChap8_345

```
Private Sub cmdRecordset_Click()
' [Recordset] ボタンクリック時
  With Me.Recordset
    .MoveFirst
    Do Until .EOF
      Debug.Print !顧客コード, !顧客名: .MoveNext
    Loop
  End With
End Sub

Private Sub cmdRecordsetClone_Click()
' [RecordsetClone] ボタンクリック時
  With Me.RecordsetClone
    .MoveFirst
    Do Until .EOF
      Debug.Print !顧客コード, !顧客名: .MoveNext
    Loop
    .Close
  End With
End Sub
```

346 フォーム上で手動抽出されたデータを取り出したい

ポイント　RecordsetCloneオブジェクト

フォームに表示されているレコードを扱いたいとき、そのレコードソースとなっているテーブルやクエリを別途直接開くことでもできます。しかしその場合、フォーム上で手動によって抽出や並べ替えが行われている場合には、そのままの状態で取り出すことはできません。

そのようなときはフォームの「RecordsetClone」オブジェクトを使います。「Filter」プロパティなどを参照する必要もなく、抽出や並べ替えなどが行われたそのままの形で各レコードを扱うことができます。

その使い方は、テーブルのRecordsetを開いたときと同じです。各種のプロパティやメソッドも同様に使えます。

※ 次のプログラム例では、はじめに「MoveFirst」メソッドを実行しています。RecordsetClone を開いたとき、画面上のカーソル位置によっては開始レコードが不定となるため、一度先頭レコードに戻しています。

■ プログラム例

frmChap8_346

```
Private Sub cmd抽出データ取得_Click()
' [抽出データ取得] ボタンクリック時

  With Me.RecordsetClone
    .MoveFirst ―――――――――――――――― 一度先頭レコードに戻す
    Do Until .EOF ―――――――――――――― すべてのレコードを読み込むループ
      Debug.Print !顧客コード, !顧客名, !フリガナ ―― 各フィールドの値を出力
      .MoveNext
    Loop
    .Close
  End With

End Sub
```

実行例

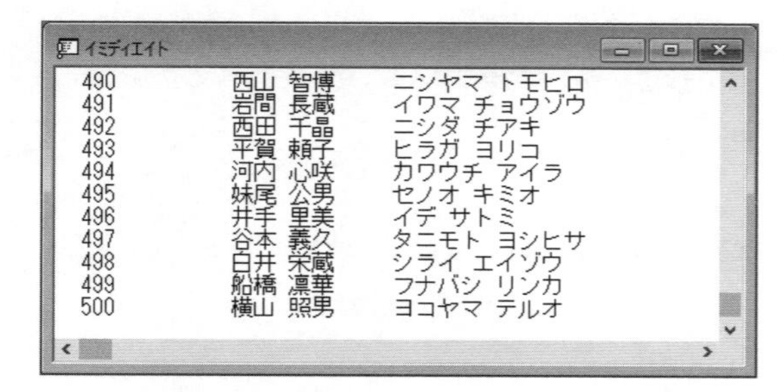

347 カレントレコードのレコード番号を調べたい

ポイント	CurrentRecordプロパティ、AbsolutePositionプロパティ
構文	Form.CurrentRecord、Form.Recordset.AbsolutePosition

フォーム上で現在カーソルがあるカレントレコードのレコード番号を調べるには、次のいずれかのプロパティの値を参照します。

- **CurrentRecordプロパティ**
  - **Formオブジェクトの読み取り専用のプロパティです。フォームでのみ使用可能です。**
  - **カレントレコードが新規レコードの場合、レコード移動ボタンに表示されているのと同じ値になります。たとえば既存レコード数が「500」のときは「501」が返されます。**

- **AbsolutePositionプロパティ**
  - **Recordsetオブジェクトのプロパティです。フォームだけでなく、テーブルやクエリのRecordsetでも使えます。**

    ※ ただしテーブルで扱うときは「OpenRecordset("mtbl 顧客マスタ", dbOpenDynaset)」のように組み込み定数「dbOpenDynaset」を指定する必要があります。
  - **このプロパティは先頭レコードを「0」としてカウントします。したがって一般的なレコード番号として扱うときはそのプロパティ値を+1します。**
  - **カレントレコードが新規レコードの場合、直前のカレントレコードの番号が返されます。**

■ プログラム例

frmChap8_347

```
Private Sub Form_Current()
'フォームのレコード移動時

  Dim lngRecNum1 As Long
  Dim lngRecNum2 As Long

  'カレントレコードの番号を取得
  lngRecNum1 = Me.CurrentRecord
  lngRecNum2 = Me.Recordset.AbsolutePosition + 1

  MsgBox lngRecNum1 & " : " & lngRecNum2

End Sub
```

348 レコード番号を指定してレコード移動したい

ポイント	AbsolutePositionプロパティ、GoToRecordメソッド
構文	DoCmd.GoToRecord , , acGoTo, レコード番号

レコード番号を指定してそこへレコードを移動させるには、次のいずれかを使います。

- **AbsolutePositionプロパティ**
  - **Recordsetオブジェクトのプロパティです。このプロパティにレコード番号を代入することで、そのレコードへ移動します。**
  - **先頭レコードを「0」とカウントしますので、「移動先レコード番号-1」の値を代入します。**

- **GoToRecordメソッド**
  - **DoCmdオブジェクトのメソッドです。3つめの引数に組み込み定数「acGoTo」を指定したうえで、その次の引数に移動先のレコード番号を指定します。**

■ **プログラム例**

frmChap8_348

```
Private Sub cmdレコード移動_Click()
' [レコード移動] ボタンクリック時

  MsgBox "9レコード目に移動します！"
  Me.Recordset.AbsolutePosition = 9 - 1
  MsgBox "120レコード目に移動します！"
  Me.Recordset.AbsolutePosition = 120 - 1

  MsgBox "200レコード目に移動します！"
  DoCmd.GoToRecord , , acGoTo, 200
  MsgBox "1レコード目に移動します！"
  DoCmd.GoToRecord , , acGoTo, 1

End Sub
```

■ **補足**

Formオブジェクトには、"相対的な位置"へ移動する「Move」メソッドもあります。

例：

```
Me.Recordset.Move 10 ―― カレントレコードの10レコード後ろに移動
Me.Recordset.Move -3 ―― カレントレコードの3レコード前に移動
```

349 範囲選択されている行数を調べたい

ポイント SelTopプロパティ、SelHeightプロパティ

データシートで複数の行が範囲選択されているとき、Formオブジェクトの次のプロパティを参照することで、選択行の状態を取得することができます。

- **SelTopプロパティ** ………………………… **範囲選択されている先頭の行番号**
- **SelHeightプロパティ** ……………………… **範囲選択されている行数**

次のプログラム例では、メイン／サブフォームにおいてサブフォームの範囲選択行の状態を取得します。メイン側のコマンドボタンで取得結果をメッセージ表示しますが、クリックした時点でサブフォームからはフォーカスが外れているため範囲選択の情報を取得できません。

そこで、サブフォームの「Exit/フォーカス喪失時」イベントで、フォーカスが外れる前にその情報をDeclarationsセクションで宣言した変数に代入します。それによってcmd選択行数_Clickイベントプロシージャでその値を共有・取得できるようにしています。

■ **プログラム例**

frmChap8_349

```
Private plngSelTop As Long ———— Declarationsセクションで宣言
Private plngSelHeight As Long

Private Sub cmd選択行数_Click()
' [選択行数] ボタンクリック時

  MsgBox plngSelTop & "行目から" & plngSelHeight & "行選択されています！"

End Sub

Private Sub frmChap8_349_sub_Exit(Cancel As Integer)
'サブフォームのフォーカス喪失時

  '範囲選択状態をPrivate変数に代入
  With Me!frmChap8_349_sub.Form
    plngSelTop = .SelTop ———— 選択開始行
    plngSelHeight = .SelHeight ———— 選択行数
  End With

End Sub
```

350 範囲選択されている列数を調べたい

ポイント | SelLeftプロパティ、SelWidthプロパティ

データシートで複数の行が範囲選択されているとき、Formオブジェクトの次のプロパティを参照することで、選択列の状態を取得することができます。

- **SelLeftプロパティ**……………… **範囲選択されている先頭の列番号（レコードセレクタの分もカウントするためデータの1列目は「2」となります）**
- **SelWidthプロパティ**……………… **範囲選択されている列数**

次のプログラム例では、サブフォームの「Exit/フォーカス喪失時」イベントで、フォーカスが外れる前に列情報をDeclarationsセクションで宣言した変数に代入します。それによってcmd選択行数_Clickイベントプロシージャでその値を共有・取得できるようにしています。

またその際、プロパティ値そのものではなく、セレクタを含まない、データの列番号を変数に代入します。そのため-1しています。

■ **プログラム例**

frmChap8_350

```
Private plngSelLeft As Long ──────── Declarationsセクションで宣言
Private plngSelWidth As Long

Private Sub cmd選択列数_Click()
' ［選択列数］ボタンクリック時

  MsgBox plngSelLeft & "列目から" & plngSelWidth & "列選択されています！"

End Sub

Private Sub frmChap8_350_sub_Exit(Cancel As Integer)
'サブフォームのフォーカス喪失時

  '範囲選択状態をPrivate変数に代入
  With Me!frmChap8_350_sub.Form
    plngSelLeft = .SelLeft - 1 ──────── 選択開始列
    plngSelWidth = .SelWidth ──────── 選択列数
  End With

End Sub
```

351 範囲選択されたレコードの内容を調べたい

ポイント SelTop／SelHeight／SelLeft／SelWidthプロパティ

データシートで複数の行列がボックス状に範囲選択されているとき、FormオブジェクトのSelTop／SelHeight／SelLeft／SelWidthプロパティで各欄の値を取得することができます。

次のプログラム例では、サブフォームの「Exit/フォーカス喪失時」イベントで、フォーカスが外れる前に選択範囲の4つのプロパティの行列情報をDeclarationsセクションで宣言した変数に代入します。それによってcmd選択行数_Clickイベントプロシージャでその値を共有・取得できるようにしています。

cmd選択行数_Clickイベントプロシージャでは、

- **サブフォームのFormオブジェクトからRecordsetCloneを開きます。**
- **選択範囲の先頭行から選択行数分のレコードのループを構成します。**
- **さらにそれぞれのレコードについて、選択列範囲のループを構成します。**
- **1レコードの1フィールドごとに値を取得、イミディエイトウィンドウに出力します。**
- **データシートの範囲選択に新規レコードが含まれる場合を考慮して、レコードのループではRecordsetCloneがEOFになったらループを抜けます。**
- **SelLeftプロパティの値はデータの1列目は「2」です。またFieldsコレクションのインデックスは「0」から始まります。選択開始列や各欄の値取得時にはその分を考慮してマイナスします。**

※ このプログラムでは、データシートの列の非表示や列順の入れ替えなどは考慮していません。サブフォームのレコードソースのフィールドとデータシートの表示列が順番も含めて合致していることが前提となっています。

■ プログラム例

frmChap8_351

```
Private plngSelTop As Long ―――― Declarationsセクションで宣言
Private plngSelHeight As Long
Private plngSelLeft As Long
Private plngSelWidth As Long

Private Sub cmd範囲選択データ_Click()
'［範囲選択データ］ボタンクリック時

  Dim intRow As Integer
  Dim intCol As Integer

  With Me!frmChap8_351_sub.Form.RecordsetClone
    .MoveFirst ―――― 先頭へ移動
    .Move plngSelTop - 1 ―――― 選択範囲の先頭へ移動
    For intRow = 1 To plngSelHeight ―――― 選択範囲のレコードのループ
```

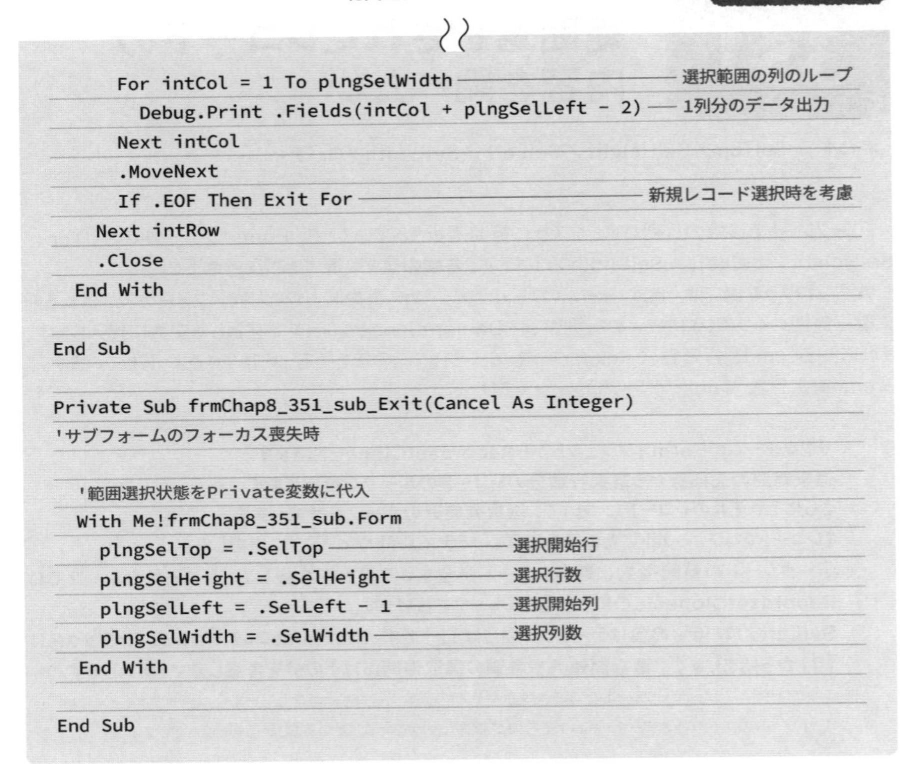

```
      For intCol = 1 To plngSelWidth ―――――――― 選択範囲の列のループ
        Debug.Print .Fields(intCol + plngSelLeft - 2) ―― 1列分のデータ出力
      Next intCol
      .MoveNext
      If .EOF Then Exit For ―――――――――――― 新規レコード選択時を考慮
    Next intRow
    .Close
  End With

End Sub

Private Sub frmChap8_351_sub_Exit(Cancel As Integer)
'サブフォームのフォーカス喪失時

  '範囲選択状態をPrivate変数に代入
  With Me!frmChap8_351_sub.Form
    plngSelTop = .SelTop ―――――――――― 選択開始行
    plngSelHeight = .SelHeight ―――――― 選択行数
    plngSelLeft = .SelLeft - 1 ―――――― 選択開始列
    plngSelWidth = .SelWidth ――――――― 選択列数
  End With

End Sub
```

実行例

352 レコードが保存されたことを検出したい

ポイント　AfterUpdate/更新後処理イベント

レコードが保存されたことを検出するには、フォームの「AfterUpdate/更新後処理」イベントを使います。

このイベントは1レコード分の各フィールドの値が編集され、最終的に1レコード分全体が保存されるときに発生します。このイベントプロシージャにコードを記述することで、そのタイミングでの処理を行うことができます。編集された各フィールドの値も取得することができます。

このイベントは、次のような仕様になっています。

- **正確には「保存されようとしているとき」に発生します。「正しく保存されたとき」ではありません。しかし入力チェックなどは通常はフィールドごとに行われますので、このイベントが発生したときは一般的には保存されたときと考えることができます。**
- **また、まだ保存されていないということから、このイベントプロシージャ内で強制的にフィールドの値を変更したり、不足している値をプログラムで代入したりといった編集が可能です。**
- **レコードに対して一切編集が行われなかったとき、Escキーで編集がキャンセルされたようなときなどはこのイベントは発生しません。ただし既存データの一部を一度でも書き換えると、それをキー入力で元に戻したとしてもイベントは発生します。**
- **このイベントは既存レコードの更新時のみでなく、新規レコードが保存されるときにも発生します。**

■ **プログラム例**

frmChap8_352

```
Private Sub Form_AfterUpdate()
'フォームの更新後処理

  MsgBox "レコードが保存されました！" & vbCrLf & _
          vbCrLf & _
          "顧客コード：" & Me!顧客コード & vbCrLf & _
          "顧客名：" & Me!顧客名 & vbCrLf & _
          "フリガナ：" & Me!フリガナ & vbCrLf & _
          "性別：" & Me!性別

End Sub
```

353 レコードが編集され始めたことを検出したい

ポイント | Dirty/ダーティー時イベント

レコードが編集され始めたことを検出するには、フォームの「Dirty/ダーティー時」イベントを使います。

イベントが発生するここでの"編集され始め"とは、あるレコードに対していずれかのコントロールに1文字目がキー入力されたときのことです。

このイベントは、次のような仕様になっています。

- **その1レコード内で一度発生したあとは、他のコントロールでどのような入力を行ってもイベントは発生しません。**
- **このタイミングで「Me!顧客名」のようにして、各データを参照することもできます。**
- **このイベント発生時はまだその1文字目の入力も確定していない状態です。編集され始めを教えてくれるだけでなく、1文字目のキー入力さえもまだ拒否可能なタイミングとなります。**
- **このイベントは既存レコードだけでなく、新規レコードに対して1文字目がキー入力されたときにも発生します。**

■ プログラム例

frmChap8_353

```
Private Sub Form_Dirty(Cancel As Integer)
'フォームのダーティー時

  MsgBox "レコードの編集が開始されました！" & vbCrLf & _
         vbCrLf & _
         "顧客コード：" & Me!顧客コード & vbCrLf & _
         "顧客名：" & Me!顧客名 & vbCrLf & _
         "フリガナ：" & Me!フリガナ & vbCrLf & _
         "性別：" & Me!性別

End Sub
```

実行例

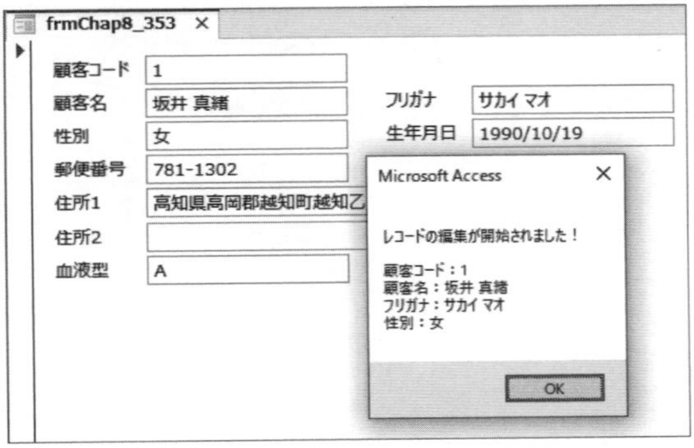

frmChap8_353

顧客コード 1
顧客名 坂井 真緒
フリガナ サカイ マオ
性別 女
生年月日 1990/10/19
郵便番号 781-1302
住所1 高知県高岡郡越知町越知乙
住所2
血液型 A

Microsoft Access

レコードの編集が開始されました！

顧客コード：1
顧客名：坂井 真緒
フリガナ：サカイ マオ
性別：女

OK

354 レコードの編集を取り消したい

ポイント	Undoメソッド
構文	Form.Undo

フォーム上でユーザーによって編集されたデータを取り消し、編集を始める前の状態に戻すには、Formオブジェクトの「Undo」メソッドを使います。

次のプログラム例では事前にメッセージで確認を行っていますが、取り消し処理自体は「Me.Undo」の1命令のみです。

■ プログラム例

frmChap8_354

```
Private Sub cmd取り消し_Click()
'［取り消し］ボタンクリック時

  If MsgBox("すべての編集を取り消しますか？", _
            vbYesNo + vbQuestion) = vbYes Then
    Me.Undo
  End If

End Sub
```

実行例

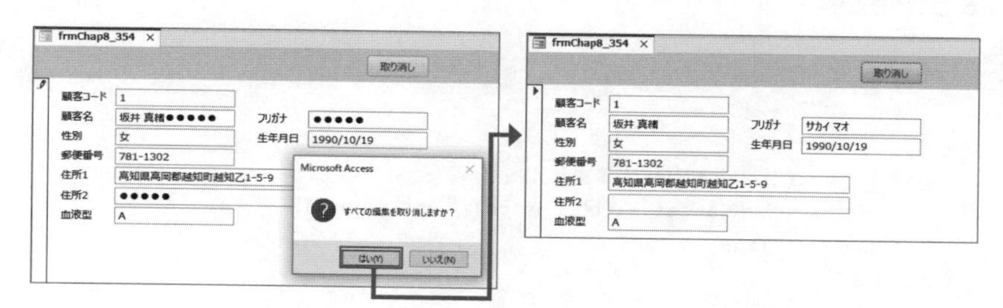

■ 補足

プログラム例は、通常のフォームにデータと［取り消し］ボタンが配置されているレイアウトの場合です。メイン／サブフォーム形式で、メイン側に［取り消し］ボタン、サブ側にデータがある場合、ボタンがクリックされた時点でフォーカスはメイン側に移り、すでにサブフォームのデータは（Accessの機能として自動的に）保存されていますので、それを取り消すことはできません。

355 1レコードずつ保存確認メッセージを表示したい

ポイント　BeforeUpdate/更新前処理イベント

1レコードずつ保存確認メッセージを表示するには、フォームの「BeforeUpdate/更新前処理」イベントを利用します。

このイベントは、ある1レコードに対して編集が行われ、他のレコードに移動するなどの操作でそのレコードが保存されようとしたときに発生します。

この時点ではまだ保存は行われていません。イベントプロシージャには「Cancel」という引数が用意されており、そのプロシージャ内でそれに"True"を代入することで、保存をキャンセルすることができます。

※ そのまま保存してよいときは、何も代入処理しないか、"False"を代入します。

次のプログラム例では、イベント発生時に保存確認メッセージを表示し、そこで［キャンセル］が選択されたときは「Cancel = True」とすることで保存をキャンセルします。

保存をキャンセルしても編集内容が破棄されるわけではありません。レコード移動などの保存のきっかけとなった操作が中止されるだけで、編集中の状態はそのまま維持されます。編集をキャンセルするか保存しない限り、そのタイミングでイベントは何度でも発生します。

Escキーで編集がキャンセルされたときなどはこのイベントは発生しません。ただし既存データの一部を一度でも書き換えると、それをキー入力で元に戻したとしてもイベントは発生します。

■ **プログラム例**　　frmChap8_355

```
Private Sub Form_BeforeUpdate(Cancel As Integer)
'フォームの更新前処理

  If MsgBox("レコードを保存します！", _
            vbOKCancel + vbQuestion) = vbCancel Then
    Cancel = True
  End If

End Sub
```

実行例

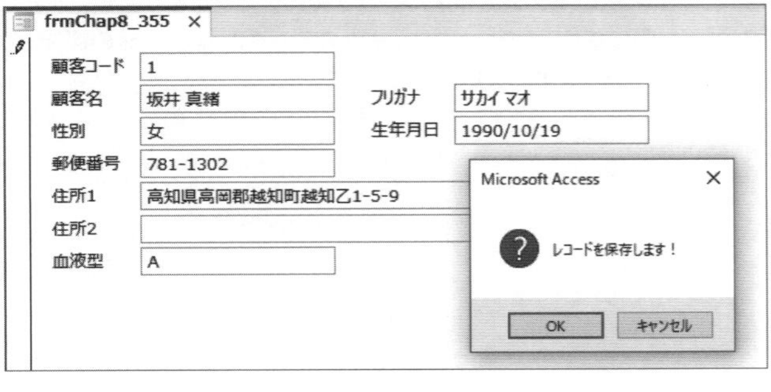

frmChap8_355

顧客コード 1
顧客名 坂井 真緒　フリガナ サカイ マオ
性別 女　生年月日 1990/10/19
郵便番号 781-1302
住所1 高知県高岡郡越知町越知乙1-5-9
住所2
血液型 A

Microsoft Access
レコードを保存します！
OK　キャンセル

356 カレントレコードを削除したい

ポイント	RunCommandメソッド
構文	DoCmd.RunCommand acCmdDeleteRecord

カレントレコードを削除する1つの方法は、DoCmdオブジェクトの「RunCommand」メソッドを使うことです。マニュアル操作での削除と同様、Access側で既定の削除確認メッセージを表示させることができます。

それには、次の順番で組み込み定数を指定してRunCommandメソッドを実行します。

- ① **acCmdSelectRecord**……………**カレントレコードを選択**
- ② **acCmdDeleteRecord**……………**レコードを削除**

次のプログラム例では、まずFormオブジェクトの「NewRecord」プロパティを調べ、カレントレコードが新規レコードかどうかを判別します。新規レコードならあえて不要な削除処理はしないようにしています。

また、「On Error Resume Next」を記述することで、削除確認メッセージで［いいえ］（削除しない）が選択されたときに発生するDoCmdの実行時エラーを無視します。

■ プログラム例

frmChap8_356

```
Private Sub cmd削除_Click()
' [削除] ボタンクリック時

  If Me.NewRecord Then ——————— 新規レコードは処理しない
    Exit Sub
  End If

  On Error Resume Next
  DoCmd.RunCommand acCmdSelectRecord ——— レコードを選択
  DoCmd.RunCommand acCmdDeleteRecord ——— レコードを削除

End Sub
```

実行例

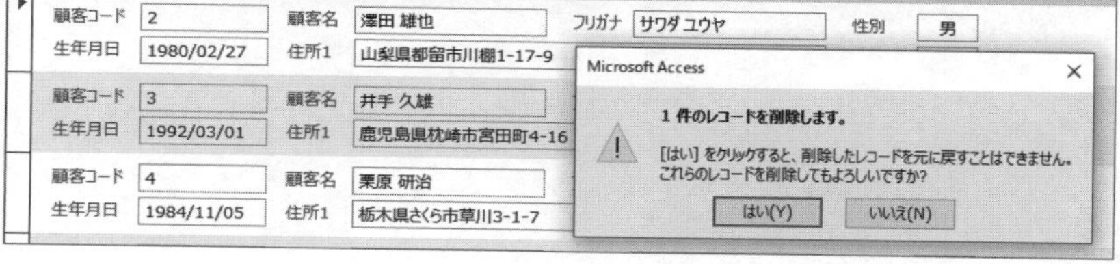

frmChap8_356

削除

顧客コード	2	顧客名	澤田 雄也	フリガナ	サワダ ユウヤ	性別	男
生年月日	1980/02/27	住所1	山梨県都留市川棚1-17-9				
顧客コード	3	顧客名	井手 久雄				
生年月日	1992/03/01	住所1	鹿児島県枕崎市宮田町4-16				
顧客コード	4	顧客名	栗原 研治				
生年月日	1984/11/05	住所1	栃木県さくら市草川3-1-7				

> Microsoft Access
>
> 1 件のレコードを削除します。
>
> [はい] をクリックすると、削除したレコードを元に戻すことはできません。
> これらのレコードを削除してもよろしいですか?
>
> はい(Y)　いいえ(N)

357 サブフォームのカレントレコードを削除したい

ポイント	SetFocusメソッド、RunCommandメソッド
構文	**コントロール名.SetFocus、DoCmd.RunCommand acCmdDeleteRecord**

カレントレコードを削除する1つの方法は、DoCmdオブジェクトの「RunCommand」メソッドを使うことです。マニュアル操作での削除と同様、Access側で既定の削除確認メッセージを表示させることができます。

サブフォームのカレントレコードを削除するには、DoCmdオブジェクトの「RunCommand」メソッドに次の順番で組み込み定数を指定して実行します。

- ① **acCmdSelectRecord**…………**カレントレコードを選択**
- ② **acCmdDeleteRecord**…………**レコードを削除**

このときのポイントは、上記メソッドを実行する前に"サブフォームにフォーカスを移動しておく"ことです（プログラム例ではMe!frmChap8_357_subへの「.SetFocus」）。レコードがないメインフォームに対して上記メソッドを実行するとエラーとなります。そこで、事前にデータを持っているサブフォームにフォーカス移動してから実行させるようにします。

■ **プログラム例**　　frmChap8_357

```
Private Sub cmd削除_Click()
' [削除] ボタンクリック時

  With Me!frmChap8_357_sub
    If .Form.NewRecord Then ―――――――――― 新規レコードは処理しない
      Exit Sub
    End If

    On Error Resume Next
    .SetFocus ―――――――――――――――――― サブフォームにフォーカスを移動
    DoCmd.RunCommand acCmdSelectRecord ―――― レコードを選択
    DoCmd.RunCommand acCmdDeleteRecord ―――― レコードを削除

  End With

End Sub
```

358 レコードが削除されようとしたことを検出したい

ポイント | Delete/レコード削除時イベント

レコードが削除されようとしたことを検出するには、フォームの「Delete/レコード削除時」イベントを使います。

このイベントは、各行左端のセレクタをクリックしてレコードを選択したあと、Deleteキーを押したとき、リボンの［削除］ボタンをクリックしたときなどに発生します。

この時点ではまだ"削除されようとしている"状態です。ここでその動作をキャンセルすることができます。それにはイベントプロシージャの引数である「Cancel」に"True"を代入します。

- **そのまま削除処理を続行するときは、何も代入処理しないか、"False"を代入します。**
- **このイベントプロシージャでは、キャンセルするかどうか、MsgBox関数による独自の確認メッセージを出すこともできます。次のプログラム例では、そこで［いいえ］が選択されたときだけ「Cancel = True」とし、［はい］のときはそのままプロシージャを抜けます。**

一連の削除の動きに関しては複数種類のイベントが発生しますが、このイベントは最初に発生するものです。ここでキャンセルした場合、以降の他のイベントは発生しません。もちろんレコード削除も行われません。

■ プログラム例

frmChap8_358

```
Private Sub Form_Delete(Cancel As Integer)
'フォームのレコード削除時

  If MsgBox("レコードを削除しようとする操作が行われました！ " & _
           "処理を続行しますか？", vbYesNo + vbQuestion) = vbNo Then
    Cancel = True
  End If

End Sub
```

実行例

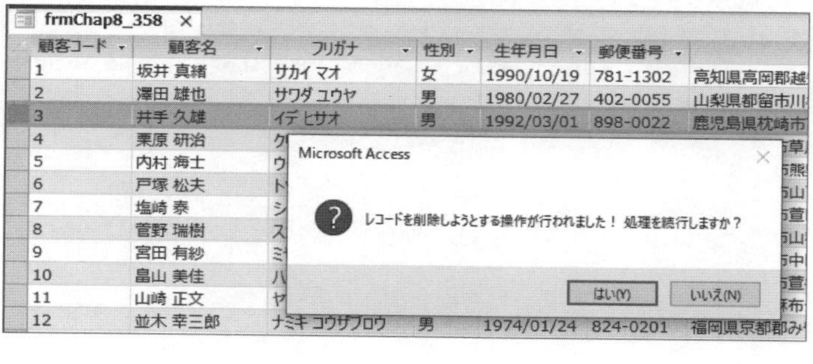

frmChap8_358

顧客コード	顧客名	フリガナ	性別	生年月日	郵便番号	
1	坂井 真緒	サカイ マオ	女	1990/10/19	781-1302	高知県高岡郡越
2	澤田 雄也	サワダ ユウヤ	男	1980/02/27	402-0055	山梨県都留市川
3	井手 久雄	イデ ヒサオ	男	1992/03/01	898-0022	鹿児島県枕崎市
4	栗原 研治	ク				草
5	内村 海士	ウ				熊
6	戸塚 松夫	ト				山
7	塩崎 泰	シ				萱
8	菅野 瑞樹	ス				山
9	宮田 有紗	ミ				中
10	畠山 美佳	ハ				萱
11	山崎 正文	ヤ				布
12	並木 幸三郎	ナミキ コウザブロウ	男	1974/01/24	824-0201	福岡県京都郡み

Microsoft Access

レコードを削除しようとする操作が行われました！ 処理を続行しますか？

はい(Y) いいえ(N)

359 レコード削除時のメッセージを出さないようにしたい

ポイント　BeforeDelConfirm/削除前確認イベント

レコード削除操作が行われ、最初の「Delete/レコード削除時」イベントでキャンセルしなかった場合、その次に発生するのが「BeforeDelConfirm/削除前確認」イベントです。

- **削除関連イベントの発生順**
  - **① レコード削除時**
  - **② 削除前確認**

このイベントで特段の処理をしない場合、次の動作としてAccess既定の削除確認メッセージが表示されますが、このイベントプロシージャには次のような特徴があります。

- **既定の確認メッセージを表示しないようにできる**
- **その代わりに独自のメッセージを出すことができる**
- **削除操作をキャンセルできる**

次のプログラム例では、イベントプロシージャの引数「Cancel」に組み込み定数「acDataErrContinue」を代入することで、既定の削除確認メッセージが表示されることなくそのままレコード削除されます。

なお、コメントアウトした後半のコードを使うことで、独自の削除確認メッセージで削除するかどうかを選択することができます。

■ **プログラム例**　frmChap8_359

```
Private Sub Form_BeforeDelConfirm(Cancel As Integer, Response As Integer)
'フォームの削除前確認

  '削除確認メッセージを表示しない
  Response = acDataErrContinue

'  '独自の削除確認メッセージを表示する場合
'  If MsgBox("本当に削除してよろしいですか？", _
'              vbYesNo + vbQuestion + vbDefaultButton2) = vbNo Then
'    Cancel = True
'  End If

End Sub
```

360 レコード削除時のメッセージで本当に削除されたか確認したい

ポイント　AfterDelConfirm/削除後確認イベント

削除操作に関連して発生する一連のイベントにおいて、最後に発生するイベントが「AfterDelConfirm/削除後確認」イベントです。

- **削除関連イベントの発生順**
  - **① レコード削除時**
  - **② 削除前確認**
  - **③ 削除後確認**

このイベントは、Access既定の削除確認メッセージでの選択や、BeforeDelConfirm/削除前確認イベントプロシージャでの引数Cancelの値に関わらず発生します。そしてこのイベントプロシージャの引数を調べる（下記の組み込み定数と比較する）ことで、確認メッセージなどで本当に削除されたか、あるいはキャンセルされたかを確認することができます。

- **acDeleteOK**……………………………… **削除された**
- **acDeleteCancel**…………………… **Cancel引数=Trueでキャンセルされた**
- **acDeleteUserCancel**………… **Accessの確認メッセージの［いいえ］でキャンセルされた**

このイベントは、レコードが削除されたときに連鎖的に別の処理を行いたい場合、それを実行するかどうかを判断する際に利用できます。

■ プログラム例

frmChap8_360

```
Private Sub Form_AfterDelConfirm(Status As Integer)
'フォームの削除後確認

 '削除ステータスを確認
  Select Case Status
    Case acDeleteOK
      MsgBox "レコードは削除されました！"
    Case acDeleteCancel
      MsgBox "削除はプログラムによってキャンセルされました！"
    Case acDeleteUserCancel
      MsgBox "削除はユーザー操作によってキャンセルされました！"
  End Select

End Sub
```

361 削除されようとしているレコード数を調べたい

ポイント Delete/レコード削除時イベント、SelHeightプロパティ

フォームで複数レコードが範囲選択されて削除されようとしているときのそのレコード数を調べるには、「Delete/レコード削除時」イベントでFormオブジェクトの「SelHeight」プロパティの値を参照します。

次のプログラム例では、BeforeDelConfirm/削除前確認イベントでの削除確認メッセージでそのレコード数を表示させていますが、そのイベントの時点ではすでにSelHeightプロパティは「0」になっており、選択レコード数を取得できません（画面上ではいったんその範囲選択が解除されているため）。

そこで次のように処理します。

- ① 事前にDelete/レコード削除時イベントで選択レコード数を取得する
- ② その値をDeclarationsセクションで宣言した変数に代入する
- ③ その変数の値を使ってBeforeDelConfirm/削除前確認イベントでメッセージ表示する

■ プログラム例

frmChap8_361

```
Private plngDelCnt As Long ―――――― Declarationsセクションで宣言

Private Sub Form_Delete(Cancel As Integer)
'フォームのレコード削除時

  '範囲選択されているレコード数をPrivate変数に保存
  plngDelCnt = Me.SelHeight

End Sub

Private Sub Form_BeforeDelConfirm(Cancel As Integer, Response As Integer)
'フォームの削除前確認

  Response = acDataErrContinue

  If MsgBox(plngDelCnt & " 件のレコードを削除します！" & _
            "本当に削除してよろしいですか？", vbYesNo + vbQuestion) = vbNo Then
    Cancel = True
  End If

End Sub
```

362 削除されようとしているデータ内容を取得したい

ポイント　Delete/レコード削除時イベント

フォームで削除されようとしているデータ内容を取得するには、「Delete/レコード削除時」イベントの時点でそれらをDeclarationsセクションで宣言された変数に代入することがポイントです。

次のプログラム例では、BeforeDelConfirm/削除前確認イベントでの削除確認メッセージでそのデータ内容を表示させています。しかしその時点ではすでにデータ内容は取得できないため、事前に値が保存されているDeclarationsセクションで宣言された変数pvarDelDataの値を使います。

複数のレコードが選択されている場合、Delete/レコード削除時イベントはその数の分だけそれぞれについて発生します。ここで「Me!顧客名」のようにして各データを取得します。

変数pvarDelDataにはそれらを順次文字列結合します。次回削除操作の際、前回の値にさらに追加されないよう、AfterDelConfirm/削除後確認イベントで初期化します。

■ プログラム例

frmChap8_362

```
Private pvarDelData As Variant ―――― Declarationsセクションで宣言

Private Sub Form_Delete(Cancel As Integer)
'フォームのレコード削除時
                                        削除レコードのデータをPrivate変数に保存
  pvarDelData = pvarDelData & Me!顧客名 & vbCrLf ―┘

End Sub

Private Sub Form_BeforeDelConfirm(Cancel As Integer, Response As Integer)
'フォームの削除前確認

  Response = acDataErrContinue
  If MsgBox(pvarDelData & "のレコードを削除します！" & _
           "本当に削除してよろしいですか？", vbYesNo + vbQuestion) = vbNo Then
    Cancel = True
  End If

End Sub

Private Sub Form_AfterDelConfirm(Status As Integer)
'フォームの削除後確認
  pvarDelData = Null ―――― 次の削除操作に備えてPrivate変数を初期化
End Sub
```

363 複数レコード削除時にレコードごとに確認メッセージを出したい

ポイント　Delete/レコード削除時イベント

フォームで複数レコードが範囲選択されて削除されるとき、削除関連のイベントは次の順で、次の回数発生します。

- ① **レコード削除時**………**削除レコードの数だけ発生**
- ② **削除前確認**……………**1回のみ発生**
- ③ **削除後確認**……………**1回のみ発生**

「Delete/レコード削除時」イベントを使えば範囲選択された複数レコードを1つずつ扱うことができます。またこのイベントには「Cancel」引数が用意されており、イベントをキャンセルすることもできます。

したがって、このイベントを利用することで、削除されようとしている複数レコードの1レコードごとに削除確認メッセージを表示させることができます。

なお、レコード削除時イベントは複数回発生しますが、そこでキャンセルされたレコードは削除対象から除外され、そのあとのイベントには渡されません。よって、実際のレコード削除においては、キャンセルされなかったレコードだけが1回でまとめて削除されることになります。

■ プログラム例

frmChap8_363

```
Private Sub Form_Delete(Cancel As Integer)
'フォームのレコード削除時

  If MsgBox(Me!顧客名 & " のレコードを削除します！", _
            vbOKCancel + vbQuestion) = vbCancel Then
    Cancel = True
  End If

End Sub
```

実行例

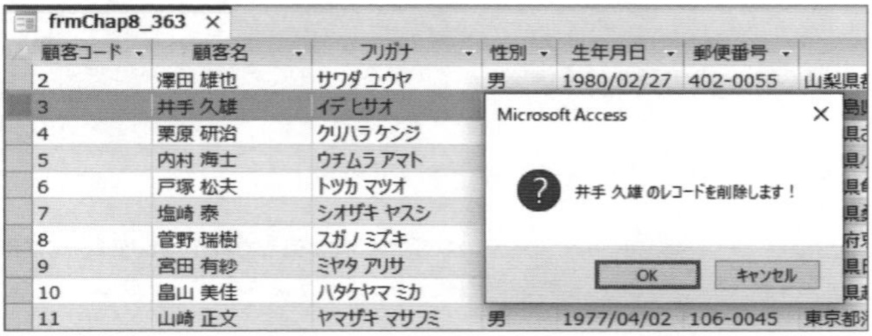

frmChap8_363

顧客コード	顧客名	フリガナ	性別	生年月日	郵便番号	
2	澤田 雄也	サワダ ユウヤ	男	1980/02/27	402-0055	山梨県
3	井手 久雄	イデ ヒサオ				
4	栗原 研治	クリハラ ケンジ				
5	内村 海士	ウチムラ アマト				
6	戸塚 松夫	トツカ マツオ				
7	塩崎 泰	シオザキ ヤスシ				
8	菅野 瑞樹	スガノ ミズキ				
9	宮田 有紗	ミヤタ アリサ				
10	畠山 美佳	ハタケヤマ ミカ				
11	山崎 正文	ヤマザキ マサフミ	男	1977/04/02	106-0045	東京都

Microsoft Access

井手 久雄 のレコードを削除します！

OK　キャンセル

364 カレントレコードを新規レコードに複製したい

ポイント	RunCommandメソッド
構文	DoCmd.RunCommand acCmdSelectRecord ／ acCmdCopy ／ acCmdPasteAppend

DoCmdオブジェクトの「RunCommand」メソッドを使うと、マニュアルでのレコードの選択 → コピー → 追加貼り付けという一連の複製操作をプログラムから実行させることができます。「追加貼り付け」はAccess特有の操作で、常に新規レコードに対してクリップボードからの貼り付けを行います。

それには、次の順番で組み込み定数を指定して、RunCommandメソッドを連続実行します。

- ① **acCmdSelectRecord**………… **カレントレコードを選択**
- ② **acCmdCopy**………………………… **コピー**
- ③ **acCmdPasteAppend**………… **追加貼り付け（新規レコードとして貼り付け）**

■ **プログラム例**

frmChap8_364

```
Private Sub cmd複製_Click()
' [複製] ボタンクリック時

  With DoCmd
    .RunCommand acCmdSelectRecord ―――― カレントレコードを選択
    .RunCommand acCmdCopy ―――――――― 行全体をコピー
    .RunCommand acCmdPasteAppend ――――― 追加貼り付け
  End With

End Sub
```

実行例

frmChap8_364 ×

複製

	顧客コード	499	顧客名	船橋 凛華	フリガナ	フナバシ リンカ	性別	女
▶	顧客コード	500	顧客名	横山 照男	フリガナ	ヨコヤマ テルオ	性別	男
*	顧客コード	(新規)	顧客名		フリガナ		性別	

frmChap8_364 ×

複製

	顧客コード	499	顧客名	船橋 凛華	フリガナ	フナバシ リンカ	性別	女
	顧客コード	500	顧客名	横山 照男	フリガナ	ヨコヤマ テルオ	性別	男
✎	顧客コード	501	顧客名	横山 照男	フリガナ	ヨコヤマ テルオ	性別	男
*	顧客コード	(新規)	顧客名		フリガナ		性別	

365 最後に保存された値を新規レコードの既定値にしたい

ポイント　AfterUpdate/更新後処理イベント、DefaultValueプロパティ

カレントレコードのあるフィールドに最後に保存された値を新規レコードの既定値に設定するには、次のようなプログラムを作ります。

- **① そのレコードが保存されると「AfterUpdate/更新後処理」イベントが発生するので、そのイベントプロシージャで処理する**
- **② そのイベントプロシージャにおいて所定のコントロールの値、つまり最後に保存された値を取得する**
- **③ その値を、そのコントロールの新規レコードにおける既定値を設定するプロパティ「DefaultValue」に代入する**

DefaultValueプロパティには値そのものではなく文字列式を設定することに注意します。

たとえば「血液型」テキストボックスに「AB」と入力されているとき、「Me!血液型.DefaultValue = Me!血液型」とすると「DefaultValue = AB」となり、既定値が正しく設定されません。

コード上「"""" & Me!血液型 & """"」のように前後に「"（ダブルクォーテーション）」を付け、「DefaultValue = "AB"」となるようにします。また関数式の場合には「DefaultValue = "=関数名()"」のように「=」も付けないといけないケースもあります。

■ プログラム例

frmChap8_365

```
Private Sub Form_AfterUpdate()
'フォームの更新後処理

  '性別の既定値を設定
  Me!性別.DefaultValue = """" & Me!性別 & """"

  '血液型の既定値を設定
  Me!血液型.DefaultValue = """" & Me!血液型 & """"

End Sub
```

※ この例ではフォーム全体のイベントで既定値の設定を行っています。そのため性別や血液型自体が更新されていなくても、他のフィールドが更新されればそのレコードの性別などが既定値に設定されます。

366 既存データの最大値+1を新規レコードに設定したい

ポイント　BeforeInsert/挿入前処理イベント、DMax関数

フォームの新規レコードにおいて、レコード全体としての最初の1文字目がいずれかのコントロールにキー入力されると、新規レコードの入力開始の合図として「BeforeInsert/挿入前処理」イベントが発生します。

このイベントプロシージャを使うことで、任意のコントロールに任意の値を初期値として自動入力させることができます(この動きは新規レコード入力開始時にオートナンバーが自動採番されるのと似ています)。

次のプログラム例では、まずDMax関数を使って「tbl購入履歴」テーブルの既存レコードの「伝票番号」フィールドの最大値を求めます。そしてそれに+1することで、次の値を伝票番号の初期値に設定します。

■ プログラム例

frmChap8_366

```
Private Sub Form_BeforeInsert(Cancel As Integer)
'フォームの挿入前処理

  Dim lngNumMax As Long

  '既存レコードの最大値を取得
  lngNumMax = DMax("伝票番号", "tbl購入履歴")

  '最大値+1を新規レコードの伝票番号に設定
  Me!伝票番号 = lngNumMax + 1

End Sub
```

実行例

■ 挿入前

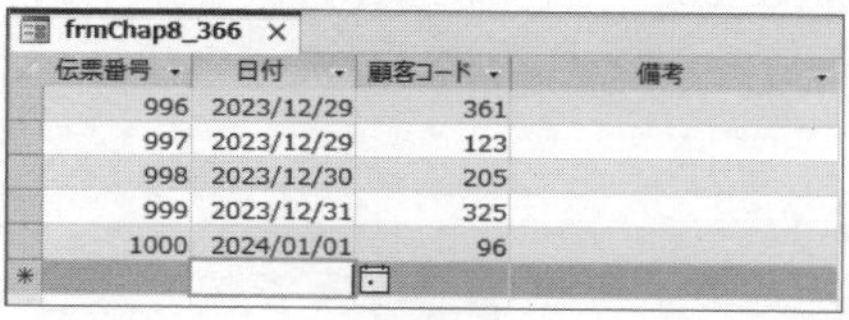

frmChap8_366

伝票番号	日付	顧客コード	備考
996	2023/12/29	361	
997	2023/12/29	123	
998	2023/12/30	205	
999	2023/12/31	325	
1000	2024/01/01	96	
*			

■ 1文字入力直後

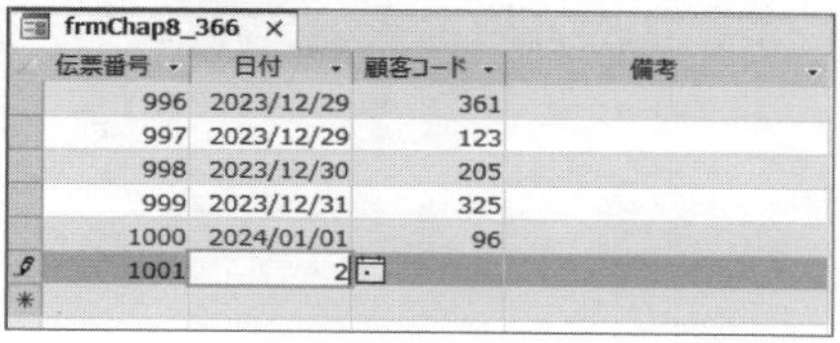

frmChap8_366

伝票番号	日付	顧客コード	備考
996	2023/12/29	361	
997	2023/12/29	123	
998	2023/12/30	205	
999	2023/12/31	325	
1000	2024/01/01	96	
1001	2		
*			

367 レコードの追加／削除／更新の可否を切り替えたい

ポイント AllowAdditions／AllowDeletions／AllowEditsプロパティ

フォームに表示されているレコードの追加／削除／更新の可否は、Formオブジェクトのそれぞれ次のプロパティを使って設定します。設定値はいずれも"True"で許可、"False"で不許可です。

- **AllowAdditions**……………… **「追加の許可」プロパティ**
- **AllowDeletions**……………… **「削除の許可」プロパティ**
- **AllowEdits**………………………… **「更新の許可」プロパティ**

次のプログラム例では、メインフォーム上にそれぞれの許可／不許可を切り替えるチェックボックスがあり、そのON/OFFに連動してサブフォームの当該プロパティを変更するものです。チェックボックスの値はTrue／Falseの2値ですので、そのままプロパティに代入できます。

※ メイン／サブフォーム形式ではないフォームの場合、更新の許可プロパティをFalseにするとそのチェックボックス自体も使用不可となるので注意が必要です。

■ **プログラム例**

frmChap8_367

```
Private Sub chk追加許可_AfterUpdate()
'［追加許可］チェックボックスの更新後処理

  Me!frmChap8_367_sub.Form.AllowAdditions = Me!chk追加許可

End Sub

Private Sub chk削除許可_AfterUpdate()
'［削除許可］チェックボックスの更新後処理

  Me!frmChap8_367_sub.Form.AllowDeletions = Me!chk削除許可

End Sub

Private Sub chk更新許可_AfterUpdate()
'［更新許可］チェックボックスの更新後処理

  Me!frmChap8_367_sub.Form.AllowEdits = Me!chk更新許可

End Sub
```

368 特定条件のレコードだけ更新／削除できないようにしたい

ポイント　Dirty/ダーティー時イベント、Delete/レコード削除時イベント

フォームでレコードが編集され始めると「Dirty/ダーティー時」イベントが発生します。また削除されようとすると「Delete/レコード削除時」イベントが発生します。

いずれのイベントプロシージャも「Cancel」という引数が用意されており、プロシージャ内でそれに"True"を代入することで、それらの動きをキャンセルすることができます。

そこで、それぞれのイベント発生時にカレントレコードが特定条件かどうか判断し、条件に一致するときは「Cancel = True」とすることで、更新／削除できないようにすることができます。

次のプログラム例では、「編集ロック」というコントロールの値が"True"なら更新／削除不可とします。

※ 実際には一度「編集ロック」をTrueにするとその値もこのフォームでは変更できなくなります。テーブルや他のフォームでロック解除する必要があります。

■ プログラム例

frmChap8_368

```
Private Sub Form_Dirty(Cancel As Integer)
'フォームのダーティー時

  If Me!編集ロック Then
    MsgBox "このレコードはロックされています！更新できません。", vbOKOnly +
vbExclamation
    Cancel = True
  End If

End Sub

Private Sub Form_Delete(Cancel As Integer)
'フォームのレコード削除時

  If Me!編集ロック Then
    MsgBox "このレコードはロックされています！削除できません。", vbOKOnly +
vbExclamation
    Cancel = True
  End If

End Sub
```

369 n番目のレコードのみ更新／削除できないようにしたい

ポイント | CurrentRecordプロパティ、Dirty/ダーティー時イベント、Delete/レコード削除時イベント

Formオブジェクトの「CurrentRecord」プロパティを調べると、カレントレコードのレコード番号を取得することができます。

一方、フォームでレコードが編集され始めると「Dirty/ダーティー時」イベントが、また削除されようとすると「Delete/レコード削除時」イベントが発生します。

それらを組み合わせることで、n番目のレコードのみ更新／削除できないようにすることができます。

それには、各イベントプロシージャでCurrentRecordプロパティの値を取得し、それが一定条件であれば（プログラム例では10以下）、イベントプロシージャの引数「Cancel」に"True"を代入することでそれらの操作をキャンセルします。

■ **プログラム例**

frmChap8_369

```
Private Sub Form_Dirty(Cancel As Integer)
'フォームのダーティー時

  If Me.CurrentRecord <= 10 Then
    MsgBox "10レコード目以前は更新できません！", vbOKOnly + vbExclamation
    Cancel = True
  End If

End Sub

Private Sub Form_Delete(Cancel As Integer)
'フォームのレコード削除時

  If Me.CurrentRecord <= 10 Then
    MsgBox "10レコード目以前は削除できません！", vbOKOnly + vbExclamation
    Cancel = True
  End If

End Sub
```

370 主キーの重複時に独自のメッセージを表示したい

ポイント　Error/エラー時イベント

フォームの「Error/エラー時」イベントを利用すると、そのフォーム内で起こったテーブルへのアクセスなどに関連したエラーを捕らえることができます。

このイベントプロシージャには「DataErr」と「Response」の2つの引数が用意されています。それぞれ次のようにして使います。

- **DataErr**
  イベントを発生させる要因となったエラー番号が格納されています。この値を使ってエラー内容の確認、あるいは値に応じた処理分岐などを行うことができます。
- **Response**
  この引数に組み込み定数「acDataErrContinue」を代入することで、エラーが無視されるとともに、Access既定のエラーメッセージを表示させずに処理を続行できます。

次のプログラムでは、カレントレコードで入力された値が他のレコードの主キーや重複なしインデックスと重複しているときに発生するエラー(番号:3022)のとき、Access既定のメッセージを出さず、独自のエラーメッセージを表示します。

■ プログラム例

frmChap8_370

```
Private Sub Form_Error(DataErr As Integer, Response As Integer)
'フォームのエラー時

  If DataErr = 3022 Then
    '主キーや重複なしインデックスの重複エラーのとき
    MsgBox "伝票番号が他のレコードと重複しています! " & vbCrLf & _
            "重複しない値を再入力してください。 ", _
            vbOKOnly + vbExclamation

    'Access既定のエラーメッセージを表示しない
    Response = acDataErrContinue

  End If

End Sub
```

371 更新直後にカレントレコードを強制的に保存したい

ポイント	RunCommandメソッド
構文	DoCmd.RunCommand acCmdSaveRecord

Accessでは、レコード移動したときなどに自動的にカレントレコードが保存されます。一方、編集中のレコードをあるタイミングで強制的に保存するには、DoCmdオブジェクトの「RunCommand」メソッドに組み込み定数「acCmdSaveRecord」を指定して実行します。

次のプログラム例では、「編集ロック」という名前のコントロールが更新されたとき、レコード全体を強制的に保存します。

※ ここではコントロールの更新後処理イベント（編集ロック _AfterUpdate()）を使っています。フォーム全体の更新後のイベントではありませんので注意してください。

このような処理は、特定のコントロールの値が確定したときに、その時点で確実にレコード保存したい、外見上レコードセレクタに鉛筆アイコンを表示させたくない、といったようなときに使えます。

■ プログラム例

frmChap8_371

```
Private Sub 編集ロック_AfterUpdate()
' [編集ロック] の更新後処理

    'レコード全体を強制的に保存
    DoCmd.RunCommand acCmdSaveRecord

End Sub
```

実行例

■ 備考を更新しても保存されない

frmChap8_371

伝票番号	日付	顧客コード	備考	編集ロック
1	2022/01/01	307	●●	☐
2	2022/01/02	120		☐
3	2022/01/03	180		☐

■ 編集ロックを更新すると即レコード保存される

frmChap8_371

伝票番号	日付	顧客コード	備考	編集ロック
1	2022/01/01	307	●●	☑
2	2022/01/02	120		☐
3	2022/01/03	180		☐

372 レコードの新規追加日時を記録したい

ポイント | BeforeInsert/挿入前処理イベント

新規レコードを追加し始めるタイミングでその日時を記録するには、テーブル構造も含めて、次のようにします。

- ① **保存先としてまず、テーブルに任意の名前で「日付/時刻型」のフィールドを作成します(プログラム例の場合は「新規追加日時」)。**
- ② **もしそのデータも画面表示したいのであれば、それに連結したテキストボックスなどをフォームに配置します。**
  ※ フォームの場合、コントロールとしての配置は必須ではありません。
- ③ **フォームの「BeforeInsert/挿入前処理」イベントプロシージャをプログラム例のように記述します。ここでは単純にフィールドに「Now」関数で現在日時を代入するだけです。**

BeforeInsert/挿入前処理イベントを使うことで、新規レコードのいずれかに1文字目を入力し始めたときに新規追加日時が設定されます。

もしそのタイミングではなく新規レコードが保存された時点にしたい場合には、「AfterInsert/挿入後処理」イベントを使います。ただしレコード移動しようとしたときに一度カーソルがそこに留まる動作をします。

現在日時だけであれば、テーブル上のフィールド、あるいはそれと連結したフォーム上のコントロールの「既定値」プロパティを「Now()」と設定することで、プログラムレスで同様の処理を行えます。

■ プログラム例

frmChap8_372

```
Private Sub Form_BeforeInsert(Cancel As Integer)
'フォームの挿入前処理

  Me!新規追加日時 = Now()

End Sub
```

実行例

frmChap8_372

伝票番号	日付	顧客コード	備考	新規追加日時	最終更新日時
996	2023/12/29	361			
997	2023/12/29	123			
998	2023/12/30	205			
999	2023/12/31	325			
1000	2024/01/01	96			
1001				2023/07/04 7:29:31	
*					

373 レコードの最終更新日時を記録したい

ポイント BeforeUpdate/更新前処理イベント

フォームのレコードを編集・保存する流れにおいては、次の順番でイベントが発生します。

- ①ダーティー時
  (ここで入力作業)
- ②更新前処理
- ③更新後処理

入力が終わってレコード保存しようとすると、更新前処理 → 更新後処理の順番でイベントが発生しますが、更新前処理の段階であればまだ保存は行われていません。そのデータ内容をプログラム上で変更することができます。

レコードの最終更新日時を記録するには、そのタイミングを使って、所定のフィールドに現在日時を代入します。

プログラム例の場合、テーブルに「最新更新日時」という「日付/時刻型」のフィールドが必要です(フォームには必ずしもそれをコントロールとして配置する必要はありません)。

「BeforeUpdate/更新前処理」イベントは新規レコードが保存される際にも発生します。よって、新規レコードにも最終更新日時が記録されます。

■ プログラム例 frmChap8_373

```
Private Sub Form_BeforeUpdate(Cancel As Integer)
'フォームの更新前処理

  Me!最終更新日時 = Now()

End Sub
```

実行例

frmChap8_373

伝票番号	日付	顧客コード	備考	新規追加日時	最終更新日時
996	2023/12/29	361			
997	2023/12/29	123			
998	2023/12/30	205			
999	2023/12/31	325	●		2023/07/04 7:30:45
1000	2024/01/01	96	●		2023/07/04 7:30:47
*					

374 再クエリ後に元のレコードに移動したい

ポイント	Bookmarkプロパティ、Requeryメソッド
構文	Form.Recordset.Bookmarkプロパティ、Form.Requeryメソッド

フォームで再クエリを実行するとカレントレコードは1レコード目に移動します。それに対して、再クエリした後、再クエリ前にカーソルがあった行にカレントレコードを移動したいといったときには、次のような構成のプログラムを作成します。

- ① **再クエリ前のカレントレコードにブックマークを付ける**
  - ▶ **フォームのRecordsetオブジェクトの「Bookmark」プロパティの値を変数に保存**
- ② **再クエリを実行する**
  - ▶ **フォームの「Requery」メソッドを実行**
- ③ **ブックマークに移動する**
  - ▶ **保存しておいた変数の値を「Bookmark」プロパティに代入**

※ 再クエリ前のカレントレコードが画面をスクロールして表示する位置にあった場合、そのスクロール状態までは再現されません。復元後のカレントレコードが先頭に表示されるようなスクロール位置になります。

■ **プログラム例**

frmChap8_374

```
Private Sub cmd再クエリ_Click()
' [再クエリ] ボタンクリック時

  Dim rst As Recordset
  Dim varBookMark As Variant

  Set rst = Me.Recordset

  varBookMark = rst.Bookmark ―――― カレントレコードにブックマークを付ける

  Me.Requery ―――――――――― 再クエリ

  rst.Bookmark = varBookMark ―――― カレントレコードにブックマークに移動

End Sub
```

375 表形式フォームを↑↓キーでレコード移動したい

ポイント　KeyDown/キークリック時イベント、GoToRecordメソッド

データシートではなく、表形式フォームでも↑↓キーでレコード移動できるようにする方法です。

フォームのテキストボックスなどの入力欄でキー入力が行われると「KeyDown/キークリック時」イベントが発生します。そこで入力されたキーコードを確認し、↑キーであればDoCmdオブジェクトの「GoToRecord」メソッドに前レコードに移動する「acPrevious」を指定し、↓キーであれば次レコードに移動する「acNext」を指定して実行します。

なおプログラム例では、同様のコードをイベントプロシージャごとに書くのは冗長ですし、他のフォームでも使えるものですので、標準モジュール上のSubプロシージャとして作成しています。イベントプロシージャの引数「KeyCode」を使うため、それを引数として渡します。

■ プログラム例　　modChapter8 (Sub CurslMove)、frmChap8_375

```
【標準モジュール】
Public Sub CurslMove(KeyCode As Integer)

  On Error Resume Next ——— 先頭レコードでの↑、最終レコードでの↓キーのエラーは無視
  If KeyCode = vbKeyUp Then ——— ↑キーで前のレコードに移動
    DoCmd.GoToRecord , , acPrevious
  ElseIf KeyCode = vbKeyDown Then ——— ↓キーで次のレコードに移動
    DoCmd.GoToRecord , , acNext
  End If

End Sub

【フォームモジュール】※すべての対象コントロールに同様のコードを記述します。
Private Sub 顧客コード_KeyDown(KeyCode As Integer, Shift As Integer)
  CurslMove KeyCode
End Sub
Private Sub 顧客名_KeyDown(KeyCode As Integer, Shift As Integer)
  CurslMove KeyCode
End Sub
Private Sub フリガナ_KeyDown(KeyCode As Integer, Shift As Integer)
  CurslMove KeyCode
End Sub
Private Sub 性別_KeyDown(KeyCode As Integer, Shift As Integer)
  CurslMove KeyCode
End Sub
```

376 サブフォーム内の全レコード／全フィールドを検索したい

ポイント	SubFormオブジェクト、RecordsetCloneオブジェクト
構文	SubForm.Form.RecordsetClone

サブフォーム内の全レコード／全フィールドを検索するプログラム例です。次のように動作します。

- ① メインフォームのテキストボックス（txt検索）に任意の検索ワードを入力します。
- ② メインフォームの［検索］ボタン（cmd検索）をクリックします。
- ③ サブフォーム（frmChap8_376_sub）内を検索し、検索ワードを含むフィールドが見つかったら、そこにカーソルを移動します。
- ④ 確認メッセージを表示し、検索を続ける場合はさらに次のフィールド・次のレコードを順次検索していきます。

プログラム例では次のような処理を行っています。

- 対象サブフォームを「sfrm」というオブジェクト変数に代入します。そのオブジェクト型は「SubForm」で、"サブフォームコントロール"というコントロールの一種であることを表します。
- レコード検索はサブフォームのRecordsetCloneで行います。レコードの検索ループにおいて画面上で見えるようなレコード移動をしないようにするためです。
- 検索処理は、大まかにはRecordsetCloneの全レコードの検索ループと、1レコード内の全フィールドの検索ループの、入れ子構造です。
- 検索ワードがあるかどうかは、ループの当該1フィールドの値を照合することで行います。
  - InStr関数を使うことで検索ワードを含むかどうかを判定します。
  - 文字列に置き換えてから照合するのは、たとえば「1,234」という"数値"の中に「34」という"文字"が含まれるかどうかを検出するためです。
- 該当フィールドが見つかったらRecordsetCloneとサブフォームの画面上のカレントレコードが一致するよう、「AbsolutePosition」プロパティを使ってレコード移動します。また検索にヒットした欄が分かるよう、当該フィールドにフォーカス移動します。

■ プログラム例

frmChap8_376

```
Private Sub cmd検索_Click()
' [検索] ボタンクリック時

  Dim sfrm As SubForm
  Dim rst As Recordset
  Dim iintLoop As Integer

  Set sfrm = Me!frmChap8_376_sub ———— 対象サブフォームを設定
  Set rst = sfrm.Form.RecordsetClone ——— サブフォームのRecordsetCloneを開く
```

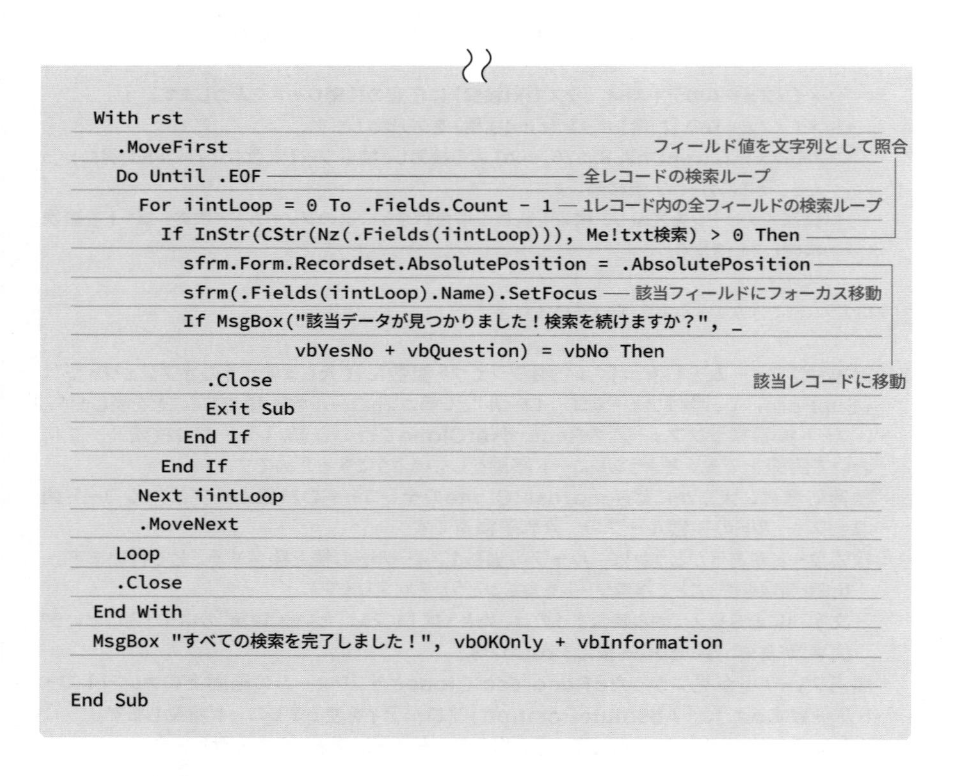

```
With rst
  .MoveFirst
  Do Until .EOF
    For iintLoop = 0 To .Fields.Count - 1
      If InStr(CStr(Nz(.Fields(iintLoop))), Me!txt検索) > 0 Then
        sfrm.Form.Recordset.AbsolutePosition = .AbsolutePosition
        sfrm(.Fields(iintLoop).Name).SetFocus
        If MsgBox("該当データが見つかりました！検索を続けますか？", _
                  vbYesNo + vbQuestion) = vbNo Then
          .Close
          Exit Sub
        End If
      End If
    Next iintLoop
    .MoveNext
  Loop
  .Close
End With
MsgBox "すべての検索を完了しました！", vbOKOnly + vbInformation

End Sub
```


実行例

frmChap8_376

三重　検索

顧客コード	顧客名	フリガナ	性別	生年月日	郵便番号	住所1	住所2
1	坂井 真緒	サカイ マオ	女	1990/10/19	781-1302	高知県高岡郡越知町越知乙1-5-9	
2	澤田 雄也	サワダ ユウヤ	男	1980/02/27	402-0055	山梨県都留市川棚1-17-9	
3	井手 久雄	イデ ヒサオ	男	1992/03/01	898-0022	鹿児島県枕崎市宮田町4-16	宮田町レジデンス107
4	栗原 研治	クリハラ ケンジ	男	1984/11/05	329-1324	栃木県さくら市草川3-1-7	キャッスル草川117
5	内村 海士	ウチムラ アマト	男	2000/08/05	917-0012	福井県小浜市熊野4-18-16	
6	戸塚 松夫	トツカ マツオ	男	1982/04/15	519-0147	三重県亀山市山下町1-8-6	コート山下町418
7	塩崎 泰	シオザキ ヤスシ	男	1973/05/26	511-0044	三重県桑名市萱町1-8	萱町プラザ100
8	菅野 瑞樹	スガノ ミズキ	女	1977/02/05	607-8191	京都府	
9	宮田 有紗	ミヤタ アリサ	女	1974/08/16	883-0046	宮崎県	
10	畠山 美佳	ハタケヤマ ミカ	女	1964/11/14	915-0037	福井県	306
11	山崎 正文	ヤマザキ マサフミ	男	1977/04/02	106-0045	東京都	
12	並木 幸三郎	ナミキ コウザブロウ	男	1974/01/24	824-0201	福岡県	4
13	佐久間 瑞穂	サクマ ミズホ	女	1982/06/26	232-0054	神奈川	
14	成田 美和	ナリタ ミワ	女	1991/01/29	601-1361	京都府	
15	岩下 省三	イワシタ ショウゾウ	男	1990/12/05	105-0011	東京都	
16	川端 心乃葉	カワバタ コノハ	女	1993/10/24	879-5510	大分県	

Microsoft Access

該当データが見つかりました！検索を続けますか？

はい(Y)　いいえ(N)

377 サブフォーム内のYes/No型フィールドを一括ON／OFFしたい

ポイント	RecordsetCloneオブジェクト、Edit／Updateメソッド
構文	サブフォーム名.Form.RecordsetClone

サブフォーム内のYes/No型フィールドの値を一括してON／OFFするには、サブフォームの「RecordsetClone」オブジェクトを使い、各レコードに対して「Edit」と「Update」メソッドでTrueあるいはFalseに更新していきます。

代入する値が違うだけで更新処理のコードは同じですので、プログラム例ではその部分をフォームモジュール内のSubプロシージャとして共通化しています（True／Falseの代入値は引数で受け取り）。

■ プログラム例

frmChap8_377

```
Private Sub cmd一括ON_Click()
' [一括ON] ボタンクリック時
  AllCheckMark True ———— 引数をTrueとすることで一括ON
End Sub

Private Sub cmd一括OFF_Click()
' [一括OFF] ボタンクリック時
  AllCheckMark False ———— 引数をFalseとすることで一括OFF
End Sub

Private Sub AllCheckMark(blnFlg As Boolean)
' [編集ロック] フィールドを一括ON/OFFする共通プロシージャ
                                        サブフォームのRecordsetCloneを開く
  With Me!frmChap8_377_sub.Form.RecordsetClone ——┘
    .MoveFirst
    Do Until .EOF ———— 全レコードの検索ループ
      .Edit
        !編集ロック = blnFlg ———— ON/OFF状態を引数の値に更新
      .Update
      .MoveNext
    Loop
    .Close
  End With
  Me!frmChap8_377_sub.Form.Requery ———— 再クエリして最新情報に更新

End Sub
```

COLUMN ▶▶ Accessランタイムを活用しよう

本書を読まれているほぼすべての方は、製品版つまり有償のAccessを使われていることと思います。そのAccessでテーブルやフォーム／レポートをデザインし、さらにはモジュールでプログラムを作っていると思います。

そうして作られたデータベースは、自分だけが使う場合もあるでしょうし、他の実務担当者1人だけが使うという場合もあるかもしれません。しかしそれが重宝され、社内の複数人、複数パソコンに展開しようということもあるでしょう。そのようなとき、すべてのパソコン用に台数分のAccessを購入する必要があるでしょうか？　答えは"No"です。

Accessには、製品版とは別に"無償"のランタイム版というものが用意されており、Microsoftのサイトからダウンロードして入手することができます。それを各パソコンにインストールすることで、開発者以外はタダでデータベースアプリケーションを運用することができるのです。

"ランタイム"とは、その名の通り、走らせるとき、つまり実行のみ可能なAccessのことです。ランタイムには次のような特徴があります。

① 無料である
② パソコン何台でもインストールできる
③ 操作や処理の実行に関しては通常のAccessとほぼ同様の機能を持っている
④ 実行のみであり、フォームなどのデザインやプログラムを変更することは元より、見ることもできない
⑤ 実行のみのため、それを考慮したデータベース作りが必要となる

データベースを作る人にとっては、特に5つめの項目に注意が必要です。2つのAccessの違いに伴い、ユーザー操作にも影響が出るため、それを事前に把握し、考慮しておかなければなりません。その例として次のようなことが挙げられます。

- Accessの［ファイル］-［オプション］-［現在のデータベース］で、データベースファイルを開いたときに自動で初期表示するフォームを設定しておく必要がある（これを設定しないと何も表示されない）
- そのフォームは、他のフォームやレポートへのナビゲータとなるメインメニュー画面のようなものにする（ランタイムではナビゲーションウィンドウは表示されないため）
- そのフォームが閉じられるとそのあと何もできなくなる（実質的にデータベースを閉じたのと同じ状態になる）
- ショートカットメニューが使えなかったり（ショートカットキーは可）、リボンが表示されなかったりする
- VBAのプログラムに関しては、エラー発生時の動きに違いがあり、エラールーチンがなかったり想定外のエラーが発生したりしたときはAccess自体がシャットダウンされてしまう

なお、通常のAccessを使って、ランタイムモードで開いたときの動作をテストすることができます。それには、コマンドラインオプションとして「/runtime」を付けて起動します。たとえば「D:¥Database1.accdb」を開く場合なら、リンク先を

D:¥Database1.accdb /runtime

としたショートカットを作り、そこから起動するようにします。

コントロール操作

Chapter

9

378 コントロールの入力値や選択値を調べたい

ポイント	Valueプロパティ
構文	コントロール名[.Value] または Controlオブジェクト[.Value]

コントロールの入力値や選択値を調べるには、そのコントロールの「Value」プロパティの値を調べます。

Valueプロパティはコントロールの"既定のプロパティ"であるため、記述を省略できます。次のプログラム例ではすべて省略してコントロール名だけを指定しています。またテキストボックスについては、「コントロール名」と「Controlオブジェクト」両方の用例を示しています。

■ プログラム例

frmChap9_A

```
Private Sub cmd取得_Click()
' [取得] ボタンクリック時

  Dim ctl As Control

  Debug.Print Me!txtテキストボックス
  Debug.Print Me!cboコンボボックス
  Debug.Print Me!optオプションボタン
  Debug.Print Me!chkチェックボックス
  Debug.Print Me!fraオプショングループ

  Set ctl = Me!txtテキストボックス
  Debug.Print ctl

End Sub
```

実行例

■ 補足

オプションボタンやチェックボックスから返されるValueプロパティ値は「-1」か「0」の2値です。その値を使うこともできますが、通常コード上ではそれぞれ「True」「False」として扱います。

また、上記プログラム例のコントロール名については、コントロールの種類の英字を略したもの（txtなど）を先頭に付け、そのあとにコントロールの種類（テキストボックスなど）を付けたものとしています。

379 コントロールの使用可否を切り替えたい

ポイント　Enabledプロパティ

コントロールの使用可否を切り替えるには「Enabled」プロパティを使います。使用可能にするには"True"を、使用不可にするには"False"を代入します。

次のプログラム例では、[使用可] ボタンのクリックで各コントロールを使用可能に、[使用不可] ボタンのクリックで使用不可に切り替えます。

■ プログラム例

frmChap9_A

```
Private Sub cmd使用可_Click()
' [使用可] ボタンクリック時

  Me!txtテキストボックス.Enabled = True
  Me!cboコンボボックス.Enabled = True
  Me!optオプションボタン.Enabled = True
  Me!chkチェックボックス.Enabled = True
  Me!fraオプショングループ.Enabled = True

End Sub

Private Sub cmd使用不可_Click()
' [使用不可] ボタンクリック時

  Me!txtテキストボックス.Enabled = False
  Me!cboコンボボックス.Enabled = False
  Me!optオプションボタン.Enabled = False
  Me!chkチェックボックス.Enabled = False
  Me!fraオプショングループ.Enabled = False

End Sub
```

実行例

■ 使用可のとき

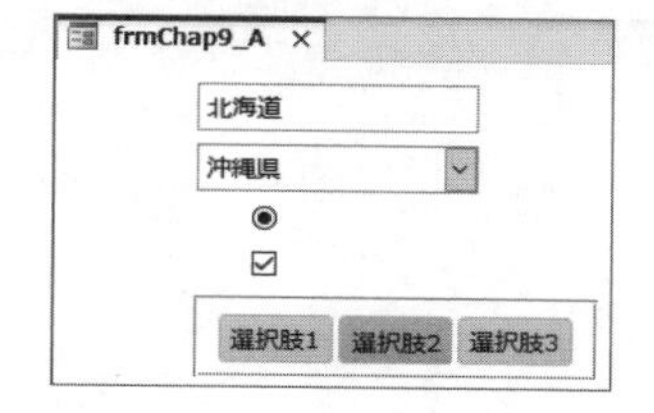

■ 使用不可のとき

frmChap9_A
北海道
沖縄県
選択肢1
選択肢2
選択肢3

380 コントロールの表示／非表示を切り替えたい

ポイント　Visibleプロパティ

コントロールの表示／非表示を切り替えるには「Visible」プロパティを使います。表示（可視）状態にするには"True"を、非表示（非可視）状態にするには"False"を代入します。

次のプログラム例では、[表示]ボタンのクリックで各コントロールを表示状態に、[非表示]ボタンのクリックで非表示状態に切り替えます。

■ プログラム例　　frmChap9_A

```
Private Sub cmd表示_Click()
' [表示] ボタンクリック時

  Me!txtテキストボックス.Visible = True
  Me!cboコンボボックス.Visible = True
  Me!optオプションボタン.Visible = True
  Me!chkチェックボックス.Visible = True
  Me!fraオプショングループ.Visible = True

End Sub

Private Sub cmd非表示_Click()
' [非表示] ボタンクリック時

  Me!txtテキストボックス.Visible = False
  Me!cboコンボボックス.Visible = False
  Me!optオプションボタン.Visible = False
  Me!chkチェックボックス.Visible = False
  Me!fraオプショングループ.Visible = False

End Sub
```

実行例

■ 表示のとき　■ 非表示のとき

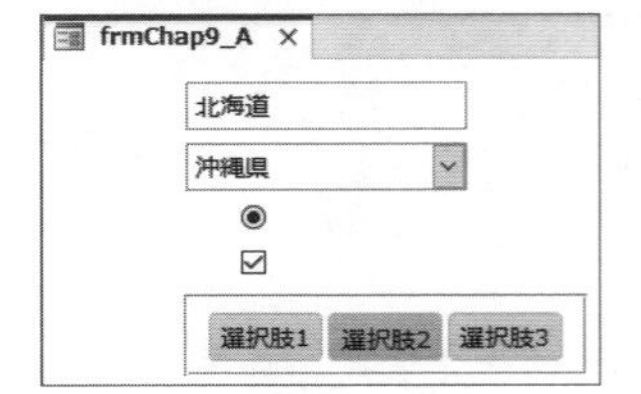

381 別のコントロールにフォーカスを移動させたい

ポイント　SetFocusメソッド

あるコントロールにフォーカスを移動させるには、そのコントロールの「SetFocus」メソッドを実行します。
次のプログラム例では、メッセージボックスを表示したあと、それぞれのコントロールにフォーカス移動します。

■ プログラム例

frmChap9_A

```
Private Sub cmdフォーカス移動_Click()
'［フォーカス移動］ボタンクリック時

  MsgBox "テキストボックスにフォーカス移動します！"
  Me!txtテキストボックス.SetFocus
  Me.Repaint

  MsgBox "コンボボックスにフォーカス移動します！"
  Me!cboコンボボックス.SetFocus

End Sub
```

※ 上記コードでは途中「Me.Repaint」でフォームを再描画しています。これはあくまでも例において、2つめのメッセージボックスが表示された際にテキストボックスにフォーカス移動していることを見せるためのものです。必須のものではありません。

実行例

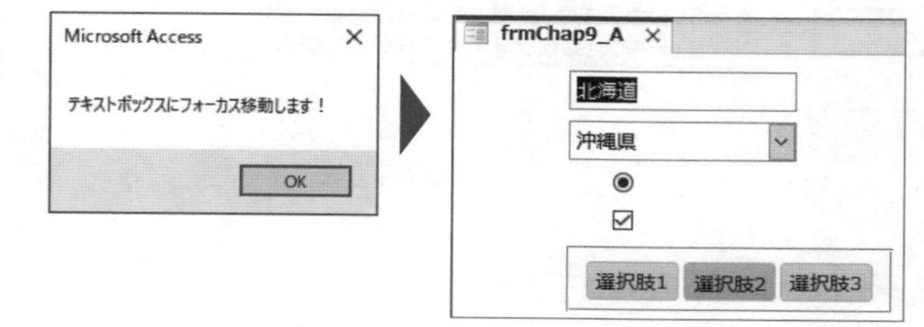

382 状況に応じて次のフォーカスを変えたい

ポイント　SetFocusメソッド

状況に応じて次のフォーカスを変えるには、その状況ごとにIf...Then...Elseステートメントなどで処理分岐を行い、それぞれのケースで異なるコントロールの「SetFocus」メソッドを実行します。

次のプログラム例では、テキストボックス「txtテキスト1」に何らかの値が入力されているかどうかを判断条件としています。空欄（IsNull関数の返り値がTrue）であれば「txtテキスト2」に、そうでなければ「txtテキスト3」にフォーカスを移動します。

■ プログラム例　　frmChap9_382

```
Private Sub txtテキスト1_AfterUpdate()
' [txtテキスト1] の更新後処理

  If IsNull(Me!txtテキスト1) Then
    Me!txtテキスト2.SetFocus
  Else
    Me!txtテキスト3.SetFocus
  End If

End Sub
```

実行例

frmChap9_382

あいうえお

txtテキスト1が入力されているのでtxtテキスト3にフォーカス移動している

383 フォーカスを取得したときに他のコントロールの値を調べたい

ポイント　Enter/フォーカス取得時イベント、GotFocus/フォーカス取得後イベント

あるコントロールがフォーカスを取得したタイミングで何らかの処理を行いたいときは、「Enter/フォーカス取得時」イベントあるいは「GotFocus/フォーカス取得後」イベントを使います。他のコントロールの値を調べたいときは、そのイベントプロシージャでそのコントロールのValueプロパティを調べます。

これらのイベントは、次のような仕様になっています。

- **同じフォーム内の別のコントロールからフォーカス移動してきたときは、Enter → GotFocusの順でどちらのイベントも発生します。**
- **他のフォームから戻ってきたときは、GotFocusイベントのみ発生します。Enterイベントは発生しません。**
- **通常はどちらのイベントも同じように使えますが、コントロール間だけなくフォーム間のフォーカス移動も考慮する場合は、それぞれを使い分ける必要があります。**

■ **プログラム例**

frmChap9_383

```
Private Sub txtテキスト3_Enter()
' [txtテキスト3] のフォーカス取得時

  MsgBox "Enter：" & Nz(Me!txtテキスト1) ―― txtテキスト1の入力値を表示
  MsgBox "Enter：" & Nz(Me!txtテキスト2) ―― txtテキスト2の入力値を表示

End Sub

Private Sub txtテキスト3_GotFocus()
' [txtテキスト3] のフォーカス取得後

  MsgBox "GotFocus：" & Nz(Me!txtテキスト1)
  MsgBox "GotFocus：" & Nz(Me!txtテキスト2)

End Sub
```

384 直前にフォーカスのあったコントロールを調べたい

ポイント　Screen.PreviousControlプロパティ

直前にフォーカスのあったコントロールを調べるには、「Screen」オブジェクトの「PreviousControl」プロパティを使います。

PreviousControlはオブジェクトとして扱うことができます。Nameプロパティを参照すればそのコントロールの名前を取得できます。Valueプロパティを参照すればそのコントールへの入力値や選択値を取得できます。あるコントロールのEnter/フォーカス取得時イベントなどでそれらを参照することで、その直前にフォーカスのあったコントロールの情報を扱うことができます。

※ フォームを開いた直後は、PreviousControl はありません。プログラム例の txt テキスト 1 のタブ移動順が先頭の場合、その Enter イベントはフォームを開いた際にも発生しますが、その時点で PreviousControl を参照するとエラーが発生します。そのエラーを「On Error Resume Next」で無視しています。

■ プログラム例

frmChap9_384

```
Private Sub txtテキスト1_Enter()
' [txtテキスト1] のフォーカス取得時

  On Error Resume Next
  MsgBox Screen.PreviousControl.Name & ":" & Screen.PreviousControl.
Value

End Sub

Private Sub txtテキスト2_Enter()
' [txtテキスト2] のフォーカス取得時

  MsgBox Screen.PreviousControl.Name & ":" & Screen.PreviousControl.
Value

End Sub

Private Sub txtテキスト3_Enter()
' [txtテキスト3] のフォーカス取得時

  MsgBox Screen.PreviousControl.Name & ":" & Screen.PreviousControl.
Value

End Sub
```

385 コントロールの位置やサイズを変えたい

ポイント　Top／Leftプロパティ、Height／Widthプロパティ

コントロールの位置やサイズを動的に変えるには、次の各プロティ値をプログラムで変更します。

- **Top**……………**上位置**
- **Left**……………**左位置**
- **Height**…………**高さ**
- **Width**…………**幅**

※ 設定単位は「twip」です。1センチメートルは567twipです。

■ プログラム例

frmChap9_385

```
Private Sub cmd位置変更_Click()
'［位置変更］ボタンクリック時

  With Me!txtテキスト
    .Top = .Top + 500 ———— 現在位置より右下へ移動
    .Left = .Left + 500
  End With

End Sub

Private Sub cmdサイズ変更_Click()
'［サイズ変更］ボタンクリック時

  With Me!txtテキスト
    .Height = .Height * 2 —— 現在サイズの2倍に高く広くする
    .Width = .Width * 2
  End With

End Sub
```

386 コントロールをフォーム中央に自動配置したい

ポイント | InsideHeight／InsideWidthプロパティ

コントロールをフォーム中央に配置するには、フォームのサイズとコントロールのサイズの関係から、次のような式でコントロール位置の計算を行います。

- **コントロールの上位置：　（フォームの高さ － コントロールの高さ）÷2**
- **コントロールの左位置：　（フォームの幅 － コントロールの幅）÷2**

この式において、コントロールのサイズはHeightやWidthプロパティから取得しますが、フォームのサイズについては次のFormオブジェクトのプロパティから取得します。

- **InsideHeightプロパティ………フォームの高さ**
- **InsideWidthプロパティ…………フォームの幅**

次のプログラムでは、Load/読み込み時イベントを使うことで、フォームを開くと同時に「imgイメージ」コントロールを中央配置しています。

■ **プログラム例**　　frmChap9_386

```
Private Sub Form_Load()
'フォーム読み込み時

  With Me!imgイメージ
    '垂直方向を画面中央に設定
    .Top = (Me.InsideHeight - .Height) ¥ 2
    '水平方向を画面中央に設定
    .Left = (Me.InsideWidth - .Width) ¥ 2
  End With

End Sub
```

■ **補足**

ポップアップ表示するよう設定されているフォームにおいて、ウィンドウサイズが変更されるたびにそれに合わせてコントロールも中央に移動したい場合には、フォームの「Resize/サイズ変更時」イベントプロシージャを使って同様の処理を行います。

387 コントロールを配列のように参照したい

ポイント　Form(コントロール名 & インデックス)

複数のコントロール名が、例えば「txt1」「txt2」「txt3」……のような連番になっているとき、次のような書き方をすることでそれらひとつひとつを配列のようにインデックスで指し示すことができます。

```
Me("txt" & インデックス)
```

```
Forms!frmChap9_387("txt" & インデックス)
```

「Form!コントロール名」のように固定で指すのではなく、カッコを使って「"txt" & インデックス」のような文字列結合でコントロール名を指定します。

もちろん「コントロール名 & インデックス」の順番ではなく、インデックスは文字列内のどの位置にあってもかまいません。文字列結合で最終的に正規のコントロール名になればよいわけです。

```
例："txt" & 12 & "月" → "txt12月"
```

■ プログラム例

frmChap9_387

```
Private Sub cmd設定_Click()
'［設定］ボタンクリック時

  Dim iintLoop As Integer

  For iintLoop = 1 To 5
    Me("txtテキスト" & iintLoop) = iintLoop ―― 値を代入
  Next iintLoop

End Sub

Private Sub cmd取得_Click()
'［取得］ボタンクリック時

  Dim iintLoop As Integer

  For iintLoop = 1 To 5
    MsgBox Me("txtテキスト" & iintLoop) ―――― 値を取得・表示
  Next iintLoop

End Sub
```

388 コントロールの色をRGBで設定したい

ポイント	RGB関数
構文	RGB(Red, Green, Blue)

コントロールの文字や背景などの色に関するプロパティには、本来、長整数の値を代入することでその設定を行います（例:6579400）。

そのようなとき、代入する値を生成する関数として「RGB」関数を使うことができます。

赤・緑・青それぞれの成分を引数に指定して呼び出すことで、長整数の値を返り値として得ることができます。それぞれの引数の値は「0～255」ですので、1つの長整数値で指定するより分かりやすく色指定できます。

- **設定例：**
  - **RGB(0, 0, 0)……………………黒**
  - **RGB(255, 255, 255)………白**
  - **RGB(128, 128, 128)………グレー**
  - **RGB(255, 0, 0)…………………赤**
  - **RGB(255, 128, 0)……………オレンジ**

■ **プログラム例**　　frmChap9_388

```
Private Sub cmd色設定_Click()
' [色設定] ボタンクリック時

  With Me!txtテキスト
    '前景色（文字色）プロパティを設定
    .ForeColor = RGB(200, 100, 100)

    '背景色プロパティを設定
    .BackColor = RGB(209, 234, 240)

  End With

End Sub
```

389 コントロールの色をRGBそれぞれに分割取得したい

ポイント　ビット演算、Hex関数

コントロールの前景色や背景色プロパティの値を取得すると単一の長整数の値が返されます。またその値には、青 → 緑 → 赤という順番で16進数の2桁単位（合計6桁）で各色の成分が格納されています。

そこで、次の要領で演算することで、RGBそれぞれの値を取り出すことができます。

- **「緑」の成分を取り出す場合**
  - **① 緑は長整数の16進数の中2桁です。「And」で「&H00FF00」とビット演算を行うことで、その2桁分の値を取り出します。**
  - **② 青 → 緑 → 赤という順番で格納するために、その値には（緑の場合は）2桁分左にシフトした値が含まれています（赤は0桁、青は4桁分）。そこで16進数の2桁分、つまり256で割ることで、本来の単独の値に変換します。**
  - **③ Hex関数を使ってその値を「1A」や「FF」などの16進数表記に変換します。**
  - **④ ③の値は1桁の場合もあるので、Right関数を使って2桁に整えます。**

■ プログラム例

frmChap9_389

```
Private Sub cmd色取得_Click()
'［色取得］ボタンクリック時

  Dim lngRGB As Long
  Dim strR As String, strG As String, strB As String

  'BackColorを長整数値として取得
  lngRGB = Me!txtテキスト.BackColor

  '長整数を16進数のRGBに分解
  strR = Right("00" & Hex((lngRGB And "&H" & "0000FF")), 2)          ← 赤
  strG = Right("00" & Hex((lngRGB And "&H" & "00FF00") / 256), 2)     ← 緑
  strB = Right("00" & Hex((lngRGB And "&H" & "FF0000") / 256 ^ 2), 2) ← 青

  MsgBox "長整数：" & lngRGB & vbCrLf & _
          "16進数：" & strR & " " & strG & " " & strB

End Sub
```

390 コントロールの枠線の書式を設定したい

ポイント | BorderColor／BorderWidth／BorderStyleプロパティ

コントロールの枠線の書式を設定するには、その対象に応じて次のプロパティに所定の値を代入します。

- **BorderColor**……… **境界線色（vbRedなどの組み込み定数やRGB関数の返り値などを代入）**
- **BorderWidth**……… **境界線幅（1～6ptを代入）**
- **BorderStyle**……… **境界線スタイル（下表の値を代入）**

境界線スタイル	設定値
透明	0
実線	1
破線	2
細かい破線	3
点線	4
間隔の粗い点線	5
一点鎖線	6
二点鎖線	7

■ プログラム例

frmChap9_390

```
Private Sub cmd枠設定_Click()
' [枠設定] ボタンクリック時

  With Me!txtテキスト
    '境界線色
    .BorderColor = vbRed
    '境界線幅（太さ）
    .BorderWidth = 3
    '境界線スタイル
    .BorderStyle = 2
  End With

End Sub
```

391 タグプロパティを独自のプロパティとして使いたい

ポイント　Tagプロパティ

各コントロールには「Tag」というプロパティが用意されています。このプロパティはAccess自体が使うことはありません。プロパティシートで設定しても何も変わりませんが、これに特定の意味合いを持たせて独自のプロパティとして使うことができます。

次のプログラム例では、コントロールの名前とは異なる名称をTagプロパティに設定しています。そしてフォーカスを取得したときにその値をメッセージボックスで表示します。このように、Tagプロパティは他のプロパティにはない任意のコントロールの識別子や付属情報として利用することができます。

※ 例ではフォームの読み込み時イベントで Tag プロパティへの代入例も示していますが、プロパティシートの「タグ」プロパティ欄で設定しておくこともできます。

■ プログラム例

frmChap9_391

```
Private Sub Form_Load()
'フォーム読み込み時

  'テキストボックにTagプロパティを設定
  Me!txtテキスト1.Tag = "顧客コード"
  Me!txtテキスト2.Tag = "顧客名"

End Sub

Private Sub txtテキスト1_Enter()
'［txtテキスト1］のフォーカス取得時

  MsgBox Me!txtテキスト1.Tag ——— 顧客コードと表示される

End Sub

Private Sub txtテキスト2_Enter()
'［txtテキスト1］のフォーカス取得時

  MsgBox Me!txtテキスト2.Tag ——— 顧客名と表示される

End Sub
```

392 ラベルの標題を変更したい

ポイント | Captionプロパティ

ラベルコントロールの標題を変更するには、「Caption」プロパティに任意の文字列を代入します。

次のプログラム例では、フォームに2つのラベルコントロール「lblToday」と「lblGuide」が配置されているものとして、次の動作を行わせています。

- **フォーム読み込み時にlblTodayに今日の日付を設定**
- **テキストボックス「txtテキスト1」と「txtテキスト2」にフォーカスが移動したとき、それぞれの操作説明文をlblGuideに設定**

■ **プログラム例**　frmChap9_392

```
Private Sub Form_Load()
'フォーム読み込み時

  'ラベルに今日の日付を表示
  Me!lblToday.Caption = Format(Date, "yyyy年mm月dd日")

End Sub

Private Sub txtテキスト1_Enter()
'［txtテキスト1］のフォーカス取得時

  'ラベルに操作説明を表示
  Me!lblGuide.Caption = "顧客名を入力してください。"

End Sub

Private Sub txtテキスト2_Enter()
'［txtテキスト2］のフォーカス取得時

  'ラベルに操作説明を表示
  Me!lblGuide.Caption = "顧客の住所を入力してください。"

End Sub
```

393 ラベルのフォントを変更したい

ポイント　FontName／FontSize／FontWeightプロパティ

ラベルコントロールのフォントを変更するには、次のようなプロパティに所定の値を設定します。

- **FontName**……………… フォントの種類（実際のフォント名を半角スペースも含めて指定します → 例：游ゴシック△Medium）
- **FontSize**……………… フォントのサイズ（単位はpt）
- **FontWeight**……………… フォントの太さ（設定値は100〜900ですが、外見上反映されるのは、700未満が普通の太さ、700以上が太字です）
- **FontBold**……………… 太字（True／Falseで指定）
- **FontItalic**……………… 斜体（True／Falseで指定）
- **FontUnderline**……………… 下線（True／Falseで指定）

■ プログラム例

frmChap9_393

```
Private Sub cmdフォント変更_Click()
'［フォント変更］ボタンクリック時

  With Me!lblMsg
    .FontName = "游ゴシック Medium" ——— フォントの種類
    .FontSize = 14 ————————— フォントのサイズ
    .FontWeight = 700 ———————— フォントの太さ
  End With

End Sub
```

実行例

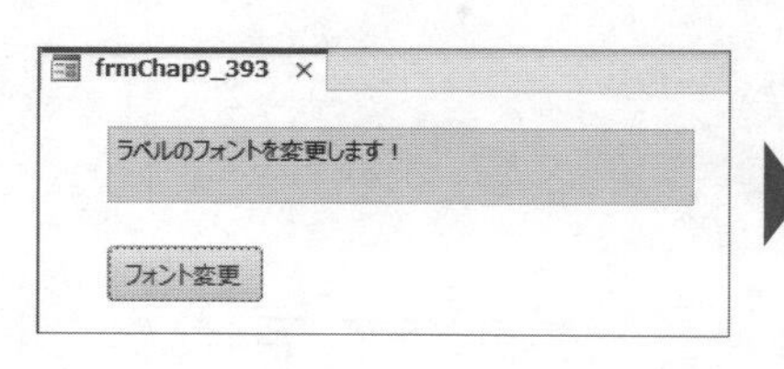

394 ラベルを点滅させたい

ポイント　Visibleプロパティ、Timer/タイマー時イベント

ラベルを点滅させるには、表示／非表示の切り替えを一定時間間隔で繰り返します。表示／非表示は「Visible」プロパティをTrue／False交互に設定することで切り替えます。また一定時間間隔で処理を実行するにはフォームの「Timer/タイマー時」イベントを使います。

次のプログラム例では、Timer/タイマー時イベントプロシージャでラベルコントロール「lblMsg」のVisibleプロパティを切り替えます。その際の交互切り替えは、「現在表示されているなら非表示に、非表示なら表示に」、つまり「TrueならFalseに、FalseならTrueに」というように、現在のVisibleプロパティ値を「Not」を使って反転することで行います。

※ ここではフォームの読み込み時イベントでタイマー間隔を0.5秒（500ミリ秒）に設定していますが、プロパティシートで直接設定しておくこともできます。

■ **プログラム例**

frmChap9_394

```
Private Sub Form_Load()
'フォーム読み込み時

  'タイマー間隔を0.5秒に設定
  Me.TimerInterval = 500

End Sub

Private Sub Form_Timer()
'フォームのタイマー時

  'ラベルの可視を反転
  Me!lblMsg.Visible = Not Me!lblMsg.Visible

End Sub
```

実行例

frmChap9_394 ×

⇔

frmChap9_394 ×

ラベルを点滅

395 コマンドボタンの標題を動的に変更したい

ポイント　Captionプロパティ

コマンドボタンの標題を変更するには、「Caption」プロパティの値を所定のタイミングで切り替えます。

次のプログラム例では、フォームに「chk保存方法」というチェックボックスと「cmd閉じる」というコマンドボタンが配置されています。チェックボックスのON／OFFに応じてボタンの標題を切り替えます。

チェックボックスにチェックマークが付けられたとき（ValueプロパティがTrueになったとき）は、ボタンの標題を「保存して閉じる」に変更します。外されたとき（Falseになったとき）は「破棄して閉じる」です。

※ チェックボックスコントロールのValueプロパティは通常はTrue／Falseの2値です。If文の条件式にそのまま使用できます。必ずしも「Me!chk保存方法 = True」のように書く必要はありません。

■ プログラム例　　frmChap9_395

```
Private Sub chk保存方法_AfterUpdate()
'［保存方法］チェックボックスの更新後処理

  'コマンドボタンの標題を変更
  If Me!chk保存方法 Then
    Me!cmd閉じる.Caption = "保存して閉じる"
  Else
    Me!cmd閉じる.Caption = "破棄して閉じる"
  End If

End Sub
```

実行例

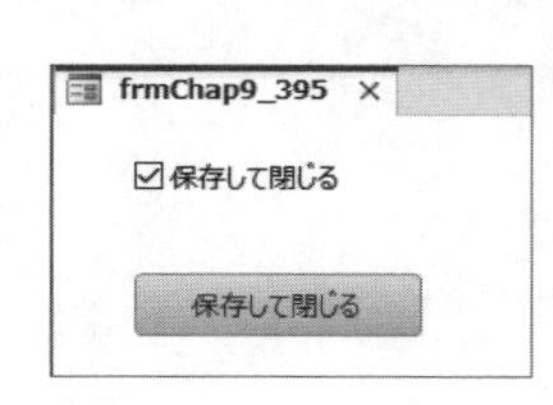

396 1つのコマンドボタンに2つの機能を持たせたい

ポイント Static変数

1つのコマンドボタンに2つの機能を持たせるには、「Click/クリック時」イベントプロシージャにおいてStatic変数を利用します。

Staticで宣言された変数はイベントプロシージャを終了したあとも保持されます。次回そのイベントが発生した際も前回の値を継続的に参照することができますので、その値によって条件分岐することで、2つあるいはそれ以上の機能を持たせることができます。

次のプログラム例では、フォームに「cmd開始停止」というコマンドボタンが配置されています。Static変数sblnStatusを使い、それがTrueかFalseかで処理分岐します。処理分岐の内容は、TimerIntervalプロパティによるにタイマーの起動と停止、コマンドボタンの標題の変更("開始"／"停止")です。

■ プログラム例 frmChap9_396

```
Private Sub cmd開始停止_Click()
'[開始停止] ボタンクリック時

  Static sblnStatus As Boolean

  If Not sblnStatus Then
    Me.TimerInterval = 500 ―――――― タイマー間隔を0.5秒に設定して点滅開始
    Me!cmd開始停止.Caption = "停止" ―― コマンドボタンの標題を切り替え
  Else
    Me.TimerInterval = 0 ――――――― タイマーを停止して点滅停止
    Me!cmd開始停止.Caption = "開始"
    Me!lblMsg.Visible = True
  End If

  '変数値のTrue/Falseを反転
  sblnStatus = Not sblnStatus

End Sub

Private Sub Form_Timer()
'フォームのタイマー時

  Me!lblMsg.Visible = Not Me!lblMsg.Visible ―― ラベルの可視を反転

End Sub
```

397 入力状態に応じてコマンドボタンの使用可否を切り替えたい

ポイント　Enabledプロパティ

コマンドボタンの使用可否を切り替えるには「Enabled」プロパティを使います。使用可能にするには"True"を、使用不可にするには"False"を代入します。

次のプログラム例で使用可否の設定対象となるコマンドボタンは「cmdOK」です。その切り替えタイミングとして、テキストボックス「txtテキスト」のAfterUpdate/更新後処理イベントを使っています。

テキストボックスに入力された値の長さをLen関数で調べ、「5文字ならボタンを使用可能」、「それ以外なら使用不可」に切り替えます。

※ このようなケースでは、ボタンは常に使用可能にして、クリックしたときに入力文字数をチェック・警告することもできます。しかしテキストボックス側の入力状態に応じて使用可否を切り替えることで、"それを入力しないとボタンの処理を実行できない"ということを分かりやすくすることができます。

■ プログラム例

frmChap9_397

```
Private Sub txtテキスト_AfterUpdate()
'［txtテキスト］の更新後処理

  '入力文字数で［OK］ボタンの使用可否を切り替え
  Me!cmdOK.Enabled = (Len(Me!txtテキスト) = 5)

End Sub
```

実行例

frmChap9_397
12
OK

frmChap9_397
12345
OK

398 コマンドボタンで数値を増減したい

ポイント　Valueプロパティのインクリメント／デクリメント

コマンドボタンによってテキストボックスに入力されている数値を増減させるには、増と減のそれぞれのボタンの「Click/クリック時」イベントプロシージャによって、テキストボックスの値（Valueプロパティの値）をプラスマイナスします。

次のプログラム例では、テキストボックス「txtカウンタ」の現在の入力値を、「cmdアップ」と「cmdダウン」という2つのコマンドボタンによってそれぞれ+1／-1しています。

※ 1ずつ増やすことを「インクリメント」、1ずつ減らすことを「デクリメント」といいます。

■ プログラム例

frmChap9_398

```
Private Sub cmdアップ_Click()
' [アップ] ボタンクリック時

  'テキストボックスの値をインクリメント
  Me!txtカウンタ = Me!txtカウンタ + 1

End Sub

Private Sub cmdダウン_Click()
' [ダウン] ボタンクリック時

  'テキストボックスの値をデクリメント
  Me!txtカウンタ = Me!txtカウンタ - 1

End Sub
```

実行例

frmChap9_398

6

399 コマンドボタンを押し続けたときに処理を連続実行させたい

ポイント　AutoRepeatプロパティ

コマンドボタンでよく使われる「Click/クリック時」イベントの特性として、ボタンが押し下げられた状態から離されたときにはじめてイベントプロシージャが実行されます。つまり1クリックで1回実行されるだけです。そのまま押し下げ続けたからといって何度も繰り返し実行されるわけではありません。

そこで、コマンドボタンの「AutoRepeat」プロパティに"True"を設定します。それによって、ボタンを押し下げ続けたときにもイベントプロシージャが連続実行されるようになります。

※ プログラム例ではフォームの読み込み時イベントで AutoRepeat プロパティを設定していますが、プロパティシートの「自動繰り返し」プロパティ欄で " はい " に設定しておくこともできます。

※ コード中の「Me.Repaint」は、クリック時の処理の方が速くテキストボックスが見た目には 1 ずつ変わらないため、強制的に描画するためのものです。必須ではありません。

■ プログラム例

frmChap9_399

```
Private Sub Form_Load()
'フォーム読み込み時

  'コマンドボタンの自動繰り返しをON
  Me!cmdアップ.AutoRepeat = True
  Me!cmdダウン.AutoRepeat = True

End Sub

Private Sub cmdアップ_Click()
'［アップ］ボタンクリック時

  Me!txtカウンタ = Me!txtカウンタ + 1 —— テキストボックスの値をインクリメント
  Me.Repaint

End Sub

Private Sub cmdダウン_Click()
'［ダウン］ボタンクリック時

  Me!txtカウンタ = Me!txtカウンタ - 1 —— テキストボックスの値をデクリメント
  Me.Repaint

End Sub
```

400 特殊な操作でだけ使えるコマンドボタンを作りたい

ポイント　MouseDown/マウスボタンクリック時イベント

コマンドボタンの「MouseDown/マウスボタンクリック時」イベントプロシージャを利用することで、"Ctrlキーや Shift キーを押しながらクリック"のような特殊な操作がされたときの処理を行わせることができます。

それには、MouseDownイベントプロシージャの引数である「Button」と「Shift」を使います。

- **Button**………… **マウスの左右どちらのボタンが押されたかの情報が渡されます。**
- **Shift**……………… **Ctrlキー／Shiftキー／Altキーなどがクリック時に押されているかどうかの情報が渡されます。**

いずれの引数も、プログラム例のように組み込み定数と比較することでその内容を確認できます。

■ **プログラム例**　　frmChap9_400

```
Private Sub cmdOK_MouseDown(Button As Integer, Shift As Integer, X As
Single, Y As Single)
' [OK] ボタンのマウスボタンクリック時

  If Button = acLeftButton Then ―― 左ボタンの組み込み定数
    Select Case Shift
      Case acCtrlMask ―――――――― Ctrlキーの組み込み定数
        MsgBox "Ctrl+クリック"
      Case acShiftMask ――――――― Shiftキーの組み込み定数
        MsgBox "Shift+クリック"
      Case acAltMask ――――――――― Altキーの組み込み定数
        MsgBox "Alt+クリック"
      Case Else
        MsgBox "通常クリック または 複数のキー+クリック" ―― Ctrl+Shiftもこのケース
    End Select
                                       右ボタンかつCtrl+Shiftキー（定数を+する）
  ElseIf Button = acRightButton And _
          Shift = acCtrlMask + acShiftMask Then ――┘
    MsgBox "Ctrl+Shift+右クリック"
    DoCmd.CancelEvent ―――――――― 右クリック時のメニューを表示させない

  End If

End Sub
```

401 コマンドボタンでズームボックスを表示したい

ポイント	RunCommandメソッド
構文	DoCmd.RunCommand acCmdZoomBox

コマンドボタンのクリックによってズームボックスを表示するには、DoCmdオブジェクトの「RunCommand」メソッドに組み込み定数「acCmdZoomBox」を指定して実行します。

その際、RunCommandメソッドでは事前にその対象となるコントロールにフォーカスがある必要があります。一方、ボタンがクリックされた時点ではそのボタンにフォーカスがあります。よってプログラム例のイベントプロシージャでは、まず対象テキストボックス「txtテキスト」にSetFocusメソッドでフォーカス移動しています。

■ **プログラム例**

frmChap9_401

```
Private Sub cmdズーム_Click()
'［ズーム］ボタンクリック時

    '対象テキストボックスにフォーカス移動
    Me!txtテキスト.SetFocus
    'ズームボックスを表示
    DoCmd.RunCommand acCmdZoomBox

End Sub
```

実行例

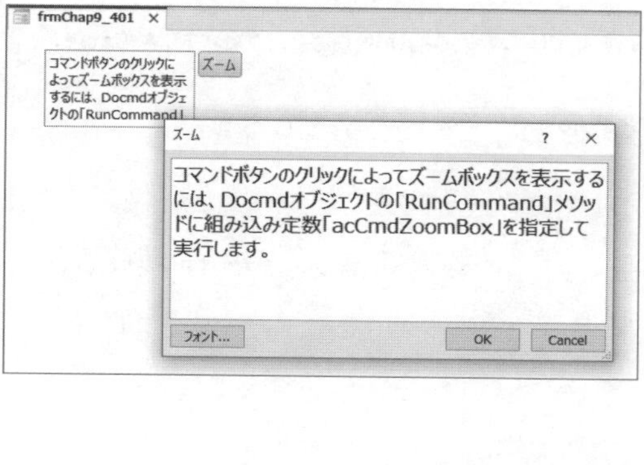

402 コマンドボタンでのみ新規レコード追加可にしたい

ポイント | AllowAdditionsプロパティ

通常時はフォームから新規レコードの入力はできず、あるコマンドボタンをクリックしたときだけ1件分の新規レコードを追加できるようにします。それには次のような処理手順のコードを記述します。

- **① まず、フォームの「AllowAdditions/追加の許可」プロパティを"はい"(True)にして、一時的にレコード追加できる状態にする**
- **② その新規レコードへ移動する**
- **③ 新規レコードの任意のフィールドにダミーで空のデータを入力する**
  ※ これは、新規レコードに移動しただけでは次の④でそのレコードがなかったことにされてしまうためです。
- **④ 追加の許可プロパティを"いいえ"に戻す**

なお、このプログラム例には次の条件があります。

- **プロパティシートで追加の許可プロパティを"いいえ"に設定しておく。**
- **ダミーデータがすでに保存されているので、Escキーで新規レコードを取り消すことはできない。**

■ **プログラム例**　frmChap9_402

```
Private Sub cmd追加_Click()
' [追加] ボタンクリック時

  Me.AllowAdditions = True ―――― フォームの追加の許可プロパティを"はい"

  DoCmd.GoToRecord , , acNewRec ―― 新規レコードに移動

  Me!顧客名 = "" ――――――――― ダミーで空データを入力

  Me.AllowAdditions = False ――― フォームの追加の許可プロパティを"いいえ"

End Sub
```

実行例

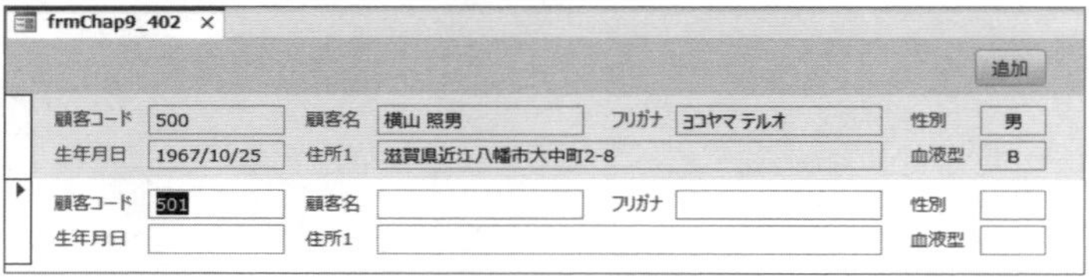

frmChap9_402

追加

顧客コード	500	顧客名	横山 照男	フリガナ	ヨコヤマ テルオ	性別	男
生年月日	1967/10/25	住所1	滋賀県近江八幡市大中町2-8			血液型	B
顧客コード	501	顧客名		フリガナ		性別	
生年月日		住所1				血液型	

403 時間のかかる処理をキャンセルするコマンドボタンを作りたい

ポイント　Declarationsセクションでの変数宣言、DoEvents関数

時間のかかる処理をループで実行するような場合、通常の操作でそれを途中キャンセルすることはできません。そこで、次のような方法でキャンセル用のコマンドボタンを作ることができます。

- **① 処理をキャンセルするコマンドボタンを配置する（例では「cmd中止」）**
- **② Declarationsセクションで変数を宣言する（例では「pblnStop」）**
- **③ その変数をキャンセルするボタンのクリック時イベントプロシージャで"True"に設定する**
- **④ 時間のかかる処理のループ内でその変数を参照する**
  - **その変数がTrueになったらループを抜けて処理をキャンセルします。**
  - **ループ中にボタンのクリックが検出できるよう、DoEvents関数でWindowsに一時的に制御を渡します。**

■ **プログラム例**

frmChap9_403

```
Private pblnStop As Boolean ── Declarationsセクションで宣言

Private Sub cmd開始_Click()
' [開始] ボタンクリック時

  Dim ilngLoop As Long

  pblnStop = False ──────── Private変数を初期設定
  For ilngLoop = 1 To 10000 ── 時間のかかるループ処理
    Me!txtテキスト = Me!txtテキスト + 1
    DoEvents ─────────── Windowsに一時的に制御を渡す
    If pblnStop Then ───── Private変数がTrueならループを抜ける
      Exit For
    End If
  Next ilngLoop

End Sub

Private Sub cmd中止_Click()
' [中止] ボタンクリック時

  pblnStop = True ──────── Private変数をTrueに設定

End Sub
```

404 URLデータを元にコマンドボタンでWebページを開きたい

ポイント　Click/クリック時イベント、HyperlinkAddressプロパティ

コマンドボタンには「ハイパーリンクアドレス」というプロパティがあります。プロパティシートでそこにURLを登録しておくことで、クリック時にそのページをブラウザで開くことができます。

一方、プログラムを使うことで、そのURLを動的に都度異なる値に設定することができます。

たとえばフォームのデータソースとなっているテーブルのフィールドにURLの値が保存されている場合、あるいはテキストボックスにURLが入力されている場合など、それらの値を代入することができます。

それには、コマンドボタンの「Click/クリック時」イベントを使います。そこで「HyperlinkAddress」プロパティに所定のURLを代入します。クリック時のタイミングで設定変更しても、クリック時の動作としてそのWebページを開くことができます。

■ **プログラム例**

frmChap9_404

```
Private Sub cmdOK_Click()
' [OK] ボタンクリック時

  'このボタン自身のHyperlinkAddressにテキストボックスの値を代入
  Me!cmdOK.HyperlinkAddress = Me!txtURL

End Sub
```

実行例

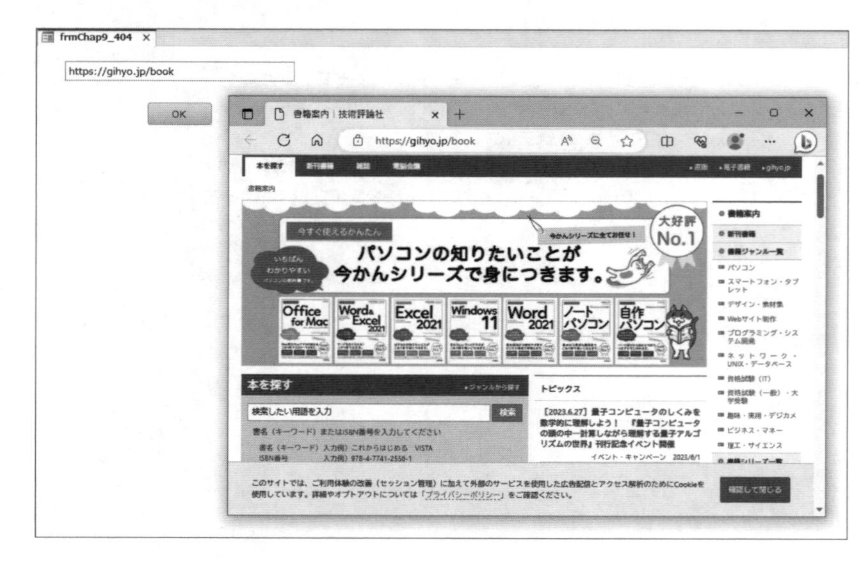

405 テキストボックスの入力値をチェックしたい

ポイント　BeforeUpdate/更新前処理イベント

テキストボックスの入力値をチェックするには、そのテキストボックスの「BeforeUpdate/更新前処理」イベントを使います。

このイベントプロシージャでテキストボックスのValueプロパティを参照、関数を使ったり条件式を使ったりすることで、必要な各種のチェック処理を行います。

またそのチェック結果がNGであった場合、「Cancel = True」の式を実行します。イベントプロシージャの引数である「Cancel」に"True"を代入することで、その入力をキャンセルし、次のコントロールなどへ進めず、正しい値を再入力させることができます。

■ プログラム例

frmChap9_405

```
Private Sub txtテキスト_BeforeUpdate(Cancel As Integer)
'［txtテキスト］の更新前処理

  If IsNull(Me!txtテキスト) Then
    MsgBox "未入力です！"
    Cancel = True
  ElseIf Not IsNumeric(Me!txtテキスト) Then
    MsgBox "数字のみを入力してください！"
    Cancel = True
  ElseIf Len(Me!txtテキスト) <> 13 Then
    MsgBox "13桁で入力してください！"
    Cancel = True
  ElseIf Left(Me!txtテキスト, 2) <> "49" Then
    MsgBox "49で始まる値を入力してください！"
    Cancel = True
  End If

End Sub
```

実行例

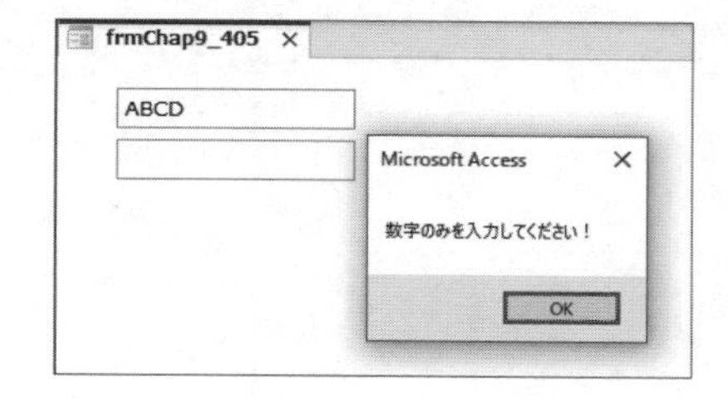

406 テキストボックスに入力文字数を半角／全角区別してチェックしたい

ポイント	StrConv関数、LenB関数
構文	StrConv(文字列, 変換の種類)、LenB(文字列)

テキストボックスへの入力文字数をチェックする1つの方法は、「Len」関数を使うことです。ただしその場合は半角／全角問わずに1文字が「1」としてカウントされます。

一方、「StrConv」関数と「LenB」関数を使うことで、半角／全角を区別して、半角なら1文字で「1」、全角なら1文字で「2」というようにカウントすることができます。

それには、StrConv関数の2つめの引数"変換の種類"に次のような組み込み定数を指定して、その返り値をLenB関数に渡します。

```
StrConv(文字列, vbFromUnicode)
```

なお、半角／全角問わずにカウントされるのは、データの文字コードがUnicode（UTF-16）になっているためです。vbFromUnicodeを指定して文字列を渡すことで、その値をShift_JIS形式の値に変換することができます。

LenB関数は全角を「2」として文字列の長さを調べる関数です（Unicodeの文字列に対してはLen関数と同じ）。

■ プログラム例

frmChap9_B

```
Private Sub cmd文字数チェック_Click()
' [文字数チェック] ボタンクリック時

  Dim intLen1 As Integer
  Dim intLen2 As Integer

  intLen1 = Len(Nz(Me!txtテキスト))
  intLen2 = LenB(StrConv(Nz(Me!txtテキスト), vbFromUnicode))
                                              半角／全角区別して文字数取得
  MsgBox "半角／全角区別なしの長さ：" & intLen1 & vbCrLf & _
         "半角／全角区別ありの長さ：" & intLen2

End Sub
```

407 テキストボックスの入力値から前後のスペースを取り除きたい

ポイント　Trim関数

文字列の前後にあるスペースを取り除くには「Trim」関数を使います。テキストボックスの入力値の場合にも、その引数にテキストボックスのValueプロパティ値を指定するだけです。

次のプログラム例では、テキストボックス「txtテキスト」の入力値からスペースを除去し、その結果でテキストボックスの値を更新します。

ただしテキストボックスの場合はユーザーがデータを入力しない場合もあります。その場合はNull値となります。例ではそのようなときは余分な処理をしないようにしています。

※ 条件分岐は使わず「varData = Trim(Nz(varData))」のように書くこともできます。

なお、Accessの特性上、テキストボックスの入力値の最後に半角スペースがある場合、フォーカス移動などのタイミングでそれらは自動的に除去されます。

Trim関数は全角のスペースも除去します。

■ **プログラム例**

frmChap9_B

```
Private Sub cmdスペース除去_Click()
'［スペース除去］ボタンクリック時

  Dim varData As Variant

  varData = Me!txtテキスト
  If Not IsNull(varData) Then
    varData = Trim(varData) ―― 前後のスペースを除去
    Me!txtテキスト = varData
  End If

End Sub
```

実行例

■ **スペース除去前**

frmChap9_B ×

ABCDEFG

■ **スペース除去後**

frmChap9_B ×

ABCDEFG

408 テキストボックスへのスペースだけの入力をチェックしたい

ポイント　Trim関数、Len関数

テキストボックスに半角スペースだけを入力した場合、Accessはそれらを自動的に除去します。よってスペースだけの入力とはなりません。

一方、全角スペースだけが入力された場合はそのような扱いはされず、スペースだけの入力があり得ます。

そのような入力をチェックするには、まずその入力値をTrim関数に渡し、前後のスペースを除去します。Trim関数は全角スペースも除去しますので、もし全角スペースだけであれば置換結果は長さゼロの文字列となります。よって、Len関数にそれを渡すと返り値は「0」となります。

次のプログラム例では、テキストボックス「txtテキスト」の値をそのように処理することで、スペースのみの入力かどうかを判定しています。

■ プログラム例

frmChap9_B

```
Private Sub cmdスペースチェック_Click()
'［スペースチェック］ボタンクリック時

  Dim varData As Variant

  varData = Me!txtテキスト
  If Not IsNull(varData) Then
    If Len(Trim(varData)) = 0 Then ——— スペースを除去して長さをチェック
      MsgBox "スペースのみの入力です！"
    Else
      MsgBox "スペース以外が含まれています！"
    End If
  End If

End Sub
```

実行例

frmChap9_B ×

文字数チェック　スペース除去　スペースチェック　…換

Microsoft Access ×

スペースのみの入力です！

OK

409 テキストボックスに入力された英字を大文字にしたい

ポイント	StrConv関数
構文	StrConv(文字列, 変換の種類)

文字列の英字の大文字／小文字を変換するには、「StrConv」関数を使います。テキストボックスの入力値の場合にもその引数にテキストボックスのValueプロパティを指定するだけです。

次のプログラム例では、テキストボックスの入力値の"小文字を大文字"に変換します。そのためStrConv関数の2つめの引数"変換の種類"には、組み込み定数「vbUpperCase」を指定します。

なお、大文字を小文字に変換するには「vbLowerCase」を指定します。

先頭の1文字だけ大文字に変換するには「vbProperCase」を指定します。

■ プログラム例

frmChap9_B

```
Private Sub cmd大文字変換_Click()
' [大文字変換] ボタンクリック時

  Dim varData As Variant

  varData = Me!txtテキスト
  If Not IsNull(varData) Then
    varData = StrConv(varData, vbUpperCase) ―― 小文字 → 大文字変換
    Me!txtテキスト = varData
  End If

End Sub
```

実行例

■ 変換前

frmChap9_B ×

abcdefg

■ 変換後

frmChap9_B ×

ABCDEFG

410 テキストボックスに入力された全角文字を半角にしたい

ポイント	StrConv関数
構文	StrConv(文字列, 変換の種類)

文字列の英数字やカタカナの半角／全角を変換するには、「StrConv」関数を使います。テキストボックスの入力値の場合にもその引数にテキストボックスのValueプロパティを指定するだけです。

次のプログラム例では、テキストボックスの入力値の"全角を半角"に変換します。そのためStrConv関数の2つめの引数"変換の種類"には、組み込み定数「vbNarrow」を指定します。

なお、半角を全角に変換するには「vbWide」を指定します。

■ プログラム例

frmChap9_B

```
Private Sub cmd半角変換_Click()
' [半角変換] ボタンクリック時

  Dim varData As Variant

  varData = Me!txtテキスト
  If Not IsNull(varData) Then
    varData = StrConv(varData, vbNarrow) ——— 全角 → 半角変換
    Me!txtテキスト = varData
  End If

End Sub
```

実行例

■ 変換前

frmChap9_B ×

マイクロソフトアクセス２０２１

■ 変換後

frmChap9_B ×

ﾏｲｸﾛｿﾌﾄｱｸｾｽ2021

411 テキストボックスに入力された氏名を名字と名前に分割したい

ポイント AfterUpdate/更新後処理イベント、InStr関数、Left関数、Mid関数

テキストボックスに入力された氏名を名字と名前に分割するには、次のようなプログラムを作ります。

- ① テキストボックスに氏名が入力されたあとに処理を行うので、テキストボックスの「AfterUpdate/更新後処理」イベントプロシージャを使う
- ② テキストボックスの入力値を取得する（例では先頭にスペースが入力されている場合を考慮してTrim関数で除去、またその結果をstrData変数に代入）
- ③ 名字と名前が半角スペースで区切られているという前提で、そのスペース位置をInStr関数で取得する（例ではintDelm変数にその結果を代入、またスペースがないときは処理しない）
- ④ Left関数を使って、入力値の先頭から半角スペースの直前までを取り出す
  → これが"名字"の部分で、例では「txt名字」テキストボックスに代入
- ⑤ Mid関数を使って、半角スペース以降のデータを取り出し、さらにスペースが複数個ある場合を考慮してTrim関数でスペースを取り除く
  → これが"名前"の部分で、例では「txt名前」テキストボックスに代入

■ プログラム例

frmChap9_411

```
Private Sub txt氏名_AfterUpdate()
' [氏名] の更新後処理

  Dim strData As String
  Dim intDelm As Integer

  Me!txt名字 = Null ―― いったんリセット
  Me!txt名前 = Null

  strData = Trim(Nz(Me!txt氏名))
  If Len(strData) > 0 Then
    intDelm = InStr(strData, " ")
    If intDelm >= 1 Then
      Me!txt名字 = Left(strData, intDelm - 1)
      Me!txt名前 = Trim(Mid(strData, intDelm))
    End If
  End If

End Sub
```

412 テキストボックスに入力された値を常にマイナスにしたい

ポイント　AfterUpdate/更新後処理イベント、Abs関数

テキストボックスの「AfterUpdate/更新後処理」イベントを使うと、入力された値が確定する前にその値を変更することができます。

次のプログラム例では、「Abs」関数を使って入力値の絶対値を取得します。それに-1を掛け算し、元のテキストボックスへ代入することで強制的に入力値を置き換えています。それによって、テキストボックスの内容は入力値のプラスマイナスに関わらず常にマイナス値になります。

※ Abs関数では、引数が「"123"」のような数字だけの文字列なら問題ありませんが、アルファベットなどを含んでいる場合はエラーが発生します。そこで例では「IsNumeric」関数で値が数値として扱えるかどうかを判定し、数値のときだけ処理しています。

■ **プログラム例**　frmChap9_412

```
Private Sub txtテキスト_AfterUpdate()
' [txtテキスト] の更新後処理

  Dim varData As Variant

  varData = Me!txtテキスト
  If IsNumeric(varData) Then
    Me!txtテキスト = Abs(varData) * -1
  End If

End Sub
```

実行例

■ **入力直後**

frmChap9_412 ×

9765

■ **Enter で確定後**

frmChap9_412 ×

-9765

413 テキストボックスへの特定のキー入力のみ受け入れたい

ポイント　KeyPress/キー入力時イベント、Asc関数

テキストボックスへの1文字1文字のキー入力は「KeyPress/キー入力時」イベントで検出できます。

またこのイベントプロシージャは引数「KeyAscii」を持っており、入力された文字の文字コードを得ることができます。

またその引数に「0」を代入することでその入力をなかったことにする、すなわち拒否することができます。

それらを組み合わせることで、テキストボックスへの特定のキー入力のみを受け入れるようにすることができます。

次のプログラム例では、引数KeyAsciiと、Asc関数で「A」と「B」を文字コードに変換した数値とを比較照合することで、「A」と「B」のキー入力のみ受け入れています(小文字の「a」「b」は拒否されます)。

■ プログラム例

frmChap9_413

```
Private Sub txtテキスト_KeyPress(KeyAscii As Integer)
' [txtテキスト] のキー入力時

  If KeyAscii <> Asc("A") And KeyAscii <> Asc("B") Then
    'A/Bいずれでもないときはキー入力を無効にする (a/bも不可)
    KeyAscii = 0
  End If

End Sub
```

実行例

frmChap9_413

AB

※ 大文字のAかBしか入力できない。

414 テキストボックスへの数字のキー入力を無視したい

ポイント　KeyPress/キー入力時イベント、Asc関数

テキストボックスの「KeyPress/キー入力時」イベントプロシージャを利用して、0～9の数字の入力を無視する（入力できないようにする）ことができます。

それには、このイベントプロシージャの引数「KeyAscii」の値と、0～9の文字コード（Asc関数で取得）を比較し、それに該当していたらその引数に「0」を代入します。それによって、アルファベットなどなら入力されるが数字だとキー入力されなかった扱いにされます。

なお、「"0"」の文字コードは「48」、「"9"」は「57」で、その間は連番となっています。そのため「"0"以上でありかつ"9"以下であれば数字」と判定することができます。

■ プログラム例

frmChap9_414

```
Private Sub txtテキスト_KeyPress(KeyAscii As Integer)
' [txtテキスト] のキー入力時

  If KeyAscii >= Asc("0") And KeyAscii <= Asc("9") Then
    '0～9のキー入力を無視する
    KeyAscii = 0
  End If

End Sub
```

実行例

frmChap9_414 ×

AKL

※ アルファベットは入力できるが数字は入力できない

415 テキストボックスの内容が変更されたか確認したい

ポイント　AfterUpdate/更新後処理イベント、Valueプロパティ、OldValueプロパティ

フィールドと連結されたテキストボックスには、「AfterUpdate/更新後処理」イベントで取得可能な入力値に関する2つのプロパティがあります。

- **Valueプロパティ…………………最終的にレコード保存される確定値**
- **OldValueプロパティ…………最後に保存された、変更を加える前の値**

たとえば元々「100」というデータを「200」に変更したとき、OldValueは「100」、Valueは「200」です。他のフィールドを編集している間も、レコード保存されるまではOldValueは「100」のままです。

そして、レコード保存したあと再度そのレコードを編集するときは、OldValueは「200」に変わります。

その2つのプロパティを比較することで、テキストボックスの内容が変更されたかどうかをチェックすることができます。単純に「.Value <> .OldValue」なら変更されたことになります。

なお、OldValueプロパティは、コントロールがテーブルのフィールドと連結しているときだけ有効です。非連結の場合はValueプロパティと同じ値になります。

同じテキストボックスをいろいろ変更しても、それが保存される前にEscキーなどで元の値に戻されれば、「.Value = .OldValue」となります。

■ プログラム例

frmChap9_415

```
Private Sub 顧客名_AfterUpdate()
'顧客名の更新後処理

  If Me!顧客名 <> Me!顧客名.OldValue Then
    MsgBox "顧客名が変更されました！" & vbCrLf & _
           "変更前：" & Me!顧客名.OldValue & vbCrLf & _
           "変更後：" & Me!顧客名
  End If

End Sub
```

実行例

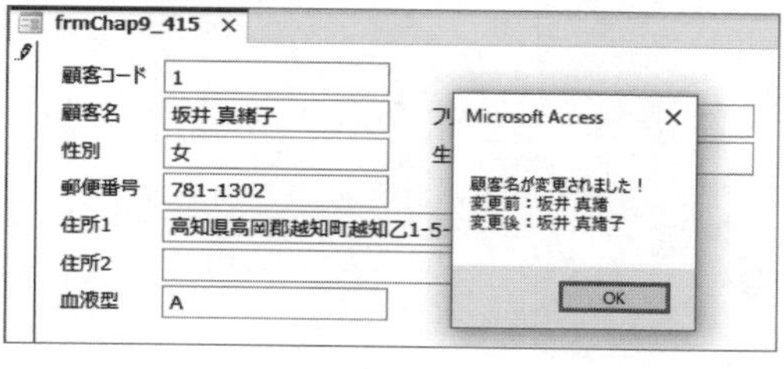

frmChap9_415

顧客コード　1
顧客名　坂井 真緒子
性別　女
郵便番号　781-1302
住所1　高知県高岡郡越知町越知乙1-5-
住所2
血液型　A

Microsoft Access

顧客名が変更されました！
変更前：坂井 真緒
変更後：坂井 真緒子

OK

416 非連結のテキストボックスの入力文字数を制限したい

ポイント　BeforeUpdate/更新前処理イベント、Len関数

テーブルのフィールドと連結されたテキストボックスの場合、テーブルデザイン上の「フィールドサイズ」の制約を受け、その文字数を超えた入力はできません。

しかし非連結の場合はその制御はされません。そこで「BeforeUpdate/更新前処理」イベントでチェックや制限を行います。

プログラム例では5文字までの入力を可としています。「Len」関数を使って入力値の長さを調べ、それが5を超えていたら警告メッセージを表示するとともに、イベントプロシージャの引数である「Cancel」に"True"を代入します。それによって5文字以内にするまで他にフォーカス移動したりできないようになります。

■ プログラム例　frmChap9_416

```
Private Sub txtテキスト_BeforeUpdate(Cancel As Integer)
' [txtテキスト] の更新前処理

 If Len(Me!txtテキスト) > 5 Then
    MsgBox "5文字以内で入力してください!"
    Cancel = True
  End If

End Sub
```

実行例

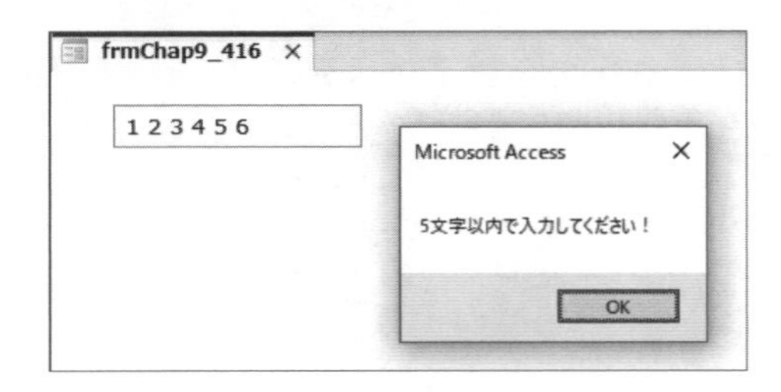

417 テキストボックスに入力された末尾の半角スペースを保持したい

ポイント　AfterUpdate/更新後処理イベント、Valueプロパティ、Textプロパティ

テキストボックスに入力した文字列の最後に半角のスペースがある場合、Accessはフォーカスを外れるタイミングでそれらを自動的に削除します（全角スペースの場合は保持されます）。

そのような末尾の半角スペースを保持するには、テキストボックスの「AfterUpdate/更新後処理」イベントを使って、スペースの除去された値を強制的にスペース付きの元の値に置き換えます。

この"スペース付きの値"はユーザーが入力したままの値であり、テキストボックスの「Text」プロパティに格納されています。

Textプロパティはそのテキストボックス内での「編集途中の値」が格納されるところで、1文字入力されるごとに内容が変化していきます。

Enterキーなどによって入力データが確定したところで、Textプロパティの値からスペースが除去され、「Value」プロパティに代入されます。

よって、AfterUpdate/更新後処理イベントプロシージャでTextプロパティの値をValueプロパティに代入することで、スペースを含んだ値を確定値に差し替えることができます。

■ **プログラム例**

frmChap9_417

```
Private Sub txtテキスト_AfterUpdate()
' [txtテキスト] の更新後処理

  With Me!txtテキスト
    .Value = .Text
  End With

End Sub
```

実行例

■ **入力直後**

frmChap9_417 ×

12345 |

■ Enterで確定後（スペースが保持されている）

frmChap9_417 ×

12345

418 テキストボックスに入力された末尾の改行コードを保持したい

ポイント　AfterUpdate/更新後処理イベント、Valueプロパティ、Textプロパティ

メモ型（長いテキスト型）のフィールドと連結したテキストボックスでは、「Enterキー入力時動作」プロパティを"フィールドに行を追加"に設定するなどして、改行コードを含む複数行のデータを入力することがあります。

そのような長い文字列の最後に改行コードが1つ以上ある場合、Accessはフォーカスを外れるタイミングでそれらをすべて自動的に削除し、最終行の末尾に改行コードが1つもない状態にします。

その末尾の改行コードを保持するには、テキストボックスの「AfterUpdate/更新後処理」イベントを使います。その時点では入力データは完全に確定しておらず、別の値に差し替えることができます。

そしてその差し替え元となるデータがそのテキストボックスの「Text」プロパティの値です。このプロパティにはユーザーが入力した改行コードも含まれています。それをValueプロパティに設定することで、改行コードが削除される前の値に復元し、それを確定値とすることができます。

■ **プログラム例**　frmChap9_418

```
Private Sub txtテキスト_AfterUpdate()
' [txtテキスト] の更新後処理

  With Me!txtテキスト
    .Value = .Text
  End With

End Sub
```

実行例

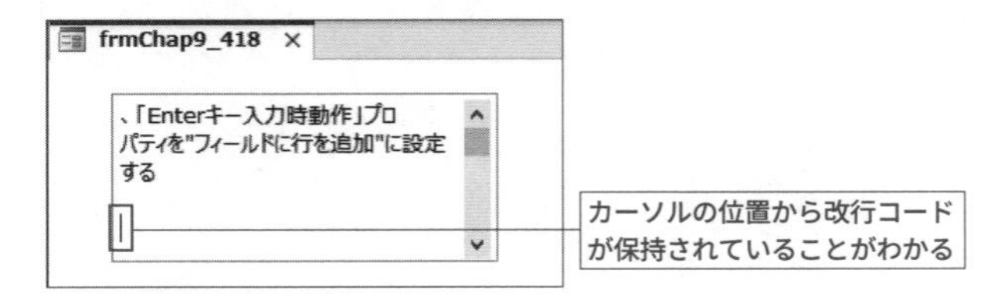

419 テキストボックスのIMEモードを動的に切り替えたい

ポイント　IMEModeプロパティ

テキストボックスのIMEモードを切り替えるには、テキストボックスの「IMEMode」プロパティを操作します。

このプロパティには、それぞれの設定値として下表の組み込み定数を指定します。

組み込み定数	IMEモード
acImeModeNoControl	コントロールなし
acImeModeOn	オン
acImeModeOff	オフ
acImeModeDisable	使用不可
acImeModeHiragana	全角ひらがな
acImeModeKatakana	全角カタカナ
acImeModeKatakanaHalf	半角カタカナ
acImeModeAlphaFull	全角英数
acImeModeAlpha	半角英数

■ プログラム例

frmChap9_419

```
Private Sub cmdひらがな_Click()
'［ひらがな］ボタンクリック時

  Me!txtテキスト.IMEMode = acImeModeHiragana

End Sub

Private Sub cmd全角カタカナ_Click()
'［全角カタカナ］ボタンクリック時

  Me!txtテキスト.IMEMode = acImeModeKatakana

End Sub
```

実行例

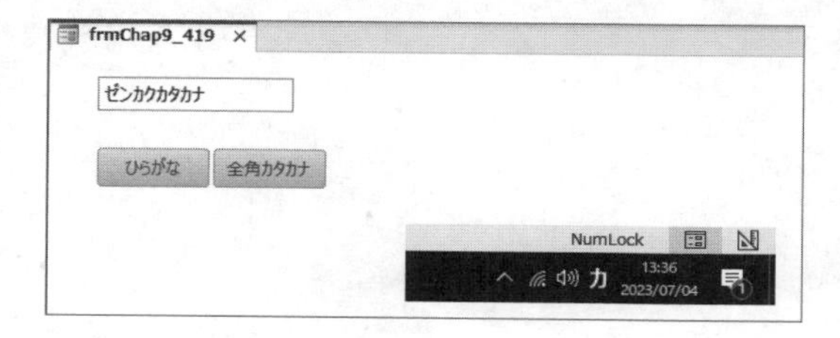

420 テキストボックスで電卓のように計算したい

ポイント　Eval関数、AfterUpdate/更新後処理イベント

「Eval」関数は引数の文字列を式として評価し、その結果を返す関数です。たとえば「Eval("1+2+3")」の返り値は「6」となります。「"1+2+3"」は数値の算式と評価できますので、その計算結果である「6」が返されます。一方、「"1+2+A"」は計算式として評価できませんので、エラーとなります。

これを使って、テキストボックスに計算式を入力することで、電卓のように計算させることができます。

次のプログラム例では、「AfterUpdate/更新後処理イベント」を使って、テキストボックス「txt計算式」に入力された値をEval関数で計算、その結果を別のテキストボックス「txt計算結果」に出力します。たとえば「1+2+3」と入力した場合、Enterキーを押したタイミングでその結果である「6」が出力されます。

なお、別のテキストボックスではなく、式を入力するテキストボックス自体に計算結果を出力することもできます。

```
→ Me!txt計算式 = Eval(Me!txt計算式)
```

例では、アルファベットなど評価できない式が入力された際のエラー処理として、「On Error Resume Next」でエラーを無視したうえで、「Err.Number > 0」である場合、つまりエラーが発生している場合には「#Error」という文字を出力します。

■ プログラム例　　frmChap9_420

```
Private Sub txt計算式_AfterUpdate()
' [txt計算式] の更新後処理

  On Error Resume Next

  Me!txt計算結果 = Eval(Me!txt計算式) —— 計算式を評価

  If Err.Number > 0 Then
    Me!txt計算結果 = "#Error" ———— 計算できないとき
  End If

End Sub
```

421 テキストボックスのダブルクリックでズーム入力させたい

ポイント　DblClick/ダブルクリック時イベント、RunCommandメソッド

ズームボックスを表示するには、DoCmdオブジェクトの「RunCommand」メソッドに組み込み定数「acCmdZoomBox」を指定して実行します。

テキストボックスのダブルクリックのタイミングで表示したいときは、そのテキストボックスの「DblClick/ダブルクリック時」イベントを使います。

その時点でそのテキストボックスにフォーカスがありますので、すでに入力済みのデータがあればその内容がズームボックスに表示されます。またそこでの編集結果も、ズームボックスの［OK］ボタンでテキストボックスに反映されます。

通常のクリックでそのような何らかの処理を実行したいときは、「Click/クリック時」イベントを使います。Ctrlキー／Shiftキー／Altキーを押しながらのクリックや、右クリックで処理を実行したいときは、「MouseDown/マウスボタンクリック時」イベントを使います。

■ プログラム例

frmChap9_C

```
Private Sub txtテキスト1_DblClick(Cancel As Integer)
' [txtテキスト1] のダブルクリック時

  'ズームボックスを表示
  DoCmd.RunCommand acCmdZoomBox

End Sub
```

実行例

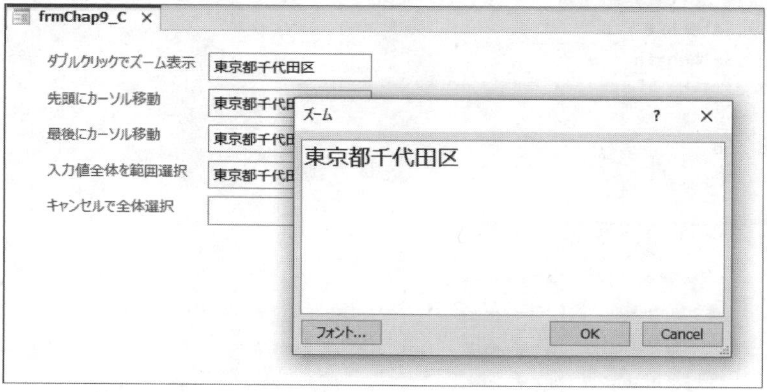

422 テキストボックスの先頭にカーソルを移動させたい

ポイント | SelStart／SelLengthプロパティ

テキストボックス内のカーソル位置や入力値の範囲選択に関するプロパティとして次の2つがあります。

- **SelStartプロパティ……………カーソルの位置や、範囲選択の先頭位置を取得・設定**
- **SelLengthプロパティ…………範囲選択の文字数を取得・設定**

テキストボックスにフォーカスが移動したとき、常にその先頭にカーソルを移動させるには、「Enter/フォーカス取得時」イベントプロシージャで次の値を各プロパティに設定します。

- **SelStartプロパティ…………0**
- **SelLengthプロパティ……0**

テキストボックス内の1文字目のすぐ「右」にカーソルを置きたいときは、SelStartプロパティに「1」を設定します。先頭は1文字目の「左」になりますので、ここでは「0」を代入します。また範囲選択しない状態にしますので、SelLengthプロパティには「0」を代入します。

■ **プログラム例**

frmChap9_C

```
Private Sub txtテキスト2_Enter()
' [txtテキスト2] のフォーカス取得時

  '先頭にカーソル移動
  With Me!txtテキスト2
    .SelStart = 0
    .SelLength = 0
  End With

End Sub
```

実行例

frmChap9_C	
ダブルクリックでズーム表示	東京都千代田区
先頭にカーソル移動	東京都千代田区
最後にカーソル移動	東京都千代田区
入力値全体を範囲選択	東京都千代田区
キャンセルで全体選択	

423 テキストボックスの最後にカーソルを移動させたい

ポイント　SelStartプロパティ、Len関数

「SelStart」プロパティはテキストボックス内のカーソル位置や範囲選択の先頭位置を指定するプロパティです。

テキストボックス内の1文字目のすぐ「右」にカーソルを置きたいときはそのプロパティに「1」を設定します。5文字目の右なら「5」、10文字目の右なら「10」ですので、最後にカーソルを置くにはその入力文字数分の値を設定します。またその文字数は「Len」関数によって取得します。

SelStartが最後にあるときはそれ以上後ろを範囲選択できませんので、範囲選択の文字数を指定するSelLengthプロパティは設定不要です。

次のプログラム例では、「Enter/フォーカス取得時」イベントを使うことで、そのテキストボックスにフォーカスが移動したときにカーソルを移動させています。そのとき、もしテキストボックスが空欄だったときのことを考慮して、Nz関数でNullを「""」に変換してから長さを取得しています。その値は「0」となりますので、結果的に先頭にカーソルが置かれます。

■ プログラム例

frmChap9_C

```
Private Sub txtテキスト3_Enter()
' [txtテキスト3] のフォーカス取得時

  '最後にカーソル移動
  With Me!txtテキスト3
    .SelStart = Len(Nz(.Value))
  End With

End Sub
```

実行例

frmChap9_C

ダブルクリックでズーム表示	東京都千代田区
先頭にカーソル移動	東京都千代田区
最後にカーソル移動	東京都千代田区
入力値全体を範囲選択	東京都千代田区
キャンセルで全体選択	

424 テキストボックスの入力値全体を範囲選択したい

ポイント　SelStart／SelLengthプロパティ、Len関数

テキストボックスにフォーカス移動したとき、すでに入力されている値全体を範囲選択させるには、「Enter/フォーカス取得時」イベントプロシージャで次の値を各プロパティに設定します。

- **SelStartプロパティ……………0**
- **SelLengthプロパティ……Len関数で取得される入力値の長さ**

テキストボックス内の1文字目のすぐ「右」にカーソルを置きたいときは、SelStartプロパティに「1」を設定します。全体を範囲選択する際は1文字目の「左」から選択開始ですので「0」を代入します。また、SelLengthプロパティには選択文字数を指定します。入力値全体ですのでその長さを代入します。

※ 次のプログラムではいくつかの範囲選択の方法を例示しています。実際には Enter や Tab キーでフォーカスが移動してきたときは自動的に全体が範囲選択されますので、プログラムで意図的にそれを行う必要はありません。また入力値の途中をマウスでクリックしたときはその位置や範囲が優先され、このプログラムは効果がありません。想定した動きをするのは Enter キーなどでフォーカス移動してきたときだけです。

■ **プログラム例**

frmChap9_C

```
Private Sub txtテキスト4_Enter()
' [txtテキスト4] のフォーカス取得時

  With Me!txtテキスト4
    MsgBox "先頭１文字を範囲選択します！"
    .SelStart = 0
    .SelLength = 1

    MsgBox "２文字目から３文字を範囲選択します！"
    .SelStart = 1
    .SelLength = 3

    MsgBox "全体を範囲選択します！"
    .SelStart = 0
    .SelLength = Len(Nz(.Value))

  End With

End Sub
```

425 テキストボックスの更新キャンセル時に入力値全体を範囲選択したい

ポイント BeforeUpdate/更新前処理イベント、SelStart／SelLengthプロパティ

テキストボックスの「BeforeUpdate/更新前処理」イベントで引数「Cancel」に"True"を代入して更新をキャンセルしたとき、Accessの既定の動作として、テキストボックス内のカーソルは末尾など特定の位置に置かれます。先頭から再入力したいときにはユーザー操作としてカーソル移動が必要となります。

そのようなとき、キャンセル後に入力値全体が範囲選択された状態にするには、BeforeUpdate/更新前処理イベントプロシージャにおいて次の値を各プロパティに代入します。

- **SelStartプロパティ……….0**
- **SelLengthプロパティ……Len関数で取得される入力値の長さ**

次のプログラム例では、テキストボックスの入力長さを5文字以下に制限し、それを超えていたら更新をキャンセルします。そのタイミングでテキストボックス全体を範囲選択状態にします。

■ **プログラム例**

frmChap9_C

```
Private Sub txtテキスト5_BeforeUpdate(Cancel As Integer)
'［txtテキスト5］の更新前処理

  With Me!txtテキスト5
    If Len(.Value) > 5 Then
      MsgBox "5文字以下で入力してください！"
      .SelStart = 0
      .SelLength = Len(.Value)
      Cancel = True
    End If
  End With

End Sub
```

実行例

426 テキストボックス内の該当文字列を反転表示したい

ポイント SelStart／SelLengthプロパティ

テキストボックスに入力されている文字列に対しては、次の値を各プロパティに代入することでその一部分だけを範囲選択して反転表示の状態にすることができます。

- **SelStartプロパティ………範囲選択の先頭位置**
- **SelLengthプロパティ……範囲選択の文字数**

SelStartプロパティについては、1文字目のすぐ「右」にカーソルを置きたいときは「1」を設定します。そこから範囲選択すると2文字目からが選択されることになります。よってn文字目から範囲選択したときは「n-1」をこのプロパティに設定します。

次のプログラム例では、まずテキストボックス「txtテキスト」の入力値の中から検索文字列cstrFindDataの始まる位置をInStr関数で取得し、変数intDelmに代入します。その値が0より大きければ該当文字列が見つかったことになりますので、「intDelm-1」をSelStartプロパティに設定します。またcstrFindDataの長さをLen関数で取得してSelLengthプロパティに設定します。

なおここで、SelStartプロパティやSelLengthプロパティを取得・設定する際は、そのコントロールにフォーカスがある必要があります。［反転選択］ボタンクリック時はそのボタンにフォーカスがありますので、事前に対象テキストボックスにSetFocusメソッドでフォーカス移動しておきます。

■ **プログラム例** frmChap9_426

```
Private Sub cmd反転選択_Click()
' [反転選択] ボタンクリック時

  Dim intDelm As Integer
  Const cstrFindData As String = "東山"

  With Me!txtテキスト
    intDelm = InStr(Nz(.Value), cstrFindData)
    If intDelm > 0 Then
      .SetFocus
      .SelStart = intDelm - 1
      .SelLength = Len(cstrFindData)
    End If
  End With

End Sub
```

427 テキストボックスの内容をクリップボードにコピーしたい

ポイント	RunCommandメソッド
構文	DoCmd.RunCommand acCmdCopy

テキストボックスに入力されている内容をクリップボードにコピーするには、次の順で操作を行います。これらは、手作業でテキストボックスの内容全体をコピーする手順をプログラムで再現するものです。

- ① **そのテキストボックスにフォーカスを移動する**
- ② **テキストボックスの入力値全体を範囲選択する**
- ③ **DoCmdオブジェクトの「RunCommand」メソッドにおいて、組み込み定数「acCmdCopy」を指定して実行することでコピーを行う**

次のプログラム例ではテキストボックス「txtテキスト」を対象に操作しています。事前にそれが空欄（Null）かどうか確認し、空欄の場合は処理しません。Len関数でエラーとなりますし、コピー操作も意味がないためです。

■ **プログラム例**

frmChap9_427

```
Private Sub cmdコピー_Click()
'［コピー］ボタンクリック時

  With Me!txtテキスト
    If Not IsNull(.Value) Then
      'フォーカスを移動
      .SetFocus
      'テキストボックスの全体を範囲選択
      .SelStart = 0
      .SelLength = Len(.Value)
      'コピーを実行
      DoCmd.RunCommand acCmdCopy
    End If
  End With

End Sub
```

428 テキストボックスへの指定文字数入力でフォーカス移動したい

ポイント　Change/変更時イベント、Textプロパティ、SetFocusメソッド

テキストボックスへ指定文字数が入力された時点でフォーカス移動したい場合には、テキストボックスの「Change/変更時」イベントを使います。

このイベントでは、テキストボックスへの1文字1文字の入力を検出することができます（1文字入力ごとにイベントが発生します）。

そのイベントプロシージャにおいて、すでに入力されている文字数を調べ、指定の長さになっていたらSetFocusメソッドで次のコントロールへフォーカス移動させます。

その際のポイントは、文字数チェックの対象とするのはテキストボックスのValueプロパティではなく「Text」プロパティであるという点です。まだ確定していない入力途中の内容を扱うときはTextプロパティの値を参照します。

■ **プログラム例**　frmChap9_428

```
Private Sub txtテキスト1_Change()
' [txtテキスト1] の変更時

  If Len(Me!txtテキスト1.Text) >= 4 Then —— 4文字入力されたら次へ
    Me!txtテキスト2.SetFocus
  End If

End Sub

Private Sub txtテキスト2_Change()
' [txtテキスト2] の変更時

  If Len(Me!txtテキスト2.Text) >= 5 Then —— 5文字入力されたら次へ
    Me!txtテキスト3.SetFocus
  End If

End Sub
```

実行例

frmChap9_428 ×

4-5-6文字で入力

123　12345

429 テキストボックスの値を↑↓キーで増減させたい

ポイント　KeyDown/キークリック時イベント

テキストボックスの値をそのテキストボックス内での↑↓キーで増減させたい場合、それらのキーが押されたことを検出する必要があります。それには、テキストボックスの「KeyDown/キークリック時」イベントを使います。

このイベントプロシージャでは、押されたキーの情報が引数「KeyCode」で渡されます。その値が↑キーであればテキストボックスの現在の値（Valueプロパティの値）をインクリメントし、↓ならデクリメントします。

その際、↑や↓キーの判別には組み込み定数（それぞれ「vbKeyUp」「vbKeyDown」）を使います。KeyCodeとその定数を比較条件として処理分岐します。

■ プログラム例

frmChap9_429

```
Private Sub txtカウンタ_KeyDown(KeyCode As Integer, Shift As Integer)
' [txtカウンタ] キークリック時

  With Me!txtカウンタ
    If KeyCode = vbKeyUp Then
      '↑キーでインクリメント
      .Value = .Value + 1
    ElseIf KeyCode = vbKeyDown Then
      '↓キーでデクリメント
      .Value = .Value - 1
    End If
  End With

End Sub
```

実行例

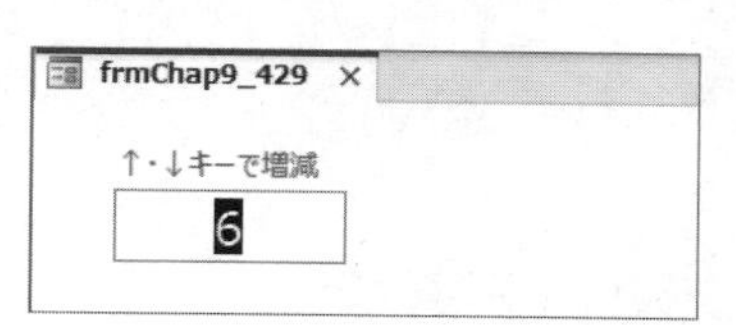

430 テキストボックスの値でレコードソースを変更して抽出したい

ポイント　AfterUpdate/更新後処理イベント、RecordSourceプロパティ

テキストボックスへ値を入力し、Enterキーなどでその値を確定させると、「AfterUpdate/更新後処理」イベントが発生します。そのタイミングでフォームの「RecordSource」プロパティを変更することで、そのテキストボックスの入力値を使ったレコードソース変更ができます。抽出するのであれば、テキストボックスの値をSQL文のWHERE句に設定します。

次のプログラム例では、テキストボックス「txt住所抽出」が更新されたとき、その値を「住所1」フィールドの抽出条件に使ったSQL文を組み立て、それをフォームのRecordSourceプロパティに設定します。

なお、テキストボックスが空欄のときは抽出条件がありませんので、テーブル名そのものをRecordSourceに設定します。

■ **プログラム例**　　frmChap9_430

```
Private Sub txt住所抽出_AfterUpdate()
' [txt住所抽出] の更新後処理

  Dim strRecSrc As String

  If IsNull(Me!txt住所抽出) Then ―― 空欄のときはテーブル名
    strRecSrc = "mtbl顧客マスタ"
  Else ――――――――――――――― 指定されているときはそれをWHEREとするSQL文
    strRecSrc = "SELECT * FROM mtbl顧客マスタ " & _
                "WHERE 住所1 LIKE '*" & Me!txt住所抽出 & "*'"
  End If

  Me.RecordSource = strRecSrc ――― レコードソースプロパティを変更

End Sub
```

実行例

frmChap9_430

住所抽出　東京都

顧客コード	11	顧客名	山崎 正文	フリガナ	ヤマザキ マサフミ	性別	男
生年月日	1977/04/02	住所1	東京都港区麻布十番2-13-9			血液型	AB
顧客コード	15	顧客名	岩下 省三	フリガナ	イワシタ ショウゾウ	性別	男
生年月日	1990/12/05	住所1	東京都港区芝公園1-8			血液型	AB
顧客コード	92	顧客名	佐竹 祥子	フリガナ	サタケ ショウコ	性別	女
生年月日	1972/03/14	住所1	東京都台東区今戸4-12-3			血液型	O

431 テキストボックスへの1文字入力ごとにレコードを抽出したい

ポイント　Change/変更時イベント、Textプロパティ、Filter／FilterOnプロパティ

テキストボックスの「Change/変更時」イベントを利用すると、テキストボックスへの1文字1文字の入力を検出することができます。

そのイベントプロシージャでは、Valueプロパティではなく「Text」プロパティの値を取得することで、現在編集途中の入力値を取得することができます。あとはその値を使って抽出条件となる文字列をフォームの「Filter」プロパティに代入します。

次のプログラム例では、テキストボックス「txt商品コード抽出」に1文字入力されるごとに「商品コード」がその値で始まるデータを抽出します。動作として、1文字追加入力していくたびに表示データが絞り込まれていきます。

※ 「.SelStart = Len(.Text)」の部分は抽出処理とは関係ありません。Text プロパティを参照すると 1 文字入力するごとにテキストボックス全体が範囲選択されてしまう Access の挙動の対策として、カーソルを最後に移動させています。

■ プログラム例

frmChap9_431

```
Private Sub txt商品コード抽出_Change()
' [txt商品コード抽出] の変更時

  With Me
    '商品コードがテキストボックスの値で始まるレコードを抽出
    .Filter = "商品コード LIKE '" & Me!txt商品コード抽出.Text & "*'"
    .FilterOn = True

    With !txt商品コード抽出
      .SelStart = Len(.Text)
    End With

  End With

End Sub
```

432 テキストボックスに複数行の文字列を代入したい

ポイント　組み込み定数vbCrLf

メモ型（長いテキスト型）のフィールドと連結したようなテキストボックスでは、Ctrl＋Enterキーや、「Enterキー入力時動作」プロパティが"フィールドに行を追加"に設定してあればEnterキーのみの操作で改行することができます。

一方、そのような改行を含む複数行の文字列をプログラムからテキストボックスに代入するには、代入する文字列の改行位置に組み込み定数「vbCrLf」を文字列結合します。

なお、組み込み定数「vbCrLf」は文字コードの「Chr(13) & Chr(10)」と同じです。そちらの表記で代用することもできます。

改行に関連した組み込み定数は3種類あります。キャリッジリターン（CR）の「vbCr」、ラインフィード（LF）の「vbLf」、そしてそれら両方を含めた「vbCrLf」です。

■ プログラム例　　frmChap9_432

```
Private Sub cmd代入_Click()
' [代入] ボタンクリック時

  Me!txtテキスト = "■フォームモジュール" & vbCrLf & _
                  "■レポートモジュール" & vbCrLf & _
                  "あるフォームやレポートに関連したプログラムを" & vbCrLf & _
                  "記述するところです。たとえば、フォームを開いた" & vbCrLf & _
                  "ときに実行するプログラムやそのフォーム内の" & vbCrLf & _
                  "コントロールだけを操作するためのプログラム" & vbCrLf & _
                  "などです。"

End Sub
```

実行例

frmChap9_432

■フォームモジュール
■レポートモジュール
あるフォームやレポートに関連したプログラムを
記述するところです。たとえば、フォームを開いた
ときに実行するプログラムやそのフォーム内の
コントロールだけを操作するためのプログラム
などです。

代入

433 テキストボックス内の行数やn行目を調べたい

ポイント　Split関数

テキストボックスに改行を含めた複数行の文字列が入力されているとき、「Split関数」を使うことで全体の行数やn行目の文字列を調べることができます。

それにはまずテキストボックスの値をSplit関数に渡します。その際、2つめの引数の区切り記号として「vbCrLf」を指定します。

それによってテキストボックスの内容が改行コードで区切られ、それぞれの行の値を要素とする配列が返されます。

あとはその配列にインデックスを指定することで各行の値を取得します。

なお、その配列のインデックスは「0」から始まります。1行目を調べたいときは「0」、2行目なら「1」というように、「調べたい行番号-1」をインデックスに指定します。

また、「UBound」関数で配列のインデックスの最大値を取得できます。インデックスは「0」から始まりますので、その返り値に+1することでテキストボックス内の行数を取得できます。

■ プログラム例

frmChap9_433

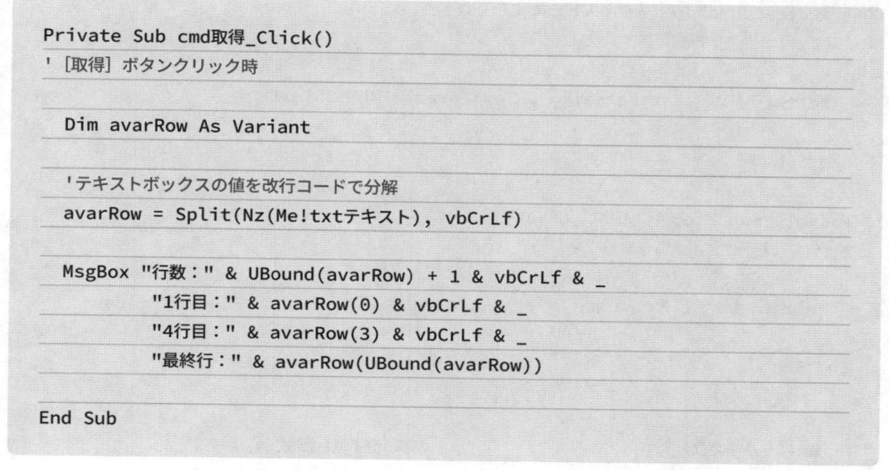

```
Private Sub cmd取得_Click()
'［取得］ボタンクリック時

  Dim avarRow As Variant

  'テキストボックスの値を改行コードで分解
  avarRow = Split(Nz(Me!txtテキスト), vbCrLf)

  MsgBox "行数：" & UBound(avarRow) + 1 & vbCrLf & _
         "1行目：" & avarRow(0) & vbCrLf & _
         "4行目：" & avarRow(3) & vbCrLf & _
         "最終行：" & avarRow(UBound(avarRow))

End Sub
```

実行例

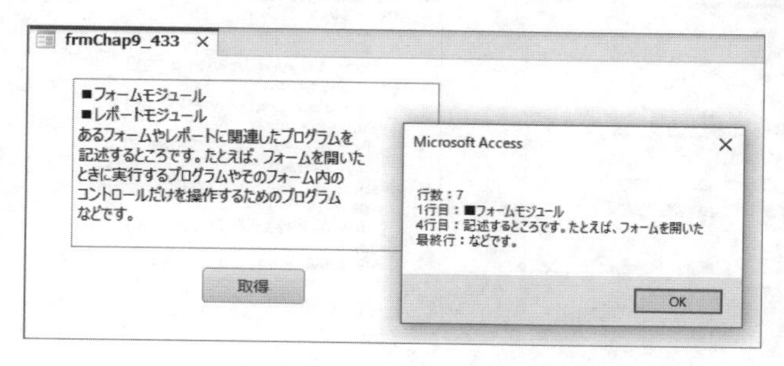

434 テキストボックスのテキスト形式／リッチテキスト形式を切り替えたい

ポイント　TextFormatプロパティ

テキストボックスの「文字書式」プロパティには「テキスト形式」と「リッチテキスト形式」の2つがあります。そのプロパティをプログラムで扱うときは「TextFormat」プロパティを使います。また2つの形式はそれぞれ次の組み込み定数を指定します。

- **テキスト形式**…………………acTextFormatPlain
- **リッチテキスト形式**………acTextFormatHTMLRichText

リッチテキスト形式も内部的にはHTMLのタグを含むテキストデータです。次のプログラム例のように、1つのテキストボックスを切り替えることで見た目の書式を切り替えることができます。テキスト形式で表示すればHTMLのタグが直接見え、リッチテキスト形式で表示すればそれが装飾された形で見えます。

■ **プログラム例**　　frmChap9_434

```
Private Sub cmdリッチテキスト形式_Click()
' [リッチテキスト形式] ボタンクリック時

  Me!txtテキスト.TextFormat = acTextFormatHTMLRichText

End Sub

Private Sub cmdテキスト形式_Click()
' [テキスト形式] ボタンクリック時

  Me!txtテキスト.TextFormat = acTextFormatPlain

End Sub
```

実行例

■ **リッチテキスト形式**

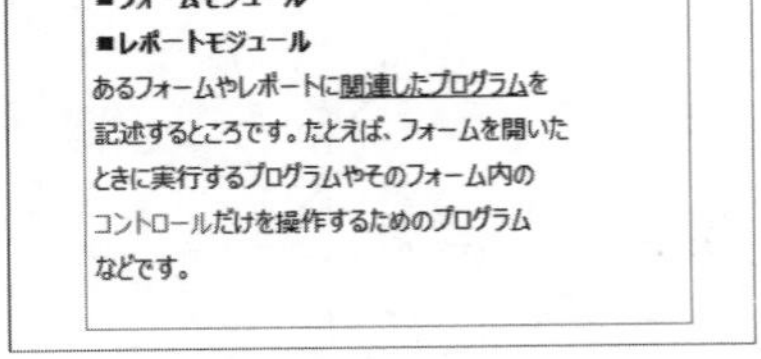

frmChap9_434

■フォームモジュール
■レポートモジュール
あるフォームやレポートに関連したプログラムを
記述するところです。たとえば、フォームを開いた
ときに実行するプログラムやそのフォーム内の
コントロールだけを操作するためのプログラム
などです。

■ **テキスト形式**

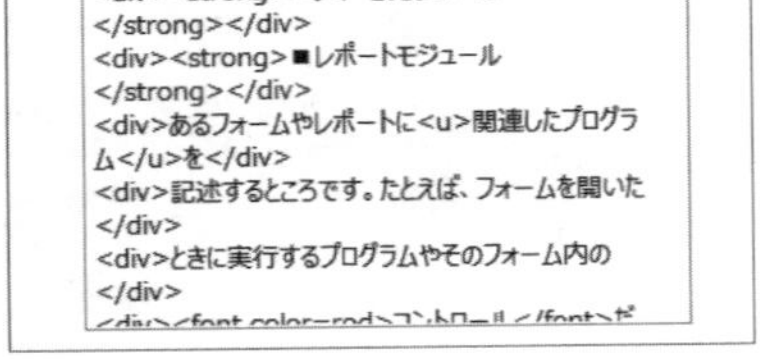

frmChap9_434

<div><strong>■フォームモジュール
</strong></div>
<div><strong>■レポートモジュール
</strong></div>
<div>あるフォームやレポートに<u>関連したプログラ
ム</u>を</div>
<div>記述するところです。たとえば、フォームを開いた
</div>
<div>ときに実行するプログラムやそのフォーム内の
</div>

435 テキストボックスからリッチテキストの書式を削除したい

ポイント	PlainTextメソッド
構文	[Application.]PlainText(リッチテキスト文字列)

テキストボックスの文字書式プロパティが「リッチテキスト形式」になっているとき、見た目は文字装飾されていますが、内部的なデータはHTMLのタグを含むテキストです。

そこで、そのタグ部分を取り除くことで、リッチテキストの書式を削除することができます。

それには、Applicationオブジェクトの「PlainText」メソッドを使います。以下のような仕様があります。

- **引数としてリッチテキスト形式のデータを渡します。プログラム例ではテキストボックス「txtテキスト1」のValueプロパティをそのまま引数に指定しています。**
- **返り値がリッチテキストの書式を削除した文字列です。例ではそれをもう1つのテキストボックス「txtテキスト2」に代入します。**
- **コード上、「Application.」の部分は省略できます。**

■ プログラム例

frmChap9_435

```
Private Sub cmd書式削除_Click()
'［書式削除］ボタンクリック時

  Me!txtテキスト2 = PlainText(Me!txtテキスト1)

End Sub
```

実行例

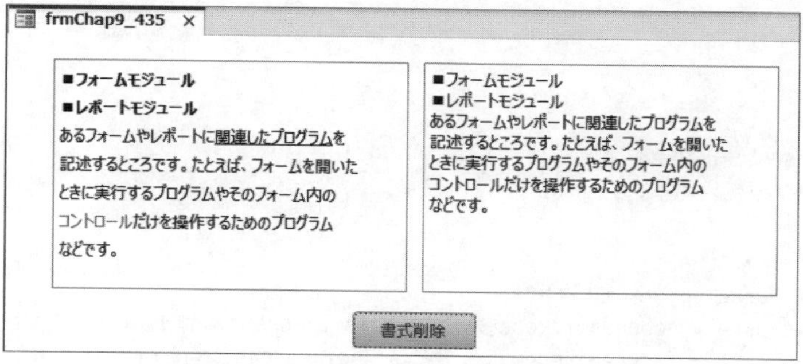

frmChap9_435

■フォームモジュール ■レポートモジュール あるフォームやレポートに関連したプログラムを記述するところです。たとえば、フォームを開いたときに実行するプログラムやそのフォーム内のコントロールだけを操作するためのプログラムなどです。	■フォームモジュール ■レポートモジュール あるフォームやレポートに関連したプログラムを記述するところです。たとえば、フォームを開いたときに実行するプログラムやそのフォーム内のコントロールだけを操作するためのプログラムなどです。

書式削除

436 コンボボックスのリスト内容を設定したい

ポイント RowSourceType／RowSource／ListWidth／ColumnCount／ColumnWidthsプロパティ

コンボボックスをドロップダウンしたときにその選択肢として表示されるリスト内容は、動的に設定することができます。その際に利用するプロパティには次のようなものがあります（設定値の例はプログラム例を参照してください）。

- **RowSourceType**……値集合タイプ
- **RowSource**……値集合ソース
- **ListWidth**……リスト幅
- **ColumnCount**……列数
- **ColumnWidths**……列幅

■ プログラム例　　frmChap9_436

```
Private Sub cmdテーブル_Click()
' [テーブル] ボタンクリック時

  With Me!cboコンボ
    .RowSourceType = "テーブル/クエリ" ── 値集合タイプ
    .RowSource = "mtbl商品マスタ" ── 値集合ソース
    .ListWidth = 5670 ── リスト幅 (twip単位で指定、1cmは567twip)
    .ColumnCount = 2 ── 列数
    .ColumnWidths = "3.3cm;" ── 列幅 (cmを含む文字列で指定)
  End With

End Sub

Private Sub cmd値リスト_Click()
' [値リスト] ボタンクリック時

  With Me!cboコンボ
    .RowSourceType = "値リスト"
    .RowSource = "0000049177008;消しゴム;0049074005894;手提げ金庫;" & _
                 "0049074009038;トレイ;0049074009045;鍵付きドロワー;" & _
                 "0049074010850;投入式金庫;0049074018092;ポータブル耐火保管庫;"
    .ListWidth = 5670
    .ColumnCount = 2
    .ColumnWidths = "3.3cm;"
  End With

End Sub
```

437 コンボボックスを自動的にドロップダウンさせたい

ポイント | Dropdownメソッド

コンボボックスをプログラムからドロップダウンさせるには、「Dropdown」メソッドを使います。

あるコンボボックスにフォーカスが移動したときに発生する「Enter/フォーカス取得時」イベントプロシージャを利用すれば、フォーカス移動と同時にコンボボックスをドロップダウンさせることができます。

※ そのコンボボックスのタブ移動順が先頭である場合には、フォームを開いた直後に発生するこのイベントでドロップダウンさせてもすぐに元に戻ってしまいます。

■ プログラム例

frmChap9_437

```
Private Sub cboコンボ_Enter()
' [cboコンボ] のフォーカス取得時

  'コンボボックスをドロップダウン
  Me!cboコンボ.Dropdown

End Sub
```

実行例

frmChap9_437

0000049177008	トンボ モノ消しゴム
0000049177015	トンボ MONO 消しゴム PE-04A
0049074000943	棚板(903)
0049074005894	セントリー手提げ金庫 SCB-8
0049074005900	セントリー手提げ金庫 SCB-10
0049074005924	セントリー 手提金庫 ASB-32
0049074009038	トレイ丸型(912)
0049074009045	鍵付きドロワー 丸型(913)
0049074009090	鍵付きドロワー丸型 大(915)
0049074010850	投入式金庫 DH-074E
0049074010874	投入式金庫 DH-134E
0049074018092	ポータブル耐火保管庫 1160 ブラック
0049074018153	セキュリティ保管庫 T0-331
0049074018160	セキュリティー保管庫 T8-331
0049074023751	ダイヤル式1時間耐火金庫 JF123CT
0049074023768	耐火金庫 JF123ET(50kg以下)

438 コンボボックスを↓キーでドロップダウンさせたい

ポイント　KeyDown/キークリック時イベント、Dropdownメソッド

Accessでコンボボックスのリストをドロップさせる操作には、F4キーやAlt+↓キーがあります。

一方、プログラムを使うことで、コンボボックスを↓でドロップダウンさせることができます。

それには、コンボボックス上で↓キーが押されたことを検出するため、「KeyDown/キークリック時」イベントを使います。

コンボボックスで何らかのキーが押されると、そのイベントプロシージャの引数「KeyCode」にその情報が渡されます。押されたキーが↓かどうかは、KeyCodeが組み込み定数「vbKeyDown」であるかどうかで判別します。

そうであればあとは「Dropdown」メソッドを実行してドロップダウンさせます。

■ **プログラム例**　frmChap9_438

```
Private Sub cboコンボ_KeyDown(KeyCode As Integer, Shift As Integer)
'［cboコンボ］のキークリック時

  If KeyCode = vbKeyDown Then
    '↓キーでドロップダウン
    Me!cboコンボ.Dropdown
  End If

End Sub
```

実行例

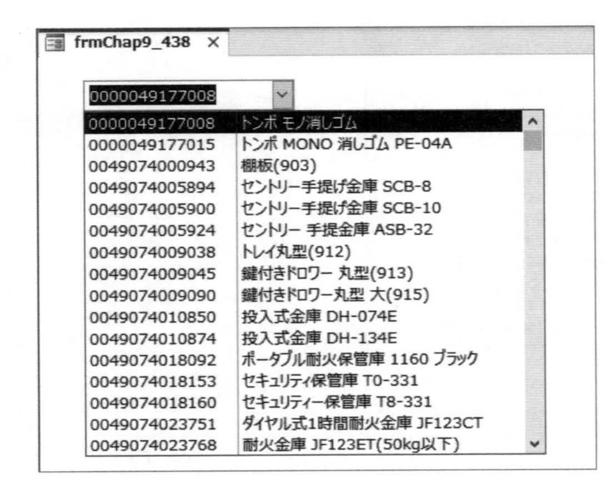

439 コンボボックスの連結列以外の値を取得したい

ポイント　Columnプロパティ

コンボボックスでは、「値集合ソース」に含まれるフィールドや値の数、「列数」プロパティで設定された列数に応じて複数の列をそのリストに含めることができます。

リストからある項目が選択されたとき、コンボボックスのValueプロパティの値は「連結列」プロパティで指定された番号の列の値となりますが、コンボボックスの「Column」プロパティを使うことで、連結列以外の選択項目の値を取得することができます。

それには、Columnプロパティにカッコで列番号を指定します。以下のような仕様があります。

- **「Column(0)」で1列目、「Column(1)」で2列目のように、「Column(n-1)」でn列目の値が取得できます。**
- **連結列についてはValueプロパティでもColumnプロパティでも取得できます。**
- **コンボボックス上のデータを参照しますので、「列幅」プロパティでその列が「0cm」の非表示になっていても参照可能です。**

■ **プログラム例**

frmChap9_439

```
Private Sub cmd全列取得_Click()
'［全列取得］ボタンクリック時

  Dim strColData1 As String, strColData2 As String, strColData3 As
String, strColData4 As String

  With Me!cboコンボ
    strColData1 = Nz(.Value)
    strColData2 = Nz(.Column(1))
    strColData3 = Nz(.Column(2))
    strColData4 = Nz(.Column(3))
  End With

  MsgBox "1列目：" & strColData1 & vbCrLf & _
         "2列目：" & strColData2 & vbCrLf & _
         "3列目：" & strColData3 & vbCrLf & _
         "4列目：" & strColData4

End Sub
```

440 コンボボックスでリストの何番目が選択されたか調べたい

ポイント ListIndexプロパティ、ListCountプロパティ

コンボボックスで選択されたリスト項目の"値"を取得するにはValueプロパティを使います。

それに対して、選択データではなくリストの"何番目の項目が選択されたか"を知りたい場合には、「ListIndex」プロパティの値を参照します。

このプロパティはリストの先頭項目を「0」としてカウントします。外見上の先頭項目を「1」としたい場合はプログラム例のように+1します。

プログラム例ではコンボボックスに全部でいくつのリスト項目があるかを「ListCount」プロパティから取得・表示する方法も例示しています。

なお、「ListIndex = 0」なら先頭項目、「ListIndex = ListCount - 1」なら最後の項目が選択されことになります。

コンボボックスでは、ValueプロパティやListIndexプロパティに値を代入することで、その項目が選択された状態に設定することもできます。

■ **プログラム例** frmChap9_440

```
Private Sub cboコンボ_AfterUpdate()
' [cboコンボ] の更新後処理

  Dim intListCnt As Integer
  Dim intListSel As Integer

  With Me!cboコンボ
    intListCnt = .ListCount ——— リストの全行数
    intListSel = .ListIndex + 1 —— 選択されたリストの番号（先頭を1とする）
  End With

  MsgBox intListCnt & " 件中 " & intListSel & " 番目が選択されました！"

End Sub
```

実行例

441 コンボボックスをリストからの選択専用にしたい

ポイント | KeyPress/キー入力時イベント

コンボボックスの特徴は、リストから項目を選択できるとともに、テキストボックスのようにデータを直接キー入力もできるという点です。そのうちのキー入力の機能を無効化することによって、コンボボックスをリストからの選択専用にすることができます。

キー入力を無効化するには「KeyPress/キー入力時」イベントを使います。そのイベントプロシージャには引数「KeyAscii」が用意されています。プロシージャ内でその引数に「0」を代入することで、キー入力がなかったことにする、すなわちキー入力を無視することができます。

※ 次のプログラム例においてDropdownメソッドを実行しているのは、すでにリストが選択されているとき、マウスでコンボボックスを選択して Delete キーで削除されるのを防ぐためです（Delete キーは無効化されていないため）。

※ このプログラムでは漢字入力までは無効化されません。そこで、プロパティシートでコンボボックスの「IME入力モード」プロパティを"使用不可"にしておくなどの対応が必要となります。

■ プログラム例

frmChap9_441

```
Private Sub cboコンボ_KeyPress(KeyAscii As Integer)
'［cboコンボ］のキー入力時

  'キー入力を無効にする
  KeyAscii = 0

End Sub

Private Sub cboコンボ_MouseDown(Button As Integer, Shift As Integer, X As Single, Y As Single)
'［cboコンボ］のマウスボタンクリック時

  'コンボボックスをドロップダウン
  Me!cboコンボ.Dropdown

End Sub
```

442 テーブル一覧をコンボボックスのリストに表示したい

ポイント　RowSourceTypeプロパティ、RowSourceプロパティ、TableDefsコレクション

コンボボックスの「RowSourceType/値集合タイプ」プロパティが"値リスト"であるとき、ドロップダウンリストに表示される値（「RowSource/値集合ソース」プロパティ）は各項目を「;（セミコロン）」で区切って羅列した文字列です。

そこで、テーブル一覧をコンボボックスのリストに表示するには、あらかじめデータベースのTableDefsコレクションからすべてのテーブル名を取得し（※注）、それらをセミコロン区切りで文字列結合、最後にそれをコンボボックスのRowSourceプロパティに代入します。

※ 注：テーブル名の一覧取得についてはChapter 6の243を参照してください。

■ **プログラム例**　frmChap9_442

```
Private Sub Form_Load()
'フォーム読み込み時

  Dim dbs As Database
  Dim tdf As TableDef
  Dim strRowSource As String

  Set dbs = CurrentDb
  For Each tdf In dbs.TableDefs ―― すべてのテーブルを列挙するループ
    With tdf                        システムオブジェクトと隠しオブジェクトは除外
      If ((.Attributes And dbSystemObject) Or _
          (.Attributes And dbHiddenObject)) = 0 Then
        strRowSource = strRowSource & .Name & ";"
      End If                        テーブル名を値集合ソース用の変数に追加
    End With
  Next tdf

  With Me!cboコンボ ―――――― コンボボックスの値リストを設定
    .RowSourceType = "値リスト"
    .RowSource = strRowSource
  End With

End Sub
```

443 フォルダ内のファイルをコンボボックスのリストに表示したい

ポイント RowSourceTypeプロパティ、RowSourceプロパティ、Dir関数

「RowSourceType」プロパティが"値リスト"のコンボボックスでは、リスト表示される各値はセミコロン区切りの文字列として「RowSource」プロパティに指定します。

そこで、あるフォルダ内を検索し、そこにあるファイル名をすべて取得、それらをセミコロン区切りで文字列結合したものをRowSourceプロパティに代入することで、ファイル一覧をリストに表示させることができます。

その際、フォルダ内検索、ファイル名取得を行うのが「Dir」関数です。次のように記述します。

- **まず、引数に検索対象とする「フォルダ+ファイル」を指定して一度実行します。ファイルの部分には通常はワイルドカードを指定します。「*.*」ですべてのファイル、「*.txt」でテキストファイルが検索対象となります。**
- **ファイルが見つかるとそのファイル名が返されますので、セミコロン区切りで文字列結合します。**
- **さらにDir関数を以降は"引数なし"で実行すると、次の該当ファイルが検索されます。**
- **該当ファイルがなくなると「""(長さ0の文字列)」が返されますので、その状態になるまでループ処理します。**

■ プログラム例

frmChap9_443

```
Private Sub Form_Load()
'フォーム読み込み時

  Dim strFile As String
  Dim strRowSource As String
  Const cstrPath As String = "C:¥Windows¥Web¥Screen¥*.*"

  strFile = Dir(cstrPath) ——— 最初のファイルを検索
  Do Until Len(strFile) = 0 —— すべてのファイルを検索するループ
    strRowSource = strRowSource & strFile & ";" ——┐
    strFile = Dir ———————— 次のファイルを検索      │
  Loop                                ファイル名を値集合ソース用の変数に追加

  With Me!cboコンボ ———————— コンボボックスの値リストを設定
    .RowSourceType = "値リスト"
    .RowSource = strRowSource
  End With

End Sub
```

444 条件によってコンボボックスのリスト内容を変えたい

ポイント　RowSourceプロパティ

コンボボックスのドロップダウンリストに表示される内容は、「RowSource」プロパティによって変更することができます。

また、コンボボックスのRowSourceプロパティにはテーブルやクエリ名、SQL文が指定可能です。

テーブルの全レコードをリストに表示するのであればテーブル名を指定します。あらかじめ抽出条件の設定されているクエリを指定することで、その抽出レコードだけを表示することもできます。またSQL文を都度組み立てて、そのWHERE句の抽出条件を動的に変更することもできます。

次のプログラム例のフォームには3つのコマンドボタンが配置されています。それぞれをクリックすることで、コンボボックスのRowSourceプロパティを切り替えます。

なお、値集合タイプは「テーブル/クエリ」となっているものとします。

[男女] ボタンの場合は抽出条件がないのでテーブル名を設定しています。

■ **プログラム例**

frmChap9_444

```
Private Sub cmd男_Click()
' [男] ボタンクリック時

  Me!cboコンボ.RowSource = "SELECT * FROM mtbl顧客マスタ WHERE 性別 = '男'"

End Sub

Private Sub cmd女_Click()
' [女] ボタンクリック時

  Me!cboコンボ.RowSource = "SELECT * FROM mtbl顧客マスタ WHERE 性別 = '女'"

End Sub

Private Sub cmd男女_Click()
' [男女] ボタンクリック時

  Me!cboコンボ.RowSource = "mtbl顧客マスタ"

End Sub
```

445 コンボボックスでレコードを抽出したい

ポイント　AfterUpdate/更新後処理、Valueプロパティ、Filter／FilterOnプロパティ

コンボボックスの選択値が更新されたとき、「AfterUpdate/更新後処理」イベントが発生します。そのときの選択値、つまりValueプロパティを使ってフォームの「Filter」プロパティを設定することで、コンボボックスの値に応じたレコード抽出を行うことができます。

下記のプログラム例ではまず、コンボボックスのプロパティがプロパティシートで次のように設定されているものとします。

- **値集合タイプ………値リスト**
- **値集合ソース………(すべて);A;AB;B;O**

コンボボックスで「AB」が選択されたとき、「"血液型 = '" & .Value & "'"」という式で「血液型 = 'AB'」という抽出条件式が組み立てられます。それをフォームのFilterプロパティに設定することで、その該当レコードだけがフォームに表示されます。

また「(すべて)」という項目が選択されたとき、あるいはコンボボックスが空欄のときはFilterプロパティを空にしてかつ「FilterOn」プロパティを"False"に設定することで、抽出が解除されすべてのレコードが表示されます。

■ **プログラム例**

frmChap9_445

```
Private Sub cbo血液型抽出_AfterUpdate()
' [cbo血液型抽出] の更新後処理

  With Me!cbo血液型抽出
    If .Value = "(すべて)" Or IsNull(.Value) Then
      Me.Filter = "" ―――――――――――――――― 抽出解除
      Me.FilterOn = False
    Else
      Me.Filter = "血液型 = '" & .Value & "'" ―― 抽出実行
      Me.FilterOn = True
    End If
  End With

End Sub
```

446 コンボボックスでレコードを並べ替えたい

ポイント AfterUpdate/更新後処理、OrderBy／OrderByOnプロパティ

コンボボックスの選択値が更新されたとき、「AfterUpdate/更新後処理」イベントが発生します。そのときの選択値、つまりValueプロパティを使ってフォームの「OrderBy」プロパティを設定することで、コンボボックスの値に応じたレコードの並べ替えを行うことができます。

下記のプログラム例ではまず、コンボボックスのプロパティがプロパティシートで次のように設定されているものとします。

- **値集合タイプ ……… 値リスト**
- **値集合ソース ……… 昇順;降順**

OrderByプロパティには、昇順のときは並べ替えの基準フィールドを指定するだけです。一方、降順の場合はフィールド名のあとに「DESC」という語句を付けます。「"フリガナ" & IIf(varComboSel = "昇順", "", " DESC")」という式によって、昇順選択時は「フリガナ」、降順選択時は「フリガナ DESC」という文字列が組み立てられます。それをフォームのOrderByプロパティに設定することで、レコードの並び順を切り替えます（例ではコンボボックスを空欄にしたとき並べ替えを解除します）。

■ **プログラム例** frmChap9_446

```
Private Sub cboフリガナ並べ替え_AfterUpdate()
'［フリガナ並べ替え］の更新後処理

  Dim varComboSel As Variant

  varComboSel = Me!cboフリガナ並べ替え

  If Not IsNull(varComboSel) Then
    Me.OrderBy = "フリガナ" & IIf(varComboSel = "昇順", "", " DESC") ─┐
    Me.OrderByOn = True                                      並べ替え実行
  Else
    Me.OrderBy = "" ── 並べ替え解除
    Me.OrderByOn = False
  End If

End Sub
```

447 コンボボックスでリストボックスのリストを抽出したい

ポイント　AfterUpdate/更新後処理イベント、RowSourceプロパティ、WHERE句

コンボボックスのリストからの項目選択、あるいはキー入力を行ったあとEnterキーなどでその値を確定させると、「AfterUpdate/更新後処理」イベントが発生します。そのタイミングで別のリストボックスコントロールの「RowSource」プロパティを変更することで、コンボボックスの選択値を使っての値集合ソースの設定変更ができます。

また、コンボボックスやリストボックスのRowSourceプロパティではSQL文も使用可能です。コンボボックスの値で抽出するのであれば、SQL文の「WHERE句」にその値を設定します。

次のプログラム例では、コンボボックスの値集合ソースが「男;女;男女」、リストボックスの値集合タイプが「テーブル/クエリ」となっているものとします。

コンボボックス「cboコンボ」が更新されたとき、その値を「性別」フィールドの抽出条件に使ったSQL文を組み立て、それをリストボックスのRowSourceプロパティに設定します（ただし"男女"が選択されたときは抽出条件がありませんのでテーブル名そのものを設定します）。

■ **プログラム例**

frmChap9_447

```
Private Sub cboコンボ_AfterUpdate()
'［cboコンボ］の更新後処理

  Dim varComboSel As Variant
  Dim strRowSource As String

  'コンボボックスの選択値から値集合ソースを組み立て
  varComboSel = Me!cboコンボ
  If varComboSel = "男" Or varComboSel = "女" Then
    strRowSource = "SELECT * FROM mtbl顧客マスタ " & _
                   "WHERE 性別 = '" & varComboSel & "'"
  Else
    strRowSource = "mtbl顧客マスタ"
  End If

  'リストボックスの値集合ソースを設定
  Me!lstリスト.RowSource = strRowSource

End Sub
```

448 コンボボックスでリストボックスのリストを並べ替えたい

ポイント AfterUpdate/更新後処理イベント、RowSourceプロパティ、ORDER BY句

コンボボックスでの選択値に応じて別のリストボックスコントロールのリストの並び順を設定するには、コンボボックスの「AfterUpdate/更新後処理」イベントプロシージャでリストボックスの「RowSource」プロパティを設定します。

コンボボックスの選択値が確定したタイミングで、その値を使ってSQL文の「ORDER BY句」部分を組み立て、そのSQL文をリストボックスのRowSourceプロパティに設定します。

次のプログラム例では、コンボボックスの値集合ソースが「顧客コード;フリガナ;性別;血液型」のような、リストボックスの値集合ソース内のフィールド名となっているものとします（リストボックスの値集合タイプは「テーブル/クエリ」）。

コンボボックス「cboコンボ」が更新されたとき、その値をORDER BY句の並べ替え基準のフィールド名とするSQL文を組み立て、それをリストボックスのRowSourceプロパティに設定します（ただしコンボボックスが未入力のときはORDER BY句はなし）。

■ **プログラム例**

frmChap9_448

```
Private Sub cboコンボ_AfterUpdate()
' [cboコンボ] の更新後処理

  Dim strRowSource As String

  'コンボボックスの選択値から値集合ソースを組み立て
  strRowSource = "SELECT 顧客コード, 顧客名, フリガナ, 性別, 血液型 " & _
                 "FROM mtbl顧客マスタ"
  If Not IsNull(Me!cboコンボ) Then
    strRowSource = strRowSource & " ORDER BY " & Me!cboコンボ
  End If

  'リストボックスの値集合ソースを設定
  Me!lstリスト.RowSource = strRowSource

End Sub
```

449 コンボボックスでレコード検索したい

ポイント FindNextメソッド、Valueプロパティ

コンボボックスで選択された値を条件としてフォームのレコードを検索するには、フォームの「FindNext」メソッドを使います。

このメソッドを使うには、Formオブジェクト（自分自身のフォームの場合は「Me」）に続けて「.Recordset.FindNext」と記述し、さらに引数として検索条件として有効な条件式を指定します。

このとき、条件式の中にコンボボックスの選択値であるValueプロパティの値を含めるのがポイントです。

次のプログラム例ではコンボボックス「cbo都道府県」の選択値を使います。このコンボボックスには「北海道;青森県;岩手県;～～～」のような値リストが設定されています。Like演算子によって、その選択値を「住所1」フィールドに"含む"レコードを検索します。

なお、ここでは「FindFirst」ではなく「FindNext」を使っています。先頭レコードからの検索ではなく、クリックするたびにカレントレコードから下へ向かって次の該当レコードを検索します。

■ **プログラム例**

frmChap9_449

```
Private Sub cmd次を検索_Click()
' [次を検索] ボタンクリック時

  Dim strCriteria As String

  '検索条件式を組み立て
  strCriteria = "住所1 LIKE '" & Me!cbo都道府県 & "*'"

  'サブフォームの次のレコードを検索
  Me!frmChap9_449_sub.Form.Recordset.FindNext strCriteria

End Sub
```

実行例

frmChap9_449

山梨県 ／ 次を検索

顧客コード	顧客名	フリガナ	性別	生年月日	郵便番号	住所1	住所2	血液型
1	坂井 真緒	サカイ マオ	女	1990/10/19	781-1302	高知県高岡郡越知町越知乙1-5-9		A
2	澤田 雄也	サワダ ユウヤ	男	1980/02/27	402-0055	山梨県都留市川棚1-17-9		AB
3	井手 久雄	イデ ヒサオ	男	1992/03/01	898-0022	鹿児島県枕崎市宮田町4-16	宮田町レジデンス107	B
4	栗原 研治	クリハラ ケンジ	男	1984/11/05	329-1324	栃木県さくら市草川3-1-7	キャッスル草川117	B
5	内村 海士	ウチムラ アマト	男	2000/08/05	917-0012	福井県小浜市熊野4-18-16		A

450 レコードセットからコンボボックスのリスト内容を設定したい

ポイント　Recordsetプロパティ

Databaseオブジェクトの OpenRecordsetメソッドで開かれた、テーブルやクエリをソースとするRecordsetオブジェクトは、そのままコンボボックスの「Recordset」プロパティに代入することができます。

代入元のRecordsetは、テーブルなどのレコードを操作するときと同様の手順で開いたり参照したりできるものです。それをコンボボックスのRecordsetプロパティにダイレクトに代入することで、コンボボックス独自のRowSourceプロパティを設定することなく、そのレコード内容をそのままドロップダウンリストの選択肢とすることができます。

なお、値集合タイプは「テーブル/クエリ」とし、列数や列幅等のプロパティも代入元のレコードセットと合致する状態にしておきます。

プログラム例では、「mtbl顧客マスタ」テーブルからレコードセットを開き、オブジェクト変数rstに代入しています。このあと代入元のレコードセットはもう不要のように思えますが、コンボボックスで継続して使われるため、Closeメソッドで閉じないようにします。

■ **プログラム例**　frmChap9_450

```
Private Sub Form_Load()
'フォーム読み込み時

  Dim dbs As Database
  Dim rst As Recordset
  Dim strSQL As String

  'mtbl顧客マスタテーブルからレコードセットを開く
  Set dbs = CurrentDb
  strSQL = "SELECT * FROM mtbl顧客マスタ WHERE 性別 = '女'"
  Set rst = dbs.OpenRecordset(strSQL)

  'コンボボックスのRecordsetプロパティに代入
  Set Me!cboコンボ.Recordset = rst

End Sub
```

451 コンボボックスのリスト外入力を独自に処理したい

ポイント　NotInList/リスト外入力時イベント

コンボボックスの「入力チェック」プロパティが"はい"に設定されているとき、リスト項目にない値を直接キー入力すると、リスト項目にある値を入力するよう警告されます。

そのとき、コンボボックスでは「NotInList/リスト外入力時」イベントが発生しています。

そのイベントプロシージャにある「NewData」と「Response」の引数をプロシージャ内で操作することによって、Access既定のメッセージ表示ではなく独自の処理を行うことができます。

- **NewData**…………コンボボックスへの入力値が格納されている
- **Response**…………既定のメッセージの扱いを設定する

次のプログラム例では、リスト外入力が行われたときに独自のメッセージを表示します。そのメッセージ文には引数NewDataを参照してユーザーが入力したデータも含めて表示します。

また独自のメッセージを表示するので、Access既定のメッセージが表示されないよう、引数Responseに組み込み定数「acDataErrContinue」を代入します。

※ ここではフォーム読み込み時に「LimitToList/ 入力チェック」プロパティを True に設定していますが、プロパティシートで設定してもかまいません。

■ **プログラム例**

frmChap9_451

```
Private Sub cboコンボ_NotInList(NewData As String, Response As Integer)
'［cboコンボ］のリスト外入力時

  MsgBox NewData & " が入力されましたがこの顧客コードは顧客マスタにありません！"

  Response = acDataErrContinue ——— Access既定のメッセージを表示しない

End Sub

Private Sub Form_Load()
'フォーム読み込み時

  Me!cboコンボ.LimitToList = True —— 入力チェックプロパティを"はい"に設定

End Sub
```

452 コンボボックスの値リストの編集画面を表示したい

ポイント NotInList/リスト外入力時イベント、RunCommandメソッド

次のプロパティ設定がされているコンボボックスでは、ドロップダウン時に表示されるミニツールバーや右クリックのメニューから「リスト項目の編集」ダイアログを表示させ、そこで値リストの各項目を編集することができます。

- **値集合タイプ**……………………… **値リスト**
- **入力チェック**……………………… **はい**
- **値リストの編集の許可**………… **はい**

また、DoCmdオブジェクトの「RunCommand」コマンドの引数に組み込み定数「acCmdEditListItems」を指定して実行することで、独自のタイミングでそのダイアログを表示させることもできます。

次のプログラム例では、ミニツールバーや右クリック以外の方法として、リスト項目にない値をキー入力したとき（リスト外入力時）、およびフォーム上のコマンドボタン「cmdリスト」のクリック時にも「リスト項目の編集」ダイアログを表示します。

※ RunCommandで表示した場合、ダイアログで［キャンセル］が選択されるとRunCommandのアクションが取り消された旨のエラーが発生します。例では「On Error Resume Next」でそれを無視しています。

■ **プログラム例**

frmChap9_452

```
Private Sub cboコンボ_NotInList(NewData As String, Response As Integer)
' [cboコンボ] のリスト外入力時

  On Error Resume Next
  DoCmd.RunCommand acCmdEditListItems ―― リスト項目の編集ダイアログを表示

  Response = acDataErrContinue ―――― Access既定のメッセージを表示しない

End Sub

Private Sub cmdリスト編集_Click()
' [リスト編集] ボタンクリック時

  Me!cboコンボ.SetFocus ―――― 対象コンボボックスにフォーカス移動
  On Error Resume Next
  DoCmd.RunCommand acCmdEditListItems ―― リスト項目の編集ダイアログを表示

End Sub
```

453 コンボボックスのリスト外入力時に入力値を元に戻したい

ポイント　NotInList/リスト外入力時イベント、Undoメソッド

コンボボックスでリスト外入力が行われると、正しい入力を促すメッセージが表示され、リスト項目にある値を選択または入力するまで、あるいは空欄にするまでは他のコントロールにフォーカス移動できません。

またそのとき、キー入力されたリスト項目にない値は元のままの状態で、それを再編集することになります。

そこで、「NotInList/リスト外入力時」イベントプロシージャにおいてコンボボックスの「Undo」メソッドを実行することで、その入力値を取り消すことができます。それによってすぐに1文字目からデータを再入力したり、あるいは最後に確定したデータの状態から入力し直したりすることができます。

■ プログラム例

frmChap9_453

```
Private Sub cboコンボ_NotInList(NewData As String, Response As Integer)
' [cboコンボ] のリスト外入力時

  MsgBox NewData & " はリストにありません！"
  Response = acDataErrContinue

  '入力値を元に戻す
  Me!cboコンボ.Undo

End Sub
```

実行例

frmChap9_453

9999

Microsoft Access

9999 はリストにありません！

OK

454 ダブルクリックでコンボボックスのリスト行数を変えたい

ポイント | DblClick/ダブルクリック時イベント、ListRowsプロパティ

コンボボックスのダブルクリックで何らかのアクションを起こすには、「DblClick/ダブルクリック時」イベントを使います。

また、コンボボックスのリスト行数は、「ListRows」プロパティにその行数の数値を設定することで変えることができます。

次のプログラム例では、ListRowsプロパティの現在値が「16だったら32」に変更、「32だったら16」に変更することで、ダブルクリックするごとに16行と32行を交互に切り替えます。

※ リスト行数の既定値としてプロパティシートでの設定値が「16」になっていることが前提です。

■ **プログラム例**

frmChap9_454

```
Private Sub cboコンボ_DblClick(Cancel As Integer)
' [cboコンボ] のダブルクリック時

  With Me!cboコンボ
    If .ListRows = 16 Then
      .ListRows = 32
    Else
      .ListRows = 16
    End If
    .Dropdown
  End With

End Sub
```

実行例

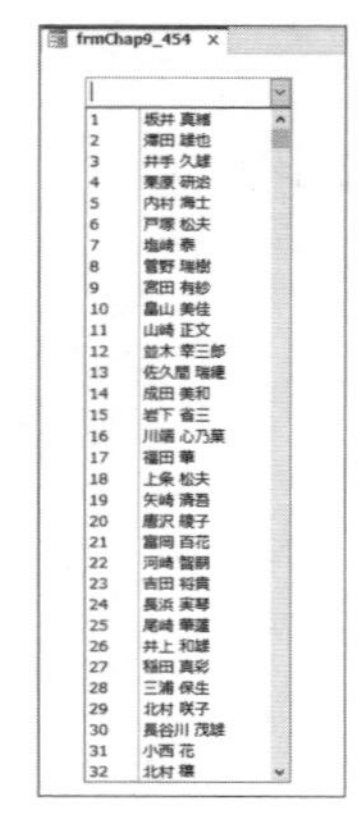

455 2階層で選択するコンボボックスを作りたい

ポイント　AfterUpdate/更新後処理イベント、RowSourceプロパティ

フォームに2つのコンボボックスがあり、一方のコンボボックスである項目を選択すると、もう一方のコンボボックスのリストにはそれに関連した値だけが絞り込み表示されるようにします。

それには、主となるコンボボックスで項目が選択されたとき、すなわち「AfterUpdate/更新後処理」イベントが発生したとき、その選択値を抽出条件にするなどして、従となるコンボボックスの値集合ソースにSQL文やテーブル名を組み立てます。そしてそれを従のコンボボックスの「RowSource」プロパティに代入します。

次のプログラム例では、主のコンボボックス「cbo性別」には「男;女;男女」の値リストが設定されています。「男」または「女」が選択されたときは「性別」フィールドの値がその値であるレコードを「mtbl顧客マスタ」テーブルから抽出するSQL文を組み立てます。「男女」が選択されたとき（あるいは空欄時）は抽出する必要はありませんので、「mtbl顧客マスタ」そのものを使います。そしてそれを従のコンボボックス「cbo顧客」のRowSourceプロパティに代入します。

■ **プログラム例**

frmChap9_455

```
Private Sub cbo性別_AfterUpdate()
'［cboコンボ］の更新後処理

  Dim varComboSel As Variant
  Dim strRowSource As String

  'コンボボックスの選択値から値集合ソースを組み立て
  varComboSel = Me!cbo性別
  If varComboSel = "男" Or varComboSel = "女" Then
    strRowSource = "SELECT * FROM mtbl顧客マスタ " & _
                   "WHERE 性別 = '" & varComboSel & "'"
  Else
    strRowSource = "mtbl顧客マスタ"
  End If

  'もうひとつのコンボボックスの値集合ソースを設定
  Me!cbo顧客.RowSource = strRowSource

End Sub
```

456 リストボックスの非選択状態を検出したい

ポイント　Valueプロパティ

リストボックスでは、プロパティシートで既定値プロパティが設定されている場合や、既存レコードのフィールドと連結している場合、あるいはフォームの読み込み時イベントで既定値が設定される場合などを除いて、初期状態は何も選択されていない状態です。

いずれかのリスト項目が選択されている状態か、あるいは何も選択されていない状態かは、リストボックスの「Value」プロパティで調べることができます。このプロパティ値が「Null」であるときは非選択状態です。

またこのプロパティには値を設定することもできます。「Null」を代入することで非選択状態にすることができます。

■ **プログラム例**

frmChap9_456

```
Private Sub cmd取得_Click()
'［取得］ボタンクリック時

  If IsNull(Me!lstリスト) Then ―― リストボックスの値を取得
    MsgBox "リストの項目が選択されていません！"
  Else
    MsgBox Me!lstリスト
  End If

End Sub

Private Sub cmd非選択_Click()
'［非選択］ボタンクリック時

  Me!lstリスト = Null ―――― リストボックスを非選択状態にする

End Sub
```

■ **補足**

上記の例はコンボボックスの「複数選択」プロパティが"しない"になっている場合です。"標準"または"拡張"の場合は次のようにして選択項目数を取得します（値自体の取得は本章461を参照）。

```
If Me!lstリスト.ItemsSelected.Count = 0 Then
```

457 リストボックスのリストが空であることを検出したい

ポイント | ListCountプロパティ

リストボックスの値集合ソースがテーブルになっている場合、あるいは抽出条件のあるクエリになっている場合、それらのレコードが空であるとリストボックスのリストも空になります。空の状態のリストボックスに対してVBAで処理するとエラーとなることがあります。

そのようなとき、リストが空であるかどうかはリストボックスの「ListCount」プロパティで確認することができます。

このプロパティはリストの項目数を返します。100項目あれば「100」、そして空のときは「0」となります。

■ **プログラム例**

frmChap9_457

```
Private Sub cmd取得_Click()
' [取得] ボタンクリック時

  'リストボックスのリスト項目数を取得
  If Me!lstリスト.ListCount = 0 Then
    MsgBox "リスト項目がひとつもありません!"
  End If

End Sub
```

実行例

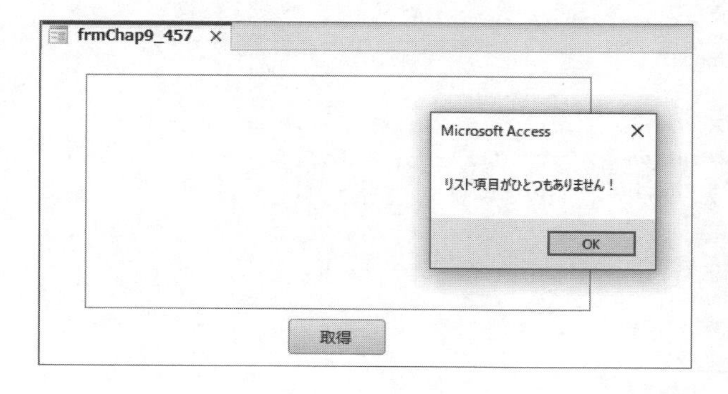

458 リストボックスの2列目や3列目の内容をラベルに表示したい

ポイント　Columnプロパティ、Captionプロパティ

リストボックスである項目が選択されたとき、リストボックスのValueプロパティの値は「連結列」プロパティで指定された番号の列の値となります。一方、「Column」プロパティを使うことで、連結列以外の選択項目の値を取得することができます。

それには、Columnプロパティにカッコで列番号を指定します。次のような仕様があります。

- **「Column(0)」で1列目、「Column(1)」で2列目のように、「Column(n-1)」でn列目の値が取得できます。**
- **連結列についてはValueプロパティでもColumnプロパティでも取得できます。**
- **Columnプロパティは値集合ソースに含まれるフィールドや値リストのデータを参照します。「列幅」プロパティでその列が「0cm」の非表示になっていても参照可能です。**

次のプログラムでは、リストボックスの項目が選択されたときに発生する「AfterUpdate/更新後処理」イベントを使って、フォーム上の2つのラベルコントロール「lbl顧客名」と「lblフリガナ」の標題(「Caption」プロパティ)にリストボックスの2列目と3列目の値を設定しています。

この方法は、リストボックスで非表示(列幅0)となっている値をユーザーに見せたり、選択肢の情報を目立たせたりしたいようなときに使えます。

■ **プログラム例**

frmChap9_458

```
Private Sub lstリスト_AfterUpdate()
' [lstリスト] の更新後処理

  With Me!lstリスト
    Me!lbl顧客名.Caption = .Column(1) ──── 2列目
    Me!lblフリガナ.Caption = .Column(2) ─── 3列目
  End With

End Sub
```

実行例

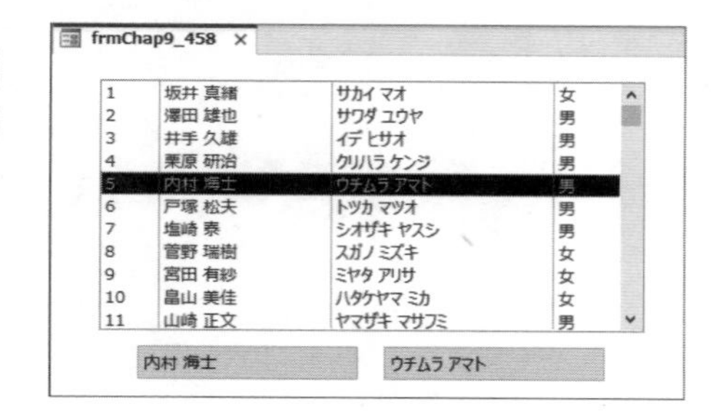

459 リストボックスの列数や列幅を変えたい

ポイント ColumnCountプロパティ、ColumnWidthsプロパティ

リストボックスの列数や列幅は動的に変更することができます。値集合ソースをプログラムで切り替えるようなとき、そのフィールド数や内容に応じてそれらも切り替えることができます。
それには、次のプロパティを使います。

- **ColumnCount**………**列数プロパティ**
  リストボックスのリスト項目としてテーブルやクエリから取り出すフィールド数、あるいは値リストなら1行あたりの項目数を数値で指定します。
- **ColumnWidths**………**列幅プロパティ**
  リスト項目のデータ長に応じて各列の表示幅を意図的に変えたいとき、ここに「1cm;3cm;」のような形式で文字列の値を指定します。非表示列を幅「0」として「1cm;0cm;」のようにすることもできます。

■ プログラム例

frmChap9_459

```
Private Sub cmd設定1_Click()
' [設定1] ボタンクリック時

  With Me!lstリスト
    .ColumnCount = 3
    .ColumnWidths = "2.2cm;5cm;"
  End With

End Sub

Private Sub cmd設定2_Click()
' [設定2] ボタンクリック時

  With Me!lstリスト
    .ColumnCount = 5
    .ColumnWidths = "1cm;3cm;3.5cm;0.8cm;"
  End With

End Sub
```

460 リストボックスの列見出しの有無を切り替えたい

ポイント　ColumnHeadsプロパティ

リストボックスの列見出し(リスト項目の最上部に表示する各列の標題)の有無を切り替えるには、「ColumnHeads」プロパティを設定します。表示ありなら"True"、なしなら"False"を代入します。

次のプログラム例では、チェックボックス「chk列見出し」のチェックマークのON/OFFに連動する形でリストボックス「lstリスト」の列見出しの有無を切り替えます。

チェックボックスのValueプロパティもColumnHeadsプロパティも設定値はTrue／Falseの2値ですので、そのまま代入することで切り替えを行うことができます。

■ **プログラム例**　　frmChap9_460

```
Private Sub chk列見出し_AfterUpdate()
' [列見出し] チェックボックスの更新後処理

  'リストボックスの列見出しプロパティをON/OFF
  Me!lstリスト.ColumnHeads = Me!chk列見出し

End Sub
```

実行例

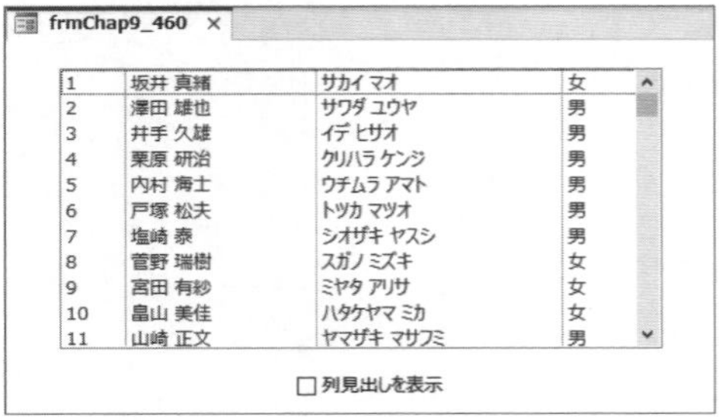

frmChap9_460

1	坂井 真緒	サカイ マオ	女
2	澤田 雄也	サワダ ユウヤ	男
3	井手 久雄	イデ ヒサオ	男
4	栗原 研治	クリハラ ケンジ	男
5	内村 海士	ウチムラ アマト	男
6	戸塚 松夫	トツカ マツオ	男
7	塩崎 泰	シオザキ ヤスシ	男
8	菅野 瑞樹	スガノ ミズキ	女
9	宮田 有紗	ミヤタ アリサ	女
10	畠山 美佳	ハタケヤマ ミカ	女
11	山崎 正文	ヤマザキ マサフミ	男

☐ 列見出しを表示

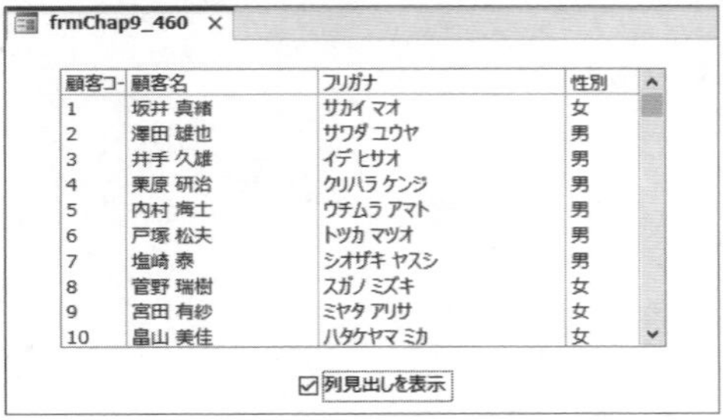

frmChap9_460

顧客コ-	顧客名	フリガナ	性別
1	坂井 真緒	サカイ マオ	女
2	澤田 雄也	サワダ ユウヤ	男
3	井手 久雄	イデ ヒサオ	男
4	栗原 研治	クリハラ ケンジ	男
5	内村 海士	ウチムラ アマト	男
6	戸塚 松夫	トツカ マツオ	男
7	塩崎 泰	シオザキ ヤスシ	男
8	菅野 瑞樹	スガノ ミズキ	女
9	宮田 有紗	ミヤタ アリサ	女
10	畠山 美佳	ハタケヤマ ミカ	女

☑ 列見出しを表示

461 リストボックスで複数選択された項目を調べたい

ポイント　ItemsSelectedコレクション、ItemDataプロパティ、Columnプロパティ

リストボックスには「複数選択」というプロパティがあります。既定では"しない"の設定になっており、リスト項目の中から1つだけが選択可能です。

一方、"標準"または"拡張"を選択すると、任意の数の複数の項目を同時に選択することができます（標準／拡張はクリックだけで選択か Ctrl キーなどを押しながら選択かの操作性の違いです）。

複数選択が可能な状態のとき、リストボックスの選択値は単一選択を対象としたValueプロパティでは取得できません。プログラム例のようにして、複数選択特有のプロパティなどを使って調べます。

- **ItemsSelectedコレクション**
  ここにはリストボックスで選択されている行番号（先頭を「0」とする値）が入っています。配列のようにループで1つずつ取り出すことで、各選択項目の情報を取り出すことができます。
- **ItemDataプロパティ**
  引数に行番号を指定することで、その行の"連結列"の値を取得できます。
- **Columnプロパティ**
  "連結列以外"の列の値も取得できます。2次元配列のようにカッコ内に「列番号, 行番号」を指定します。なお列番号も先頭を「0」とする値です。

■ プログラム例

frmChap9_461

```
Private Sub cmd取得_Click()
' [取得] ボタンクリック時

  Dim varItem As Variant, strMsg As String

  With Me!lstリスト
    'リストボックスの選択項目のループ
    For Each varItem In .ItemsSelected
      strMsg = strMsg & _
             .ItemData(varItem) & " " & _
             .Column(1, varItem) & vbCrLf
    Next varItem
  End With

  MsgBox strMsg

End Sub
```

462 リストボックスのリストをすべて選択／解除したい

ポイント　Selectedプロパティ、ListCountプロパティ

複数選択可能なリストボックスにおいて、リスト項目を一括して選択したり解除したりしたい場合には、ループで各項目を辿り、それぞれの項目の「Selected」プロパティをすべて"True"またはすべて"False"に設定します。

リスト項目のすべてをループで処理するには、リストボックスの「ListCount」プロパティを使います。このプロパティにはリストボックスの項目数が入っています。リストの先頭項目は「0」ですので、「ListCount - 1」までをループ処理します。

そしてその1つずつについて、Selectedプロパティにカッコでループカウンタ値をインデックスとして指定して、その1項目を選択するか解除するかを設定します。

※ True ／ False のいずれの代入でも処理は同様ですので、プログラム例ではその設定値を引数として Sub プロシージャ化しています。

■ プログラム例　　frmChap9_462

```
Private Sub cmdすべて選択_Click() ―――― [すべて選択] ボタンクリック時
  AllSelect True
End Sub

Private Sub cmdすべて解除_Click() ―――― [すべて解除] ボタンクリック時
  AllSelect False
End Sub

Private Sub AllSelect(blnSelect As Boolean)

  Dim iintLoop As Integer

  With Me!lstリスト
    For iintLoop = 0 To .ListCount - 1 ―― すべてのリスト項目のループ
      .Selected(iintLoop) = blnSelect ―― iintLoop番目の選択／非選択を設定
    Next iintLoop
  End With

End Sub
```

463 リストボックスでの複数選択数の上限を指定したい

ポイント　ItemsSelectedコレクション、Countプロパティ

リストボックスの「ItemsSelected」コレクションには、現在選択されているそれぞれ項目の情報が入っています。そのコレクションの「Count」プロパティを調べることで、現在選択されている項目の数を取得することができます。

そこで、リストボックスの選択項目が変更された際に発生する「BeforeUpdate/更新前処理」イベントを使って、項目の複数選択数を制限します。

そのイベントプロシージャでは、まずCountプロパティの値を取得します。それが指定した上限に達しているか確認し、達していたらプロシージャの引数である「Cancel」に"True"を代入することで、その変更をキャンセル、つまりそれ以上選択できないようにします。

※ プログラム例では6項目めを選択するとメッセージが表示されますが、その選択操作自体が解除されることはなく、反転表示のままとなります。しかし「Cancel = True」としているため、5個以下にするまでは別のコントロールにフォーカス移動できません。その状態でフォーカス移動しようとした際も同じメッセージが表示されます。

■ プログラム例

frmChap9_463

```
Private Sub lstリスト_BeforeUpdate(Cancel As Integer)
' [lstリスト] の更新前処理

  '選択項目数をチェック
  If Me!lstリスト.ItemsSelected.Count > 5 Then
    MsgBox "リスト項目は5ケまでしか選択できません！"
    Cancel = True
  End If

End Sub
```

実行例

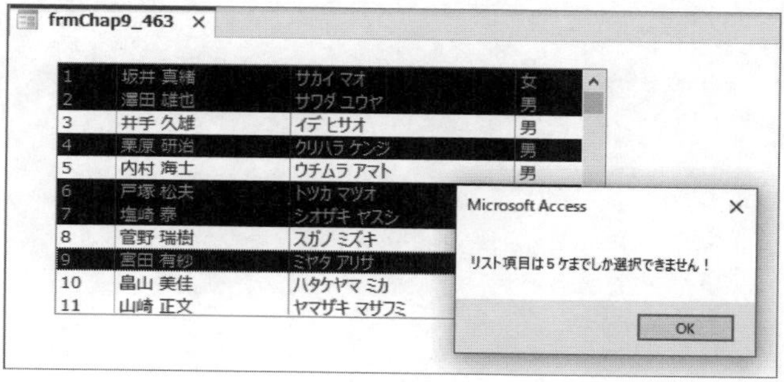

frmChap9_463

1	坂井 真緒	サカイ マオ	女
2	澤田 雄也	サワダ ユウヤ	男
3	井手 久雄	イデ ヒサオ	男
4	栗原 研治	クリハラ ケンジ	男
5	内村 海士	ウチムラ アマト	男
6	戸塚 松夫	トツカ マツオ	
7	塩崎 泰	シオザキ ヤスシ	
8	菅野 瑞樹	スガノ ミズキ	
9	宮田 有紗	ミヤタ アリサ	
10	畠山 美佳	ハタケヤマ ミカ	
11	山崎 正文	ヤマザキ マサフミ	

Microsoft Access

リスト項目は5ケまでしか選択できません！

OK

Chap 9 コントロール操作

464 リストボックスのリストのすべての行と列のデータを取得したい

ポイント ListCountプロパティ、ColumnCountプロパティ、Columnプロパティ

項目の選択有無に関係なく、リストボックスのリスト項目に含まれるすべての行と列のデータを取得するには、次のプロパティを使ってループ処理します。

- **ListCount**……リスト項目数が取得できます。これを上限として行方向のループを構成します。
- **ColumnCount**……列数が取得できます。これを上限として列方向のループを構成します。
- **Column**……ループ内の1つずつにおいて、カッコを付けて「列番号, 行番号」を指定します。それによって1行列分のデータを取得できます。

※ 行・列いずれの番号も先頭は「0」とカウントします。よって実際にはループは「0 ～ プロパティ値 - 1」の範囲で構成します。

■ **プログラム例** frmChap9_464

```
Private Sub cmd取得_Click()
' [取得] ボタンクリック時

  Dim intRow As Integer
  Dim intCol As Integer

  With Me!lstリスト
    For intRow = 0 To .ListCount - 1 ――― 行方向のループ
      For intCol = 0 To .ColumnCount - 1 ――― 列方向のループ
        Debug.Print .Column(intCol, intRow), ――― 1つの項目を出力
      Next intCol
      Debug.Print
    Next intRow
  End With

End Sub
```

465 2つのリストボックス間で項目を相互移動したい

ポイント　AddItemメソッド、RemoveItemメソッド

値集合タイプが「値リスト」である2つのリストボックス間で項目を移動するには、リストボックスの「AddItem」メソッドと「RemoveItem」メソッドを使います。次のような仕様があります。

- **AddItem**……………**リストボックスの値リストの最後に値を追加するメソッドです。引数として追加する項目の"値"を指定します。**
- **RemoveItem**……**リストボックスから項目を削除するメソッドです。引数には削除する項目の"番号"を指定します。削除するとそれ以降の項目は前詰めにされます。**

次のプログラム例では、「lstリスト左」と「lstリスト右」の2つのリストボックス間で項目を移動します。
［右へ］ボタンのクリックで、左のリストボックスで現在選択されている項目を右のリストボックスに追加したあと、左のリストボックスからそれを削除します。
その際、現在選択されている項目（AddItemの引数）はValueプロパティで取得します。また削除する項目の番号（RemoveItemの引数）はListIndexプロパティで取得します。

※ このプログラムでは常にリストの最後尾に追加されます。データの並び順は考慮していません。
※ プログラム例では［左へ］ボタンの処理は割愛していますが、コードとしてはすべて左右を逆にするだけです。

■ **プログラム例**

frmChap9_465

```
Private Sub cmd右へ_Click()
'［右へ］ボタンクリック時

  With Me!lstリスト左
    If Not IsNull(.Value) Then
      '選択されているときだけ処理
      Me!lstリスト右.AddItem .Value ―― 選択項目を右のリストボックスに追加
      .RemoveItem .ListIndex ――――― 選択項目を左のリストボックスから削除
      .Value = Null ―――――――― 非選択状態に設定
    End If
  End With

End Sub
```

466 リストボックスのダブルクリックで[OK]ボタンの処理を実行したい

ポイント　DblClick/ダブルクリック時イベント

リストボックスの「DblClick/ダブルクリック時」イベントプロシージャにコードを記述することで、リストボックスがダブルクリックされたときに任意の処理を実行させることができます。

その際、別のコントロールの「Click/クリック時」イベントプロシージャを呼び出すこともできます。それによってまったく同じ処理を行うコードを重複して記述する必要がなくなります。

次のプログラム例では、まず[OK]ボタンのクリック時イベントプロシージャが作られています(ここではリストボックスの選択値をメッセージボックスで表示します)。

そして、リストボックスのダブルクリックでそれを呼び出すには、ふつうSubプロシージャと同様に「cmdOK_Click」と記述するだけです。

※ Click/クリック時イベントプロシージャは引数を持たないためこのような呼び出し方ができますが、引数を持つイベントでは不可の場合があります。

■ **プログラム例**　frmChap9_466

```
Private Sub lstリスト_DblClick(Cancel As Integer)
' [lstリスト] のダブルクリック時

  ' [OK] ボタンクリック時の処理を実行
  cmdOK_Click

End Sub

Private Sub cmdOK_Click()
' [OK] ボタンクリック時

  If Not IsNull(Me!lstリスト) Then
    MsgBox Me!lstリスト & " " & Me!lstリスト.Column(1)
  End If

End Sub
```

467 チェックボックスのON／OFFに応じてボタンの使用可否を切り替えたい

ポイント　Valueプロパティ、Enabledプロパティ

チェックボックスの「Value」プロパティは、チェックマークの有無によってTrue／Falseのいずれかになります。

一方、コマンドボタンの「Enabled/使用可能」プロパティの設定値もTrue／Falseのいずれかです。

したがって、チェックボックスのON／OFFに応じてボタンの使用可否を切り替えるには、単にチェックボックスの値をEnabledプロパティに代入するだけです。

なお、チェックマークが外されたときに使用可能にしたい場合は、True／Falseが逆になります。「Not」を使ってValueプロパティ値を反転して代入します。

```
例：Me!cmdOK.Enabled = Not Me!chkチェック
```

■ プログラム例

frmChap9_467

```
Private Sub chkチェック_AfterUpdate()
'［chkチェック］チェックボックスの更新後処理

  'コマンドボタンの使用可否を切り替え
  Me!cmdOK.Enabled = Me!chkチェック

End Sub
```

実行例

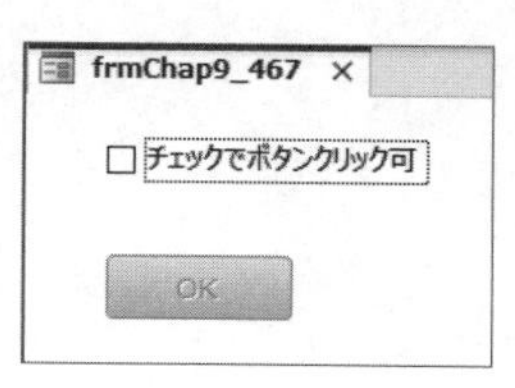

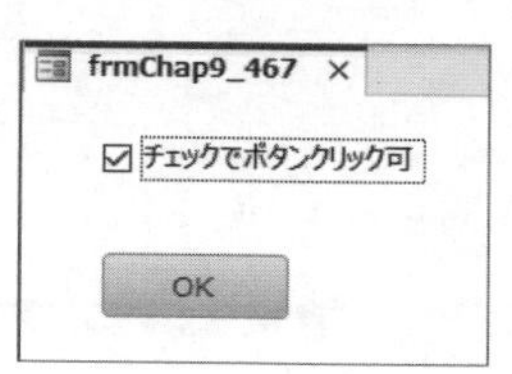

468 チェックボックスのON／OFFに応じて次のフォーカスを切り替えたい

ポイント　Valueプロパティ、SetFocusメソッド

チェックボックスのON／OFFに応じて次のフォーカスを切り替えるには、チェックボックスのAfterUpdate／更新後処理イベントを使って、チェックボックスの値（「Value」プロパティ値）に応じたフォーカス移動先コントロールの「SetFocus」メソッドを実行します。

次のプログラム例では、チェックマークが付いたときは「txtテキスト1」、外れたときは「txtテキスト2」にフォーカス移動します。

なお、チェックボックスの値はTrueかFalseです。If文の条件式もそれがTrueかFalseかで判定されます。したがって、「Me!chkチェック = True」と書く必要はありません。

また逆に「もし～でなければ」という条件式にする場合には、「If Not Me!chkチェック Then」のように記述します。

■ **プログラム例**

frmChap9_468

```
Private Sub chkチェック_AfterUpdate()
' [chkチェック] チェックボックスの更新後処理

  If Me!chkチェック Then
    'チェックマークが付いたとき
    Me!txtテキスト1.SetFocus
  Else
    'チェックマークが外れたとき
    Me!txtテキスト2.SetFocus
  End If

End Sub
```

実行例

frmChap9_468 ×

☑ チェック有無に応じてフォーカス移動

frmChap9_468 ×

☐ チェック有無に応じてフォーカス移動

469 トグルボタンのON／OFFでピクチャを切り替えたい

ポイント　Pictureプロパティ

トグルボタンのON／OFFでトグルボタン自身のピクチャを切り替えるには、AfterUpdate/更新後処理イベントプロシージャでその値を確認し、True／Falseに応じて「Picture」プロパティにそれぞれの画像ファイルのパスを設定します。

※ 次のプログラム例では「CurrentProject.Path」で自分自身のデータベースファイルのあるドライブ+フォルダを取得しています。よって画像ファイルはそのサブフォルダ「Images」内にあるものとします。

※ 例ではフォーム読み込み時にトグルボタンの値とピクチャの既定値を設定していますが、プロパティシートで設定してもかまいません。

■ **プログラム例**

frmChap9_469

```
Private Sub Form_Load()
'フォーム読み込み時

  With Me!tglトグル ———— トグルボタンの既定値を設定
    .Value = False
    .Picture = CurrentProject.Path & "¥Images¥Folder_Closed.png"
  End With

End Sub

Private Sub tglトグル_AfterUpdate()
'［tglトグル］の更新後処理

  Dim strPictFile As String

  If Me!tglトグル Then —— トグルボタンの値に応じてピクチャのファイル名を切り替え
    strPictFile = "Folder_Open.png"
  Else
    strPictFile = "Folder_Closed.png"
  End If

  Me!tglトグル.Picture = CurrentProject.Path & "¥Images¥" & strPictFile ┐
                                    トグルボタンのピクチャプロパティを設定
End Sub
```

470 トグルボタンの選択値からその標題を取得したい

ポイント　Captionプロパティ

オプショングループ内に複数のトグルボタンが配置されているとき、その中から選択されたトグルボタンの「標題」(Captionプロパティの値)を取得するには、次のようにします。

プログラム例の場合、まず前提としてプロパティシートで次のような設定がされているものとします。

- **トグルボタンの名前はすべて共通の「tglトグル」で始まっていること**
- **その後ろにはそれぞれの「オプション値」プロパティの数字が付いていること**
  例:オプション値が「1」のものは「tglトグル1」、「2」のものは「tglトグル2」

選択値からその標題を取得するには、次の3ステップで考えます。

- **① まずオプショングループの値を取得します。**
  - **例ではオプショングループの名前は「fraオプショングループ」。**
- **② オプショングループとその中に配置されたトグルボタンの関係として、選択されたボタンの「オプション値」がオプショングループの値(Valueプロパティ値)となります。たとえばオプション値が「1」のボタンが選択されていたら「1」、「3」なら「3」です。**
- **③ 自身のフォーム内のコントロールは「Me("コントロール名")」で参照でき、そのコントロールのプロパティは「Me("コントロール名").プロパティ名」で取得・設定できます。**

以上のことから、標題は『Me(コントロール名の共通部 & オプショングループの値).Caption』という構成の記述で取得できます。

■ **プログラム例**

frmChap9_470

```
Private Sub fraオプショングループ_AfterUpdate()
' [fraオプショングループ] の更新後処理

  MsgBox Me("tglトグル" & Me!fraオプショングループ).Caption

End Sub
```

471 オプショングループで抽出と抽出解除を行いたい

ポイント | Valueプロパティ、Filter／FilterOnプロパティ

オプショングループ内に配置されたオプションボタンやトグルボタンの選択項目が切り替わるとオプショングループの値も更新されます。そのタイミングで選択値（オプション値）を使ってフォームの「Filter」プロパティを設定することで、それぞれの選択に応じたレコード抽出を行うことができます。

次のプログラム例では、オプショングループ「fra血液型抽出」に5つのオプションボタンが配置されており、次のような設定がされているものとします（各ボタンの名前は問いません）。

- **各ボタンに対応したラベルの標題………A、AB、B、O、抽出解除**
- **各ボタンのオプション値……………………1、2、3、4、5**

オプショングループからA、AB、B、Oの5以外の値が選択されたとき、「Choose」関数でそのオプション値に応じた「A、AB、B、O」のいずれかを文字を取得します。それを使って「血液型 = 'A'」のような文字列を組み立て、フォームのFilterプロパティに代入、「FilterOn」プロパティを"True"にすることで抽出が行われ、該当レコードがフォームに表示されます。

なおオプション値「5」は抽出解除ですので、Filterプロパティを空、FilterOnプロパティを"False"にすることで、抽出を解除してすべてのレコードを表示します。

■ **プログラム例**

frmChap9_471

```
Private Sub fra血液型抽出_AfterUpdate()
' [fra血液型抽出] オプショングループの更新後処理

  With Me!fra血液型抽出
    If .Value = 5 Then
      '抽出解除
      Me.Filter = ""
      Me.FilterOn = False
    Else
      'A、AB、B、O型で抽出実行
      Me.Filter = "血液型 = '" & Choose(.Value, "A", "AB", "B", "O") & "'"
      Me.FilterOn = True
    End If
  End With

End Sub
```

472 イメージコントロールに表示する画像を切り替えたい

ポイント　Pictureプロパティ

イメージコントロールに表示される画像は「Picture」プロパティで取得・設定することができます。任意のタイミングでそのプロパティに別の画像ファイルのパスを設定することで、その表示内容を切り替えることができます。

次のプログラム例では、2つのボタンがあり、イメージコントロール「imgイメージ」にそれぞれ「img101.png」と「img102.png」を設定・表示します。

※ 次のプログラム例では「CurrentProject.Path」で自分自身のデータベースファイルのあるドライブ+フォルダを取得しています。よって画像ファイルはそのサブフォルダ「Images」内にあるものとします。

■ プログラム例

frmChap9_472

```
Private Sub cmd画像1_Click()
' [画像1] ボタンクリック時

  Me!imgイメージ.Picture = CurrentProject.Path & "¥Images¥img101.png"

End Sub

Private Sub cmd画像2_Click()
' [画像2] ボタンクリック時

  Me!imgイメージ.Picture = CurrentProject.Path & "¥Images¥img102.png"

End Sub
```

■ 補足

イメージコントロールには「コントロールソース」というプロパティもあります。フォームのレコードソースとなっているテーブルやクエリのフィールドと連結するためのものです。フィールドに画像ファイルの"パス"の文字列が保存されていれば自動的にその画像が表示されます。レコード移動してフィールドの値が変われば画像も切り替わります（上記プログラム例はこのプロパティが設定されていない場合の例です）。

473 タブコントロールの選択タブを取得したい

ポイント　ページインデックスプロパティ、Valueプロパティ

タブコントロールの特徴は、その中に複数のタブを設け、それぞれにさまざまなコントロールをレイアウトし、タブの選択によって画面内容を切り替えられるところです。このタブのことを「ページ」(「Page」コントロール)といいます。

フォームのデザインビューでタブコントロールを配置すると、既定で2つのページが付いています。コントロールの右クリックのメニューでページを増やしたり減らしたり、その順序を入れ替えたりすることができます。

その際、各ページには自動的に背番号が割り振られます。画面上、左から0、1、2……となり、順序を入れ替えたりプロパティシートで変更したりした場合もそのルールは変わりません。この背番号が「ページインデックス」プロパティです。

タブコントロールで現在どのタブが選択されているかは、タブコントロールの「Value」プロパティで取得します(.Valueは省略可)。そのとき返される値が、現在選択されているページの「ページインデックス」プロパティの値です。

■ プログラム例

frmChap9_473

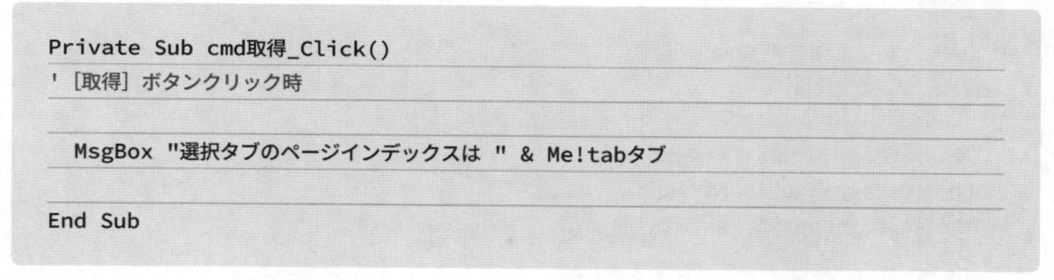

```
Private Sub cmd取得_Click()
' [取得] ボタンクリック時

  MsgBox "選択タブのページインデックスは " & Me!tabタブ

End Sub
```

実行例

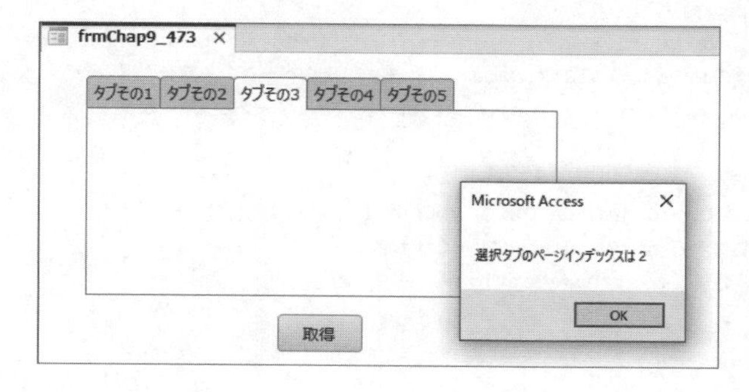

■ 補足

特定のタブ(Pageコントロール)については、「Me!Pageコントロール名.PageIndex」でそのページインデックス値を取得することができます。

474 タブコントロールで選択されているタブの標題を取得したい

ポイント　Pagesコレクション、Captionプロパティ

タブコントロールとタブ（ページコントロール）は親子関係にあります。ページは通常、複数配置されることから、タブコントロール下のページはコレクションになっています。「Pages」コレクションです。

このコレクションを1つずつ辿ることですべてのページを参照することができます。またカッコでインデックスを指定することで、特定のページを参照することができます。

これらのことから、特定のタブ（Page）のプロパティを参照するには、次のように記述します。

```
タブコントロール名.Pages(ページインデックス).プロパティ名
```

また、タブコントロールのValueプロパティは現在選択されているページの「ページインデックス」プロパティの値です。よって、上記は『タブコントロール名.Pages(タブコントロールのValue).プロパティ名』のように記述できます。タブの標題である「Caption」プロパティを参照する場合は『タブコントロール名.Pages(タブコントロールのValue).Caption』です。

■ プログラム例

frmChap9_474

```
Private Sub tabタブ_Change()
' [tabタブ] の変更時

  Dim intPageIdx As Integer
  Dim strPageName As String
  Dim strPageCaption As String

  With Me!tabタブ
    intPageIdx = .Value ―――――――――――― 選択ページのインデックスを取得
    strPageName = .Pages(.Value).Name ――――― そのページの名前を取得
    strPageCaption = .Pages(.Value).Caption ―― そのページの標題を取得
  End With

  MsgBox "インデックス：" & intPageIdx & vbCrLf & _
         "ページ名：" & strPageName & vbCrLf & _
         "ページ標題：" & strPageCaption

End Sub
```

475 タブコントロールの選択タブに応じてサブフォームを切り替えたい

ポイント　Change/変更時イベント、Valueプロパティ、SourceObjectプロパティ

タブコントロールで選択タブを切り替えると「Change/変更時」イベントが発生します。タブコントロールの選択タブに応じてサブフォームを切り替えるには、そのタイミングでタブコントロールの「Value」プロパティ（選択ページのインデックス）を取得し、それに応じてサブフォームコントロールの「SourceObject」プロパティの値を切り替えます。

なお、プログラム例でのサブフォームコントロールは「frmChap9_475_sub」だけです。そこに表示するフォームの実体として「frmChap9_475_sub1」などに切り替えています。

実体のフォーム名は「Choose」関数で切り替えています。Choose関数は、1つめの引数が「1」のとき2つめの引数を、「2」のとき3つめの引数を返します。ページインデックスは左から「0」で始まりますので、タブコントロールのValue値に+1した値を1つめの引数に指定します。

※ この例のようにサブフォーム１つだけの場合、デザイン操作ではタブコントロールの外にいったんサブフォームコントロールを挿入したあと、タブコントロールの上になるよう移動してレイアウトします。

※ 各ページそれぞれにサブフォームを配置すればこのような切り替えはプログラムレスで行うことができます。ただしサブフォームのデータ量が多いとそれだけ開くのに時間がかかります。

■ プログラム例

frmChap9_475

```
Private Sub tabタブ_Change()
' [tabタブ] の変更時

  Dim strSubForm As String

  '選択されたタブに応じてサブフォーム名を設定
  strSubForm = Choose(Me!tabタブ + 1, _
                      "frmChap9_475_sub1", _
                      "frmChap9_475_sub2", _
                      "frmChap9_475_sub3")

  'サブフォームのソースオブジェクトを切り替え
  Me!frmChap9_475_sub.SourceObject = strSubForm

End Sub
```

476 タブコントロールの選択タブを切り替えたい

ポイント | Valueプロパティ

タブコントロールの「Value」プロパティは取得と設定が可能です。現在選択されているタブを取得するだけでなく、値を代入することで、選択タブを切り替えることもできます。

次のプログラム例ではループによって順番にアクティブなタブを切り替えています。このときのポイントは、Valueプロパティは各タブのページインデックスであり、左から0、1、2……のような連番になっているという点です。「0」から始まりますので、左からn番目のタブに切り替えたいときはn-1を代入します。

■ **プログラム例**

frmChap9_476

```
Private Sub cmd設定_Click()
' [設定] ボタンクリック時

  Dim iintLoop As Integer

  '5つのタブを辿るループ
  For iintLoop = 1 To 5
    MsgBox iintLoop & " 番目のタブに切り替えます！"
    Me!tabタブ = iintLoop - 1
  Next iintLoop

End Sub
```

実行例

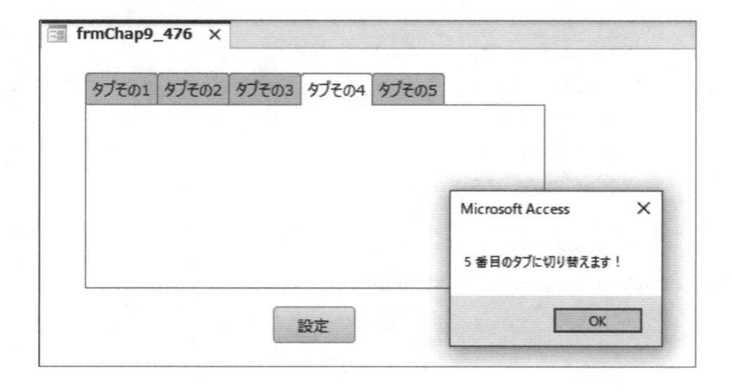

477 フォーム上のWebページを操作したい

ポイント　Webブラウザーコントロール

「Webブラウザーコントロール」を使うと、フォーム上にWebページを表示することができます。そのメソッドで表示ページを操作したり、プロパティで情報を取得したりすることができます。

メソッドやプロパティの主だったものとして、次のようなものがあります。

- **Navigate**……………指定URLのページへ移動
- **LocationURL**………現在のURLを取得
- **GoBack**………………前のページに戻る
- **GoForward**…………次のページに進む
- **Refresh**………………再読み込み
- **Stop**……………………読み込み停止
- **GoSearch**……………既定の検索ページへ移動

■ プログラム例　　frmChap9_477

```
Private Sub cmdHome_Click()
' [Home] ボタンクリック時
  With Me!Webブラウザー
    .Silent = True ―――――――――― スクリプトエラーを抑止
    .Navigate "https://gihyo.jp/book" ―― 指定ページへ移動
  End With
End Sub

Private Sub cmdURL_Click()
' [URL] ボタンクリック時
  MsgBox Me!Webブラウザー.LocationURL ―――― 現在のURLを表示
End Sub

Private Sub cmdBack_Click()
' [Back] ボタンクリック時
  Me!Webブラウザー.GoBack ―――――――――― 前のページに戻る
End Sub

Private Sub cmdForward_Click()
' [Forward] ボタンクリック時
  Me!Webブラウザー.GoForward ―――――――― 次のページに進む
End Sub
```

478 添付ファイル型フィールドへファイルを追加したい

ポイント FileDataフィールド、LoadFromFileメソッド

「添付ファイル型」フィールドのデータをVBAで扱うときの要点は、そのフィールドの中にテーブルがあるというイメージで処理することです。テーブル全体のレコードセットにおいて、あるレコードの1フィールドについてさらにそこからレコードセットを開いて処理します。

添付ファイル型フィールドへ添付ファイルを追加する際も、「AddNew」メソッドや「Update」メソッドを使ってレコード追加するコードを記述します。

プログラム例は、次のように記述しています。

- **「関連ファイル」が添付ファイルコントロールの名前です。その「Value」プロパティをレコードセットのようにしてレコード追加を行います。**
- **その際のレコードセットのフィールド名は決められています。「FileData」フィールドです。**
- **そこにファイルを添付するには「LoadFromFile」メソッドを使います。引数にそのファイルのパスを指定することでFileDataフィールドに登録することができます。**
- **全体として二重のレコードセットになっています。フォームについてはEditで編集を開始してUpdateで保存します。内側のValueではAddNewで追加を開始してUpdateで保存します。**
- **指定したファイルが見つからないときは「3024」、すでに同名ファイル（フルパスではなくファイル名＋拡張子が内部的に主キーになっています）が登録されているときは「3820」のエラーが発生します。下記では省略していますが、本来はそのエラー処理を行います。**

■ **プログラム例**

frmChap9_D

```
Private Sub cmd追加_Click()
'［追加］ボタンクリック時

  Me.Recordset.Edit ──────────── フォームのレコードセットの編集開始
  With Me.Recordset!関連ファイル.Value ── 関連ファイルフィールドにレコード追加
    .AddNew
      !FileData.LoadFromFile CurrentProject.Path & "¥Images¥添付ファイ
ル.docx"
    .Update
    .Close
  End With
  Me.Recordset.Update ─────────── フォームのレコードセットの保存
  Me!関連ファイル.Requery ────────── 添付ファイルコントロールの表示を更新

End Sub
```

479 添付ファイル型フィールドの添付ファイルを削除したい

ポイント　Deleteメソッド

添付ファイルには、フォームのレコードセットの添付ファイルフィールドのValueプロパティからレコードセットを開くことで参照できます。添付ファイル1つずつがそのレコードセットの1レコードです。したがって、添付ファイル型フィールドの添付ファイルを削除するには、通常のレコードセットと同様、「Delete」メソッドを使います。

次のプログラム例では、添付ファイルのレコードセットの全レコードをループで辿ります。添付ファイル名は「FileName」という決められた名前のフィールドに登録されています。その値が"添付ファイル.docx"であったらそのレコード、すなわちその添付ファイルをDeleteメソッドで削除します。

■ **プログラム例**

frmChap9_D

```
Private Sub cmd削除_Click()
' [削除] ボタンクリック時

  Dim blnFlg As Boolean

  Me.Recordset.Edit ―――― フォームのレコードセットの編集開始
  With Me.Recordset!関連ファイル.Value
    Do Until .EOF
      If !FileName = "添付ファイル.docx" Then
        .Delete ―――― 添付ファイルを削除
        blnFlg = True
        Exit Do
      End If
      .MoveNext
    Loop
    .Close
  End With

  If blnFlg Then
    Me.Recordset.Update ―― フォームのレコードセットの保存
    Me!関連ファイル.Requery ―― 添付ファイルコントロールの表示を更新
  Else
    MsgBox "添付ファイルが見つかりませんでした！", vbOKOnly + vbExclamation
  End If

End Sub
```

480 添付ファイル型フィールドの添付ファイルを保存したい

ポイント　FileDataフィールド、SaveToFileメソッド

テーブルに保存されている添付ファイルを取り出してディスクに個別のファイルとして保存するには、添付ファイルフィールドのValueプロパティから開いたレコードセットの「FileData」フィールドに対して、「SaveToFile」メソッドを実行します。

次のプログラム例では、添付ファイルのレコードセットの全レコードをループで辿ります。それぞれの添付ファイル名を「FileName」フィールドから取得し、それが「添付ファイル.pdf」であったら「SaveToFile」メソッドでファイルへ保存します。

※ SaveToFileメソッドでは、引数に出力ファイルのパスを指定します。

※ その際、指定した保存先にすでに同名ファイルがあるときは「3839」のエラーが発生します。下記では省略していますが、本来はそのエラー処理を行います。

■ **プログラム例**　frmChap9_D

```
Private Sub cmd保存_Click()
'［保存］ボタンクリック時

  Dim blnFlg As Boolean

  With Me.Recordset!関連ファイル.Value ―― 関連ファイルフィールドからレコード読み込み
    Do Until .EOF
      If !FileName = "添付ファイル.pdf" Then
        !FileData.SaveToFile "D:¥添付ファイル.pdf" ――┐
        blnFlg = True                              添付ファイルのデータをファイルとして保存
        Exit Do
      End If
      .MoveNext
    Loop
    .Close
  End With

  If Not blnFlg Then
    MsgBox "添付ファイルが見つかりませんでした！", vbOKOnly + vbExclamation
  End If

End Sub
```

481 複数の値を持つコントロールの各データを取得したい

ポイント　Valueプロパティ

テーブルデザインで「複数の値の許可」プロパティが"はい"となっているフィールドと連結したコントロールにおいて、そこで選択されている各データを取得するには、その1つのフィールドの中に各データがレコードのように保存されているものとして扱います。

具体的には、そのフィールドの「Value」プロパティをレコードセットとして開き、あとは通常のレコードセットと同様にループで移動していくことで、すべての"複数の値"のデータを取得します。

またその際、"複数の値"の各値は「Value」という名前のフィールドに保存されているものとして参照します。次のプログラム例の場合、商品コードのValueと、ループ内のオブジェクト変数rstのValueとは別物であり、後者が複数値の中の1つを表しているということです（前者はフォーム上のカレントレコードの「商品コード」フィールドの全体値です）。

■ プログラム例

frmChap9_E

```
Private Sub cmd取得_Click()
' [取得] ボタンクリック時

  Dim rst As Recordset
  Dim strMsg As String

  Set rst = Me.Recordset!商品コード.Value ──── 商品コードフィールドからレコードセットを開く
  With rst
    Do Until .EOF ──── 複数の値の各値を取り出すループ
      strMsg = strMsg & !Value & vbCrLf
      .MoveNext
    Loop
    .Close
  End With

  MsgBox strMsg

End Sub
```

482 複数の値を持つコントロールにデータを追加したい

ポイント　Valueプロパティ、AddNew／Updateメソッド

テーブルデザインで「複数の値の許可」プロパティが"はい"となっているフィールドと連結したコントロールにデータを追加するには、そのフィールドの「Value」プロパティをレコードセットとして開き、通常のレコードセットと同様に「AddNew」メソッドや「Update」メソッドで追加します。またその際の値の追加先フィールド名は「Value」と決められています。

次のプログラム例では、「商品コード」が複数の値が許可されたフィールドです。そこに値を1つ（1レコード）追加します。

複数の値のValueフィールドは主キーです。同じ値を追加すると「3820」のエラーが発生します。

■ **プログラム例**　frmChap9_E

```
Private Sub cmd追加_Click()
' [追加] ボタンクリック時

  On Error GoTo Err_Handler

  Me.Recordset.Edit ——— フォームのレコードセットの編集開始
  With Me.Recordset!商品コード.Value
    .AddNew ——————— 複数値フィールドに1つの値を追加
      !Value = "0000049177008"
    .Update
    .Close
  End With
  Me.Recordset.Update —— フォームのレコードセットの保存
  Me!商品コード.Requery —— 複数値フィールドの表示を更新

Exit_Here:
  Exit Sub

Err_Handler:
  If Err.Number = 3820 Then
    MsgBox "すでに同じ商品コードが登録されています！", vbOKOnly + vbExclamation
  End If
  Resume Exit_Here

End Sub
```

483 複数の値を持つコントロールからデータを削除したい

ポイント Deleteメソッド

"複数の値"が許可されたフィールドと連結したコントロールからある1つの値を削除するには、そのフィールドの「Value」プロパティをレコードセットとして開き、通常のレコードセットと同様に「Delete」メソッドを実行します。なおその際は、親となるフォームのレコードセット（Me.Recordset）にもEditメソッドでの編集開始やUpdateメソッドでのレコード保存が必要です。

次の例では、複数の値のレコードセットの全レコードをループで辿ります。複数の値の中の各値を表す「Value」フィールドの値が指定値ならそのレコード、つまり複数値の中の1つの値を削除します。

■ プログラム例

frmChap9_E

```
Private Sub cmd削除_Click()
' [削除] ボタンクリック時

  Dim blnFlg As Boolean

  Me.Recordset.Edit ———— フォームのレコードセットの編集開始
  With Me.Recordset!商品コード.Value
    Do Until .EOF
      If !Value = "0000049177008" Then
        .Delete ———— 複数値フィールドから1つの値を削除
        blnFlg = True
        Exit Do
      End If
      .MoveNext
    Loop
    .Close
  End With

  If blnFlg Then
    Me.Recordset.Update ——— フォームのレコードセットの保存
    Me!商品コード.Requery ——— 複数値フィールドの表示を更新
  Else
    MsgBox "商品コードは登録されていませんでした！", vbOKOnly + vbExclamation
  End If

End Sub
```

484 フォーム内のコントロールの数を取得したい

ポイント　Controlsコレクション、Countプロパティ

フォームに配置されているすべてのコントロールは、Formオブジェクトの「Controls」コレクションに格納されています。そのコレクションの総数、つまりコントロールの数は「Count」プロパティの値を参照することで取得することができます。

■ プログラム例

frmChap9_F

```
Private Sub cmdコントロール数_Click()
' [コントロール数] ボタンクリック時

  Dim intCtlCnt As Integer

  intCtlCnt = Me.Controls.Count

  MsgBox "コントロールの数は " & intCtlCnt

End Sub
```

実行例

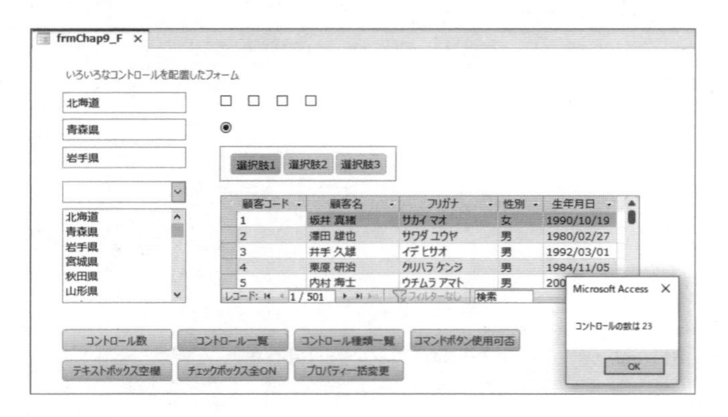

■ 補足

ControlsコレクションのCountプロパティの値は、For...Nextステートメントのカウンタの上限値として使うこともできます。

```
例：For i = 0 To Me.Controls.Count - 1 ...... Next i
```

485 フォーム内のコントロールの一覧を取得したい

ポイント | Controlsコレクション、Nameプロパティ

フォームに配置されているすべてのコントロールの一覧を取得するには、Formオブジェクトの「Controls」コレクションと「For Each...Next」ステートメントを使います。
プログラム例では次のようなループ処理を行います。

- ① まず「ctl」というControl型のオブジェクト変数を宣言する
- ② 「For Each ctl In Me.Controls」で自身のフォームのControlsコレクションから1つずつコントロールを取り出し、変数ctlに代入する
- ③ ループ内ではctlはオブジェクト変数なので、必要なそのプロパティを参照する
  - ここでは「Name」プロパティを使ってコントロールの名前をイミディエイトウィンドウに出力します。

■ プログラム例

frmChap9_F

```
Private Sub cmdコントロール一覧_Click()
'［コントロール一覧］ボタンクリック時

  Dim ctl As Control

  'すべてのコントロールを参照するループ
  For Each ctl In Me.Controls
    Debug.Print ctl.Name
  Next ctl

End Sub
```

■ 補足

すべてのコントロールを参照するループ処理では、ControlsコレクションのCountプロパティを使って次のように記述することもできます。コレクションの中の1つのコントロールは、カッコにその番号を指定することで取得できます。

```
For i = 0 To Me.Controls.Count - 1
  Debug.Print Me.Controls(i).Name
Next i
```

486 フォーム内のコントロールの種類を取得したい

ポイント ControlsコレクションControlTypeプロパティ

フォーム内のコントロールの種類を取得するには、「Controls」コレクションから取り出したControlオブジェクトの「ControlType」プロパティの値を参照します。またどの種類かは、その値と「ac」で始まる組み込み定数とを比較して判断します（種類と組み込み定数との対応はプログラム例を参照）。

■ プログラム例

frmChap9_F

```
Private Sub cmdコントロール種類一覧_Click()
' [コントロール種類一覧] ボタンクリック時

  Dim ctl As Control, strType As String

  For Each ctl In Me.Controls ——— すべてのコントロールを参照するループ
    Select Case ctl.ControlType ——— コントロールの種類を取得
      Case acLabel:             strType = "ラベル"
      Case acTextBox:           strType = "テキストボックス"
      Case acCommandButton:     strType = "コマンドボタン"
      Case acComboBox:          strType = "コンボボックス"
      Case acListBox:           strType = "リストボックス"
      Case acCheckBox:          strType = "チェックボックス"
      Case acOptionButton:      strType = "オプションボタン"
      Case acToggleButton:      strType = "トグルボタン"
      Case acOptionGroup:       strType = "オプショングループ"
      Case acSubform:           strType = "サブフォーム"
      Case acImage:             strType = "イメージ"
      Case acTabCtl:            strType = "タブ"
      Case acPage:              strType = "ページ"
      Case acBoundObjectFrame:  strType = "連結オブジェクトフレーム"
      Case acObjectFrame:       strType = "非連結オブジェクトフレーム"
      Case acPageBreak:         strType = "改ページ"
      Case acLine:              strType = "直線"
      Case acRectangle:         strType = "四角形"
      Case Else:                strType = "その他"
    End Select
    Debug.Print ctl.Name, strType
  Next ctl

End Sub
```

487 すべてのコマンドボタンをまとめて使用不可にしたい

ポイント | Controlsコレクション、ControlTypeプロパティ、Enabledプロパティ

コマンドボタンひとつひとつの名前を指定して使用不可にするのではなく、コントロールの種類がコマンドボタンであるものをまとめて使用不可にするには、次のような構造のプログラムを作ります。

- **①「Controls」コレクションからループで1つずつコントロールを取り出す**
- **②「ControlType」プロパティとコマンドボタンの組み込み定数acCommandButtonを比較する**
- **③ それらが等しければ「Enabled」プロパティを"False"にして使用不可にする**

次のプログラム例では、トグルボタン「tglボタン使用可否」のON／OFFで使用可否を切り替えます。

■ プログラム例

frmChap9_F

```
Private Sub tglボタン使用可否_AfterUpdate()
' [tglボタン使用可否] トグルボタンの更新後処理

  Dim ctl As Control
  Dim blnEnabled As Boolean

  'トグルボタンのON/OFFから使用可否を取得
  blnEnabled = Not Me!tglボタン使用可否

  'すべてのコントロールを参照するループ
  For Each ctl In Me.Controls
    If ctl.ControlType = acCommandButton Then
      'コントロールがコマンドボタンなら使用可否を設定
      ctl.Enabled = blnEnabled
    End If
  Next ctl

End Sub
```

■ 補足

コマンドボタンを使用不可に設定する処理をコマンドボタンのクリックで行う場合、そのボタンにフォーカスがあるのでエラーとなります。そのような場合はエラーを無視するか事前にフォーカスをコマンドボタン以外のコントロールに移しておくなどして対処します。

488 すべてのテキストボックスをまとめて空欄にしたい

ポイント Controlsコレクション、ControlTypeプロパティ、Valueプロパティ

フォームに多くのテキストボックスがある場合、それらひとつひとつを指定して空欄にするのは簡単ですがコード量が増えます。そこで、コントロールの種類がテキストボックスであるものをすべて空欄にするという考え方で、次のような構造のプログラムを作ります。

- **① 「Controls」コレクションからループで1つずつコントロールを取り出す**
- **② 「ControlType」プロパティとテキストボックスの組み込み定数acTextBoxを比較する**
- **③ それらが等しければ「Value」プロパティにNullを代入することで空欄にする**

■ プログラム例

frmChap9_F

```
Private Sub cmdテキストボックス空欄_Click()
' [テキストボックス空欄] ボタンクリック時

  Dim ctl As Control

  'すべてのコントロールを参照するループ
  For Each ctl In Me.Controls
    If ctl.ControlType = acTextBox Then
      'コントロールがテキストボックスならNullを代入
      ctl = Null
    End If
  Next ctl

End Sub
```

■ 補足

「If ctl.ControlType = acTextBox Then」の条件式に「OR」で他のコントロールの種類も追加すれば、たとえばテキストボックスとコンボボックスとチェックボックスといったように、より多くの種類のコントロールの入力値・選択値を、名前を指定することなくリセットすることができます。

489 すべてのチェックボックスをONにしたい

ポイント　Controlsコレクション、ControlTypeプロパティ、Valueプロパティ

フォームに配置された複数のコントロールの中から、チェックボックスだけを探してすべてチェックマークの付いた状態にするには、次のような構造のプログラムを作ります。

- ① **「Controls」コレクションからループで1つずつコントロールを取り出す**
- ② **「ControlType」プロパティとチェックボックスの組み込み定数acCheckBoxを比較する**
- ③ **それらが等しければ「Value」プロパティに"True"を代入することでチェックマークを付けてON状態にする**

※ もしOFFにしたければ"False"を代入します。

■ プログラム例

frmChap9_F

```
Private Sub cmdチェックボックス全ON_Click()
'［チェックボックス全ON］ボタンクリック時

  Dim ctl As Control

  'すべてのコントロールを参照するループ
  For Each ctl In Me.Controls
    If ctl.ControlType = acCheckBox Then
      'コントロールがチェックボックスならTrueを代入
      ctl = True
    End If
  Next ctl

End Sub
```

実行例

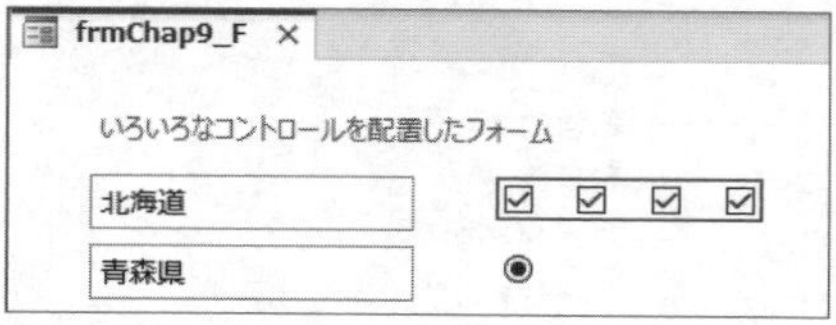

frmChap9_F

いろいろなコントロールを配置したフォーム

北海道

青森県

490 全コントロールのプロパティを一括変更したい

ポイント	Controlsコレクション
構文	Control.プロパティ名

フォームに配置されているすべてのコントロールに対して、同様のプロパティをまとめて変更したいときは、Formオブジェクトの「Controls」コレクションと「For Each...Next」ステートメントを使います。そして、ループで取り出されたひとつひとつのコントロールに対して必要なプロパティ設定を行います。

次のプログラム例では、For Each...Nextで個々のコントロールをControl型のオブジェクト変数ctlに代入します。そしてそのctlオブジェクトに対して、「ctl.プロパティ名」という構文で、「ForeColor/前景色」、「BackColor/背景色」、「FontName/フォントの種類」、「FontSize/フォントのサイズ」の4つのプロパティ値を設定します。

さらに、「ControlType」プロパティが組み込み定数「acSubform」と同じかどうか照合し、同じであればサブフォームコントロールと判断し、そのFormオブジェクトに対してデータシートの書式変更も行います。

ただし、すべてのコントロールに同じプロパティがあるとは限りません。たとえばオプションボタンやチェックボックスコントロールには前景色やフォントなどのプロパティは存在しません。そのため設定しようとするとエラー番号「438」のエラーが発生します。

そこでプログラム例ではエラー処理を行い、そのエラーが発生したら無視して次の行へ処理を進めるようにしています。

■ **プログラム例**

frmChap9_F

```
Private Sub cmdプロパティ一括変更_Click()
'［プロパティ一括変更］ボタンクリック時

  Dim ctl As Control

  On Error GoTo Err_Handler

  'すべてのコントロールを参照するループ
  For Each ctl In Me.Controls
    With ctl
      .ForeColor = RGB(80, 80, 30) ──── 前景色（文字色）
      .BackColor = RGB(255, 255, 220) ─── 背景色
      .FontName = "游ゴシック Medium" ──── フォントの種類
      .FontSize = 9 ─────────────── フォントのサイズ
      If .ControlType = acSubform Then ── サブフォームはデータシートの書式も変更
        With .Form
          .DatasheetForeColor = RGB(80, 80, 30)
```

```
            .DatasheetBackColor = RGB(255, 255, 220)
            .DatasheetFontName = "游ゴシック Medium"
            .DatasheetFontHeight = 9
          End With
        End If
      End With
    Next ctl

Exit_Here:
    Exit Sub

Err_Handler:
    If Err.Number = 438 Then
      'プロパティがないときは次の行から再開
      Resume Next
    End If
    Resume Exit_Here

End Sub
```

実行例

■ 変更前

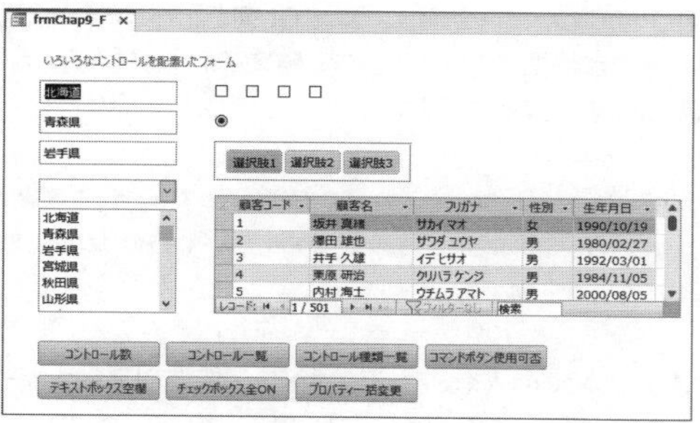

■ 変更後

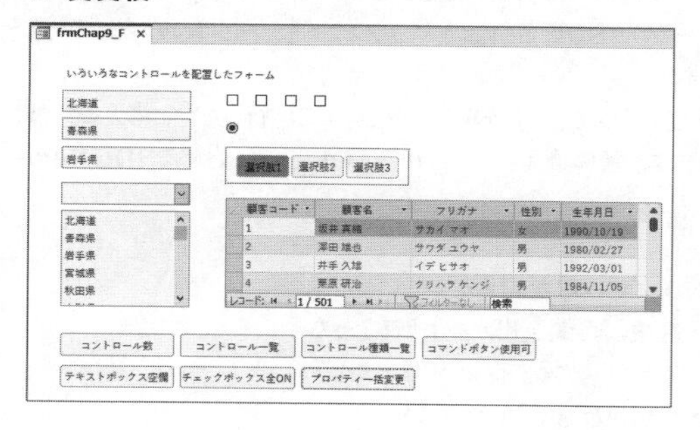

COLUMN ▶▶ AccessとSQL Serverの関係

一般的に"データベース"と呼ばれるジャンルには、AccessやSQL Server、Oracle、PostgreSQL、MySQLなど、多くのソフトウェアが存在します。その中で、Microsoft社製でもあり、Windows系での有名どころはやはりAccessとSQL Serverでしょうか。

しかし残念ながら、似て非なりの面も多々あり、両者にはデータベース構造の互換性があるわけではなく、簡単に相互変換できるといったものでもありません。"Accessの上位ソフトがSQL Serverなので簡単にアップグレードできる"わけではないのです。

またAccessはOfficeの一員として簡単に導入して使い始めることができますが、SQL Serverは"とりあえずいじってみよう"という面では、ぐっとハードルが上がってしまうかもしれません。SQL Serverは高機能ゆえに、そのすべてを習得しようと思ったら必要な知識は比べものになりません。また残念なことに入門書も少なく、情報を探してもお堅い用語が頻出して、初心者にはすぐに馴染めないところもあります。

しかしながら、基本的な部分はやはり同じデータベースであり、似たような部分も多々あります。その部分についてSQL Serverのデータベース内のオブジェクトを見てみると、次のようなものがあります。

- テーブル　Accessのテーブルとほぼ同様のもの。
- ビュー　Accessの選択クエリや集計クエリなど(パラメータのないもの)に該当。
- ストアドプロシージャ　Accessのパラメータを持った選択クエリや集計クエリ、あるいはアクションクエリなどに該当するもの。Accessとは異なり1つのストアドプロシージャに複数のSQL文を記述して連続実行させたり、それらを条件分岐させたり、あるいはそれら全体をトランザクション処理させたりすることができます。また、テーブルの1レコードずつを処理したりすることもできます
- ストアドファンクション　基本的にストアドプロシージャと同じようにSQL文を記述しますが、返り値を持っているのが特徴です。関数として、特定の1つの値を返したり、レコードを返したりすることができます。

※ 逆に両者の大きな違いとして、SQL Server には Access のフォームのようなインタフェースのデザイン機能はありません。またテーブルにおいても、SQL Server 自体には Access のようなデザイナーの機能はなく、「SQL Server Management Studio」といったような別のツールを使います。

また、両者の関係において"全然違う"というのはあくまでもデータベース構造やデータベースファイルでの話しです。Accessのリンクテーブル、あるいはテーブルのインポート／エクスポートなど、データそのものについては互換性が高く、連携も容易です。また両者の関係として、Accessをフロントエンド(インタフェース)、SQL Severをバックエンド(データ管理)としてシステム構築することもよくあるケースです。

なお、Accessのデータベースを使ってきて、それをSQL Serverに移行したいと考えるタイミングには次のようなケースが考えられます。言い換えれば、これらがAccessに対するSQL Serverの優位性でもあります。

- データ量が増えた
- ユーザー数が増えた
- レスポンスが悪くなってきた
- 処理に時間が掛かるようになった
- 動作が不安定になってきた
- ファイル破損するようになった
- システム障害に強くしたい
- セキュリティを強化したい

印刷・レポート

Chapter

10

491 レポートを印刷したい

ポイント	OpenReportメソッド
構文	DoCmd.OpenReport レポート名, [ビュー], [クエリ名], [抽出条件式], [ウィンドウモード], [引数]

レポートを印刷するには、DoCmdオブジェクトの「OpenReport」メソッドを使います。引数にレポート名だけを指定して実行することで、実際にプリンタに出力して印刷を行うことができます。

次のような仕様があります。

- **2つめの引数"ビュー"を省略した場合がこの印刷の動作です。意図的に指定する場合は組み込み定数「acViewNormal」を指定します。**
- **プレビュー状態になっているレポートに対してこれを実行すると、プレビュー状態が保持されたまま印刷が行われます。**
- **デザインビュー状態になっているレポートに対してこれを実行すると、レポートビューに切り替わってから印刷が実行されます(「レポートビューの許可」プロパティが"いいえ"だとエラーが発生します)。**

■ **プログラム例**

Sub Sample491

```
Sub Sample491()

  'レポートを印刷する
  DoCmd.OpenReport "rptChap10_A"

End Sub
```

実行例

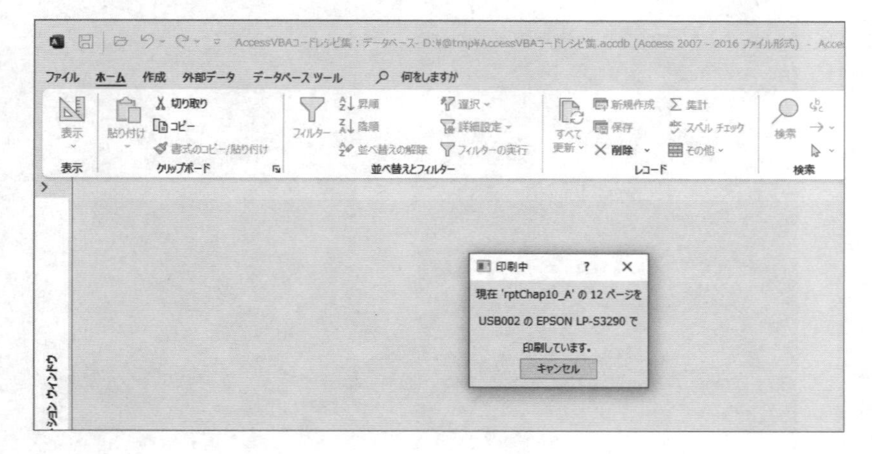

492 レポートをプレビューで開きたい

ポイント	OpenReportメソッド
構文	DoCmd.OpenReport レポート名, [ビュー], [クエリ名], [抽出条件式], [ウィンドウモード], [引数]

レポートをプレビューで開くには、OpenReportメソッドの2つめの引数"ビュー"に組み込み定数「acViewPreview」を指定します。

■ **プログラム例**

Sub Sample492

```
Sub Sample492()

  'レポートをプレビューで開く
  DoCmd.OpenReport "rptChap10_A", acViewPreview

End Sub
```

実行例

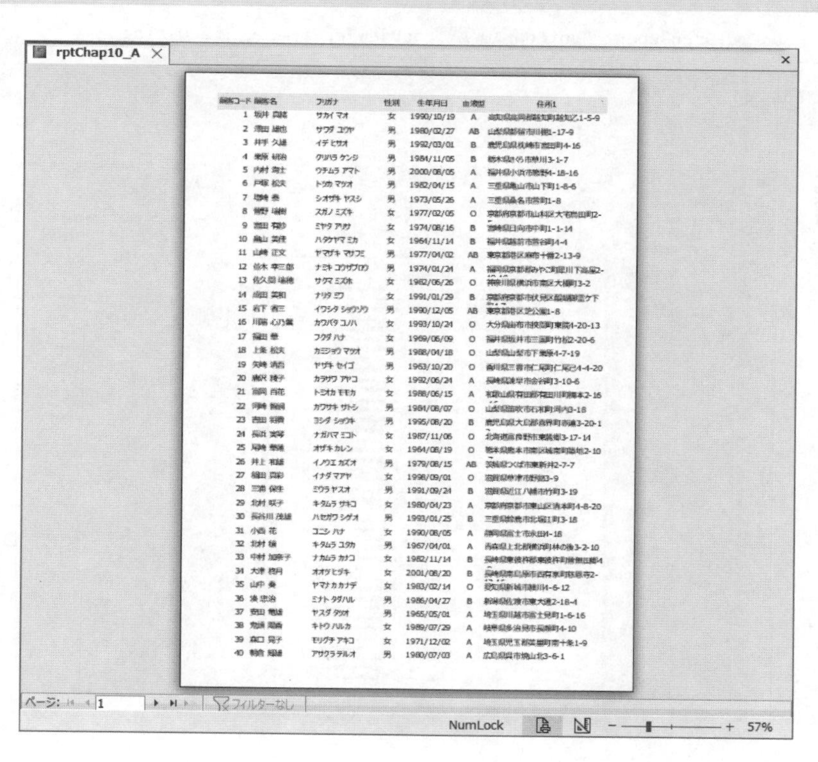

493 レポートのプレビューをダイアログとして開きたい

ポイント	OpenReportメソッド
構文	DoCmd.OpenReport レポート名, [ビュー], [クエリ名], [抽出条件式], [ウィンドウモード], [引数]

レポートをダイアログとして開くには、OpenReportメソッドの5つめの引数"ウィンドウモード"に組み込み定数「acDialog」を指定します。通常は2つめの引数に「acViewPreview」も指定して、プレビューのダイアログとして開きます。

この引数を指定すると、レポートは"ポップアップ"と"作業ウィンドウ固定"の状態で開かれます。レポートのデザインにおいて「ポップアップ」や「作業ウィンドウ固定」プロパティを"はい"に設定しておく必要はありません。

■ プログラム例　　Sub Sample493

```
Sub Sample493()

  'レポートのプレビューをダイアログで開く
  DoCmd.OpenReport "rptChap10_A", acViewPreview, , , acDialog

End Sub
```

実行例

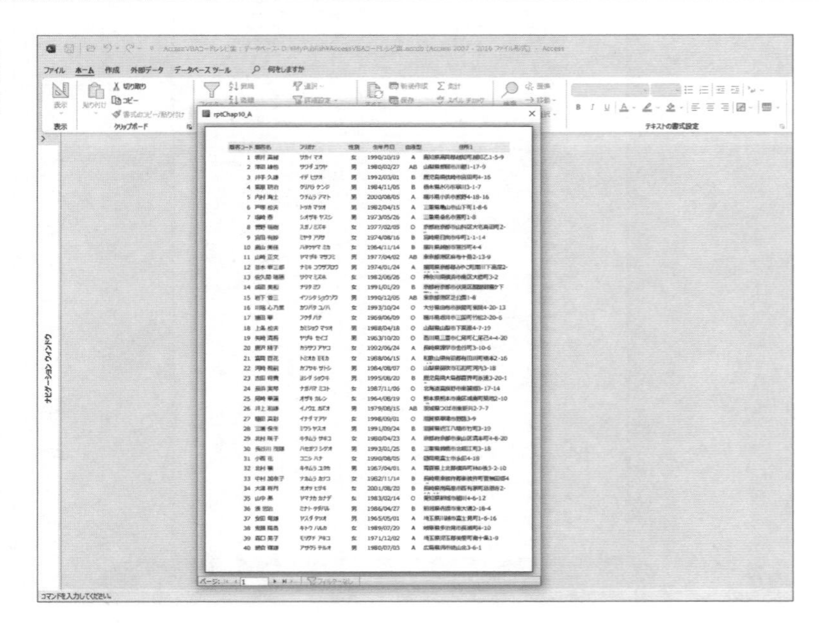

494 レポートをデザインビューで開きたい

ポイント	OpenReportメソッド
構文	DoCmd.OpenReport レポート名, [ビュー], [クエリ名], [抽出条件式], [ウィンドウモード], [引数]

レポートのデザインビューを開くには、OpenReportメソッドの2つめの引数"ビュー"に組み込み定数「acViewDesign」を指定します。

■ プログラム例

Sub Sample494

```
Sub Sample494()

  'レポートをデザインビューで開く
  DoCmd.OpenReport "rptChap10_A", acViewDesign

End Sub
```

実行例

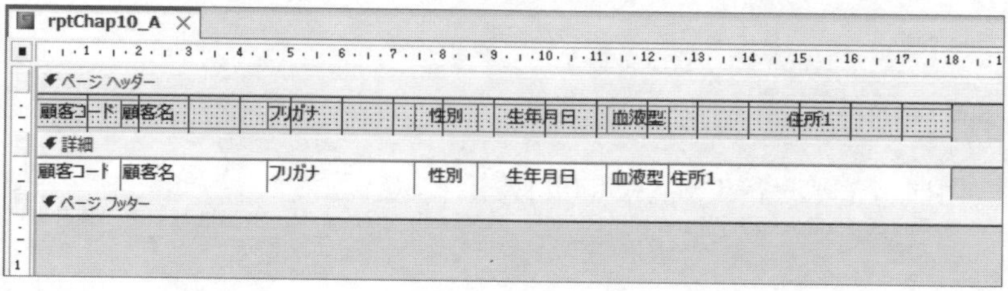

rptChap10_A

ページ ヘッダー

顧客コード	顧客名	フリガナ	性別	生年月日	血液型	住所1

詳細

顧客コード	顧客名	フリガナ	性別	生年月日	血液型	住所1

ページ フッター

495 レポートに抽出条件を指定して開きたい

ポイント	OpenReportメソッド
構文	DoCmd.OpenReport レポート名, [ビュー], [クエリ名], [抽出条件式], [ウィンドウモード], [引数]

レポートを特定のレコードだけを抽出した状態で開くには、OpenReportメソッドの4つめの引数"抽出条件式"を指定します。ここにはSQL文のWHERE句で有効な文字列を指定します（"WHERE"という語句は不要）。

次のプログラム例では、「血液型 = 'A'」で血液型が"A"であるレコードだけを、また「住所1 LIKE '東京都*'」で住所1が"東京都で始まる"レコードだけを抽出してプレビューします。

■ **プログラム例**　　Sub Sample495

```
Sub Sample495_1()

  'レポートを抽出条件を指定して開く（血液型がA）
  DoCmd.OpenReport "rptChap10_A", acViewPreview, , "血液型 = 'A'"

End Sub

Sub Sample495_2()

  'レポートを抽出条件を指定して開く（住所1が東京都で始まる）
  DoCmd.OpenReport "rptChap10_A", acViewPreview, , "住所1 LIKE '東京都*'"

End Sub
```

実行例

顧客コード	顧客名	フリガナ	性別	生年月日	血液型	住所1
1	坂井 真緒	サカイ マオ	女	1990/10/19	A	高知県高岡郡越知町越
5	内村 海士	ウチムラ アマト	男	2000/08/05	A	福井県小浜市熊野4-18
6	戸塚 松夫	トツカ マツオ	男	1982/04/15	A	三重県亀山市山下町1-
7	塩崎 泰	シオザキ ヤスシ	男	1973/05/26	A	三重県桑名市萱町1-8
12	並木 幸三郎	ナミキ コウザブロウ	男	1974/01/24	A	福岡県京都郡みやこ町
20	唐沢 綾子	カラサワ アヤコ	女	1992/06/24	A	長崎県諫早市金谷町3-
21	富岡 百花	トミオカ モモカ	女	1988/06/15	A	和歌山県有田郡有田川
29	北村 咲子	キタムラ サキコ	女	1980/04/23	A	京都府京都市東山区清
31	小西 花	コニシ ハナ	女	1990/08/05	A	静岡県富士市永田4-18
32	北村 穣	キタムラ ユタカ	男	1967/04/01	A	青森県上北郡横浜町林
37	安田 竜雄	ヤスダ タツオ	男	1965/05/01	A	埼玉県川越市富士見町
38	鬼頭 陽香	キトウ ハルカ	女	1989/07/29	A	岐阜県多治見市長瀬町
39	森口 晃子	モリグチ アキコ	女	1971/12/02	A	埼玉県児玉郡美里町南

顧客コード	顧客名	フリガナ	性別	生年月日	血液型	住所1
11	山崎 正文	ヤマザキ マサフミ	男	1977/04/02	AB	東京都港区麻布十番2-
15	岩下 省三	イワシタ ショウゾウ	男	1990/12/05	AB	東京都港区芝公園1-8
92	佐竹 祥子	サタケ ショウコ	女	1972/03/14	O	東京都台東区今戸4-12
114	西 陽夏花	ニシ ヒマワリ	女	1997/06/03	A	東京都台東区花川戸1-
169	矢部 藍花	ヤベ アイカ	女	1995/07/03	A	東京都港区三田3-13-1
276	秋本 音葉	アキモト オトハ	女	1964/11/12	O	東京都豊島区南池袋3-
358	平野 栞奈	ヒラノ カンナ	女	1985/05/11	O	東京都港区三田2-4-4
361	郡司 真子	グンジ マコ	女	1991/02/16	A	東京都千代田区西神田
386	西尾 幸市	ニシオ コウイチ	男	1985/05/01	O	東京都品川区勝島4-14

496 ズームサイズを指定してレポートをプレビューしたい

ポイント　ZoomControlプロパティ

レポートのプレビューでは手動でズームサイズを調整することができます。それをプログラムから行うには、レポートの「ZoomControl」プロパティを設定します。設定単位は「%」です。

次のプログラム例では、まずレポートをプレビューで開きます。そのあとすぐにそのレポートのZoomControlを「70（%）」に設定します。

その際、すでに開いているレポートのReportオブジェクトを参照するには、「Reports」コレクションを使います。Reportsコレクションは現在"開かれているレポート"の集まりです。「Reports!」に続けてレポート名を指定することで、そのReportオブジェクトを取得し、そのプロパティを操作することができます。

■ **プログラム例**

Sub Sample496

```
Sub Sample496()

    'レポートを開く
    DoCmd.OpenReport "rptChap10_A", acViewPreview

    'ズームサイズを指定する
    Reports!rptChap10_A.ZoomControl = 70

End Sub
```

実行例

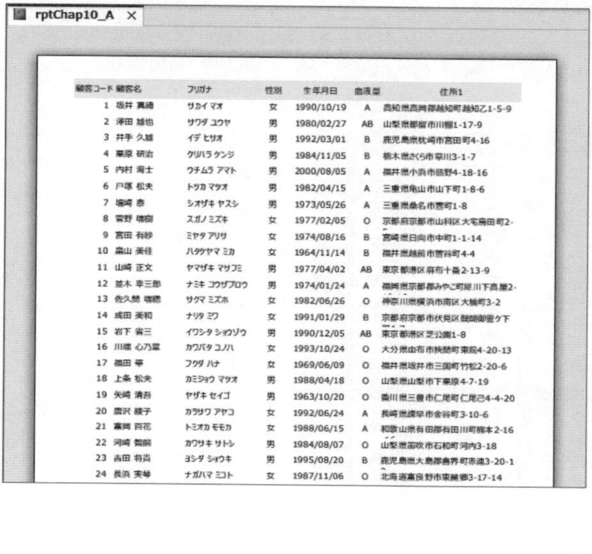

rptChap10_A

顧客コード	顧客名	フリガナ	性別	生年月日	血液型	住所1
1	坂井 真緒	サカイ マオ	女	1990/10/19	A	高知県高岡郡越知町越知乙1-5-9
2	澤田 雄也	サワダ ユウヤ	男	1980/02/27	AB	山梨県都留市川棚1-17-9
3	井手 久雄	イデ ヒサオ	男	1992/03/01	B	鹿児島県枕崎市宮田町4-16
4	栗原 研治	クリハラ ケンジ	男	1984/11/05	B	栃木県さくら市草川3-1-7
5	内村 海士	ウチムラ アマト	男	2000/08/05	A	福井県小浜市飯野4-18-16
6	戸塚 松夫	トツカ マツオ	男	1982/04/15	A	三重県亀山市山下町1-8-6
7	塩崎 泰	シオザキ ヤスシ	男	1973/05/26	A	三重県桑名市萱町1-8
8	菅野 瑞樹	スガノ ミズキ	女	1977/02/05	O	京都府京都市山科区大宅鳥田町2-
9	宮田 有紗	ミヤタ アリサ	女	1974/08/16	B	宮崎県日向市中町1-1-14
10	畠山 美佳	ハタケヤマ ミカ	女	1964/11/14	B	福井県越前市菅谷町4-4
11	山崎 正文	ヤマザキ マサフミ	男	1977/04/02	AB	東京都港区麻布十番2-13-9
12	並木 幸三郎	ナミキ コウザブロウ	男	1974/01/24	A	福岡県京都郡みやこ町犀川下高屋2-
13	佐久間 瑞穂	サクマ ミズホ	女	1982/06/26	O	神奈川県横浜市南区大橋町3-2
14	成田 美和	ナリタ ミワ	女	1991/01/29	B	京都府京都市伏見区醍醐御霊ケ下
15	岩下 省三	イワシタ ショウゾウ	男	1990/12/05	AB	東京都港区芝公園1-8
16	川端 心乃葉	カワバタ コノハ	女	1993/10/24	O	大分県由布市挾間町東院4-20-13
17	福田 華	フクダ ハナ	女	1969/06/09	O	福井県坂井市三国町竹松2-20-6
18	上条 松夫	カミジョウ マツオ	男	1988/04/18	O	山梨県山梨市下栗原4-7-19
19	矢崎 清吾	ヤザキ セイゴ	男	1963/10/20	O	香川県三豊市仁尾町仁尾己4-4-20
20	唐沢 綾子	カラサワ アヤコ	女	1992/06/24	A	長崎県諫早市金谷町3-10-6
21	富岡 百花	トミオカ モモカ	女	1988/06/15	A	和歌山県有田郡有田川町柳本2-16
22	河崎 智嗣	カワサキ サトシ	男	1984/08/07	O	山梨県笛吹市石和町河内3-18
23	吉田 翔貴	ヨシダ ショウキ	男	1995/08/20	B	鹿児島県大島郡喜界町赤連3-20-1
24	長浜 実琴	ナガハマ ミコト	女	1987/11/06	O	北海道富良野市東麓郷3-17-14

497 表示ページ数を指定してプレビューしたい

ポイント	RunCommandメソッド
構文	DoCmd.RunCommand ページ数の組み込み定数

表示ページ数を指定してレポートをプレビューするには、DoCmdオブジェクトの「RunCommand」メソッドを実行します。その際に下表のページ数に関する組み込み定数を指定します。

組み込み定数	表示ページ数
acCmdPreviewOnePage	1ページ
acCmdPreviewTwoPages	2ページ
acCmdPreviewFourPages	4ページ
acCmdPreviewEightPages	8ページ
acCmdPreviewTwelvePages	12ページ

このメソッドはアクティブなレポートのウィンドウに作用します。よって、レポートを開いた直後に実行するか、対象レポートがアクティブになっている状態で実行します。

■ プログラム例

Sub Sample497

```
Sub Sample497()

  'レポートを開く
  DoCmd.OpenReport "rptChap10_A", acViewPreview

  '表示ページ数を設定
  DoCmd.RunCommand acCmdPreviewFourPages

End Sub
```

実行例

rptChap10_A

498 フォームで抽出表示されているレコードだけ印刷したい

ポイント	OpenReportメソッド、Filterプロパティ
構文	DoCmd.OpenReport レポート名, [ビュー], [クエリ名], [抽出条件式], [ウィンドウモード], [引数]

フォーム上でマニュアル操作あるいはプログラムでレコード抽出を行うと、その抽出条件は「Filter」プロパティに格納されます。そこで、フォームで抽出表示されているレコードだけレポート出力するには、OpenReportメソッドの4つめの引数"抽出条件式"にフォームの「Filter」プロパティの値を指定してレポートを開きます。

次のプログラム例では、フォーム側での血液型の抽出処理と、その結果を反映させてレポートを開く方法を例示しています。抽出処理では、オプショングループ内に5つのオプションボタンが配置されており、その選択値を条件にレコード抽出を行います。その処理でFilterプロパティの値が変わりますので、レポートを開く際はそのフォーム自身のFilterプロパティを「Me.Filter」で渡します。

■ プログラム例

frmChap10_498

```
Private Sub cmd印刷_Click()
'［印刷］ボタンクリック時

  '抽出条件にフォームのFilterを指定してレポートを開く
  DoCmd.OpenReport "rptChap10_A", acViewPreview, , Me.Filter

End Sub

Private Sub fra血液型抽出_AfterUpdate()
'［fra血液型抽出］オプショングループの更新後処理

  With Me!fra血液型抽出
    If .Value = 5 Then ――― 抽出解除
      Me.Filter = ""
      Me.FilterOn = False
    Else ――――――――――― A、AB、B、O型で抽出実行
      Me.Filter = "血液型 = '" & Choose(.Value, "A", "AB", "B", "O") & "'"
      Me.FilterOn = True
    End If
  End With

End Sub
```

499 フォームの並び順に合わせて印刷したい

ポイント	Open/開く時イベント、OrderByプロパティ、OrderByOnプロパティ
構文	Report.OrderBy、Report.OrderByOn

フォーム上でレコードの並び替えを行うとその並べ替え基準は「OrderBy」プロパティに格納されます。それを反映させてレポート出力するには、レポートを開く際に発生する「Open/開く時」イベントを使います。フォームのOrderByプロパティの値を取得し、レポートにもあるOrderByプロパティにそのまま代入します。そして「OrderByOn」プロパティを"True"に設定して並べ替えを実行します。

次のプログラム例では、フォーム側のOrderByプロパティの設定例と、レポート側でそれを参照・反映させる例を示しています。その際、レポート側からフォームのプロパティを参照するには、「Forms!frmChap10_499.OrderBy」のように、「Forms!フォーム名.プロパティ名」の構文で参照します。

■ **プログラム例**

frmChap10_499、RptChap10_499

```
【フォームモジュール】
Private Sub cmd並べ替え1_Click()
' [並べ替え1] ボタンクリック時
  With Me
    .OrderBy = "フリガナ" ―――――――――― 並び順を設定
    .OrderByOn = True ――――――――――― 並べ替えを実行
  End With
End Sub

【レポートモジュール】
Private Sub Report_Open(Cancel As Integer)
'レポートを開く時

  Dim strOrderBy As String

  strOrderBy = Forms!frmChap10_499.OrderBy ―― フォームの並び順を順を取得

  With Me
    .OrderBy = strOrderBy ――――――――― 並び順を設定
    .OrderByOn = True ――――――――――― 並べ替えを実行
  End With

End Sub
```

500 フォームのコントロールの値をそのまま印刷したい

ポイント Valueプロパティ、詳細セクションのFormat/フォーマット時イベント

レポートのコントロールが非連結になっているとき、フォームのコントロールの値をそのままそこに印刷するには、フォームの各コントロールの「Value」プロパティを、レポート上の対応するコントロールの「Value」プロパティに代入します。

その際、レポートのコントロールが詳細セクションに配置されている場合には、「詳細セクションのFormat/フォーマット時」イベントでその処理を行います。

なお、フォーム側のコントロールを参照するには、「Forms」コレクションを使って「Forms!フォーム名!コントロール名」の構文を使います(例では「Forms!frmChap10_500!顧客コード」など)。

レポートでもValueプロパティは省略してコントロール名だけの指定ができます。

■ プログラム例

frmChap10_500、RptChap10_500

```
【フォームモジュール】
Private Sub cmd印刷_Click()
' [印刷] ボタンクリック時
  'レポートを開く
  DoCmd.OpenReport "rptChap10_500", acViewPreview
End Sub

【レポートモジュール】
Private Sub 詳細_Format(Cancel As Integer, FormatCount As Integer)
'詳細セクションフォーマット時

  'フォームのコントロール値を取得
  With Forms!frmChap10_500
    Me!顧客コード = !顧客コード
    Me!顧客名 = !顧客名
    Me!フリガナ = !フリガナ
    Me!性別 = !性別
    Me!生年月日 = !生年月日
    Me!郵便番号 = !郵便番号
    Me!住所1 = !住所1
    Me!住所2 = !住所2
    Me!血液型 = !血液型
  End With

End Sub
```

501 開くレポートをコンボボックスで切り替えたい

ポイント　コンボボックスのValueプロパティ

開くレポートをフォーム上のコンボボックスで切り替えるには、コンボボックスの選択値である「Value」プロパティに応じてレポート名などを切り替える処理分岐を行います。

次のプログラム例では、コンボボックス「cboレポート種類」は、「値集合タイプ」プロパティが"値リスト"、「値集合ソース」プロパティが"顧客単票;顧客表;顧客一覧表"に設定されています。

Valueプロパティには"顧客単票"などの値が格納されていますので、それによってSelect Caseステートメントで分岐処理し、それぞれ開くレポート名や抽出条件などを変えています。

■ **プログラム例**　frmChap10_501

```
Private Sub cmd印刷_Click()
' [印刷] ボタンクリック時

  Select Case Me!cboレポート種類
    Case "顧客単票"
      'レポートを開く（単票形式、顧客コードで抽出）
      DoCmd.OpenReport "rptChap10_501", acViewPreview, , "顧客コード = " &
Me!顧客コード

    Case "顧客表"
      'レポートを開く（表形式、顧客コードで抽出）
      DoCmd.OpenReport "rptChap10_A", acViewPreview, , "顧客コード = " &
Me!顧客コード

    Case "顧客一覧表"
      'レポートを開く（表形式、抽出なし）
      DoCmd.OpenReport "rptChap10_A", acViewPreview

  End Select

End Sub
```

502 レポートに引数を指定して開きたい

ポイント	OpenReportメソッド、OpenArgsプロパティ
構文	DoCmd.OpenReport レポート名, [ビュー], [クエリ名], [抽出条件式], [ウィンドウモード], [引数]

OpenReportメソッドでレポートを開く際、6つめの"引数"（OpenArgs）を指定することで、その値をレポートに渡すことができます。レポート側では自分自身のReportオブジェクトの「OpenArgs」プロパティでその値を取得します。

プログラム例は、次のように記述しています。

- **「引数をここに指定します!」という文字列をレポートに渡します。**
- **受け取り側では、そのレポート自身を表すキーワード「Me」というオブジェクトのプロパティとしてOpenArgsプロパティを取得し、レポート自体の標題、およびラベル「lblタイトル」の標題として設定します。**
- **その処理はレポートの「ページヘッダーセクションのFormat/フォーマット時」イベントで処理しています。それによってページごとにこの処理が実行されます。**

■ **プログラム例**

RptChap10_502、Sub Sample502

```
【レポートモジュール】
Private Sub ページヘッダーセクション_Format(Cancel As Integer, FormatCount As
Integer)
'ページヘッダーセクションフォーマット時

  'レポートの標題を設定
  Me.Caption = Me.OpenArgs

  'ラベルの標題を設定
  Me!lblタイトル.Caption = Me.OpenArgs

End Sub

【標準モジュール】
Sub Sample502()

  'レポートに引数を指定して開く
  DoCmd.OpenReport "rptChap10_502", acViewPreview, , , , "引数をここに指定し
ます！"

End Sub
```

503 レポートを開くときに抽出したい

ポイント	Open/開く時イベント、Filterプロパティ、FilterOnプロパティ
構文	Report.Filter、Report.FilterOn

レポートが開かれるタイミングで「Open/開く時」イベントが発生します。そのイベントプロシージャでレポートの「Filter」プロパティと「FilterOn」プロパティを設定することで、事前に自分自身で印刷するデータの抽出を行うことができます。

- **Filterプロパティ……………………抽出条件を設定するプロパティ**
- **FilterOnプロパティ……………抽出のON／OFFを切り替えるプロパティ**

次のプログラム例では、レポートが開かれた際、まずインプットボックスを表示して抽出条件となる血液型の入力を行います。

次に、その入力値を使って「血液型 = 'A'」のような抽出条件の文字列を組み立て、Filterプロパティに代入します。

Filterプロパティを指定しただけでは抽出は実行されません。その次でFilterOnプロパティに"True"を代入することで実行します。

■ **プログラム例**

RptChap10_503

```
Private Sub Report_Open(Cancel As Integer)
'レポートを開く時

  Dim strBloodType As String

  strBloodType = InputBox("血液型をA/AB/B/Oの中から選択してください。")

  With Me
    If Len(strBloodType) > 0 Then
      .Filter = "血液型 = '" & strBloodType & "'"
      .FilterOn = True
    Else
      Cancel = True
    End If
  End With

End Sub
```

504 レポートが開けなかったときのエラーを処理したい

ポイント　On Errorステートメント

OpenReportメソッドでレポートを開く際、レポートが開けないと「OpenReportアクションの実行は取り消されました」というエラー番号「2501」のエラーが発生します。

このエラーはユーザーによる操作も含めて、次のようなときに発生します。

- **印刷中のダイアログで［キャンセル］ボタンが押された**
- **「Open/開く時」イベントプロシージャで引数CancelにTrueが代入された**
- **「NoData/空データ時」イベントプロシージャで引数CancelにTrueが代入された**

そのようなエラーを処理してプログラムが停止しないようにするには、プログラム例のように「On Error GoTo」ステートメントで所定のエラールーチン（例ではErr_Handler）へ飛ばします。そこでErr.Numberが2501かどうか調べ、そのままプロシージャを終了するなどの対処を行います。

なお、この例では単にレポートを開くだけです。その処理以降のコードはありませんので、単に「On Error Resume Next」でエラーを無視する方法もあります。

■ プログラム例

Sub Sample504

```
Sub Sample504()

  On Error GoTo Err_Handler

  'レポートを開く
  DoCmd.OpenReport "rptChap10_504", acViewPreview

Exit_Here:
  Exit Sub

Err_Handler:
  If Err.Number = 2501 Then
    MsgBox "レポートは開かれませんでした！"
  End If
  Resume Exit_Here

End Sub
```

505 印刷データが空のときは印刷しないようにしたい

ポイント NoData/空データ時イベント

印刷データが空のときは印刷しないようにするには、「NoData/空データ時」イベントを使います。

このイベントは印刷前にそのレコードソースとなっているテーブルなどのレコード数を確認し、それが0件のときに発生します。このイベントを使わずスキップしてもエラーにはなりませんが、詳細セクションには何も出力されません。しかしこのイベントを使うことで、そのような状態になることを検知し、警告メッセージを表示したり、レポートを開くことをキャンセルしたりすることができます。

次のプログラム例では、NoData/空データ時イベントプロシージャで印刷データがない旨のメッセージを表示します。

またイベントプロシージャの引数「Cancel」に"True"を代入することで、レポートを開かないようにします。

このレポートを開くプログラムでは、例として意図的に空データになるような抽出条件を指定しています。このときOpenReportメソッドでエラーが発生します。ここでは「On Error Resume Next」を使ってそれを無視しています。

■ **プログラム例**

RptChap10_505、Sub Sample505

```
【レポートモジュール】
Private Sub Report_NoData(Cancel As Integer)
'レポートの空データ時

  'メッセージを表示
  MsgBox "印刷するデータは1件もありません！", vbOKOnly + vbExclamation

  'レポートは開かない
  Cancel = True

End Sub

【標準モジュール】
Sub Sample505()

  'レポートを抽出条件を指定して開く（空データになる条件）
  On Error Resume Next
  DoCmd.OpenReport "rptChap10_505", acViewPreview, , "顧客コード = 0"

End Sub
```

506 レコードソース以外のテーブル値で印刷可否を切り替えたい

ポイント　Open/開く時イベント

「Open/開く時」イベントプロシージャは「Cancel」という引数を持っています。そのプロシージャ内でこれに"True"を代入することで、開くというイベントをキャンセル、つまりレポートを開かないようにすることができます。

このイベントプロシージャでは、開くにあたっての事前処理を行うこともできます。また開くかどうかの判断を行うこともできます。任意の処理を実行できますので、ここでレコードソース以外のテーブルからデータを取得し、その値に応じて開く開かないの切り替えを行うこともできます。

次のプログラム例では、「stblシステム管理」テーブルにあるYes/No型の「使用可否」フィールドの値をDFirst関数で取得します。その値がFalseであればメッセージを表示、「Cancel = True」としてレポートを開きません。

※ そのまま開く場合は「Cancel = False」とする必要はありません。"False" が既定値ですので記述は省略できます。

■ プログラム例

RptChap10_506

```
Private Sub Report_Open(Cancel As Integer)
'レポートを開く時

  Dim blnEnabled As Boolean

  'テーブルから使用可否を取得
  blnEnabled = DFirst("使用可否", "stblシステム管理", "画面帳票名 = '顧客一覧表'")

  If Not blnEnabled Then
    '使用不可ならレポートを開かない
    MsgBox "現在このレポートは使用不可です！", vbOKOnly + vbExclamation
    Cancel = True
  End If

End Sub
```

507 データに応じて太字で印刷したい

ポイント FontBoldプロパティ、詳細セクションのFormat/フォーマット時イベント

テキストボックス等を"太字"にするには、その「FontBold」プロパティに"True"を代入します。

またレポートのデザインにおいては、通常は詳細セクションにレコードソースのフィールドと連結したコントロールを配置します。そのため、「詳細セクションのFormat/フォーマット時」イベントプロシージャを使ってプロパティ設定を行うことで、各行のデータ(レコード)ごとにその設定を切り替えることができます。またその際、別の連結コントロールの値によって設定値を切り替えることもできます。

次のプログラム例では、「性別」コントロールの値が"男"である場合は変数blnBoldに"True"を、そうでない場合は"False"を代入します。FontBoldプロパティもTrue／Falseの2値ですので、各コントロールにその値をそのまま代入して、男なら太字に設定します。

■ プログラム例

RptChap10_507

```
Private Sub 詳細_Format(Cancel As Integer, FormatCount As Integer)
'詳細セクションフォーマット時

  Dim blnBold As Boolean

  '男ならTrueに設定
  blnBold = (Me!性別 = "男")

  '各コントロールの太字を設定
  With Me
    !顧客コード.FontBold = blnBold
    !顧客名.FontBold = blnBold
    !フリガナ.FontBold = blnBold
    !性別.FontBold = blnBold
    !生年月日.FontBold = blnBold
    !血液型.FontBold = blnBold
    !住所1.FontBold = blnBold
  End With

End Sub
```

508 データに応じて背景色を付けたい

ポイント　BackColorプロパティ

レポートに出力される連結コントロールの各データに応じて背景色を付けるには、「詳細セクションのFormat/フォーマット時」イベントを使って、「BackColor」プロパティをそれぞれの値に設定します。

次のプログラム例では、「血液型」コントロールの値に応じて、RGB関数でそれぞれの色を設定、各コントロールのBackColorプロパティにその値を代入します。

■ プログラム例

RptChap10_508

```
Private Sub 詳細_Format(Cancel As Integer, FormatCount As Integer)
'詳細セクションフォーマット時

  Dim lngColor As Long

  '血液型に応じて背景色を設定
  Select Case Me!血液型
    Case "A"
      lngColor = RGB(220, 240, 220)
    Case "B"
      lngColor = RGB(255, 200, 180)
    Case Else
    lngColor = RGB(255, 255, 255)
  End Select

  '各コントロールの背景色を設定
  With Me
    !顧客コード.BackColor = lngColor
    !顧客名.BackColor = lngColor
    !フリガナ.BackColor = lngColor
    !性別.BackColor = lngColor
    !生年月日.BackColor = lngColor
    !血液型.BackColor = lngColor
    !住所1.BackColor = lngColor
  End With

End Sub
```

509 データに応じて枠で囲みたい

ポイント BorderStyle／BorderWidth／BorderColorプロパティ

レポートに出力される連結コントロールの各データに応じて枠で囲む（境界線を表示する）には、「詳細セクションのFormat/フォーマット時」イベントを使って、次のようなプロパティを設定します。

- **BorderStyle**…………**境界線スタイル**
- **BorderWidth**…………**境界線幅**
- **BorderColor**…………**境界線色**

次のプログラム例では、「血液型」コントロールの値が"O"なら、赤く細い実線でそのコントロールを囲んで印刷します。

※ 枠線を付けない場合には境界線スタイルを " 透明 " にするだけです。透明なので幅や色は意味を持ちません。

■ **プログラム例** RptChap10_509

```
Private Sub 詳細_Format(Cancel As Integer, FormatCount As Integer)
'詳細セクションフォーマット時

  With Me!血液型
    If .Value = "O" Then
      '血液型がOなら枠線を表示
      .BorderStyle = 1 ———— 実線
      .BorderWidth = 1 ———— 細線
      .BorderColor = vbRed ——— 赤
    Else
      'それ以外なら枠線を非表示
      .BorderStyle = 0 ———— 透明
    End If
  End With

End Sub
```

510 データに応じて取り消し線を付けたい

ポイント 直線コントロールのVisibleプロパティ

Accessのフォント設定には太線・下線・斜体はありますが取り消し線はありません。そこであらかじめ、レポートのデザイン上で取り消し線の代わりとなる直線コントロールを詳細セクションに配置しておきます。

そして、「詳細セクションのFormat/フォーマット時」イベントにおいて、各レコードのデータの値を調べ、それに応じて直線コントロールの「Visible」プロパティのTrue／Falseを切り替えます。

次のプログラム例では、「血液型」コントロールの値が"O"なら直線コントロール「lin直線」を表示、つまりO型のレコードには取り消し線を引きます。

■ プログラム例

RptChap10_510

```
Private Sub 詳細_Format(Cancel As Integer, FormatCount As Integer)
'詳細セクションフォーマット時

  Dim blnVisible As Boolean

  '血液型がOならTrueに設定
  blnVisible = (Me!血液型 = "O")

  '直線コントロールの可視プロパティを設定（O型ならTrue）
  Me!lin直線.Visible = blnVisible

End Sub
```

実行例

顧客コード	顧客名	フリガナ	性別	生年月日	血液型	住所1
1	坂井 真緒	サカイ マオ	女	1990/10/19	A	高知県高岡郡越知町越知乙1-5-9
2	澤田 雄也	サワダ ユウヤ	男	1980/02/27	AB	山梨県都留市川棚1-17-9
3	井手 久雄	イデ ヒサオ	男	1992/03/01	B	鹿児島県枕崎市宮田町4-16
4	栗原 研治	クリハラ ケンジ	男	1984/11/05	B	栃木県さくら市草川3-1-7
5	内村 海士	ウチムラ アマト	男	2000/08/05	A	福井県小浜市熊野4-18-16
6	戸塚 松夫	トツカ マツオ	男	1982/04/15	A	三重県亀山市山下町1-8-6
7	塩崎 泰	シオザキ ヤスシ	男	1973/05/26	A	三重県桑名市萱町1-8
8	菅野 瑞樹	スガノ ミズキ	女	1977/02/05	O	京都府京都市山科区大宅鳥田町2-
9	宮田 有紗	ミヤタ アリサ	女	1974/08/16	B	宮崎県日向市中町1-1-14
10	畠山 美佳	ハタケヤマ ミカ	女	1964/11/14	B	福井県越前市萱谷町4-4
11	山崎 正文	ヤマザキ マサフミ	男	1977/04/02	AB	東京都港区麻布十番2-13-9
12	並木 幸三郎	ナミキ コウザブロウ	男	1974/01/24	A	福岡県京都郡みやこ町犀川下高屋2-
13	佐久間 瑞穂	サクマ ミズホ	女	1982/06/26	O	神奈川県横浜市南区大橋町3-2
14	成田 美和	ナリタ ミワ	女	1991/01/29	B	京都府京都市伏見区醍醐御霊ケ下
15	岩下 省三	イワシタ ショウゾウ	男	1990/12/05	AB	東京都港区芝公園1-8
16	川端 心乃葉	カワバタ コノハ	女	1993/10/24	O	大分県由布市挾間町東院4-20-13
17	福田 華	フクダ ハナ	女	1969/06/09	O	福井県坂井市三国町竹松2-20-6
18	上条 松夫	カミジョウ マツオ	男	1988/04/18	O	山梨県山梨市下栗原4-7-19
19	矢崎 清吾	ヤザキ セイゴ	男	1963/10/20	O	香川県三豊市仁尾町仁尾己4-4-20

511 データに応じてアイコンの可視／非可視を切り替えたい

ポイント　イメージコントロールのVisibleプロパティ

レポートの詳細セクションにアイコンを配置し、データに応じてその可視／非可視を切り替えることで、特定のデータだけに目印を付けることができます。

レポートのデザインにあらかじめアイコン画像を表示するイメージコントロールを配置しておきます。そして、「詳細セクションのFormat/フォーマット時」イベントにおいて、各レコードのデータの値を調べ、それに応じてその「Visible」プロパティのTrue／Falseを切り替えます。

次のプログラム例では、「生年月日」コントロールの値が1990年代ならイメージコントロール「imgマーク」を可視（Visible = True）に設定して、レポートに出力されるようにします。

■ **プログラム例**　　RptChap10_511

```
Private Sub 詳細_Format(Cancel As Integer, FormatCount As Integer)
'詳細セクションフォーマット時

  Dim blnVisible As Boolean

  '生年月日が1990年代ならTrueに設定
  blnVisible = (Me!生年月日 >= #1/1/1990# And Me!生年月日 <= #12/31/1999#)

  'イメージコントロールの可視プロパティを設定
  Me!imgマーク.Visible = blnVisible

End Sub
```

実行例

	顧客コード	顧客名	フリガナ	性別	生年月日	血液型	住所1
☑	1	坂井 真緒	サカイ マオ	女	1990/10/19	A	高知県高岡郡越知町越知乙1-5-9
	2	澤田 雄也	サワダ ユウヤ	男	1980/02/27	AB	山梨県都留市川棚1-17-9
☑	3	井手 久雄	イデ ヒサオ	男	1992/03/01	B	鹿児島県枕崎市宮田町4-16
	4	栗原 研治	クリハラ ケンジ	男	1984/11/05	B	栃木県さくら市草川3-1-7
	5	内村 海士	ウチムラ アマト	男	2000/08/05	A	福井県小浜市熊野4-18-16
	6	戸塚 松夫	トツカ マツオ	男	1982/04/15	A	三重県亀山市山下町1-8-6
	7	塩崎 泰	シオザキ ヤスシ	男	1973/05/26	A	三重県桑名市萱町1-8
	8	菅野 瑞樹	スガノ ミズキ	女	1977/02/05	O	京都府京都市山科区大宅鳥田町2-
	9	宮田 有紗	ミヤタ アリサ	女	1974/08/16	B	宮崎県日向市中町1-1-14
	10	畠山 美佳	ハタケヤマ ミカ	女	1964/11/14	B	福井県越前市萱谷町4-4
	11	山崎 正文	ヤマザキ マサフミ	男	1977/04/02	AB	東京都港区麻布十番2-13-9
	12	並木 幸三郎	ナミキ コウザブロウ	男	1974/01/24	A	福岡県京都郡みやこ町犀川下高屋2-
	13	佐久間 瑞穂	サクマ ミズホ	女	1982/06/26	O	神奈川県横浜市南区大橋町3-2
☑	14	成田 美和	ナリタ ミワ	女	1991/01/29	B	京都府京都市伏見区醍醐御霊ケ下
☑	15	岩下 省三	イワシタ ショウゾウ	男	1990/12/05	AB	東京都港区芝公園1-8
☑	16	川端 心乃葉	カワバタ コノハ	女	1993/10/24	O	大分県由布市挾間町東院4-20-13
	17	福田 華	フクダ ハナ	女	1969/06/09	O	福井県坂井市三国町竹松2-20-6
	18	上条 松夫	カミジョウ マツオ	男	1988/04/18	O	山梨県山梨市下栗原4-7-19
	19	矢崎 清吾	ヤザキ セイゴ	男	1963/10/20	O	香川県三豊市仁尾町仁尾己4-4-20

512 日にちラベルの土日の背景色を赤色にしたい

ポイント　Weekday関数、BackColorプロパティ

ページヘッダーセクションに日にちを表す「1」～「31」の標題のラベルコントロールが並んでおり、ある年月についてそれぞれの日にちが土日のものについて、その背景色を赤色にするプログラム例です。次のように記述しています。

- **例では、年月をその1日のDate型の定数として宣言します（ここでは2023年4月を2023/4/1として宣言）。**
- **1日～31日のループを構成します（カウンタ変数はiintDay）。**
- **DateSerial関数に指定年・指定月・iintDayの日にちの3つを引数として渡し、その年月日を取得します。**
- **その年月日の曜日をWeekday関数で取得します。**
- **その値が土曜または日曜（組み込み定数vbSaturdayかvbSunday）なら、ラベルのBackColorプロパティに赤色を指定します。**

※ ここでは前提としてラベルの名前は「lblDay1」～「lblDay31」としています。ループ内でのある1日のラベルは「Me("lblDay" & iintDay)」のような記述で参照できます。

■ **プログラム例**

RptChap10_512

```
Private Sub ページヘッダーセクション_Format(Cancel As Integer, FormatCount As Integer)
'ページヘッダーセクションフォーマット時

  Dim dtmDay As Date
  Dim iintDay As Integer
  Const cdtmYMD As Date = #4/1/2023#

  '1日～31日のループ
  For iintDay = 1 To 31
    '1日分の年月日を設定
    dtmDay = DateSerial(Year(cdtmYMD), Month(cdtmYMD), iintDay)
    If Weekday(dtmDay) = vbSaturday Or Weekday(dtmDay) = vbSunday Then
      '土日なら背景色を赤に設定
      Me("lblDay" & iintDay).BackColor = vbRed
    End If
  Next iintDay

End Sub
```

513 日にちと曜日のラベルを年月に応じて設定したい

ポイント DateSerial関数、Weekday関数

ページヘッダーセクションに日にちと曜日を表示するそれぞれ31個のラベルコントロールが並んでおり、ある年月についてそれぞれの標題を動的に設定するとともに、その年月にない末日（4月31日など）は標題を空欄にするプログラム例です。次のように記述しています。

- **例では、年月をその1日のDate型の定数として宣言します（ここでは2023年4月を2023/4/1として宣言）。**
- **DateSerial関数の2つめの引数に「その月+1」、3つめに「0」を指定することでその年月の月末日を取得します。**
- **1日～31日のループを構成します（カウンタ変数はiintDay）。**
- **iintDayの年月日が月末日以前ならWeekday関数で曜日を取得し標題（Captionプロパティ）に設定します。月末日より後ろなら標題を空欄にします。**

■ **プログラム例** RptChap10_513

```
Private Sub ページヘッダーセクション_Format(Cancel As Integer, FormatCount As
Integer)
'ページヘッダーセクションフォーマット時

  Dim intLastDay As Integer, dtmDay As Date, strWeekDay As String,
iintDay As Integer
  Const cdtmYMD As Date = #4/1/2023#

  intLastDay = Day(DateSerial(Year(cdtmYMD), Month(cdtmYMD) + 1, 0)) ── 月末日を取得
  For iintDay = 1 To 31 ── 1日～31日のループ
    If iintDay <= intLastDay Then                    1日分の年月日を設定
      dtmDay = DateSerial(Year(cdtmYMD), Month(cdtmYMD), iintDay) ──
      strWeekDay = Choose(Weekday(dtmDay), "日", "月", "火", "水", "木", "
金", "土") ── その日の曜日を設定
      Me("lblDay" & iintDay).Caption = iintDay ── 日にちと曜日ラベルの標題を設定
      Me("lblYobi" & iintDay).Caption = strWeekDay
    Else
      Me("lblDay" & iintDay).Caption = "" ── 月末日より後ろは標題を空欄に設定
      Me("lblYobi" & iintDay).Caption = ""
    End If
  Next iintDay

End Sub
```

514 文字数に応じてテキストボックスのフォントサイズを変えたい

ポイント | FontSizeプロパティ

テキストボックスに出力する文字数が多く1行に収まらない場合、プロパティシートで「印刷時拡張」プロパティを"はい"に設定しておくと、文字数に応じて自動的にコントロールが高くなり、すべての文字が収まるように調整してくれます。

一方、コントロールの高さはそのままで、文字数に応じてテキストボックスのフォントサイズを調整（文字数が多ければフォントを小さくする）したい場合には、「FontSize」プロパティを使います。

次のプログラム例では、「住所1」テキストボックスの値を半角／全角を区別して文字数チェック、それが30文字以上ならFontSizeプロパティを「8」に、それ以外は「10」に設定します。

※ ここでの「30」や「8」はおおよその目安です。実際に出力してみてその設定値を調整します。

※ 住所１の文字数はレコードによって異なりますので、レコードごとに発生する「詳細セクションのFormat/フォーマット時」イベントプロシージャでこの処理を行います。

■ プログラム例

RptChap10_514

```
Private Sub 詳細_Format(Cancel As Integer, FormatCount As Integer)
'詳細セクションフォーマット時

  With Me!住所1
    '半角／全角を区別して長さをチェック
    If LenB(StrConv(Nz(.Value), vbFromUnicode)) >= 30 Then
      .FontSize = 8
    Else
      .FontSize = 10
    End If
  End With

End Sub
```

実行例

顧客コード	顧客名	フリガナ	性別	生年月日	血液型	住所1
1	坂井 真緒	サカイ マオ	女	1990/10/19	A	高知県高岡郡越知町越知乙1-5-9
2	澤田 雄也	サワダ ユウヤ	男	1980/02/27	AB	山梨県都留市川棚1-17-9
3	井手 久雄	イデ ヒサオ	男	1992/03/01	B	鹿児島県枕崎市宮田町4-16
4	栗原 研治	クリハラ ケンジ	男	1984/11/05	B	栃木県さくら市草川3-1-7
5	内村 海士	ウチムラ アマト	男	2000/08/05	A	福井県小浜市熊野4-18-16
6	戸塚 松夫	トツカ マツオ	男	1982/04/15	A	三重県亀山市山下町1-8-6
7	塩崎 泰	シオザキ ヤスシ	男	1973/05/26	A	三重県桑名市萱町1-8
8	菅野 瑞樹	スガノ ミズキ	女	1977/02/05	O	京都府京都市山科区大宅鳥田町2-5
9	宮田 有紗	ミヤタ アリサ	女	1974/08/16	B	宮崎県日向市中町1-1-14
10	畠山 美佳	ハタケヤマ ミカ	女	1964/11/14	B	福井県越前市萱谷町4-4
11	山崎 正文	ヤマザキ マサフミ	男	1977/04/02	AB	東京都港区麻布十番2-13-9
12	並木 幸三郎	ナミキ コウザブロウ	男	1974/01/24	A	福岡県京都郡みやこ町犀川下高屋2-19-19

515 ページの余白を設定したい

ポイント　Printerオブジェクト、TopMargin／BottomMargin／LeftMargin／RightMarginプロパティ

ページの余白をプログラムから設定するには、レポートの「Printer」オブジェクトの次のプロパティを設定します。

- **TopMargin**……………**上余白**
- **BottomMargin**……**下余白**
- **LeftMargin**……………**左余白**
- **RightMargin**…………**右余白**

ページ設定ダイアログでの設定値の単位は「mm」ですが、VBAで設定する場合は「Twips」です。1cmは567Twipsです。プログラム例ではその換算値を定数「cTwipMM」で宣言しておき、プロパティ設定する行では「設定したいmm単位の余白×定数値」で計算します。

■ **プログラム例**　　RptChap10_515

```
Private Sub Report_Open(Cancel As Integer)
'レポートを開く時

  Const cTwipMM = 567 / 10

  With Me.Printer
    .TopMargin = 40 * cTwipMM ——— 上 40mm
    .BottomMargin = 50 * cTwipMM —— 下 50mm
    .LeftMargin = 10 * cTwipMM ——— 左 10mm
    .RightMargin = 6 * cTwipMM ——— 右 6mm
  End With

End Sub
```

実行例

顧客コード	顧客名	フリガナ	性別	生年月日	血液型	住所1
1	坂井 真緒	サカイ マオ	女	1990/10/19	A	高知県高岡郡越知町越知乙1-5-9
2	澤田 雄也	サワダ ユウヤ	男	1980/02/27	AB	山梨県都留市川棚1-17-9
3	井手 久雄	イデ ヒサオ	男	1992/03/01	B	鹿児島県枕崎市宮田町4-16
4	栗原 研治	クリハラ ケンジ	男	1984/11/05	B	栃木県さくら市草川3-1-7
5	内村 海士	ウチムラ アマト	男	2000/08/05	A	福井県小浜市飯野4-18-16

516 ページ設定ダイアログを表示させたい

ポイント	RunCommandメソッド
構文	DoCmd.RunCommand acCmdPageSetup

　ページ設定ダイアログはレポートをプレビューしたときにリボンの操作で開くことができますが、プログラムを使ってプレビュー表示と同時に自動的に開くには、DoCmdオブジェクトの「RunCommand」メソッドに組み込み定数「acCmdPageSetup」を指定して実行します。

　このメソッドはアクティブなレポートに対して作用します。よって、レポートを開いた直後に実行するか、対象レポートがアクティブになっている状態で実行します。

　次のプログラム例では、RunCommandメソッド実行前に「On Error Resume Next」ステートメントを記述し、それ以降で発生するエラーを無視します。これはページ設定ダイアログで［キャンセル］ボタンが選択されたときに発生する「RunCommandアクションの実行は取り消されました」エラーを無視するためです。

■ **プログラム例**

Sub Sample516

```
Sub Sample516()

  'レポートを開く
  DoCmd.OpenReport "rptChap10_A", acViewPreview

  'ページ設定ダイアログを表示
  On Error Resume Next
  DoCmd.RunCommand acCmdPageSetup

End Sub
```

実行例

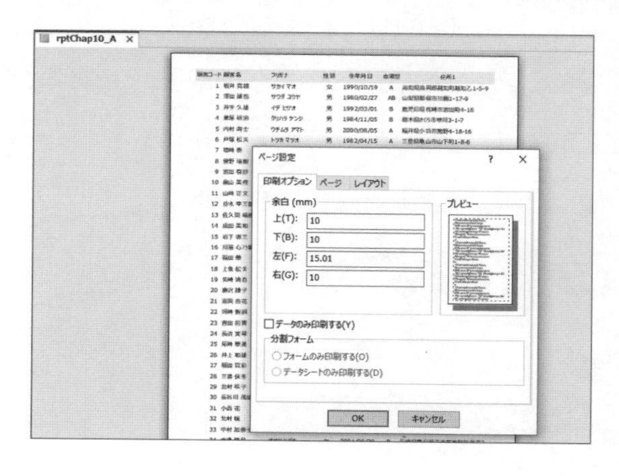

517 印刷ダイアログを表示したい

ポイント	RunCommandメソッド
構文	DoCmd.RunCommand acCmdPrint

印刷ダイアログは、プレビュー状態からリボンの［印刷］ボタンで印刷を行う際に表示されるダイアログです。

印刷する際は常に印刷するページ範囲を指定したり部数を指定したりできるようにしたい場合には、DoCmdオブジェクトの「RunCommand」メソッドに組み込み定数「acCmdPrint」を指定して実行します。それによって、レポートのプレビューと同時に印刷ダイアログを開くことができます（直接印刷したい場合でもいったんプレビューを開きます）。

このメソッドはアクティブなレポートに対して作用します。よって、レポートを開いた直後に実行するか、対象レポートがアクティブになっている状態で実行します。

次のプログラム例では、RunCommandメソッド実行前に「On Error Resume Next」ステートメントを記述し、それ以降で発生するエラーを無視します。これは印刷ダイアログで［キャンセル］ボタンが選択されたときに発生する「RunCommandアクションの実行は取り消されました」エラーを無視するためです。

■ **プログラム例**

Sub Sample517

```
Sub Sample517()

    'レポートを開く
    DoCmd.OpenReport "rptChap10_A", acViewPreview

    '印刷ダイアログを表示
    On Error Resume Next
    DoCmd.RunCommand acCmdPrint

End Sub
```

実行例

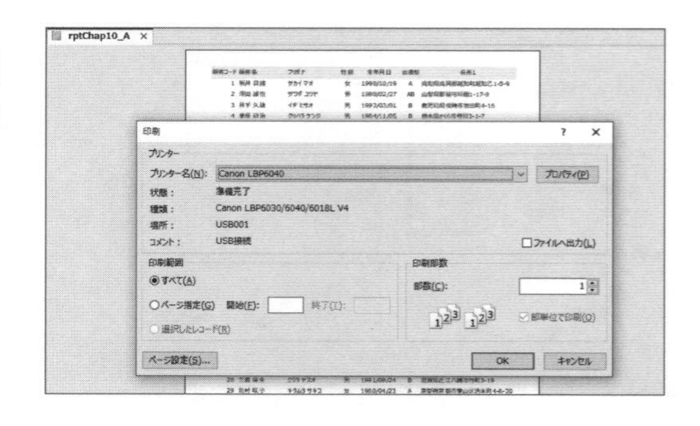

518 複数レポートに連続したページ番号を振りたい

ポイント　Public変数、ページフッターセクションのFormat/フォーマット時

レポートでは、ページヘッダーやフッターセクションにテキストボックスを配置し、そのコントロールソースプロパティを「=[Page]」という式にするだけで、自動的に各ページの番号が出力されます。しかしその場合はあくまでもレポートごとに「1」から始まるページ番号です。

一方、複数のレポートを連続して印刷する場合、それらで連続したページ番号（通し番号）を振るには、次のようなプログラムを作ります。

- **連続するページ番号を複数のレポートモジュールから共有できるよう、"標準モジュール"のDeclarationsセクションに「Public」を付けてその変数を宣言します（プログラム例では「pintPageNum」）。**
- **テキストボックスがページフッターセクションに配置されている場合、「ページフッターセクションのFormat/フォーマット時」イベントプロシージャを作ります。**
  - **このイベントプロシージャは連続印刷するすべてのレポートに記述します。**
- **そのプロシージャにおいて、Public変数値をインクリメントします。**
  - **例では印刷開始前に「0」に初期化していますので、最初のレポートはそれに+1されて「1」から始まることになります。**
- **さらに、インクリメントされた値を実際に出力するテキストボックスに代入します。**

※ プログラム例では、イベントプロシージャの引数「FormatCount」の値をチェックしています。このイベントは各ページで1回のみとは限らず、フォーマット調整のために複数回発生する場合があります。その回数を取得するのがこの引数です。ここではその1回目のときだけ処理するよう条件式を付加しています。

※ 例では同じレポートを、抽出条件を変えて3つ連続で印刷します。

※ この例はレポートの"印刷用"です。プレビューしたときは想定通りの動作をしないことがあります。

■ **プログラム例**　　rptChap10_518、Sub Sample518

```
【レポートモジュール】
Private Sub ページフッターセクション_Format(Cancel As Integer, FormatCount As Integer)
'ページフッターセクションフォーマット時

  If FormatCount = 1 Then
    'ページごとに連続するページ番号をインクリメント
    pintPageNum = pintPageNum + 1
    '連続するページ番号をテキスボックスに代入
```

```
    Me!txtページ番号 = pintPageNum
  End If

End Sub


【標準モジュール】
Public pintPageNum As Integer ── 複数レポートの連続するページ番号（Declarationsセクションで宣言）
Sub Sample518()

  '連続するページ番号を初期化
  pintPageNum = 0

  '複数のレポートを連続して開く
  DoCmd.OpenReport "rptChap10_518", , , "顧客コード BETWEEN 1 AND 40"
  DoCmd.OpenReport "rptChap10_518", , , "顧客コード BETWEEN 41 AND 50"
  DoCmd.OpenReport "rptChap10_518", , , "顧客コード BETWEEN 51 AND 60"
  DoCmd.OpenReport "rptChap10_518", , , "顧客コード BETWEEN 61 AND 70"

End Sub
```

実行例

33	中村 加奈子	ナカムラ カナコ	女	1982/11/14	B	長崎県東彼杵郡東彼杵町菅無田郷4
34	大津 柊月	オオツ ヒヅキ	女	2001/08/20	B	長崎県南島原市西有家町慈恩寺2-
35	山中 奏	ヤマナカ カナデ	女	1983/02/14	O	愛知県新城市細川4-6-12
36	湊 忠治	ミナト タダハル	男	1986/04/27	B	新潟県佐渡市東大通2-18-4
37	安田 竜雄	ヤスダ タツオ	男	1965/05/01	A	埼玉県川越市富士見町1-6-16
38	鬼頭 陽香	キトウ ハルカ	女	1989/07/29	A	岐阜県多治見市長瀬町4-10

ページ番号 1

ページ番号 2

519 レポートをPDFファイルに出力したい

ポイント	OutputToメソッド
構文	DoCmd.OutputTo acOutputReport, レポート名, acFormatPDF, PDFファイルのパス, [起動]

レポートをPDFファイルに出力するには、DoCmdオブジェクトの「OutputTo」メソッドを使います。

このメソッドはレポートだけでなく、テーブルやフォームなどもその印刷フォーマットを外部のファイルに出力することができます。この1つめと3つめの引数にそれぞれ組み込み定数「acOutputReport」と「acFormatPDF」を指定することで、レポートをPDFファイル形式で出力することができます。2つめの引数には出力するレポート名を、4つめにはPDFファイルのパスを指定します。

次のプログラム例では、レポート「rptChap10_A」を、自身のデータベースファイルと同じフォルダに「顧客一覧表.pdf」という名前で出力します。次のように記述しています。

- **「CurrentProject.Path」で自身のデータベースファイルが置かれている場所のドライブ+フォルダを取得します。**
- **OutputToメソッドでは既存の同名ファイルは上書きされます。**
- **OutputToメソッドは、印刷処理を行いそのデータをプリンタではなくファイルに送るイメージです。よってメソッド実行時には印刷中のページ数を表示する画面が表示されます。そこで[キャンセル]が選択されたときは「OutputToアクションの実行は取り消されました」エラーが発生します。**

■ プログラム例

Sub Sample519

```
Sub Sample519()

  Dim strReportName As String
  Dim strPDFPath As String

  strReportName = "rptChap10_A" ——— 出力元のレポート名
  strPDFPath = CurrentProject.Path & "¥顧客一覧表.pdf" ——— 出力先のPDFファイルのパス
  'レポートをPDFファイルとして出力
  DoCmd.OutputTo acOutputReport, strReportName, acFormatPDF, strPDFPath

End Sub
```

520 抽出条件を指定してレポートをPDFに出力したい

ポイント | OpenReportメソッド、OutputToメソッド

「OutputTo」メソッドを使ってレポートをPDFファイルに出力する場合、レポートを印刷する「OpenReport」メソッドのような抽出条件を指定する引数はありません。レコードソースの全レコードが出力されますので、事前にクエリで抽出を行い、それをレコードソースにするなどの方法が必要となります。

一方、次のような手順でプログラムを実行すると、レポートを開く際に抽出条件を指定して、それが反映されたレポートをPDFファイルに出力することができます。

- **① まず、OpenReportメソッドの引数に抽出条件とともに組み込み定数「acViewPreview」、「acHidden」を指定して、レポートのプレビューを"非表示"の状態で開く**
- **② OutputToメソッドを実行してそのレポートをPDFファイルに出力する**
- **③ 最後に非表示のレポートを閉じる**

■ **プログラム例**

Sub Sample520

```
Sub Sample520()

  Dim strReportName As String
  Dim strPDFPath As String
  Dim strWhere As String

  strReportName = "rptChap10_A" ——— 出力元のレポート名
  strPDFPath = CurrentProject.Path & "¥顧客一覧表.pdf" ——— 出力先のPDFファイルのパス
  strWhere = "住所1 LIKE '東京都*'" ——— 抽出条件

  'レポートを非表示で開く
  DoCmd.OpenReport strReportName, acViewPreview, , strWhere, acHidden

  'レポートをPDFファイルとして出力
  DoCmd.OutputTo acOutputReport, strReportName, acFormatPDF, strPDFPath

  'プレビュー表示されたレポートを閉じる
  DoCmd.Close acReport, strReportName

End Sub
```

521 PDF出力後に開くかどうかをチェックボックスで指定したい

ポイント	OutputToメソッド
構文	DoCmd.OutputTo acOutputReport, レポート名, acFormatPDF, PDFファイルのパス, [起動]

レポートをPDFファイルに出力するDoCmdオブジェクトの「OutputTo」メソッドでは、5つめの引数"起動"を指定することで、ファイル出力が完了したあとにそのファイルを関連付けられたアプリケーションで開くかどうかを指定することができます。

その設定値はTrue／Falseで、Trueを指定すると拡張子に対応した当該アプリケーションが自動起動してそのファイルを開きます。

一方、チェックボックスのValueプロパティもTrue／Falseです。「.Value」は省略してコントロール名をそのまま引数とすることで、フォーム上のチェックボックス（例では「chkAutoOpen」）で自動起動するかしないかを指定することができます。

■ **プログラム例**

frmChap10_521

```
Private Sub cmdPDFファイル出力_Click()
'［PDFファイル出力］ボタンクリック時

  Dim strReportName As String
  Dim strPDFPath As Stringr

  strReportName = "rptChap10_A" ——— 出力元のレポート名
  strPDFPath = CurrentProject.Path & "¥顧客一覧表.pdf" ——— 出力先のPDFファイルのパス

  'レポートをPDFファイルとして出力（5つめの引数にチェックボックスを指定）
  DoCmd.OutputTo acOutputReport, strReportName, acFormatPDF, strPDFPath,
Me!chkAutoOpen

End Sub
```

実行例

frmChap10_521

☑ 出力後にファイルを開く　PDFファイル出力

顧客コード	1		
顧客名	坂井 真緒	フリガナ	サカイ マオ
性別	女	生年月日	1990/10/19
郵便番号	781-1302		
住所1	高知県高岡郡越知町越知乙1-5-9		
住所2			
血液型	A		

522 宛名ラベルの印刷開始位置を指定したい

ポイント　NextRecordプロパティ、Visibleプロパティ

宛名ラベルの印刷において、行列状に配置されたラベルの何枚目から印刷開始するかを指定できるようにするには、レポートの「NextRecord」プロパティ、コントロールの「Visible」プロパティを操作します。何枚目から印刷するかというより、先頭は同じレコードを出力しつつも印刷はしないという観点のプログラムになります。

それには、次のような要点でプログラムを作ります。

- **まずこの処理では、先頭の何枚をブランクとするか、また現在何枚目まで進んでいるかを複数のイベントプロシージャで共通利用するため、その変数をDeclarationsセクションで宣言します（プログラム例では「pintBlankNum」と「pintPrintNum」）。**
- **「Open/開く時」イベントプロシージャでインプットボックスを表示し、ユーザーが印刷開始位置を入力するともに、その値から1マイナスした値を変数pintBlankNumに代入します（開始位置-1までがブランクとなるため）。**

  ※ インプットボックスの入力値については、本来は数値かどうか正数かどうかなどをチェックすべてきですが、例では省略しています。

  ※ 同時に変数 pintPrintNum を「0」に初期設定しています。VBA では、数値型変数は何もしなくても初期値は「0」ですので省略することができます。ここではあえて明示しています。
- **「詳細セクションのFormat/フォーマット時」イベントプロシージャで、進捗に合わせた1枚ごとの印刷を制御します。**
  - **印刷開始位置より前、つまり印刷済み枚数＜ブランク枚数ならレコード移動せず、各コントロールも非表示にします。**
  - **"レコード移動しない"という設定を行うのが「NextRecord」プロパティです。
ここに"False"を設定するとレコード移動が行われず、同じレコードが出力され続けます。**
  - **通常のレポートではこのプロパティを設定することはありませんが、その場合は1行出力されると次レコードに移動する"True"の状態になっています。**
  - **詳細セクションに配置されているすべてのコントロールについて、「Visible」プロパティを"False"に設定します。非表示にしないとその枚数分同じレコードの内容が印刷されてしまうためです。**
  - **1枚分の処理が進んだら印刷済み枚数「pintPrintNum」をインクリメントします。それによって印刷開始位置になると上記の条件分岐の流れが変わります。**

■ プログラム例

RptChap10_522

```
Private pintBlankNum As Integer ── ブランク枚数（Declarationsセクションで宣言）
Private pintPrintNum As Integer ── 印刷済み枚数（          〃          ）

Private Sub Report_Open(Cancel As Integer)
'レポートを開く時

  Dim intStartNum As Integer

  intStartNum = InputBox("何枚めから印刷を開始しますか？") ── 印刷開始位置を入力
  pintBlankNum = intStartNum - 1 ──────────── ブランク枚数を設定
  pintPrintNum = 0 ──────────────────── 印刷済み枚数を初期設定

End Sub

Private Sub 詳細_Format(Cancel As Integer, FormatCount As Integer)
'詳細セクションフォーマット時

  Dim blnVisible As Boolean

  If pintPrintNum < pintBlankNum Then ── 印刷済み枚数<ブランク枚数のとき
    blnVisible = False ────────── 各コントロールを非表示
    Me.NextRecord = False ──────── レコード移動しない
  Else
    blnVisible = True ─────────── 各コントロールを表示
    Me.NextRecord = True ───────── レコード移動する
  End If

  With Me ──────────────────── コントロールの表示／非表示を設定
    !郵便番号.Visible = blnVisible
    !住所1.Visible = blnVisible
    !住所2.Visible = blnVisible
    !顧客名.Visible = blnVisible
  End With

  pintPrintNum = pintPrintNum + 1 ──── 印刷済み枚数をインクリメント

End Sub
```

Chap 10 印刷・レポート

523 QRコードの印刷内容をデータに応じて切り替えたい

ポイント　コントロールソースでのFunctionプロシージャ

QRコードの印刷内容（コード化する値）をレコードのデータに応じて切り替えたい場合、テキストボックスなどとは違い、詳細セクションのフォーマット時に個別にValueプロパティを設定するということができません。

そこで次のようにして、Functionの返り値が各レコードのQRコードとして出力されるようにします。

- **データに応じて出力内容を切り替えるコードをFunctionプロシージャとして作成する（例では「SetQRData」プロシージャ）。**
- **プロパティシートにおいて、QRコードを出力するコントロールの「コントロールソース」プロパティを「=SetQRData()」のように設定する（=とカッコを付けることに注意）**

※ レポートの場合、プログラムで参照するデータ（例では血液型・郵便番号・メールアドレス）はすべてフィールドと連結したコントロールとして配置しておく必要があります（非表示でも可）。レポートではレコードソースのフィールドの値は参照できず、コントロールを介して参照します。

※ QRコードを出力するコントロールは、リボンから「ActiveX コントロール」→「Microsoft BarCode Control」でレポートデザインに挿入したあと、プロパティのスタイルから「QRコード」を選択して作ります。

■ **プログラム例**

RptChap10_523

```
Function SetQRData() As String

  Dim strRet As String

  Select Case Me!血液型 ——— 血液型に応じてQRコードに出力するデータを切り替え
    Case "A"
      strRet = "http://******.jp?bld=A&post=" & Me!郵便番号
    Case "AB"
      strRet = "http://******.jp?bld=AB&post=" & Me!郵便番号
    Case "B"
      strRet = "http://******.jp?bld=B&mail=" & Me!メールアドレス
    Case "O"
      strRet = "http://******.jp?bld=O&mail=" & Me!メールアドレス
  End Select

  SetQRData = strRet ——— 返り値を設定

End Function
```

Excel等のファイル処理

Chapter

11

524 テーブルを他のデータベースファイルに出力したい

ポイント	TransferDatabaseメソッド
構文	DoCmd.TransferDatabase(変換の種類, データベースの種類, データベースファイルのパス, オブジェクトの種類, 変換元オブジェクト名, 変換先オブジェクト名, [構造のみ])

テーブルを他のAccessのデータベースファイルに出力するには、DoCmdオブジェクトの「TransferDatabase」メソッドを使います。

このメソッドでは次のように引数を指定します。

- ① 変換の種類……外部へ出力する場合は組み込み定数「acExport」
- ② データベースの種類……Accessのデータベースに出力する場合は文字列として「"Microsoft Access"」(前後を「"」で囲む)
- ③ データベースファイルのパス……出力先のAccessデータベースファイルのパス
- ④ オブジェクトの種類……出力するオブジェクトの種類に応じた組み込み定数(テーブルの場合は「acTable」)
- ⑤ 変換元オブジェクト名……出力するオブジェクト名(この場合はテーブル名)
- ⑥ 変換先オブジェクト名……出力先でのオブジェクト名(出力元と異なる名前も指定可)
- ⑦ 構造のみ……テーブル構造のみか、データも出力するかを指定(データも出力する場合は"False"を指定するか省略)

■ プログラム例

Sub Sample524

```
Sub Sample524()

  Dim strDBPath As String
  Dim strTableSrc As String
  Dim strTableDst As String

  strDBPath = "C:¥テスト¥Database1.accdb" ―― 出力先のAccessデータベースのパス
  strTableSrc = "mtbl顧客マスタ" ―― 出力元のテーブル名
  strTableDst = "mtbl顧客マスタ_" & Format(Date, "yyyymmdd") ―― 出力先でのテーブル名

  'テーブルをデータベースにエクスポート
  DoCmd.TransferDatabase acExport, "Microsoft Access", strDBPath,
acTable, strTableSrc, strTableDst

End Sub
```

525 テーブルをCSVファイルに出力したい

ポイント	TransferTextメソッド
構文	DoCmd.TransferText(変換の種類, [定義名], オブジェクト名, ファイルのパス, [先頭行フィールド名有無])

テーブルをCSVファイルに出力するには、DoCmdオブジェクトの「TransferText」メソッドを使います。このメソッドでは次のように引数を指定します。

- ① 変換の種類……区切り記号付きであるCSVファイルとして出力する場合は組み込み定数「acExportDelim」
- ② 定義名……データベース保存済みの定義名（省略可）
- ③ オブジェクト名……出力するオブジェクト名（この場合はテーブル名）
- ④ ファイルのパス……出力先のCSVファイルのパス
- ⑤ 先頭行フィールド名有無……CSVファイルの1行目にフィールド名を見出しとして出力する場合は"True"を指定（"False"または省略時は見出しはなしで、1行目からデータ開始）

※ 同名のCSVファイルがすでにある場合は、そのまま上書きされます。

■ プログラム例

Sub Sample525

```
Sub Sample525()

  Dim strTableSrc As String
  Dim strCSVPath As String

  strTableSrc = "mtbl顧客マスタ" ——— 出力するテーブル名
  strCSVPath = "C:¥テスト¥顧客マスタ.csv" ——— CSVファイルのパス

  'テーブルをCSVファイルにエクスポート
  DoCmd.TransferText acExportDelim, , strTableSrc, strCSVPath, True

End Sub
```

実行例

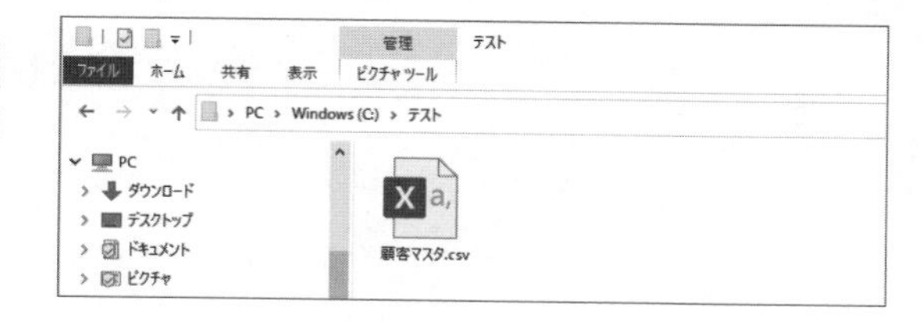

526 テーブルをExcelファイルに出力したい

ポイント	TransferSpreadsheetメソッド
構文	DoCmd.TransferSpreadsheet(変換の種類, ワークシートの種類, オブジェクト名, ファイルのパス, [先頭行フィールド名有無]))

テーブルをExcelのファイルに出力するには、DoCmdオブジェクトの「TransferSpreadsheet」メソッドを使います。

このメソッドでは次のように引数を指定します。

- ① **変換の種類**……外部に出力する場合は組み込み定数「acExport」
- ② **ワークシートの種類**……Excel 2010以降では組み込み定数「acSpreadsheetTypeExcel12Xml」
- ③ **オブジェクト名**……出力するオブジェクト名（この場合はテーブル名）
- ④ **ファイルのパス**……出力先のExcelファイルのパス
- ⑤ **先頭行フィールド名有無**……テーブルやクエリを出力する場合はこの引数は無視され、常にワークシートの1行目にフィールド名が出力されます

※ 同名の Excel ファイルがすでにある場合は、そのまま上書きされます。

■ **プログラム例**　　Sub Sample526

```
Sub Sample526()

  Dim strTableSrc As String
  Dim strExcelPath As String

  strTableSrc = "mtbl顧客マスタ" ―――― 出力するテーブル名
  strExcelPath = "C:¥テスト¥顧客マスタ.xlsx" ―― Excelファイルのパス

  'テーブルをExcelファイルにエクスポート
  DoCmd.TransferSpreadsheet acExport, acSpreadsheetTypeExcel12Xml,
strTableSrc, strExcelPath

End Sub
```

527 フォームのレコードをCSVファイルに出力したい

ポイント　RecordSourceプロパティ、TransferTextメソッド

フォームに表示されているレコードをCSVファイルに出力するには、フォームの「RecordSource」プロパティからレコードソースとなっているテーブルやクエリ名を取得し、それを「TransferText」メソッドで出力します。

次のプログラム例では、フォームのレコードソースを「Me.RecordSource」で取得し、変数strTableSrcに代入します。そのあとTransferTextメソッドの3つめの引数にそれを指定して実行します。

■ プログラム例

frmChap11_527

```
Private Sub cmdCSVファイル出力_Click()
'［CSVファイル出力］ボタンクリック時

  Dim strTableSrc As String
  Dim strCSVPath As String

  strTableSrc = Me.RecordSource ──── 出力するテーブル名
  strCSVPath = "C:¥テスト¥顧客マスタ.csv" ── CSVファイルのパス

  'テーブルをCSVファイルにエクスポート
  DoCmd.TransferText acExportDelim, , strTableSrc, strCSVPath, True

  MsgBox "CSVファイルへ出力しました！", vbOKOnly + vbInformation

End Sub
```

実行例

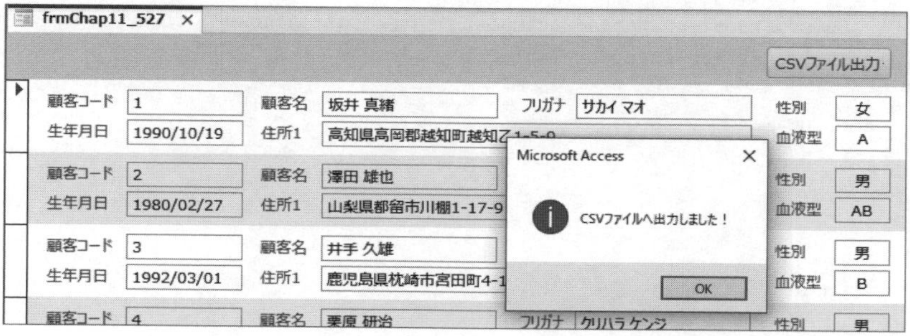

528 他のデータベースファイルからテーブルを取り込みたい

ポイント	TransferDatabaseメソッド
構文	DoCmd.TransferDatabase (変換の種類, データベースの種類, データベースファイルのパス, オブジェクトの種類, 変換元オブジェクト名, 変換先オブジェクト名, [構造のみ])

他のAccessデータベース上にあるテーブルを自身のデータベースに取り込むには、DoCmdオブジェクトの「TransferDatabase」メソッドを使います。

取り込み（インポート）の場合は、1つめの引数"変換の種類"に組み込み定数「acImport」を指定します。

なお、自身のデータベースに同名のテーブルがないときは、指定された名前でテーブルが生成されます。

同名テーブルがすでにあるときは、「mtbl顧客マスタ1」「mtbl顧客マスタ2」……のように末尾に連番が付けられ、指定した名前とは異なる名前で生成されます。

※ その他の引数については出力（エクスポート）の場合と同様です。「524 テーブルを他のデータベースファイルに出力したい」を参照してください。

■ **プログラム例**

Sub Sample528

```
Sub Sample528()

  Dim strDBPath As String
  Dim strTableSrc As String
  Dim strTableDst As String

  strDBPath = "C:¥テスト¥Database1.accdb" ── 取り込み元のAccessデータベースのパス
  strTableSrc = "mtbl顧客マスタ" ────────── 取り込み元のテーブル名
  strTableDst = "mtbl顧客マスタ_" & Format(Date, "yyyymmdd") ─┐
                                                      取り込み先でのテーブル名
  'テーブルをデータベースからインポート
  DoCmd.TransferDatabase acImport, "Microsoft Access", strDBPath,
acTable, strTableSrc, strTableDst

End Sub
```

529 CSVファイルをテーブルとして取り込みたい

ポイント	TransferTextメソッド
構文	DoCmd.TransferText(変換の種類, [定義名], オブジェクト名, ファイルのパス, [先頭行フィールド名有無])

CSVファイルをAccessのテーブルとして取り込むには、DoCmdオブジェクトの「TransferText」メソッドを使います。

取り込み（インポート）の場合は、1つめの引数"変換の種類"に組み込み定数「acImportDelim」を指定します。

また5つめの引数"先頭行フィールド名有無"はCSVファイルの構造に合わせて指定します。ファイルの1行目にフィールド名が見出しとしてある場合は"True"です。"False"または省略時は見出し"なし"として処理され、もし1行目に見出しがある場合はそれもレコードとして取り込まれます。

なお、自身のデータベースに同名のテーブルがないときは、指定された名前でテーブルが生成されます。同名テーブルがすでにあるときは、そのテーブルに次々と"レコード追加"されます。

※ その他の引数については出力（エクスポート）の場合と同様です。「525 テーブルをCSVファイルに出力したい」を参照してください。

■ プログラム例

Sub Sample529

```
Sub Sample529()

  Dim strTableDst As String
  Dim strCSVPath As String

  strTableDst = "mtbl顧客マスタ_Import" ——— 取り込むテーブル名
  strCSVPath = "C:¥テスト¥顧客マスタ.csv" ——— CSVファイルのパス

  'CSVファイルをテーブルにインポート
  DoCmd.TransferText acImportDelim, , strTableDst, strCSVPath, True

End Sub
```

530 Excelファイルをテーブルとして取り込みたい

ポイント	TransferSpreadsheetメソッド
構文	DoCmd.TransferSpreadsheet(変換の種類, ワークシートの種類, オブジェクト名, ファイルのパス, [先頭行フィールド名有無]))

Excelのファイル（ワークシート）をAccessのテーブルとして取り込むには、DoCmdオブジェクトの「TransferSpreadsheet」メソッドを使います。

取り込み（インポート）の場合は、1つめの引数"変換の種類"に組み込み定数「acImport」を指定します。

また5つめの引数"先頭行フィールド名有無"はExcelファイルの構造に合わせて指定します。ファイルの1行目にフィールド名が見出しとしてある場合は"True"です。"False"または省略時は見出し"なし"として処理され、もし1行目に見出しがある場合はそれもレコードとして取り込まれます。

なお、自身のデータベースに同名のテーブルがないときは、指定された名前でテーブルが生成されます。同名テーブルがすでにあるときは、そのテーブルに次々と"レコード追加"されます。

※ その他の引数については出力（エクスポート）の場合と同様です。「526 テーブルをExcelファイルに出力したい」を参照してください。

■ プログラム例

Sub Sample530

```
Sub Sample530()

  Dim strTableDst As String
  Dim strExcelPath As String

  strTableDst = "mtbl顧客マスタ_Import" ———— 取り込むテーブル名
  strExcelPath = "C:¥テスト¥顧客マスタ.xlsx" ——— Excelファイルのパス

  'Excelファイルをテーブルにインポート
  DoCmd.TransferSpreadsheet acImport, acSpreadsheetTypeExcel12Xml,
strTableDst, strExcelPath, True

End Sub
```

531 CSVファイルを1件ずつ加工しながら取り込みたい

ポイント	Openステートメント、Line Input #ステートメント
構文	Open ファイルのパス Forファイル モード [許可操作] [ロック] As [#]ファイル番号 Line Input #ファイル番号, 変数名

CSVファイルの各行を1件ずつ読み込み、そのデータを加工しながらテーブルに取り込むには、「Openステートメント」や「Line Input #」ステートメントを使って、次のような手順で処理するプログラムを作ります。

- **①「 FreeFile」関数を使って空いているファイル番号を取得する**
- **② Openステートメントを使って、"Input"モードでファイルを開く(その際①で取得したファイル番号を指定)**
- **③ ループを使ってLine Input #ステートメントで1行ずつ読み込み、変数に代入する**
- **④ 読み込んだ1行分のデータをカンマ区切りで分割し、配列に代入する**
- **⑤ それぞれの配列要素を加工してテーブルにレコード追加する**
- **⑥「EOF」関数でファイルが終端"EOF"(End Of File)になったかどうか、つまり全行を読み込んだかどうかを調べ、それが"True"になったらループを抜ける**

※ CSVファイルの先頭行が見出しになっているときは、Line Input #を1回実行することでそれを読み飛ばします。

※ CSVファイルにおいて文字列データが「"」で囲まれている可能性がある列については、Replace関数を使ってそれを取り除きます。

■ **プログラム例**

Sub Sample531

```
Sub Sample531()

  Dim dbs As Database
  Dim rst As Recordset
  Dim lngFileNum As Long
  Dim strData As String
  Dim avarData As Variant

  Set dbs = CurrentDb
  Set rst = dbs.OpenRecordset("mtbl顧客マスタ_Import") ――― 取り込み先のテーブルを開く
  lngFileNum = FreeFile()
  Open "C:¥テスト¥顧客マスタ.csv" For Input As #lngFileNum ――― 取り込み元のCSVファイルを開く
  Line Input #lngFileNum, strData ―― 見出し行は読み飛ばし
```

```
Do Until EOF(lngFileNum) ――――― CSVファイルの全レコードを読み込むループ
  Line Input #lngFileNum, strData ―― CSVファイルから1レコード分を読み込み
  avarData = Split(strData, ",") ―― カンマ区切りで分割して配列に代入

  With rst
    .AddNew ――――――――――― 各列のデータをテーブルに追加
      !顧客コード = avarData(0)
      !顧客名 = Replace(avarData(1), """", "") ―― データを囲む「"」を除去
      !フリガナ = Replace(avarData(2), """", "")
      !性別 = IIf(avarData(3) = """男""", 1, 2) ―― 1/2に置換え
      !生年月日 = avarData(4)
      !郵便番号 = Replace(avarData(5), """", "")
      !住所1 = Replace(avarData(6), """", "")
      !住所2 = Replace(avarData(7), """", "")
      !血液型 = Replace(avarData(11), """", "")
      !備考 = avarData(12) & " 登録日:" & Date ―― 今日の日付を追記
    .Update
  End With

Loop
Close #lngFileNum
rst.Close

End Sub
```

実行例

	A	B	C	D	E	F	G	H	I	J	K
1	顧客コード	顧客名	フリガナ	性別	生年月日	郵便番号	住所1	住所2	電話番号	携帯番号	メールアドレス
2	1	坂井 真緒	サカイ マオ	女	1990/10/19	781-1302	高知県高岡郡越知町越知乙1-5-9		0887-2-1452	090-5320-7611	mao_sakai@covjvrcy.mt
3	2	澤田 雄也	サワダ ユウヤ	男	1980/2/27	402-0055	山梨県都留市川棚1-17-9		0551-08-8404	080-8658-7828	asawada@opdlwlcql.ts
4	3	井手 久雄	イデ ヒサオ	男	1992/3/1	898-0022	鹿児島県枕崎市宮田町4-16	宮田町レジデンス107	099-069-7943	090-9855-0731	hisao299@pwxfcdufo.iqr
5	4	栗原 研治	クリハラ ケンジ	男	1984/11/5	329-1324	栃木県さくら市草川3-1-7	キャッスル草川117	0283-93-5848	080-9404-4493	Kenji_Kurihara@xcjsx.kgv
6	5	内村 海士	ウチムラ アマト	男	2000/8/5	917-0012	福井県小浜市熊野4-18-16		0779-03-2317	080-1359-0679	amato1566@vgicqypro.prd
7	6	戸塚 松夫	トツカ マツオ	男	1982/4/15	519-0147	三重県亀山市山下町1-8-6	コート山下町418	059-293-3324		matsuo76926@huwt.iymd.dgk
8	7	塩崎 泰	シオザキ ヤスシ	男	1973/5/26	511-0044	三重県桑名市萱町1-8	萱町プラザ100	0596-28-2276	080-7320-2219	yasushi908@qskhqut.ea

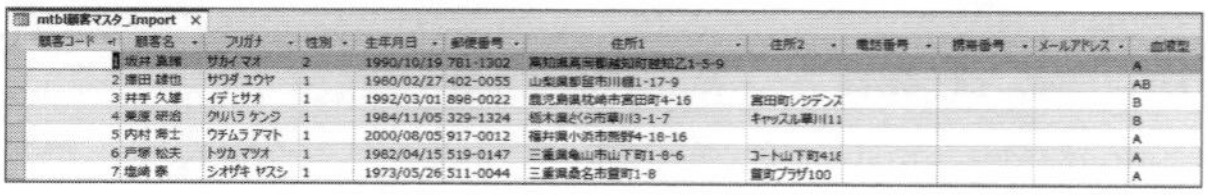

mtbl顧客マスタ_Import

顧客コード	顧客名	フリガナ	性別	生年月日	郵便番号	住所1	住所2	電話番号	携帯番号	メールアドレス	血液型
1	坂井 真緒	サカイ マオ	2	1990/10/19	781-1302	高知県高岡郡越知町越知乙1-5-9					A
2	澤田 雄也	サワダ ユウヤ	1	1980/02/27	402-0055	山梨県都留市川棚1-17-9					AB
3	井手 久雄	イデ ヒサオ	1	1992/03/01	898-0022	鹿児島県枕崎市宮田町4-16	宮田町レジデンス				B
4	栗原 研治	クリハラ ケンジ	1	1984/11/05	329-1324	栃木県さくら市草川3-1-7	キャッスル草川11				B
5	内村 海士	ウチムラ アマト	1	2000/08/05	917-0012	福井県小浜市熊野4-18-16					A
6	戸塚 松夫	トツカ マツオ	1	1982/04/15	519-0147	三重県亀山市山下町1-8-6	コート山下町41				A
7	塩崎 泰	シオザキ ヤスシ	1	1973/05/26	511-0044	三重県桑名市萱町1-8	萱町プラザ100				A

532 テキストファイルを丸ごと変数に読み込みたい

ポイント	Getステートメント
構文	Get [#]ファイル番号, [レコード番号], 変数名

テキストファイル全体を1回の命令で丸ごと変数に読み込むには、「Get」ステートメントを使って、次のような手順で処理します。

- **① Openステートメントを使って、"バイナリ（Binary）"モードでファイルを開く**
- **② 読み込む前にファイルサイズと同じ長さの変数を用意する**
  - ファイルのサイズは「LOF」関数で取得できます（引数はファイルを開く際に指定したファイル番号）。
  - 同じ長さにするため、「String」関数を使ってファイルサイズ分の半角スペースで埋めます。
- **③ その変数にGetステートメントでファイル内容を読み込む**
- **④ 変数の終端にNullが入っているのでそれを取り除く**

■ **プログラム例**

Sub Sample532

```
Sub Sample532()

  Dim lngFileNum As Long
  Dim lngRecLen As Long
  Dim strData As String

  lngFileNum = FreeFile()
  Open "C:¥テスト¥顧客マスタ.csv" For Binary As #lngFileNum ── CSVファイルをBinaryモードで開く
  lngRecLen = LOF(lngFileNum) ── 開いたファイルのサイズを取得
  strData = String(lngRecLen, " ") ── 変数をファイルサイズ分のスペースで埋める
  Get #lngFileNum, , strData ── 変数にファイル全体を読み込み
  strData = Replace(strData, vbNullChar, "") ── 後続のNullを除去
  Debug.Print strData ── イミディエイトウィンドウに変数を出力
  Close #lngFileNum

End Sub
```

533 指定フォルダのファイル一覧を取得したい

ポイント	Dir関数
構文	Dir([ファイル名], [ファイル属性])

指定したフォルダ内にあるファイルの一覧を取得するには、「Dir」関数を使います。

この関数は、1回実行するたびに1つずつファイル名を取り出していきます。それをループで処理することで、すべてのファイル名を取得することができます。

- **まず、1つめの引数に「フォルダ+ファイル」を指定して一度実行します。**
  - **ファイルの部分には通常はワイルドカードを指定します。すべてのファイルが検索対象なら「*.*」、Excelファイルだけなら「*.xls*」、CSVファイルだけなら「*.csv」と指定します。**
  - **引数にはドライブ名も含めることができます。**
- **指定したフォルダでファイルが見つかるとそのファイル名が返されます。**
- **さらに、以降はDir関数を"引数なし"で実行することで、次の該当ファイルが返されます。**
- **該当ファイルがなくなると「""(長さ0の文字列)」が返されますので、それを判定してループを終了します。**

■ **プログラム例**

Sub Sample533

```
Sub Sample533()

  Dim strFolder As String
  Dim strFileType As String
  Dim strFile As String

  '検索するフォルダとファイルの種類を設定
  strFolder = "C:¥テスト¥"
  strFileType = "*.*"

  strFile = Dir(strFolder & strFileType) ——— 最初のファイルを検索
  Do Until Len(strFile) = 0 ——— すべてのファイルを検索するループ
    Debug.Print strFile ——— イミディエイトウィンドウにファイル名を出力
    strFile = Dir ——— 次のファイルを検索
  Loop

End Sub
```

534 ファイルの更新日時やサイズを調べたい

ポイント	FileDateTime関数、FileLen関数
構文	FileDateTime(ファイル名)、FileLen(ファイル名)

「FileDateTime」関数でファイルの更新日時を、「FileLen」関数でファイルのサイズをそれぞれ取得することができます。以下のような仕様があります。

- **いずれの関数もファイル名（ドライブやフォルダ名も付加可）を引数に指定します。**
- **返り値はそれぞれ更新日時とサイズですが、後者の単位は「バイト」です。**

次のプログラム例では、Dir関数と組み合わせることで、指定フォルダ内のすべてのファイルのファイル名・更新日時・サイズをイミディエイトウィンドウに列挙します。

■ **プログラム例**

Sub Sample534

```
Sub Sample534()

  Dim strFolder As String
  Dim strFile As String

  strFolder = "C:¥テスト¥"
  strFile = Dir(strFolder & "*.*")  ——— 最初のファイルを検索
  Do Until Len(strFile) = 0  ——— すべてのファイルを検索するループ
    Debug.Print strFile  ——— ファイル名
    Debug.Print FileDateTime(strFolder & strFile)  ——— 更新日時
    Debug.Print FileLen(strFolder & strFile) & " Byte"  ——— サイズ
    strFile = Dir  ——— 次のファイルを検索
  Loop

End Sub
```

実行例

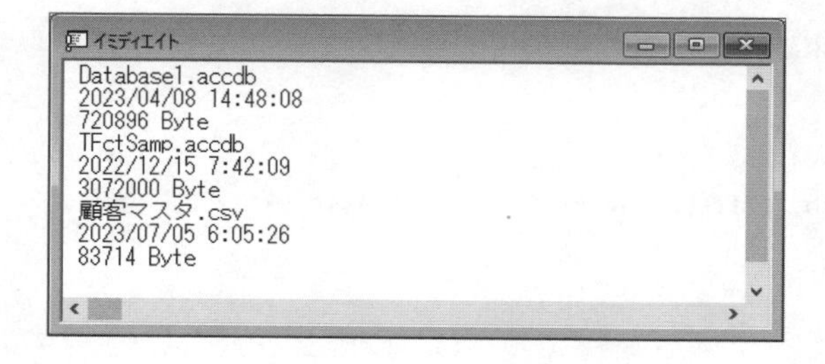

535 ファイルやフォルダの有無を確認したい

ポイント　Dir関数、Len関数

「Dir」関数は指定したファイルやフォルダを検索し、それらが見つからないときは「""(長さ0の文字列)」を返します。それを利用して、返り値の長さがゼロかどうかを判定することで、指定ファイルやフォルダの有無を確認することができます。

次のプログラム例では、1～2つめでは特定のファイルの有無確認、3つめでは「*.xlsx」というワイルドカードを指定することでExcelファイルが1つ以上あるかどうかの確認、4～5つめでは指定フォルダの有無の確認を行います。

なお、フォルダの有無を確認する場合は、2つめの引数に組み込み定数「vbDirectory」を指定します。これがない場合はファイルを探しますので、ファイルが1つもないとフォルダもないものと判断されてしまいます。

また、「533 指定フォルダのファイル一覧を取得したい」の方法でvbDirectoryを使うことで、"サブフォルダの一覧"を取得することができます。

■ **プログラム例**

Sub Sample535

```
Sub Sample535()

  Dim strPath As String

  strPath = "C:¥テスト¥Database1.accdb"
  Debug.Print strPath, IIf(Len(Dir(strPath)) > 0, "あり", "なし")

  strPath = "C:¥テスト¥Database2.accdb"
  Debug.Print strPath, IIf(Len(Dir(strPath)) > 0, "あり", "なし")

  strPath = "C:¥テスト¥*.xlsx"
  Debug.Print strPath, IIf(Len(Dir(strPath)) > 0, "あり", "なし")

  strPath = "C:¥テスト¥"
  Debug.Print strPath, IIf(Len(Dir(strPath, vbDirectory)) > 0, "あり", "
なし")

  strPath = "C:¥TEST¥"
  Debug.Print strPath, IIf(Len(Dir(strPath, vbDirectory)) > 0, "あり", "
なし")

End Sub
```

536 ファイル名に使えない文字をチェックしたい

ポイント　InStr関数

Windowsではファイル名として使えない文字があります。エクスプローラでそれらを使うとメッセージが表示されます。一方、フォームのテキストボックスではユーザーが自由にファイル名を入力できますので、そのチェックが必要となります。

そのチェックを行うには、次のプログラム例のように「InStr」関数を使います。

ここでのポイントは、最後の引数で組み込み定数「vbBinaryCompare」を指定することです。それによって半角／全角を区別して指定文字がファイル名に含まれるかどうかを調べることができます。その結果、4つめの例の「顧客/マスタ.csv」はNG、「／」が全角である5つめの例はOKとなります。

■ プログラム例

Sub Sample536、Function ChkFileChar

```
Sub Sample536()

  Debug.Print ChkFileChar("顧客マスタ.csv") ——— True
  Debug.Print ChkFileChar("顧客マスタ:1.csv") —— False
  Debug.Print ChkFileChar("顧客マスタ>A.csv") —— False
  Debug.Print ChkFileChar("顧客/マスタ.csv") ——— False
  Debug.Print ChkFileChar("顧客／マスタ.csv") ——— True

End Sub

Function ChkFileChar(strFileName As String) As Boolean

  Dim avarExcept As Variant
  Dim iintLoop As Integer
                                                    使用不可の文字を設定
  avarExcept = Array("¥", "/", ":", "*", "?", """", "<", ">", "|")
  For iintLoop = 0 To UBound(avarExcept) ——— 配列の文字をチェックするループ
    '配列の文字が含まれるかバイナリで照合
    If InStr(1, strFileName, avarExcept(iintLoop), vbBinaryCompare) > 0
Then
      ChkFileChar = False ——————————— 含まれていたらFalseを返す
      Exit Function
    End If
  Next iintLoop
  ChkFileChar = True ——————————— 含まれていなければTrueを返す

End Function
```

537 デスクトップやドキュメントフォルダを取得したい

ポイント	Environ関数
構文	Environ(環境変数)

「Environ」関数でWindowsの環境変数に設定されている値を取得することができます。引数に環境変数の文字列"USERNAME"を指定することでユーザー名を取得できます。その値を使うことで、ユーザーによって異なるデスクトップやドキュメントフォルダを組み立てることができます。

次のプログラム例では、デスクトップとドキュメントフォルダそれぞれを組み立てたあと、「mtbl顧客マスタ」テーブルを各フォルダにCSVファイルとしてエクスポートします。

■ プログラム例　Sub Sample537

```
Sub Sample537()

  Dim strDesktop As String
  Dim strDocuments As String

  'ユーザーのデスクトップフォルダ
  strDesktop = "C:¥Users¥" & Environ("USERNAME") & "¥Desktop¥"

  'ユーザーのドキュメントフォルダ
  strDocuments = "C:¥Users¥" & Environ("USERNAME") & "¥Documents¥"

  'CSVファイルにテーブルをエクスポート
  DoCmd.TransferText acExportDelim, , "mtbl顧客マスタ", strDesktop & "顧客マスタ_DT.csv"
  DoCmd.TransferText acExportDelim, , "mtbl顧客マスタ", strDocuments & "顧客マスタ_DOC.csv"

End Sub
```

実行例

538 データベースファイル自身のフルパスを取得したい

ポイント　CurrentDbのNameプロパティ、CurrentProjectのFullNameプロパティ

そのプログラムを実行しているデータベースファイル自身のフルパスを取得するには、次のような方法があります。

- **CurrentDbオブジェクトを使う方法**
  「CurrentDb」はApplicationオブジェクトのCurrentDbメソッドで取得されるオブジェクトです。その「Name」プロパティでフルパスを取得できます。

- **CurrentProjectオブジェクトを使う方法**
  「CurrentProject」はApplicationオブジェクトのプロパティとして取得されるオブジェクトです。その「FullName」プロパティでフルパスを取得できます。
  ▸ **「Name」プロパティでは「ファイル名＋拡張子」部分だけを取得することができます。**

※ いずれの場合も、「Application.」という記述は省略できます。

■ **プログラム例**

Sub Sample538

```
Sub Sample538()

  'CurrentDbオブジェクトを使う
  Debug.Print CurrentDb.Name

  'CurrentProjectオブジェクトを使う
  Debug.Print CurrentProject.FullName

End Sub
```

実行例

```
イミディエイト
D:¥TEST¥AccessVBAコードレシピ集.accdb
D:¥TEST¥AccessVBAコードレシピ集.accdb
```

539 データベースファイル自身のあるフォルダを取得したい

ポイント　CurrentDbのNameプロパティ、CurrentProjectのPathプロパティ

そのプログラムを実行しているデータベースファイル自身がある「ドライブ＋フォルダ名」部分を取得するには、次のような方法があります。

- **CurrentDbオブジェクトを使う方法**
  まず「CurrentDb」オブジェクトの「Name」プロパティでフルパスを取得します。
  そのフルパスの最後に現れる「¥」の位置を「InStrRev」関数で取得し、フルパスの先頭からその位置までを「Left」関数で切り出すことでドライブ＋フォルダを取得します。

- **CurrentProjectオブジェクトを使う方法**
  「CurrentProject」オブジェクトの「Path」プロパティでドライブ＋フォルダを取得できます（取得値の最後に¥は付きません）。

■ **プログラム例**　　Sub Sample539

```
Sub Sample539()

  'CurrentDbオブジェクトを使う
  Debug.Print Left(CurrentDb.Name, InStrRev(CurrentDb.Name, "¥", ,
vbTextCompare))

  'CurrentProjectオブジェクトを使う
  Debug.Print CurrentProject.Path & "¥"

End Sub
```

実行例

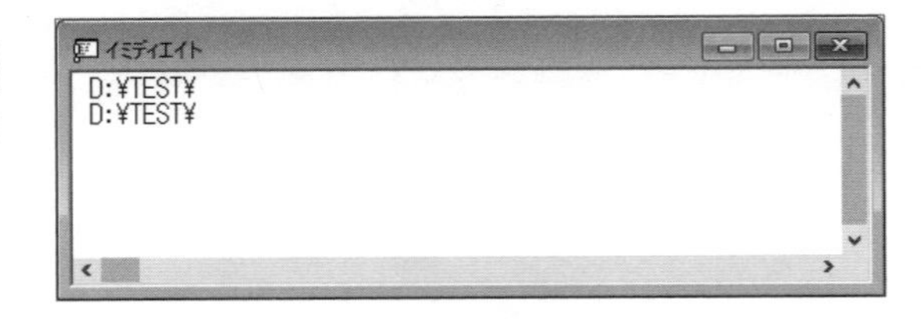

540 別のAccessで別のデータベースを開きたい

ポイント	Shell関数
構文	Shell(ファイル名, [ウィンドウスタイル])

「Shell」関数を使うと、別の実行可能プログラムを実行することができます。その引数に「Access自体のEXEファイルのパス＋スペース＋別のデータベースファイルのパス」を指定することで、別のAccessを起動するとともにそのファイルを開くことができます。

Shell関数では1つめの引数に実行するプログラムのパスを指定します。

2つめの引数にはそのウィンドウのスタイルを次の組み込み関数で指定します（省略可）。

組み込み定数	ウィンドウスタイル
vbHide	非表示
vbNormalFocus	元のサイズと位置（フォーカスを持つ）
vbMinimizedFocus	最小化（　〃　）
vbMaximizedFocus	最大化（　〃　）
vbNormalNoFocus	元のサイズと位置（フォーカスは移動しない）
vbMinimizedNoFocus	最小化（　〃　）

■ プログラム例

Sub Sample540

```
Sub Sample540()

  Dim strAppPath As String
  Dim strDBPath As String

  'Accessのパスを設定（実際の環境に合わせる）
  strAppPath = "C:¥Program Files (x86)¥Microsoft Office¥root¥Office16
¥MSACCESS.EXE"
  'strAppPath = "C:¥Program Files¥Microsoft Office¥root¥Office16
¥MSACCESS.EXE"

  'データベースファイルのパスを設定
  strDBPath = "C:¥テスト¥Database1.accdb"

  'Accessを最大化で起動してデータベースを開く
  Shell strAppPath & " " & strDBPath, vbMaximizedFocus

End Sub
```

541 ファイル名に既存ファイルと重ならない連番を付けたい

ポイント　Dir関数

「Dir」関数を使うと、ある名前のファイルがすでにあるかどうかを調べることができます。すでにある場合は、その後ろに連番を付加することで、既存ファイルと重ならないファイル名を生成することができます。

次のプログラム例では、まず1から始める連番を付けた仮ファイル名を組み立てて（例では「strNewPath」）、そのあとにDir関数でその有無を調べるのがポイントです。

そのファイルがなければその連番が次のファイル名となります。あった場合には次々と連番を+1していき、既存ファイルにない連番になるまでループ処理します（例では最大で1000までの制限付きです）。その結果、「Database1_1.accdb」、「Database1_2.accdb」、「Database1_3.accdb」……のようなファイル名が生成されます。

■ プログラム例　　Sub Sample541

```
Sub Sample541()

  Dim strDBName As String
  Dim strNewPath As String
  Dim intDelm1 As Integer, intDelm2 As Integer
  Dim iintLoop As Integer
  Const cstrDBFile As String = "C:¥テスト¥Database1"
                              基本となるデータベースファイル（拡張子は除く）
  '次の連番のファイル名を試行するループ
  For iintLoop = 1 To 1000
    '連番を付加してパスを組み立て
    strNewPath = cstrDBFile & "_" & iintLoop & ".accdb"
    'そのファイルの存在をチェック
    If Len(Dir(strNewPath)) = 0 Then
      'なければそれを採用
      Debug.Print "次の連番のファイル名は " & strNewPath
      Exit For
    End If
  Next iintLoop

End Sub
```

542 Excelの新規ワークシートを開きたい

ポイント	CreateObject関数、Excel VBA
構文	CreateObject(アプリケーション名.クラス)

Access VBAのプログラムからExcelを起動し、新規ワークシートを開いた状態にするには、「CreateObject」関数を使います。Excelの場合には引数に「Excel.Application」というアプリケーション名.クラスを指定します。

次のプログラム例はAccess VBAでExcelを操作する場合の基本構文です。以下のように記述しています。

- **まず、開いたExcelをオブジェクト変数xlsに代入します。**
- **以降、「With...End With」で囲まれた部分のコードは基本的にExcel VBAのコードです。新規のワークシートを開くために「Workbooks.Add」を実行したり、非可視状態で開いているExcelを「Visible = True」で可視状態にしたりします。いずれもWithに付随して「.」で記述し始めます。**
- **またここにワークシートに対するさまざまな処理をExcel VBAのコードで記述していきます。**

※ もちろんそこにAccessのオブジェクトを操作する処理を混在させることもできます。その際は、ExcelでWithを使っているので、Accessのオブジェクトは「.」だけで参照しないよう注意します。

■ **プログラム例**

Sub Sample542

```
Sub Sample542()

  Dim xls As Object ――――――――――――――― Object型の変数を宣言

  Set xls = CreateObject("Excel.Application") ―― Excelオブジェクトを生成
  With xls
    .ScreenUpdating = False ――――――――――― 画面の再描画を抑止
    .Workbooks.Add ―――――――――――――――― 新しいブックを追加

    '～～～ここでワークシートに対するさまざまな処理を行う～～～

    .ScreenUpdating = True ――――――――――― 画面の再描画を元に戻す
    .Visible = True ――――――――――――――― Excelを可視状態にする
  End With
  Set xls = Nothing

End Sub
```

543 レコードセットをそのままExcelワークシートへ出力したい

ポイント　CreateObject関数、Excel VBA (CopyFromRecordsetメソッド)

Access上で開いているレコードセットをそのままExcelワークシートへ出力するには、Excel VBAの「CopyFromRecordset」メソッドを使います。

次のプログラム例では、まずテーブル「mtbl顧客マスタ」のレコードセットを開きます。CreateObject関数でExcelを起動したあと、「Cells(1, 1)」つまり「A1」セルを基点として、Recordsetオブジェクトを引数に指定することでそのレコードセット全体をCopyFromRecordsetメソッドで貼り付けます。

また、ワークシートを追加したあと、「B2」を基点としてレコードセットの先頭10行分かつ5列分だけを貼り付ける処理も例示しています。

■ **プログラム例**

Sub Sample543

```
Sub Sample543()

  Dim dbs As Database, rst As Recordset
  Dim xls As Object

  Set dbs = CurrentDb
  Set rst = dbs.OpenRecordset("mtbl顧客マスタ") ― テーブルからレコードセットを開く

  Set xls = CreateObject("Excel.Application")
  With xls
    .ScreenUpdating = False
    .Workbooks.Add

    .Cells(1, 1).CopyFromRecordset rst ――― レコードセット全体をA1セルから出力

    .Worksheets.Add ―― ワークシートを追加
    rst.MoveFirst ――― カレントレコードを先頭レコードに戻す
    .Range("B2").CopyFromRecordset rst, 10, 5 ――――
                              B2セルからレコードセットの先頭10行5列だけ出力
    .ScreenUpdating = True
    .Visible = True
  End With
  Set xls = Nothing

End Sub
```

544 Excelワークシートへセルごとにデータ出力したい

ポイント　CreateObject関数、Excel VBA (Cellsプロパティ)

Excelのワークシートの各セルへAccessのレコードセットのレコード／フィールド個別に出力するには、Excelの行例の番号とレコードセットの行列の番号を対応させながら、行と列の二重のループで1つずつ値を代入していきます。

プログラム例では次のような処理を行っています。

- **① まずワークシートの1行目に見出しを出力します。**
  - **その際、先頭列は「1」、最終列はRecordsetのFieldsコレクションのCountプロパティで取得して「Fields.Count - 1」とします。**
  - **セルへの代入においては、「Cells(1, intCol)」で1行目の各列へ「Fields(intCol - 1)」番目のNameプロパティの値を代入します。**
  - **ここではFieldsコレクションのインデックスは「0」から始まりますので、ワークシートとレコードセットではインデックスの始まりが異なることに留意します。**

- **② 2行目以降、レコードセットについてはMoveNextメソッドを使いながらすべてのレコードを読み込みます。**
  - **一方、ワークシートについては変数intRowをインクリメントしていきます。**

- **③ それぞれのレコードについて、見出し出力と同様のループを形成し、各フィールドの値を対応するセルに代入します。**
  - **その際は「Cells(intRow, intCol)」でintRow行目の各列へ「Fields(intCol - 1)」番目のValueプロパティの値を代入します。**
  - **ここでも両者のインデックスの違いに留意します。**

■ プログラム例

Sub Sample544

```
Sub Sample544()

  Dim dbs As Database
  Dim rst As Recordset
  Dim xls As Object
  Dim intRow As Integer
  Dim intCol As Integer

  'テーブルからレコードセットを開く
  Set dbs = CurrentDb
```

```
  Set rst = dbs.OpenRecordset("mtbl顧客マスタ")

  'Excelワークシートを開く
  Set xls = CreateObject("Excel.Application")
  With xls
    .ScreenUpdating = False
    .Workbooks.Add

    '1行目に見出し(フィールド名)を出力するループ
    For intCol = 1 To rst.Fields.Count - 1
      .Cells(1, intCol) = rst.Fields(intCol - 1).Name ── 1セル分の見出し出力
    Next intCol

    intRow = 2 ── データの出力開始行番号
    'すべてのレコードを読み込むループ
    Do Until rst.EOF
      '1レコード分の全フィールドの値を出力するループ
      For intCol = 1 To rst.Fields.Count - 1
        .Cells(intRow, intCol) = rst.Fields(intCol - 1) ── 1セル分のデータ出力
      Next intCol
      rst.MoveNext
      intRow = intRow + 1 ── 出力行をインクリメント
    Loop
    rst.Close

    .ScreenUpdating = True
    .Visible = True
  End With
  Set xls = Nothing

End Sub
```

実行例

545 Excelワークシートへ書式設定しながら出力したい

ポイント | CreateObject関数、Excel VBA (Cellsプロパティ)

Excelのワークシートへレコードセットのデータを個別に出力する処理において、同時にセルの書式設定を行うこともできます。特定の列の全行に同じ書式を設定したり、各レコードの値に応じてそのセルだけ書式変更したりすることができます。

プログラム例では、ワークシートの1セル分のデータを出力したあと、「Select Case intCol... End With」の部分でそのセルに対する書式設定を行っています。次のように動作します。

- ① **2列目は全行について太字にします(ExcelのFont.Boldプロパティ)。**
- ② **5列目には日付/時刻データ型のデータが出力されますが、ワークシート側では長整数の書式となってしまうため、"yyyy/mm/dd"形式の書式を設定します(ExcelのNumberFormatLocalプロパティ)**
- ③ **7列目はレコードセットの値に応じて処理分岐します。値に"東京都"という文字を含んでいたら背景色を変更します(ExcelのInterior.Colorプロパティ)**
- ④ **12列目はレコードセットの値に応じて処理分岐します。値が"AB"という文字であれば文字色を変更します(ExcelのFont.Colorプロパティ)**

※ 書式設定以外の処理構造は「544 Excel ワークシートへセルごとにデータ出力したい」を参照してください。

■ プログラム例

Sub Sample545

```
Sub Sample545()

  Dim dbs As Database
  Dim rst As Recordset
  Dim xls As Object
  Dim intRow As Integer
  Dim intCol As Integer

  'テーブルからレコードセットを開く
  Set dbs = CurrentDb
  Set rst = dbs.OpenRecordset("mtbl顧客マスタ")

  'Excelワークシートを開く
  Set xls = CreateObject("Excel.Application")
  With xls
    .ScreenUpdating = False
```

```
      .Workbooks.Add

      intRow = 1 ───────────────────── データの出力開始行番号
      'すべてのレコードを読み込むループ
      Do Until rst.EOF
        '1レコード分の全フィールドの値を出力するループ
        For intCol = 1 To rst.Fields.Count - 1
          With .Cells(intRow, intCol)
            '1セル分のデータ出力
            .Value = rst.Fields(intCol - 1)

            '1セル分の書式設定
            Select Case intCol
              Case 2
                .Font.Bold = True ────────────── 太字
              Case 5
                .NumberFormatLocal = "yyyy/mm/dd" ── 年月日形式
              Case 7
                If InStr(.Value, "東京都") > 0 Then ─ 東京都を含んだら背景色を変更
                  .Interior.Color = RGB(220, 240, 250)
                End If
              Case 12
                If .Value = "AB" Then
                  .Font.Color = vbRed ─────────── ABなら文字色を変更
                End If
            End Select
          End With

        Next intCol
        rst.MoveNext
        intRow = intRow + 1 ───────────────── 出力行をインクリメント
      Loop
      rst.Close

      .ScreenUpdating = True
      .Visible = True
    End With
    Set xls = Nothing

End Sub
```

546 ファイルをコピーしたい

ポイント	FileCopyステートメント
構文	FileCopy コピー元ファイル名, コピー先ファイル名

ファイルをコピーするには、「FileCopy」ステートメントを使います。

1つめの引数にコピー元ファイル名、2つめの引数にコピー先ファイル名を指定します。ここではドライブ名やフォルダ名も含めることができます。

次のような仕様があります。

- **コピー先に指定されたファイルが存在している場合はそのまま上書きされます。**
- **コピー元のファイルが見つからないときはエラー番号「53」のエラーが発生します。エラー処理するか、事前にDir関数でファイル有無を確認します。**

■ プログラム例

Sub Sample546

```
Sub Sample546()

  Dim strFileSrc As String
  Dim strFileDst As String

  strFileSrc = "C:¥テスト¥Database1.accdb" ―― コピー元ファイル
  strFileDst = "C:¥テスト¥Database2.accdb" ―― コピー先ファイル

  FileCopy strFileSrc, strFileDst ―――― コピーの実行

  MsgBox "ファイルをコピーしました！"

End Sub
```

実行例

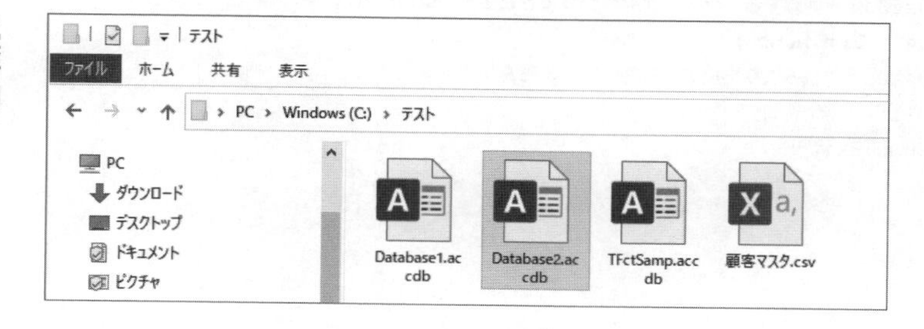

547 ファイルを削除したい

ポイント	Killステートメント
構文	Kill ファイル名

既存のファイルを削除するには、そのファイルを引数に指定して「Kill」ステートメントを実行します。次のような仕様があります。

- **ファイルが見つからないときはエラー番号「53」のエラーが発生します。**
- **ファイルが読み取り専用属性の場合はエラー番号「75（パス名が無効です）」のエラーが発生します。**

プログラム例では上記2つのエラー番号についてのエラー処理を行っています。
なお、Killステートメントで削除したファイルはゴミ箱には入りません。完全に削除されます。

■ **プログラム例**　Sub Sample547

```
Sub Sample547()

  On Error GoTo Err_Handler

  Kill "C:¥テスト¥Database2.accdb" ——— ファイルの削除

  MsgBox "ファイルを削除しました！"

Exit_Here:
  Exit Sub

Err_Handler:
  If Err.Number = 53 Then
    MsgBox "削除するファイルが見つかりません！", vbOKOnly + vbExclamation
  ElseIf Err.Number = 75 Then
    MsgBox "読み取り専用のため削除できません！"
  End If
  Resume Exit_Here

End Sub
```

548 ファイルをリネームしたい

ポイント	Nameステートメント
構文	Name 変更前ファイル名 As 変更後ファイル名

ファイルをリネームするには、「Name」ステートメントを使います。
このステートメントでは、変更前後のファイル名の間に「As」を記述することに注意します。
次のような仕様があります。

- **ファイルが見つからないときはエラー番号「53」のエラーが発生します。**
- **変更後のファイル名と同じ名前のファイルがすでにあるときはエラー番号「58」のエラーが発生します。**

いずれのエラーも、エラー処理するか、事前にDir関数でファイル有無を確認します。

■ **プログラム例**

Sub Sample548

```
Sub Sample548()

  Dim strOldName As String
  Dim strNewName As String

  strOldName = "C:¥テスト¥Database1.accdb" ―――― 現在の名前
  strNewName = "C:¥テスト¥Database_New.accdb" ―― 変更後の名前

  Name strOldName As strNewName ―――――――― リネームの実行

  MsgBox "ファイルをリネームしました！"

End Sub
```

実行例

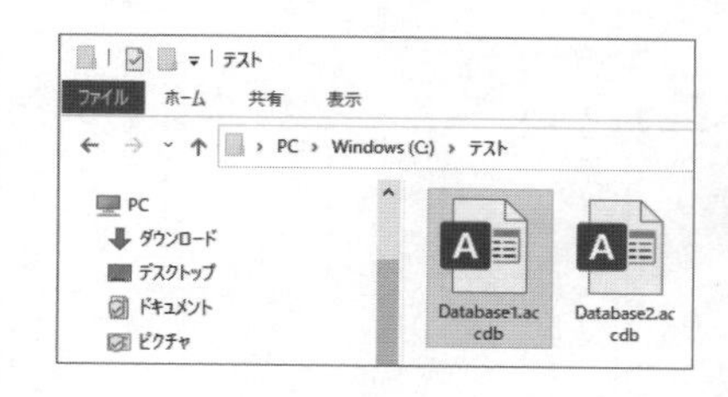

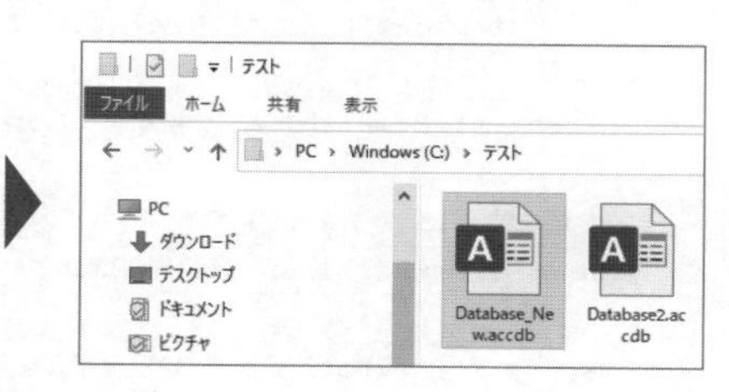

549 ファイルを移動したい

ポイント	Nameステートメント
構文	Name 変更前パス名 As 変更後パス名

ファイルを移動するには、「Name」ステートメントを使います。

このステートメントはファイル名の変更にも使えますが、変更前後のパスを変えることでファイルの移動を行うことができます。

変更前後のパスのうち、「ファイル名＋拡張子」の部分を前後で同じにすればそのままの名前で移動します。異なる名前にすれば移動とともにリネームも行えます。

次のような仕様があります。

- **ファイル、あるいは移動先のフォルダが見つからないときはエラー番号「53」のエラーが発生します。**
- **移動先にすでに同名ファイルがあるときはエラー番号「58」のエラーが発生します。**

いずれのエラーも、エラー処理するか、事前にDir関数でファイル等の有無を確認します。

■ **プログラム例**　Sub Sample549

```
Sub Sample549()

  Dim strOldPath As String
  Dim strNewPath1 As String
  Dim strNewPath2 As String

  strOldPath = "C:¥テスト¥Database1.accdb" ――― 現在のパス
  strNewPath1 = "C:¥TEST¥Database1.accdb" ――― 移動先のパス1
  strNewPath2 = "C:¥テスト¥Database2.accdb" ――― 移動先のパス2

  '名前は変えずに別のフォルダに移動
  Name strOldPath As strNewPath1

  MsgBox strNewPath1 & " にファイルを移動しました！"

  '名前を変えて別のフォルダに移動
  Name strNewPath1 As strNewPath2

  MsgBox strNewPath2 & " にファイルを移動しました！"

End Sub
```

550 フォルダを作成／リネーム／削除したい

ポイント	MkDirステートメント、Nameステートメント、RmDirステートメント
構文	MkDir パス名、Name 変更前パス名 As 変更後パス名、RmDir パス名

フォルダを作成／リネーム／削除するには、それぞれ「MkDir」ステートメント、「Name」ステートメント、「RmDir」ステートメントを使います。

各引数には「C:¥テスト¥TEST_SUB」のようにフォルダ名までの部分を指定します。

なお、「C:¥テスト¥TEST_SUB」とした場合、「C:¥テスト」までのフォルダはすでに存在している必要があります。「テスト」とその下位の「TEST_SUB」のような複数階層を一度に作成することはできません。作成対象は常に最下層のサブフォルダのみです。

Nameステートメントでは、名前変更だけでなく、親フォルダまでの部分を異なるものにすればフォルダ移動することもできます。

作成やリネームにおいて同名フォルダがすでにあるときはエラーが発生します。

■ **プログラム例**

Sub Sample550

```
Sub Sample550()

  Dim strFolder1 As String
  Dim strFolder2 As String

  strFolder1 = "C:¥テスト¥TEST_SUB"
  strFolder2 = "C:¥テスト¥TEST_NEW"

  MkDir strFolder1 ―――――――――― フォルダの新規作成
  MsgBox "フォルダを作成しました！"

  Name strFolder1 As strFolder2 ―― フォルダ名の変更
  MsgBox "フォルダ名を変更しました！"

  RmDir strFolder2 ―――――――――― フォルダの削除
  MsgBox "フォルダを削除しました！"

End Sub
```

551 ファイルを削除してフォルダを空にしたい

ポイント　Dir関数、Killステートメント

「Dir」関数を使ってループ処理を行うと、あるフォルダ内にあるすべてのファイル名を取得することができます。そのファイルを「Kill」ステートメントを使って削除していくことで、そのフォルダ内のすべてのファイルを削除してフォルダを空にすることができます。

なお、Dir関数の返り値は「ファイル名＋拡張子」の部分だけです。Killステートメントを実行する際はそのままだと別のフォルダのファイルを削除してしまう可能性がありますので、返り値の前に「ドライブ＋フォルダ名」を付けてそのフルパスを明確にします（プログラム例の「Kill strFolder & strFile」の部分）。

■ **プログラム例**　　Sub Sample551

```
Sub Sample551()

  Dim strFolder As String
  Dim strFile As String

  strFolder = "C:¥テスト¥TEST_SUB¥" ——— 空にするフォルダを設定

  strFile = Dir(strFolder & "*.*") ——— 最初のファイルを検索
  Do Until Len(strFile) = 0 ——— すべてのファイルを検索するループ
    Kill strFolder & strFile ——— 見つかった1つのファイルを削除
    strFile = Dir ——— 次のファイルを検索
  Loop

  MsgBox "フォルダを空にしました！"

End Sub
```

実行例

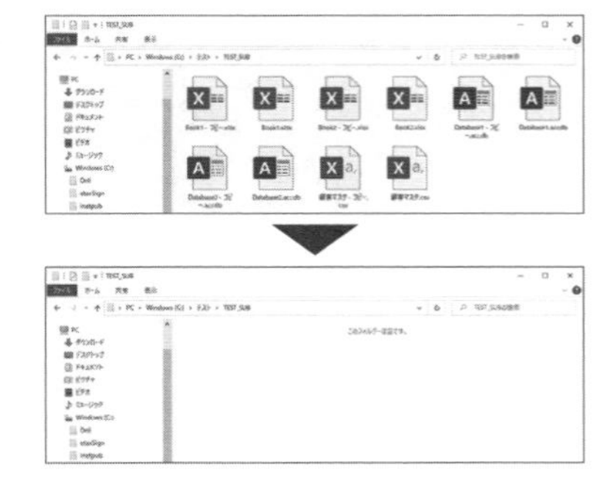

552 Excelを利用してファイル選択ダイアログを表示したい

ポイント	CreateObject関数、Excel VBA (GetOpenFileNameメソッド)
構文	GetOpenFilename(フィルタ文字列, [フィルタ既定値], [タイトル], [ボタンテキスト], [複数選択可否])

「CreateObject」関数の引数に"Excel.Application"を指定することで、Excelのオブジェクトを生成することができます。それによって、ワークシートのセルにデータを代入したりするだけでなく、Excel VBAのメソッドを呼び出して利用することもできます。

その中の1つが「GetOpenFileName」メソッドです。これを使うことでファイル選択ダイアログを表示するとともに、そこで選択されたファイルをAccessのVBAで扱うことができます。

次のプログラム例では、ファイルの種類として「.xls*」「.csv」「.txt」と「すべてのファイル」を選択できるダイアログを表示し、そこでの選択ファイルをAccessのフォームのテキストボックス「txtファイルパス」に代入します（ダイアログで［キャンセル］が選択されたときは何もしません）。

■ **プログラム例**

frmChap11_552

```
Private Sub cmd参照_Click()
'［参照］ボタンクリック時

  Dim xls As Object ―――――――――――― Object型の変数を宣言
  Dim strFileType As String
  Dim varOpenFile As Variant

  Set xls = CreateObject("Excel.Application") ―― Excelオブジェクトを生成

  '選択するファイルの種類を設定
  strFileType = "Excelファイル (*.xls*), *.xls*, " & _
                "CSVファイル (*.csv;*.txt), *.csv;*.txt, " & _
                "すべてのファイル (*.*), *.*"

  'ファイル選択ダイアログを表示
  varOpenFile = xls.GetOpenFileName(strFileType, , "ファイルの選択")
  If varOpenFile <> False Then
    '返り値がFalseでなければその値をテキストボックスに代入
    Me!txtファイルパス = varOpenFile
  End If
  Set xls = Nothing

End Sub
```

553 Windows APIでファイル選択ダイアログを表示したい

ポイント	Windows API、GetOpenFileName関数
構文	GetOpenFileName(OPENFILENAME構造体)

Windows API (Application Programming Interfaces) は、Access VBAなどからWindowsが持つ機能を呼び出すためのものです。VBAの組み込み関数だけでは実現できない機能をAccessでも利用することができます。

その中の1つが、ファイル選択 ([ファイルを開く]) ダイアログを利用するための「GetOpenFileName」関数です。

次のプログラム例では、[参照] ボタンのクリックでまず「GetOpenFileDlg」プロシージャを呼び出します。そしてそこからAPIのGetOpenFileName関数を呼び出すことで、ダイアログを表示します。またそのための前処理や後処理もGetOpenFileDlgプロシージャ内で行います。次のように動作します。

- **ファイルの種類として「.xls*」「.csv」「.txt」と「すべてのファイル」を選択できます。これらはArray関数の引数に「ドロップダウンリストに表示する名称」と「ワイルドカードで指定されたファイル名」を1セットとして、カンマで区切って指定します。**
- **ダイアログで [開く] ボタンがクリックされると、そこで選択されたファイルのフルパスはAccessのフォームのテキストボックス「txtファイルパス」に代入されます。**
- **ダイアログで [キャンセル] が選択されたときのGetOpenFileDlgプロシージャの返り値は「""(長さ0の文字列)」です。その場合は何もしません。**

※ 標準モジュール「modWinAPIFileDlg」のうち、Function プロシージャ「GetOpenFileDlg」だけが独自に作ったものです。それ以外は、GetOpenFileDlg 内のコードから呼び出される、Windows API を使うための各種の宣言や関連処理です (modWinAPIFileDlg についての説明は割愛します)。

■ **プログラム例**　　frmChap11_553、modWinAPIFileDlg

```
【フォームモジュール】
Private Sub cmd参照_Click()
' [参照] ボタンクリック時

  Dim varFileType() As Variant
  Dim strOpenFile As String

  '選択するファイルの種類を設定
  varFileType = Array("Excelファイル (*.xls*)", "*.xls*", _
                      "CSVファイル (*.csv;*.txt)", "*.csv;*.txt", _
                      "すべてのファイル (*.*)", "*.*")
  'ファイルを開くダイアログを表示
  strOpenFile = GetOpenFileDlg("ファイルの選択", "", varFileType)
```

```
  If Len(strOpenFile) > 0 Then
    'ファイルが選択されたときはその値をテキストボックスに代入
    Me!txtファイルパス = strOpenFile
  End If

End Sub
```

```
【標準モジュール】
Private Type MSA_OPENFILENAME
  strFilter As String
  lngFilterIndex As Long
  strInitialDir As String
  strInitialFile As String
  strDialogTitle As String
  strDefaultExtension As String
  lngFlags As Long
End Type

Private Type sOPENFILENAME
  lStructSize As Long
  hWndOwner As LongPtr
  hInstance As LongPtr
  lpstrFilter As String
  lpstrCustomFilter As String
  nMaxCustrFilter As Long
  nFilterIndex As Long
  lpstrFile As String
  nMaxFile As Long
  lpstrFileTitle As String
  nMaxFileTitle As Long
  lpstrInitialDir As String
  lpstrTitle As String
  flags As Long
  nFileOffset As Integer
  nFileExtension As Integer
  lpstrDefExt As String
  lCustrData As LongPtr
  lpfnHook As LongPtr
  lpTemplateName As String
End Type
```

```
Private Declare PtrSafe Function GetOpenFileName Lib "comdlg32.dll"
Alias "GetOpenFileNameA" (pOpenfilename As sOPENFILENAME) As Boolean

Private Const OFN_FILEMUSTEXIST = &H1000
Private Const OFN_HIDEREADONLY = &H4

Public Function GetOpenFileDlg(strTitle As String, strInitFile As
String, varFilter() As Variant) As String
'ファイルを開くダイアログを表示し選択されたファイルを返す

  Dim msaof As MSA_OPENFILENAME
  Dim of As sOPENFILENAME
  Dim strFullPathRet As String

  With msaof
    .strDialogTitle = strTitle
    .strInitialFile = strInitFile
    .strFilter = MSA_CreateFilterString(varFilter)
    .lngFlags = OFN_FILEMUSTEXIST Or OFN_HIDEREADONLY
  End With
  MSAOF_to_OF msaof, of
  If GetOpenFileName(of) Then
    strFullPathRet = Left(of.lpstrFile, InStr(of.lpstrFile, vbNullChar)
- 1)
  Else
    strFullPathRet = ""
  End If
  GetOpenFileDlg = strFullPathRet

End Function

Private Function MSA_CreateFilterString(varFilt() As Variant) As String
'引数の配列からフィルタ文字列を生成

  Dim strFilter As String
  Dim intRet As Integer
  Dim intNum As Integer

  intNum = UBound(varFilt)
  If (intNum <> -1) Then
    For intRet = 0 To intNum
      strFilter = strFilter & varFilt(intRet) & vbNullChar
```

```
    Next intRet
    If intNum Mod 2 = 0 Then
      strFilter = strFilter & "*.*" & vbNullChar
    End If
    strFilter = strFilter & vbNullChar
  Else
    strFilter = ""
  End If

  MSA_CreateFilterString = strFilter

End Function

Private Sub MSAOF_to_OF(msaof As MSA_OPENFILENAME, of As sOPENFILENAME)
'AccessVBAの構造体をWin32構造体に変換

  With of
    .hWndOwner = Application.hWndAccessApp
    .hInstance = 0
    If msaof.strFilter = "" Then
      .lpstrFilter = "すべてのファイル" & vbNullChar & "*.*" & vbNullChar &
vbNullChar
    Else
      .lpstrFilter = msaof.strFilter
    End If
    .nMaxCustrFilter = 0
    .nFilterIndex = msaof.lngFilterIndex
    .lpstrFile = msaof.strInitialFile & String(512 - Len(msaof.
strInitialFile), 0)
    .nMaxFile = 511
    .lpstrFileTitle = String(512, 0)
    .nMaxFileTitle = 511
    .lpstrInitialDir = msaof.strInitialDir
    .lpstrTitle = msaof.strDialogTitle
    .flags = msaof.lngFlags
    .lpstrDefExt = msaof.strDefaultExtension
    .lCustrData = 0
    .lpfnHook = 0
    .lpTemplateName = ""
    .lStructSize = LenB(of)
  End With

End Sub
```

554 Windows APIでフォルダ参照ダイアログを表示したい

ポイント	Windows API、SHBrowseForFolder関数
構文	SHBrowseForFolder(BROWSEINFO構造体)

Windows APIを使うことで、Accessからもフォルダ参照ダイアログを利用することができます。それには、APIの「SHBrowseForFolder」関数を使います。

次のプログラム例では、まず「GetBrowseFolder」プロシージャを呼び出し、そこからAPIのSHBrowseForFolder関数を呼び出すことでダイアログを表示します。

GetBrowseFolderプロシージャに与える引数はダイアログに表示するメッセージ文です。

選択された「ドライブ名+フォルダ名」が返されますので、それをフォームのテキストボックス「txtフォルダ」に代入します。

ダイアログで[キャンセル]が選択されたときの返り値は「""(長さ0の文字列)」です。その場合は何もしません。

※ 標準モジュール「modWinAPIFolderDlg」のうち、Functionプロシージャ「GetBrowseFolder」だけが独自に作ったものです。それ以外は、GetBrowseFolder内のコードから呼び出される、Windows APIを使うための各種の宣言や関連処理です(modWinAPIFolderDlgについての説明は割愛します)。

■ **プログラム例**　　frmChap11_554、modWinAPIFolderDlg

```
【フォームモジュール】
Private Sub cmd参照_Click()
' [参照] ボタンクリック時

  Dim strOpenFolder As String

  'フォルダ参照ダイアログを表示
  strOpenFolder = GetBrowseFolder("フォルダを選択してください。")
  If Len(strOpenFolder) > 0 Then
    'フォルダが選択されたときはその値をテキストボックスに代入
    Me!txtフォルダ = strOpenFolder
  End If

End Sub

【標準モジュール】
Private Type BROWSEINFO
  hWndOwner As LongPtr
  pidlRoot As Long
  pszDisplayName As String
  lpszTitle As String
```

```
  ulFlags As Long
  lpfn As LongPtr
  lParam As LongPtr
  iImage As Long
End Type

Private Declare PtrSafe Function SHBrowseForFolder Lib "shell32" (lpbi
As BROWSEINFO) As LongPtr
Private Declare PtrSafe Function SHGetPathFromIDList Lib "shell32"
(ByVal pIDL As LongPtr, ByVal pszPath As String) As LongPtr

Public Function GetBrowseFolder(strMsg As String) As String
'フォルダ参照ダイアログを表示し選択されたフォルダ名を返す

  Dim udtBrowseInfo As BROWSEINFO
  Const cMaxPathLen = 256
  Dim strBuffer As String * cMaxPathLen
  Dim strPathBuffer As String * cMaxPathLen
  Dim strRetPath As String
  Dim lngRet As LongPtr

  With udtBrowseInfo
    .hWndOwner = Application.hWndAccessApp
    .pidlRoot = 0
    .pszDisplayName = strBuffer
    .lpszTitle = strMsg & vbNullChar
    .ulFlags = 1
    .lpfn = 0
    .lParam = 0
    .iImage = 0
  End With
  GetBrowseFolder = ""
  lngRet = SHBrowseForFolder(udtBrowseInfo)
  If lngRet <> 0 Then
    If SHGetPathFromIDList(lngRet, strPathBuffer) <> 0 Then
      strRetPath = Left(strPathBuffer, InStr(strPathBuffer, vbNullChar) - 1)
      If Right(strRetPath, 1) <> "¥" Then
        strRetPath = strRetPath & "¥"
      End If
      GetBrowseFolder = strRetPath
    End If
  End If

End Function
```

555 新規の送信メールの本文にデータを出力したい

ポイント	SendObjectメソッド
構文	DoCmd.SendObject オブジェクトの種類, オブジェクト名, 送信形式, To, Cc, Bcc, 件名, 本文, 送信前編集有無

DoCmdオブジェクトの「SendObject」メソッドを使うと、Accessのオブジェクトをメール送信することができます。引数は必要なものだけ指定することができ、オブジェクトに関する引数を省略することでメール本文だけを送信することができます。たとえばプログラム例では、テーブルのデータから組み立てた「本文」と、「To」、「件名」のみを引数に指定しています。

なお、このメソッドはAccessでメールを送るものではありません。Windowsの既定のメールソフト上に新規メールを作成してデータを渡すまでです。実際の送信はメールソフトで行います。

最後の引数に"True"を指定すると、すぐに送信されずにメールソフトで内容を確認したり編集したりすることができます。送信実行はメールソフトで手動で行います。一方"False"を指定した場合には確認なしで送信まで行われます(この引数を省略したときは"True"が使われます)。

■ プログラム例

Sub Sample555

```
Sub Sample555()

  Dim dbs As Database, rst As Recordset, strSQL As String
  Dim strBody As String

  Set dbs = CurrentDb
  strSQL = "SELECT * FROM mtbl顧客マスタ WHERE 顧客コード = 10"
  Set rst = dbs.OpenRecordset(strSQL) ―― テーブルを開く
  With rst
    strBody = "顧客マスタの登録情報を送付します。" & vbCrLf & vbCrLf & _ ─┐
              "顧客コード：" & !顧客コード & vbCrLf & _     メール本文を組み立て
              "顧客名：" & !顧客名 & vbCrLf & _
              "フリガナ：" & !フリガナ & vbCrLf & _
              "性別：" & !性別 & vbCrLf & _
              "生年月日：" & !生年月日 & vbCrLf & _
              "メールアドレス：" & !メールアドレス & vbCrLf
    DoCmd.SendObject , , , "xxxxx@xxxxxx.com", , , "顧客情報送付", strBody┐
    .Close                                                  新規メールを作成
  End With

End Sub
```

556 新規の送信メールにレポートを添付したい

ポイント	SendObjectメソッド
構文	DoCmd.SendObject オブジェクトの種類, オブジェクト名, 送信形式, To, Cc, Bcc, 件名, 本文, 送信前編集有無

DoCmdオブジェクトの「SendObject」メソッドを使うと、Accessのオブジェクトをメール送信することができます。オブジェクトにAccessのレポートを指定することで、それを添付ファイルとして送ることができます。

レポートを添付する際のポイントとして、引数には次の値を指定します。

- **オブジェクトの種類**………**acSendReport（レポートの場合）**（※注1）
- **オブジェクト名**………………**レポート名**
- **送信形式**…………………………**acFormatPDF（PDFファイルとして送る場合）**（※注2）

※ 注1：レポート以外のオブジェクトでは、acSendTable（テーブル）、acSendQuery（クエリ）、acSendForm（フォーム）などを指定します。

※ 注2：PDF以外の形式として、acFormatHTML、acFormatRTF、acFormatTXT、acFormatXLSX、acFormatXPSなどがあります。

■ **プログラム例**

Sub Sample556

```
Sub Sample556()

  'レポートをPDFファイルで添付して既定のメールソフトで新規メールを作成
  DoCmd.SendObject acSendReport, _
                   "rptChap10_A", _
                   acFormatPDF, _
                   "to@xxxxxx.com", _
                   "cc@xxxxxx.com", _
                   "bcc@xxxxxx.com", _
                   "顧客一覧レポート送付", _
                   "顧客一覧のレポートを送付します。"

End Sub
```

COLUMN ▸▸ SQL Serverを使ってみる

Accessに比べてSQL Serverは使い始めづらい印象があるかもしれません。確かに"Officeを買ったら付いてきた"というものではありません。入手やインストール、初期設定など、使おうと思っても使い始めるまでに手間が掛かるのも事実です。しかし、無償で試してみたり実際の開発に使ってみたり、さらには小規模な実務にそのまま無償で使うこともできますので、AccessからSQL Serverへの移行を考えているのであれば、まずは一度使ってみない手はありません。

SQL Serverには次のようなエディションがあります（本書執筆時点のバージョン2022）。

エディション	用途	費用
Enterprise	企業などの大規模システム向け	有償
Standard	部門や小規模組織など、企業などの小・中規模システム向け	
Web	大小さまざまな規模のWebシステム向け	
Developer	開発者の開発やテスト向け、学習向け（実運用サーバー用ではないがEnterpriseの機能も含まれる）	無償
Express	小規模システムや開発・学習向け（データ容量10GBまで、その他詳細機能については付いていないものもある）	

この中で、試用、学習用という意味でお薦めなのはやはり無償であるDeveloperやExpressエディションです。Expressはフル機能ではありませんが、SQL Serverという大きなソフトウェアでは実際には使わない機能も多々ありますし、一般的な実務の小規模なものであればExpressの機能だけで十分使えるはずです。少なくても、Accessが持っているデータや一部の機能をSQL Serverへ移行する、また"フロントエンドは従来のままAccess"という範疇では、まず不足するものはないでしょう。しかもそれで安定性や信頼性の向上、データ量やユーザー数の増加への対応も図れるのです。

SQL Serverは下記のMicrosoftのサイトからダウンロードできます。

https://www.microsoft.com/ja-jp/sql-server/sql-server-downloads

なお、誤解されることもあるので付記しておきますが、AccessからSQL Serverに移行することで驚くようなレスポンスが得られたりVBAでの処理が速くなったりするということはありません。SQL Serverを使うほとんどの場合はネットワークを経由すると思います。そこがボトルネックになることもあります。また、AccessとSQL Server間では、リンクテーブルの全レコードがローカルのAccess側に送られることになります。本格的にレスポンスを上げるには、積極的にクエリ等をビューやストアドプロシージャに移行したり、そのパラメータとして抽出条件を指定することでレコードを絞り込んだりと、そのトラフィックを減らす工夫が必要です。

データベース接続

Chapter

12

557 別のデータベースファイルを参照したい

ポイント	OpenDatabaseメソッド
構文	OpenDatabase(ファイル名, [排他モード], [読み取り専用], [接続情報])

VBAのプログラムを実行しているデータベース自身を開くにはCurrentDbメソッドを使いますが、外部にある別のデータベースを開くには「OpenDatabase」メソッドを使います。

引数にそのデータベースのファイル名を指定します。返り値はCurrentDbと同じDatabaseオブジェクト型で、そのあとの扱いも同じです。

次のプログラム例では、「CurrentProject.Path」を使って自身のフォルダを取得し、それと同じフォルダにある「¥VBARecipe_be.accdb」ファイルを開いています。

■ プログラム例

Sub Sample557

```
Sub Sample557()

  Dim dbs As Database
  Dim strDBPath As String

  '別のデータベースのパスを設定
  strDBPath = CurrentProject.Path & "¥VBARecipe_be.accdb"

  '別のデータベースを開く
  Set dbs = OpenDatabase(strDBPath)

  '開いたデータベースファイル名を出力
  Debug.Print dbs.Name

End Sub
```

■ 補足

OpenDatabaseメソッドとCurrentDbメソッドを1つのプロシージャ内で併用して自身と別のデータベースを同時に開く場合、OpenDatabase → CurrentDbの順で実行するとエラーとなることがあります。

558 別のデータベースからテーブルを読み込みたい

ポイント　OpenDatabaseメソッド、OpenRecordsetメソッド

別のデータベースからテーブルやクエリを読み込むには、「OpenDatabase」メソッドを使ってそのデータベースを開いたあと、自身のデータベース内にあるテーブル等を処理するのと同様に、「OpenRecordset」メソッドを使います。

次のプログラム例では、OpenDatabaseメソッドで開いた別のデータベースをDatabaseオブジェクト型の変数dbsに代入します。そして、そのオブジェクトのメソッドとしてOpenRecordsetで別のデータベース内にある「mtbl顧客マスタ」テーブルを開きます。

あとは自身のレコードセットと同様、フィールドの値を参照したり、MoveNextなどのMove系メソッドでレコード移動したりすることができます。

■ プログラム例

Sub Sample558

```
Sub Sample558()

  Dim dbs As Database
  Dim rst As Recordset

  Set dbs = OpenDatabase(CurrentProject.Path & "¥VBARecipe_be.accdb")
  Set rst = dbs.OpenRecordset("mtbl顧客マスタ")
  With rst
    Do Until .EOF
      Debug.Print !顧客コード, !顧客名, !フリガナ
      .MoveNext
    Loop
    .Close
  End With

End Sub
```

実行例

イミディエイト

```
1    坂井 真緒    サカイ マオ
2    澤田 雄也    サワダ ユウヤ
3    井手 久雄    イデ ヒサオ
4    栗原 研治    クリハラ ケンジ
5    内村 海士    ウチムラ アマト
6    戸塚 松夫    トツカ マツオ
7    塩崎 泰      シオザキ ヤスシ
8    菅野 瑞樹    スガノ ミズキ
9    宮田 有紗    ミヤタ アリサ
10   畠山 美佳    ハタケヤマ ミカ
11   山崎 正文    ヤマザキ マサフミ
```

559 別のデータベースのリンクテーブルを作成したい

ポイント	TransferDatabaseメソッド
構文	DoCmd.TransferDatabase(変換の種類, データベースの種類, データベースファイルのパス, オブジェクトの種類, 変換元オブジェクト名, 変換先オブジェクト名, [構造のみ])

別のデータベース内にあるテーブルを自身のデータベース内にリンクテーブルとして作成するには、DoCmdオブジェクトの「TransferDatabase」メソッドを使います。

このメソッドはテーブルをインポートしたりエクスポートしたりすることができますが、1つめの引数"変換の種類"に組み込み定数「acLink」を指定することで、指定した外部テーブルに対するリンクテーブルを作成することができます。

※ それ以外の引数はインポートなどと同様です。Chapter11の「524 テーブルを他のデータベースファイルに出力したい」や「528 他のデータベースファイルからテーブルを取り込みたい」を参照してください。

■ **プログラム例**

Sub Sample559

```
Sub Sample559()

  Dim strDBPath As String
  Dim strTableSrc As String
  Dim strTableDst As String
                                          リンク先のAccessデータベースのパス
  strDBPath = CurrentProject.Path & "¥VBARecipe_be.accdb" ──┘
  strTableSrc = "mtbl顧客マスタ" ────── リンク先のテーブル名
  strTableDst = "mtbl顧客マスタ_LINK" ── このデータベースでのテーブル名

  'テーブルをリンク
  DoCmd.TransferDatabase acLink, "Microsoft Access", strDBPath, acTable,
strTableSrc, strTableDst

End Sub
```

実行例

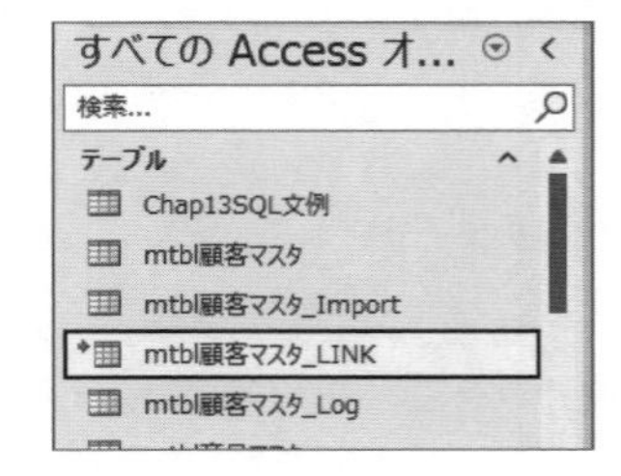

560 CSVファイルをAccessのテーブルとしてリンクしたい

ポイント	TransferTextメソッド
構文	DoCmd.TransferText(変換の種類, [定義名], オブジェクト名, ファイルのパス, [先頭行フィールド名有無])

外部にあるCSVファイルをAccessのテーブルとしてリンクするには、DoCmdオブジェクトの「TransferText」メソッドを使います。

リンクする場合は、1つめの引数"変換の種類"に組み込み定数「acLinkDelim」を指定します。

なお、CSVファイルのリンクテーブルではレコードの更新はできませんが、CSVファイルの内容が変更されたときでも、毎回インポートすることなく最新情報を取得することができます。

AccessとExcelなどで同時に同じCSVファイルを開いて編集することもできません。

※ 2つめ以降の引数はインポートなどと同様です。Chapter11の「525 テーブルをCSVファイルに出力したい」や「529 CSVファイルをテーブルとして取り込みたい」を参照してください。

■ プログラム例

Sub Sample560

```
Sub Sample560()

  Dim strTableDst As String
  Dim strCSVPath As String

  strCSVPath = "C:¥テスト¥顧客マスタ.csv" ——— リンク先のCSVファイルのパス
  strTableDst = "mtbl顧客マスタ_CSVLINK" ——— このデータベースでのテーブル名

  'CSVファイルをテーブルとしてリンク
  DoCmd.TransferText acLinkDelim, , strTableDst, strCSVPath, True

End Sub
```

実行例

561 ExcelファイルをAccessのテーブルとしてリンクしたい

ポイント	TransferSpreadsheetメソッド
構文	DoCmd.TransferSpreadsheet(変換の種類, ワークシートの種類, オブジェクト名, ファイルのパス, [先頭行フィールド名有無])

外部にあるExcelファイルをAccessのテーブルとしてリンクするには、DoCmdオブジェクトの「TransferSpreadsheet」メソッドを使います。

リンクする場合は、1つめの引数"変換の種類"に組み込み定数「acLink」を指定します。

なお、Excelファイルのリンクテーブルではレコードの更新はできませんが、Excelファイルの内容が変更されたときでも、毎回インポートすることなく最新情報を取得することができます。

AccessとExcelで同時に同じExcelファイルを開いて編集することもできません。

※ 2つめ以降の引数はインポートなどと同様です。Chapter11の「526 テーブルをExcelファイルに出力したい」や「530 Excelファイルをテーブルとして取り込みたい」を参照してください。

■ **プログラム例** Sub Sample561

```
Sub Sample561()

  Dim strTableDst As String
  Dim strExcelPath As String

  strExcelPath = "C:¥テスト¥顧客マスタ.xlsx" ——— リンク先のExcelファイルのパス
  strTableDst = "mtbl顧客マスタ_XLSLINK" ——— このデータベースでのテーブル名

  'Excelファイルをテーブルとしてリンク
  DoCmd.TransferSpreadsheet acLink, acSpreadsheetTypeExcel12Xml,
strTableDst, strExcelPath, True

End Sub
```

実行例

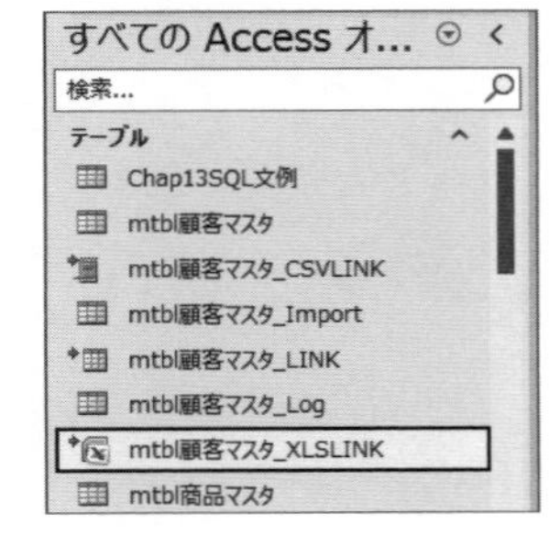

562 リンクテーブルのリンク先を変更したい

ポイント TableDefオブジェクト、Connectプロパティ

別のAccessデータベースにリンクしたテーブルのリンク先、つまりリンク元となっているデータベースファイルを他のファイルに変更するには、「TableDef」オブジェクトの「Connect」プロパティの値を書き換えます。

なお、データベース内のすべてのテーブルの中からリンクテーブルを判別するには、TableDefオブジェクトの「Attributes」プロパティを調べます。「TableDef.Attributes And dbAttachedTable」という論理演算式を使って、Attributesの中に組み込み定数「dbAttachedTable」が含まれていればリンクテーブルです。

リンクテーブルのConnectプロパティの値は「;DATABASE=C:¥テスト¥Database1.accdb」のような文字列になっています。よって、Connectプロパティを変更する際は先頭に「;DATABASE=」を付けて、そのあとに新しいリンク先のデータベースファイルのパスを指定します。

※ Excel や CSV ファイルのリンクテーブルも「dbAttachedTable」が含まれています。そこでプログラム例では、Connect プロパティが「;DATABASE=」で始まっているかどうかで条件分岐し、Access データベースのリンクテーブルだけを処理しています（Excel などの場合はそれ以外の文字で始まっています）。

■ **プログラム例**

Sub Sample562

```
Sub Sample562()

  Dim dbs As Database
  Dim tdf As TableDef
  Dim strDBPath As String
                                          新しいリンク先のAccessデータベースのパス
  strDBPath = CurrentProject.Path & "¥VBARecipe_be_BAK.accdb"
  Set dbs = CurrentDb
  For Each tdf In dbs.TableDefs ——————— 全テーブルのループ
    With tdf
      If .Attributes And dbAttachedTable Then —— リンクテーブルの場合
        If Left(.Connect, 10) = ";DATABASE=" Then ——┐
          .Connect = ";DATABASE=" & strDBPath       │
          .RefreshLink                 リンク先がAccessデータベースの場合
        End If
      End If
    End With
  Next tdf

End Sub
```

Chap 12 データベース接続

563 外部のデータベースを最適化／修復したい

ポイント	CompactDatabaseメソッド
構文	CompactDatabase(最適化するファイル名, 最適化後ファイル名)

外部のデータベースを最適化／修復するには「CompactDatabase」メソッドを使います。

このメソッドは指定したデータベースをそのまま最適化するのではなく、最適化したファイルを別のファイルに出力します。よって引数には最適化するファイルと最適化後のファイルの2つを指定します。

次のプログラム例では、まずリンクテーブル「mtbl顧客マスタ_LINK」のリンク先データベースのパスを調べます。Connectプロパティは「;DATABASE=C:¥テスト¥Database1.accdb」のような文字列になっていますので、それを関数で処理してパスの部分だけを取り出します（①）。

そのフルパスからドライブ＋フォルダの部分を取り出すとともに「db1.accdb」といった適当なファイル名を付けて最適化後のフルパスを組み立てます（②）。

①と②のファイルを引数に指定してCompactDatabaseメソッドを実行したあと、①を削除、②の名前を①に変更することで、最終的に①のファイルがそのまま最適化されたようにします。

■ **プログラム例** Sub Sample563

```
Sub Sample563()

  Dim dbs As Database, tdf As TableDef
  Dim strDBPath As String, strDBPathTmp As String

  'リンク先DBのパスを取得
  Set dbs = CurrentDb
  Set tdf = dbs.TableDefs("mtbl顧客マスタ_LINK")
  strDBPath = Mid(tdf.Connect, InStr(tdf.Connect, ";DATABASE=") +
Len(";DATABASE="))

  '最適化後のファイル名を設定（リンク先DBと同じドライブ+フォルダ）
  strDBPathTmp = Left(strDBPath, InStrRev(strDBPath, "¥")) & "db1.accdb"

  CompactDatabase strDBPath, strDBPathTmp ―― 最適化の実行

  Kill strDBPath ―――――――――――――――――― 元のファイルを削除

  Name strDBPathTmp As strDBPath ―― 最適化後のファイルを元のファイル名にリネーム

End Sub
```

564 リンク先のデータベースファイルをバックアップしたい

ポイント　Connectプロパティ、FileCopyステートメント

リンクテーブルのリンク先データベースファイルのパスを調べ、そのファイル名に現在日付を付加した別名で別フォルダにバックアップする例です。

仮にリンク先が「C:¥テスト¥Database1.accdb」であった場合、次のプログラム例では次のような処理が行われます。

- ① **リンクテーブル「mtbl顧客マスタ_LINK」の「Connect」プロパティからリンク先データベースのパスを取得する（Connectプロパティは「;DATABASE=C:¥テスト¥Database1.accdb」となっていますのでそこから「C:¥テスト¥Database1.accdb」のパスだけ取り出します）**
- ② **さらにそのパスからファイル名の「Database1」だけを取り出す**
- ③ **バックアップ先ファイルのフルパスを、現在日付を使って「C:¥テスト¥BackUp¥Database1_20230401.acdb」のように組み立てる（「BackUp」フォルダはすでにあるものとします）。**
- ④ **リンク先のファイルをバックアップ先ファイルへ「FileCopy」ステートメントでコピーする**

■ **プログラム例**

Sub Sample564

```
Sub Sample564()

  Dim dbs As Database, tdf As TableDef
  Dim strDBPath As String, strDBFile As String, strBackUpPath As String
  Dim intDelm1 As Integer, intDelm2 As Integer

  'リンク先DBのパスとファイル名を取得
  Set dbs = CurrentDb
  Set tdf = dbs.TableDefs("mtbl顧客マスタ_LINK")
  strDBPath = Mid(tdf.Connect, InStr(tdf.Connect, ";DATABASE=") +
Len(";DATABASE="))
  intDelm1 = InStrRev(strDBPath, "¥") ——— 最後の¥の位置
  intDelm2 = InStrRev(strDBPath, ".") ——— 最後の.の位置
  strDBFile = Mid(strDBPath, intDelm1 + 1, intDelm2 - intDelm1 - 1) ——— ファイル名だけを取り出し
  'バックアップ先のパスを組み立て
  strBackUpPath = Left(strDBPath, InStrRev(strDBPath, "¥")) & _
       "BackUp¥" & strDBFile & "_" & Format(Date, "yyyymmdd") & ".accdb"

  FileCopy strDBPath, strBackUpPath ——— ファイルをコピー

End Sub
```

565 新規のデータベースファイルを生成したい

ポイント	CreateDatabaseメソッド
構文	CreateDatabase(ファイル名, ロケール, [データ形式のバージョン])

「CreateDatabase」メソッドを使うと、新規の空のデータベースファイルを生成することができます。

このメソッドでは、1つめの引数に生成するデータベースのファイル名を指定します。2つめの引数には通常は組み込み定数「dbLangJapanese」を指定します。

次のプログラム例では、「CurrentProject.Path」で自身のパスを取得し、自身と同じフォルダに「新規DB.accdb」を新規作成します。

CreateDatabaseメソッドは生成されたデータベースのDatabaseオブジェクトを返します。それを使ってそのデータベースに対する処理を行うこともできます。プログラム例では2つのデータベースプロパティを設定する方法を例示しています。

■ **プログラム例**

Sub Sample565

```
Sub Sample565()

  Dim dbs As Database, prp As Property
  Dim strDBPath As String

  '生成するデータベースファイルのパスを設定
  strDBPath = CurrentProject.Path & "¥新規DB.accdb"

  '新規データベースファイルを生成
  Set dbs = CreateDatabase(strDBPath, dbLangJapanese)

  'データベースのプロパティを設定
  With dbs
    Set prp = .CreateProperty("UseMDIMode", dbByte, 0) ― タブ付きドキュメント
    .Properties.Append prp
    Set prp = .CreateProperty("Themed Form Controls", dbLong, 1) ― Windowsのテーマを使用
    .Properties.Append prp
    .Close
  End With

End Sub
```

566 SQL Serverに接続したい

ポイント ADOのConnectionオブジェクト、Openメソッド

AccessからSQL Serverに接続するには、ADO(※注)の「Connection」オブジェクトの「Open」メソッドを使います。

Openメソッドでは引数にSQL Serverへの「接続文字列」を指定します。次のプログラム例では"Windows認証"と"SQL Server認証"それぞれの接続文字列の組み立てを例示しています。その際に必要な情報は「SQL Server名」、「データベース名」、SQL Server認証の場合はさらに「ユーザー名」と「パスワード」です（例では定数としていますが実際の環境や設定に合わせてこの部分を書き換えます）。

※ 注：ADOは「ActiveX Data Objects」の略で、Accessのデータベースエンジンを介さずSQL Serverを直接、効率的に参照できるオブジェクトです。Access標準のオブジェクトではありませんのでそれを使うための設定が必要です。VBEの［ツール］-［参照設定］メニューで表示される画面で「Microsoft ActiveX Data Objects X.X Library」の項目にチェックマークを付けます（優先順位はAccess database engineの後ろにします）。

■ **プログラム例**

Sub Sample566

```
Sub Sample566()

  Dim Con As New ADODB.Connection
  Dim strConstr As String
  Const cSQLServerName As String = "NAFUREI" ——— SQL Server名
  Const cDatabaseName As String = "VBARecipe" ——— データベース名
  Const cUserID As String = "hoshino" ——— ユーザー名
  Const cPassword As String = "hoshino" ——— パスワード

  '接続文字列の組み立て
  strConstr = "Provider=SQLOLEDB;" & _
              "Data Source=" & cSQLServerName & ";" & _
              "Initial Catalog=" & cDatabaseName & ";"

  strConstr = strConstr & "Integrated Security=SSPI;" ——— Windows認証の場合
  'strConstr = strConstr & "USER ID=" & cUserID & ";" & _
  '                       "PASSWORD=" & cPassword & ";" ——— SQL Server認証の場合
  Con.Open strConstr ——— 接続文字列を指定してSQL Serverに接続
  Con.Close: Set Con = Nothing ——— 接続を閉じる

End Sub
```

567 SQL Serverからテーブルを読み込みたい

ポイント　ADOのConnection／Recordsetオブジェクト

SQL Serverからテーブルを読み込むには、「Connection」オブジェクトのOpenメソッドでSQL Serverに接続したあと、ADOの「Recordset」オブジェクトのOpenメソッドを実行します。

後者のOpenメソッドでは、1つめの引数にテーブル名を、2つめの引数にSQL Serverへの接続を表すConnectionオブジェクト型変数（例では「Con」）を指定します。

そのあとのレコードの取り扱いはAccessのテーブルと同様です。フィールドの値を参照したり、MoveNextなどのMove系メソッドでレコード移動したり、EOFを検出するまですべてのレコードをループ処理したりすることができます。

■ プログラム例　　Sub Sample567

```
Sub Sample567()

  Dim Con As New ADODB.Connection
  Dim rst As New ADODB.Recordset
  Dim strConstr As String
  Const cSQLServerName As String = "NAFUREI"
  Const cDatabaseName As String = "VBARecipe"

  '接続文字列の組み立て（Windows認証）
  strConstr = "Provider=SQLOLEDB;Data Source=" & cSQLServerName & ";" & _
              "Initial Catalog=" & cDatabaseName & ";Integrated
Security=SSPI;"
  'SQL Serverへの接続
  Con.Open strConstr
  'レコードセットを開く
  rst.Open "mtbl顧客マスタ", Con
  With rst
    Do Until .EOF
      Debug.Print !顧客コード, !顧客名, !フリガナ
      .MoveNext
    Loop
    .Close
  End With
  Con.Close: Set Con = Nothing

End Sub
```

568 ストアドプロシージャを実行したい(SELECT・パラメータなし)

ポイント　ADOのRecordsetオブジェクト

SQL Server上の、パラメータを持たないSELECTステートメントで構成されるストアドプロシージャからそのレコードを読み込むには、ADOの「Recordset」オブジェクトのOpenメソッドを実行します。

Openメソッドでは、1つめの引数にストアドプロシージャ名を指定します（必須ではありませんが例では最後の引数に組み込み定数「adCmdStoredProc」を明示しています）。

SELECT系のストアドプロシージャですので、そのあとのレコードの取り扱いはAccessのテーブルやSQL Serverのテーブルと同様です。フィールドの値を参照したり、MoveNextなどのMove系メソッドでレコード移動したりすることができます。

■ プログラム例　　Sub Sample568

```
Sub Sample568()

  Dim Con As New ADODB.Connection
  Dim rst As New ADODB.Recordset
  Dim strConstr As String
  Const cSQLServerName As String = "NAFUREI"
  Const cDatabaseName As String = "VBARecipe"

  '接続文字列の組み立て（Windows認証）
  strConstr = "Provider=SQLOLEDB;Data Source=" & cSQLServerName & ";" & _
              "Initial Catalog=" & cDatabaseName & ";Integrated
Security=SSPI;"
  'SQL Serverへの接続
  Con.Open strConstr
  'ストアドプロシージャからレコードセットを開く
  rst.Open "uspCustomer1", Con, , , adCmdStoredProc
  With rst
    Do Until .EOF
      Debug.Print !顧客コード, !顧客名, !フリガナ
      .MoveNext
    Loop
    .Close
  End With
  Con.Close: Set Con = Nothing

End Sub
```

569 ストアドプロシージャを実行したい(SELECT・パラメータ付き)

ポイント　ADOのCommandオブジェクト、Parametersコレクション、Executeメソッド

SQL Server上の、パラメータを持ったSELECTステートメントで構成されるストアドプロシージャからそのレコードを読み込むには、ADOの「Command」オブジェクトに関して次の処理を行います。

- ① **プロパティとして、SQL Serverへの接続を表すConnectionオブジェクト型変数やストアドプロシージャ名、コマンドタイプを設定する**
- ② **「Parameters」コレクションを使って、所定のパラメータに値を設定する**
- ③ **「Execute」メソッドを実行し、その返り値をRecordsetオブジェクトとして受け取る**

そのあとのレコードの取り扱いはAccessのテーブルやSQL Serverのテーブルと同様です。

■ **プログラム例**　Sub Sample569

```
Sub Sample569()

  Dim Con As New ADODB.Connection, cmd As New ADODB.Command, rst As New ADODB.Recordset
  Dim strConstr As String
  Const cSQLServerName As String = "NAFUREI", cDatabaseName As String = "VBARecipe"

  '接続文字列の組み立て（Windows認証）
  strConstr = "Provider=SQLOLEDB;Data Source=" & cSQLServerName & ";" & _
      "Initial Catalog=" & cDatabaseName & ";Integrated Security=SSPI;"
  Con.Open strConstr ―――――――――― SQL Serverへの接続

  With cmd ―――――――――――――――― Commandの設定
    .ActiveConnection = Con ―――――― 接続先
    .CommandText = "uspCustomer2" ―― ストアドプロシージャ名
    .CommandType = adCmdStoredProc ―― コマンドタイプ
    .Parameters.Refresh ―――――――― パラメータの取得
    .Parameters("@CustCode") = 2 ――― パラメータへの値の設定
    Set rst = .Execute ――――――――― レコードセットを開く
  End With
  Set cmd = Nothing

  Debug.Print rst!顧客コード, rst!顧客名, rst!フリガナ
  rst.Close: Con.Close: Set Con = Nothing

End Sub
```

570 ストアドプロシージャを実行したい（編集・パラメータなし）

ポイント　ADOのCommandオブジェクト、Executeメソッド

UPDATE／INSERT／DELETEなどのテーブル編集を行う文で構成され、レコードを返さないストアドプロシージャ（Accessでのアクションクエリ）を実行するには、ADOの「Command」オブジェクトに関して次の処理を行います。

- **① プロパティとして、接続先（例ではCon）、ストアドプロシージャ名、コマンドタイプ（組み込み定数「adCmdStoredProc」）を設定する**
- **②「Execute」メソッドを実行する**

■ **プログラム例**　　Sub Sample570

```
Sub Sample570()

  Dim Con As New ADODB.Connection, cmd As New ADODB.Command
  Dim strConstr As String
  Const cSQLServerName As String = "NAFUREI"
  Const cDatabaseName As String = "VBARecipe"

  '接続文字列の組み立て (Windows認証)
  strConstr = "Provider=SQLOLEDB;Data Source=" & cSQLServerName & ";" & _
              "Initial Catalog=" & cDatabaseName & ";Integrated
Security=SSPI;"
  Con.Open strConstr ――――――― SQL Serverへの接続

  With cmd ―――――――――――― Commandの設定
    .ActiveConnection = Con ―――― 接続先
    .CommandText = "uspCustomer3" ―― ストアドプロシージャ名
    .CommandType = adCmdStoredProc ―― コマンドタイプ
    .Execute ――――――――――― コマンドを実行
  End With
  Set cmd = Nothing
  Con.Close: Set Con = Nothing

End Sub
```

571 ストアドプロシージャを実行したい（編集・パラメータあり）

ポイント　ADOのCommandオブジェクト、Parametersコレクション、Executeメソッド

UPDATE／INSERT／DELETEなどのテーブル編集を行う文で構成されかつパラメータを持っている、レコードを返さないストアドプロシージャ（Accessでのアクションクエリ）を実行するには、ADOの「Command」オブジェクトに関して次の処理を行います。

- **① プロパティとして、接続先（例ではCon）、ストアドプロシージャ名、コマンドタイプ（組み込み定数「adCmdStoredProc」）を設定する**
- **② 「Parameters」コレクションを使って、所定のパラメータに値を設定する**
- **③ 「Execute」メソッドを実行する**

■ **プログラム例**

Sub Sample571

```
Sub Sample571()

  Dim Con As New ADODB.Connection, cmd As New ADODB.Command
  Dim strConstr As String
  Const cSQLServerName As String = "NAFUREI"
  Const cDatabaseName As String = "VBARecipe"

  '接続文字列の組み立て（Windows認証）
  strConstr = "Provider=SQLOLEDB;Data Source=" & cSQLServerName & ";" & _
              "Initial Catalog=" & cDatabaseName & ";Integrated
Security=SSPI;"
  Con.Open strConstr ―――――――――― SQL Serverへの接続

  With cmd ―――――――――――――――――― Commandの設定
    .ActiveConnection = Con ――――――― 接続先
    .CommandText = "uspCustomer4" ――― ストアドプロシージャ名
    .CommandType = adCmdStoredProc ―― コマンドタイプ
    .Parameters.Refresh ――――――――― パラメータの取得
    .Parameters("@CustCode") = 2 ――― パラメータへの値の設定
    .Execute ―――――――――――――――― コマンドを実行
  End With
  Set cmd = Nothing
  Con.Close: Set Con = Nothing

End Sub
```

572 パススルークエリの接続先を設定したい

ポイント　QueryDefオブジェクト、Connectプロパティ

Accessのパススルークエリを作成すると、その接続先情報はクエリの「ODBCの接続文字列」プロパティに格納されます。プロパティシートで確認すると次のような内容になっています。

```
ODBC;DRIVER=SQL Server;SERVER=NAFUREI;DATABASE=VBARecipe;
Trusted_Connection=Yes;
```

この文字列をプログラムで組み立てて、パススルークエリの「Connect」プロパティに代入して書き換えることで、その接続先を設定変更することができます。

次のプログラム例では、QueryDefsコレクションからすべてのクエリを列挙し、それがパススルークエリである（「Type」プロパティの値が組み込み定数「dbQSQLPassThrough」、あるいはレコードを返さないパススルークエリ「dbQSPTBulk」である）場合はConnectプロパティを書き換えます。

■ プログラム例

Sub Sample572

```
Sub Sample572()

  Dim dbs As Database, qdf As QueryDef, strConstr As String
  Const cSQLServerName As String = "NAFUREI", cDatabaseName As String =
"VBARecipe"
  Const cUserID As String = "hoshino", cPassword As String = "hoshino"

  'ODBCリンクテーブル用の接続文字列を組み立て
  strConstr = "ODBC;DRIVER=SQL Server;SERVER=" & cSQLServerName & ";" & _
              "DATABASE=" & cDatabaseName & ";"

  strConstr = strConstr & "Trusted_Connection=Yes;" ―― Windows認証の場合
  'strConstr = strConstr & "UID=" & cUserID & ";" & _
  '                        "PWD=" & cPassword & ";" SQL Server認証の場合

  Set dbs = CurrentDb
  For Each qdf In dbs.QueryDefs ―――― すべてのクエリを列挙するループ
    With qdf
      If .Type = dbQSQLPassThrough Or .Type = dbQSPTBulk Then ―┐
        .Connect = strConstr                      パススルークエリなら接続先を変更
      End If
    End With
  Next qdf

End Sub
```

573 パススルークエリのSQLを変更してテーブルを読み込みたい

ポイント　QueryDefオブジェクト、SQLプロパティ

パススルークエリの場合もふつうの選択クエリなどと同様、そのSQL文（SQLビューに表示される内容）は「SQL」プロパティで取得・設定することができます。

SQLプロパティは、QueryDefsコレクションにクエリ名を指定した「QueryDef」オブジェクトのプロパティとして取得できます。その値を設定すると保存済みクエリにも反映されますので、以降そのクエリのレコードセットを開く際もそのSQL文に基づくレコードが返されるようになります。

■ プログラム例　　Sub Sample573

```
Sub Sample573()

  Dim dbs As Database
  Dim qdf As QueryDef
  Dim rst As Recordset

  Set dbs = CurrentDb

  Set qdf = dbs.QueryDefs("qptChapter12_573")
  With qdf
    .SQL = "SELECT * FROM mtbl顧客マスタ " & _
           "WHERE 顧客コード BETWEEN 11 AND 20"    ' パススルークエリのSQLプロパティを書き換え
    .Close
  End With

  Set rst = dbs.OpenRecordset("qptChapter12_573")    ' パススルークエリのレコードセットを開く
  With rst
    Do Until .EOF
      Debug.Print !顧客コード, !顧客名, !フリガナ
      .MoveNext
    Loop
    .Close
  End With

End Sub
```

574 パススルークエリのSQLを変更してアクションクエリを実行したい

ポイント　QueryDefオブジェクト、SQLプロパティ／ReturnsRecordsプロパティ／Executeメソッド

パススルークエリがUPDATE／INSERT／DELETEなどの文で構成されたアクションクエリの場合も、その「QueryDef」オブジェクトの「SQL」プロパティでその内容を取得・変更することができます。

また、QueryDefオブジェクトの「Execute」メソッドによってそのクエリを実行します。

SELECTステートメントのパススルークエリとは異なり、実行前に「ReturnsRecords」プロパティの値を"False"に設定します。レコードが返されないクエリであることを指し示すもので、これがないと「選択クエリを実行できません」エラーになります。

下記の例ではSQL文においてFORMATやGETDATEなどの関数を使っていますが、これらはSQL Serverの関数です。パススルークエリに記述するSQL文はSQL Serverの文法に準じます。

■ プログラム例

Sub Sample574

```
Sub Sample574()

  Dim dbs As Database
  Dim qdf As QueryDef

  Set dbs = CurrentDb
  Set qdf = dbs.QueryDefs("qptChapter12_574")
  With qdf
    .SQL = "UPDATE mtbl顧客マスタ " & _
            "SET 備考 = FORMAT(GETDATE(), 'yyyy/MM/dd') " & _
            "WHERE 顧客コード <= 20" ── パススルークエリのSQLプロパティを書き換え
    .ReturnsRecords = False ──────── レコードが返されないクエリであることを指示
    .Execute
    .Close
  End With

End Sub
```

575 パススルークエリでストアドプロシージャを実行したい（パラメータなし）

ポイント　QueryDefオブジェクト、SQLプロパティ

パススルークエリでストアドプロシージャを実行する場合、そのSQL文は次のように記述します。

```
EXEC ストアドプロシージャ名（または単にストアドプロシージャ名）
```

これをクエリのSQLビューで固定的に記述してもかまいませんが、実行するストアドプロシージャ名を状況に応じて切り替えたいときなどは、「QueryDef」オブジェクトの「SQL」プロパティでその内容を変更することができます。

次のプログラム例では、パススルークエリのSQL文を書き換えたあと、そのクエリのレコードセットを開きます。ここで呼び出しているストアドプロシージャはSELECTステートメントから成るもので、それによってストアドプロシージャが返すレコードを取得することができます。

■ プログラム例

Sub Sample575

```
Sub Sample575()

  Dim dbs As Database
  Dim qdf As QueryDef
  Dim rst As Recordset

  Set dbs = CurrentDb

  Set qdf = dbs.QueryDefs("qptChapter12_575")
  With qdf
    .SQL = "EXEC uspCustomer1" ―― パススルークエリのSQLプロパティを書き換え
    .Close
  End With

  Set rst = dbs.OpenRecordset("qptChapter12_575") ―― パススルークエリのレコードセットを開く
  With rst
    Do Until .EOF
      Debug.Print !顧客コード, !顧客名, !フリガナ
      .MoveNext
    Loop
    .Close
  End With

End Sub
```

576 パススルークエリでストアドプロシージャを実行したい(パラメータ付き)

ポイント　QueryDefオブジェクト、SQLプロパティ

パススルークエリでパラメータを指定してストアドプロシージャを実行する場合、そのSQL文は次のような構文になります。ストアドプロシージャ名の次に必要な分のパラメータ値を列挙します。

```
EXEC ストアドプロシージャ名 パラメータ1の値, パラメータ2の値,……
```

※ EXECは省略可。

このようなパススルークエリに対しては、「QueryDef」オブジェクトの「SQL」プロパティを書き換えることで、その都度パラメータ値を変更することができます。

次のプログラム例では、ストアドプロシージャのパラメータの値を「34」を書き換えたあと、そのクエリのレコードセットを開きます。例としているストアドプロシージャは「SELECT～WHERE 顧客コード=パラメータ値」となっており、顧客コードが34であるレコードの内容が取得されます。

■ プログラム例

Sub Sample576

```
Sub Sample576()

  Dim dbs As Database
  Dim qdf As QueryDef
  Dim rst As Recordset

  Set dbs = CurrentDb

  Set qdf = dbs.QueryDefs("qptChapter12_576")
  With qdf
    .SQL = "EXEC uspCustomer2 34" ―― パススルークエリのSQLプロパティを書き換え
    .Close
  End With

  Set rst = dbs.OpenRecordset("qptChapter12_576") ―― パススルークエリのレコードセットを開く
  With rst
    Do Until .EOF
      Debug.Print !顧客コード, !顧客名, !フリガナ
      .MoveNext
    Loop
    .Close
  End With

End Sub
```

577 DFirst関数の機能をSQL Severへ使いたい

ポイント ADOのRecordsetオブジェクト

リンクテーブルを介さず直接SQL Server上のテーブルに対してAccessの関数「DFirst」と同じような処理をするFunctionプロシージャ例です。ADOの「Recordsetオブジェクト」を使ってSELECTステートメントを発行し、その最初のレコードの指定フィールドの値を返します。

※ WHERE 条件によっては当該レコードが1件もないことがあります。そのとき「EOF」プロパティは "True" となりますので、「If Not .EOF Then」の条件分岐でレコードがあるときだけフィールド値を返します。

■ プログラム例

Sub Sample577、Function DFirstEx

```
Sub Sample577()

  Debug.Print DFirstEx("顧客コード", "mtbl顧客マスタ")
  Debug.Print DFirstEx("顧客名", "mtbl顧客マスタ", "血液型 = 'AB'")

End Sub

Function DFirstEx(Expr As String, Domain As String, Optional Criteria As
String = "") As Variant

  Dim Con As New ADODB.Connection, rst As New ADODB.Recordset
  Dim strConstr As String, strSQL As String
  Const cSQLServerName As String = "NAFUREI", cDatabaseName As String =
"VBARecipe"

  strConstr = "Provider=SQLOLEDB;Data Source=" & cSQLServerName & ";" & _
              "Initial Catalog=" & cDatabaseName & ";Integrated
Security=SSPI;" ———— 接続文字列の組み立て（Windows認証）
  Con.Open strConstr ——— SQL Serverへの接続
  strSQL = "SELECT " & Expr & " AS RecVal FROM " & Domain — SQL文を組み立て
  If Criteria <> "" Then
    strSQL = strSQL & " WHERE " & Criteria ——— Criteria指定時はWHERE句を設定
  End If

  rst.Open strSQL, Con ——— レコードセットを開く
  DFirstEx = IIf(Not rst.EOF, rst!RecVal, "") ———
                                          レコードの有無に応じて返り値に設定
  rst.Close:  Con.Close: Set Con = Nothing

End Function
```

578 DMax関数の機能をSQL Severへ使いたい

ポイント ADOのRecordsetオブジェクト、MAX関数

リンクテーブルを介さず直接SQL Server上のテーブルに対してAccessの関数「DMax」と同じような処理をするFunctionプロシージャ例です。ADOの「Recordsetオブジェクト」を使って、MAX関数を含むSELECTステートメントを発行し、取得された指定フィールドの最大値を返します。

※ WHERE 条件によっては当該レコードが 1 件もないことがあります。そのときの返り値は NULL です。

■ **プログラム例**

Sub Sample578、Function DMaxEx

```
Sub Sample578()

  Debug.Print DMaxEx("顧客コード", "mtbl顧客マスタ")
  Debug.Print DMaxEx("生年月日", "mtbl顧客マスタ", "血液型 = 'AB'")

End Sub

Function DMaxEx(Expr As String, Domain As String, Optional Criteria As
String = "") As Variant

  Dim Con As New ADODB.Connection, rst As New ADODB.Recordset
  Dim strConstr As String, strSQL As String
  Const cSQLServerName As String = "NAFUREI", cDatabaseName As String =
"VBARecipe"

  strConstr = "Provider=SQLOLEDB;Data Source=" & cSQLServerName & ";" & _
              "Initial Catalog=" & cDatabaseName & ";Integrated
Security=SSPI;" ―― 接続文字列の組み立て（Windows認証）
  Con.Open strConstr ―― SQL Serverへの接続
  strSQL = "SELECT MAX(" & Expr & ") AS RecVal FROM " & Domain ―┐
  If Criteria <> "" Then                                 SQL文を組み立て
    strSQL = strSQL & " WHERE " & Criteria ―― Criteria指定時はWHERE句を設定
  End If

  rst.Open strSQL, Con ―― レコードセットを開く
  DMaxEx = rst!RecVal ―― 返り値を設定

  rst.Close: Con.Close: Set Con = Nothing

End Function
```

579 DCount関数の機能をSQL Severへ使いたい

ポイント ADOのRecordsetオブジェクト、COUNT関数

リンクテーブルを介さず直接SQL Server上のテーブルに対してAccessの関数「DCount」と同じような処理をするFunctionプロシージャ例です。ADOの「Recordsetオブジェクト」を使って、COUNT関数を含むSELECTステートメントを発行し、取得されたテーブルのレコード数を返します。

※ AccessのDCount関数とは違い、フィールド名を指定する引数はなく、「COUNT(*)」としています。

※ WHERE条件によっては当該レコードが1件もないことがあります。そのときの返り値は0です。

■ **プログラム例**

Sub Sample579、Function DCountEx

```
Sub Sample579()

  Debug.Print DCountEx("mtbl顧客マスタ")
  Debug.Print DCountEx("mtbl顧客マスタ", "血液型 = 'AB'")

End Sub

Function DCountEx(Domain As String, Optional Criteria As String = "") As
Variant

  Dim Con As New ADODB.Connection, rst As New ADODB.Recordset
  Dim strConstr As String, strSQL As String
  Const cSQLServerName As String = "NAFUREI", cDatabaseName As String =
"VBARecipe"

  strConstr = "Provider=SQLOLEDB;Data Source=" & cSQLServerName & ";" & _
              "Initial Catalog=" & cDatabaseName & ";Integrated
Security=SSPI;" ――― 接続文字列の組み立て（Windows認証）
  Con.Open strConstr ――― SQL Serverへの接続
  strSQL = "SELECT COUNT(*) AS RecVal FROM " & Domain ――― SQL文を組み立て
  If Criteria <> "" Then
    strSQL = strSQL & " WHERE " & Criteria ――― Criteria指定時はWHERE句を設定
  End If

  rst.Open strSQL, Con ――― レコードセットを開く
  DCountEx = rst!RecVal ――― 返り値を設定

  rst.Close: Con.Close: Set Con = Nothing

End Function
```

580 SQL Serverへの接続を永続的にしたい

ポイント　ADOのConnectionオブジェクト、Publicオブジェクト変数

SQL Serverへの接続では「Connection」オブジェクトをOpenメソッドで開きます。しかしプロシージャ内で宣言したConnectionオブジェクト変数はそのプロシージャの終了とともに無効となります。

一方、Connectionオブジェクト変数を標準モジュールのDeclarationsセクションで「Public」で宣言することで、永続的に接続状態を保持することができます。フォームモジュールや別の標準モジュールなど、どこからでも接続状態のオブジェクトを参照でき、プロシージャが終了しても解除されません。

ただし、一度は接続処理が必要ですし、それがどこで必要となるか分かりません。そこで、未接続状態なら新たに接続処理を行い、接続状態なら何もせず既存の接続を使うというプロシージャ例が次の「OpenConnection」Subプロシージャです。これを各プロシージャで常に呼び出すようにします。

■ プログラム例

Sub OpenConnection、Sub Sample580

```
【呼び出し例】
Sub Sample580()
  Dim rst As New ADODB.Recordset
  OpenConnection ―― SQL Serverへの接続（各プロシージャで呼び出す）
  rst.Open "mtbl顧客マスタ", pcon
  Debug.Print rst!顧客コード, rst!顧客名, rst!フリガナ
  rst.Close                  レコードセットを開く（Public変数のpconを引数に指定）
End Sub

【標準モジュール】
Public pcon As ADODB.Connection
          Declarationsセクションで宣言（Newを付けていないのでこの時点ではNothing）
Sub OpenConnection()

  Dim strConstr As String
  Const cSQLServerName As String = "NAFUREI", cDatabaseName As String =
"VBARecipe"

  If pcon Is Nothing Then ―――― 未接続のときだけ接続処理を行う
    Set pcon = New ADODB.Connection ―― ここでpconへオブジェクトを代入
    strConstr = "Provider=SQLOLEDB;Data Source=" & cSQLServerName & ";"
& _
                "Initial Catalog=" & cDatabaseName & ";Integrated
Security=SSPI;"
    pcon.Open strConstr ―――― SQL Serverへの接続
  End If

End Sub
```

COLUMN ▶▶ DAOとADO

VBAによるテーブルへのアクセス手法に関する情報を探していると、「DAO（Data Access Object）」と「ADO（Microsoft ActiveX Data Objects）」という言葉を見かけることも多いのではないでしょうか。

Accessでは、VBAでテーブルのレコードを扱う場合、モジュールもテーブルも同じデータベースファイルの中にあるにも関わらず、テーブル処理用の外部のオブジェクトを経由します。そのオブジェクトにDAOとADOの2種類があるのです。

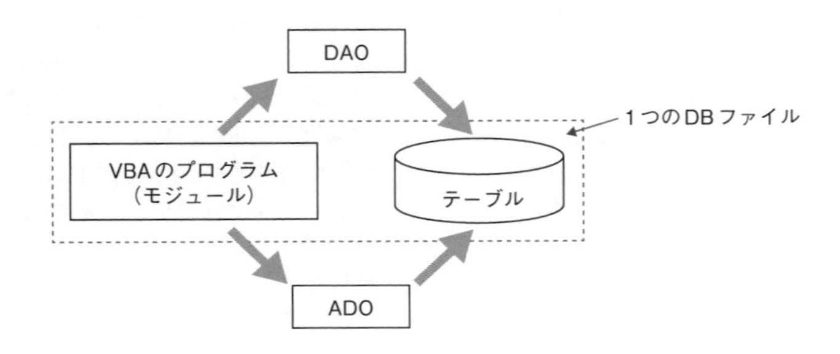

DAOにできてADOにできないこと、またその逆もありますので、どちらが良いとは言えませんが、Accessの一般的なプログラムではDAOがお薦めです。ADOは、Access、Excel、SQL Server、Oracleなど、さまざまなデータソースを対象としているのに対して、DAOはAccessデータベースエンジンに特化したもので、Accessと親和性が高く、一心同体ともいえる間柄だからです。

その証拠に、何も考えずまたその知識がなくても、Accessで空の新規データベースを作成すると自動的にDAOが使えるようになっています。ADOを使いたい場合には、VBEの［ツール］-［参照設定］メニューから「Microsoft ActiveX Data Object 6.1 Library」などを追加指定する必要があります。

※ その参照設定の画面では、現行のAccessの場合、既定でチェックマークが付いている「Microsoft Office 16.0 Access database engine Object Library」がDAOを表しています。

※ DAOとADOの両方を参照設定することもできます。ただしその場合、両者には同名のオブジェクトもありますので、どちらのものかを表す識別子を付けないとエラーとなってしまうこともあります。

参考として筆者の場合は、「AccessならDAO」、「VB.NETなどでSQL Server等に接続する場合はADO」という感じで使い分けています。また本書のサンプルコードもすべてDAOを使ったコーディングとなっています。

少なくても、DAOとADOを意図せずにゴチャ混ぜにして使用するのは避けた方が良いようです。いろいろなところからコードをコピー＆ペーストで持って来るような作り方をしているとそうなりがちですが、エラーの発生要因になったり、コードのメンテナンス性が低下したりします。

SQL

Chapter

13

581 SQLとは

ポイント SQL文

「SQL (Structured Query Language:構造化問い合わせ言語)」とは、AccessやSQL Serverなどのリレーショナルデータベースのデータを操作するための言語です。

その文法に基づいて書かれた命令文を「SQL文 (SQLステートメント)」といいます。Accessの場合には、デザインビューでクエリを作成すると自動的にSQL文も作られます。そしてそれはSQLビューに切り替えることで確認できます。

また、SQL文はVBAのプログラムから発行することもできます。その場合はプログラミング言語の一部としてではなく、SQL文全体を1つの文字列データとして組み立て、VBAのメソッドの引数として指定します。

SQL文の内部的な処理のイメージは下図のようになります。

クエリやVBAで作られた、選択/抽出/並べ替え/集計/結合あるいは追加/更新/削除などの処理を行うSQL文は、Accessデータベースエンジンに対して発行されます。

要求を受けたデータベースエンジンは、その内容に基づいてテーブルからレコードを取り出したりテーブルに対して編集処理を行ったりします。

レコードを取り出すSQL文の場合には、その結果のデータが返されます。クエリのデータシートビューに表示したり、フォームやレポートのレコードソースとして出力したり、あるいはVBAのレコードセットとして取得したりすることができます。

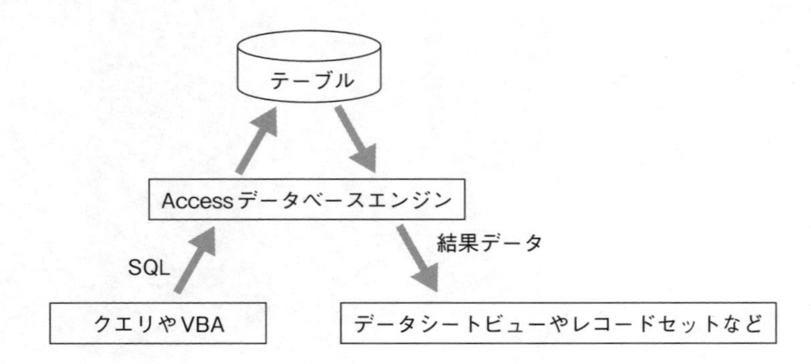

582 クエリを使ってSQL文を作成したい

ポイント　SQL文

　Accessのクエリのデザインビューとは表裏一体です。一方で編集を行うと他方のビューにもそれが反映されます。

　そこで、次のような操作を行うことで、より簡単確実にSQL文を作成し、VBAのプログラム等で利用することができます。

● ① クエリのデザインビューを使って各種のクエリを作成する

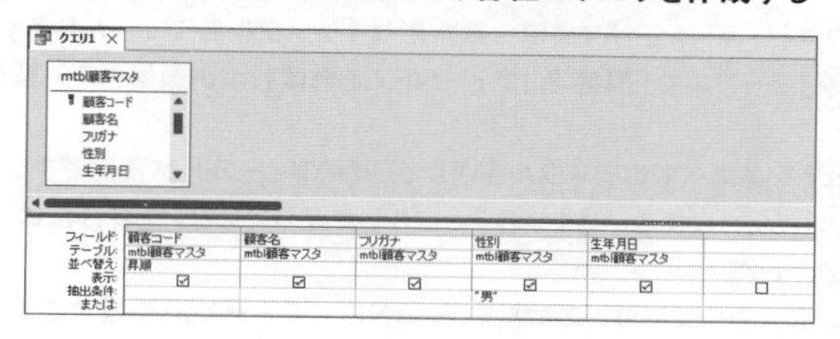

● ② SQLビューに切り替える

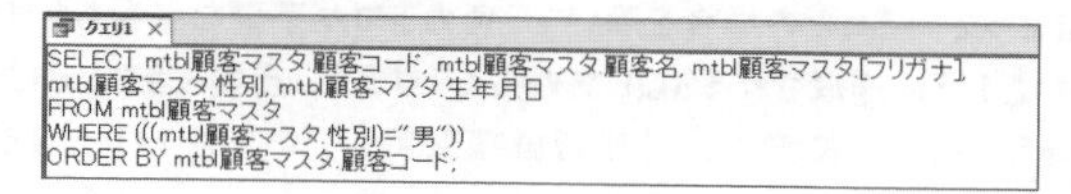

● ③ SQLビューでSQL文全体を範囲選択してコピーする

● ④ VBEのコードエディタにペーストして、コード上でSQL文が文字列となるよう修正を加える

- 前後に「"（ダブルクォーテーション）」を付けて全体を1つの文字列にします。
- 改行されているときは各行ごとに「"」で囲み、行末に「& _」を付けます。
- WHERE句などで「"」が使われているときは「'」または「""」に置き換えます。

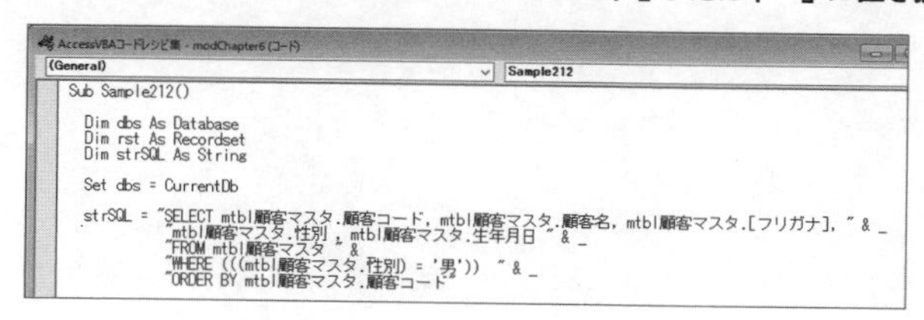

583 クエリからコピーしたSQL文を簡素化したい

ポイント　SQL文

Accessのクエリのデザインビューでクエリを作ると自動的にSQL文が生成され、SQLビューでそれを確認したりコピーしたりできます。その際に生成されるSQL文は冗長なもので、実際の動作にはなくても影響を与えない部分もあります。

そこで、VBAのプログラムでそれを流用する場合には、下記をポイントにして簡素化しておくとコードのメンテナンス等が容易になります。

- **SQL文であるテーブルのフィールドを記述する際、基本形は「テーブル名.フィールド名」です。たとえば「mtbl顧客マスタ」テーブルの「顧客名」フィールドであれば「mtbl顧客マスタ.顧客名」のように書きます。**
  しかし、SQL文で使われているすべてのテーブルを通して、そのフィールドが特定できる（他のテーブルに同名のフィールドがない、あるいは1つのテーブルしか使っていない）場合には、「テーブル名.」の部分は削除できます。
- **WHERE句については、必ずカッコが付いていますが、AND／OR等で優先順位を指定する必要がある場合を除いて、カッコは削除できます。**
- **フィールド名が角カッコで囲まれている場合がありますが、フィールド名の途中にスペースがある、フィールド名が数字で始まっているなどの場合を除いて、角カッコが不要な場合もあります。**
- **使用するフィールド数が多いと1行に作成されるSQL文も長くなります。そのようなときはVBAのコードとしてペーストしたあと、任意の位置で「&」や行継続文字「_（アンダーバー）」を使って改行します。**

■ Accessのクエリで作られたSQL文

```
SELECT mtbl顧客マスタ.顧客コード, mtbl顧客マスタ.顧客名, mtbl顧客マスタ.[フリガナ],
mtbl顧客マスタ.性別, mtbl顧客マスタ.生年月日, mtbl顧客マスタ.血液型
FROM mtbl顧客マスタ
WHERE (((mtbl顧客マスタ.血液型)="AB"))
ORDER BY mtbl顧客マスタ.[フリガナ];
```

■ 簡素化したSQL文

```
SELECT 顧客コード, 顧客名, フリガナ, 性別, 生年月日, 血液型
FROM mtbl顧客マスタ
WHERE 血液型="AB"
ORDER BY フリガナ
```

584 すべてのフィールドを取り出したい

ポイント	SELECTステートメント
構文	SELECT * FROM テーブル名

テーブルからすべてのフィールドを取り出すには、「SELECT」句と「FROM」句で構成される「SELECT」ステートメントを使い、「SELECT * FROM テーブル名」のようなSQL文を書きます。"テーブル名"の部分のみが場面によって変わります。

SQL文例

■「mtbl顧客マスタ」テーブルからすべてのフィールドを取り出す

```
SELECT * FROM mtbl顧客マスタ
```

実行例

Chap13_SQL文例

顧客コード	顧客名	フリガナ	性別	生年月日	郵便番号	住所1	住所2
1	坂井 真緒	サカイ マオ	女	1990/10/19	781-1302	高知県高岡郡越知町越知乙1-5-9	
2	澤田 雄也	サワダ ユウヤ	男	1980/02/27	402-0055	山梨県都留市川棚1-17-9	
3	井手 久雄	イデ ヒサオ	男	1992/03/01	898-0022	鹿児島県枕崎市宮田町4-16	宮田町レジデンス107
4	栗原 研治	クリハラ ケンジ	男	1984/11/05	329-1324	栃木県さくら市草川3-1-7	キャッスル草川117
5	内村 海士	ウチムラ マト	男	2000/08/05	917-0012	福井県小浜市熊野4-18-16	
6	戸塚 松夫	トツカ マツオ	男	1982/04/15	519-0147	三重県亀山市山下町1-8-6	コート山下町418
7	塩崎 泰	シオザキ ヤスシ	男	1973/05/26	511-0044	三重県桑名市萱町1-8	萱町プラザ100
8	菅野 瑞樹	スガノ ミズキ	女	1977/02/05	607-8191	京都府京都市山科区大宅鳥田町2-5	
9	宮田 有紗	ミヤタ リサ	女	1974/08/16	883-0046	宮崎県日向市中町1-1-14	
10	畠山 美佳	ハタケヤマ ミカ	女	1964/11/14	915-	福井県越前市萱谷町4-4	
11	山崎 正文	ヤマザキ マサフミ	男	1977/04/02	106-0045	東京都港区麻布十番2-13-9	
12	並木 幸三郎	ナミキ コウザブロウ	男	1974/01/24	824-	福岡県京都郡みやこ町犀川下高屋2-19-19	ステージ犀川下高屋408
13	佐久間 瑞穂	サクマ ミズホ	女	1982/06/26	232-0054	神奈川県横浜市南区大橋町3-2	大橋町スカイ217
14	成田 美和	ナリタ ミワ	女	1991/01/29	601-1361	京都府京都市伏見区醍醐御霊ケ下町4-7	

■ 補足

このSQL文は、クエリのデザインビューにおいてグリッドにはフィールドを配置せず、クエリの「全フィールド表示」プロパティを"はい"に設定した際に生成されます。

585 指定したフィールドだけを取り出したい

ポイント	SELECT句
構文	SELECT フィールド名1, フィールド名2,…… FROM テーブル名

テーブルから特定のフィールドだけを取り出すには、「SELECT」句のあとに続けてそのフィールド名をカンマ区切りで列挙します。

SQL文例

■「mtbl顧客マスタ」テーブルから「顧客コード」「顧客名」フィールドだけを取り出す

```
SELECT 顧客コード, 顧客名 FROM mtbl顧客マスタ
```

実行例

Chap13_SQL文例

顧客コード	顧客名
1	坂井 真緒
2	澤田 雄也
3	井手 久雄
4	栗原 研治
5	内村 海士
6	戸塚 松夫
7	塩崎 泰
8	菅野 瑞樹
9	宮田 有紗
10	畠山 美佳
11	山崎 正文
12	並木 幸三郎
13	佐久間 瑞穂
14	成田 美和

■「mtbl顧客マスタ」テーブルから「顧客コード」「郵便番号」「住所1」「住所2」フィールドだけを取り出す

```
SELECT 顧客コード, 郵便番号, 住所1, 住所2 FROM mtbl顧客マスタ
```

実行例

Chap13_SQL文例

顧客コード	郵便番号	住所1	住所2
1	781-1302	高知県高岡郡越知町越知乙1-5-9	
2	402-0055	山梨県都留市川棚1-17-9	
3	898-0022	鹿児島県枕崎市宮田町4-16	宮田町レジデンス107
4	329-1324	栃木県さくら市草川3-1-7	キャッスル草川117
5	917-0012	福井県小浜市熊野4-18-16	
6	519-0147	三重県亀山市山下町1-8-6	コート山下町418
7	511-0044	三重県桑名市萱町1-8	萱町プラザ100
8	607-8191	京都府京都市山科区大宅烏田町2-5	
9	883-0046	宮崎県日向市中町1-1-14	
10	915-0037	福井県越前市萱谷町4-4	萱谷町ステーション306
11	106-0045	東京都港区麻布十番2-13-9	
12	824-0201	福岡県京都郡みやこ町犀川下高屋2-19-19	ステージ犀川下高屋408
13	232-0054	神奈川県横浜市南区大橋町3-2	大橋町スカイ217
14	601-1361	京都府京都市伏見区醍醐御霊ケ下町4-7	

586 フィールド名を別名で取り出したい

ポイント	SELECT句、AS句
構文	SELECT フィールド名 AS 別名 FROM テーブル名

テーブルから特定のフィールドを取り出す際、そのフィールド名そのままではなく、別の名前のフィールドとして取り出すには、「AS」句を使って「フィールド名 AS 別名」のように記述します。

AS句は、フィールド名を単に別名としたい場合や、演算フィールドへ名前を付ける場合、複数のテーブルを結合した際の両方のテーブルにある同名フィールドにそれぞれ別の名前を付ける場合などに用います。

SQL文例

■ **「顧客コード」と「顧客名」フィールドをそれぞれ「顧客番号」「お客様氏名」という別名として取り出す**

```
SELECT 顧客コード AS 顧客番号, 顧客名 AS お客様氏名 FROM mtbl顧客マスタ
```

実行例

Chap13_SQL文例

顧客番号	お客様氏名
1	坂井 真緒
2	澤田 雄也
3	井手 久雄
4	栗原 研治
5	内村 海士
6	戸塚 松夫
7	塩崎 泰
8	菅野 瑞樹
9	宮田 有紗
10	畠山 美佳
11	山崎 正文
12	並木 幸三郎
13	佐久間 瑞穂
14	成田 美和

587 フィールドを演算して取り出したい

ポイント	SELECT句、AS句
構文	SELECT 演算式 AS 別名 FROM テーブル名

フィールドの値に演算を行う、複数のフィールドを組み合わせて演算や結合を行う、あるいはAccessの関数を使った計算結果をフィールドとして出力するといった場合には、「AS」句を使って「演算式 AS 別名」のように記述します。

なお、演算式の中でフィールドを使い、かつそのフィールド名をAS句でも指定すると、フィールド名と別名の区別ができず循環参照のエラーとなります。それを防ぐため、演算式の方では「テーブル名.フィールド名」のようにしてフィールド名であることを明示します(文例の"mtbl顧客マスタ.顧客コード"の部分)。

SQL文例

■ 各フィールドに対してFormat関数やIIf関数、文字列結合、フィールド結合で演算を行う

```
SELECT
  Format(mtbl顧客マスタ.顧客コード, "00000") AS 顧客コード,
  mtbl顧客マスタ.顧客名 & " 様" AS 顧客名,
  住所1 & " " & 住所2 AS 住所,
  IIf(性別 = "男", "●", "○" ) AS 性別記号
FROM mtbl顧客マスタ
```

実行例

Chap13_SQL文例

顧客コード	顧客名	住所	性別記号
00001	坂井 真緒 様	高知県高岡郡越知町越知乙1-5-9	○
00002	澤田 雄也 様	山梨県都留市川棚1-17-9	●
00003	井手 久雄 様	鹿児島県枕崎市宮田町4-16 宮田町レジデンス107	●
00004	栗原 研治 様	栃木県さくら市草川3-1-7 キャッスル草川117	●
00005	内村 海士 様	福井県小浜市熊野4-18-16	●
00006	戸塚 松夫 様	三重県亀山市山下町1-8-6 コート山下町418	●
00007	塩崎 泰 様	三重県桑名市萱町1-8 萱町プラザ100	●
00008	菅野 瑞樹 様	京都府京都市山科区大宅鳥田町2-5	○
00009	宮田 有紗 様	宮崎県日向市中町1-1-14	○
00010	畠山 美佳 様	福井県越前市萱谷町4-4	○
00011	山崎 正文 様	東京都港区麻布十番2-13-9	●
00012	並木 幸三郎 様	福岡県京都郡みやこ町犀川下高屋2-19-19 ステージ犀川下高屋408	●
00013	佐久間 瑞穂 様	神奈川県横浜市南区大橋町3-2 大橋町スカイ217	○
00014	成田 美和 様	京都府京都市伏見区醍醐御霊ケ下町4-7	○

588 1つの条件でレコードを抽出したい

ポイント	WHERE句
構文	SELECT フィールド名 FROM テーブル名 WHERE 抽出条件

テーブルから特定の条件に一致するレコードだけを抽出するには、SELECTステートメントにおいて「WHERE」句を使います。"WHERE"のあとに続けてSQLで有効な任意の抽出条件を記述します。抽出条件では一般的に「=」や「<」、「>」といった比較演算子を使います。

SQL文例

■「mtbl顧客マスタ」テーブルから「血液型」フィールドが「A」のレコードを抽出する

```
SELECT 顧客コード, 顧客名, 血液型
FROM mtbl顧客マスタ
WHERE 血液型 = "A"
```

実行例

Chap13_SQL文例

顧客コード	顧客名	血液型
1	坂井 真緒	A
5	内村 海士	A
6	戸塚 松夫	A
7	塩崎 泰	A
12	並木 幸三郎	A
20	唐沢 綾子	A
21	富岡 百花	A
29	北村 咲子	A
31	小西 花	A
32	北村 穣	A
37	安田 竜雄	A
38	鬼頭 陽香	A
39	森口 晃子	A
40	朝倉 輝雄	A

589 複数の条件でレコードを抽出したい

ポイント	WHERE句、論理演算子
構文	SELECT フィールド名 FROM テーブル名 WHERE 抽出条件

「WHERE句」を使ってレコード抽出を行う際は、そこに複数の抽出条件を組み合わせることができます。組み合わせる際は、それぞれの条件式を「AND」や「OR」などの論理演算子で繋げて列挙します。

SQL文例

■ 「mtbl顧客マスタ」テーブルから「血液型」フィールドが「A」または「AB」のレコードを抽出する

```
SELECT 顧客コード, 顧客名, 血液型 FROM mtbl顧客マスタ
WHERE 血液型 = "A" OR 血液型 = "AB"
```

実行例

Chap13_SQL文例

顧客コード	顧客名	血液型
1	坂井 真緒	A
2	澤田 雄也	AB
5	内村 海士	A
6	戸塚 松夫	A
7	塩崎 泰	A
11	山崎 正文	AB
12	並木 幸三郎	A
15	岩下 省三	AB
20	唐沢 綾子	A
21	富岡 百花	A
26	井上 和雄	AB
29	北村 咲子	A
31	小西 花	A
32	北村 穣	A

■ 「mtbl顧客マスタ」テーブルから「性別」フィールドが「男」でかつ「血液型」フィールドが「B」のレコードを抽出する

```
SELECT 顧客コード, 顧客名, 性別, 血液型 FROM mtbl顧客マスタ
WHERE 性別 = "男" AND 血液型 = "B"
```

実行例

Chap13_SQL文例

顧客コード	顧客名	性別	血液型
3	井手 久雄	男	B
4	栗原 研治	男	B
23	吉田 将貴	男	B
28	三浦 保生	男	B
30	長谷川 茂雄	男	B
36	湊 忠治	男	B
43	芦田 幸男	男	B
52	谷口 晶陽	男	B
54	矢沢 治夫	男	B
82	板垣 正利	男	B
91	秋田 祐一	男	B
93	菅原 和義	男	B
111	江成 大晴	男	B
118	根本 剣佑	男	B

590 データの先頭が一致するレコードを抽出したい

ポイント	LIKE句
構文	WHERE フィールド名 LIKE "指定値*"

あるフィールドのデータの先頭が指定した値に一致する、すなわちデータが指定値で始まるレコードを抽出するには、WHERE句の抽出条件において「LIKE」句を使います。

そのような前方一致の場合には、「LIKE "東京都*"」のように、指定値の後ろに「*(アスタリスク)」を付け、LIKE条件全体を「"(ダブルクォーテーション)」で囲みます。

SQL文例

■「住所1」フィールドが「東京都」で始まるレコードを抽出する

```
SELECT 顧客コード, 顧客名, 住所1
FROM mtbl顧客マスタ
WHERE 住所1 LIKE "東京都*"
```

実行例

Chap13_SQL文例

顧客コード	顧客名	住所1
11	山崎 正文	東京都港区麻布十番2-13-9
15	岩下 省三	東京都港区芝公園1-8
92	佐竹 祥子	東京都台東区今戸4-12-3
114	西 陽夏花	東京都台東区花川戸1-1
169	矢部 藍花	東京都港区三田3-13-13
276	秋本 音葉	東京都豊島区南池袋3-5-10
358	平野 栞奈	東京都港区三田2-4-4
361	郡司 真子	東京都千代田区西神田4-12
386	西尾 幸市	東京都品川区勝島4-14
(新規)		

591 データの最後が一致するレコードを抽出したい

ポイント	LIKE句
構文	**WHERE フィールド名 LIKE "*指定値"**

あるフィールドのデータの最後が指定した値に一致する、すなわちデータが指定値で終わるレコードを抽出するには、WHERE句の抽出条件において「LIKE」句を使います。

そのような後方一致の場合には、「LIKE "*美"」のように、指定値の前に「*(アスタリスク)」を付け、LIKE条件全体を「"(ダブルクォーテーション)」で囲みます。

SQL文例

■「顧客名」フィールドが「美」で終わるレコードを抽出する

```
SELECT * FROM mtbl顧客マスタ WHERE 顧客名 LIKE "*美"
```

実行例

Chap13_SQL文例

顧客コード	顧客名	フリガナ	性別	生年月日	郵便番号	住所1
102	海野 照美	ウミノ テルミ	女	1986/03/17	021-0851	岩手県一関市関が丘1-12-5
121	白井 心美	シライ ココミ	女	1991/09/07	866-0871	熊本県八代市田中東町1-10
160	森口 真由美	モリグチ マユミ	女	1973/08/06	039-2774	青森県上北郡七戸町柴舘道ノ下2-16-14
206	波多野 正美	ハタノ マサミ	女	1992/04/21	327-0314	栃木県佐野市新吉水町2-9
215	大内 雅美	オウウチ マサミ	女	1985/08/03	981-3135	宮城県仙台市泉区八乙女中央2-20-14
246	河合 瑠美	カワイ ルミ	女	1972/01/05	848-0013	佐賀県伊万里市南波多町笠椎4-5-14
255	村田 優美	ムラタ ユミ	女	1984/09/22	914-0021	福井県敦賀市泉ケ丘町1-2-9
300	岡部 珠美	オカベ タマミ	女	1964/03/15	705-0013	岡山県備前市福田4-11-18
352	的場 清美	マトバ キヨミ	女	1983/01/04	997-0332	山形県鶴岡市西荒屋1-20-20
362	関根 瑠美	セキネ ルミ	女	1970/07/19	873-0206	大分県国東市安岐町山浦4-6-18
368	楠 菜々美	クスノキ ナナミ	女	1997/11/19	458-0832	愛知県名古屋市緑区滝山3-9
441	本橋 仁美	モトハシ ヒトミ	女	1989/10/17	679-3412	兵庫県朝来市山内1-5
496	井手 里美	イデ サトミ	女	1971/04/02	699-5613	島根県鹿足郡津和野町鷲原4-18-11
(新規)						

592 データの一部が一致するレコードを抽出したい

ポイント	LIKE句
構文	WHERE フィールド名 LIKE "*指定値*"

あるフィールドのデータの一部が指定した値に一致する、すなわちデータの中に指定値を含むレコードを抽出するには、WHERE句の抽出条件において「LIKE」句を使います。

そのような部分一致の場合には、「LIKE "*村*"」のように、指定値の前と後ろに「*（アスタリスク）」を付け、LIKE条件全体を「"（ダブルクォーテーション）」で囲みます。

SQL文例

■「顧客名」フィールドに「村」を含むレコードを抽出する

```
SELECT * FROM mtbl顧客マスタ WHERE 顧客名 LIKE "*村*"
```

実行例

Chap13_SQL文例

顧客コード	顧客名	フリガナ	性別	生年月日	郵便番号	住所1
5	内村 海士	ウチムラ マト	男	2000/08/05	917-0012	福井県小浜市熊野4-18-16
29	北村 咲子	キタムラ サキコ	女	1980/04/23	605-0084	京都府京都市東山区清本町4-8-20
32	北村 穣	キタムラ ユタカ	男	1967/04/01	039-4135	青森県上北郡横浜町林の後3-2-10
33	中村 加奈子	ナカムラ カナコ	女	1982/11/14	859-3803	長崎県東彼杵郡東彼杵町菅無田郷4-8
75	上村 一路	ウエムラ カズミチ	男	1967/02/28	511-0101	三重県桑名市多度町柚井1-18-20
108	沢村 凪都	サワムラ ナギト	男	1997/03/16	088-3341	北海道川上郡弟子屈町屈斜路原野3-11-18
144	新村 善次	ニイムラ ヨシツグ	男	1968/05/14	781-0324	高知県高知市春野町西畑4-16-19
188	上村 宣政	ウエムラ ノブマサ	男	1995/10/21	613-0852	京都府八幡市八幡樋ノ口4-10
218	稲村 夏希	イナムラ ナツキ	女	1977/03/19	420-0004	静岡県静岡市葵区末広町3-12
225	下村 彩葉	シモムラ イロハ	女	1997/05/30	230-0075	神奈川県横浜市鶴見区上の宮4-12-11
228	島村 文治	シマムラ ブンジ	男	1975/06/10	020-0682	岩手県滝沢市鵜飼臨安4-14-19
247	三村 育男	ミムラ イクオ	男	1990/03/24	489-0014	愛知県瀬戸市北白坂町4-3-20
255	村田 優美	ムラタ ユミ	女	1984/09/22	914-0021	福井県敦賀市泉ケ丘町1-2-9
306	植村 久子	ウエムラ ヒサコ	女	1977/12/29	031-0051	青森県八戸市堤町2-15

593 データがリストのいずれかに一致するレコードを抽出したい

ポイント	IN句
構文	WHERE フィールド名 IN (値1, 値2, 値3,……)

あるフィールドの値がいくつかの値のいずれかであるレコードだけを抽出したいとき、「住所="青森" OR 住所="宮城" OR……」のようにいくつもOR演算子で繋げて記述することもできますが、長く煩雑な記述になってしまいます。そのようなときはWHERE句の抽出条件式において「IN」句を使います。

IN句では、「IN」のあとにカッコで複数の値をカンマ区切りで列挙します。「IN」の前に記述されたフィールドの値がそのリストのいずれかに完全一致するものが抽出されます。

SQL文例

■ **「住所1」フィールドの先頭2文字が「青森」「宮城」「新潟」「山梨」「千葉」のいずれかであるレコードを抽出する**

```
SELECT 顧客コード, 顧客名, 住所1
FROM mtbl顧客マスタ
WHERE LEFT(住所1, 2) IN ("青森", "宮城", "新潟", "山梨", "千葉")
```

実行例

Chap13_SQL文例

顧客コード	顧客名	住所1
2	澤田 雄也	山梨県都留市川棚1-17-9
18	上条 松夫	山梨県山梨市下栗原4-7-19
22	河崎 智嗣	山梨県笛吹市石和町河内3-18
32	北村 穰	青森県上北郡横浜町林の後3-2-10
36	湊 忠治	新潟県佐渡市東大通2-18-4
45	三島 夏希	千葉県佐倉市下勝田1-13-14
55	菅沼 悦哉	山梨県南巨摩郡早川町新倉3-17-17
64	福原 詩乃	青森県八戸市鍛冶町2-4
66	会田 竜三	青森県上北郡東北町高森4-1-18
67	寺西 江民	新潟県佐渡市相川二町目2-11-1
71	黒澤 充照	宮城県遠田郡涌谷町渋江4-5-20
77	高沢 由佳利	青森県東津軽郡平内町沼館1-2-18
84	石塚 菜穂	宮城県本吉郡南三陸町歌津南の沢3-13-3
89	岡野 仁一	青森県北津軽郡中泊町小泊漆流4-17

594 日付の期間を条件にレコードを抽出したい

ポイント	BETWEEN演算子
構文	WHERE フィールド名 BETWEEN 期間自 AND 期間至

日付の期間を条件にレコード抽出するには、WHERE句において「BETWEEN」演算子を使います。

抽出対象とするフィールド名に続けて、「BETWEEN...AND...」でそれぞれの日付を記述します。範囲指定ですので、「AND」の前後の値の大小は問いません。

なお、それぞれの日付を固定値として指定する場合には、「#2001/01/01#」のようにその前後を「#」で囲みます（ただしDate関数や他の日付/時刻型のフィールド名を使う場合は必要ありません）。

BETWEEN演算子は日付に限らず、数値等の範囲を条件とする場合にも使えます。

SQL文例

■ **「生年月日」フィールドが「2001/01/01～2001/12/31」（つまり2001年生まれ）であるレコードを抽出する**

```
SELECT * FROM mtbl顧客マスタ
WHERE 生年月日 BETWEEN #2001/01/01# AND #2001/12/31#
```

実行例

Chap13_SQL文例

顧客コード	顧客名	フリガナ	性別	生年月日	郵便番号	住所1
34	大津 柊月	オオツ ヒヅキ	女	2001/08/20	859-2214	長崎県南島原市西有家町慈恩寺2-13-16
51	名取 利明	ナトリ トシキ	男	2001/04/27	869-1412	熊本県阿蘇郡南阿蘇村久石4-12-15
134	冨永 偉央	トミナガ イオ	男	2001/09/28	629-2511	京都府京丹後市大宮町久住4-13-17
194	菅沼 悠乃	スガヌマ ハルノ	女	2001/01/25	811-1232	福岡県筑紫郡那珂川町埋金3-17-9
241	大滝 正孝	オオタキ マサタカ	男	2001/11/12	861-4202	熊本県熊本市南区城南町宮地1-11-6
280	黒木 一紗	クロキ カズサ	女	2001/06/20	319-3535	茨城県久慈郡大子町上金沢2-20-6
342	小口 喜久治	オグチ キクジ	男	2001/10/08	600-8354	京都府京都市下京区十文字町4-14-6
415	二瓶 銀雅	ニヘイ ギンガ	男	2001/09/08	719-3142	岡山県真庭市木山4-12
451	島袋 律汰	シマブクロ リッタ	男	2001/05/13	650-0007	兵庫県神戸市中央区神戸港地方3-13-19
456	福島 和仁	フクシマ カズヒト	男	2001/09/28	905-0603	沖縄県島尻郡伊是名村仲田4-1
486	森下 直子	モリシタ ナオコ	女	2001/10/24	811-1353	福岡県福岡市南区柏原2-18-18
(新規)						

595 重複する値を1つにまとめて取り出したい

ポイント	SELECT句、DISTINCT
構文	SELECT DISTINCT フィールド名 FROM テーブル名

テーブルの一部のフィールドを取り出すとき、同じ値が複数レコードに渡って取り出されることがあります。そのような重複する値を1レコードにまとめて取り出すには、「SELECT」句のすぐ後ろに「DISTINCT」という述語を記述します。その次で指定されたフィールドを取り出したあと、それらに関して重複している値を最終的に1つにして出力します。

SQL文例

■ **「mtbl顧客マスタ」テーブルの「性別」と「血液型」フィールドの組み合わせを重複しない値で取り出す**

```
SELECT DISTINCT 性別, 血液型 FROM mtbl顧客マスタ
```

実行例

Chap13_SQL文例

性別	血液型
女	A
女	AB
女	B
女	O
男	A
男	AB
男	B
男	O

596 1つのフィールドで並べ替えたい

ポイント	ORDER BY句
構文	SELECT フィールド名 FROM テーブル名 ORDER BY フィールド名 [DESC]

あるフィールドを基準にしてレコードを並べ替えるには、SELECTステートメントにおいて「ORDER BY」句を使います。"ORDER BY"のあとに続けてそのフィールド名を指定します。

ORDER BY句では、フィールド名のあとに「ASC」「DESC」のいずれかを指定します。「ASC」を指定した場合あるいは省略した場合は"昇順"で並べ替え、「DESC」を指定した場合は"降順"で並べ替えが行われます。

SQL文例

■「フリガナ」フィールドを基準に"昇順"に並べ替える

```
SELECT * FROM mtbl顧客マスタ ORDER BY フリガナ
```

実行例

Chap13_SQL文例

顧客コード	顧客名	フリガナ	性別	生年月日	郵便番号	住所1
385	飯野 幸三郎	イイノ コウザブロウ	男	1996/03/04	771-3203	徳島県名西郡神山町鬼籠野4-17-6
324	五十嵐 敦	イガラシ ツシ	男	1974/05/28	645-0203	和歌山県日高郡みなべ町島之瀬1-14-6
289	井川 道雄	イカワ ミチオ	男	1988/07/02	400-0603	山梨県南巨摩郡富士川町鹿島3-13
303	池内 雅俊	イケウチ マサトシ	男	1981/02/12	399-3704	長野県上伊那郡飯島町本郷2-5
299	池田 香	イケダ カオル	女	1981/01/01	708-0884	岡山県津山市津山口2-9
123	池田 賢二	イケダ ケンジ	男	1981/12/21	601-1234	京都府京都市左京区大原小出石町3-7-16
148	井沢 博久	イザワ ヒロヒサ	男	1983/05/29	394-0047	長野県岡谷市川岸中2-20-7
113	石黒 俊之	イシグロ トシユキ	男	1968/09/21	708-1324	岡山県勝田郡奈義町広岡3-4
159	石坂 幸作	イシザカ コウサク	男	1989/03/07	761-0704	香川県木田郡三木町下高岡3-20-12
444	石坂 柚花	イシザカ ユズカ	女	1991/10/13	739-0414	広島県廿日市市宮島口東2-1-2
426	石沢 政志	イシザワ マサシ	男	1979/09/19	518-1416	三重県伊賀市下阿波4-19-10
408	石塚 砂登子	イシヅカ サトコ	女	1978/09/05	781-2114	高知県吾川郡いの町加茂町4-1-2
84	石塚 菜穂	イシヅカ ナホ	女	1985/04/14	988-0412	宮城県本吉郡南三陸町歌津南の沢3-13-3
125	石原 亜夏里	イシハラ カリ	女	1997/10/25	999-8221	山形県酒田市寺田1-3-4

■「フリガナ」フィールドを基準に"降順"に並べ替える

```
SELECT * FROM mtbl顧客マスタ ORDER BY フリガナ DESC
```

実行例

Chap13_SQL文例

顧客コード	顧客名	フリガナ	性別	生年月日	郵便番号	住所1
170	渡部 正博	ワタナベ マサヒロ	男	1964/09/01	370-0721	群馬県邑楽郡千代田町木崎1-9-11
262	渡辺 敬子	ワタナベ ケイコ	女	1973/06/03	383-0004	長野県中野市赤岩4-18-7
419	和田 文音	ワダ フミネ	女	2000/08/04	753-0055	山口県山口市今井町2-8-1
448	若林 正志	ワカバヤシ マサシ	男	1995/03/11	602-0035	京都府京都市上京区畠山町4-4-10
238	米倉 真帆	ヨネクラ マホ	女	1985/11/21	010-0824	秋田県秋田市仁別4-14-14
122	吉野 和明	ヨシノ カズキ	男	1983/06/14	300-2404	茨城県つくばみらい市南3-12-16
197	吉永 翔子	ヨシナガ ショウコ	女	1974/06/26	760-0051	香川県高松市南新町4-11-7
23	吉田 将貴	ヨシダ ショウキ	男	1995/08/20	891-6201	鹿児島県大島郡喜界町赤連3-20-13
398	吉井 肇	ヨシイ ハジメ	男	1980/08/07	849-0924	佐賀県佐賀市新中町2-1
500	横山 照男	ヨコヤマ テルオ	男	1967/10/25	523-0802	滋賀県近江八幡市大中町2-8
326	横川 喜美子	ヨコカワ キミコ	女	1973/12/08	907-1434	沖縄県八重山郡竹富町南風見2-18-8
479	横井 花音	ヨコイ カノン	女	2002/11/09	760-0022	香川県高松市西内町3-15
100	湯浅 来実	ユサ クルミ	女	1993/01/21	882-0045	宮崎県延岡市瀬之口町2-16-8
263	山脇 勝久	ヤマワキ カツヒサ	男	1967/06/10	985-0001	宮城県塩竈市新浜町1-18-7

597 複数のフィールドで並べ替えたい

ポイント	ORDER BY句
構文	SELECT フィールド名 FROM テーブル名 ORDER BY フィールド名1 [DESC], フィールド名2 [DESC],……

複数のフィールドを基準としてレコードを並べ替えるには、「ORDER BY」句で並べ替えの"優先順"にフィールド名を列挙します。「フィールド名 ASC（または省略）またはDESC」を1セットとして、カンマ区切りで記述します。

SQL文例

■「性別（昇順）」→「生年月日（昇順）」の優先順位で並べ替える

```
SELECT * FROM mtbl顧客マスタ ORDER BY 性別, 生年月日
```

実行例

Chap13_SQL文例

顧客コード	顧客名	フリガナ	性別	生年月日	郵便番号	住所1
409	黒澤 美香	クロサワ ミカ	女	1963/02/05	905-1204	沖縄県国頭郡東村平良2-12-14
73	笹川 登美子	ササガワ トミコ	女	1963/03/22	770-0022	徳島県徳島市佐古二番町1-14
492	西田 千晶	ニシダ チキ	女	1963/05/26	919-0315	福井県福井市西袋町2-19
462	福島 琉那	フクシマ ルナ	女	1963/07/30	763-0083	香川県丸亀市土器町北1-19
104	日比野 貞子	ヒビノ サダコ	女	1963/09/04	851-2422	長崎県長崎市神浦上大中尾町3-7-11
439	小堀 和花	コボリ ノドカ	女	1963/12/29	881-0004	宮崎県西都市清水1-9-18
300	岡部 珠美	オカベ タマミ	女	1964/03/15	705-0013	岡山県備前市福田4-11-18
25	尾崎 華蓮	オザキ カレン	女	1964/08/19	861-4212	熊本県熊本市南区城南町築地2-10-7
47	千葉 亜紀子	チバ キコ	女	1964/08/20	992-1455	山形県米沢市南原猪苗代町2-10-7
276	秋本 音葉	キモト オトハ	女	1964/11/12	171-0022	東京都豊島区南池袋3-5-10
10	畠山 美佳	ハタケヤマ ミカ	女	1964/11/14	915-	福井県越前市萱谷町4-4
233	齋藤 未央	サイトウ ミオ	女	1964/11/15	395-0154	長野県飯田市下殿岡4-18-3
81	小松 胡桃	コマツ クルミ	女	1965/01/22	492-8284	愛知県稲沢市天池西町2-20
356	藤木 一子	フジキ イチコ	女	1965/04/18	369-1506	埼玉県秩父市吉田太田部4-18-11

■「性別（降順）」→「生年月日（昇順）」の優先順位で並べ替える

```
SELECT * FROM mtbl顧客マスタ ORDER BY 性別 DESC, 生年月日
```

実行例

Chap13_SQL文例

顧客コード	顧客名	フリガナ	性別	生年月日	郵便番号	住所1
278	今泉 喜三郎	イマイズミ キサブロウ	男	1963/01/19	402-0212	山梨県南都留郡道志村西和出村2-15-17
94	鹿野 秀之	カノ ヒデユキ	男	1963/02/03	939-1875	富山県南砺市大野2-18-15
155	春日 文男	カスガ フミオ	男	1963/05/18	380-0957	長野県長野市安茂里大門3-9-6
393	窪田 義光	クボタ ヨシミツ	男	1963/06/07	780-0801	高知県高知市小倉町3-20
19	矢崎 清吾	ヤザキ セイゴ	男	1963/10/20	769-1401	香川県三豊市仁尾町仁尾己4-4-20
413	奥田 繁	オクダ シゲル	男	1964/04/13	910-3112	福井県福井市御所垣内町3-15-8
151	山口 俊彦	ヤマグチ トシヒコ	男	1964/05/25	699-2507	島根県大田市温泉津町井田3-8-8
170	渡部 正博	ワタナベ マサヒロ	男	1964/09/01	370-0721	群馬県邑楽郡千代田町木崎1-9-11
355	的場 義信	マトバ ヨシノブ	男	1964/11/24	710-0036	岡山県倉敷市粒浦3-2
256	西 剛	ニシ タケシ	男	1965/03/15	847-0064	佐賀県唐津市元石町1-3
411	江原 和臣	エバラ カズオミ	男	1965/04/19	400-0111	山梨県甲斐市竜王新町3-15-8
471	海野 勝也	ウミノ カツヤ	男	1965/04/28	883-0302	宮崎県東臼杵郡美郷町南郷中渡川4-17-5
37	安田 竜雄	ヤスダ タツオ	男	1965/05/01	350-0033	埼玉県川越市富士見町1-6-16
234	杉浦 茂志	スギウラ シゲシ	男	1965/05/12	959-0107	新潟県燕市分水旭町4-10

598 演算結果を基準に並べ替えたい

ポイント	ORDER BY句
構文	SELECT フィールド名 FROM テーブル名 ORDER BY 演算式 [DESC]

フィールドで演算を行い、その結果を基準にしてレコードの並べ替えを行うには、「ORDER BY」句にもその演算式を記述します。

演算フィールドを別名で出力する場合でもORDER BY句にはその別名を指定することはできません。それと同じ演算式を記述する必要があります。

SQL文例

■ 「生年月日」フィールドの値と現在日付の年数差を基準に"昇順"に並べ替える

```
SELECT 顧客コード, 顧客名, 生年月日, DateDiff("yyyy", 生年月日, Date()) AS 
年数
FROM mtbl顧客マスタ
ORDER BY DateDiff("yyyy", 生年月日, Date())
```

実行例

Chap13_SQL文例

顧客コード	顧客名	生年月日	年数
479	横井 花音	2002/11/09	21
484	島本 悠	2002/05/09	21
251	矢野 俊子	2002/06/20	21
177	深谷 航太郎	2002/08/08	21
172	福原 舞桜	2002/01/26	21
416	松岡 愛大	2002/05/24	21
140	梶田 莉音	2002/10/10	21
313	栗田 幸子	2002/05/18	21
421	大林 冬子	2002/11/21	21
445	榊原 誠之	2002/08/27	21
63	坂井 祐子	2002/09/01	21
318	田口 誉	2002/08/07	21
375	小山田 明咲	2002/06/16	21
171	武田 大航	2002/03/23	21

599 トップn件を取り出したい

ポイント	SELECT句、TOP
構文	SELECT TOP n フィールド名 FROM テーブル名

レコードを並べ替えたとき、そのうちのトップn件（あるいはワーストn件）だけを取り出すには、「SELECT」句のすぐ後ろに「TOP n」を記述します。トップ10レコードであれば「TOP 10」です。

なお、重複した値があるときは指定した件数以上のレコードが取り出されることもあります。

「TOP 25 PERCENT」のように指定することで、全レコード数に対する割合として、トップn%のレコードを取り出すこともできます。

SQL文例

■「mtbl顧客マスタ」テーブルを「生年月日」の"昇順"に並べ替え、そのトップ10（日付の古い10レコード）を取り出す

```
SELECT TOP 10 顧客コード, 顧客名, 生年月日
FROM mtbl顧客マスタ
ORDER BY 生年月日
```

実行例

Chap13_SQL文例

顧客コード	顧客名	生年月日
278	今泉 喜三郎	1963/01/19
94	鹿野 秀之	1963/02/03
409	黒澤 美香	1963/02/05
73	笹川 登美子	1963/03/22
155	春日 文男	1963/05/18
492	西田 千晶	1963/05/26
393	窪田 義光	1963/06/07
462	福島 琉那	1963/07/30
104	日比野 貞子	1963/09/04
19	矢崎 清吾	1963/10/20
(新規)		

600 件数を求めたい

ポイント	COUNT関数
構文	SELECT COUNT(*) AS 別名 FROM テーブル名

レコードの件数を求めるには、「COUNT」関数を使います。引数を「*(アスタリスク)」として「COUNT(*)」のように記述し、任意の別名を付けます。

SQL文例

■「tbl購入履歴明細」テーブルの全レコードの件数を求める

```
SELECT COUNT(*) AS 件数 FROM tbl購入履歴明細
```

実行例

Chap13_SQL文例

件数
1914

■「tbl購入履歴明細」テーブルの「伝票番号」が500以上のレコードの件数を求める

```
SELECT COUNT(*) AS 件数 FROM tbl購入履歴明細 WHERE 伝票番号 >= 500
```

実行例

Chap13_SQL文例

件数
939

601 合計値を求めたい

ポイント	SUM関数
構文	SELECT SUM(フィールド名) AS 別名 FROM テーブル名

あるフィールドの合計値を求めるには、「SUM」関数を使います。引数に対象フィールドを指定して任意の別名を付けます。

SQL文例

■「tbl購入履歴明細」テーブルの「数量」フィールドの全レコードの合計値を求める

```
SELECT SUM(数量) AS 数量合計 FROM tbl購入履歴明細
```

実行例

数量合計
10620

■「tbl購入履歴明細」テーブルの「数量」フィールドの「伝票番号」が500以上の合計値を求める

```
SELECT SUM(数量) AS 数量合計 FROM tbl購入履歴明細 WHERE 伝票番号 >= 500
```

実行例

数量合計
5176

602 最小値や最大値を求めたい

ポイント	MIN関数、MAX関数
構文	SELECT MIN(フィールド名) AS 別名, MAX(フィールド名) AS 別名 FROM テーブル名

あるフィールドの最小値を求めるには「MIN」関数を、最大値を求めるには「MAX」関数を使います。引数に対象フィールドを指定して任意の別名を付けます。

SQL文例

■「mtbl顧客マスタ」テーブルの「生年月日」フィールドの最小値と最大値を求める

```
SELECT
  MIN(生年月日) AS 最小生年月日,
  MAX(生年月日) AS 最大生年月日
FROM mtbl顧客マスタ
```

実行例

Chap13_SQL文例

最小生年月日	最大生年月日
1963/01/19	2002/11/21

■「mtbl顧客マスタ」テーブルの「性別」が"男"であるレコードの「生年月日」フィールドの最小値と最大値を求める

```
SELECT
  MIN(生年月日) AS 最小生年月日,
  MAX(生年月日) AS 最大生年月日
FROM mtbl顧客マスタ
WHERE 性別 = "男"
```

実行例

Chap13_SQL文例

最小生年月日	最大生年月日
1963/01/19	2002/08/27

603 別のテーブルを結合して取り出したい

ポイント	JOIN句
構文	SELECT テーブル名.フィールド名 FROM テーブル名 {INNER|LEFT|RIGHT} JOIN テーブル名 ON 結合フィールドと結合条件

あるテーブルに別のテーブルを結合してレコードを取り出すには、「JOIN」句を使います。JOIN句の次に結合するテーブル名を、また「ON」に続いてどのフィールドで関連付けるかを指定します。

JOINの前にはそれらの結合方法を指定します（デザインビューの「結合プロパティ」に該当）。

- **INNER**……両方のテーブルの結合フィールドの値が同じレコードのみを取り出します。
- **LEFT**……FROM句のテーブルからは全レコードを取り出し、JOIN句のテーブルからは結合フィールドの値が同じレコードのみを取り出します。
- **RIGHT**……JOIN句のテーブルからは全レコードを取り出し、FROM句のテーブルからは結合フィールドの値が同じレコードのみを取り出します。

※ SELECT 句には基本は「テーブル名 . フィールド名」で記述しますが、両方のテーブルを通してフィールドを特定できるとき（別テーブルに同じフィールド名がないとき）は「テーブル名 .」は省略できます。

SQL文例

■「tbl購入履歴」テーブルと「mtbl顧客マスタ」テーブルを「顧客コード」フィールドで関連付けて結合し、両テーブルのフィールドを取り出す

```
SELECT 伝票番号, 日付, tbl購入履歴.顧客コード, 顧客名, フリガナ
FROM tbl購入履歴 LEFT JOIN mtbl顧客マスタ
  ON tbl購入履歴.顧客コード = mtbl顧客マスタ.顧客コード
ORDER BY 伝票番号
```

実行例

Chap13_SQL文例

伝票番号	日付	顧客コード	顧客名	フリガナ
1	2022/01/01	307	玉木 俊男	タマギ トシオ
2	2022/01/02	120	山城 早紀	ヤマシロ サキ
3	2022/01/03	180	内山 心菜	ウチヤマ ココナ
4	2022/01/03	365	辻 明日奈	ツジ スナ
5	2022/01/04	443	江成 絢音	エナリ ヤネ
6	2022/01/05	342	小口 喜久治	オグチ キクジ
7	2022/01/06	146	田代 昭雄	タシロ キオ
8	2022/01/06	100	湯浅 来実	ユサ クルミ
9	2022/01/07	106	永田 有里	ナガタ ユリ
10	2022/01/08	90	梅木 玲二	ウメキ レイジ
11	2022/01/09	138	風間 花穂	カザマ カホ
12	2022/01/09	494	河内 心咲	カワウチ イラ
13	2022/01/10	426	石沢 政志	イシザワ マサシ
14	2022/01/11	66	会田 竜三	イダ リュウゾウ

604 テーブル間のフィールドで演算して取り出したい

ポイント	JOIN句
構文	SELECT 演算式 AS 別名 FROM テーブル名 {INNER|LEFT|RIGHT} JOIN テーブル名 ON 結合フィールドと結合条件

テーブルを結合したときも、通常の演算フィールドと同様にそれぞれのテーブルのフィールドを使って演算式を設定することができます。

その際の注意点として、両方のテーブルにある同名のフィールドを使う際には、「テーブル名.フィールド名」と記述し、どちらのフィールドかを明示します。ただし一方にしかないフィールドであればフィールド名だけの記述ができます。

SQL文例

■ **「tbl購入履歴明細」テーブルと「mtbl商品マスタ」テーブルを「商品コード」フィールドで関連付けて結合し、一方の「数量」フィールドと他方の「単価」フィールドの演算結果を取り出す**

```
SELECT 伝票番号, tbl購入履歴明細.商品コード, 数量, 単価, 数量 * 単価 AS 金額
FROM tbl購入履歴明細 LEFT JOIN mtbl商品マスタ
  ON tbl購入履歴明細.商品コード = mtbl商品マスタ.商品コード
```

※ LEFT JOIN のため、商品マスタにない商品コードの単価や金額は NULL となります。

実行例

Chap13_SQL文例

伝票番号	商品コード	数量	単価	金額
999	0000000000000	8		
999	0000000000000	1		
999	0000000000000	2		
999	0000000000000	3		
719	0000049177015	6	¥78	¥468
280	0049074000943	6	¥4,280	¥25,680
192	0049074005894	3	¥2,980	¥8,940
457	0049074009038	7	¥5,480	¥38,360
733	0049074009038	7	¥5,480	¥38,360
173	0049074009045	9	¥7,480	¥67,320
280	0049074009045	7	¥7,480	¥52,360
393	0049074009045	5	¥7,480	¥37,400
609	0049074009045	10	¥7,480	¥74,800
40	0049074009090	7	¥8,480	¥59,360

605 グループごとのレコード件数を求めたい

ポイント	GROUP BY句、COUNT関数
構文	SELECT COUNT(*) AS 別名 FROM テーブル名 GROUP BY フィールド名,……

グループごとのレコード件数を求めるには、まず「GROUP BY」句にグループ化の基準となるフィールドを指定し、SELECT句において「COUNT」関数を使います。

なお、GROUP BY句には複数のフィールドをカンマ区切りで列挙することもできます。

GROUP BY句はクエリのデザインビューでの「グループ化」に当たるものです。

SQL文例

■「mtbl顧客マスタ」テーブルの「性別」ごとのレコード件数を求める

```
SELECT 性別, COUNT(*) AS 件数
FROM mtbl顧客マスタ
GROUP BY 性別
```

実行例

Chap13_SQL文例

性別	件数
女	247
男	253

■「mtbl顧客マスタ」テーブルの「生年月日」が2000/01/01以降のレコードについて、「性別」ごとのレコード件数を求める(この場合はFROM...WHEREの次にGROUP BYを記述)

```
SELECT 性別, COUNT(*) AS 件数
FROM mtbl顧客マスタ
WHERE 生年月日 >= #2000/01/01#
GROUP BY 性別
```

実行例

Chap13_SQL文例

性別	件数
女	19
男	20

606

グループごとの合計値を求めたい

ポイント　GROUP BY句、SUM関数

構文　SELECT SUM(フィールド名) AS 別名 FROM テーブル名 GROUP BY フィールド名,……

グループごとの合計値を求めるには、まず「GROUP BY」句にグループ化の基準となるフィールドを指定し、SELECT句において「SUM」関数を使います。

SQL文例

■「mtbl購入履歴明細」テーブルの「商品コード」ごとの「数量」フィールドの合計値を求める

```
SELECT 商品コード, SUM(数量) AS 数量合計
FROM tbl購入履歴明細
GROUP BY 商品コード
```

実行例

Chap13_SQL文例

商品コード	数量合計
0000000000000	14
0000049177015	6
0049074000943	6
0049074005894	3
0049074009038	14
0049074009045	31
0049074009090	7
0049074018092	15
0049074018153	4
0049074018160	4
0049074023751	5
0049074023768	8
0049074023782	7
0049074023829	8

■「mtbl購入履歴明細」テーブルの「伝票番号」ごとの「数量」フィールドの合計値を求める

```
SELECT 伝票番号, SUM(数量) AS 数量合計
FROM tbl購入履歴明細
GROUP BY 伝票番号
```

実行例

Chap13_SQL文例

伝票番号	数量合計
1	20
2	2
3	6
4	11
5	5
6	8
7	18
8	7
9	1
10	3
11	10
12	31
13	9
14	24

607 グループごとの合計値の大きいものだけ取り出したい

ポイント	GROUP BY句、HAVING句
構文	SELECT フィールド名 FROM テーブル名 GROUP BY フィールド名 HAVING 抽出条件

テーブルから取り出す際の抽出条件はWHERE句で指定しますが、「GROUP BY」句を使って集計した値を抽出条件にする場合には「HAVING」句を使います。

HAVING句にはWHERE句と同様の抽出条件を指定できる場合もありますが、SUM関数などの集計結果を抽出条件とするには、その演算式をHAVING句にも記述した上で比較演算子や論理演算子による条件式を指定します（集計値を別名で出力する場合でもHAVING句にはその別名は使えません）。

集計以外のフィールドは、HAVING句ではなく、WHERE句で事前に対象レコード数を絞り込んでおいた方が効率的に処理されます。

SQL文例

■「mtbl購入履歴明細」テーブルの「商品コード」ごとの「数量」フィールドの合計値を求め、その中から"合計値が40以上"のレコードだけを取り出す

```
SELECT 商品コード, SUM(数量) AS 数量合計
FROM tbl購入履歴明細
GROUP BY 商品コード
HAVING SUM(数量) >= 40
```

実行例

Chap13_SQL文例

商品コード	数量合計
4549509587316	43
4901991001006	43
4902205911005	41
4961099808365	42

608 グループごとの合計値の総合計に対する比率を求めたい

ポイント　DSum関数

GROUP BY句を使って集計を行う場合、そこで指定したフィールドの値ごとに合計等の演算が行われます。その合計値の総合計に対する比率を求めたいとき、グループごとの合計とともに総合計を求めることはできませんので、総合計の方は別途「DSum」関数で求めます。そして、SELECT句の演算フィールドとしてその比率計算を行います。

※ SELECT 句に列挙されるフィールド間では、集計値の別名を他の演算フィールドで使うこともできます。SQL 文例では「SUM(数量) AS 数量合計」の " 数量合計 " を比率計算でも使っています。

SQL文例

■ **「mtbl購入履歴明細」テーブルの「数量」フィールドの総合計に対する、同テーブルの「商品コード」ごとの「数量」の合計の比率を求める**

```
SELECT 商品コード, SUM(数量) AS 数量合計,
  FormatPercent(数量合計/DSum("数量","tbl購入履歴明細")) AS 比率
FROM tbl購入履歴明細
GROUP BY 商品コード
```

実行例

Chap13_SQL文例

商品コード	数量合計	比率
0000000000000	14	0.13%
0000049177015	6	0.06%
0049074000943	6	0.06%
0049074005894	3	0.03%
0049074009038	14	0.13%
0049074009045	31	0.29%
0049074009090	7	0.07%
0049074018092	15	0.14%
0049074018153	4	0.04%
0049074018160	4	0.04%
0049074023751	5	0.05%
0049074023768	8	0.08%
0049074023782	7	0.07%
0049074023829	8	0.08%

609 グループごとの合計値が指定値以上のレコードに印を付けたい

ポイント | IIf関数

GROUP BY句やSUM関数などで集計した値は、その別名を使って、SELECT句内の別の演算フィールドでも使うことができます。

次のSQL文例では、SUM関数で「数量」フィールドの合計を求め、「数量合計」という別名にしています。その別名を使って「IIf」関数で指定値以上かどうかの分岐を行っています。

SQL文例

■ **「mtbl購入履歴明細」テーブルの「商品コード」ごとの「数量」フィールドの合計値を求め、その値が30以上なら「●」、30未満10以上なら「○」のマークをフィールドとして出力する**

```
SELECT 商品コード, SUM(数量) AS 数量合計,
  IIf(数量合計>=30,"●",IIf(数量合計>=10,"○","")) AS マーク
FROM tbl購入履歴明細
GROUP BY 商品コード
```

実行例

Chap13_SQL文例

商品コード	数量合計	マーク
0000000000000	14	○
0000049177015	6	
0049074000943	6	
0049074005894	3	
0049074009038	14	○
0049074009045	31	●
0049074009090	7	
0049074018092	15	○
0049074018153	4	
0049074018160	4	
0049074023751	5	
0049074023768	8	
0049074023782	7	
0049074023829	8	

610 日付データを年月単位でグループ集計したい

ポイント　Format関数

日付のデータは「年・月・日」の3つを持っています。それを年月単位で集計するには、「Format」関数で書式化したり、Year関数とMonth関数でそれぞれを取り出したりして、「年・月」形式に変換した値を基準としてグループ化します。

SQL文では、その変換式をGROUP BY句に記述することで年月単位での集計ができます。

※ SELECT 句に別名で記述されていても GROUP BY 句でその別名を使うことはできません（次の例では ORDER BY 句も同様です）。

SQL文例

■ 「mtbl顧客マスタ」テーブルの「生年月日」フィールドの値を「年月」形式に変換し、その年月ごとのレコード数を集計する

```
SELECT Format(生年月日,"yyyy年mm月") AS 生年, COUNT(*) AS 人数
FROM mtbl顧客マスタ
GROUP BY Format(生年月日,"yyyy年mm月")
ORDER BY Format(生年月日,"yyyy年mm月")
```

実行例

Chap13_SQL文例

生年	人数
1963年01月	1
1963年02月	2
1963年03月	1
1963年05月	2
1963年06月	1
1963年07月	1
1963年09月	1
1963年10月	1
1963年12月	1
1964年03月	1
1964年04月	1
1964年05月	1
1964年08月	2
1964年09月	1

611 グループごとの最後の日付を取り出したい

ポイント	GROUP BY句、MAX関数
構文	SELECT MAX(フィールド名) AS 別名 FROM テーブル名 GROUP BY フィールド名

グループごとの最後の日付(※注)を取り出すには、「GROUP BY」句にそのグループ化の基準となるフィールドを指定するとともに、SELECT句において「MAX」関数を使います。

※ 注：ここでは " 最も大きい日付 " のことです。最終レコードの日付ではありません。

SQL文例

■ 「tbl購入履歴」テーブルの「顧客コード」ごとの「日付」フィールドの最大値を取り出す

```
SELECT 顧客コード, MAX(日付) AS 最終日付
FROM tbl購入履歴
GROUP BY 顧客コード
```

実行例

Chap13_SQL文例

顧客コード	最終日付
2	2023/07/17
3	2022/05/08
4	2023/09/21
5	2022/08/29
7	2023/12/23
9	2023/09/19
10	2023/10/16
11	2023/04/16
12	2023/12/21
13	2023/06/09
14	2023/05/29
16	2022/08/28
18	2022/11/09
19	2022/04/29

612 テーブルにレコードを追加したい

ポイント	INSERT INTOステートメント
構文	INSERT INTO テーブル名 (フィールド名1、フィールド名2,……) VALUES (値1, 値2,……)

テーブルに1件のレコードを追加するには「INSERT INTO」ステートメントを使います。

「INSERT INTO テーブル名 (フィールド名) VALUES (値)」という基本構成で、"フィールド名"とそこに代入する"値"をそれぞれ対応付ける形で、カッコ内にカンマ区切りで列挙します。

なお、追加先の対象フィールドはテーブルのすべてのフィールドである必要はありません。オートナンバー型であれば指定不要です。また指定しなかったフィールドに既定値が設定されていればそれが新規レコードに適用されます。

各値はフィールドのデータ型に準じて記述します。テキスト型であれば「"」、日付/時刻型であれば「#」で囲みます。

SQL文例

■「mtbl顧客マスタ」テーブルに1件のレコードを追加する（対象フィールドは5つ）

```
INSERT INTO mtbl顧客マスタ
  (顧客名, フリガナ, 性別, 生年月日, 血液型)
VALUES
  ("小川 正雄", "オガワ マサオ", "男", #1994/4/2#, "0")
```

実行例

mtbl顧客マスタ

顧客コード	顧客名	フリガナ	性別	生年月日	郵便番号	住所1
497	谷本 義久	タニモト ヨシヒサ	男	1966/01/02	993-0022	山形県長井市芦沢2-17-15
498	白井 栄蔵	シライ エイゾウ	男	1966/05/08	018-1212	秋田県由利本荘市岩城福俣1-19-3
499	船橋 凛華	フナバシ リンカ	女	1972/10/11	016-0806	秋田県能代市清助町1-20-16
500	横山 照男	ヨコヤマ テルオ	男	1967/10/25	523-0802	滋賀県近江八幡市大中町2-8
501	小川 正雄	オガワ マサオ	男	1994/04/02		
(新規)						

613 テーブルに別のテーブルのレコードを追加したい

ポイント	INSERT INTOステートメント、SELECTステートメント
構文	INSERT INTO 追加先テーブル名 (フィールド名1、フィールド名2,……) SELECT フィールド名1, フィールド名2,…… FROM 追加元テーブル名

テーブルに別のテーブルをレコード追加するには、「INSERT INTO」ステートメントと「SELECTステートメント」を併用します。

「INSERT INTO テーブル名 (フィールド名)」というINSERT INTOステートメントを記述したあと、"VALUES"ではなく「SELECT...FROM」を記述します。SELECTステートメントでは"WHERE"や"ORDER BY"なども指定できます。

SQL文例

■「mtbl顧客マスタ」テーブルから取り出した全レコードを「mtbl顧客マスタ_Log」テーブルに追加する(対象フィールドは8つ)

```
INSERT INTO mtbl顧客マスタ_Log
  (顧客コード, 顧客名, フリガナ, 性別, 生年月日, 郵便番号, 住所1, 住所2)
SELECT 顧客コード, 顧客名, フリガナ, 性別, 生年月日, 郵便番号, 住所1, 住所2
FROM mtbl顧客マスタ
```

mtbl顧客マスタ_Log

ID	顧客コード	顧客名	フリガナ	性別	生年月日	郵便番号	住所1	住所2	電話番号
1	1	坂井 真緒	サカイ マオ	女	1990/10/19	781-1302	高知県高岡郡越知町越知乙1-5-9		
2	2	澤田 雄也	サワダ ユウヤ	男	1980/02/27	402-0055	山梨県都留市川棚1-17-9		
3	3	井手 久雄	イデ ヒサオ	男	1992/03/01	898-0022	鹿児島県枕崎市宮田町4-16	宮田町レジデンス107	
4	4	栗原 研治	クリハラ ケンジ	男	1984/11/05	329-1324	栃木県さくら市草川3-1-7	キャッスル草川117	
5	5	内村 海士	ウチムラ マト	男	2000/08/05	917-0012	福井県小浜市熊野4-18-16		
6	6	戸塚 松夫	トツカ マツオ	男	1982/04/15	519-0147	三重県亀山市山下町1-8-6	コート山下町418	
7	7	塩崎 泰	シオザキ ヤスシ	男	1973/05/26	511-0044	三重県桑名市萱町1-8	萱町プラザ100	
8	8	菅野 瑞樹	スガノ ミズキ	女	1977/02/05	607-8191	京都府京都市山科区大宅鳥田町2-5		
9	9	宮田 有紗	ミヤタ リサ	女	1974/08/16	883-0046	宮崎県日向市中町1-1-14		
10	10	畠山 美佳	ハタケヤマ ミカ	女	1964/11/14	915-	福井県越前市萱谷町4-4		
11	11	山崎 正文	ヤマザキ マサフミ	男	1977/04/02	106-0045	東京都港区麻布十番2-13-9		
12	12	並木 幸三郎	ナミキ コウザブロウ	男	1974/01/24	824-	福岡県京都郡みやこ町犀川下高屋2-19-19	ステージ犀川下高屋408	
13	13	佐久間 瑞穂	サクマ ミズホ	女	1982/06/26	232-0054	神奈川県横浜市南区大橋町3-2	大橋町スカイ217	
14	14	成田 美和	ナリタ ミワ	女	1991/01/29	601-1361	京都府京都市伏見区醍醐御霊ケ下町4-7		

■ 補足

追加元のすべてのフィールドが追加先テーブルにあり、かつ追加元の全フィールドのデータを追加するのであれば、次のように書くこともできます。

```
INSERT INTO mtbl顧客マスタ_Log SELECT * FROM mtbl顧客マスタ
```

614 テーブルからレコードを削除したい

ポイント	DELETEステートメント
構文	DELETE * FROM テーブル名 [WHERE 抽出条件]

テーブルからレコードを削除するには「DELETE」ステートメントを使います。

SELECTと同様に、WHERE句を指定することで特定のレコードだけを削除することができます。WHERE句を指定しないときはテーブルの全レコードが削除されます。

SQL文例

■「mtbl顧客マスタ_Log」テーブルから「顧客コード」フィールドの値が100未満のレコードを削除する

```
DELETE * FROM mtbl顧客マスタ_Log
WHERE 顧客コード < 100
```

実行例

mtbl顧客マスタ_Log

ID	顧客コード	顧客名	フリガナ	性別	生年月日	郵便番号	住所1	住所2	電話番号
100	100	湯浅 来実	ユサ クルミ	女	1993/01/21	882-0045	宮崎県延岡市瀬之口町2-16-8	パレス瀬之口町418	
101	101	大石 香凛	オオイシ カリン	女	1993/11/10	652-0802	兵庫県神戸市兵庫区水木通4-7		
102	102	海野 照美	ウミノ テルミ	女	1986/03/17	021-0851	岩手県一関市関が丘1-12-5		
103	103	中谷 敏子	ナカタニ トシコ	女	1986/05/04	384-0036	長野県小諸市富士見平3-19-17		
104	104	日比野 貞子	ヒビノ サダコ	女	1963/09/04	851-2422	長崎県長崎市神浦上大中尾町3-7-11		
105	105	塩崎 敦司	シオザキ ツシ	男	1994/03/28	789-1401	高知県高岡郡中土佐町大野見吉野1-16-6		
106	106	永田 有里	ナガタ ユリ	女	1971/01/22	521-1205	滋賀県東近江市躰光寺町2-1-15		
107	107	西本 亨治	ニシモト ミチハル	男	1988/09/29	969-5208	福島県南会津郡下郷町小沼崎4-12-5		
108	108	沢村 凪都	サワムラ ナギト	男	1997/03/16	088-3341	北海道川上郡弟子屈町屈斜路原野3-11-18		
109	109	須藤 等	スドウ ヒトシ	男	1983/02/13	099-0213	北海道紋別郡遠軽町丸瀬布上武利4-13-20		
110	110	古山 光子	フルヤマ ミツコ	女	1977/03/23	730-0805	広島県広島市中区十日市町4-5		
111	111	江成 大晴	エナリ タイセイ	男	1994/09/27	699-5633	島根県鹿足郡津和野町長福3-8		
112	112	竹内 真菜	タケウチ マナ	女	2000/05/04	329-0424	栃木県下野市下文挟3-7	下文挟プラチナ307	
113	113	石黒 俊之	イシグロ トシユキ	男	1968/09/21	708-1324	岡山県勝田郡奈義町広岡3-4		

■「mtbl顧客マスタ_Log」テーブルから全レコードを削除して、テーブルを"空"にする

```
DELETE * FROM mtbl顧客マスタ_Log
```

実行例

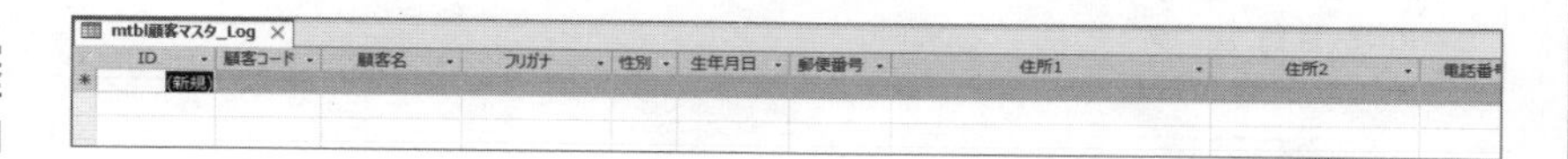

615 テーブルのレコードを更新したい

ポイント	UPDATEステートメント
構文	UPDATE テーブル名 SET フィールド名 = 値 [WHERE 抽出条件]

テーブルの既存レコードの内容を更新するには「UPDATE」ステートメントを使います。

このステートメントでは、「SET」句に続いて「フィールド名 = 値」を1セットとして複数のセットをカンマ区切りで列挙することで、複数フィールドを一度に更新することもできます。

またWHERE句を指定することで、条件に一致するレコードだけを更新することもできます。

SQL文例

■「mtbl顧客マスタ」テーブルの全レコードの「備考」フィールドを更新する

```
UPDATE mtbl顧客マスタ
SET 備考 = "更新日:" & Date()
```

実行例

mtbl顧客マスタ

顧客コード	顧客名	備考
1	坂井 真緒	更新日:2023/04/13
2	澤田 雄也	更新日:2023/04/13
3	井手 久雄	更新日:2023/04/13
4	栗原 研治	更新日:2023/04/13
5	内村 海士	更新日:2023/04/13
6	戸塚 松夫	更新日:2023/04/13
7	塩崎 泰	更新日:2023/04/13
8	菅野 瑞樹	更新日:2023/04/13
9	宮田 有紗	更新日:2023/04/13
10	畠山 美佳	更新日:2023/04/13
11	山崎 正文	更新日:2023/04/13
12	並木 幸三郎	更新日:2023/04/13
13	佐久間 瑞穂	更新日:2023/04/13
14	成田 美和	更新日:2023/04/13

■「mtbl顧客マスタ」テーブルの「性別」フィールドが「男」であるレコードのみ、「性別」フィールドを「1」に、また「備考」フィールドを空欄（NULL）に更新する

```
UPDATE mtbl顧客マスタ
SET 性別 = "1", 備考 = NULL
WHERE 性別 = "男"
```

実行例

mtbl顧客マスタ

顧客コード	顧客名	性別	備考
1	坂井 真緒	女	更新日:2023/04/13
2	澤田 雄也	1	
3	井手 久雄	1	
4	栗原 研治	1	
5	内村 海士	1	
6	戸塚 松夫	1	
7	塩崎 泰	1	
8	菅野 瑞樹	女	更新日:2023/04/13
9	宮田 有紗	女	更新日:2023/04/13
10	畠山 美佳	女	更新日:2023/04/13
11	山崎 正文	1	
12	並木 幸三郎	1	
13	佐久間 瑞穂	女	更新日:2023/04/13
14	成田 美和	女	更新日:2023/04/13

616 作業テーブルでマスタを更新したい

ポイント　UPDATEステートメント、INNER JOIN句

同じ構造でデータが一部異なるマスタテーブルと作業テーブルがあるとき、同じ値が両方にあるレコードを結合し、作業テーブルのデータでマスタテーブルを更新するSQLの例です。

書き方としては、更新なので「UPDATE」ステートメントを使います。

両方のテーブルの結合フィールドの値が同じレコードのみ取り出すので、「INNER JOIN」句で2つのテーブルを結合します。

※ フィールドだけでなくテーブルも「AS」句で別名にできます。例では「mtbl 顧客マスタ」を「M」、「mtbl 顧客マスタ _Import」を「I」という別名で定義しています。テーブル名を多数記述するSQL文をシンプルにできます。もちろん「正規のテーブル名 . フィールド名」と書いてもかまいません。

SQL文例

■ **「mtbl顧客マスタ_Import」テーブル（別名「I」）と「mtbl顧客マスタ」テーブル（別名「M」）を結合し、「顧客コード」フィールドの値が一致するものについて、「mtbl顧客マスタ_Import」の値で「mtbl顧客マスタ」を更新する**

```
UPDATE mtbl顧客マスタ AS M
  INNER JOIN mtbl顧客マスタ_Import AS I
  ON M.顧客コード = I.顧客コード
SET
  M.顧客名 = I.顧客名,
  M.フリガナ = I.フリガナ,
  M.郵便番号 = I.郵便番号,
  M.住所1 = I.住所1,
  M.住所2 = I.住所2
```

実行例

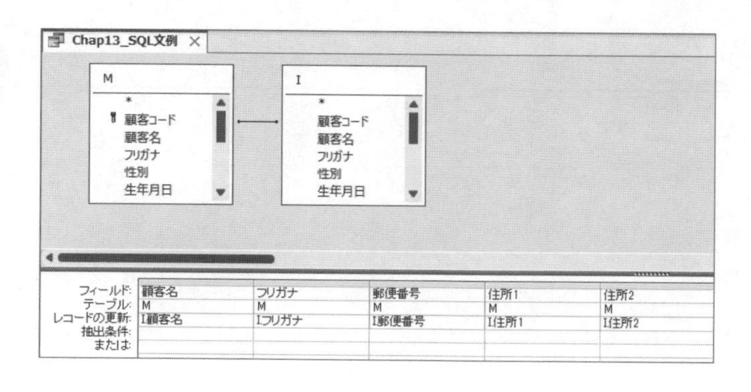

617 作業テーブルだけにあるレコードをマスタに追加したい

ポイント | INSERT INTOステートメント、RIGHT|LEFT JOIN句、Is Null

同じ構造でデータが一部異なるマスタテーブルと作業テーブルがあるとき、"マスタにはなく作業テーブルだけにあるレコード"をマスタに追加するSQLの例です。

書き方としては、追加なので「INSERT INTO」ステートメントを使い、追加先にマスタテーブルを、追加元にはマスタテーブルと作業テーブルを結合したSELECTステートメントを記述します。

その結合では、マスタをFROM句に指定した場合には「RIGHT JOIN」を指定し、作業テーブルからは全レコードを、マスタからは結合フィールドの値が同じレコードのみ取り出します。そしてWHERE句に「マスタのフィールド値 Is Null」という条件を指定することで、作業テーブルにだけあるレコードを抽出します。

SQL文例

■ **「mtbl顧客マスタ_Import」テーブル（別名「I」）と「mtbl顧客マスタ」テーブル（別名「M」）を「顧客コード」フィールドで結合し、「mtbl顧客マスタ_Import」だけにある顧客コードのレコードを「mtbl顧客マスタ」に追加する**

```
INSERT INTO mtbl顧客マスタ
  (顧客コード, 顧客名, フリガナ, 性別, 生年月日, 郵便番号, 住所1, 住所2)
SELECT I.顧客コード, I.顧客名, I.フリガナ, I.性別, I.生年月日, I.郵便番号,
I.住所1, I.住所2
FROM mtbl顧客マスタ AS M RIGHT JOIN mtbl顧客マスタ_Import AS I
  ON M.顧客コード = I.顧客コード
WHERE M.顧客コード Is Null
```

実行例

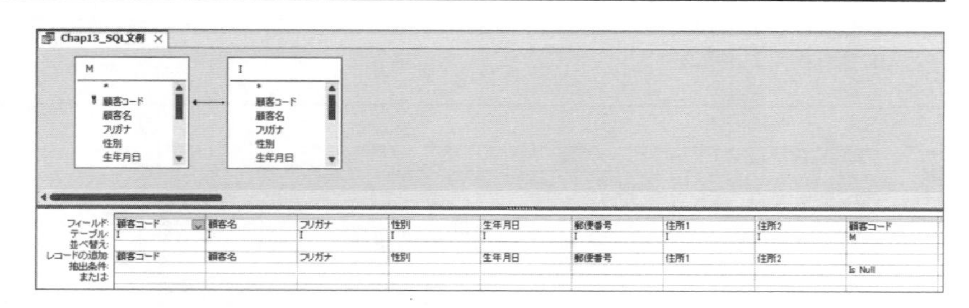

618 作業テーブルにないレコードをマスタから削除したい

ポイント DELETEステートメント、RIGHT|LEFT JOIN句、Is Null

同じ構造でデータが一部異なるマスタテーブルと作業テーブルがあるとき、"マスタにはあって作業テーブルにはないレコード"をマスタから削除するSQLの例です。

書き方としては、削除なので「DELETE」ステートメントを使います。その際、マスタ側を削除するので「マスタテーブル名.*」とします。またFROM句でマスタテーブルと作業テーブルを結合します。

その結合では、マスタをFROM句に指定した場合には「LEFT JOIN」を指定し、マスタからは全レコードを、作業テーブルからは結合フィールドの値が同じレコードのみ取り出します。そしてWHERE句に「作業テーブルのフィールド値 Is Null」という条件を指定することで、マスタにだけあるレコードを抽出します。

SQL文例

■ **「mtbl顧客マスタ_Import」テーブル（別名「I」）と「mtbl顧客マスタ」テーブル（別名「M」）を「顧客コード」フィールドで結合し、「mtbl顧客マスタ_Import」にはない顧客コードのレコードを「mtbl顧客マスタ」から削除する（ここではDELETEに「DISTINCTROW」を指定要）**

```
DELETE DISTINCTROW M.*
FROM mtbl顧客マスタ AS M LEFT JOIN mtbl顧客マスタ_Import AS I
  ON M.顧客コード = I.顧客コード
WHERE I.顧客コード Is Null
```

実行例

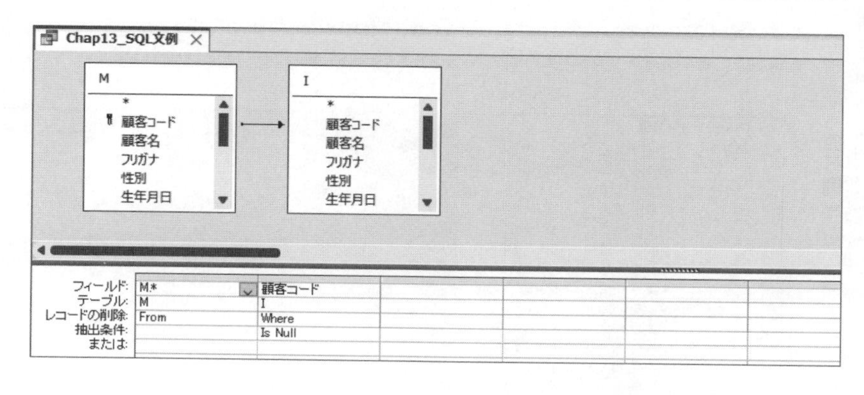

Chap 13 SQL

619 2つのテーブルの縦に並べて1つのテーブルのようにしたい

ポイント	UNION句
構文	SELECT...FROM...UNION SELECT...FROM...

同じ構造の2つのテーブルのレコードを縦に並べて、見た目1つのテーブルのように取り出すには、「UNION」句を使います。Accessでは"ユニオンクエリ"と呼ばれるクエリのSQLです。

書き方としては、1つのテーブルに対するSELECTステートメントを1セットとして、各セットを「UNION」という句で繋げます。3つ以上のテーブルも「UNION SELECT...FROM...」を追加することで対応可能です。

また、各テーブル構造でのフィールド順やフィールド数は異なっていてもかまいませんが、それぞれのSELECT句に列挙する順番や数は同じになるようにします。

SQL文例

■ 「mtbl顧客マスタ」テーブルと「mtbl顧客マスタ_Log」テーブルのレコードを縦に並べて1つのテーブルのように出力する

```
SELECT 顧客コード, 顧客名, フリガナ, "マスタ" AS データ名 FROM mtbl顧客マスタ
UNION
SELECT 顧客コード, 顧客名, フリガナ, "ログ" AS データ名  FROM mtbl顧客マスタ
_Log
ORDER BY 顧客コード
```

※ ここでの「ORDER BY」は、2つのテーブルを合体させたあとの全レコードに作用します。

※ 例として、どちらのテーブルかの識別用に「データ名」という固定値のフィールドをそれぞれ設けています。

実行例

Chap13_SQL文例

顧客コード	顧客名	フリガナ	データ名
1	坂井 真緒	サカイ マオ	マスタ
1	坂井 真緒	サカイ マオ	ログ
2	澤田 雄也	サワダ ユウヤ	マスタ
2	澤田 雄也	サワダ ユウヤ	ログ
3	井手 久雄	イデ ヒサオ	マスタ
3	井手 久雄	イデ ヒサオ	ログ
4	栗原 研治	クリハラ ケンジ	マスタ
4	栗原 研治	クリハラ ケンジ	ログ
5	内村 海士	ウチムラ マト	マスタ
5	内村 海士	ウチムラ マト	ログ
6	戸塚 松夫	トツカ マツオ	マスタ
6	戸塚 松夫	トツカ マツオ	ログ
7	塩崎 泰	シオザキ ヤスシ	マスタ
7	塩崎 泰	シオザキ ヤスシ	ログ

620 構造の異なる2つのテーブルを縦に並べたい

ポイント	UNION句
構文	SELECT フィールド名 AS 別名 FROM テーブル名 UNION……

構造の異なる2つのテーブルに対して「UNION」句を使う場合、次のような動きをします。

- **両者のフィールド数が異なっているとエラーになります。**
- **両者のフィールド名は同じである必要はありません。同じ意味合いのデータ項目でその順番が合致していれば統合されます（その際にアウトプットされるフィールド名は最初のSELECT句のものが使われます）。**

そこで、次のSQL文例では両者のフィールドの順番を揃えるとともに、一方にしかないフィールドについては「"" AS 性別」や「"" AS 住所2」のようにしてダミーのフィールドを追加しています。

SQL文例

■ **「mtbl顧客マスタ」テーブルと「T_お客様名簿」テーブルのレコードを縦に並べて1つのテーブルのように出力する（その際のフィールド名や順番はmtbl顧客マスタのものに合わせる）**

```
SELECT 顧客コード, 顧客名, フリガナ, 性別, 生年月日, 郵便番号, 住所1, 住所2
FROM mtbl顧客マスタ
UNION
SELECT お客様番号, 氏名, カナ, "" AS 性別, 誕生日, 〒, 住所, "" AS 住所2
FROM T_お客様名簿
ORDER BY 顧客コード
```

実行例

Chap13_SQL文例

顧客コード	顧客名	フリガナ	性別	生年月日	郵便番号	住所1	住所2
1	坂井 真緒	サカイ マオ	女	1990/10/19	781-1302	高知県高岡郡越知町越知乙1-5-9	
1	坂口百香	サカグチモモカ		1970/12/17	855-0832	長崎県島原市坂上町1-15	
2	平賀伸生	ヒラガノブオ		1994/02/13	979-1422	福島県双葉郡双葉町水沢4-14-1	
2	澤田 雄也	サワダ ユウヤ	男	1980/02/27	402-0055	山梨県都留市川棚1-17-9	
3	井手 久雄	イデ ヒサオ	男	1992/03/01	898-0022	鹿児島県枕崎市宮田町4-16	宮田町レジデンス
3	鳥居昌枝	トリイマサエ		1966/03/02	285-0805	千葉県佐倉市小篠塚4-10-14	
4	栗原 研治	クリハラ ケンジ	男	1984/11/05	329-1324	栃木県さくら市草川3-1-7	キャッスル草川11
4	長谷柚香	ナガヤユズカ		1979/07/29	959-2671	新潟県胎内市東川内4-6-4	
5	須賀康司	スガコウジ		1976/01/05	501-0616	岐阜県揖斐郡揖斐川町福島3-7-16	
5	内村 海士	ウチムラ マト	男	2000/08/05	917-0012	福井県小浜市熊野4-18-16	
6	戸塚 松夫	トツカ マツオ	男	1982/04/15	519-0147	三重県亀山市山下町1-8-6	コート山下町418
6	中島華凛	ナカシマカリン		1997/06/22	771-1615	徳島県阿波市市場町大影2-17-2	
7	塩崎 泰	シオザキ ヤスシ	男	1973/05/26	511-0044	三重県桑名市萱町1-8	萱町プラザ100
7	木村常雄	キムラツネオ		1983/08/25	634-0124	奈良県高市郡明日香村栢森1-19	

621 テーブルを作成／削除したい

ポイント	CREATE TABLEステートメント、DROP TABLEステートメント
構文	CREATE TABLE テーブル名 (フィールド名 データ型,……) DROP TABLE テーブル名

SQLでテーブルを作成／削除するには、それぞれ「CREATE TABLE」ステートメント、「DROP TABLE」ステートメントを使います。テーブルオブジェクトを直接操作する、Accessでは"データ定義クエリ"と呼ばれるクエリのSQLです。

CREATE TABLEでは、フィールド名とデータ型を1セットとして、必要なフィールド数分、カンマ区切りで列挙します。その際、主なデータ型では次のような語句を指定します。

テキスト型(短いテキスト)	TEXT(n)	単精度浮動小数点型	SINGLE
メモ型(長いテキスト)	MEMO	倍精度浮動小数点型	DOUBLE
バイト型	BYTE	通貨型	CURRENCY
整数型	INTEGER	日付/時刻型	DATETIME
長整数型	LONG	Yes/No型	YESNO
オートナンバー型	COUNTER	OLEオブジェクト型	LONGBINARY

SQL文例

■ 「T_接客情報」テーブルを作成する……IDを主キー(PRIMARY KEY)に設定

```
CREATE TABLE T_接客情報 (
  ID COUNTER PRIMARY KEY,
  日付 DATETIME,
  顧客コード INTEGER,
  担当者コード TEXT(5),
  内容 MEMO,
  備考 TEXT(255)
)
```

■ 「T_接客情報」テーブルを削除する

```
DROP TABLE T_接客情報
```

622 Accessのオブジェクト名一覧を取得したい

ポイント　MSysObjectsテーブル

「MSysObjects」テーブルはAccessの"システムテーブル"です。通常は非表示ですが、ナビゲーションオプションで［システム オブジェクトの表示］にチェックマークを付けることでナビゲーションウィンドウに表示されます。

このテーブルには、カレントデータベース内のオブジェクトのさまざまな情報が保存されています。ここからSELECTステートメントでデータを取り出すことで、オブジェクト一覧を取得することができます。

SQL文例

■ ナビゲーションウィンドウに表示される5種類のオブジェクトの名前と種類を取り出す

```
SELECT Name AS オブジェクト名, Switch(Type=1,"ローカルテーブル",Type=5,"クエリ",Type=-32768,"フォーム",Type=-32764,"レポート",Type=-32761,"モジュール") AS オブジェクト種類
FROM MSysObjects
WHERE Type In (1, 5, -32768, -32764, -32761) AND Flags=0
ORDER BY Name
```

※「Type」フィールドには、テーブルは「1」、クエリは「5」、フォームは「-32768」といった値が格納されています。

実行例

Chap13_SQL文例

オブジェクト名	オブジェクト種類
Chap13_SQL文例	クエリ
Chap13SQL文例	ローカルテーブル
Chap13SQL文例	フォーム
frmChap1_5	フォーム
mtbl顧客マスタ	ローカルテーブル
mtbl顧客マスタ_Import	ローカルテーブル
mtbl顧客マスタ_Log	ローカルテーブル
mtbl商品マスタ	ローカルテーブル
qselChap1_24	クエリ
qselChap6_223	クエリ
qselChap6_224	クエリ
qselChap6_256	クエリ
qselChap7_281	クエリ
stblシステム管理	ローカルテーブル
T_お客様名簿	ローカルテーブル
tblカレンダ	ローカルテーブル
tbl購入履歴	ローカルテーブル
tbl購入履歴明細	ローカルテーブル
wtbl購入集計	ローカルテーブル

INDEX

記号・数字

' ……… 054
- ……… 049, 182, 204
"" ……… 057
……… 236
& ……… 049, 148, 433
* ……… 049, 182, 653-655, 663, 668, 677
, ……… 046
/ ……… 049, 182
? ……… 037
^ ……… 049
_ ……… 055
\ ……… 049
+ ……… 049, 182, 204
< ……… 049, 167
<= ……… 049
<> ……… 049, 166
= ……… 049, 166, 167
> ……… 049, 167
>= ……… 049
10進数 ……… 200, 201
16進数 ……… 200, 201
2次元配列 ……… 080

A

aaa ……… 233
Abs ……… 185, 458
AbsolutePosition ……… 389, 390
Access ……… 030, 097, 098, 100, 330, 359-361, 593
Access VBA ……… 180
Accessウィンドウ ……… 110
Accessランタイム ……… 098, 422
acCmdAppMaximize ……… 359
acCmdAppMinimize ……… 359
acCmdAppRestore ……… 359
acCmdCopy ……… 385, 386, 407, 473
acCmdDatasheetView ……… 321
acCmdDeleteRecord ……… 399, 400
acCmdFind ……… 383
acCmdFormView ……… 321
acCmdPageSetup ……… 565
acCmdPasteAppend ……… 407
acCmdPreviewEightPages ……… 546
acCmdPreviewFourPages ……… 546
acCmdPreviewOnePage ……… 546
acCmdPreviewTwelvePages ……… 546
acCmdPreviewTwoPages ……… 546
acCmdPrint ……… 566
acCmdPrintPreview ……… 321
acCmdReplace ……… 383
acCmdSaveRecord ……… 414
acCmdSelectAllRecords ……… 385
acCmdSelectRecord ……… 385, 399, 400, 407
acCmdZoomBox ……… 447
acDataErrContinue ……… 413
acDeleteCancel ……… 403
acDeleteOK ……… 403
acDeleteUserCancel ……… 403
acDesign ……… 299
acDialog ……… 301
acExport ……… 576, 578
acExportDelim ……… 577
acFirst ……… 315, 366
acForm ……… 271, 296, 310, 311, 313, 315, 316
acFormAdd ……… 302
acFormatPDF ……… 569, 571, 615
acFormDS ……… 299
acFormEdit ……… 302
acFormPivotChart ……… 299
acFormPivotTable ……… 299
acFormReadOnly ……… 302
acGoTo ……… 315, 390
acGridlinesBoth ……… 354
acGridlinesHoriz ……… 354
acGridlinesNone ……… 354

acGridlinesVert 354
acHidden 301
acIcon 301
acImeModeAlpha 465
acImeModeAlphaFull 465
acImeModeDisable 465
acImeModeHiragana 465
acImeModeKatakana 465
acImeModeKatakanaHalf 465
acImeModeNoControl 465
acImeModeOff 465
acImeModeOn 465
acLast 315
acLayout 299
acMacro 271, 296
acNewRec 315, 366
acNext 315, 366
acNormal 299
acOutputReport 571
acPreview 299
acPrevious 315, 366
acQuery 271, 296
acQuitPrompt 100, 330
acQuitSaveAll 100, 330
acQuitSaveNone 100, 330
acReport 271, 296
acSaveNo 308
acSavePrompt 308
acSaveYes 308
acSendReport 615
acSpreadsheetTypeExcel12Xml 578
acSysCmdGetObjectState 310, 311
acSysCmdInitMeter 074
acSysCmdRemoveMeter 074
acSysCmdUpdateMeter 074
acTable 271, 296, 576
acTextFormatHTMLRichText 480
acTextFormatPlain 480
Activate 334
ActiveControl 349
ActiveForm 312
acViewDesign 241
acViewNormal 240, 240
acWindowNormal 301
adCmdStoredProc 631, 632
AddItem 511
AddNew 245, 276, 368, 528
ADO 627-632, 638-642
AfterDelConfirm 403
AfterUpdate 339, 395, 408, 457, 458, 461, 463, 464, 466, 476, 491-494, 501
AllowAdditions 410, 448
AllowDeletions 410
AllowEdits 410
AM/PM 233
And 049
AND 657
Application 100, 330, 481
ApplyFilter 337
AppTitle 360
Array 081
As 045, 603-605
AS 649, 650, 663-665, 667-669, 674, 683
Asc 170, 459, 460
ASC 659
Attributes 284
AutoRepeat 445

B

BackColor 557, 561
BeforeDelConfirm 402
BeforeInsert 409, 415
BeforeUpdate 339, 398, 416, 451, 462, 471
BeginTrans 277, 278
BETWEEN 657
Between...And 379, 380
Bookmark 244, 417
Boolean 045, 075
BorderColor 436, 558
BorderStyle 436, 558

BorderWidth 436, 558
BottomMargin 564
Button 446
Byte 045, 075
BYTE 684

C

Caption 314, 438, 441, 504, 516, 520
CBool 075
CByte 075
CCur 075
CDate 075, 235
CDbl 075
Cells 597, 599
Change 474, 477, 521
Choose 070
Chr 169
CInt 047, 075, 193, 201
Click 450
CLng 047, 075, 193, 201
Close 090, 307-309
CloseCurrentDatabase 099
Column 485, 504, 507, 510
ColumnCount 482, 505, 510
ColumnHeads 506
ColumnHidden 350, 356
ColumnOrder 350
ColumnWidth 350-352
ColumnWidths 482, 505
Command 630-632
CommandBars 361
CommitTrans 277, 278
CompactDatabase 624
COMPUTERNAME 095
Connect 623, 625, 633
Connection 627, 628, 641
Const 044, 045
Control 424, 536
Controls 530-536
ControlType 532-535
CopyFromRecordset 596
Count 281, 509, 530
COUNT 640, 663, 668
COUNTER 684
CREATE TABLE 684
CreateDatabase 626
CreateObject 595-597, 599, 607
CreateProperty 360
CreateQueryDef 268, 269
CSng 075
CStr 075
CSVファイル 577, 579, 581, 583, 621
Currency 045, 075
CURRENCY 684
CurrendRecord 389
Current 336, 344
CurrentDb 242, 591, 592
CurrentProject 591, 592
CurrentRecord 412
CVar 075

D

d 230, 233
DAO 642
Database 242, 248-250, 259, 260, 263, 265-269, 280, 287, 360
DataErr 413
DataSerial 214
DatasheetBackColor 353
DatasheetCaption 357
DatasheetFontHeight 355
DatasheetFontItalic 355
DatasheetFontName 355
DatasheetFontUnderline 355
DatasheetFontWeight 355
DatasheetForeColor 355
DatasheetGridlinesBehavior 354
Date 045, 047, 075, 206
Date Access Object 642
DateAdd 047, 215-220, 225

DateDiff 047, 221, 222, 224, 227, 228
DatePart 230
DateSerial 215-218, 220, 223, 229, 276, 380, 562
DATETIME 684
DateValue 209
DAvg 258
Day 212, 213, 229
dbByte 283
dbCurrency 283
dbDate 283
dbDouble 283
dbInteger 283
DblClick 467, 500, 512
dbLong 283
dbLongBinary 283
dbMemo 283
dbQAppend 288
dbQCrosstab 288
dbQDDL 288
dbQDelete 288
dbQMakeTable 288
dbQSelect 288
dbQSPTBulk 633
dbQSQLPassThrough 288, 633
dbQUpdate 288
dbSingle 283
dbText 283
DCount 255, 640
dd 233
Deactivate 334
Debug.Print 037, 128
Declarations 031, 449
default 068
DefaultValue 408
Delete 247, 401, 404-406, 411, 412, 525, 529
DELETE 267, 270, 677, 681
DeleteObject 271
DESC 659-661
Description 137
DFirst 254, 638
Dim 043, 045, 051
Dir 489, 586, 588, 594, 606
Dirty 396, 411, 412
DISTINCT 658
DMax 256, 409, 639
DMin 256
Do...Loop 064-066
DoCmd 073, 090, 271, 296
DoEvents 449
Double 045, 075
DOUBLE 684
DROP TABLE 684
Dropdown 483, 484
DSum 257, 671

E

e 234
Edit 246, 421
ee 234
Enabled 342, 425, 443, 513, 533
Enter 429
Environ 095, 590
Erase 087
Err 137, 138, 143, 145
Error 413
Eval 179, 466
Excel 595-597, 599, 607, 622
Excel VBA 131, 180, 595-597, 599, 607
Excelファイル 578, 582
Execute 261, 264-267, 269, 630-632, 635
ExecuteMso 361
Exit 062, 067

F

False 061
Field 282, 283, 289
Fields 281, 282, 289
FileCopy 601, 625
FileData 524, 526
FileDataTime 587

FileLen 587
Filter 083, 274, 337, 372-382, 477, 491, 517, 547, 552
FilterOn 337, 372, 373, 382, 477, 491, 517, 552
FindFirst 251, 370
FindLast 251
FindNext 251, 371, 495
FindPrevious 251
FindRecord 090
Fix 189
FontBold 439, 556
FontItalic 439
FontName 439
FontSize 439, 563
FontUnderline 439
FontWeight 439
For...Next 063, 066
Form 322, 323, 338, 340, 368, 370-373, 384, 389, 397, 417, 419, 433
Format 047, 192-195, 233, 234, 549, 556, 567, 673
FormatNumber 194
FormatPercent 195
Forms 309, 335
FROM 292, 647-652, 658-670, 674, 676, 677, 682, 683
FullName 591
Function 033, 041, 053, 574

G

g 234
General 116
Get 585
GetOpenFileName 607, 608
GetRows 253
GetSetting 363, 364
gg 234
ggg 234
GoBack 523
GoForward 523
GoSearch 523
GotFocus 429
GoTo 136, 144
GoToControl 090
GoToRecord 090, 315, 316, 366, 390, 418
GROUP BY 668-670, 674

H

h 230, 233
HAVING 670
Height 431
Hex 200, 435
hh 233
HOMEDRIVE 095
HOMEPATH 095
Hour 219
Hourglass 073
HyperlinkAddress 450

I

If...Then...Else 058, 059
IIf 069, 672
IMEMode 465
IMEモード 465
IN 656
INNER 666, 667
INNER JOIN 679
InputBox 068
INSERT INTO 265, 675, 676, 680
InsideHeight 432
InsideWidth 432
InStr 047, 150, 152, 157, 174, 175, 457, 589
InStrRev 151, 176
Int 047, 189-191, 203
Integer 045, 075
INTEGER 684
Is 092
Is Null 680, 681
IsArray 089
IsDate 232
IsError 199

IsMissing 076
IsNull 273
IsNumeric 047, 188
ItemData 507
ItemsSelected 507, 509

J・K

Join 084
JOIN 666, 667, 680, 681
KeyDown 331, 332, 345, 418, 475, 484
KeyPress 459, 460, 487
Kill 602, 606

L

Lcase 478
Left 047, 153, 174, 175, 431, 457
LEFT JOIN 666, 667, 680, 681
LeftMargin 564
Len 149, 454, 462, 469, 470, 588
LenB 452
Like 374-378
LIKE 653-655
Line Input # 583
LinkChildFields 346
LinkMasterFields 346
ListCount 486, 503, 508, 510
ListIndex 486
ListRows 500
ListWidth 482
Load 323, 364
LoadFromFile 524
LOCALAPPDATA 095
LocationURL 523
Long 045, 075
LONG 684
LONGBINARY 684
LTrim 161

M

m 230, 233
MAX 639, 665, 674
Maximize 324
MEMO 684
Microsoft ActiveX Data Objects 642
Mid 047, 155-157, 174, 176, 457
MIN 665
Minimize 324
Minute 219
MkDir 605
mm 233
mmm 233
Mod 049, 183, 184
Month 212, 223, 226, 380
MouseDown 446
Move 322, 323
MoveFirst 243, 368
MoveLast 243, 368
MoveNext 243, 368
MovePrevious 243, 368
MsgBox 038, 072
MSysObjects 685

N

n 230, 233
Name 280, 282, 286, 287, 289, 531, 591, 592, 603-605
Navigate 523
NavigationButtons 333
NewData 497
Next 141, 142
NextRecord 572
nn 233
NoData 554
NoMatch 251
Not 049, 092
Nothing 092
NotInList 497-499
Now 047, 207
Null 167, 168, 198, 272
Number 137, 138, 143

Nz 168, 198, 272
nケ月後 216
nケ月前 216
n週後 218
n週前 218
n日後 217
n日締め 229
n日前 217
n年後 215
n年前 215

O

Object 045
OK 048, 072
OldValue 461
OLEオブジェクト型 283, 684
ON 666, 667
On Error 136, 142, 144, 553
Open 548, 552, 555, 583, 627
OpenArgs 306, 314, 317, 318, 551
OpenDatabase 618, 619
OpenForm 090, 298-306
OpenQuery 090, 240, 241
OpenRecordset 242, 248-250, 619
OpenReport 090, 540-544, 547, 551, 570
OpenTable 090, 240, 241
Option Explicit 105
Optional 076
Or 049
ORDER BY 494, 659-661
OrderBy 384, 492, 548
OrderByOn 384, 492, 548
OS 095
OutputReport 569
OutputTo 569-571

P・Q

Pages 520
ParamArray 077
Parameters 259, 260, 264, 630, 632
Parent 344, 347, 348
Path 592
PDF 569-571
Picture 515, 518
PlainText 481
Preserve 086
PreviousControl 383, 430
Printer 564
Private 034, 050, 051
PROCESSOR_ARCHITECTURE 095
ProgramData 095
ProgramFiles(x86) 095
ProgramW6432 095
prompt 068
Properties 357, 360
Public 050, 051, 053, 338, 340, 348, 567, 641
q 230
QRコード 574
QueryDef 259, 261, 264, 269, 287-293, 633-637
QueryDefs 259, 260, 287
Quit 100, 330

R

Raise 145
Randomize 202
RecordCount 252
RecordsAffected 263
RecordSelectors 333
Recordset 243-247, 251-253, 274, 275, 285, 368, 370, 371, 387, 389, 417, 496, 628, 629, 638-640
RecordsetClone 387, 388, 419, 421
RecordSource 319, 320, 476, 579
ReDim 086
Refresh 523
RemoveItem 511
Rename 296
Replace 158, 159, 160, 162, 163, 197
Report 548, 552
Requery 343, 417
Response 413, 497

Restore……324
Resume……139-142, 146
ReturnsRecords……635
RGB……353, 434, 435
Right……154
RIGHT JOIN……666, 667, 680, 681
RightMargin……564
RmDir……605
Rnd……202, 203
Round……047
RowHeight……351, 352
RowSource……482, 488-490, 493, 494, 501
RowSourceType……482, 488, 489
RTrim……161
RunCommand……090, 321, 358, 359, 362, 383, 385, 386, 399, 400, 407, 414, 447, 467, 473, 498, 546, 565, 566

S

s……230, 233
SaveSetting……363, 364
SaveToFile……526
Screen……312, 430
Second……219
SELECT……248, 249, 629, 630, 647-652, 658-670, 674, 676, 682, 683
Select Case……060
Selected……508
SelectObject……090, 313, 362
SelHeight……391, 393, 404
SelLeft……392, 393
SelLength……468, 470-472
SelStart……468-472
SelTop……391, 393
SelWidth……392, 393
SendObject……614, 615
Set……091
SET……678
SetFocus……345, 386, 400, 427, 428, 474, 514
SetWarnings……262
Sgn……187
SHBrowseForFolder……612
Shell……096, 593
Shift……446
Single……045, 075
SINGLE……684
Sort……275
SourceObject……341, 521
Space……165
Split……085, 177, 318, 479
SQL……290-294, 634-637, 644
SQL Server……538, 616, 627
SQL文……236, 248-250, 265, 645, 646
Sqr……186
ss……233
Static……052, 442
Stop……146, 523
StrComp……047, 167
StrConv……047, 171-173, 452, 455, 456
String……045, 075, 164
StrReverse……178
Structured Query Language……644
Sub……032, 041
SubForm……419
SUM……664, 669
Switch……071
SysCmd……074, 097, 098, 310, 311
SystemDrive……095
SystemRoot……095

T

TableDef……280-282, 286, 623
TableDefs……280, 285, 488
Tabコード……163
Tag……437
TEMP……095
Tempフォルダ……095
Text……463, 464, 474, 477
TEXT……684
TextFormat……480

Time 208
Timer 231, 237, 325, 326, 440
TimerInterval 325, 327
TimeSerial 219
TimeValue 210
title 068
Top 431
TOP 662
TopMargin 564
TransferDatabase 576, 580, 620
TransferSpreadsheet 578, 582, 622
TransferText 577, 579, 581, 621
Trim 047, 161, 453, 454
True 061
Type 094, 283, 284, 288

U

UBound 082
Ucase 047
Undo 397, 499
UNION 682, 683
Unload 329, 330, 364
Until 065
Update 245, 246, 421, 528
UPDATE 266, 678, 679
URL 450
USERNAME 095

V

Val 047, 196, 197
Value 424, 444, 461, 463, 464, 491, 495, 502, 513, 514, 517, 519, 521, 522, 527, 528, 534, 535, 549, 550
VALUES 675
Variant 045, 075
Variant型 088
VB.NET 238
VBA 030, 090, 238
vbAbort 072
vbAbortRetryIgnore 048
vbBinaryCompare 167
vbBlack 353
vbBlue 353
vbCancel 072
vbCr 478
vbCritical 048
vbCrLf 056, 163, 478
vbCyan 353
vbDefaultButton1 048
vbDefaultButton2 048
VBE 102, 103, 107-110, 132, 133
vbExclamation 048
VBEウィンドウ 110
vbFriday 211
vbGreen 353
vbHide 593
vbHiragana 173
vbIgnore 072
vbInformation 048
vbKatakana 173
vbLf 478
vbLowerCase 171
vbMagenta 353
vbMaximizedFocus 096, 593
vbMinimizedFocus 096, 593
vbMinimizedNoFocus 593
vbMonday 211
vbNarrow 172
vbNo 072
vbNormalFocus 096, 593
vbNormalNoFocus 593
vbOKCancel 048
vbOK 072
vbOKOnly 048
vbProperCase 171
vbQuestion 048
vbRed 353
vbRetry 072
vbRetryCancel 048
vbSaturday 211

vbSunday 211
vbTab 163
vbThursday 211
vbTuseday 211
vbUpperCase 171
vbWednesday 211
vbWhite 353
vbWide 172
vbYellow 353
vbYes 072
vbYesNo 048
vbYesNoCancel 048
Visible 328, 426, 440, 559, 560, 572
Visual Basic Editor 102

W

Webブラウザーコントロール 523
Webページ 450, 523
Weekday 211, 225, 561, 562
WHERE 250, 294, 493, 651-657, 677, 678
While...Wend 064
Width 431
windir 095
Windows API 608, 612
Windowsフォルダ 095
With 093
Workspace 277
ww 230

X-Z

Xor 049
y 230
Year 212, 223, 226
Yes/No型 421, 684
YESNO 684
yy 233
yyyy 230, 233
ZoomControl 545

あ

アイコン 560
青 353
赤 353
アクションクエリ 261-264, 269, 635
アクティブ 312, 313
アクティブコントロール 349
アクティブ時 334
値集合ソース 482, 491, 492
値集合タイプ 482, 491, 492
値渡し 078
宛名ラベル 572
アプリケーション用データフォルダ 095
余り 049, 183
アラーム 326

い

いいえ 048, 072
以下 049
以上 049
一時停止 123
一点鎖線 436
移動 121
移動ボタン 333
イベント 034
イベントプロシージャ 034, 040, 116
イミディエイトウィンドウ 037, 127, 128
イメージコントロール 518, 560
入れ子 066
色 108
インクリメント 204, 444
印刷 540
印刷ダイアログ 566
印刷プレビュー 299, 321
インジケータ 074
インデント 130

う・え

ウィンドウ 109
ウォッチウィンドウ 112

うるう年……224
エディタの設定……107, 108
エラー……136, 139-146, 199, 278, 553
エラー時……413
エラー内容……137, 145
エラー番号……137, 138, 145
演算……650, 667
演算子……049
演算フィールド……053

お

大きい……049
オートナンバー型……684
大文字……167, 171, 455
オブジェクト……035, 091, 093
　選択……090
オブジェクト型……045
オブジェクト指向……238
オブジェクトブラウザ……113
オブジェクト変数……091-093
オブジェクトボックス……040, 116, 118
オブジェクト名一覧……685
オプショングループ……517
オペレーティングシステム……095

か

カーソル……468, 469
カーソルの前まで実行……125
改行……055
改行コード……464
カウンタ変数……063
返り値……033
拡張子……176
掛け算……049, 182
下線……355
画像……518
カタカナ……173
空……270, 273, 503, 554, 606
空データ時……554
カレンダテーブル……276
カレントレコード……336
間隔の粗い点線……436
環境変数……095, 590
カンマ……194, 197

き

黄……353
キークリック時……331, 332, 345, 418, 475, 484
キー入力……459, 460
キー入力時……459, 460, 487
基数……184
既定のユーザーフォルダ……095
キャリッジリターン……478
キャンセル……048, 072, 449
今日の日付……206
切り上げ……190
切り捨て……189

く

偶数……184
クエリ……053, 240, 645, 646
　種類……288
　開く……090
クエリ名……287
区切り記号……084, 085
組み込み関数……047
組み込み定数……048, 072
クラスモジュール……030
繰り返し……063-067
クリック時……450
クリップボード……385, 386, 473
グループ……668-672, 674
グループ集計……673
黒……353
クロス集計クエリ……288

け

経過時間……222, 231
経過日数……228, 230
警告……048

結合……148
月末……223
現在の時刻……208
現在の日時……207
検索……114, 284, 285, 383, 419
検索文字列……083
件数……663

こ

合計値……257, 664, 669-672
更新……278, 343
更新クエリ……266, 288
更新後処理……339, 395, 408, 457, 458, 461, 463, 464, 466, 476, 491-494, 501
更新時……474, 477
更新前処理……339, 398, 416, 451, 462, 471
コード……054, 055, 120
コードウィンドウ……040
コードビルダー……040
コピー……121, 385, 386, 473
細かい破線……436
コマンドボタン……441-450, 533
コメント……054
コメントアウト……129
コメントブロック……129
小文字……167, 171
コントロール……424
　一覧……531
　移動……090
　数……530
　種類……532
　枠線……436
コンパイル……106
コンピュータ名……095
コンボボックス……482, 550

さ

再試行……048, 072
最終更新日時……416
最終レコード……315, 366
最小化……301, 305, 324, 359
最小値……256, 665
最大化……324, 359
最大値……256, 665
最適化……624
削除クエリ……267, 288
削除後確認……403
削除前確認……402
作成……036
サブフォーム……341-349, 373, 384, 386, 400, 419, 421, 521
サブフォームコントロール……341
算術演算子……049, 182
参照設定……131
参照渡し……078

し

時……219, 230
シアン……353
時刻……210, 219
四捨五入……191
システムドライブ……095
システムルート……095
四則演算……182
実行……122
実線……436
指定した番号のレコード……315
自動構文チェック……104
自動データヒント……127
四半期……230
氏名……174, 457
斜体……355
週……230
修復……624
主キー……413
出力……134, 570, 571, 576-579, 614
商……049
使用可否……342, 425, 443, 513
条件……058, 059, 064, 065
条件式……065, 251

条件分岐 069-071
小数 193, 195
使用不可 533
情報 048
処理分岐 059, 060, 072
次レコード 315, 366
白 353
真偽 061
新規レコード 315, 316, 366
進行状況 074

す

垂直 354
水平 354
数値 188
ズームサイズ 545
ズーム入力 467
ズームボックス 447
ステップアウト 124
ステップイン 124, 126
ステップオーバー 126
ステップ実行 124, 125, 127
ストアドプロシージャ 629-632, 636, 637
砂時計 073
スペース 165, 453, 454
　削除 161, 162
スペース区切り 294

せ・そ

正 187
制御コード 163
整数 193
整数型 045, 075, 283, 684
絶対値 185
ゼロ 187, 192
全角 172, 456
全角英数 465
全角カタカナ 465
全角ひらがな 465
選択クエリ 259, 268, 288, 289
先頭レコード 315, 366
前レコード 315, 366
挿入 036, 039, 132, 133
挿入前処理 409, 415
ソースオブジェクト 341

た

ダーティー時 396, 411, 412
ダイアログ 068, 301, 542
タイトルバー 360
タイマー 327
タイマー時 325, 326, 440
タグプロパティ 437
足し算 049, 182
タブコントロール 519
ダブルクォーテーション 057
ダブルクリック 512
ダブルクリック時 467, 500, 512
誕生日 227, 228
単精度浮動小数点数型 045, 075, 283, 684

ち・つ

小さい 049
チェックボックス 513, 535
置換 115, 158-160, 168, 383
注意 048
中止 048, 072
抽出 380, 381
　解除 382
抽出条件 304, 544
長整数型 045, 075, 283, 684
重複 658
直線コントロール 559
追加クエリ 265, 288
追加専用 302
通貨型 045, 075, 283, 684
通年での日数 230
月 230
次のステートメントの設定 125
月初め 223

て

定数……044-046, 051
データ型……045, 075, 094, 283, 284
データ型変換関数……075
データシート……350, 356
　高さ……351, 352
　背景色……353
　フォント……355
　列幅……351, 352
　列見出し……357
　枠線……354
データシートビュー……240, 299, 321
データ定義クエリ……288
データ入力……068
データベース……030, 099, 593
データベースファイル……576, 580
テーブル……240, 576
　結合……666
　削除……684
　作成……684
　取り込み……580-582
　開く……090
　読み込み……628, 634
テーブル一覧……488
テーブル作成クエリ……288
テーブル名……280
テキスト型……045, 075, 684
テキストファイル……134, 585
テキストボックス……451, 534, 563
デクリメント……204, 444
デザインビュー……241, 299, 300, 543
デスクトップ……590
テスト……037, 038
点線……436
電卓……466
添付ファイル……524-526
点滅……440

と

問い合わせ……048
同期……336, 337, 344
透明……436
ドキュメントフォルダ……590
トグルボタン……515
時計……325
閉じる……090
ドッキング……109
トップn件……662
土日……561
ドライブ名……175
トランザクション……277
取り消し線……559
ドロップダウン……483, 484

な・に・ね

長いテキスト……283, 684
ナビゲーションウィンドウ……362
並び順……178
並べ替え……275, 659-661
二点鎖線……436
入力文字数……452, 462
年……230
年月日……212, 214, 220, 221
年度……226, 380
年齢……227

は

バージョン……097
パーセント……195
はい……048, 072
背景色……557
倍精度浮動小数点数型……045, 075, 283, 684
排他的論理和……049
バイト型……045, 075, 283, 684
配列……079-085, 087-089, 253, 433
　サイズ……086
パススルークエリ……288, 633-637
パスワード……135
破線……436
バックアップ……625

パラメータ 630, 632, 637
パラメータクエリ 260
バリアント型 045, 075
範囲選択 391-393, 470, 471
半角 172, 456
半角英数 465
半角カタカナ 465
半角スペース 463
反転表示 472

ひ

日 230
非アクティブ時 334
比較演算子 049, 166
引き算 049, 182
引数 042, 076, 077
ピクチャ 515
非コメントブロック 129
日付 209, 214
　期間 379
日付/時刻型 232, 283, 684
日付型 045, 075
ビット演算 435
等しい 049
等しくない 049
日にち 561, 562
非表示 301, 305, 333
ピボットグラフビュー 299
ピボットテーブルビュー 299
ビュー 321
秒 219, 230
表示ページ数 546
標準モジュール 030, 036, 132
標題 314, 438, 441, 516, 520
ひらがな 173
開く時 548, 552, 555

ふ

負 187
ファイル 134, 588
　移動 604
　エクスポート 134
　更新日時 587
　コピー 601
　サイズ 587
　削除 602
　リネーム 603
ファイル一覧 586
ファイル選択ダイアログ 607, 608
ファイル名 176, 589, 594
ファンクションキー 331
フィールド 647, 648
フィールド数 281
フィールド名 282, 286, 289, 649
フィルタ 337
フィルタ実行時 337
ブール型 045, 075
フォーカス 334, 514
　移動 427, 474
フォーカス取得後 429
フォーカス取得時 429
フォーマット時 549, 556, 567
フォーム 296, 298, 547-549, 579
　隠す 328
　閉じる 329, 330
　開く 090
フォームビュー 299, 321
フォームモジュール 030
フォルダ 588, 592, 605, 606
フォルダ参照ダイアログ 612
フォント 107, 439
　色 355
　サイズ 355, 563
　種類 355
　太さ 355
複数の値を持つコントロール 527
ブックマーク 117, 244
太字 556
フルパス 175, 176, 591
ブレークポイント 123

プレビュー……541
プログラム用データフォルダ……095
プログラム用フォルダ……095
プロシージャ……031-033, 039, 041, 042, 050-053, 062, 076-078, 118, 119, 122, 133, 179, 338, 348
　表示……120
プロシージャボックス……040, 118
プロジェクトプロパティ……135
プロセッサの種類……095
プロパティ……035, 340, 536
プロパティシート……040
分……219, 230
分解……177

へ・ほ

平均値……258
平方根……186
ページインデックス……519
ページ設定ダイアログ……565
ページ番号……567
べき乗……049
別のデータベースファイル……618
変換……170-173, 192, 233, 235
変更時……521
編集……631, 632
編集可……302
変数……043, 045, 046, 051, 052, 089, 148, 204
　宣言……105
ホームドライブ……095
保護……135
ポップアップフォーム……322-324

ま～も

マウスカーソル……073
マウスボタンクリック時……446
マクロ……090, 296
マスタの更新……679
短いテキスト……283, 684
緑……353
未入力チェック……339
無視……048, 072
紫……353
メール……614, 615
メソッド……035
メッセージボックス……038, 056, 072
メニューコマンドの実行……090
メモ型……283, 684
文字コード……169, 170
モジュール……030, 132, 134, 135
モジュール全体を連続表示……120
文字列……084, 085, 148
　長さ……149
　連結……049

ゆ・よ

ユーザー定義型変数……094
ユーザー名……095
曜日……211, 213, 562
余白……564
読み込み解除時……329, 330, 364
読み込み時……323, 364
読み込み専用……302, 303

ら・り

ラインフィード……478
ラベル……438-440, 561, 562
乱数……202, 203
ランタイム……098, 422
リスト外入力時……497-499
リストの抽出……493
リストの並べ替え……494
リスト幅……482
リストボックス……502
リッチテキスト……480, 481
リボン……361
リンク親フィールド……346
リンク子フィールド……346
リンクテーブル……620, 623

れ

レイアウトビュー……299
レコード……242, 243
移動……090, 368, 390, 418
検索……090, 251, 370, 371, 495
更新……246, 678
削除……090, 247, 399-403, 406, 677
選択……090
抽出……372-379, 491, 651-657
追加……245, 675, 676
並べ替え……384, 492
編集……396, 397
保存……090, 395
読み込み……248, 259, 260, 268
レコード移動時……336, 344
レコード移動ボタン……366
レコード件数……263, 668
レコード削除時……401, 404-406, 411, 412
レコード数……252, 255, 404
レコードセット……274, 275, 496, 596
レコードセレクタ……333
レコードソース……319, 320
レコード番号……389, 390
レジストリ……363, 364
列情報……350
列数……482, 505
列の再表示……358
列幅……482, 505
列見出し……506
レポート……296, 540, 615
開く……090
レポートモジュール……030
連結演算子……148
連番……594

ろ

ローカルウィンドウ……111, 127
論理演算子……049, 059, 652
論理積……049
論理否定……049
論理和……049

わ

枠……558
枠線……354
割り算……049, 182, 183
和暦……234

著者紹介

星野努（ほしの つとむ）

ティーズウェア代表。Access登場初期の頃から開発に携わり、これまで個人からSQL Serverと連携した企業向けまで幅広く設計・開発を担当。主な著書は『仕事の現場で即使える! Accessデータベース作成入門』、『使いやすさを決める! Access2007フォーム作成ガイド』など。

アートディレクション・カバーデザイン ―― 山川香愛（山川図案室）
カバー写真 ―― 川上尚見
スタイリスト ―― 浜田恵子
本文デザイン ―― 原真一朗
DTP ―― BUCH+

Access VBA コードレシピ集

2023年 9月 9日　初版　第1刷発行

著　者	星野　努
発行者	片岡　巌
発行所	株式会社技術評論社 東京都新宿区市谷左内町21-13 電話　03-3513-6150　販売促進部 03-3513-6166　書籍編集部
印刷/製本	日経印刷株式会社

ISBN978-4-297-13663-5　C3055
Printed in Japan

お問い合わせに関しまして

本書に関するご質問については、本書に記載されている内容に関するもののみとさせていただきます。本書の内容を超えるものや、本書の内容と関係のないご質問につきましては、一切お答えできませんので、あらかじめご了承ください。また、電話でのご質問は受け付けておりませんので、ウェブの質問フォームにてお送りください。FAXまたは書面でも受け付けております。

本書に掲載されている内容に関して、各種の変更などの開発・カスタマイズは必ずご自身で行ってください。弊社および著者は、開発・カスタマイズは代行いたしません。

ご質問の際に記載いただいた個人情報は、質問の返答以外の目的には使用いたしません。また、質問の返答後は速やかに削除させていただきます。

質問フォームのURL

https://gihyo.jp/book/2023/978-4-297-13663-5
※本書内容の訂正・補足についても上記URLにて行います。あわせてご活用ください。

FAXまたは書面の宛先

〒162-0846
東京都新宿区市谷左内町21-13
株式会社技術評論社　書籍編集部
「Access VBAコードレシピ集」係
FAX：03-3513-6183